廣陵書社

泰西水法

明·熊三拔 撰

泰西水法

子部四

泰西水法　　農家類

提要

臣等謹案泰西水法六卷明萬厯壬子西洋熊三拔撰是書皆記取水蓄水之法一卷曰龍尾車用挈江河之水二卷曰玉衡車附以專筩車曰恒水車附以雙升車用挈井泉之水三卷曰水庫記用蓄雨雪之水四卷曰水法附餘皆尋泉作井之法而附以療病之水五卷曰水法或問備言水性六卷則諸器之圖式也西洋之學以測量步算為第一而奇器次之奇器之中水法尤切於民用視他器之徒矜工巧為耳目之玩者又殊固講水利者所必資也四卷之末有附記云此外測量水地度形勢高下以決排江河蓄洩湖淀別為一法或於江湖河海之中欲作橋梁城垣宮室永不圮壞別為一法或於百里之遠疏引源泉附流灌注入於國城分枝析脉任意取用別為一法皆別有備論茲者專言取水未暇多及云云則其法尚有全書今未之見也乾隆四十六年九月恭校上

總纂官臣紀昀臣陸錫熊臣孫士毅

總校官臣陸費墀

欽定四庫全書

泰西水法卷一

明 熊三拔 撰

用江河之水爲器一種

龍尾車記

龍尾車者河濱挈水之器也治田之法旱則挈江河之水入焉潦則挈田間之水出焉治水之法淺涸則挈水而入方舟焉疏濬則挈水而出畚鍤焉不有水

之器不得水之用三代而上僅有桔槔東漢以來盛資龍骨龍骨之制日灌水田二十畝以四二人之力旱歲倍焉高地倍焉駕馬牛則功倍費亦倍焉溪澗長流而用水大澤平曠而用風此不勞人力自轉矣枝櫛一萎全車悉敗焉然而南土水田支分櫛比國計民生于焉是賴即玆器所在不爲無功已獨其人終歲勤動尚憂衣食乃至北土旱災赤地千里欲拯斯患且有進焉今作龍尾車物省而不煩用力少而

得水多其大者一器所出若決渠焉累接而上可使在山是不憂高田築爲堤塍而出之計日可盡是不憂潦歲與下田去大川數里數十里鑿渠引之無論水稻若諸水生之種可以必濟即黍稷菽麥木棉蔬菜之屬悉可灌漑是不憂旱濬治之功出水當五分之一今省十九焉是不憂疏鑿龍蟠之斗旱暵之年上源枯竭穿渠旁引多用此器下流之水可令復上是不憂漕也蓋水車之屬其費力也

以重水車之重也以障水以帆風以運旋本身龍尾者入水不障水出水不帆風其本身無銖兩之重且交纏相發可以一力轉二輪遞互連機可以一力轉數輪故用一人之力常得數人之功又向所言風與水能敗龍尾之車也在鶴膝斗板龍尾者無鶴膝無斗板器居水中環轉而已湍水疾風彌增其利故用風水之力而常得人之功若有水之地悉皆用之竊計人力可以半省天災可以半免歲入可以倍多財

計可以倍足方於龍骨之類大畧勝之然而千慮之
一以當起予可也智士用之曲盡其變不盡方來或
者無煩覼縷焉
龍尾者水象也象水之宛委而上升也龍尾之物有六
一曰軸軸者轉之主也水所由以下而為上也二曰牆
牆者以束水也水所由上也三曰圍圍者外體也所以
為固抱也四曰樞樞者所以為利轉也五曰輪輪者所
以受轉也六曰架架者所以制高下也承樞而轉輪也

六物者具斯成器矣或人焉或水焉風焉牛焉巧者運
之不可勝用也
一曰軸
圜木為軸長短無定度視水之淺深斟酌焉而為之度
二十五分其軸之長以其二為之徑木之圜必中規而
上下等以八繩附臬之法八平分其軸之周直繩而施
之墨軸之兩端因直繩之兩端而施之墨八繩之交得
軸之心也以八平分之一分為度以度八繩之墨皆平

行相等而為之界以句股求弦之法兩界斜相望而墨為之
弦弦之竟軸而得一螺旋之墨因螺旋之墨而立之牆為螺
牆牆之間而得螺旋之溝為螺溝螺溝者水道也軸得一
墨焉則得一牆焉一溝焉水得一道焉或二之或三之
四之以上同於是多則均一則專惟所為之既牆而圍
之既建而迤之而轉之水則自螺旋之孔入也水之入
於螺旋之孔也水自以為已下也而不自知其已上也
故曰軸者轉之主也水所由以下而為上也

注曰圜與圓同量水淺深者下文言句四股三弦
五則岸高九尺者軸之長當一丈五尺也凡作軸
皆度岸高以三五之法準之二十五分之二者如
軸長一丈則徑八寸如本篇第一軸立面圖已丁
長一丈則丁丙之徑八寸也此畧言軸欲大耳若
徑至三寸以上不嫌長丈八寸以上不嫌長二丈
也軸過小則水為之不升八繩附臬者周禮掛八
尺之臬縣八繩下垂皆附於臬令軸身作線大畧

似之也八平分者如軸兩端圖甲乙丙丁戊圈為軸之周所分甲乙丙等八分者平分度也軸之兩端卧其軸各作己甲過心線依法分之即上下合也次於軸兩端之邊依所分各界兩兩相對各作平行直線八線附木皆平直是為八平分軸之周如立面圖已丁庚丙諸線是也次於兩端各作甲已丁丙諸線則得軸兩端之各庚心也以八平分之一為度者謂以甲乙為度從庚至辛作庚辛辛壬等

短界線至丙而止八線皆如之各線之短界線皆平行皆相等也墨為之弦者從庚向癸依句股法作庚癸斜弦線内纒之至子外纒之至丑至寅至卯至辰斜纒軸面竟軸而止則得一螺旋線也單線則為單牆單溝也若欲為雙溝者則平分庚丑線得午從午外上向巳内下向未亦依法作螺旋線也若作四槽者又平分庚午於壬依法作之欲作三槽六槽九槽者先分軸為九平分欲作五槽

十槽先分軸為十平分依法作之

二曰牆

軸之上因各螺旋之繩而立之牆牆之法或編之或累之皆塗之牆之兩端不至於軸之兩端其至也無定度惟所為之以樞之短長稱之八分其軸長以其一為牆之高可減也不可加也牆其累之也欲堅而無墮也其編之也欲密而平也其塗之也欲均而無罅也兩牆之間謂之溝溝水道也水行溝中而牆制之使無下行也故曰牆者所以束水也水所由上也

注曰編牆之法削竹為柱依螺旋之線而立之每立一柱即與軸面之八平分長線為直角如立柱於本篇一圖之午即柱為垂線與庚丙長線為直角也而又與軸兩端之丙丁為一直線也若本篇二圖之癸丙是也削柱欲均安柱欲正列柱欲順立柱欲齊既畢則以繩編之畧如織箔之勢繩以麻或紵或管或布或篾惟所為之既畢以瀝青和

蠟或和熟桐油融而塗之或以生桐油和石灰瓦灰塗之或以生漆和石灰瓦灰塗之凡漉青加蠟與桐油取和澤而止石灰瓦灰相半桐油或漆和之取燥濕得宜而止累牆之法取柔木之皮如桑槿之屬剝取皮裁令廣狹相等以漉青和蠟依螺旋之線層層塗而積之累畢如前法塗之既畢而兩牆之間成螺旋之溝水從溝行而牆不漏者是牆之善也八分之一者如軸長八尺則牆高一尺

此亦畧言高之所至也一以下任意作之故曰可減不可增一法若欲為長軸則牆之高與軸之徑等

三曰圍

牆之外削版而圍之版欲無厚牆之兩端順牆柱之勢穿軸而立四柱焉依牆之高而束之環圍板之端入於環圍之外以鐵為環而約之長者中分圍之長以鐵環約之叉長者三分其長以兩環約之圍之版其相合也與其合於牆之上也皆合之以塗牆之齊圍之外皆塗之以受雨露也圍其合也欲無罅圍之合於牆也欲無罅有罅故水入螺旋之孔而不絕無罅故水行於螺旋之溝而不洩則水旋而上也故曰圍者外體也所以為固抱也

注曰圍之板量圍徑之大小與其長酌全體之重輕而制厚薄焉其長竟牆其廣一寸以上視圍徑之小大增損之太廣而合之則角見也其內面稍剡之以就牆之圓外面者圍既合而削之當牆之

盡穿軸為四柱者所以居環而受圍也如本篇三圖之卯寅辰午等是也環以堅韌之木為四弧弧各加於環柱之上合之成環焉環之下方或為溝焉居中以受圍板之端或居外或居内為刻而受之如為溝於未此居中也為刻於申此居外也於酉居内也鐵環之束在兩端者與木環相抵卯午也戌亢也或中分約之者心斗是也若兩中環者

則在尾與箕也或不用鐵環以繩約之而塗之齊與劑同合以塗牆之劑者瀝青和蠟或油灰或漆灰也若塗圜之周者則漆灰為上油灰次之瀝青和蠟者恐不耐暑日也為下而欲速成則用之欲解而時修則用之是者暑日架之則以苫蓋之水入於螺旋之孔者孔在環之內軸之外四柱之中戌亥角亢之間是也雖下向必入者以迤故水趨於圜也既其出則在卯寅辰午之間矣一法牆之

兩端以二圓版蓋之開圜板之下端而水入之開上端之圓版而出之其效同焉

四曰樞

軸之兩端鐵為之樞當心而立之樞之用在圜輪在圜若在軸者皆圜之輪在上樞方其上樞之上輪在下樞方其下樞之下方之者以居輪立樞欲正欲直不正不直者輕重不倫也既正既直輕重均轉之如將自轉焉則雖大而無重也故曰樞者所以為利轉也

注曰當心者本篇一圖之庚心也樞之大小長短無定度量全體之輕重制大小焉量輪之所在與地之所宜制短長焉輪所在者有七下方詳之也方則止故可以居輪正者當庚之心直者與軸端圜面為直角與軸上八平分線俱為一直線也求正尚有軸端諸線可憑求直稍難焉今立一試法視一圖軸兩端諸分線以規一抵軸端邊之乙一抵樞之頂心為度次去乙抵戊量之又去戊抵巳

量之皆至於樞之頂心者即樞直也如將自轉者咸速之甚也

五曰輪

輪有七置輪有三式七置者當圜之中焉圜之兩端焉軸之兩端焉兩樞焉在圜者夾其圜而設之輻輻之末周之以輞焉輞樹之齒焉在軸與樞者方其處而入之轂轂樹之齒焉凡輪皆以他輪之齒發之其疾徐之數視輪與他輪之大小焉其齒之多寡焉故輪欲密附而

少為之齒輪附而齒少他輪大而齒多則其出水也必疾矣故曰輪者所以為受轉也

注曰輪有七置者因地勢也量物力也相大小而制徐疾也在圜之中者本篇四圖之丁是也在圜之兩端者丙與戊是也在軸之兩端者乙與巳是也在兩樞者甲與庚是也若車大而軸長出水之地高則在丁矣若平地受水而用人力畜力風力者當在甲乙丙矣用水力當在戊巳庚矣夾圜之

輻子丑之類是也辛者容圜之空也壬癸輞也寅卯之類齒也方其處者軸與樞當受轂之處也辰入樞之空也戌入軸之空也午轂也酉亦轂也未申亥角之類皆齒也他輪者或人車或馬牛贏車或風車或水車之輪也此諸車之輪者非謂其大卧輪也蓋指接輪焉接輪者農家所謂撥子是也試言人車則有卧軸也卧軸之一端有接輪卧軸之上有拐木也令於甲乙丙任置一輪焉如置在

軸之乙輪即以卧軸之接輪交於乙輪人踐拐木而轉之接輪與乙輪相發也若馬牛贏車及風車則有卧軸也卧軸之兩端皆有接輪令以其一交於乙輪以其一交於彼車之大卧輪駕畜馬颿風焉而轉之接輪與乙輪相發也若水轉之車則有卧軸也卧軸之一端有接輪卧軸之上有立輪立輪之外有受水之簑也令於戊巳庚任置一輪焉如置在軸之巳輪即以卧輪之接輪交於巳輪水

激於簑而卧軸為之轉接輪與巳輪相發也疾徐之數與他輪相視者如乙巳之輪齒十二人車之接輪齒十二是拐木一轉而得一轉也如樞輪之齒八而人車之接輪齒十六是拐木一轉而得二轉也人車之接輪齒二十四是一轉而得三轉也若樞輪之齒八而駕畜颿風之卧輪齒七十二是一轉而得九轉也故曰輪欲密附密附則齒為之少他輪欲大大則齒多然而密者過密焉則力為之

不任大者過大焉則遲故曰因地勢量物力相大小而制徐疾焉今圖樞輪之齒八軸輪十二圍輪十六約畧作之非定率也趣欲使兩輪之交疎密相等焉長短相入焉相關相發而不滯則足矣其小者欲無用輪方其樞之末別為衡衡之一端入於樞焉其一端植之柱焉柱之體圓又為之掉枝而首為圓孔焉以掉枝之圓孔入於柱而轉之若大者而欲無用輪則以兩掉枝同加於柱兩人對

執而轉之最大者兩掉枝之末各為持衡四人或六人對持其衡而轉之

六曰架

架者一上一下皆為砥柱或木焉或石焉或瓴甋焉柱之植欲堅以固也下柱居水中以鐵為管施之柱首迤而上向以受下樞之末制管高下量水之勢令得入於螺溝之下孔而止也上者居岸以鐵為管施之柱首迤而下向以受上樞之末若輪與衡在上樞之末者則中樞而設之頸以鐵為山口而架樞其上出其樞之末以受輪與衡也制高下之數以句股為法而軸心為之弦弦五焉則句四焉股三焉過偃則不高過高則不升

注曰瓴甋磚也堅者其本體堅固者其立基固也上柱者本篇五圖之甲乙是也下柱者丙丁是也上管以受上樞戊也下管以受下樞已也句股法者一高一下如四圖之亢房線而置之令上樞之末在亢下樞之末在房也三四五者如上樞之末

為亢至下樞之末為房長一丈如法置之則自下樞之末房依地平作平行線自上樞之末亢作垂線而兩線相遇於氐其亢氐線必長六尺氐房線必長八尺也若迤建於岸之側謂無從作垂線者則以句股法反用之以圜板為倒弦別作一尾箕垂線為股尾為直角作尾心横線為倒句若尾箕長一尺五寸偃仰移就之令尾心長二尺即心箕必二尺五寸而亢房線必合三四五之句股法也

凡圍板長一丈水高必六尺求多焉不可得相水度地制器者以此計之若水過深岸過高器不得過長則累接而上之累接之法亦以接輪交而相發也

泰西水法卷一

欽定四庫全書

泰西水法卷二

明 熊三拔 撰

用井泉之水 為器二種

玉衡車記 專筩車附

玉衡車者井泉挈水之器也既遠江河必資井養井汲之法多從綆缶甕飱朝夕未覺其煩所見高原之處用井灌畦或加轆轤或藉桔槔似為便矣乃俛仰

盡日潤不終畝聞三晉最勤汲井灌田旱暵之歲八口之力晝夜勤動數畝而止他方習惰既見其難不復問井灌之法歲旱之苗立視其槁饑成已後非殍則流吁可憫矣今為此器不施綆缶非藉轆轤無事桔槔一人用之可當數人若以灌畦約省夫力五分之四高地植穀家有一井縱令大旱能救一夫之田數家共井亦可無饑餓流亡之患若資飲食則童幼一人足供百家之聚矣且不須俛仰無煩提挈畧加

幹運其捷若抽故煙火會集之地一井之上尚可活一鞔民也

玉衡者以衡挈柱其平如衡一升一降井水上出如趵突焉玉衡之物有七一曰雙筩雙筩者水所由代入也二曰雙提雙提者水所由代升也三曰壺壺者水之總也水所由續而不絕也四曰中筩中筩者壺水所由上也五曰盤盤者中筩之水所由出也六曰衡軸衡軸者所以挈雙提下上之也七曰架架者所以居庶物也七

物者備斯成器矣更為之機輪焉巧者運之不可勝用也

注曰趵突泉水上出也

一曰雙筩

鍊銅或錫為雙筩其圜中規而上下等半其筩之長以為之徑下有底中底而為之圜孔以其底之半徑為孔之徑筩之旁齊於底而樹之管管外出而上迤也管之容其圜中規管之下端抒之以合於筩開筩之下端為

為揹孔融錫而合之於管管之上端亦抒之既樹之則與筩之邊為平行三分其底之徑以其一為管之徑底之圜孔為之舌以揜之舌者方版方版之旁為之樞底孔之旁為之紐樞入於紐如户焉而開闔之舌之開闔與管之孔無相背也紐居左則管居右舌其合於底也欲密管之孔合於筩之孔欲利而無罅樞紐之動也欲不滯凡水之入也必從其底之孔也有舌焉而開闔之開之則入闔之則不出左開則右闔矣是左入而右不出也是恒有一孔焉入而終無出也故曰雙筩者水所由代入也

注曰凡徑皆言圓孔也肉不與焉如本篇一圖甲至乙丙至丁是也半長為徑者徑三寸則筩長六寸如丁丙廣三寸則甲丁長六寸也半徑為孔者徑三寸孔徑一寸五分如丁丙三寸則辛壬一寸五分也上迤者斜迤而上如戊至巳丙至庚也抒者斜削之如戊至丙巳至庚是也揹長圓也欲與

戊丙之孔合也融錫合之小釬也管之上邊與筩邊平行將以合於壺之下孔也巳庚是也三分之一者底徑三寸則管徑一寸未至申之度也方板者丑寅卯午是也樞者卯辰午是也紐者癸子是也舌如橐籥之舌以樞合紐令丑卯之板恒加於辛壬孔之上向丙而開闔之也

二曰雙提

旋堅木以為砧其圜中規而上下等曷知其中規而上

下等也砧之大入於雙筩也欲其密切而無滯也展轉之上下之猶是也斯之謂中規而上下等當砧之心而立之柱三分其砧之徑以其一為柱之徑柱之短長無定度以水之深也井之高也斟酌焉而為之度柱之上端為之方枘而入於衡凡水之入也入於雙筩之孔也孔有舌焉砧升則舌開而水為之入砧降則舌合而水為之不出水之入而不出者舌也舌之開闔者砧也砧之上下者柱也舌闔矣水不出矣砧又下焉水將安之則由筩之管而升於壺左右相禪也故曰雙提者水所由代升也

注曰砧形如截簾本篇一圖酉戌亥角是也其高不言度者趣其入於筩也不轉側動搖而已矣若為鼎足之柱以固之即無厚可也三分之一者砧徑三寸則柱徑一寸如酉角三寸則亢氐一寸也凡雙筩入井近下則水濁近上則水竭故柱之短長宜量水深與井高也枘筍也當房心之上刻而方之為尾箕是也

三曰壺

鍊銅以為壺壺之容半加於雙筩之容其形撱圜腹廣而上下弇之弇之度視廣之度殺其十之二當其弇而設之蓋壺之底為撱圜之長徑設二孔焉皆在其徑孔之撱圜其大小也與管之上端等融錫而合之壺之兩孔各為之舌而揜之舌之制如筩中之舌也壺之內當兩孔之中而設之紐兩舌之樞悉係焉而開闔之左右

相禪也當蓋之中為圓孔焉而合於中筩蓋之合於壺也欲其無罅也既成以鐵為雙環而交纏束之當其合而錮之以錫以備繕治夫水之入於管也左右禪也而終無出也水從管入者以提柱之逼之也則上衝而壺之舌為之開以入於壺水勢盡而彼舌開則此闔矣是代入於壺也而終無出也其代入也壺為之恒滿而上溢其終無出也而有筩之容以俟其底之入也故曰壺者水之總也水所由續而不絕也

注曰半加容者如之又加半焉如雙筩共容四升則壺容六升也弇斂也腹廣而上下弇如本篇二圖甲乙丙丁形是也蓋者戊巳庚辛也揹圓之長徑底圓之乙丙是也二孔者未申也酉戌也皆在其徑者二孔之心在乙丙線之上也二孔揹圓者如酉戌短乾亥長以合於一圓之未申巳庚也二舌者寅卯也辰午也紐者子丑也以樞合紐令寅卯之板恒加于未申孔之上向丙而開闔之也辰午加於酉戌亦如之左右相禪也蓋之圓孔庚辛是也蓋合於壺者巳戊加於甲丁也雙環纏束者本篇三圖之角亢氐房是也既錮之又束之者水力大而易渫也

四曰中筩

鍊銅或錫以為中筩中筩之徑與長筩旁管之徑等中筩之下端為敞口以關於蓋上之孔融錫而合之其長無定度量水之出於井也斟酌焉而為之度或銅錫之

中筩裁數尺其上以竹木焉續之竹木之筩之徑必與下筩之徑等其上出之徑寧縮也無贏也水之入於壺也代入也而終無出也則無所復之也必由中筩而上故曰中筩者壺水所由上也

注曰中筩者本篇三圖之坎艮庚辛是也上出之徑必縮於下合之徑者所以為出水之勢也

五曰盤

鍊銅或錫以為盤中盤之底而為之孔以當中筩之上

端融錫而合之盤底之旁為之孔而植之管管外出而下迤也盤之容與壺之容等管之徑與中筩之徑等管之長無定度其下迤也及於棗水之處也中筩之水其上溢也盤畜之管洩之故曰盤者中筩之水所由出也

注曰本篇四圖之甲乙丙丁盤也丙丁為孔以合於中筩之上端上端者三圖之坎艮也底旁之孔者戊巳也下迤者巳庚也

六曰衡軸

直木為衡衡之長無過井之徑雙提之柱其相去也視雙筩雙提之上枘入於衡之兩端其相去也視雙提直木為軸軸長於衡而無定度圜其尾去首二尺而圜其徑當徑尾之中而設之鑿當衡之中而設之枘衡衡也軸縱也鑿枘而合之欲其固也軸展側焉衡低昂焉提上下焉左右相禪也故曰衡軸者所以挈雙提下上之也

注曰衡之長本篇四圖之壬辛是也枘入於衡者子丑是也軸之長卯午是也卯尾午首辰頸也衡軸鑿枘之合寅是也鑿孔也衡橫軸縱卯辰子丑之交加也

七曰架

井之兩旁為之柱或石焉或瓴甋焉或木焉柱之上端為山口山口者容軸之圜也以利轉也軸之首設之小衡與衡平行也長二尺或三尺小衡之兩端設二木而三合之如句股以小衡為弦句股之交立之柄持其柄

而推之以轉軸也水之中穿井之脇而設之梁橫亘焉梁之上為二陷以居雙筩之底欲其固也中其陷而設之孔稍大於雙筩之底孔水所從入也梁居水中其木必榆榆為木也無味水不受之變梁在其下柱在其上車所由孔安而利用也故曰架者所以居庶物也

注曰本篇四圖之卯亥也辰乾也柱也當辰卯為山口者以容軸之圜也小衡者申未也三合者未申酉為三角形也酉戌柄也立之柄者立柄於酉

戊酉未為直角也坎艮梁也角亢氐房陷也心尾陷中孔也

若欲為專筩之車則為專筩專柱而入之中筩如恒升之法而架之而升降之其得水也當玉衡之半井狹則為之

注曰專一也架法見恒升篇

恒升車記 雙升車附

恒升車者井泉挈水之器也其用與玉衡相似而更

速焉更易焉以之灌畦治田致為利益矣若為之複井井之底為竇而通之以大井潴水以小井為筩而出之則無用筩也若江河泉澗索水之處過高龍尾之力有不能至則用是車焉挈水以升架槽而灌之或迤而建之以當龍尾

恒升者從下入而不出也從上出而不息也恒升之物有四一曰筩筩者水所由入也所以束水而上也二曰提柱提柱者水所由恒升也三曰衡軸衡軸者所以挈提柱上下之也四曰架架者所以居庶物也四物者備斯成器矣更為之機輪焉巧者運之不可勝用也

一曰筩

刳木以為筩筩之長無定度下端所至居水之中已上則易竭已下則易濁上端所至出井之上度及於索水之處而止筩之徑無定度因井之大小索水之多寡斟酌焉而為之度筩之容任圜與方其圜中規其方中矩而上下等筩之周以鐵環約之環無定數視筩短長斟酌焉而為之數筩之下端為之底欲其密而無漏也中

底而為之孔孔之方圜反其筩若圜筩而方孔七分底之徑以其四為孔之徑若方筩而圜孔七分底之徑以其五為孔之徑孔之上象孔之方圜為之舌而掩之如玉衡之雙筩掩之欲其密而無漏也開闔之欲其無滯也筩之上端為之管管外出而下迤也本廣而末狹也水從孔入焉既入而提柱之勢能以舌掩之既掩而提之提之則從管而出也故曰筩者水所由入也所以束

水而上也
注曰玉衡之雙筩與中筩為二此則合之筩入於井量井淺深筩長短而置之近上趣恒得水而止近下趣無受濁而止與玉衡同也圓筩用竹尤簡用木則方筩為易焉如本篇一圖甲乙丙丁圓筩也丙丁其底也戊己底方孔也庚辛壬癸方筩也壬癸其底也子丑底圜孔也寅方舌也酉圜舌也甲卯辛卯管也辰午未申之屬環也環之多寡疎

密趣不漏而止餘見玉衡篇

二曰提柱
鍊銅以為砧圜者中規方者中矩砧之大入於筩也欲其密切而無滯也展轉之上下之猶是也當砧之心而設之孔孔之方圜孔之徑皆與筩底之孔等孔之上為之舌以掩之舌之制如筩底之舌也直木以為柱柱有二式一用長一用短用長者為實取之柱用短者為虛取之柱實取之柱其砧入於水而升降焉其長之度下及於筩之底上出於筩之口其出於筩之口無定度趣及於衡而止虛取之柱無用長入筩數尺而止升降於無水之處以氣取之欲挈之先注水於砧之上高數寸以閉其罅而噏之凡井淺者實取焉井深者虛取焉五分其筩之徑以其一為柱之徑砧之合於柱也鍊銅或鐵為四足隅立於方砧之四維方孔之四旁而皆上聚之聚之度趣不害於舌之開闔而止以其聚合於柱之下端合之欲其固也砧之厚以其技於隅足也可無厚

既合而入於筩砧降而底之舌為之掩砧升則開之開之則水入掩之則水不出一升一降是水恒入而不出也既入之水而砧降焉則無復之也則上衡於舌而入於砧之孔砧升而砧之舌為之掩一升一降是水恒入而不出也兩入而不出則溢於筩而出常如是虛者實者同於是故曰提柱者水所由恒升也
注曰玉衡之提柱與壺之孔之舌為二此則合之又玉衡之水皆實取此有虛取之法焉氣法也凡

砧之入於筩求密切而無滯也求密切之法成砧而入之能無漏者國工也不能無漏者稍弱其砧之徑以氊罽之屬皮革之屬附於砧之四周焉附之法若砧厚者稍剡其周之上下如鼓木當其剡而刻為陷環既附而堅束之砧薄者則為兩重之砧夾其氊或革以隅足貫之而槷之柱如本篇二圖之甲乙是也四足者丙丁戊酉也砧者巳庚辛壬也砧之孔癸子也其舌丑寅也砧可無厚無厚

則輊餘見玉衡篇

三曰衡

直木以為衡衡之長無定度量筩之大小水之淺深多寡焉長則輊衡之兩端皆綴之石以為重其兩重等五分其衡二在前三在後而設之鑿直木以為軸軸之長無定度圜其兩端中分其長而設之枘衡衡也軸縱也鑿枘而合之欲其固也軸之兩端各為山口之木而架之中分其衡之前而綴之提柱綴之欲其密切而利轉也抑其後重而提柱為之升揚其後重則前重降而提柱隨之也提柱之降也實取者挹水而升於砧也其升也則下入於筩而上出於筩也虛取者降而得氣焉氣盡而水繼之故曰衡者所以挈提柱上下之也

注曰氣盡而水繼之者天地之間悉無空際氣水二行之交無間也是謂氣法是謂水理凡用水之術舉此一語為之本領焉本篇三圖之甲乙衡也丙丁兩石重也戊巳衡也子衡軸之交也庚辛壬

癸山口之木也寅提柱也綴之於丑卯辰筩上端也午管也餘見玉衡篇

四曰架

木為井幹以持筩持之欲其固也筩之下端為盤以承之盤與筩合之欲其固也中盤而為之孔孔之徑稍强於筩底之孔之徑盤之下為鼎足而置之井底

注曰本篇四圖之卯未辰午井幹也加於地平之上申戌酉亥之間為正方之空夾筩而持之丁戊

井面地平也巳庚井底也辛壬癸盤也辛子壬丑
癸寅盤足也
若欲為雙升之車則雙筩焉如玉衡之法而架之而升降之此升則彼降用力一而得水二也是倍利於恒升也尤宜於江河
注曰力一水二者一升一降各得水一焉無虚用力也恒升者一升一降而得水一也架法見玉衡篇

泰西水法卷二

欽定四庫全書

泰西水法卷三

明 熊三拔 撰

用雨雪之水 為法一種

水庫記

水庫者積水之處也澤國下地水之所都平原易野厥田中中引河鑿井斯足用焉若乃重山複嶺陡澗迅流乘水之急激而自上廢人用器厥利尤大矣別

有天府金城居高乘險江河溪澗境絶路殊鑿井百尋盈車載綆時逢亢旱涓滴如珠或乃絶徼孤懸恒須遠汲長圍久困人馬之絶若斯之類世多有之臨渴為謀豈有及哉計莫如恒儲雨雪之水可以御窮而人情狃近未或先慮及其已至坐槁而已亦有依山掘地造作塘池以為旱備而彌旬不雨已成龜坼徒傷挹注之易窮不悟滲漏之實多矣西方諸國因山為城者其人積水有如積穀防紅腐水防漏渫

其為計慮亦畧同之以故作為水庫率令家有三年之畜雖遭大旱遇强敵莫我難焉又上方之水比於地中陳久之水方於新汲其蠲煩去疾益人利物往往勝之彼山城之人遇江河井泉之水猶鄙不肯嘗也令以所聞造作法著於篇請先諗之秦晉諸君子焉

水庫者水池也曰庫者固之其下使無受渫也羃之其上使無受損也四行之性土為至乾甚於火矣水居地

中風過損焉日過損焉夏之日大旱金石流土山焦而水獨存乎故固之故羃之水庫之事有九一曰具具者庀其物也二曰齊齊所以為之和也三曰鑿鑿所以為之容也四曰築築所以為之地也五曰塗塗所以為之固守也六曰蓋蓋所以為之羃覆也七曰注注所以為之積也八曰挹挹所以受其用也九曰脩脩所以為之彌縫其闕也

注曰羃防耗損亦防不潔古人井故有羃易曰井收勿幕齊與劑同

一曰具

水庫之物有六以備築也蓋也塗也築與蓋之物有三曰方石曰瓴甋曰石卵塗之物有三曰石灰曰砂曰瓦屑塗之物三合謂之三和之灰或砂或瓦去一焉謂之二和之灰煉灰之石或青或白欲密理而色潤否者疏而不昵煉之以薪或石炭焉火不絕二日有半而後足試之法先取一石權之雜衆石而煉之既成而出之權

之損其初三分之一此石質美而火齊得也砂有三種或取之湖或取之地或取之海海為上地次之湖又次之砂有三色赤為上黑次之白又次之辨砂之法有三挼之其聲楚楚焉純砂也諦視之各有廉隅圭角純砂也散之布帛之上抖擻之悉去之不留塵坌者純砂也否則有土雜焉以為齊則不固瓦之屑以出陶之毀瓦瓴甋鐵石之杵臼舂之而簁之無新焉而用其舊者水濯之日暴之極乾而後舂之而簁之簁之為三等細與

石灰同體為細屑稍大焉與砂同體為中屑再篩之餘其大者如菽為查

注曰方石瓴甋者以豫為牆為蓋二物皆無定度也為牆之石取正方焉廣狹短長厚薄無定度牆厚則堅堅則久為蓋者或穹之穹之石合之其圜半規穹之法有三詳見下方也石卵者鵝卵之石也以豫為底也無之以小石代之大者無過一斤小者任雜焉凡石卵或小石欲堅潤而密理否者

不固昵黏也二日有半三十時足也陶窑竈也瓴甋磚也凡瓦之土勝磚之土用磚則謹擇之篩俗作篩羅也查滓也查無用篩擇其過大者去之三和之灰令匠者多用之其一則土也用土不堅以瓦屑故勝之以後法為之劑又勝之西國別有一物似土非土似石非石生於地中掘取之大者如彈丸小者如菽色黄黑孔竅周通狀如蛀窠儼然石也而體質甚輕搡之成粉舂以代砂或代瓦屑灰汁在其空中委宛相入堅凝之後逾於銅鐵近數十年前有發故水道者啓土之後鍬鑺不入百計無所施既而穴其下方乃壞墮焉視其甃塗之灰用是物也厚半寸許耳此道由來甚久以歷年計之在漢武之世矣後此凡用和灰甚貴是物焉或作室模和灰塗之崇閎窈窕惟意所為既成之後絕勝冶銅鑄鐵矣然所在不乏計泰晉隴蜀諸高陽之地必多有之其形大段如浮石而顆細色

赤黄質脆為異耳以本草質之殆土殷孽之類也其生在乾燥之處土作硫黄氣者或産硫黄者或近温泉者火石者火井者或地中時出燐火者即有之求之法視其處草不蕃盛茸茸短瘠又淺草之中忽有少分如斗許如席許大不生寸草者依此掘地數尺當可得也西國名為巴初剌那求得之大利於土石之工或并無瓦屑及砂以青白石末代之其細大之等與瓦屑同

二曰齊

凡齊以斗斛槩其物水和之三分其凡而灰居一砂居二湅之如糜謂之鬯齊三分其鬯齊加水一焉而調之謂之築齊塗之齊有三湅之皆如糜四分其凡而瓦查居二砂居一灰居一謂之初齊三分其凡而中屑居二灰居一謂之中齊五分其凡而細屑居三灰居二謂之末齊凡湅齊熟之又熟無亟於用無惜於力日再湅五日而成為新齊新齊積之恒以水潤之下濕之處窖藏

而土封之久而益良

注曰凡量灰必出窯之灰凡量瓦屑必出臼之屑凡量砂必日暴之砂皆言乾也如糜者今匠人所用鬯牆塗牆挑而槩之之劑也太燥則不附太濕則不居加水為築劑則如稀糜沃而灌之之劑也凡治宮室築城垣造壙域皆以諸劑斟酌用之和之水以泉水江水雨水雜鹵與醎勿用也雪水之新者勿用也凡總數也

三曰鑿

池有二曰家池曰野池家以共家野以共野共家者飲饌焉澡滌焉共野者畜牧焉溉灌焉為家池計衆霤而曲聚之承而鍾之為野池計岡阜原田水道之委而聚之而鍾之為家池必二以上代積焉代用焉為野池專可也隨積而用之皆計歲用之數而為之容積二年以上者遞倍之或倍其容或倍其處為家池平其底中底而為之坎坎深二尺以渟其垢三分其底之徑以其一

為坎之徑牆方則稱圜則因大者圜之小者方之大者圜而方者小則不畏深也牆之周或壁立或下侈而上弇之侈弇之數無定度雖為之土囊之口可也若上侈而下弇則寡容也中侈而上下弇則難為牆也無所取之或為之複池限之以牆中牆而為之竇以通之小者槷之大者㠏之互輸寫之可抒清而去濁也代積而代用也若山麓原田陂陁之地則為壺漏之池高下相承互輸寫之為野池利滲以羣飲六畜以溉田方其牆迤

其一面以為涂欲為深者迤其底漸深之無坎為野池擇磽确之地不宜稼而水輳焉者可也是化無用為有用也

注曰共與供同霤簷溝也容者通高下廣狹所容受多寡之數也度池尺寸計容多寡用盤量倉窖術在九章算之粟米篇專獨也遞倍者二年則二倍三年則三倍也倍容者倍其大倍處者倍其多也倍大法亦用立方立圓術酌量作之在九章算

之少廣篇方則稱者或稱其室或稱其庭兩方相稱也方牆而大懼或墮焉圓如井周相恃為固上弇不墮亦此理也侈廣弇斂也如本篇一圖之甲乙丙丁方池也辛壬癸子圓池也二形之外或有為長方者方之屬也有六角八角以上諸角形者圓之屬也惟所為之未暇詳也戊巳丑寅底坎也乙庚辛壬壁立之牆也卯辰午未戌房氐亢上弇之池也卯未戌角土甕之口也複池兩池並也牆之竇多寡大小高下任意作之槷木杙也凡歸與槷或旁渫者附之以㯽木之皮而塞之壺漏之池者從上而下位置如刻漏之壺其閒竇輸寫亦若漏水相承也如本篇二圖之甲乙複池也丙丁限牆也午壬申竇也戊巳庚辛壺漏之複池也壬其竇也癸子丑寅卯辰壺漏之三複池也酉與戌皆其竇也三以上任意作之其連接之處如庚至巳丑至子淺深高下亦任意作之迤之以為涂令人

畜皆邐迤而下恒及水際也凡岡阜之下山陵之麓其地瀝脂故不宜稼其勢建瓴水則輳之牲降於阿取飲既便掣以灌田趨下易達也

四曰築

築有二下築底旁築牆築底者既作池平其底則以木杵杵之或以石碪碪之杵之碪之欲其堅也依池之周而為之牆或方石焉或瓴甋焉甃之以甃齊之灰甃必乘其界牆量池之小大淺深而為之厚不厭厚若複池

則為共池而中甃其限牆仍甃為行水之竇壺漏之複池則各為池而穿行水之竇也牆畢以鵝卵之石或小石墊之其底厚五寸以上不厭厚既墊之復杵之或碪之不厭堅無惜其力亦欲其平也既堅既平以築齊之灰灌之又灌之滿焉實焉平焉浮於石而止復杵之或碪之有隙焉復灌之滿實平而止中底之坎亦杵之亦牆之亦墊之而灌之如法作之凡底與牆之交碪杵或不及焉則以邊杵築之其墊與灌必謹察之而加功焉

壺漏之竇居水之衝必謹察之而加功焉凡牆皆以方長之石為之緣若過大石焉而鑿之池以石為之底與牆與緣徑塗之有闕焉而為之縫亦杵之而牆之而緣之而墊之而灌之如法作之野池或土或石皆如之

注曰乘界俗言騎縫也緣池面壓口也縫補也本篇三圖之甲乙丙木杵也丁邊杵也已辛已庚甃牆也庚辛石墊也本篇二圖之甲乙即其池也以意度之江海之濱平原易野土疏善壞必以甃牆處於山者如秦如晉厥土騂剛陶復陶穴壁立不墮若斯之處掘地為池雖無甃牆而徑塗之不亦可乎同志者請嘗試之

五曰塗

築畢俟池之底既乾其十之八掃除之過乾則水沃之而後塗之塗之先以初齊厚五分池大者加二分之一池之底及周連塗之連塗之則周與底之交無罅也塗畢以木擊擊之欲其平以實也次日又擊之有罅焉以

鐵槩槩之乾則以水沃而槩之無罅而止三日以後皆如之俟其乾十分之六而塗之中齊中齊之厚減其初二分之一亦擊之槩之次日以後皆如之俟其乾十分之六而塗之末齊末齊之厚減其次二分之一亦擊之槩之次日以後皆如之俟其乾十分之五以鐵槩摩之有罅焉以水沃而摩之周與底中坎之周與底複池之水竇皆同之凡周與底之交若竇必謹察之而加功焉凡塗瓴甋之牆或燥而不眠以石灰之水遍灑之作堅

色乾而後塗之則朊凡塗石池與土池野池與家池皆同法凡擊欲其堅如石也摩欲其密如脂也欲其瑩如鏡也堅密以瑩更千萬年不渫也

注曰本篇四圖之甲木擊也乙鐵槩也凡三和之灰無所不可用欲厚則四塗之五塗之任意加之四塗者初一中二末一五塗者初一中三末一末塗以飾宮室之牆欲令光潤者以雞子清或桐油和之如法擊摩之欲設色以所用色代瓦屑而和

之石色為上草木為下

六曰蓋

家池之蓋有二曰平之曰穹之平有二曰石版曰木版皆平而羃之為之孔以出入水穹有三曰劵穹曰斗穹曰蓋穹方池皆劵穹正方者或為斗穹圜池之屬皆蓋穹劵穹者形覆劵也又如截竹析其半而覆之兩和為之立牆斗穹者形覆斗也方其隅而四牆之趨其頂也皆以圜蓋穹者其形蓋也中高而旁周皆下垂凡穹之空皆半規皆去緣尺而甃之甃之法皆架木以為模緣而成之甃以石則治之以趨規若瓴甋亦以趨規之模造之無之則以甃齊加損而合之穹之下為之竇以出入水在野者或穹之不則苫之或露之

注曰平蓋出入之孔有二一居中當底坎之上以挹其渟汙也一近池之緣注水入之挈水出之大小皆無定度也本篇四圖之丙丁戊己庚劵穹也丁戊戊己方池兩緣也丁丙戊和牆也丙庚穹背

也辛壬癸子丑斗穹也辛壬癸丑方池緣也子穹頂也依丑辛直線為牆漸狹而上以趨子其丑子辛子皆圜線餘三同之而結於子也寅卯辰午未蓋穹也寅卯未辰圜池緣也午穹頂也旁周趨上皆為圜線其全空正如立圜之半也空皆半規者謂丁丙戊丑子壬未午寅皆半圜形也如是則固去緣尺者池口為道將跨池以居梁也趨規之勢今工人謂之橘房形也

七曰注

凡家池以竹木為承霤展轉達之其將入於池也為之露池迎輻輳之水甕積焉以渟其滓既澱而後輸之露池之緣為竇焉以入於池露池之底為竇焉而他渫之皆以牐或以槷而節宣之凡雨之初零也必有滓也長夏之雨也必有酷熱之氣也則啓其下竇而池渫焉度可入也則塞之啓其上竇而輸之若水之來與地平不能為下竇者則澱其滓以時出之為新池俟乾極而注

之新注之水不食也既決月更注之而後食之為二池者歲食經年之水為三池者歲食三年之水是恒得陳水焉水陳者良若為複池者既注之澄而後啓中牆之竇而輸之空池復注之如是更積之是恒得澄水焉凡池既盈而閉之則畜之金魚數頭是食水蟲或鯽魚是食水垢野池注之山原之水遂以畜諸魚可也魚之性有與牛羊相長者也

注曰澱下凝也露池不羃也如本篇五圖之甲乙丙露池也丁上竇也戊下竇也新注不食灰氣入焉味惡也魚與牛羊相長者如鱓食羊豕之惡而肥鰱食鱓之惡而肥也

八曰挹

家池之水深其挈之則以龍尾之車更深者為之玉衡之車恒升之車無立其足則以大石為墜闕巨木而置之無夾其筩則跨池為梁而置之既出而為槽以達之若挈瓶施綆焉亦從其梁中底之坎既澱焉為喻筩以

去其澱喻筩者截竹而通其節或卷銅錫為兩端塞之中底而為之孔孔之徑當底三分之一上端之旁為之孔無過三分一指可揜也揜其上孔而入之水至於底而啓之則自下孔入者皆澱也既盈揜而出之而傾之如是數入焉澱盡而止凡拖筩亦從其梁野池之灌畦若田也亦以三車挈之置車亦如之池大者無跨其梁則跨之隅

注曰足謂龍尾之下樞也玉衡之雙筩恒升之筩

底也筩者玉衡之中筩恒升之筩上端也繘汲井繩也本篇五圖之已庚辛石闕巨木也壬癸渠也子丑喻筩也寅喻筩之底孔也卯旁孔也未申渠跨其隅也

九曰修

池無新故或渫焉修之則用細潤之石舂之簁之與灰同體亦與同量煮水百沸而投之和之日乾之復舂之簁之煮水投之如是四焉舂而簁之牛乳汁和之以塗

其隙或以生漆和而塗之

注曰同體等細也同量等分也

泰西水法卷三

欽定四庫全書

泰西水法卷四

明　熊三拔　撰

水法附餘

高地作井未審泉源所在其求之法有四

第一氣試

當夜水氣恒上騰日出即止今欲知此地水脈安在宜掘一地窖於天明辨色時人入窖以目切地望地面有

氣如煙騰騰上出者水氣也氣所出處水脈在其下

第二盤試

望氣之法曠野則可城邑之中室居之側氣不可見宜掘地深三尺廣長任意用銅錫盤一具清油微微遍擦之窨底用木高一二寸以揞盤偃置之盤上乾草蓋之草上土蓋之越一日開視盤底有水欲滴者其下則泉也

第三缶試

又法近陶家之處取瓶缶坯子一具如前銅盤法用之有水氣沁入瓶缶者其下泉也無陶之處以土甓代之或用羊羢代之羊羢者不受濕得水氣必足見也

第四火試

又法掘地如前篝火其底煙氣上升蜿蜒曲折者是水氣所滯其下則泉也直上者否

鑿井之法有五

第一擇地

鑿井之處山麓為上蒙泉所出陰陽適宜園林室屋所在向陽之地次之曠野又次之山腰者居陽則太熱居陰則太寒鑿井者察泉水之有無斟酌避就之

第二量淺深

井與江河地脈通貫其水淺深尺度必等令問鑿井應深幾何宜度天時旱潦河水所至酌量加深幾何而為之度去江河遠者不論

第三避震氣

地中之脈條理相通有氣伏行焉強而密理中人者九竅俱塞迷悶而死凡山鄉高亢之地多有之澤國鮮焉此地震之所由也故曰震氣凡鑿井遇此覺有氣颼颼侵人急起避之俟洩盡更下鑿之欲候知氣盡者縋燈火下視之火不滅是氣盡也

第四察泉脈

凡掘井及泉視水所從來而辨其土色若赤埴土其水味惡赤埴黏土也中為甓為瓦者是若散沙土水味稍淡若黑墳土其水良黑墳者色黑稍黏也若沙中帶細

石子者其水最良

第五澄水

作井底用木為下磚次之石次之鉛為上既作底更加細石子厚一二尺能令水清而味美若井大者於中置金魚或鯽魚數頭能令水味美魚食水蟲及土垢故

試水美惡辨水高下其法有五凡江河井泉雨雪之水試法並同

第一煑試

取清水置淨器煮熟傾入白磁器中候澄清下有沙土者此水質惡也水之良者無滓又水之良者以煮物則易熟

第二日試

清水置白磁器中向日下令日光正射水視日光中若有塵埃絪緼如遊氣者此水質惡也水之良者其澄澈底

第三味試

水元行也元行無味無味者真水凡味皆從外合之故試水以淡為主味佳者次之味惡為下

第四稱試

有各種水欲辨美惡以一器更酌而稱之輕者為上

第五紙帛試

又法用紙或絹帛之類色瑩白者以水蘸而乾之無迹者為上也

以水療病其法有二

第一溫泉

溫泉可以療病者何也凡治病之藥皆以其味四元行皆無味故真水不能為藥以水為藥必藉他味焉溫泉出於硫黃硫黃為藥多所主治而過於酷烈醫方謂其效雖緊其患更速難可服餌溫泉本水而得硫之精氣故為勝之又溫泉療病用之薰浴者什九用之湯飲者什一薰沐者其熱毒不致入於腸胃而性力却能達於腠理則利多而害少焉第同一溫泉性味各異其所主

治亦悉不同西國一大郡其山間所出溫泉數十道每道各有主治昔有國主徵集名醫辨其性理又多用罪因患諸對症者累試累驗然後定為方術是何泉水本何性味主何疾病作何薰蒸或是沐浴或是湯飲用何藥物以為佐助設立薰蒸器具沐浴盆池刊刻石碑詳著方法樹之本所凡染病者依方療治多得差焉今溫泉所在有之亦有沐浴而得愈疾者若更講求試驗如前所云所拯救疲癃當復不少也

第二藥露

凡諸藥係草木果蓏穀菜諸部具有水性者皆用新鮮物料依法蒸餾得水名之為露今所用薔薇露則以薔薇花作之其他藥所作皆此類也凡此諸露以之為藥勝諸藥物何者諸藥既乾既久或失本性如用陳米作酒酒多無力小西洋用葡萄乾作酒味亦薄焉若以諸藥煎為湯飲味故不全間有因煎失其本性者若作丸散并其查滓下之亦恐未善凡人飲食蓋有三化一曰

火化烹煮熟爛二曰口化細嚼緩嚥三曰胃化蒸變傳送二化得力不勞於胃故食生食冷大嚼急嚥則胃受傷也胃化既畢乃傳於脾傳脾之物悉成乳糜次乃分散達於周身其上妙者化氣歸筋其次妙者化血歸脈用能滋益精髓長養肌體調和榮衛所云妙者飲食之精華也故能宣越流通無處不到所存糟粕乃下於大腸焉今用丸散皆乾藥合成精華已耗又須受變於胃傳送於脾所沁入宣布能有幾何其餘悉成糟粕下墜而已病人脾胃有如老弱秪應坐享見成飲食而乃令操臼執爨責以化治乎今用諸水皆諸藥之精華不待胃化脾傳已成微妙裁下於咽即能流通宣越沁入筋脈裨益弘多又蒸餾所得既於諸物體中最為上分復得初力則氣厚勢大焉不見燒酒之味釀於他酒乎西國市肆中所鬻藥物大半是諸露水每味用器盛置醫官止主立方持方詣肆和藥付之然且有不堪陳久者國主及郡邑長吏歲時遣官巡視諸肆令取過時之藥

是水料者即傾棄之是乾料者即雜燒之蓋慮陳久之藥無益於疾或反致損也其製法先造銅鍋平底直口下稍廣上稍斂不論大小皆高四五寸次造錫兜牟用鉛或銀尤勝也製如兜牟上為提梁下口適合銅鍋之口罩在其外錫口內去口一寸許周遭作一錫槽槽底欲平無令積水錫口外去口一寸許安一錫管管通於槽其勢斜下管之底平於槽之底寧下無高以利水之出也次造竈與常竈同法安鍋之處用大磚蓋之四旁

以磚甃成一窩塗之黏土以銅鍋底為模銅鍋底入於竈窩深二寸窩底大磚并泥厚二寸欲作諸露以物料治淨長大者剉碎之花則去蒂與心置銅鍋中不須按實按實氣不上行也置銅鍋入竈窩內兜牟蓋之文火燒之磚熱則鍋底熱熱氣升於兜牟即化為水沿兜牟而下入於溝出於管以器承之兜牟之上以布蓋之恒用冷水濕之氣升遇冷即化水俟物料既乾而易之所得之水以銀石甆器貯之日晒之令減其半則水氣盡

能久不壞玫瑰尤勝透日易耗故也他凡為香以其花草作之如薔薇木樨茉莉梅蓮之屬凡為味以其花草作之如薄荷茶茴香紫蘇之屬諸香與味用其水皆勝其物若藥肆多作諸藥露者則為大竈高數層每層置數器凡數十器或平作大竈置數十器皆爇火一處數十器悉得水焉其薪火人力俱省數倍矣

注曰如本圖之甲壬癸子銅鍋也乙庚辛兜牟也戊提梁也庚辛錫口也戊己槽也丙丁管也丑卯辰竈也丑寅竈面也申酉窩也申酉與壬癸相入甲子與庚辛相入也午未竈門也亥角亢大竈也氐房心尾平竈也

此外測量水地度形勢高下用以決排江河蓄洩湖淀開濬溝渠疆理田畝捍大患興大利者別為一法

或於江湖河海之中欲作橋梁欲作城垣欲作宮室樓臺令千萬年不致圮壞別為一法

或於山泉溪澗去城郭數里或數十里乃至百里疏

引原泉伏流灌注入於國城或至大內或至官府或至園囿或至人家分枝析脈任意取用別為一法

已上三法別有備論茲者專言取水未暇多及

泰西水法卷四

欽定四庫全書

泰西水法卷五

明 熊三拔 撰

水法或問

既作水器諸公見之每辱奬歎時及水理有所酬對序而錄之第四行論辨更僕未悉垂問所至則舉一二若絲抽蔓引為緒又長故每從截說非能連貫也

或問海為水之本所何謂也曰造物之初渾淪剖判四行之物各有本所火之體質最為輕妙居最上矣氣輕於水居火之次水之體質稍輕於土附地居焉惟地形質獨為至重凝結水下萬形萬質莫不就之水既在地地有崇卑海之為處於地甚卑故百川會焉滙為巨壑也

問地居水下即水之下全為頑土乎曰不然四行之中惟火至純不受餘物而能入於餘物其外三行皆能相容相受矣水受三行如海水夜明燒酒能爇有火

分也水體同重為酒則輕有氣分也積雪消之沙土下凝有土分也氣受三行如雲氣上升激成雷電有火分也陰霾晝晦黄霧四塞有土分也雨露雪霜虛升實降有水分也地體雖重于重之中又分虛實地中最重蓋在其心自心而外漸有虛所虛所之內三行得入試觀山下洞穴究轉相通大地空所亦同斯類矣空虛之中是氣本所氣與水火皆相接無際而能相化地既空虛空虛之所無不是氣故地中有氣也氣與水接水隨氣到即水所不到而土情本冷氣遇其冷亦化為水故地中有水也日為大光萬光之主光徹于地則生溫熱溫熱入地積成燥乾燥乾之極乘氣為火積火所然土石為爐復乘氣出共成炎上隔于雲雨鬱為雷霆升于晶明上成彗孛此二物者火之精微別有洞穴上通全體俱出則為西國大山蜀中火井若遇石氣滋液發生則成硫黄泉源經之即為溫泉火道所經鎮壓不出則為火石故地中有

火也氣水在地皆因空虛雖居洞穴終是地上實亦未嘗離其本所火在地中非從本所而降蓋由熱生以成濟萬物因緣上升仍歸本所遂其本性焉

問海水必鹹何也曰鹹者生於火也火然薪木既已成灰用水淋灌即成灰鹵燥乾之極遇水即鹹此其驗也地中得火既多燥乾燥乾遇水即成鹹味鹹者之性尤多下墜試觀五味辛甘酸苦皆寄草木獨是鹹味寄于海水足徵四味浮輕鹹性沈重矣今蜀道鹽

井先鑿得泉悉是淡水以筩隔之更鑿數丈乃得鹵焉又鹽池雨多水味必淡作為斗門洩其淡水下乃鹵焉鹹重淡輕亦其證也海于地中為最卑下諸鹹就之積鹹既多淡入亦化非獨水也海中山岳或悉是鹽故鹹重歸海海水為鹽也

問鹹既因火火因于日日徧大地大地之下悉有鹽乎曰豈不然乎蜀道鹽井三晉鹽池西國有海名曰地中實不通海而是鹹水西戎北狄多有鹽澤彼以鹹故悉名為海足徵大地之下無不有鹽矣

問鹽既下墜蜀井可徵則凡鹽所出宜悉在下乃今鹽池鹽澤去地非遙不如蜀中之井深數十丈何也曰鹹生于火火淺鹹淺火深鹹深平原澤國火不地見鹽不地出惟是高山峻嶺上多亢陽下多洞穴地中有火即成鹹焉今蜀中鑿井求鹽或得火井井中之火覆蓋則滅然火投之隨而上焉是則井火在下與水同深遇水成鹵不遇成火矣晉中河曲乃有火石

火石恒熱大行河西亦產硫黃可見晉中火淺故晉有鹽池亦在淺土又有小鹽刮地作之畧加硝鹻也西地中海其水亦鹵周數千里在其側近遂有火山高數千丈其上火穴徑千餘步厥火炎上古今不絕足徵鹽之與火相切則成亦復相視以為淺深也

問水遇于火既得成鹹云何不熱溫泉乃熱既由于火云何不鹹曰鹵水不熱向言之矣火熱所炎既成灰燼水經其燼因而得鹹云何有熱今火燼成灰漉灰

得鹵無有熱也然而海水不冰亦具有熱性矣火在地中助于土氣發生萬物五金八石及諸珍寶皆由于火陶煉而成自餘諸物不可數計諸物之中最近火性者無如硫黄硫黄所在水從過之則成温泉故温泉沐浴所能療者冷氣虛痺與硫同治然火能成硫硫即非火水因硫温隔越于火如鐺煮水火為鐺隔水不遇灰不成鹵矣今温泉嗅之多作硫氣亦有不作硫氣者是水來之處復與硫隔如重湯煮物但

得其熱不染其味也或云不作硫氣者本之朱砂礜石無是理焉

問鹹既火生何不隨火炎上顧令下墜火所在上何以抑遏使居地中造物之主豈有意乎曰豈無意乎鹹能固物使之不腐却能斂物使之不生火在地中藉其温煖多所變化儻居地上任其焚燒有何不滅若火與鹹俱令在地動植之物悉皆泯矣故日光生熱因熱生火旋用水土壅閼恒使在下助生萬物有時有處間一發見即歸本所不得一時游行地上偶一游行目為災異也因火生鹹亦令性重恒居在下歸藏于海為人作味不令侵出地上以為物害也且海益于人不止作味鹹水生物美于淡水故海中之魚旨于江河之魚鹹水厚重載物則强故入江河而沈者或入海而浮也此皆用海為人利益故鹹水恒重因重歸海也

問海水潮汐者何也曰察物審時窮理極數即應月之

說無可疑焉月為陰精與水同物凡寰宇之内濕潤陰寒皆月主之既其同物勢當相就月為濕本濕能下施故方諸對月而得水焉月既下濟水亦上行欲就于月故月輪所至水為之長而成潮汐也當潮長時江河溪澗以及盆盎無處不長長則氣入水為之輕潮降氣出水復故重今人以缾盛水每日權之輕重不等則潮升時輕潮降時重耳獨小水之處升降甚微人所不覺海水既大灌注江河升降盈涸事理

顯然故獨稱海潮也不獨水矣凡水族之物月望氣盈晦即氣縮故月虛而魚腦減月滿而蚌蛤實也又不獨水族矣草木百昌苟濆濕潤以為生氣無不應月虧盈月滿氣滋月虛氣燥故上弦以後下弦以前不宜伐竹與木以為材用是者易蠹生氣在中也下弦以後上弦以前伐而為材即不作蠹為少脂潤空質而已亦猶春夏氣滋秋冬氣斂斧斤時入之意也由此而言月為水主月輪所在諸水上升海潮應月斯著明矣

問江河之水則能滅火海水入大火如益膏油既不能滅而反熾盛何也曰海水之鹹本從熱乾而生由燼灰而出即自具有熱乾之性亦且挾有燼灰之體凡物熱乾多易生火硝硫之類是也灰水作鹹本從火出人溺亦鹹蓋由身中具有火行畜溺亦鹹犬馬火畜積溺所成絶似硝醎故醎者火情也鹵不滅火而反熾盛以此故焉

問海水浮物強于江河之水嘗見海舟載物未增入于江河驗其水痕頓深尺許又見海濱煎户以石蓮試鹵鹵未成時投蓮必沈及至鹵成蓮悉浮矣三入三浮乃登牢盆以見鹹性愈重載物愈強此為何故曰海水由火而生今用沐浴膚皆赤色或至皴裂燥熱之效亦已明矣燥熱之情本自堅勁加有鹹味中挾燼灰微妙之分比之凡水稠而密理故載物獨強也

問鹵水之燥因于燼灰信其然矣今以乾灰一升別置水一升挹水入灰水盡不溢灰亦如故既是寒灰豈能損水水既不損灰豈無質二升并一絶不加多其故何也曰灰雖有形而質器已盡多是虛體體中無處不虛故水皆滲入其質存者亦有微分緣其燥情畧能損水水損微分與灰存質適足相當故二升并一不加多也

問人溺作鹹人汗亦鹹其故何也曰人飲水漿茶酒之屬其中精粹是為上分上分者因于真火宣越流通

化為四液（畧見四元行論）筋脈受之髓骨肌肉賴其長養此如水氣成雲離于燥鹹矣其中粗濁是為下分下分者重墜沈墊燥鹹在焉筋脈不受入于膀胱由下竅出故溺味恒鹹也若暑月炎酷或作務煩勞中外皆熱真火所煉去其上分所存下分挾有燥鹹不入筋脈未下膀胱因于熱煎橫溢而出則成汗矣汗亦溺類故夏月汗多則溺少冬月汗少則溺多也譬于大地鹹之本所故是大海熱乾所化宜流于海火盛煎

過溢地而出鹽池鹽井汗之屬乎膀胱水海義亦相類矣

問人熱而汗于理允矣人病亦汗此為何因病中之汗又分冷熱久病汗冷新病汗熱又何故也曰人身水飲上分為液下分為溲畧言之矣若恣飲無節過其度量或本無過度而脾胃虛弱二者皆不及運化運化所餘上不成液下不成溲因而留滯是名剩液剩液者液之不良分也此物留滯客于脾胃實惟真火可以消之若節嗇珍養真火力盛漸次消盡安隱無疾若有積無消而致溢出必化為汗積液過多真火又微不能勝之其汗則冷令汗多淡為火微故積液既少真火能勝汗乘火出亦熱亦鹹液盡疾瘳也醫家或以吐下當汗皆求去其剩液而已

問海為水所水性就下歸于海矣江河之地視海為高江河之水反從高出何自來乎曰江河者生于海者也何以知之曰江河終古入海而海不溢故知海水

之下地脈潛通復為江河也海水既鹹復為江河其味則淡何也曰水為元行元行無味鹹非水體從外合焉凡可合者即復可離海水入地經砂石土滋液滲漉去其鹹味又水性在下不可得上其從下而上得為江河者或受日溫隨氣上騰或受月攝因時而長當其上時皆如蒸餾今用鹻鹵之水如法蒸之所得餾水其味悉淡海中之水蒸氣成雲海雲作雨雨亦淡焉足徵鹹性就下不隨淡升矣有此二端故江

河復淡也亦有山下出泉積聚成川沿流會合成其深廣令人疑江河之水悉本山泉不知江河之底以及平地隨處出泉開河鑿井足為徵驗不盡由山也若雨雪之水山阜田原悉歸江河以注于海此理甚著無勞詮說

問山下出泉者何也曰凡物之情皆欲化異類為已同類也兩物相切弱者受變兩强相切少者受變故四行俱能相變焉凡山皆以石為體自非石體皆當胚

渾之際不成山也因其石體下有洞穴洞穴之内純得土性其處最寒矣天地之間悉無空際凡有空處氣悉滿焉洞穴既空為氣所入氣情本煖煖氣遇寒變成水體積久而洩尋求石罅乘氣出焉亦有洞穴深長潛引地脈海水相通因而攝受不須氣化積漸而成者故曰山澤通氣山下出泉也

問掘井得泉何也曰凡地之中必有水伏流焉其源也或本于海或本于泉其委也或入于河或入于海皆有條理究如人身脈絡砂土之脈其行散漫俗稱溝水溝水之來廣或尋丈深一二寸山石之脈其流專一俗稱泉眼泉眼所出或經寸許乃至數寸故掘井者惟下地澤國所在得泉不論脈理其他山鄉高亢必尋水脈不得水脈終不及泉尋脈之法畧見上方矣有工于井者辨視石色即知泉眼所在如玉人辨璞也既知泉眼即留取不鑿迨下方工畢鑿石出泉用力既省積水甚多

問近海出鹵而掘地得泉有鹵有甘何也曰地中之脈有萬不齊掘井得水視所由來若此泉脈由河入海則是甘泉由海入河即鹵泉也

問井中之水夏寒冬熱何也曰三夏之月日暴于地地上數尺其熱欲焦冬月氣寒加以飄風夏熱在土為寒所逼下入于地井水成煖三冬之月積寒于地迨夏暑熱冬寒在土復為熱逼下入成寒非冬煖夏寒各從下上也煖情為火氣火氣無時不上升焉寒情

為水土水土無時不下降焉

問雨者何也曰日光照地既成溫熱溫熱薄于水土蒸為濕氣氣情本煖煖者欲升復得日溫鬱隆騰起是有火行火所熁熱飄颻如煙復挾土體相輔上行氣行三際暑見四元行論中際甚冷氣升離地漸近冷際因于水土本情是冷是濕結而成雲是一雲體中具有四行也凡物體具四行及將變化勝者為主雲至冷際冉冉將化本多濕情濕情若勝即化為水水既成質

必復于地地為大質萬質所歸有質之物無緣離地可得頓置也正如蒸水因熱上升騰騰作氣雲之屬也上及于蓋蓋是冷際就化為水既已成水便復下墜雲為行雨即此類焉若水土濕氣既清且微日中上升即為風日所乾迨至夜時升至冷際乃凝為露夜半以後去昨已遠寒氣微深亦如一歲之寒盛于日至之後也當其寒時氣升稍重故晨露尤繁夜有烈風亦受風損故風盛即露微矣若長夏大旱了無濕氣則夜中并無露焉

問雲生必為雨乎有密雲不雨者有旱雲益旱者何也曰氣升不等所具四行各有偏勝故或為霾霧或為雷霆彗孛也豈必氣升皆雨乎風之為物亦是熱乾與雷霆彗孛一本所生但不得直升橫騖地上此為異耳雲雖濕熱上升遇冷凝結所成變化為雨是其常分但旱暵之時氣行大體多是燥乾雲起于地孤行獨上雖至中際無有濕性與相協助尚未化雨濡

滯之間或遇大風飄向他方成他方之雨或本體之中濕情既微風性燥烈遂泯其濕徒存燥乾上為奔星耳所以晴日雲高而反不雨大旱之年山雲屹峙行復散失徒見流光有嘒其明也若氣行大體濕性既多雲起于地遇其冷濕不能直上遽化為水故雲近于地反得雨焉每有高山之上俯瞰雲雨皆在其下下視震雷如水發漚也

問雨水勝于地上之水何也曰日照于地水土之氣蒸

而成雲是水之精華如燒酒藥露皆以清升微其粹美也其中有火土氣之情既化為水各相分背矣凡水畧經撓動即清升濁降雨之為物上騰下降撓動已極全得其清故雨水為良也地上之水美惡不等地中所有以及所生水一過之即為染著受其氣味蓋地上元行真水百無一二比之雨水故為劣焉

問雪者何也曰雪者與雨同理故將雪之日必先微溫不溫氣不上升也惟冬之月冷際甚冷氣至其際變

為雪焉露之為霜其理畧同也

問雪花六出何也曰凡物方體相等聚成大方必以八圜一圓體相等聚成大圓必以六圜一此定理中之定數也凡水居空中在氣行體內氣不容水急切圜抱不令四散水則聚而自保自保之極必成圓體此定理中之定勢也氣升成雲雲遇冷際變而成雨因在氣中一一皆圓初圓甚微以漸歸併成為點滴雨既水體既幷復圓未至地時悉皆圓點冬時氣升成為同雲遇冷而變亦成圓體既受冷侵一一凝沍悉是散圓及至下零欲求歸併却因凝沍不可得合聯相依附求作大圓以六圜一即成花矣曰既因依附求成圓體就不相合亦宜摶聚云何成片而復六出平轉即合直轉即離其故何也曰地體不動天行左旋日行一周火在氣上亦隨天運氣體近地依地不動上近火者隨火旋焉冷際亦動動勢神速難可思惟有物遇之如鋸出屑雪既凝結受其摩蕩平中轉

合尚得自由直處逢迎勢不可得正如濕米磨粉易令作片難以成摶也

問雨水與雪水孰勝曰雨水勝何故曰水為元行不雜他味方為真水雨從雲出雲從氣升氣非日蒸不致上騰當其上騰挾有火情火情熱乾熱乾炎上其勢壯猛土之精者亦隨而上故輿氣成雲一雲之中具有四行但時有偏勝水勝時多耳間或火土合氣水情絕少力勢既盛土之次分亦隨而上上遇冷際力

勢稍微土之次分復歸于地則成霾霧若火土自升水雲復盛火土上行阻于陰雲難歸本所陰雲逼迫既不相容火土之勢上下不得亦無就滅之理則奮迅決發激為雷霆是其破裂之聲電是火光火迸上騰土經火煉凝聚成質質降于地是為劈歷之楔矣就其陰雲之中亦有火土二體上遇冷際為水所勝氣變成水火情挾土能在氣中與之俱上是則土之上妙者也熱燥輕微與火為體火性炎上初隨氣升

氣既變水水將就下火土二體不復從之如蒸水成氣氣至甑蓋化而為水仍歸釜中若其熱性自能透甑而出不復就下矣既與雨分火土相挾決起而上亦有火土自升不遇陰雲不成雷電淩空直突者此二等物至於火際火自歸火挾上之土輕微熱乾畧似皁煤乘勢直衝遇火便燒狀如藥引今夏月奔星是也其土勢太盛者有聲有迹下及于地或成落星之石與霹歷同理焉若更精更厚結聚不散附于火際即成彗孛附麗既久勢盡力衰漸乃微滅矣是則雨從雲降分于火土亦無有氣故雨為元行真水其味特勝也若雪天之雲與雨雲等亦具四行獨是冬月冷際甚冷火至其處勢亦稍殺土雖輕微其勢不能挈與俱上一時雲氣驟凝為雪土亦與焉火雖獨歸其所雪中之土仍與同性畧如灰燼皁煤之屬故大雪時試取純雪融化為水下有微細沙土所融雪水仍作燥乾之味不然雪遍大地塵土被壓所取淨

雪不雜地上之土融水得沙自何而來故雪水不如雨水中有火土二情也若融化既久澱去沙土離于二情亦成元行真水與雨水同焉又氣方上升未盡化水遽凝為雪有氣雜揉雪體輕虛職由于此矣

問冬雲成雪既由冷際極冷春秋成雨當由冷勢稍減乎即三夏之月愈宜減矣乃夏月之雹有絕大者傷及人畜壓損田苗比于冬雪十百倍之敢問雹由冷乎熱乎若由冷也冬何不雹若由熱也熱反凝冰此

理何由請聞其說曰氣有三際中際為冷即此冷際下近地溫上近火熱極冷之處乃在冷際之中自下而上漸冷漸極二時之雨三冬之雪蓋至冷之初際即已變化下零矣不必至于極冷之際也所以然者冬月氣升其力甚緩非大地與雲不能相扶以成其勢故雲足甚廣雲生甚遲必同雲累日徐徐而起漸至冷際漸亦凝冱因而結體甚微細也自餘二時凡雲足廣潤雲生遲緩即雨勢舒徐雨滴微細亦皆變

于冷之初際矣獨是夏月鬱積濃厚決起上騰力專勢銳故雲足促侠隔塍分壠而晴雨頓異雲起坌涌膚寸暫合而溝澮旋盈蓋因其專銳故能還至于冷之深際若升氣愈厚即騰上愈速入冷愈深變合愈驟結體愈大矣若其濃厚專銳之極遽升遽入抵于極冷極冷之處比于冬之初際殆有甚焉以此驟凝為雹雹體小大又因入冷深淺為其等差愈速愈深當愈大也是以雹災所至自有畦畛因其專狹雹雲上升與雨雲異因其迅猛善審觀者見雲生有異知當是雹可得亟避矣雹與夏月火土之體加雪數倍雹因驟凝土隨在焉故雹中沙土更多于雪因其驟結并氣包焉故雹體中虛虛者是氣惟雪與雹皆體具四行未相分背與雨水特異也

問器中貯水曾無漏泄貯以冰雪外成濕潤何也曰水土而上氣行充塞凡器之外悉皆氣也冰雪甚寒氣暖在外暖因寒逼漸變成水雲至冷際而變為雨氣

入地中而變為泉是其類焉

問灌溉草木不論用河用井皆須早晚而避午中何也曰灌溉草木多在夏月正午炎歊于時用水如以熱湯則傷其根故灌必早暮或作池畜水乘夜發之如是說者旱種則然若水種者惟懼過寒是生食節之蟲故不避日中而忌夜灌積雨太冷宜洩去之山泉初出滙以塘池既受日暘而後灌之或作池畜水晝日發之

問向者水法委屬利便力少功多矣第江河不得求之井泉井泉不得求之雨雪兼之江河井泉亦待雨雪以增其潤究竟農民所急當在雨矣然而雨暘時若不可歲得水旱蟲蝗或居强半不知何術可得豫知以為其備乎曰天災流行事非偶值造物之主自有深意若諸天七政各有本德所主本情所屬因而推測災變厯家之説亦頗有之然而有驗不驗焉蓋數術之贅餘君子弗道也儻居人上者果有意養民欲

為其備則經理山川興修水利勸課農桑廣儲粟穀阜通財貨即水旱災傷自可消弭太半脱值不虞有備無患矣又何事前知為乎且水旱不齊大畧一災二稔十年之中宜為三年之備必于不免知與不知又何異焉

問田家有術以知一時晴雨有之乎曰此則無關數術殆四行之實理也究極言之百端未盤畧舉一二餘可推焉其一曰竈突𤼵煙平遠望之亭亭直上旱徵也蜿蜒而起如欲上不得者雨徵也何故曰水土之氣上騰為雲雲凝在上未成為雨空中氣行悉皆燥乾故令火煙直上無礙雲將成雨空中氣行皆成濕性煙為濕礙不得上升令其宛曲也將雨土石先潤以此將雨礎潤以此將雨燈爆以此

又問曰朝日出光黯淡色蒼白者雨徵也何故曰晴明之辰氣行清淨作玻瓈色日則晶明無有障隔將雨水濕上升氣稍稠濁光則黯淡也蒼白者水色也

又問曰日出時雲多破漏日光散射者雨徵也何故曰氣升作雲未成為雨體凝質密及至成雨體質消化故輕薄透漏也

又問曰密雲四布牛羊齕草如常者不雨若唼食匆遽似求速飽雨徵也蠅蚋蚊虻匆遽咂食雨徵也螺蛁之屬倉皇飛騖雨徵也穴處之蟲羣出于外雨徵也何故曰濕氣上升凡是諸物皆能先覺也

又問曰朔日至于上弦視月兩角近日一角稍稍豐滿

雨徵也月暈白主晴赤主風色如鉛者雨徵也何故曰月輪在上本無有暈受氣籠罩是生暈焉若氣行清淨星月皎然乃無暈矣因氣而暈若白色者水分猶少乃得不雨赤是火分故為烈風若如鉛者氣受水濕其色然也月角厚薄者日暴水土其氣上騰近日則厚也

泰西水法卷五

欽定四庫全書

泰西水法卷六

明 熊三拔 撰

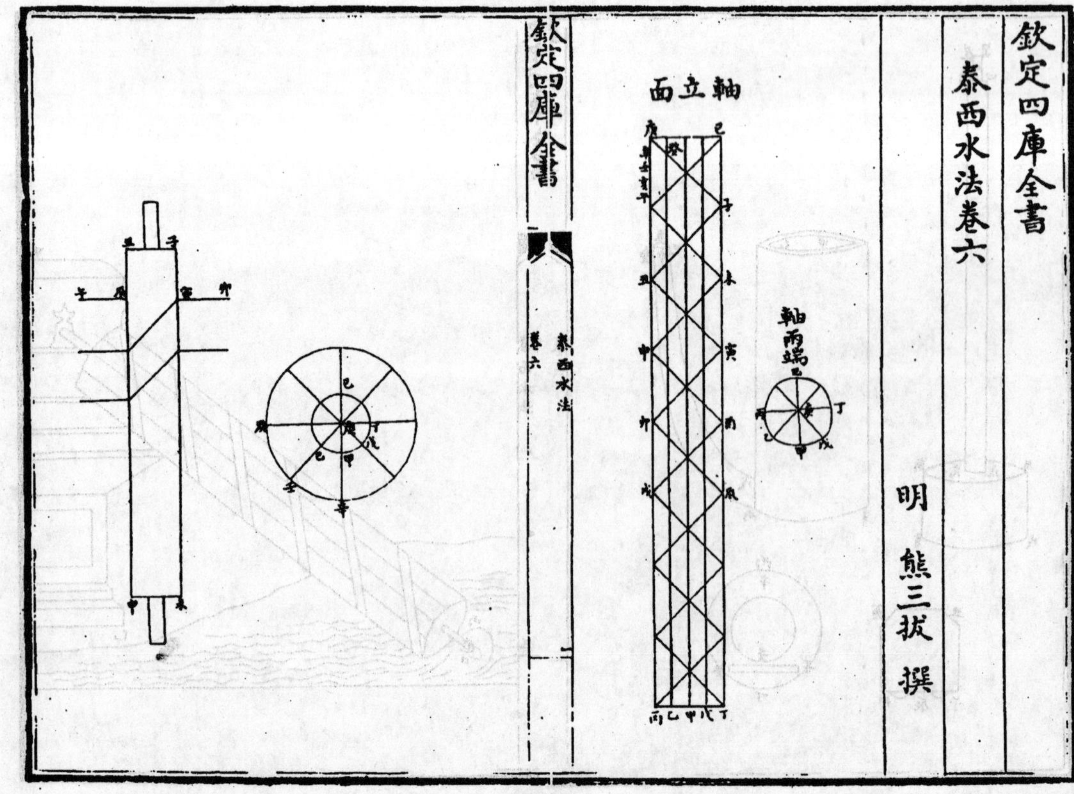

欽定四庫全書

泰西水法

卷六

二

在圓之輪

在軸之輪

在樞之輪

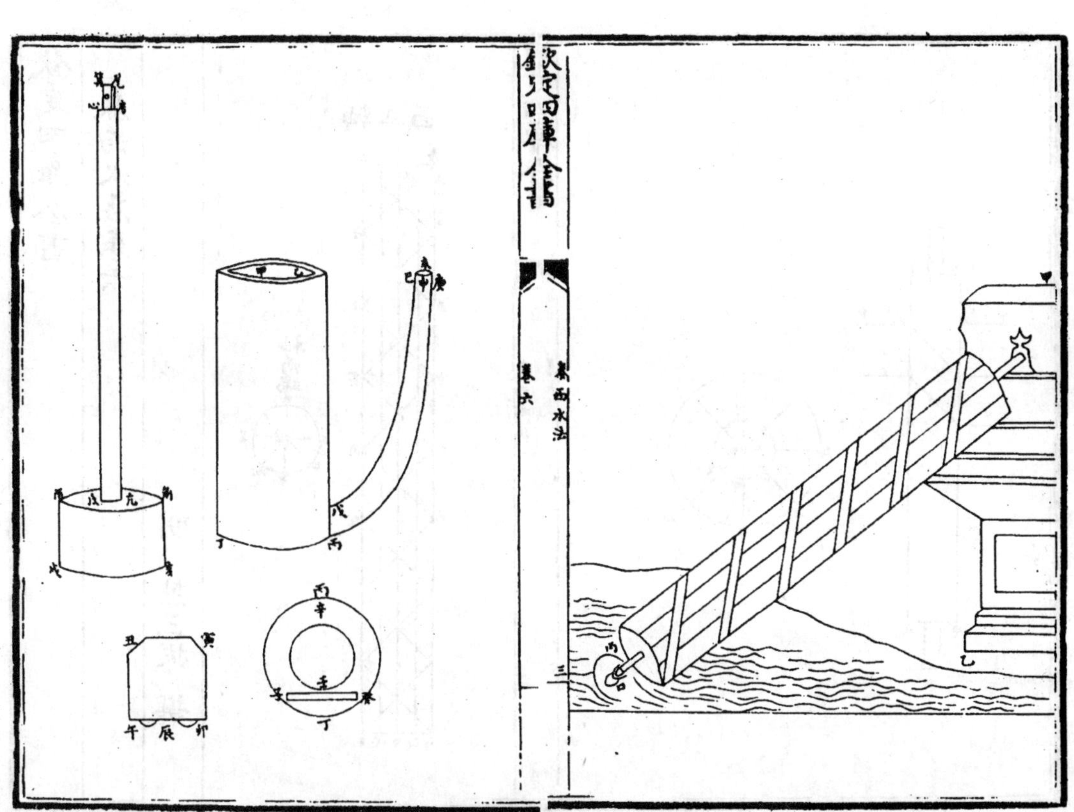

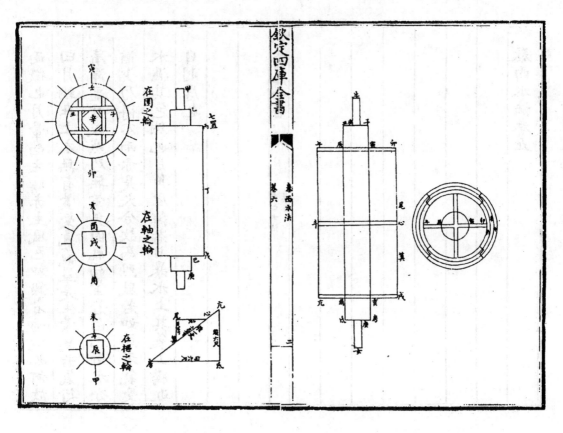

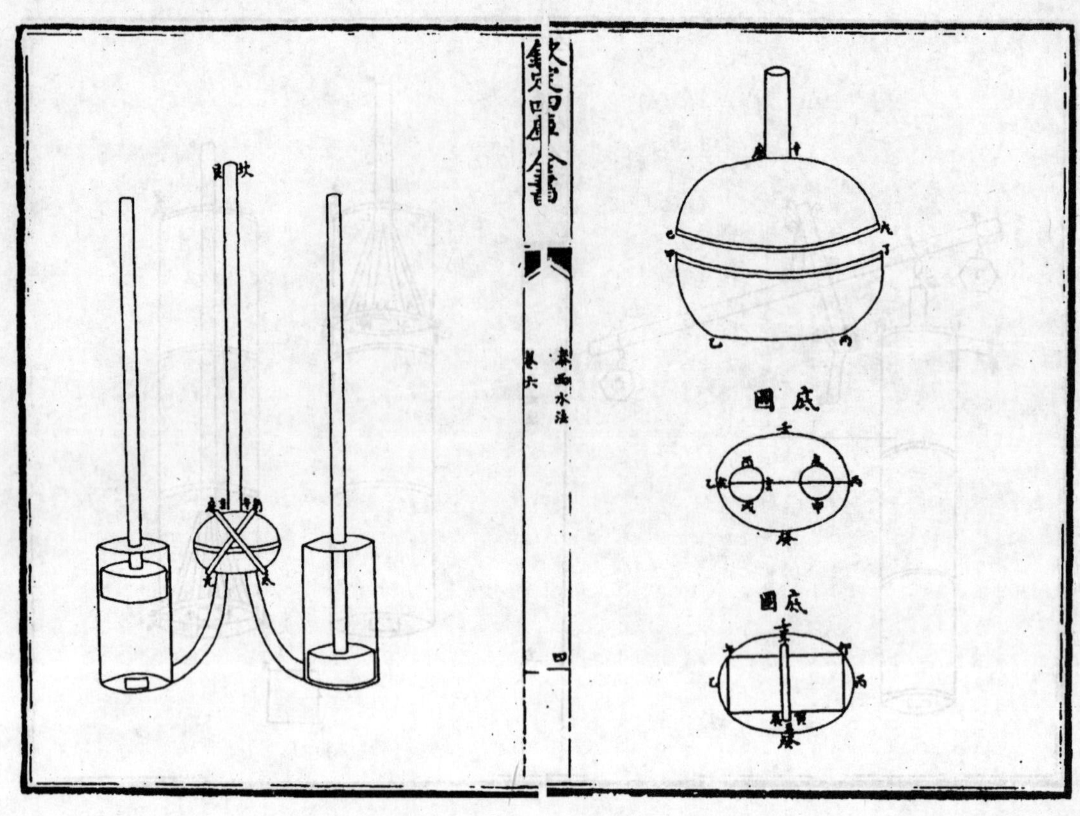
欽定四庫全書
泰西水法
卷六
四
底圖
底圖

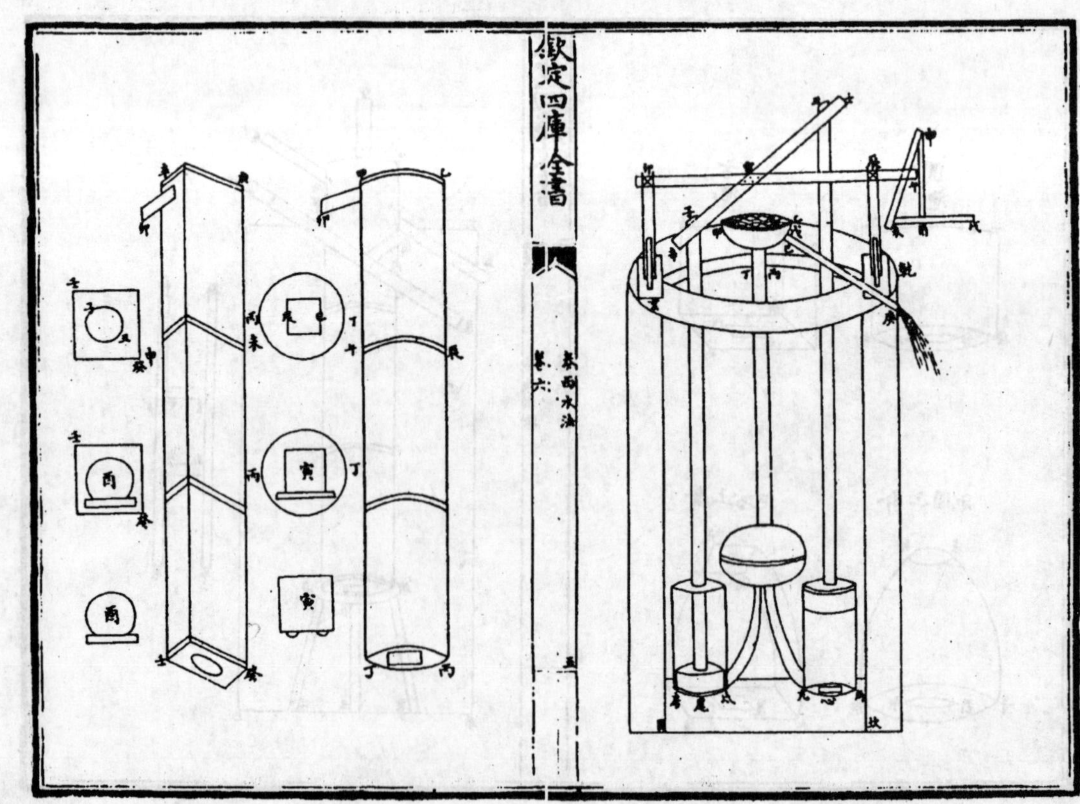
欽定四庫全書
泰西水法
卷六
五

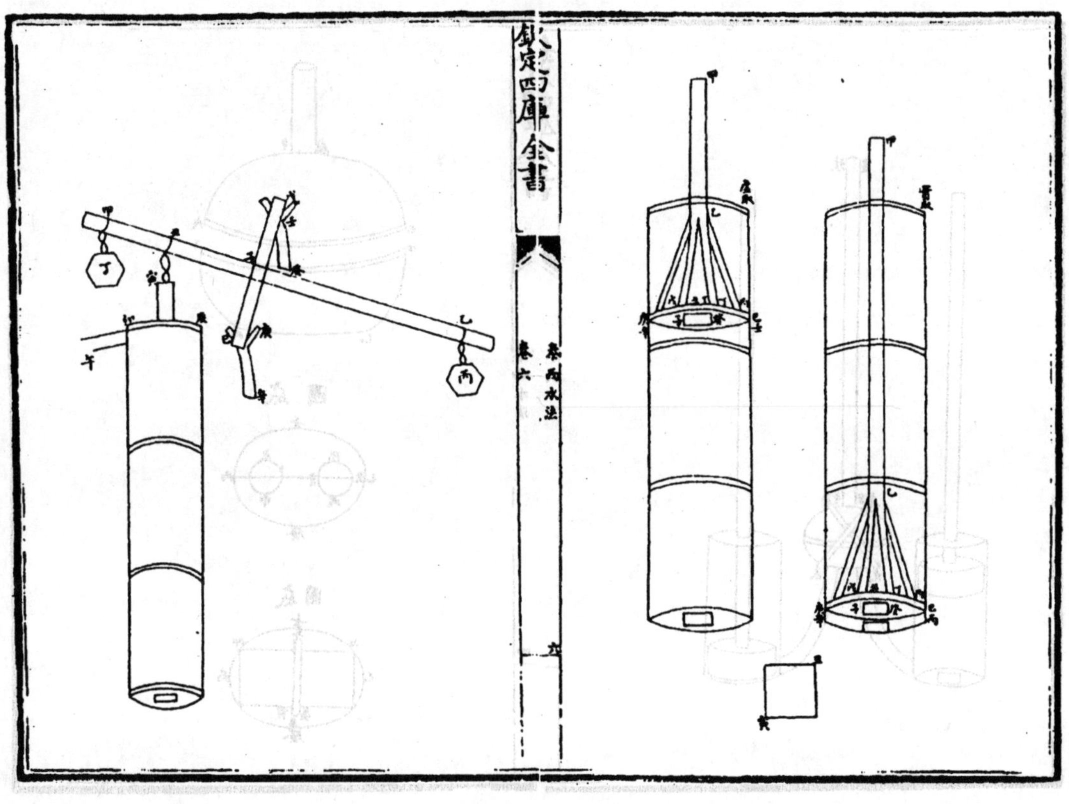

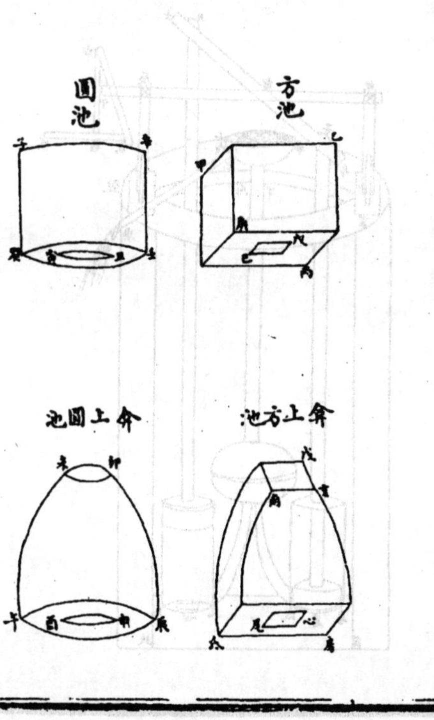

欽定四庫全書

泰西水法　卷六

七

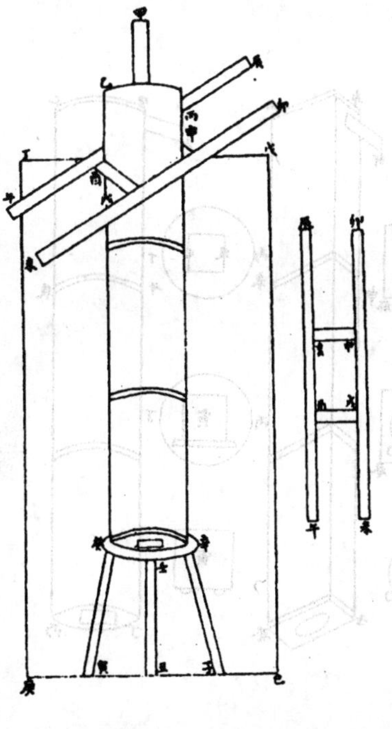

圓池

方池

釜上圓池

釜上方池

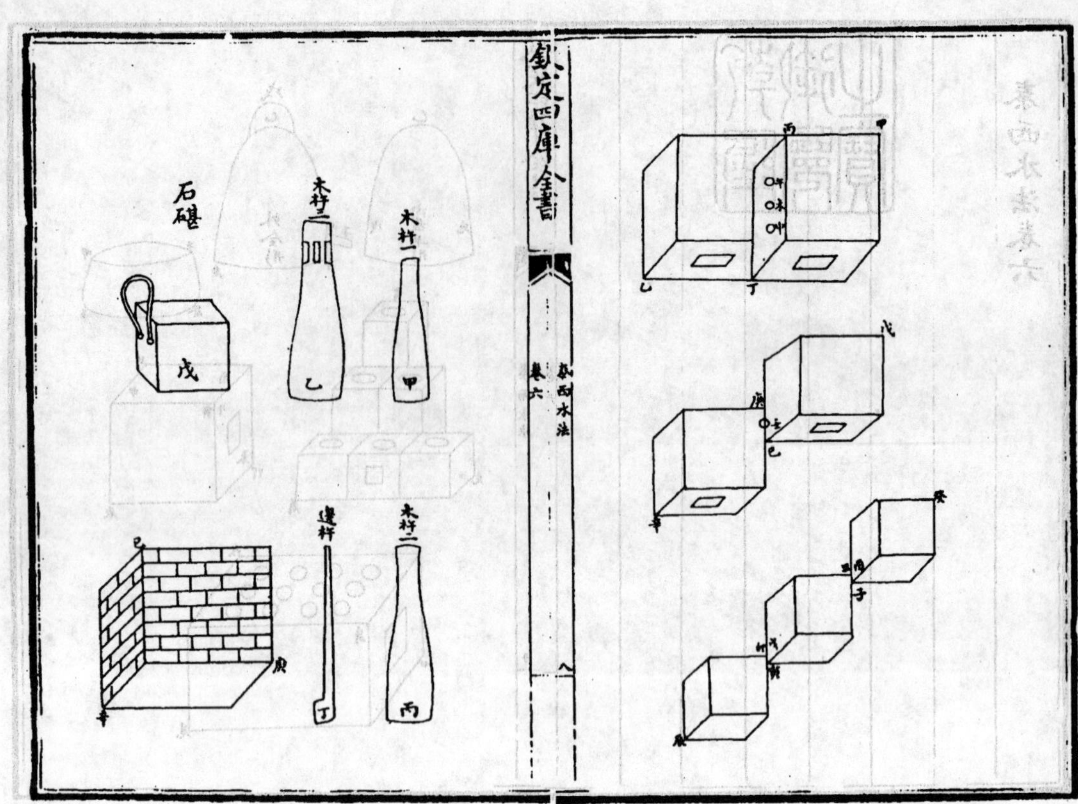
欽定四庫全書
泰西水法
卷六
八
石碓
木杵二
木杵一
木杵三
戊
乙
甲
丙
丁
己
庚
辛

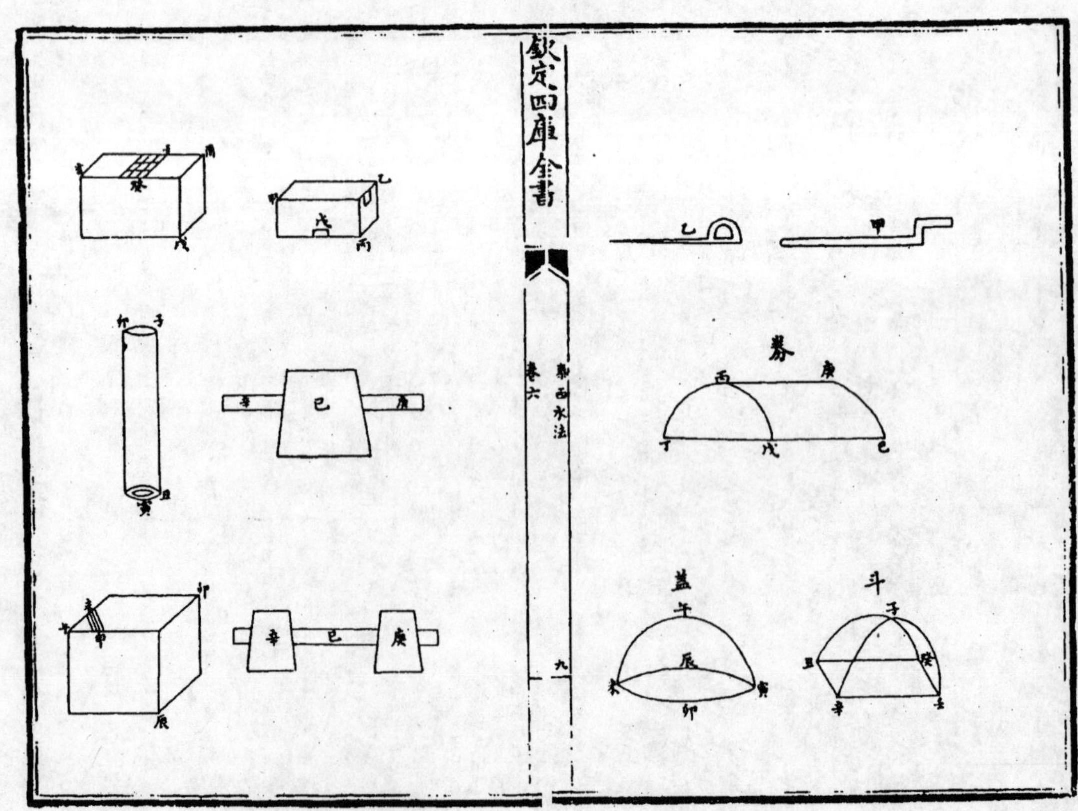
欽定四庫全書
泰西水法
卷六
九
甲
乙
券
丙
庚
丁
戊
己
盖
午
辰
未
寅
卯
斗
子
癸
丑
辛
壬

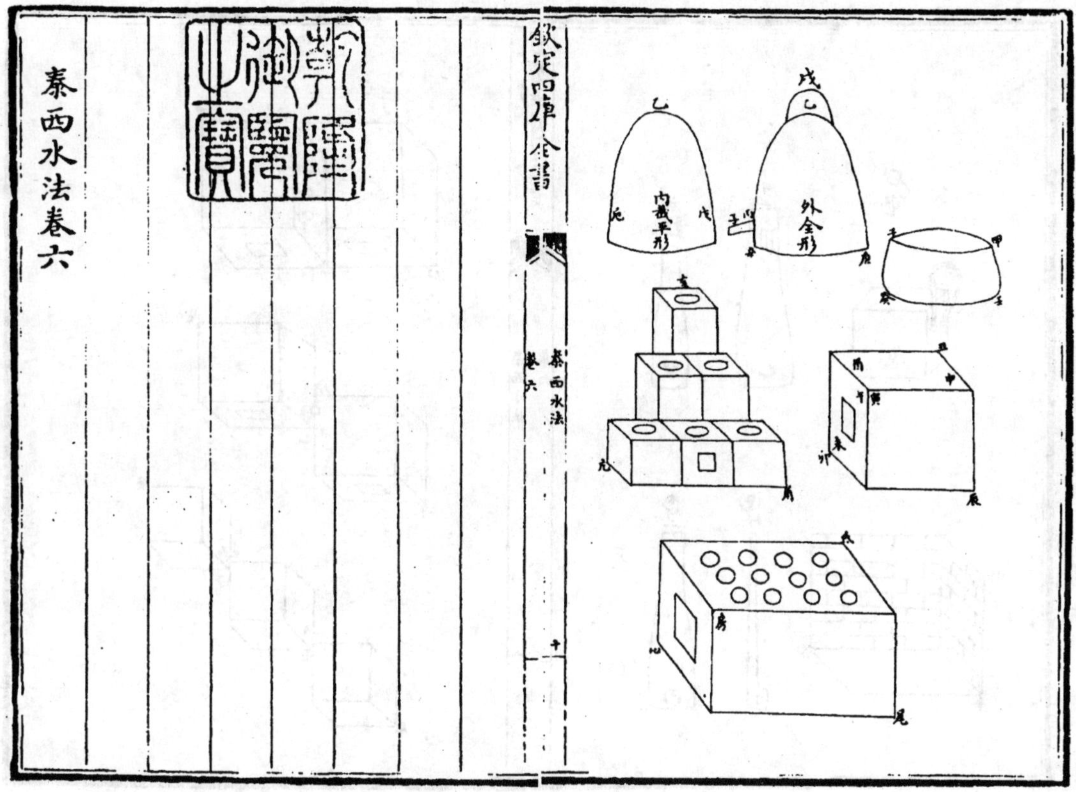
欽定四庫全書
泰西水法
卷六
泰西水法卷六

野菜博録

明·鲍山 撰

欽定四庫全書　子部四

野菜博録　農家類

提要

臣等謹案野菜博録四卷明鮑山撰山字元則號在齋婺源人嘗入黄山築室白龍潭上七年備嘗野蔬諸味因次其品彙别其性味詳其調製著為是編分草部二卷木部二卷草部葉可食者自大藍至秋角苗一百四十二種木部葉可食者自茶樹柯至藩籬枝五十九種花可食者自臘梅至欄茴五種實可食者自青舍子條至野葡萄二十五種花可食者槐樹樂花木房木三種葉實可食者杏樹至石榴十九種花葉實俱可食者松樹至旁其五種葉皮實俱可食者榆錢至老兒樹四種並圖繪其形以備荒歲蓋明之末造饑饉相仍山作此書亦仁者之用心乎所録廣於王磐野菜譜較明周憲王救荒本草亦互有出入本饑金穰理可先知堯水湯旱數亦莫逃有備無患不厭周詳苟其有益於民命則王道不廢焉書雖淺近要亦荒政之一端也乾隆四十六年十二月恭校上

總纂官臣紀昀臣陸錫熊臣孫士毅

總校官臣陸費墀

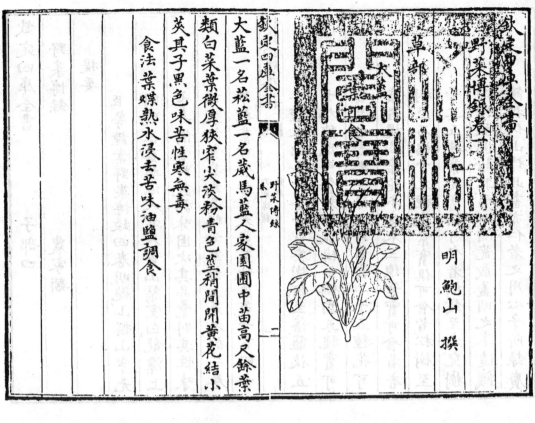

野菜博録卷一

草部

明 鮑山 撰

大藍一名菘藍一名葴馬藍人家園圃中苗高尺餘葉類白菜葉微厚狹窄尖淡粉青色莖稍間開黄花結小莢其子黑色味苦性寒無毒

食法　葉煠熟水浸去苦味油鹽調食

大薊

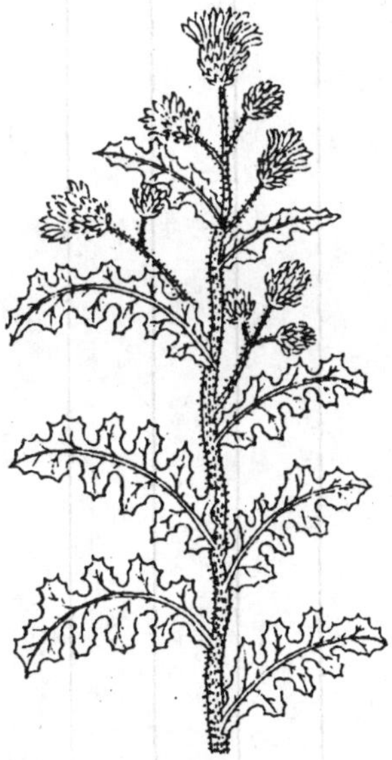

大薊苗高三四尺莖五稜葉似大花苦苣菜葉莖葉多刺葉中心開花淡紫色味苦性平無毒根有毒

食法　嫩苗葉煠熟水淘去苦味油鹽調食

刺薊菜

刺薊菜本草名小薊俗名千針草處處有之苗高尺餘葉似苦苣葉莖葉俱有刺葉中心出花頭如紅藍花青紫色葉味甘性涼無毒

食法採嫩苗葉煠熟水浸淘淨油鹽調食

山莧菜

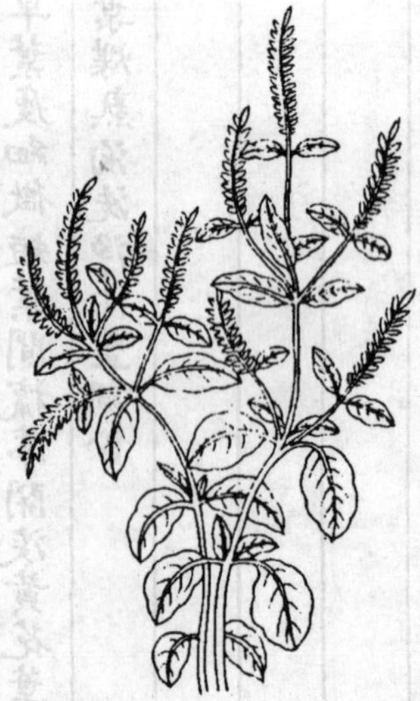

山莧菜本草一名牛膝一名百倍一名脚斯蹬一名對節菜苗高二尺莖方青紫色葉對節生如牛膝狀葉似莧菜葉皆對生開花作穗根味苦酸性平無毒葉味甘微酸

食法採苗葉煠熟換水浸去酸味淘淨油鹽調食

兎兒絲

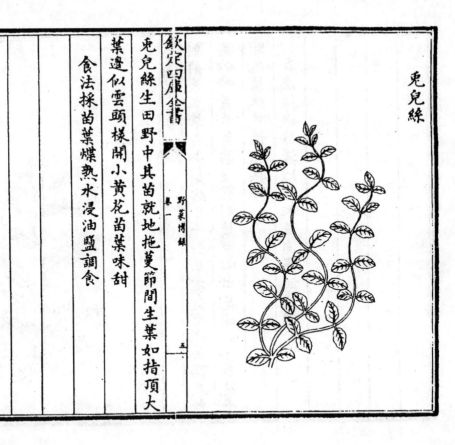

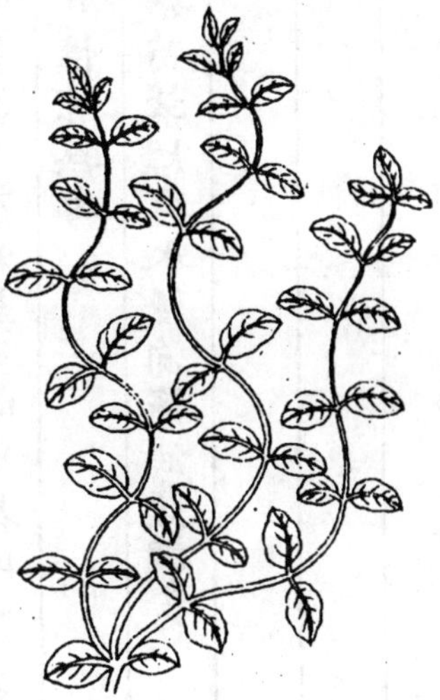

兎兒絲生田野中其苗就地拖蔓節間生葉如指頂大葉邊似雲頭樣開小黄花苗葉味甜

食法採苗葉煠熟水浸油鹽調食

粉條兒菜

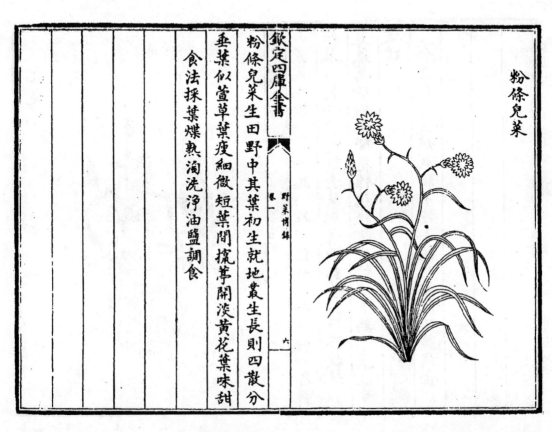

粉條兒菜生田野中其葉初生就地叢生長則四散分垂葉似萱草葉瘦細微短葉間攛葶開淡黄花葉味甜

食法採葉煠熟淘洗淨油鹽調食

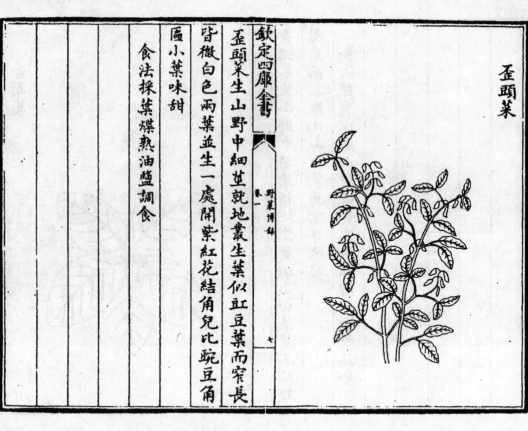

歪頭菜

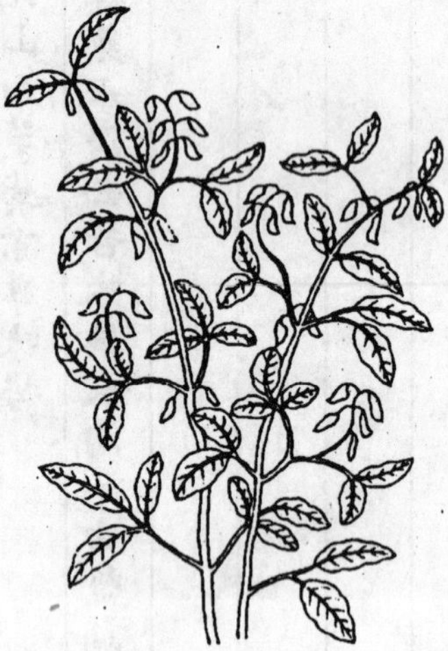

歪頭菜生山野中細莖就地叢生葉似豇豆葉而窄長背微白色兩葉並生一處開紫紅花結角兒比豌豆角匾小葉味甜

食法採葉煠熟油鹽調食

紅花菜

紅花菜本草名紅藍花一名黃藍處處有之苗高二尺許莖葉有刺似刺薊葉而潤梢結捄彙亦多刺開紅花蕊出捄上花可染真紅葉味甘無毒

食法採嫩苗葉煠熟油鹽調食子可笮油用

舌頭菜

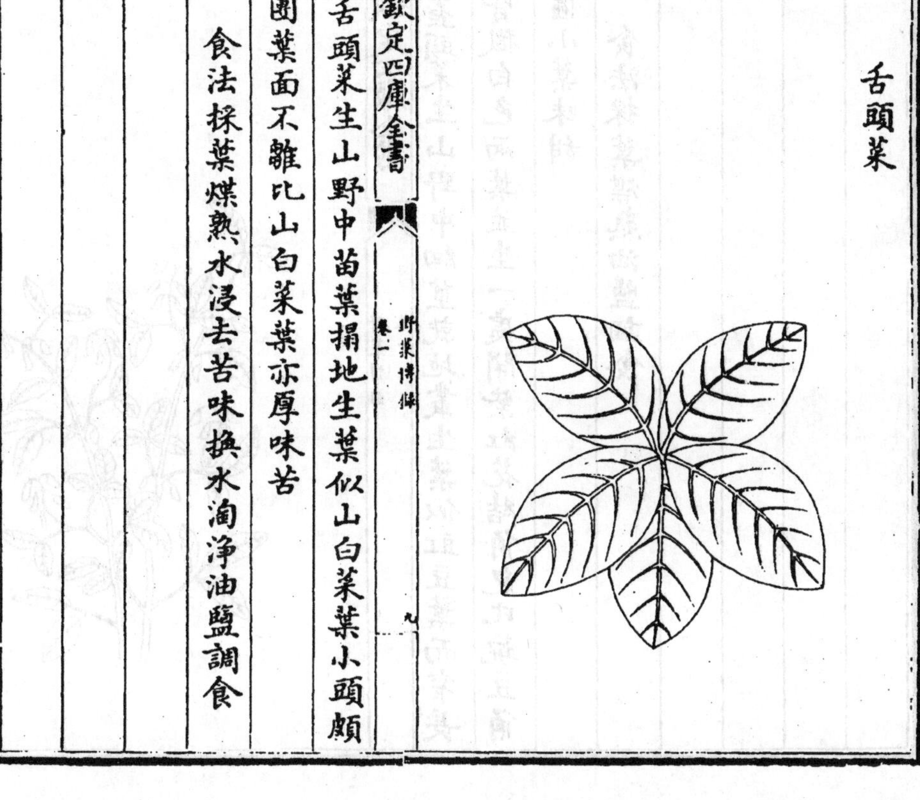

舌頭菜生山野中苗葉搨地生葉似山白菜葉小頭頗團葉面不離汜山白菜葉亦厚味苦

食法採葉煠熟水浸去苦味換水淘淨油鹽調食

匙頭菜

匙頭菜生山野中作小科苗其莖面窊背圓葉似團匙頭樣有如杏葉大邊微鋸齒開花淡紅色結子黄褐色其葉味甘

食法採葉煠熟水浸淘淨油鹽調食

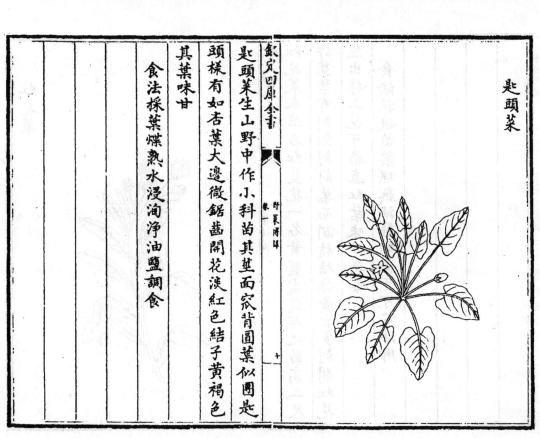

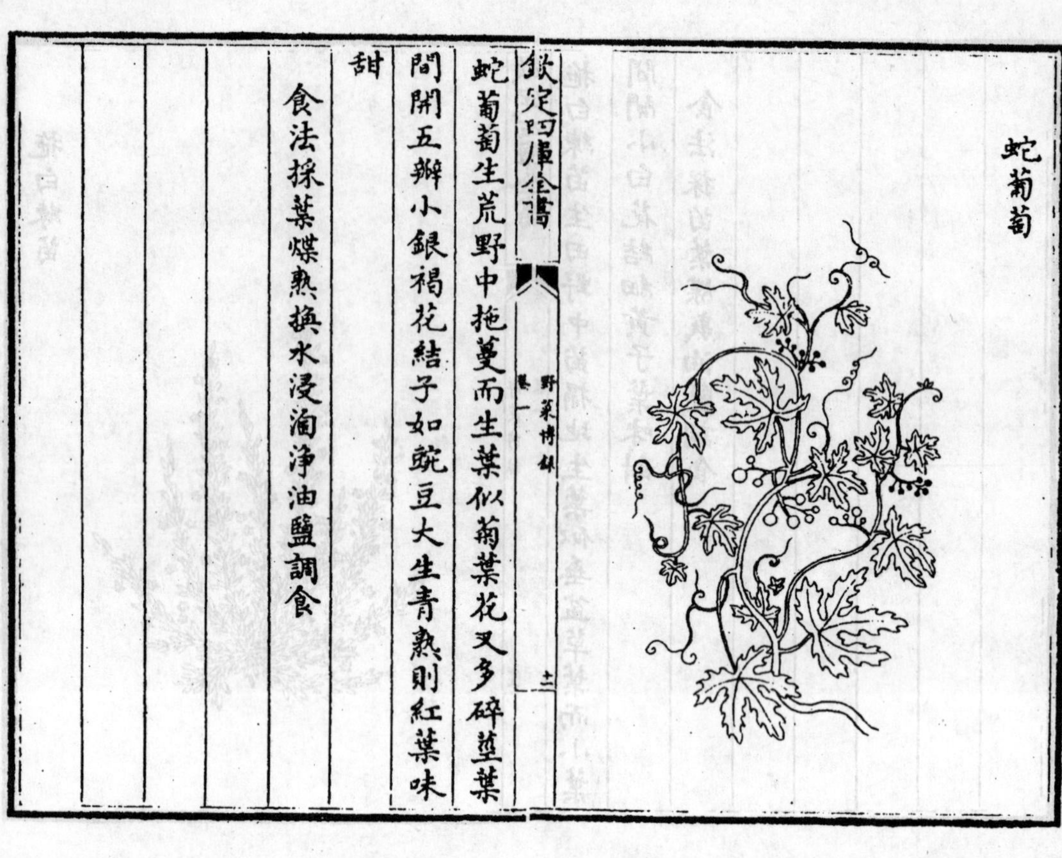
蛇葡萄

蛇葡萄生荒野中拖蔓而生葉似葡葉花叉多碎莖葉間開五瓣小銀褐花結子如豌豆大生青熟則紅葉味甜

食法採葉煠熟換水浸淘淨油鹽調食

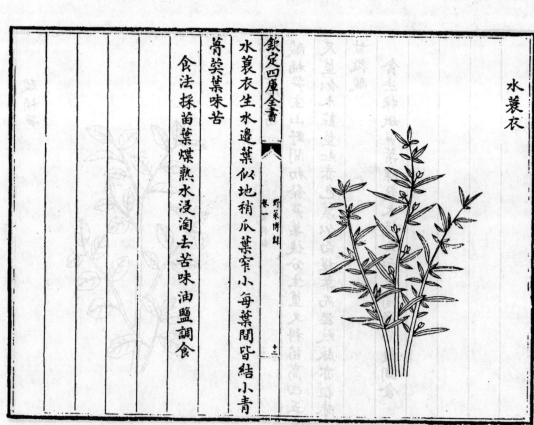

水蓑衣

水蓑衣生水邊葉似地梢瓜葉窄小每葉間皆結小青蓇葖葉味苦

食法採苗葉煠熟水浸淘去苦味油鹽調食

拖白練苗

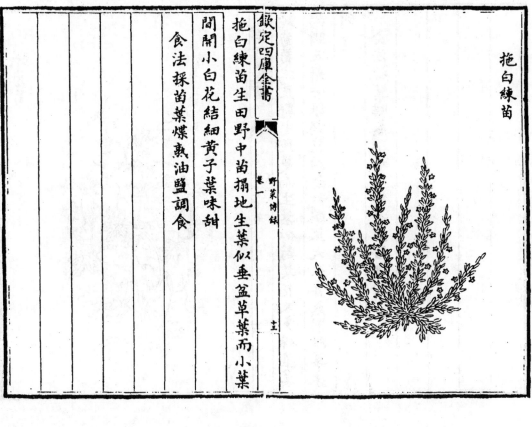

拖白練苗生田野中苗搨地生葉似垂盆草葉而小葉間開小白花結細黃子葉味甜

食法採苗葉煠熟油鹽調食

酸桶笋

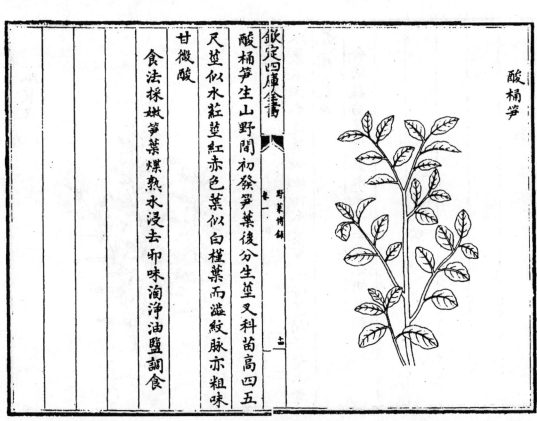

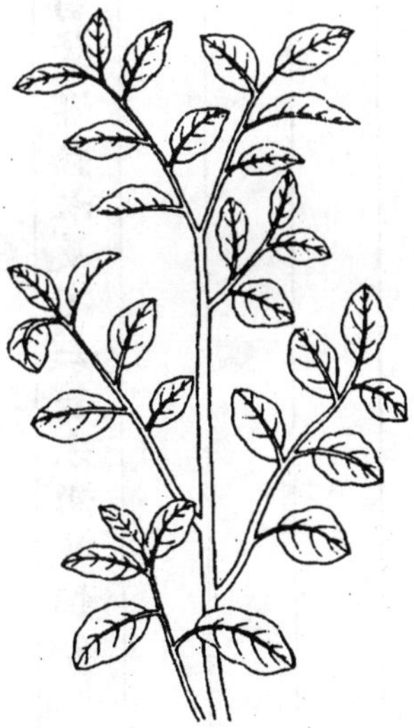

酸桶笋生山野間初發笋葉後分生莖叉科苗高四五尺莖似水葒莖紅赤色葉似白槿葉而澁紋脈亦粗味甘微酸

食法採嫩笋葉煠熟水浸去邪味淘淨油鹽調食

甌菜

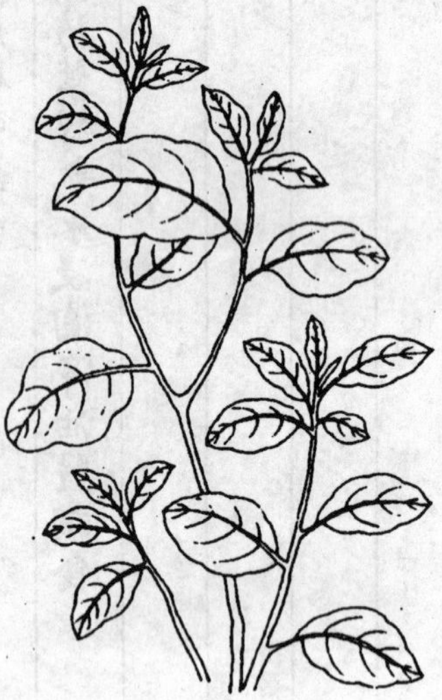

甌菜生山野中就地作小科苗莖方葉似山莧菜葉有鋸齒味甜

食法採嫩苗葉煠熟水浸淘淨油鹽調食

和尚菜

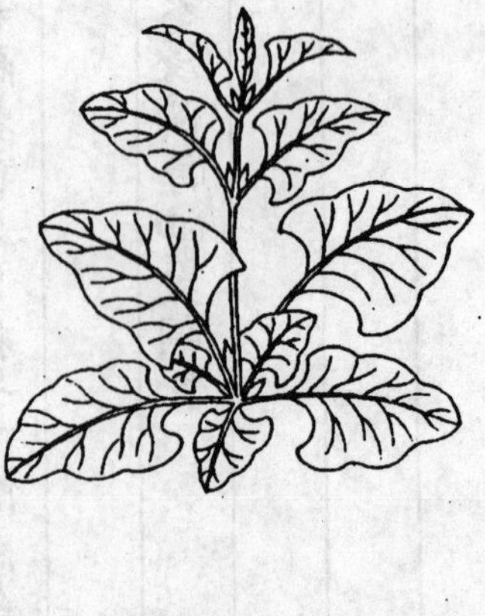

和尚菜生田野中初搨地布葉葉似野天茄兒葉却大背微紅紫色後擴苗高二三尺結子如灰菜子穴葉味辛酸微鹹

食法採嫩葉煠熟換水浸去邪味油鹽調食

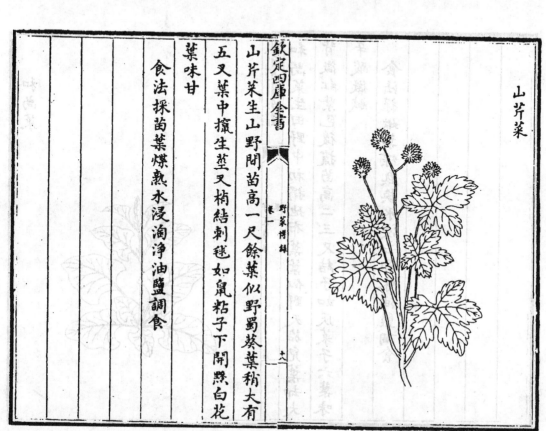

鹿蕨菜

鹿蕨菜生山野中苗高一尺許葉莖背圓面窊葉似胡蘿蔔葉亦肥硬味甜

食法採苗葉煠熟水浸淘淨油鹽調食

山芹菜

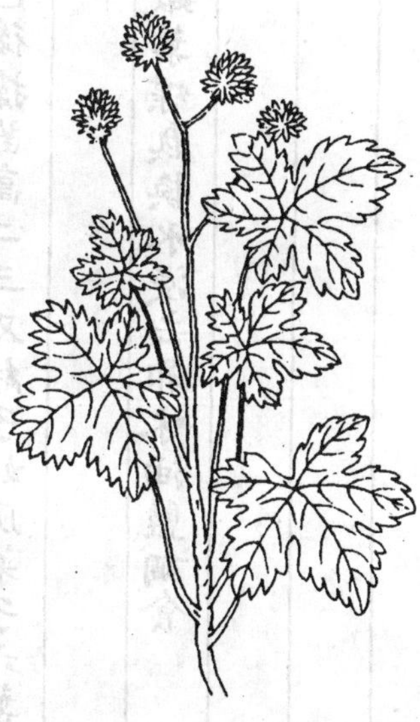

山芹菜生山野間苗高一尺餘葉似野蜀葵葉稍大有五叉葉中攛生莖叉梢結刺毬如鼠粘子下開黲白花葉味甘

食法採苗葉煠熟水浸淘淨油鹽調食

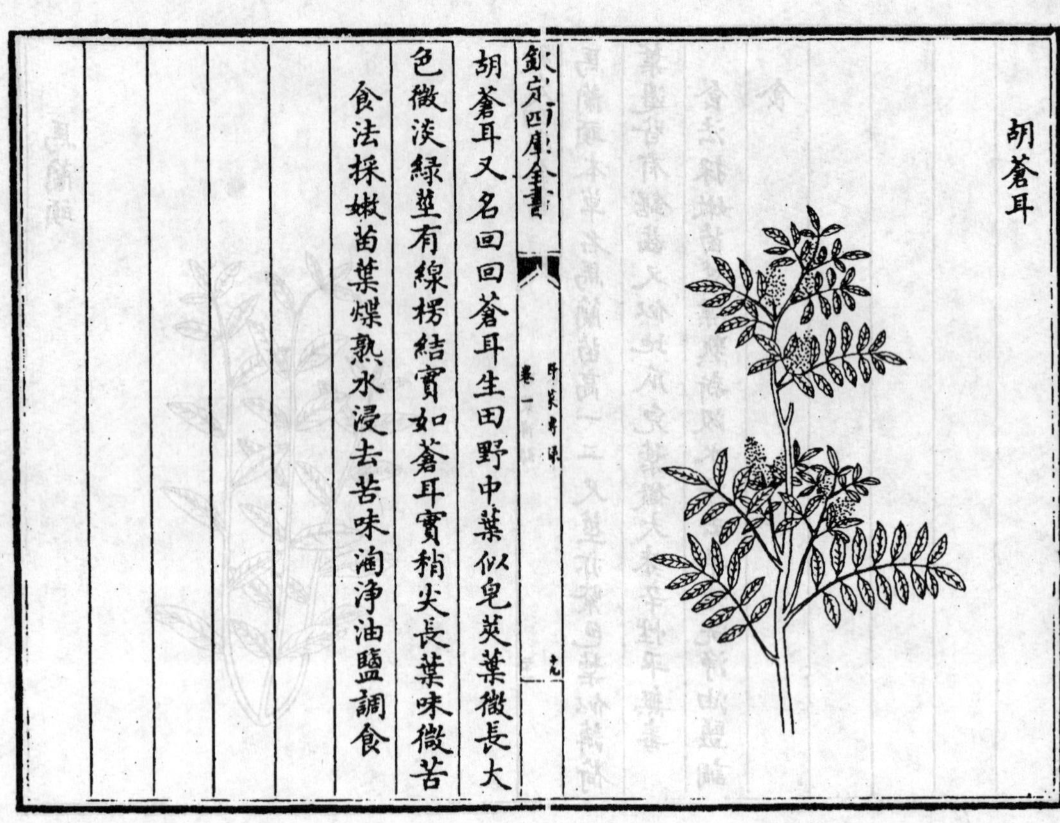

胡蒼耳又名回回蒼耳生田野中葉似皂莢葉微長大色微淡綠莖有線楞結實如蒼耳實稍尖長葉味微苦

食法採嫩苗葉煠熟水浸去苦味淘淨油鹽調食

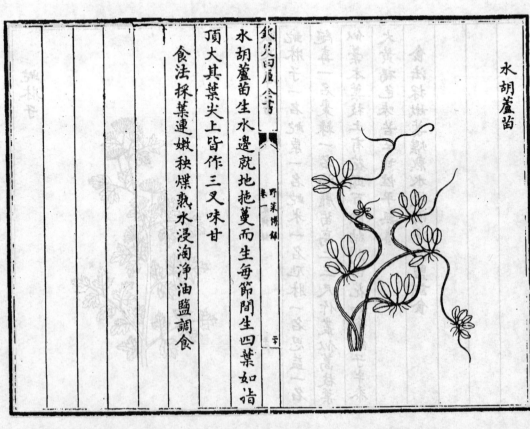

水胡蘆苗

水胡蘆苗生水邊就地拖蔓而生每節間生四葉如指頂大其葉尖上皆作三叉味甘

食法採葉連嫩秧煠熟水浸淘淨油鹽調食

馬蘭頭

馬蘭頭本草名馬蘭苗高一二尺莖亦紫色葉似薄荷葉邊皆有鋸齒又似地瓜兒葉微大味辛性平無毒

食法採嫩苗葉煠熟新汲水浸去辛味洗淨油鹽調食

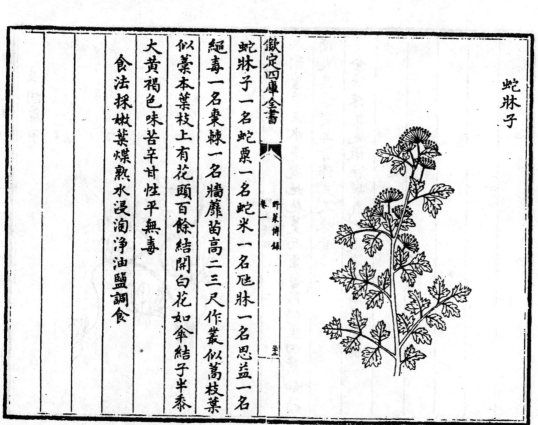

蛇牀子

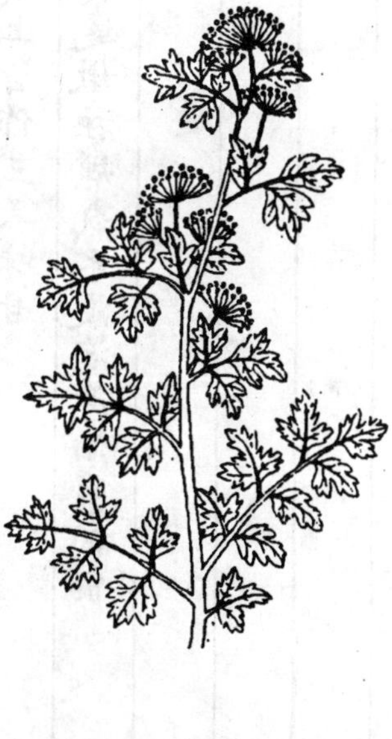

蛇牀子一名蛇粟一名蛇米一名虺牀一名思益一名繩毒一名棗棘一名牆蘼苗高二三尺作叢似蒿枝葉似藁本葉枝上有花頭百餘結開白花如傘結子半黍大黄褐色味苦辛甘性平無毒

食法採嫩葉煠熟水浸淘淨油鹽調食

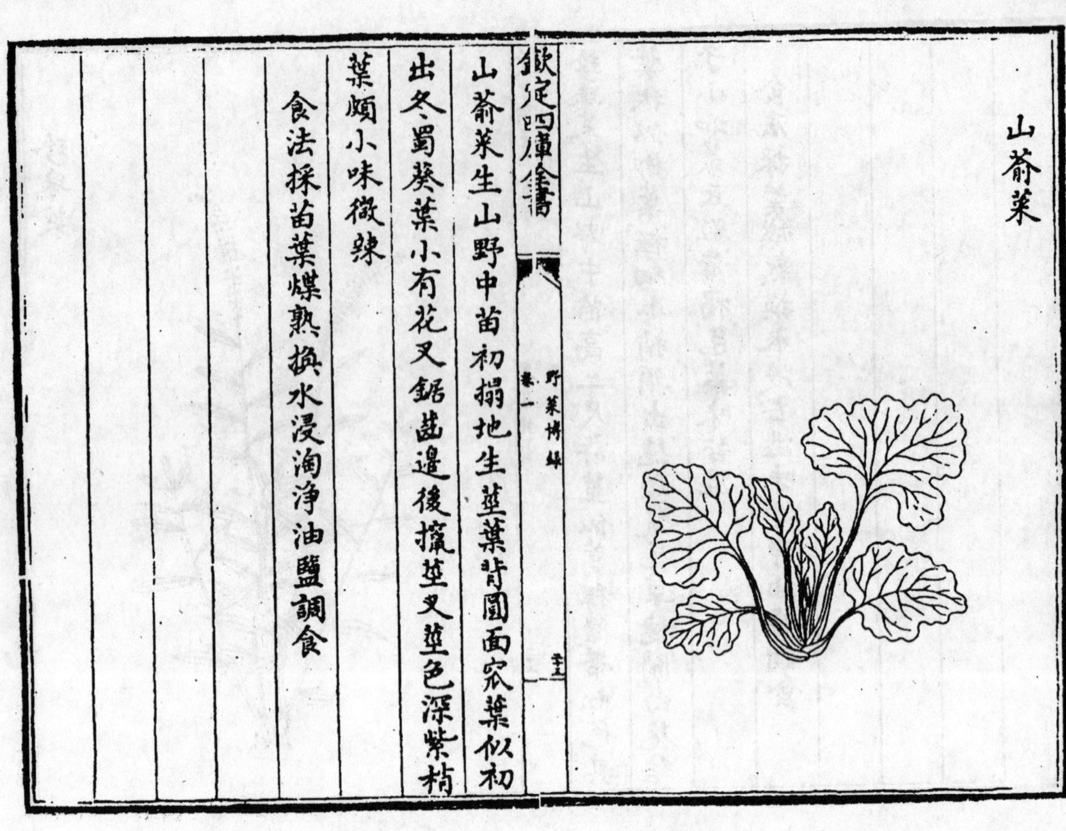

山萮菜

山萮菜生山野中苗初搨地生莖葉背圓面尖葉似初出冬蜀葵葉小有花叉鋸齒邊後攛莖叉莖色深紫梢葉頗小味微辣

食法採苗葉煠熟換水浸淘淨油鹽調食

米蒿

米蒿生田野中苗高尺許葉似園荽葉微細葉叢間分生莖叉梢上開小青黃花結小細角似葶藶角兒葉味微苦

食法採嫩苗葉煠熟水浸過淘淨油鹽調食

珍珠菜

珍珠菜生山野中苗高二尺許莖似蒿稈微帶紅色其葉狀似柳葉極細小梢頭出穗類鼠尾草穗開白花結子小如菉豆粒黃褐色葉味苦澁

食法採葉煠熟換水浸去澁味淘淨油鹽調食

風輪菜

風輪菜生山野中苗高二尺餘方莖四楞色淡緑微白葉似荏子葉小邊有鋸齒叉兩葉對生葉節間又四小葉相攢對生開淡粉紅花葉味苦

食法採葉煠熟水浸去苦味淘淨油鹽調食

涼蒿菜

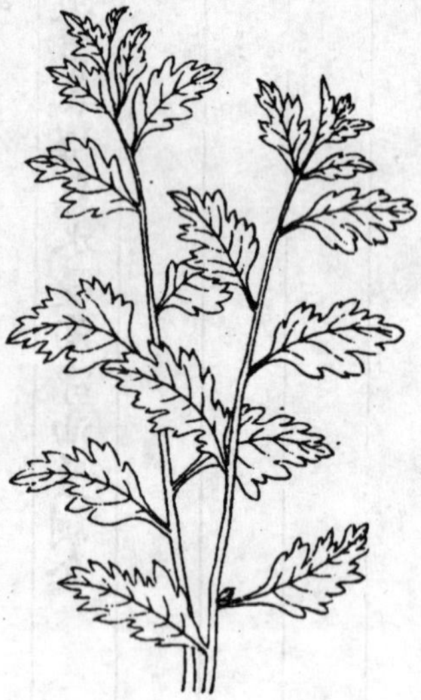

涼蒿菜又名甘菊芽生山野中葉似菊花葉細長尖多
花叉開黃花葉味甘
食法採葉煠熟換水浸淘淨油鹽調食

葛公菜

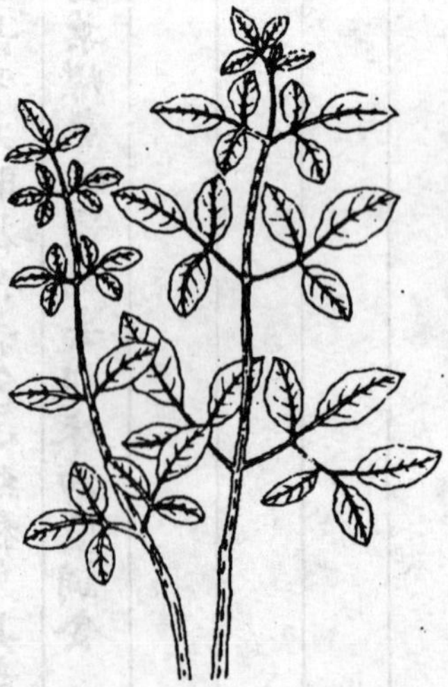

葛公菜生山谷間苗高二三尺莖方窊面四楞對分莖
叉葉亦對生葉似蘇子葉小梢間開粉紅花結子如小
米粒茶褐色葉味甜微苦
食法採葉煠熟水浸去苦味淘淨油鹽調食

八角菜

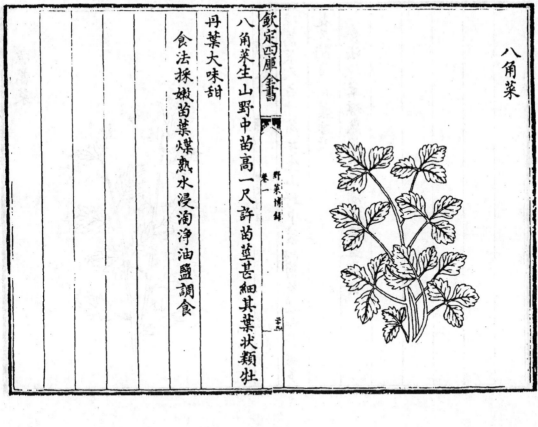

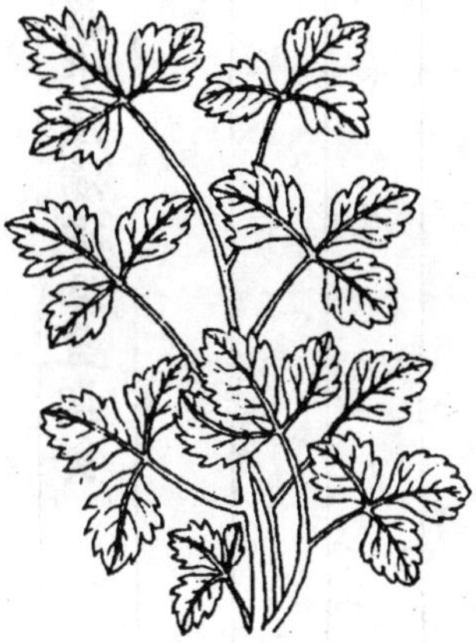

八角菜生山野中苗高一尺許葅莖甚細其葉狀類牡丹葉大味甜

食法採嫩葅葉煠熟水浸淘淨油鹽調食

螺黶兒

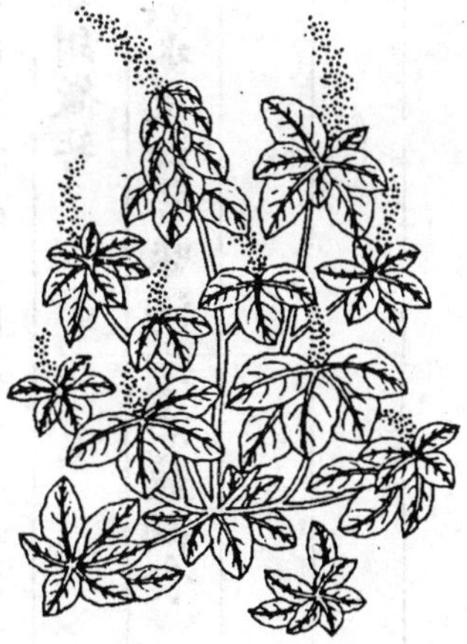

螺黶兒一名地桑一名痢兒草生荒野中莖微紅葉似野人莧葉微長窄尖開花作赤色小細穗兒其葉味甘

食法採葅葉煠熟水浸淘去邪味油鹽調食

婆婆納

婆婆納生田野中苗搨地生葉最小如小面花壓兒狀類初生菊花芽葉又團邊微花如雲影樣味甜

食法採苗葉煠熟水浸淘淨油鹽調食

節節菜

節節菜生荒野中濕地科苗甚小葉似醮蓮又更細小稀踈其莖多節堅硬葉間開粉紫花味甜

食法採嫩苗揀擇淨煠熟水浸過油鹽調食

野艾蒿

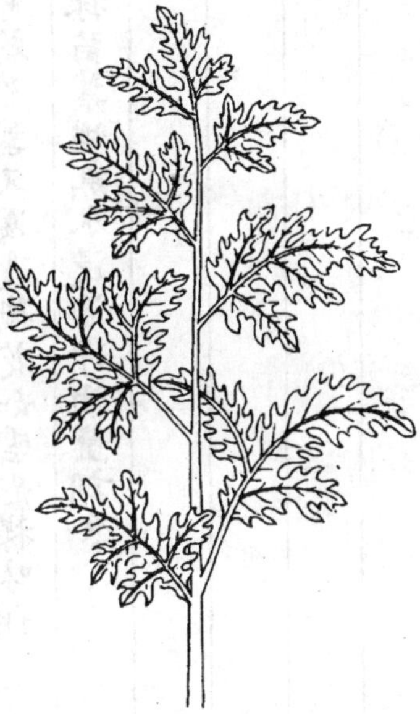

野艾蒿生田野中苗葉類艾而細又多花叉葉有艾香味苦

食法採葉煠熟水淘去苦味油鹽調食

堇堇菜

堇堇菜一名箭頭草生田野中苗初搨地生葉似鈹箭頭樣葉蒂甚長葉間攛葶開紫花結三瓣蒴兒中有子如芥菜子

食法採苗葉煠熟水浸淘淨油鹽調食

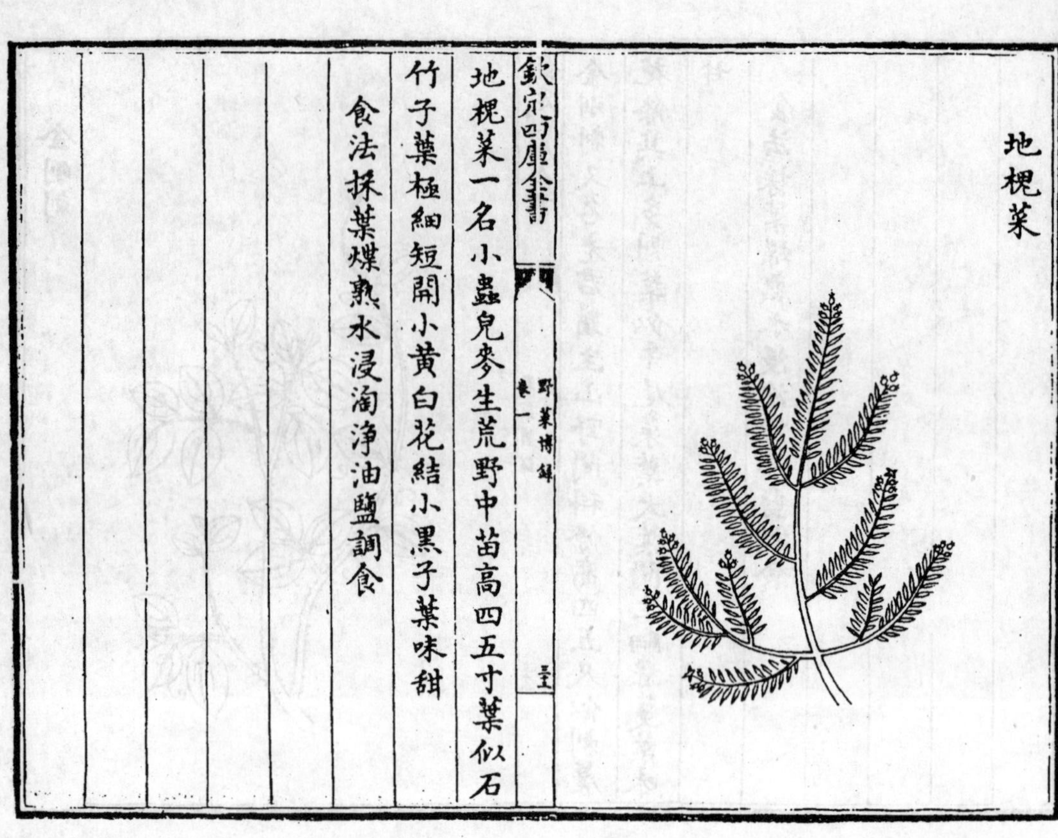

地梘菜

地梘菜一名小蟲兒麥生荒野中苗高四五寸葉似石竹子葉極細短開小黄白花結小黑子葉味甜

食法採葉煠熟水浸淘浄油鹽調食

老鸛筋

老鸛筋生田野中就地拖秧而生莖微紫色莖叉繁稠葉似園荽葉而短小頭不尖葉間開五瓣小黄花味甜

食法採嫩苗葉煠熟水浸去邪味淘洗浄油鹽調食

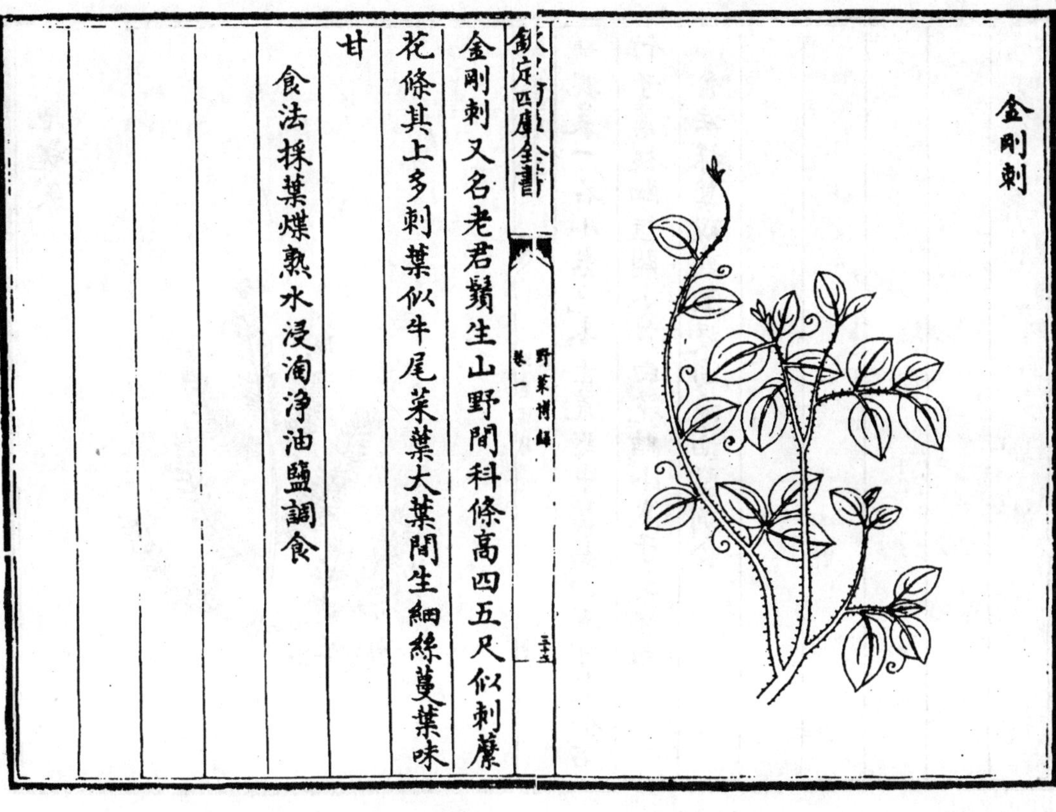

金剛刺又名老君鬚生山野間科條高四五尺似刺蘪花條其上多刺葉似牛尾菜葉大葉間生細絲蔓葉味甘

食法 採葉煠熟水浸淘淨油鹽調食

狗筋蔓

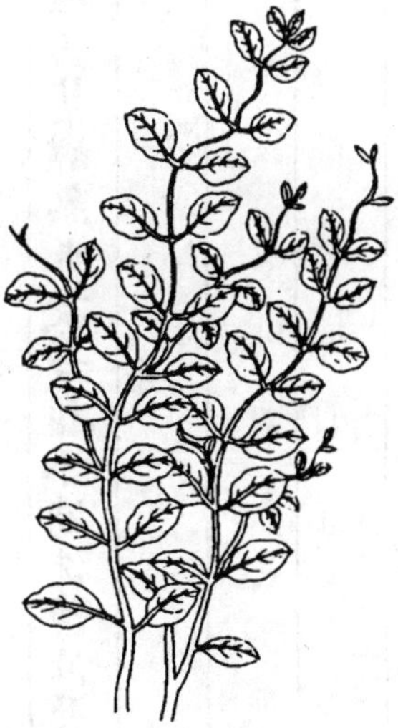

狗筋蔓生山野間小科就地拖蔓生葉似月芽菜葉微尖多紋脉兩葉對生葉梢間開白花葉味苦

食法 採葉煠熟水浸淘去苦味油鹽調食

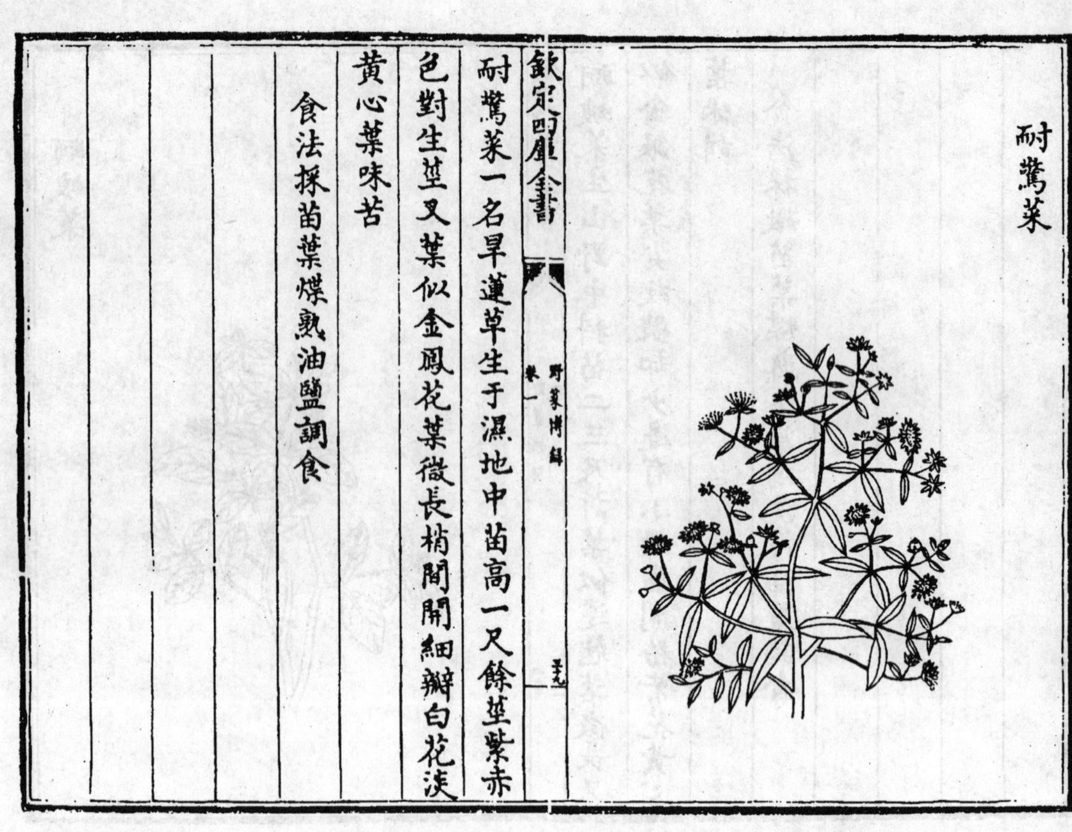

耐驚菜

耐驚菜一名旱蓮草生于濕地中苗高一尺餘莖紫赤色對生莖叉葉似金鳳花葉微長梢間開細瓣白花淡黃心葉味苦

食法採苗葉煠熟油鹽調食

地棠菜

地棠菜生山野中苗高一二尺葉似初生芥菜微窄尖味甜

食法採嫩苗葉煠熟油鹽調食

蚵蚾菜

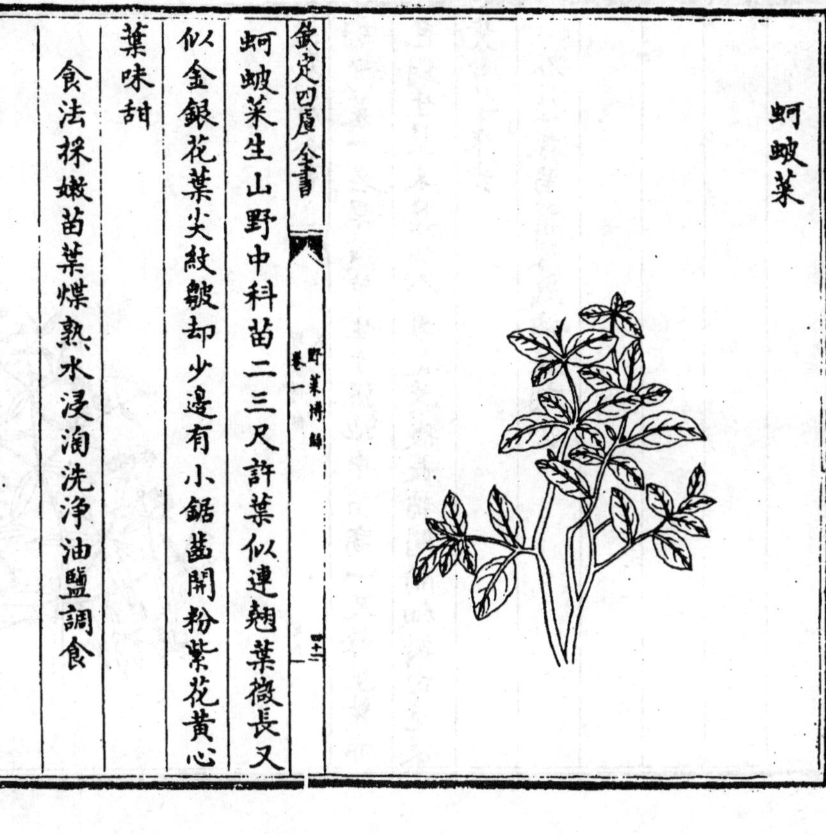

蚵蚾菜生山野中科苗二三尺許葉似連翹葉微長又似金銀花葉尖紋皺却少邊有小鋸齒開粉紫花黃心葉味甜

食法採嫩苗葉煠熟水浸淘洗淨油鹽調食

野粉團兒

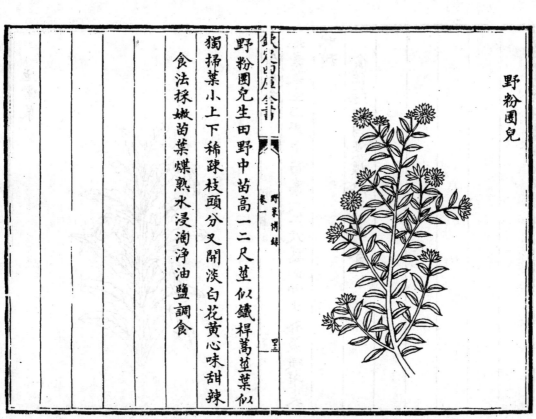

野粉團兒生田野中苗高一二尺莖似鐵桿蒿莖葉似獨掃葉小上下稀踈枝頭分叉開淡白花黃心味甜辣

食法採嫩苗葉煠熟水浸淘淨油鹽調食

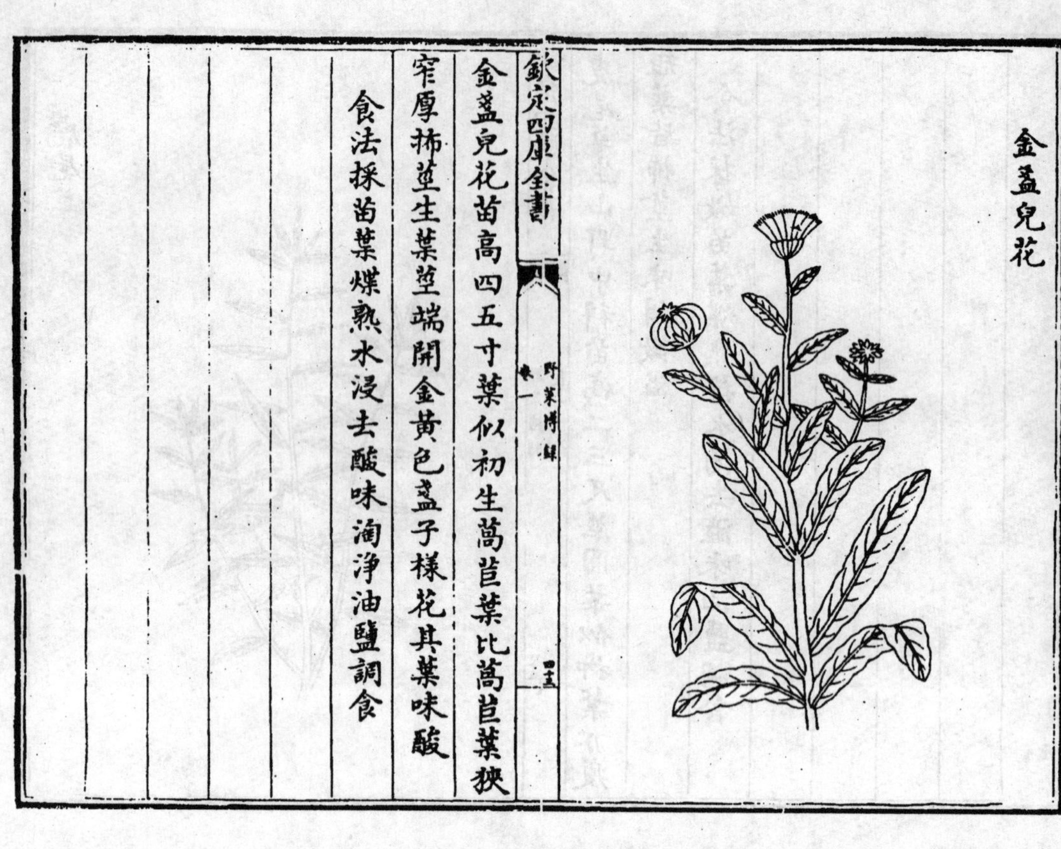

金盞兒花

金盞兒花苗高四五寸葉似初生萵苣葉比萵苣葉狹窄厚抪莖生葉莖端開金黄色盞子樣花其葉味酸

食法採苗葉煠熟水浸去酸味淘淨油鹽調食

鹻蓬

鹻蓬一名鹽蓬生水傍下濕地莖似落藜亦有線楞葉似蓬肥壯比蓬葉亦稀疏莖葉間結青子極細小其葉味微鹹性微寒

食法採苗葉煠熟水浸去鹹味淘淨油鹽調食

虎尾草

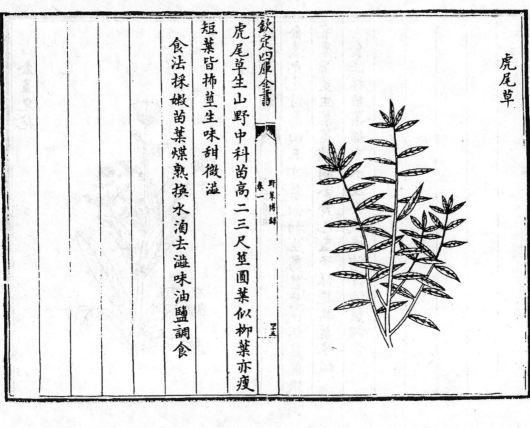

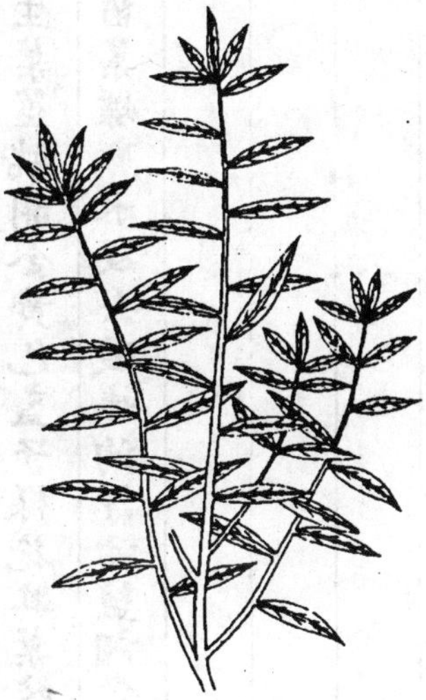

欽定四庫全書　野菜博錄　卷一　四十五

虎尾草生山野中科苗高二三尺莖圓葉似柳葉亦瘦短葉皆抪莖生味甜微澁

食法採嫩苗葉煠熟換水淘去澁味油鹽調食

野蜀葵

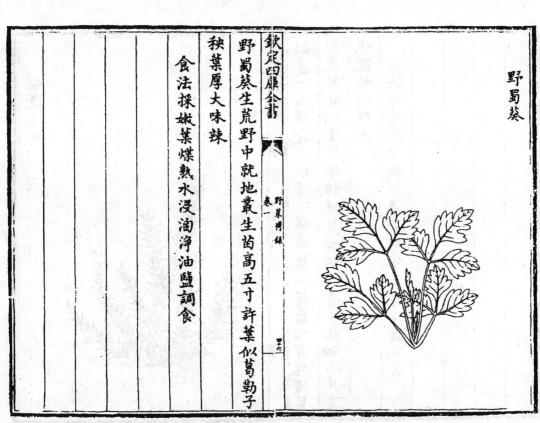

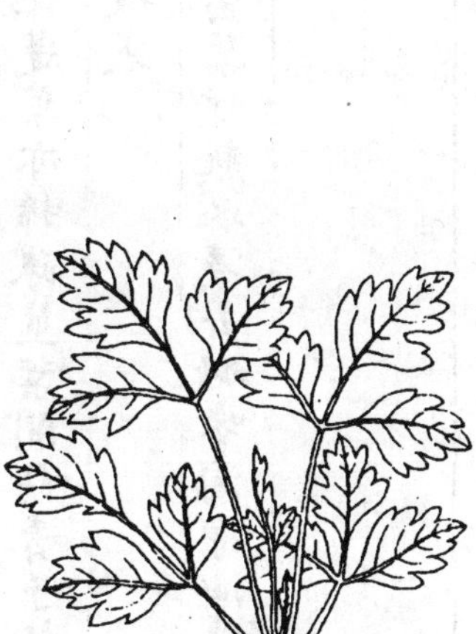

欽定四庫全書　野菜博錄　卷一　四十六

野蜀葵生荒野中就地叢生苗高五寸許葉似葛勒子秧葉厚大味辣

食法採嫩葉煠熟水浸淘淨油鹽調食

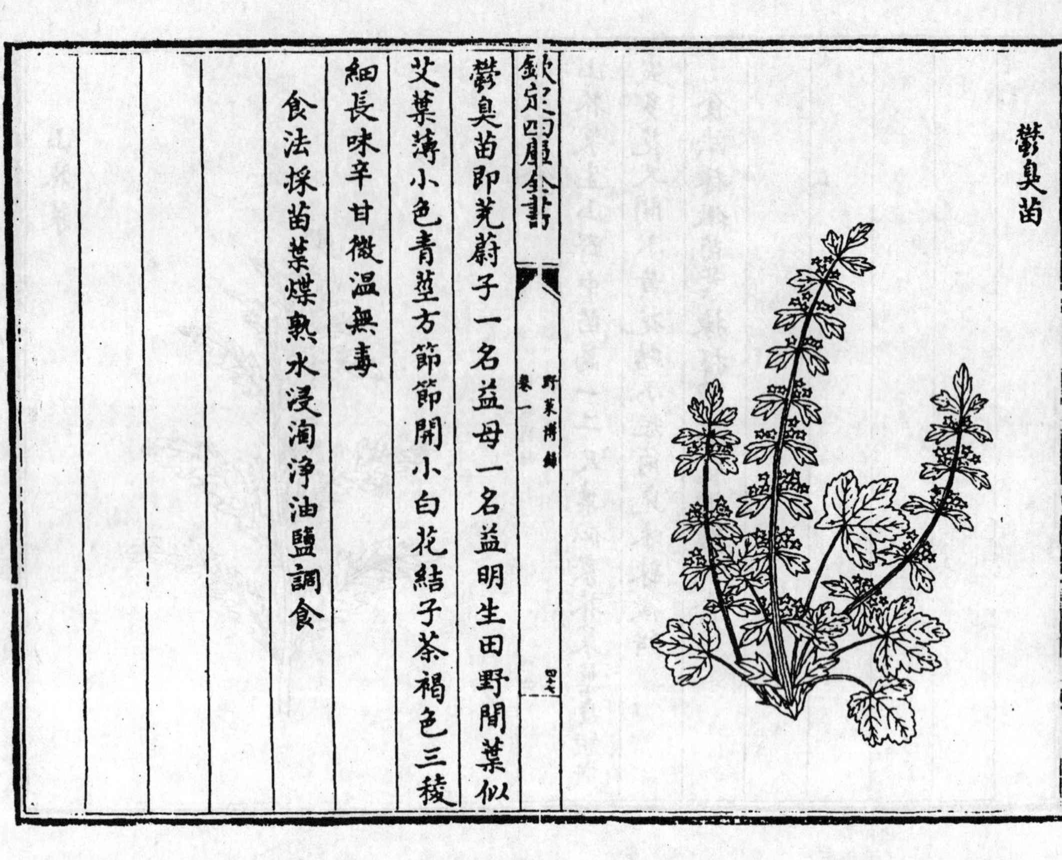

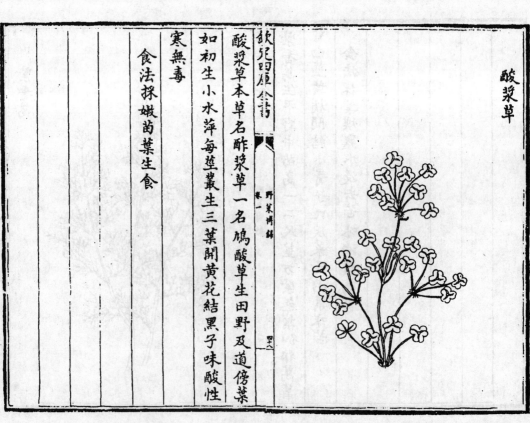

鬱臭苗

鬱臭苗即茺蔚子一名益母一名益明生田野間葉似艾葉薄小色青莖方節節開小白花結子茶褐色三稜細長味辛甘微温無毒

食法採苗葉煠熟水浸淘淨油鹽調食

酸漿草

酸漿草本草名酢漿草一名鳩酸草生田野及道傍葉如初生小水萍每莖叢生三葉開黃花結黑子味酸性寒無毒

食法採嫩苗葉生食

山芥菜

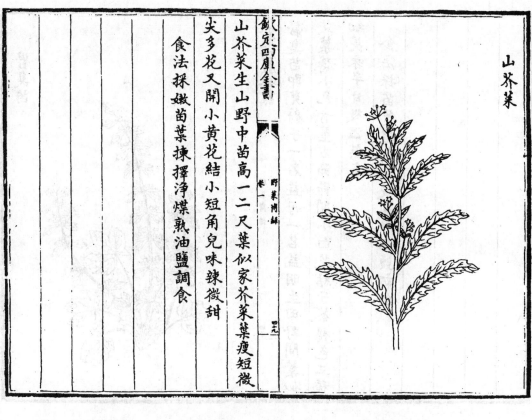

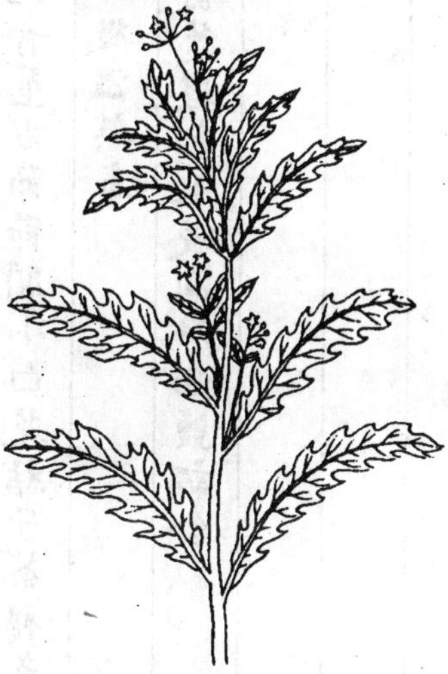

山芥菜生山野中苗高一二尺葉似家芥菜葉瘦短微尖多花叉開小黄花結小短角兒味辣微甜

食法採嫩苗葉揀擇淨煠熟油鹽調食

紫香蒿

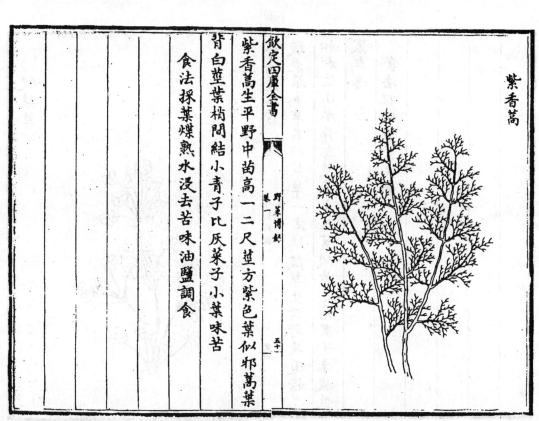

紫香蒿生平野中苗高一二尺莖方紫色葉似邪蒿葉背白莖葉梢間結小青子比灰菜子小葉味苦

食法採葉煠熟水浸去苦味油鹽調食

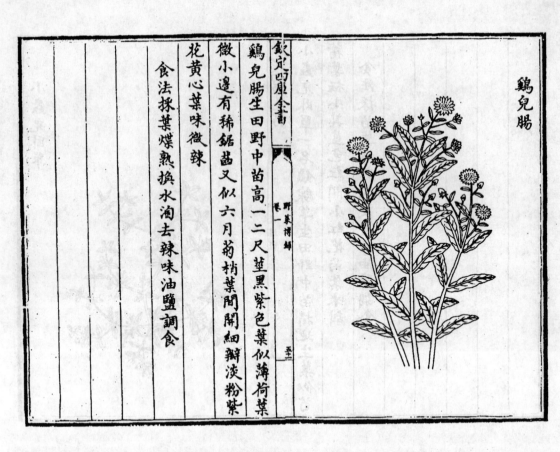

鷄兒腸

鷄兒腸生田野中苗高一二尺莖黑紫色葉似薄荷葉微小邊有稀鋸齒又似六月菊梢葉間開細瓣淡粉紫花黃心葉味微辣

食法採葉煠熟換水淘去辣味油鹽調食

雨點兒菜

雨點兒菜生田野中就地叢生其莖脚紫梢青葉如細柳葉窄小抪莖生又似石竹子葉頗硬梢間開小尖五瓣紫花結角比蘿蔔角又大其葉味甘

食法採葉煠熟水浸作過淘洗令淨油鹽調食

小蟲兒卧單

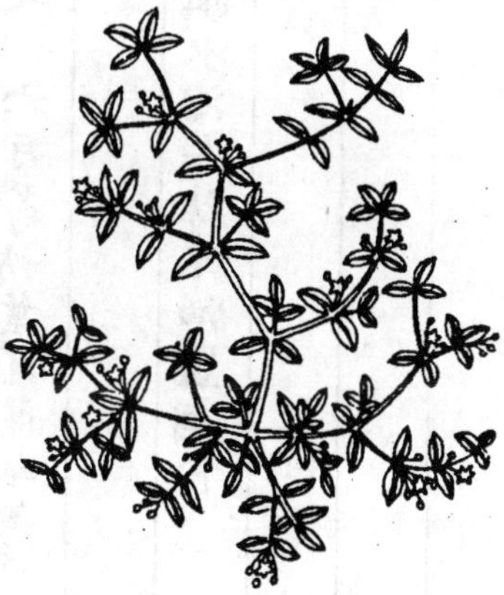

小蟲兒卧單一名鐵線草生田野中苗搨地生葉似苜蓿葉極小其莖色紅開小紅花苗葉味甜

食法採苗葉煠熟水浸淘淨油鹽調食

野西瓜苗

野西瓜苗俗名秃漢頭生田野中苗高尺餘葉似家西瓜葉頗小硬葉間生蒂開五瓣銀褐色紫心黄蕊花罷作蒴内結實如楝子大苗葉微苦

食法採嫩苗葉煠熟水浸去邪味淘過油鹽調食

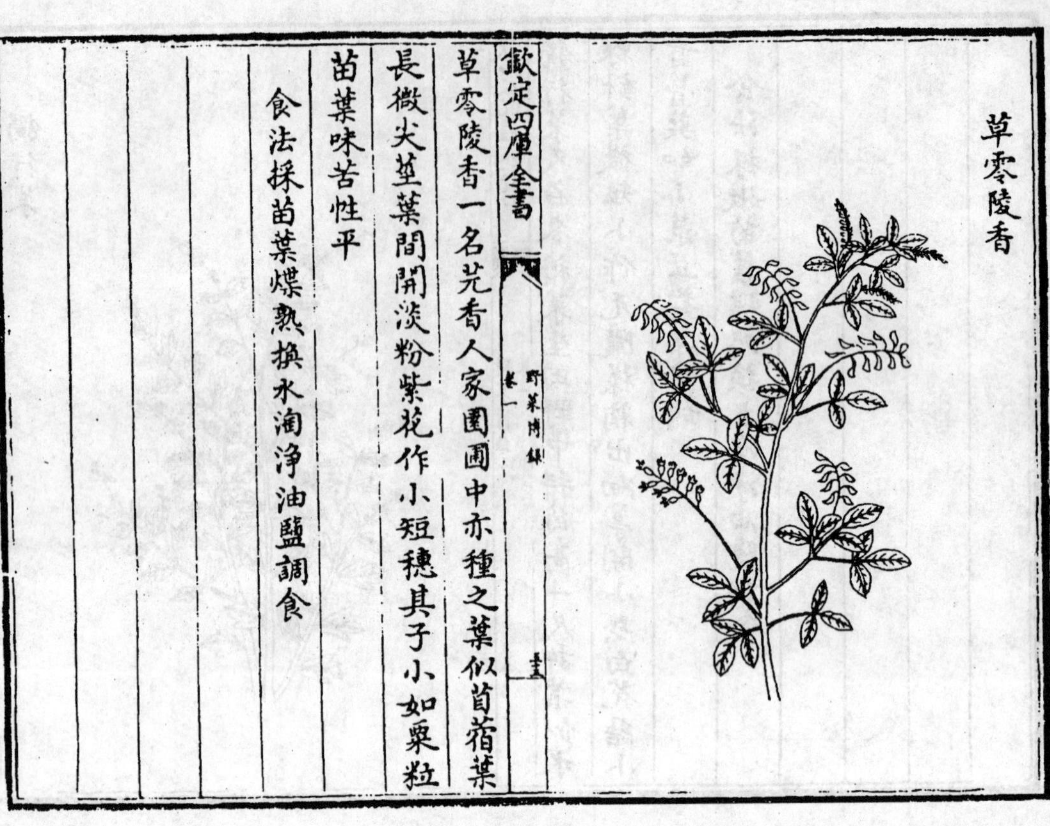

草零陵香

草零陵香一名芫香人家園圃中亦種之葉似苜蓿葉長微尖莖葉間開淡粉紫花作小短穗其子小如粟粒苗葉味苦性平

食法採苗葉煠熟換水淘淨油鹽調食

水落藜

水落藜生水邊處處有之苗高尺餘莖色微紅葉似野灰菜葉瘦小味微苦澁性涼

食法採苗葉煠熟換水浸淘淨油鹽調食或曬乾煠食尤可

獨行菜

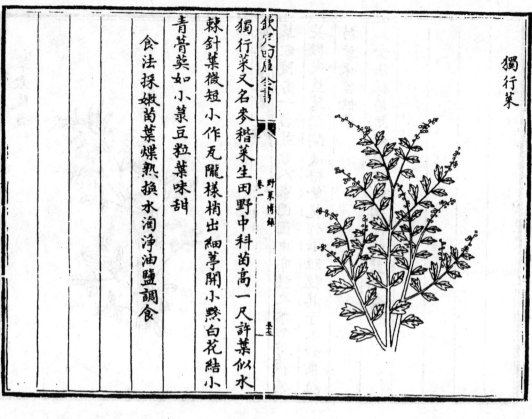

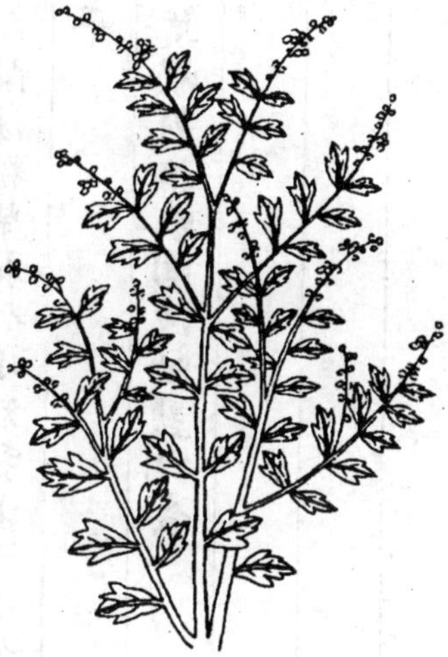

獨行菜又名麥稭菜生田野中科苗高一尺許葉似水棘針葉微短小作瓦隴樣梢出細葶開小黲白花結小青蓇葖如小菉豆粒葉味甜

食法採嫩苗葉煠熟換水淘淨油鹽調食

山蓼

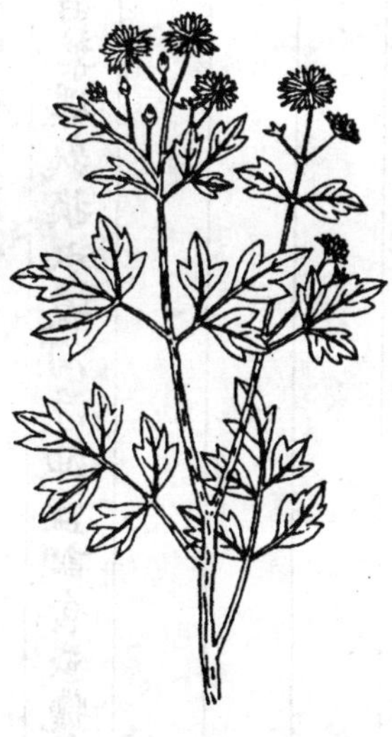

山蓼生山野間苗高一二尺葉似芍藥葉長細窄開碎瓣白花葉味微辣

食法採嫩葉煠熟換水浸去辣氣作成黃色淘洗淨油鹽調食

野菜博錄卷一

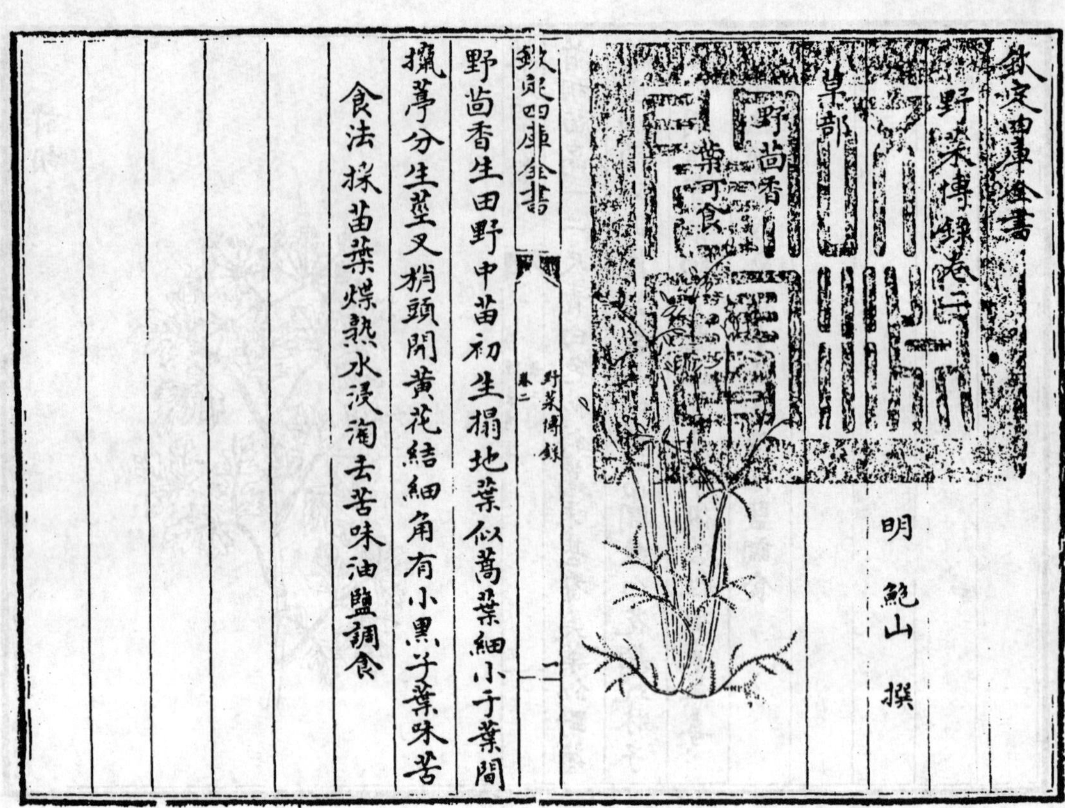

欽定四庫全書

野菜博錄卷二

明 鮑山 撰

草部

野茴香 葉可食

野茴香生田野中苗初生搨地葉似蒿葉細小于葉間擴葶分生莖叉梢頭開黃花結細角有小黑子葉味苦

食法 採苗葉煠熟水浸淘去苦味油鹽調食

野同蒿

野同蒿生荒野中苗高二三尺莖紫赤色葉微青黃色形似初生松針而茸細味苦

食法 採嫩苗葉煠熟換水浸淘淨油鹽調食

前胡

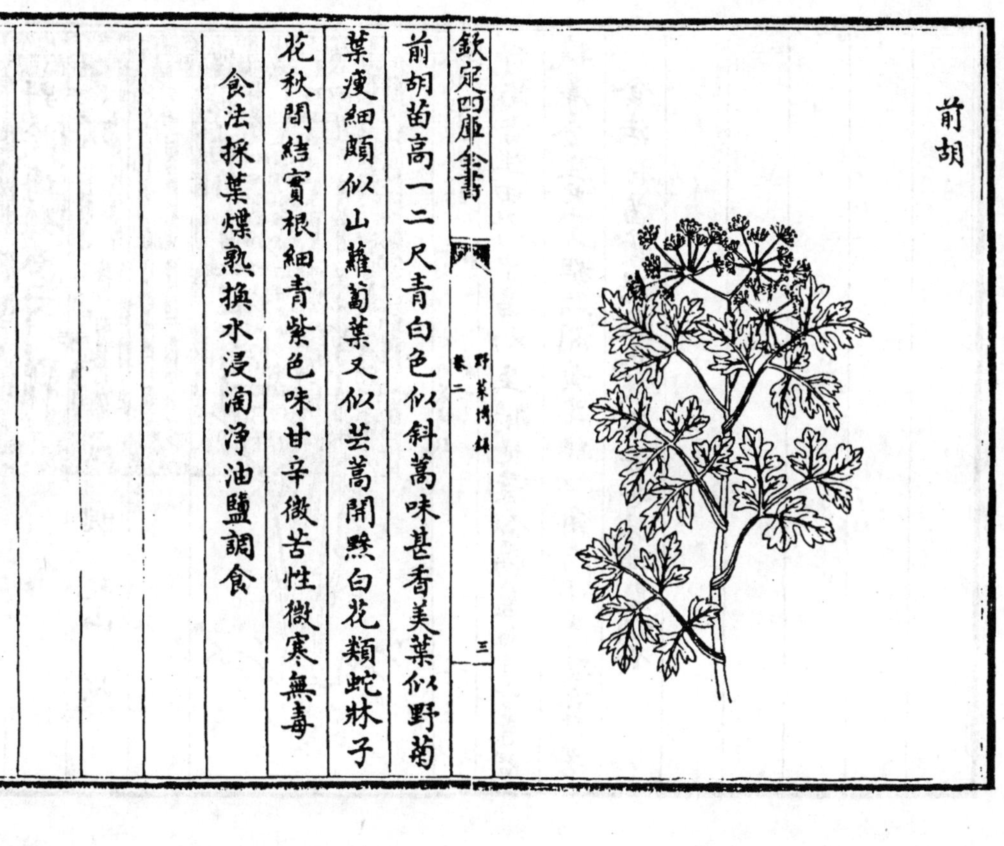

前胡苗高一二尺青白色似斜蒿味甚香美葉似野菊葉瘦細頗似山蘿蔔葉又似芸蒿開黪白花類蛇牀子花秋間結實根細青紫色味甘辛微苦性微寒無毒

食法採葉煠熟換水浸淘淨油鹽調食

透骨草

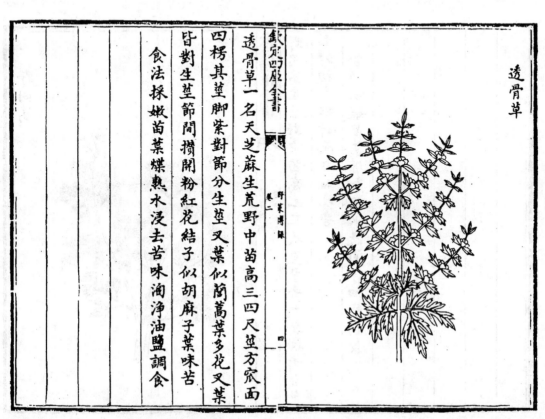

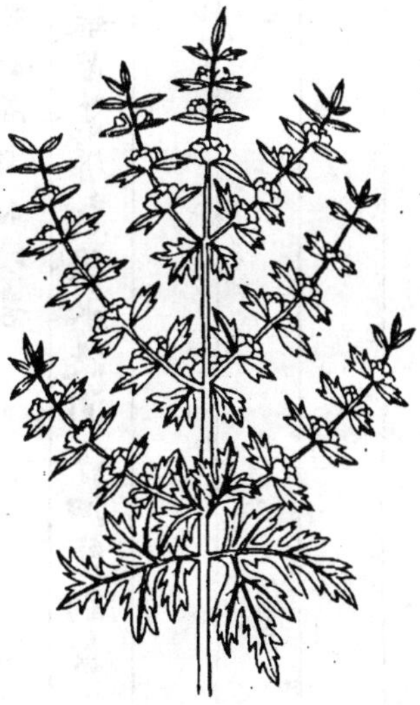

透骨草一名天芝麻生荒野中苗高三四尺莖方窊面四楞其莖脚紫對節分生莖叉葉似蔄蒿葉多花叉葉皆對生莖節間攢開粉紅花結子似胡麻子葉味苦

食法採嫩苗葉煠熟水浸去苦味淘淨油鹽調食

絞股藍

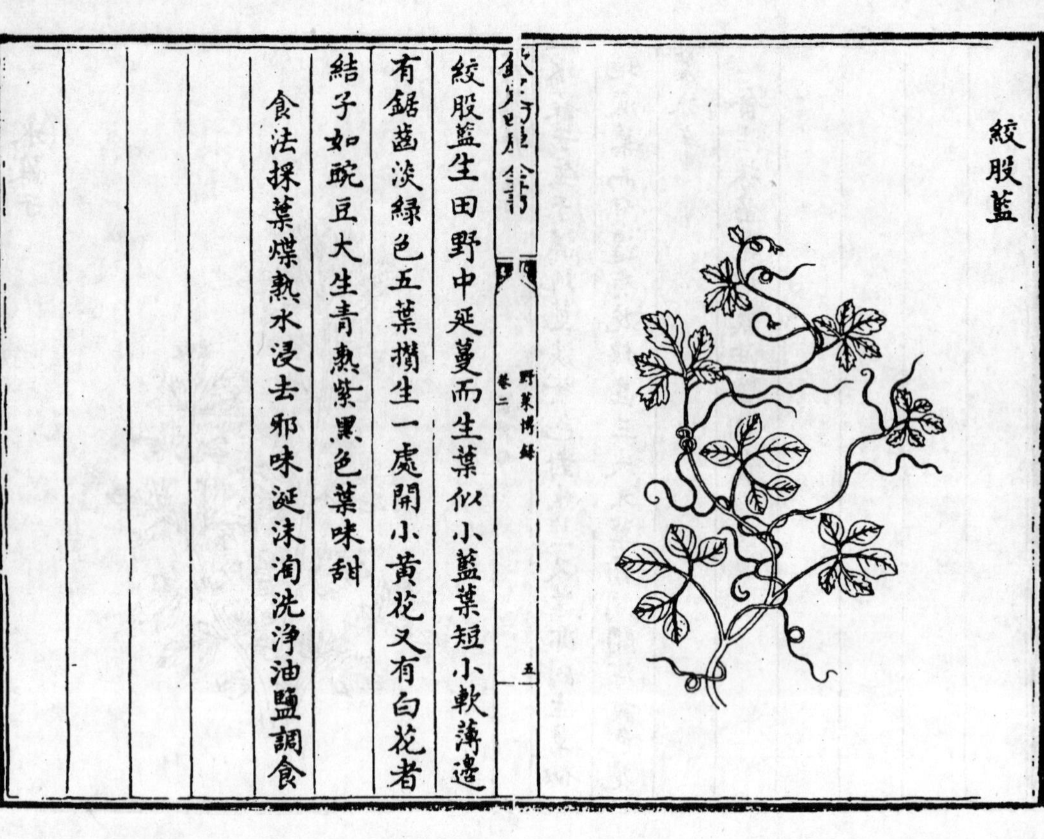

絞股藍生田野中延蔓而生葉似小藍葉短小軟薄邊有鋸齒淡綠色五葉攢生一處開小黃花又有白花者結子如豌豆大生青熟紫黑色葉味甜

食法採葉煠熟水浸去邪味涎沫淘洗淨油鹽調食

雞腸菜

雞腸菜生荒野中苗高二尺許莖方紫色其葉對生葉似小灰菜葉微匾開粉紅花結碗子蒴兒葉味甜

食法採苗葉煠熟水淘淨油鹽調食

水蘇子

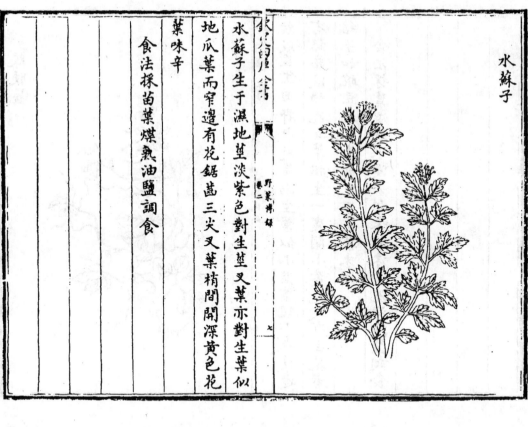

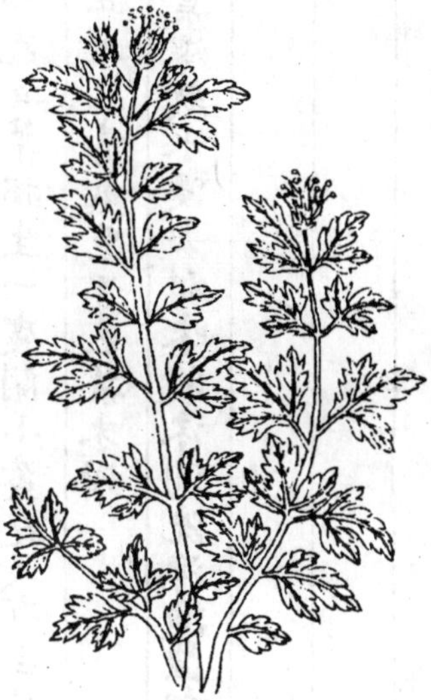

水蘇子生于濕地莖淡紫色對生莖叉葉亦對生葉似地瓜葉而窄邊有花鋸齒三尖叉葉梢間開深黄色花葉味辛

食法採苗葉煠熟油鹽調食

鵝兒腸

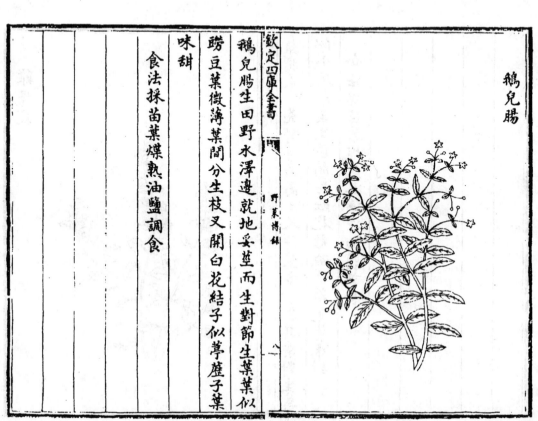

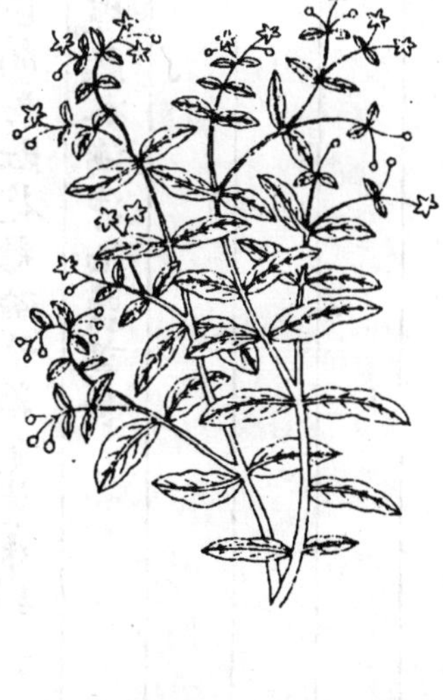

鵝兒腸生田野水澤邊就地妥莖而生對節生葉葉似螃豆葉微薄葉間分生枝叉開白花結子似葶藶子葉味甜

食法採苗葉煠熟油鹽調食

六月菊

六月菊生田野中苗高一二尺莖似鐵捍蒿莖葉似雞兒腸葉但長而澁又似馬蘭頭葉硬短梢葉間開淡紫花葉味微酸澁

食法採葉煠熟水浸去邪味油鹽調食

費菜

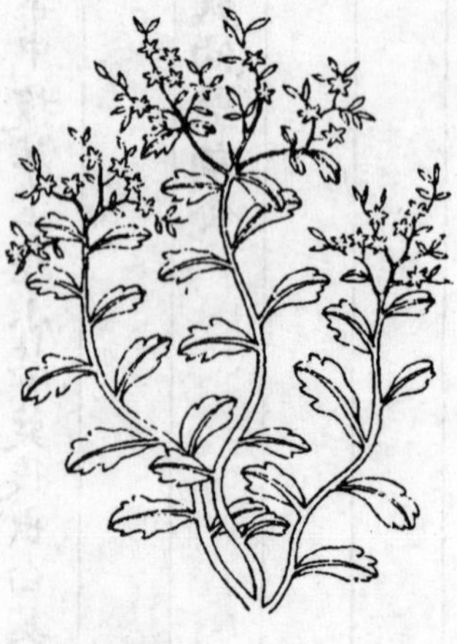

費菜生山野間苗高尺許葉似火燄草葉小頭頗齊上有鋸齒其葉抪莖生葉梢上開五瓣小尖淡黃色結五瓣紅小花蒴兒苗葉味酸

食法採嫩苗葉煠熟淘去酸味油鹽調食

紫雲菜

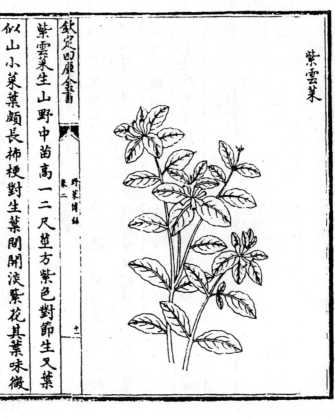

紫雲菜生山野中苗高一二尺莖方紫色對節生叉葉似山小菜葉頗長柹梗對生葉間開淡紫花其葉味微苦

食法採嫩苗葉煠熟水浸去苦味油鹽調食

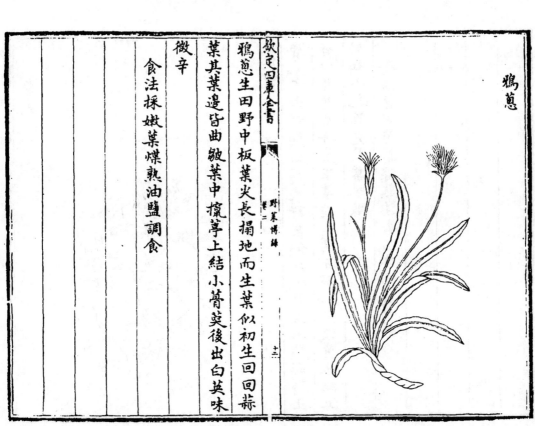

鵶葱

鵶葱生田野中板葉尖長搨地而生葉似初生回回蒜葉其葉邊皆曲皺葉中攛葶上結小蓇葖後出白英味微辛

食法採嫩葉煠熟油鹽調食

水棘針苗

水棘針苗又名山油子生田野中苗高一二尺莖方四楞對分莖叉葉亦對生葉似荆葉有軟鋸齒尖莖葉紫綠色開小紫碧花葉味辛辣微甜

食法採苗葉煠熟水淘洗淨油鹽調食

沙蓬

沙蓬又名雞爪菜生田野中苗高一尺餘初就地生後分莖叉莖有細線楞葉似獨掃葉窄厚莖梢間結小青子如粟粒小葉味甘性温

食法採苗葉煠熟水浸淘淨油鹽調食

川芎

川芎一名芎藭一名胡藭一名香果一名䕷蕪一名薇蕪一名茳蘺苗葉似芹葉微細又似白芷葉亦細又如園荽葉又開白花味辛甘性温無毒

食法採葉煠熟換水浸去辛味淘淨油鹽調食

防風

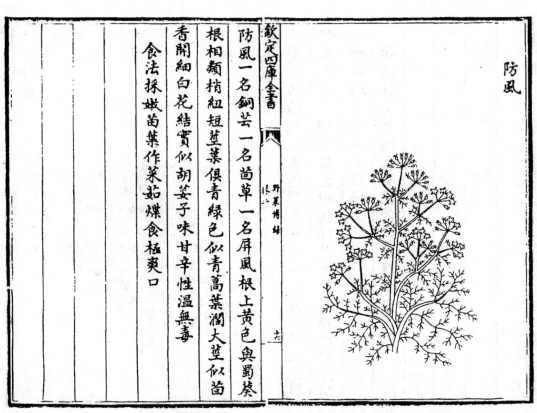

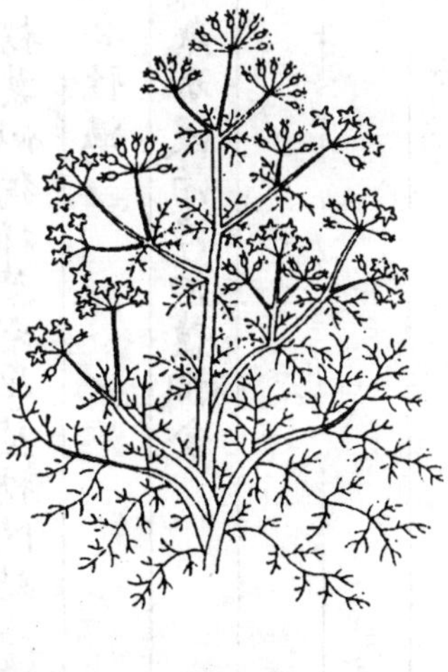

防風一名銅芸一名茴草一名屏風根上黄色與蜀葵根相類稍細短莖葉俱青緑色似青蒿葉濶大莖似茴香開細白花結實似胡荽子味甘辛性温無毒

食法採嫩苗葉作菜茹煠食極爽口

野生薑

野生薑本草名劉寄奴生山野中莖似艾蒿長二三尺餘葉似菊葉瘦尖開花白色結實黃白色作細筒子蒴兒葉味苦性溫無毒

食法採嫩葉煠熟水浸淘去苦味油鹽調食

水辣菜

水辣菜生水邊濕地中苗高尺餘莖圓葉似鷄兒腸葉頭微齊短其葉抪莖生梢間出穗如黃蒿穗其葉味辣

食法採嫩苗葉煠熟換水淘去辣氣油鹽調食生亦可食

爕豆菜

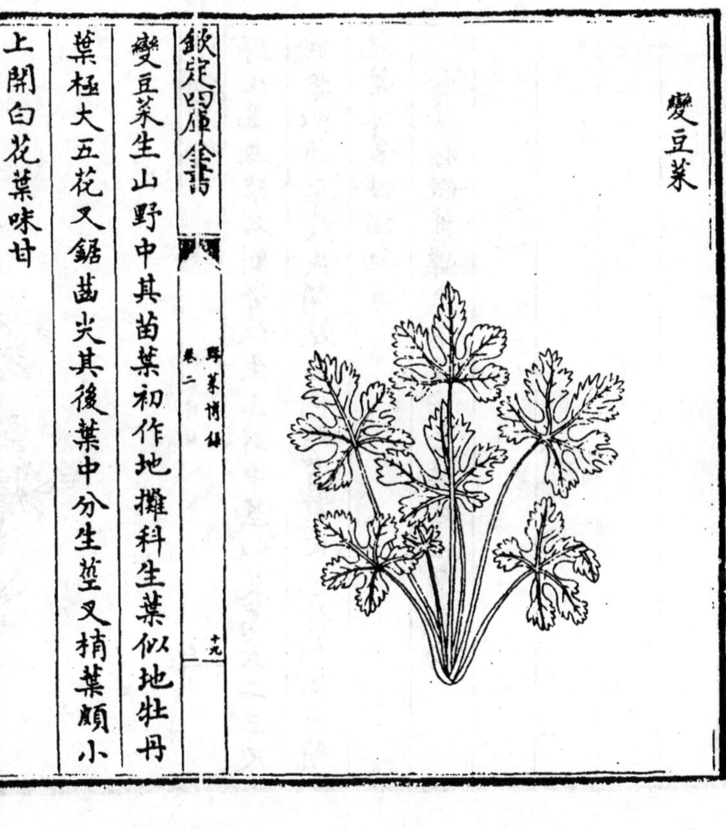

爕豆菜生山野中其苗葉初作地攤科生葉似地牡丹葉極大五花叉鋸齒尖其後葉中分生莖叉梢葉頗小上開白花葉味甘

食法採葉煠熟作成黃色換水淘淨油鹽調食

委陵菜

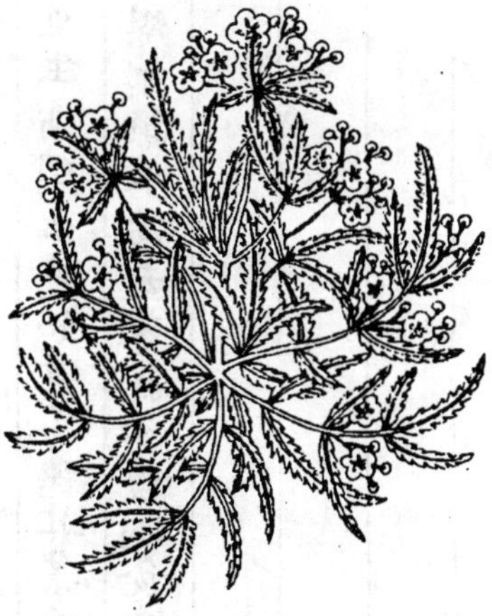

委陵菜一名翻白菜苗搨地生分莖叉上有白毛葉類柏葉淵邊有鋸齒面青背白又類鹿蕨葉梢間開五瓣黃色葉味苦微辣

食法採苗葉煠熟水浸淘淨油鹽調食

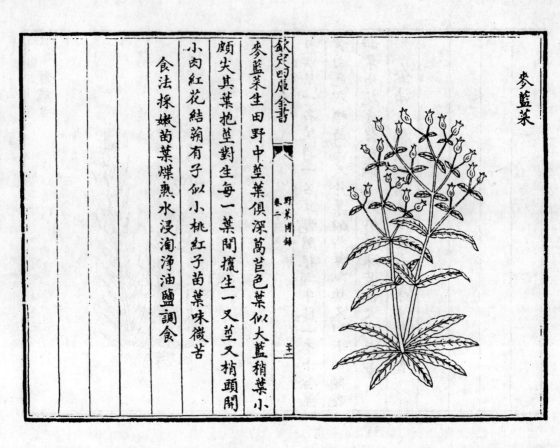

麥藍菜

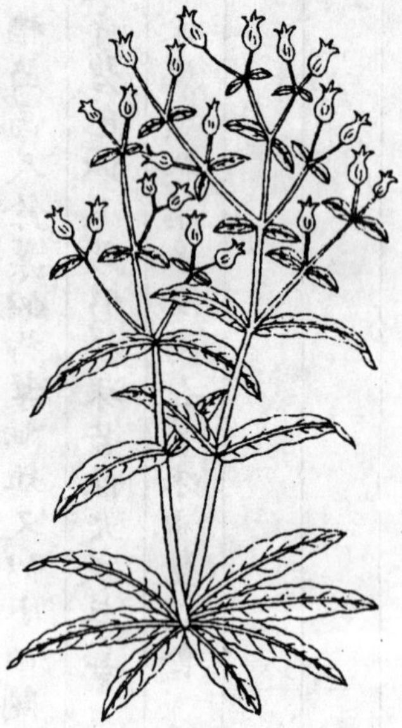

麥藍菜生田野中莖葉俱深萵苣色葉似大藍稍葉小頗尖其葉抱莖對生每一葉間攛生一叉莖叉梢頭開小肉紅花結蒴有子似小桃紅子苗葉味微苦

食法採嫩苗葉煠熟水浸淘淨油鹽調食

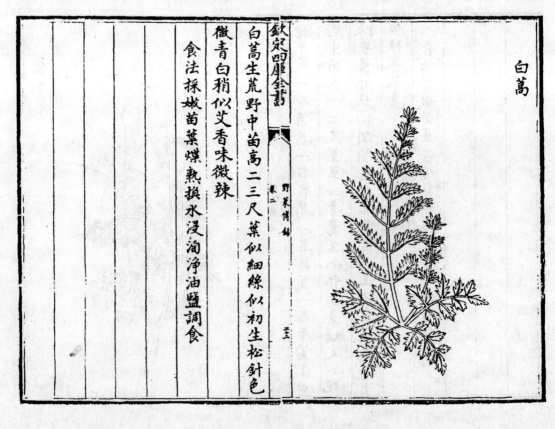

白蒿

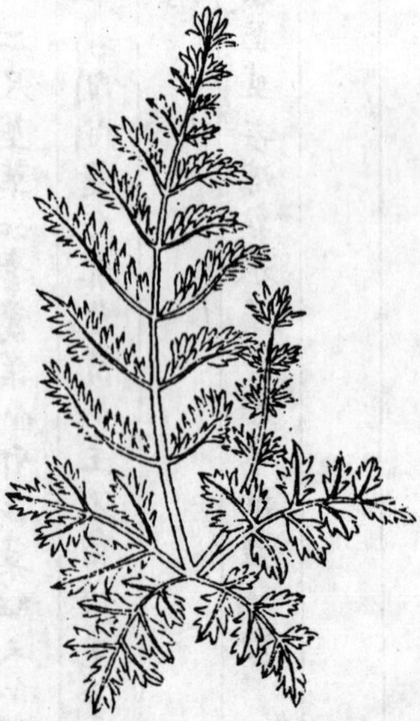

白蒿生荒野中苗高二三尺葉似細絲似初生松針色微青白稍似艾香味微辣

食法採嫩苗葉煠熟換水浸淘淨油鹽調食

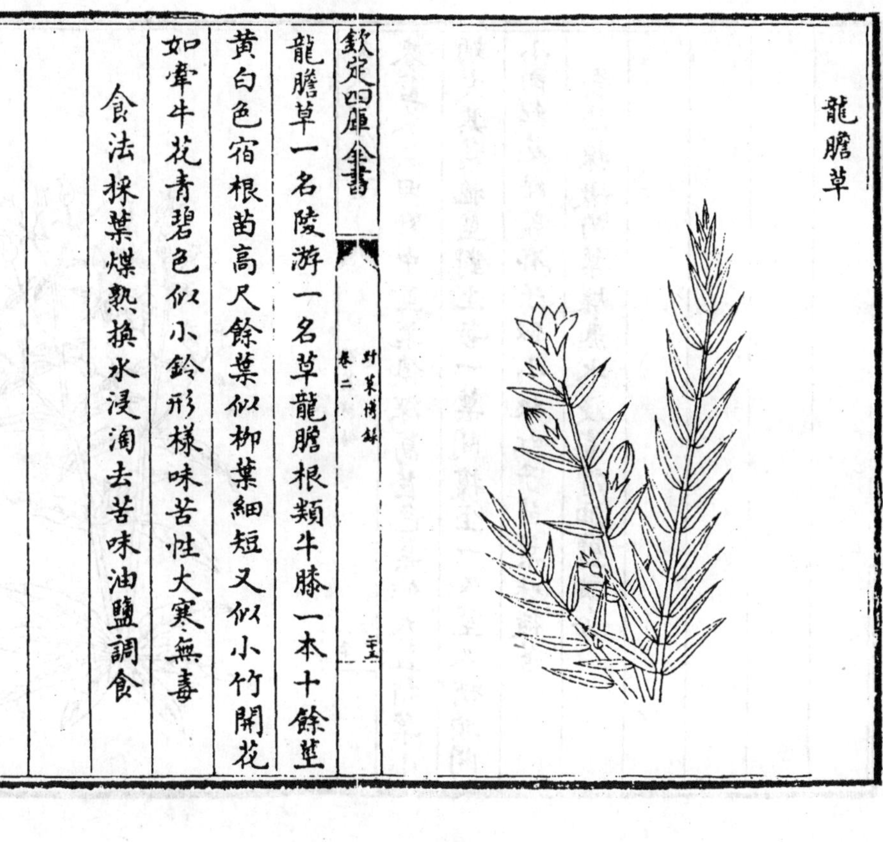

龍膽草

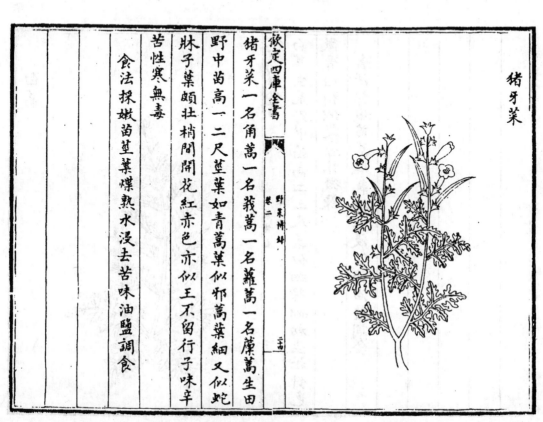

龍膽草一名陵游一名草龍膽根類牛膝一本十餘莖黄白色宿根苗高尺餘葉似柳葉細短又似小竹開花如牵牛花青碧色似小鈴形樣味苦性大寒無毒

食法 採葉煠熟換水浸淘去苦味油鹽調食

猪牙菜

猪牙菜一名角蒿一名莪蒿一名蘿蒿一名藘蒿生田野中苗高一二尺莖葉如青蒿葉似邪蒿葉細又似蛇牀子葉頗壯梢間開花紅赤色亦似王不留行子味辛苦性寒無毒

食法 採嫩苗莖葉煠熟水浸去苦味油鹽調食

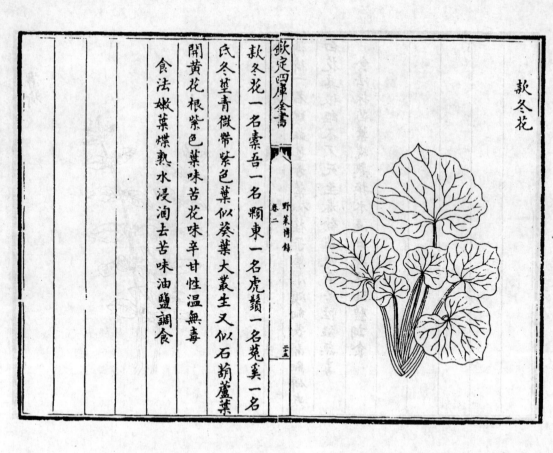

款冬花

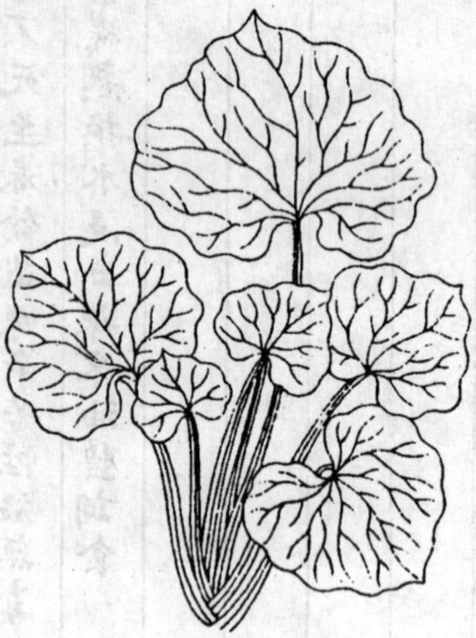

款冬花一名橐吾一名顆東一名虎鬚一名菟奚一名氐冬莖青微帶紫色葉似葵葉大叢生又似石葫蘆葉開黄花根紫色葉味苦花味辛甘性温無毒

食法嫩葉煠熟水浸淘去苦味油鹽調食

萹蓄

萹蓄一名萹竹苗似石竹葉微濶嫩緑赤莖如釵股節閒花出甚細淡桃紅色結小細子根如蒿根苗葉味苦性平無毒

食法苗葉煠熟水浸淘淨油鹽調食

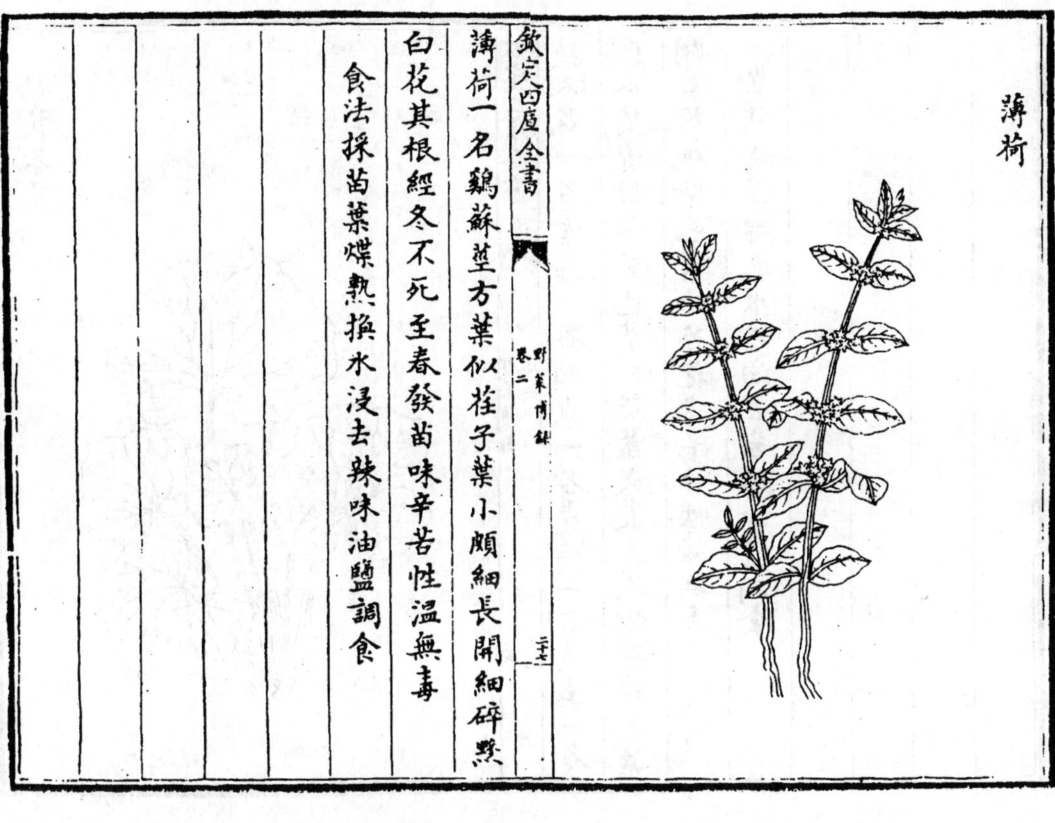

薄荷

薄荷一名鷄蘇莖方葉似荏子葉小頗細長開細碎黄白花其根經冬不死至春發苗味辛苦性温無毒

食法採苗葉煠熟換水浸去辣味油鹽調食

苜蓿

苜蓿苗高尺餘細莖分叉生葉似錦鷄兒花葉微長每三葉攢生一處梢間開紫花結彎角兒中有子如黍米大味苦性平無毒

食法採嫩苗葉煠熟油鹽調食

漏蘆

漏蘆一名野蘭一名莢蒿根一名鹿驪根一名鬼油麻苗葉就地叢生葉似山芥菜葉又似白屈菜葉葉中攛葶上開紅白花根苗味苦鹹性大寒無毒

食法採葉煠熟水浸淘去苦味油鹽調食

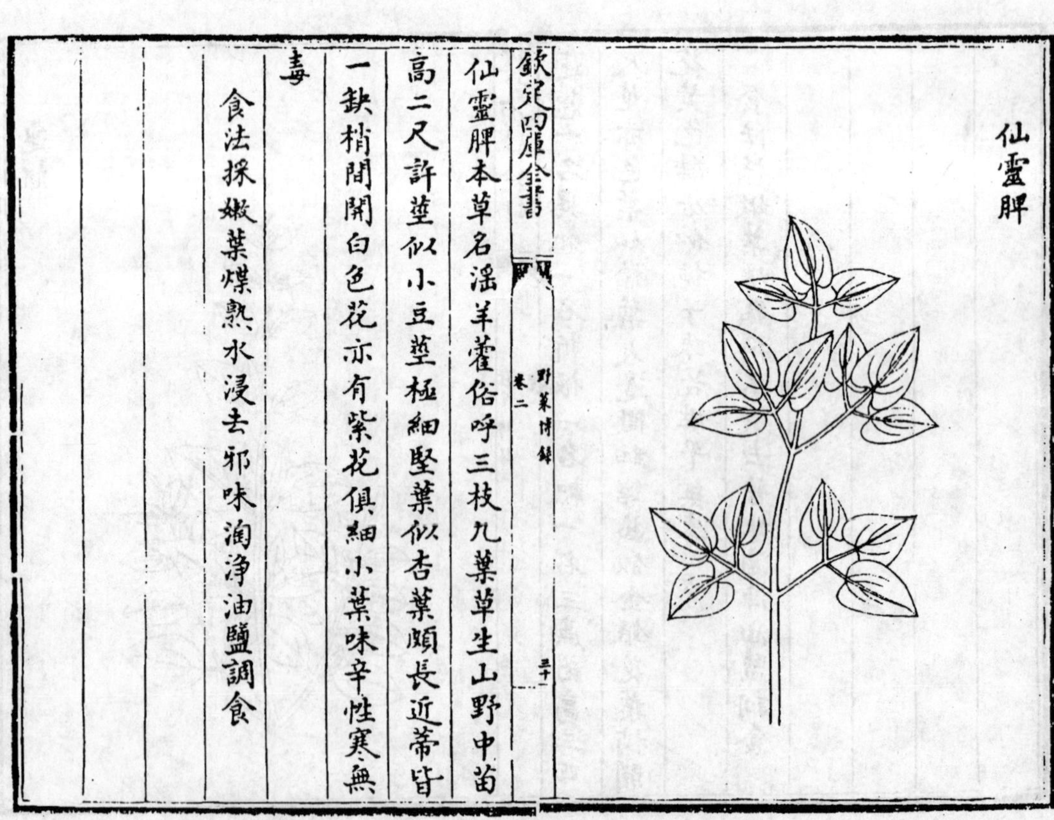

仙靈脾

仙靈脾本草名淫羊藿俗呼三枝九葉草生山野中苗高二尺許莖似小豆莖極細堅葉似杏葉頗長近蔕皆一鈌稍間開白色花亦有紫花俱細小葉味辛性寒無毒

食法採嫩葉煠熟水浸去邪味淘淨油鹽調食

桔梗

桔梗一名利如一名房圖一名白藥一名梗草一名薺苨根如手指大黃白色春生苗莖高尺餘葉似杏葉長楕四葉相對生開花紫碧色頗似牽牛花秋後結子根葉味辛苦性微溫有小毒

食法採葉煠熟換水浸去苦味淘洗淨油鹽調食

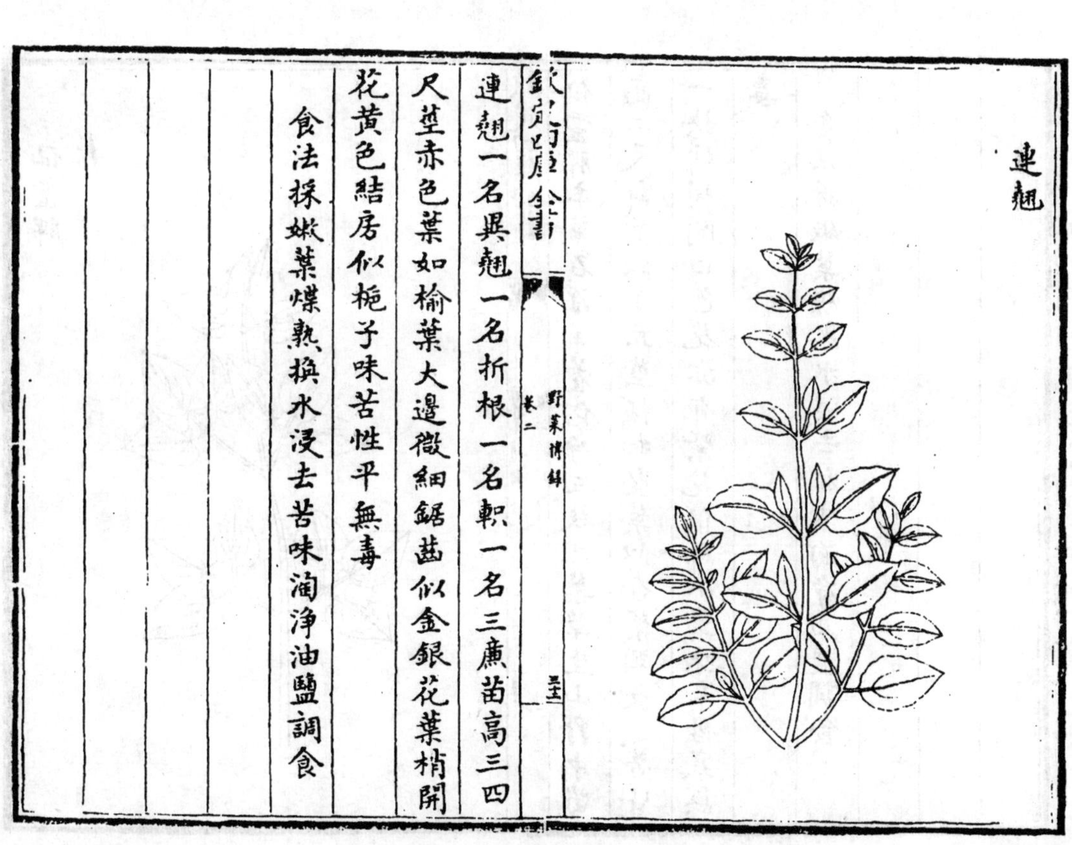

連翹

連翹一名異翹一名折根一名軹一名三廉苗高三四尺莖赤色葉如榆葉大邊微細鋸齒似金銀花葉梢開花黃色結房似梔子味苦性平無毒

食法採嫩葉煠熟換水浸去苦味淘淨油鹽調食

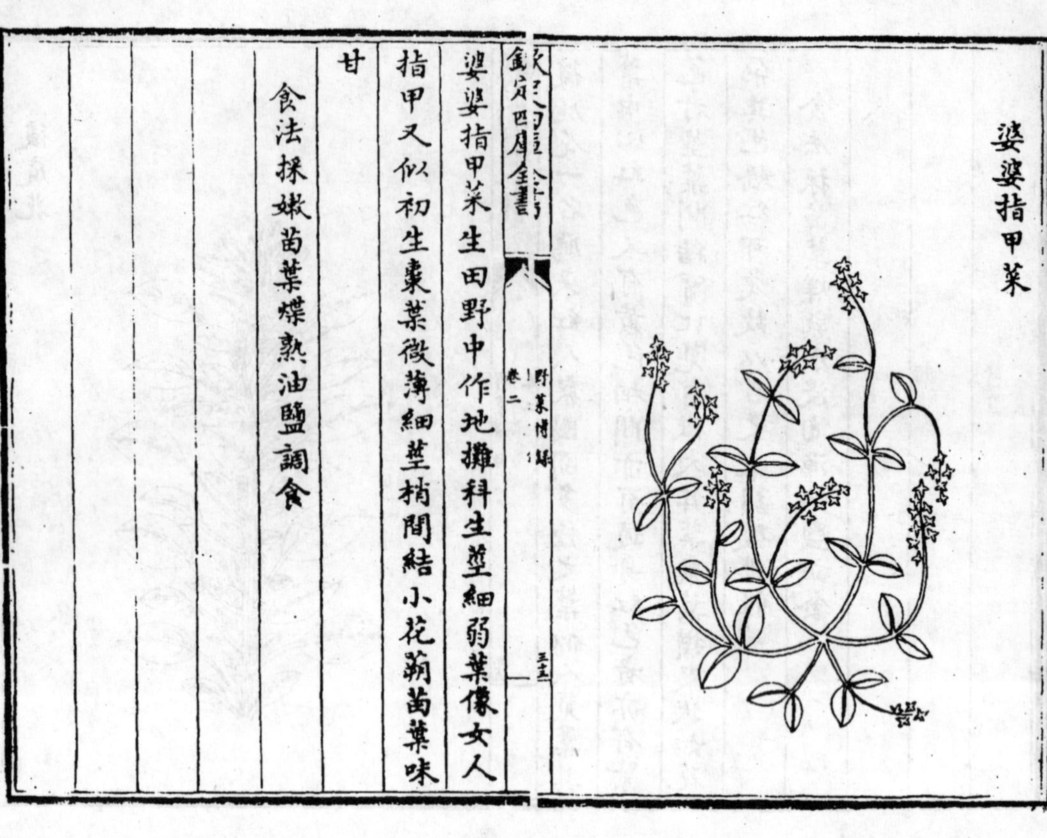

婆婆指甲菜生田野中作地攤科生莖細弱葉像女人指甲又似初生棗葉微薄細莖梢間結小花蒴苗葉味甘

食法　採嫩苗葉煠熟油鹽調食

馬兜鈴

馬兜鈴一名雲南根一名土青木香苗如藤蔓葉如山藥葉厚大背白開黄紫花頗類枸杞花結實如鈴味苦性寒

食法　採葉煠熟用水浸去苦味淘淨油鹽調食

後庭花

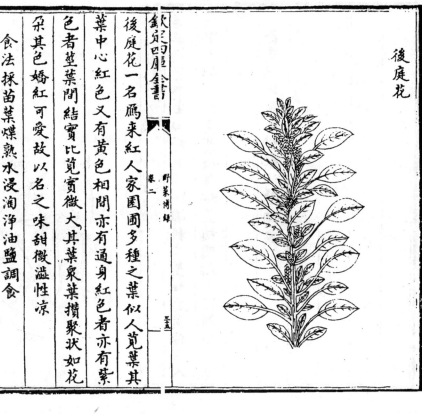

後庭花一名鴈来紅人家園圃多種之葉似人莧葉其葉中心紅色又有黄色相間亦有通身紅色者亦有紫色者莖葉間結實比莧實微大其葉衆葉攢聚狀如花朶其色嬌紅可愛故以名之味甜微澁性涼

食法　採苗葉煠熟水浸淘淨油鹽調食

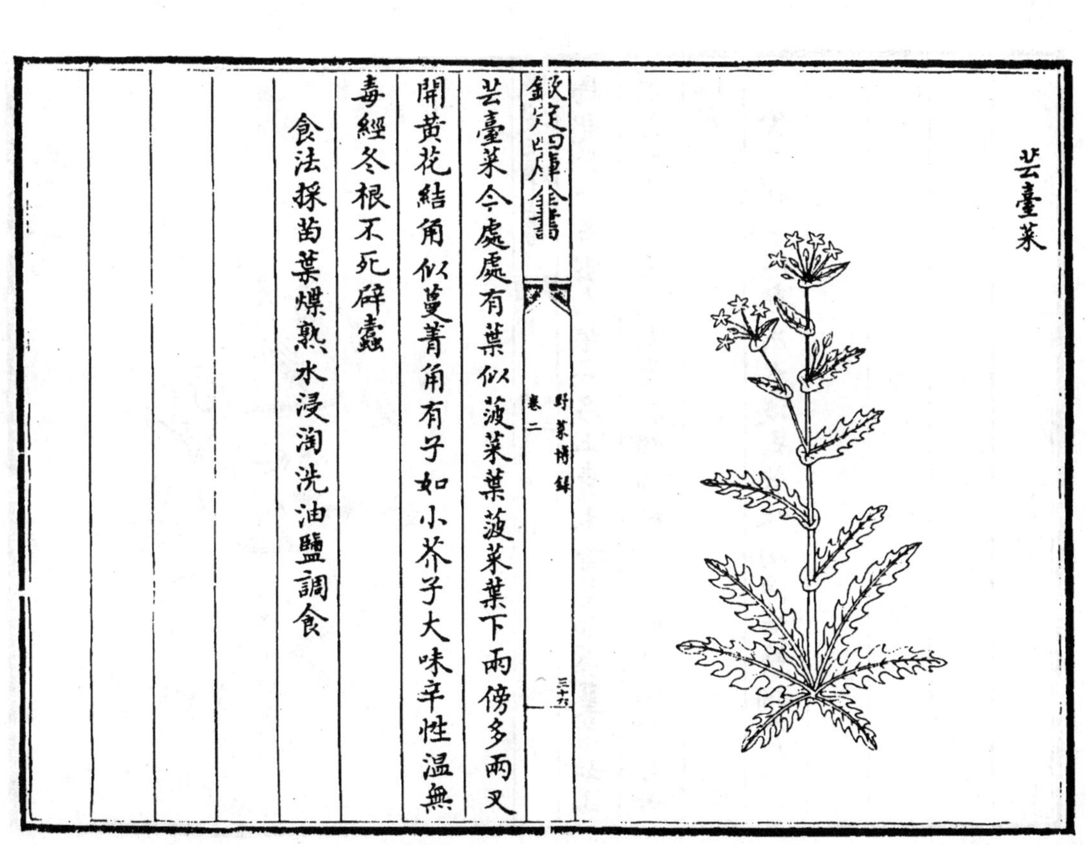

芸臺菜

芸臺菜今處處有葉似菠菜葉菠菜葉下兩傍多兩叉開黄花結角似蔓菁角有子如小芥子大味辛性温無毒經冬根不死辟蠧

食法　採苗葉煠熟水浸淘洗油鹽調食

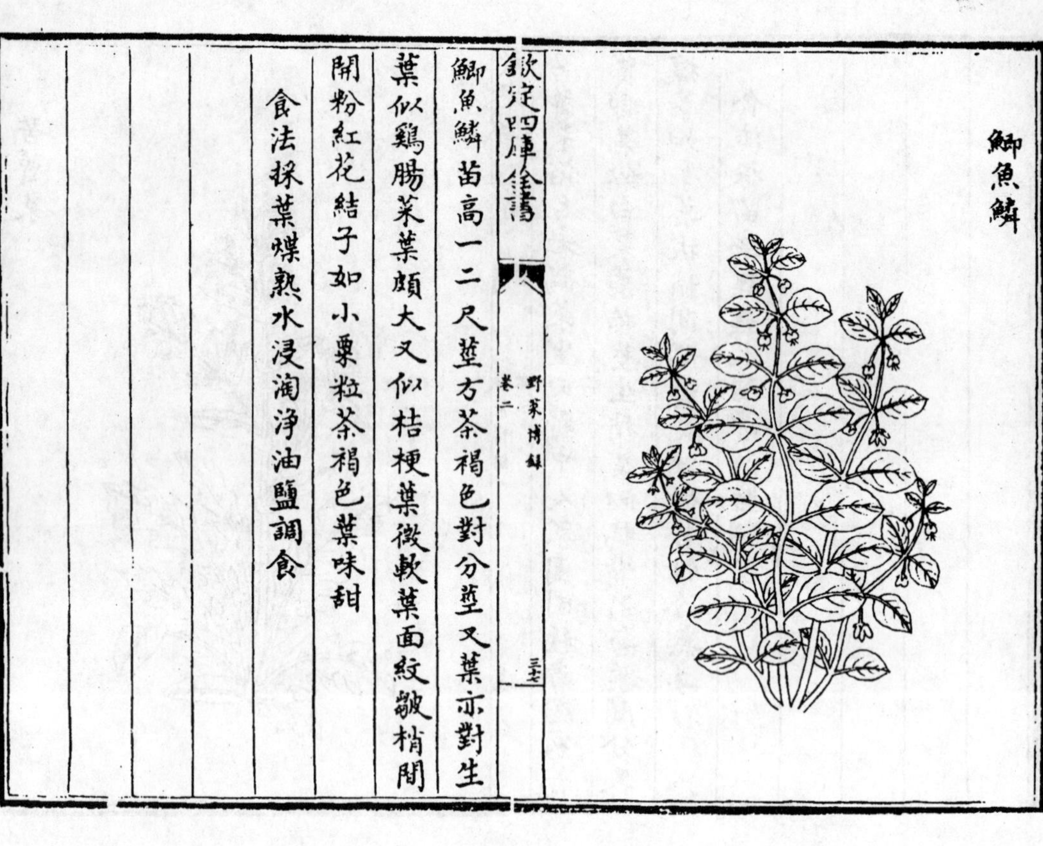

鯽魚鱗

鯽魚鱗苗高一二尺莖方茶褐色對分莖叉葉亦對生葉似雞腸菜葉頗大又似桔梗葉微軟葉面紋皺梢間開粉紅花結子如小粟粒茶褐色葉味甜

食法採葉煠熟水浸淘淨油鹽調食

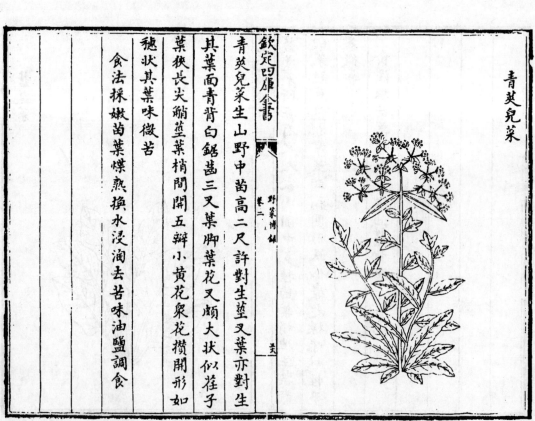

青莢兒菜

青莢兒菜生山野中苗高二尺許對生莖叉葉亦對生其葉面青背白鋸齒三叉葉脚葉花叉頗大狀似荏子葉狹長尖觧莖葉梢間開五瓣小黃花衆花攢開形如穗狀其葉味微苦

食法採嫩苗葉煠熟換水浸淘去苦味油鹽調食

苦蕒菜

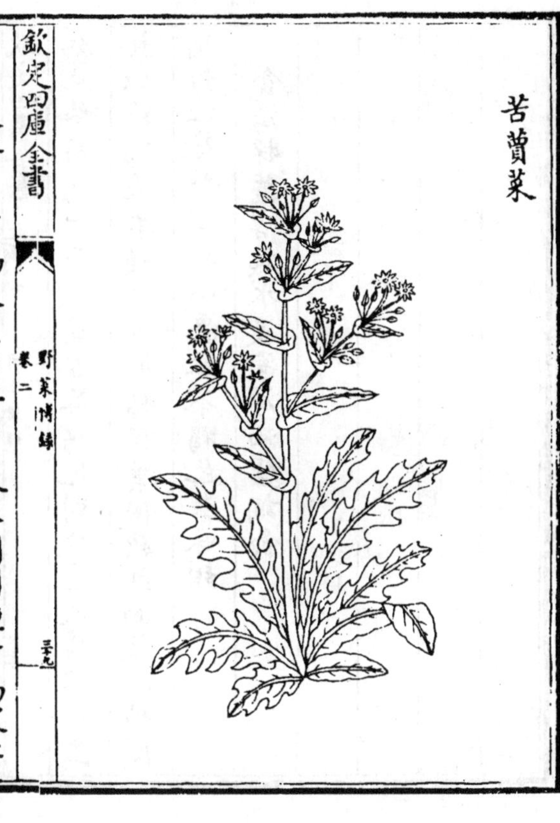

苦蕒菜俗名老鸛菜生田野中人家園圃種者為家苦蕒脚葉似白菜葉抪莛生梢葉似鴉嘴形每葉間分叉攛莛如穿葉狀梢間開黄花味微苦性冷無毒

食法　採苗葉煠熟水淘淨油鹽調食

莙薘菜

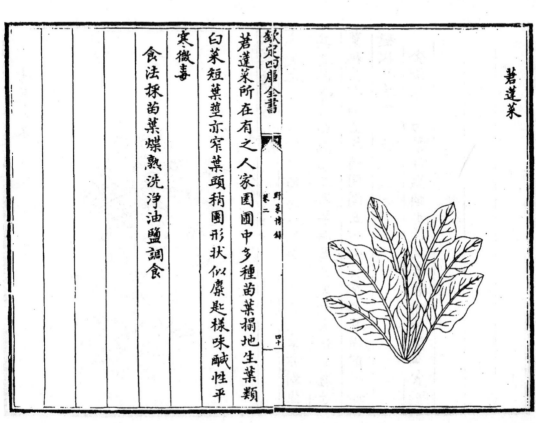

莙薘菜所在有之人家園圃中多種苗葉搨地生葉類白菜短葉莖亦窄葉頭稍團形狀似糜匙樣味鹹性平寒微毒

食法　採苗葉煠熟洗淨油鹽調食

山白菜

山白菜生山野中苗葉似家白菜葉莖細長其葉尖大邊有鋸齒又味甜微苦

食法採苗葉煠熟水淘淨油鹽調食

南芥菜

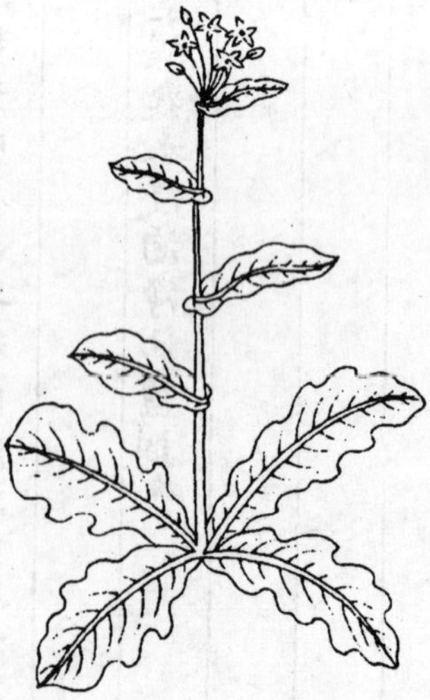

南芥菜人家園圃中本種苗初搨地生後擹葶叉葉似芥菜葉小有毛澁莖葉梢頭開淡黄花結小尖角兒葉味辛辣

食法採苗葉煠熟水浸淘去澁味油鹽調食

牻牛兒苗

牻牛兒苗一名鬬牛兒苗生田野中就地拖秧生莖蔓細弱莖紅紫色葉似園荽葉瘦開五瓣小紫花結青蓇葖兒上有一嘴甚尖銳如細錐子狀葉味微苦

食法採葉煠熟換水浸去苦味淘淨油鹽調食

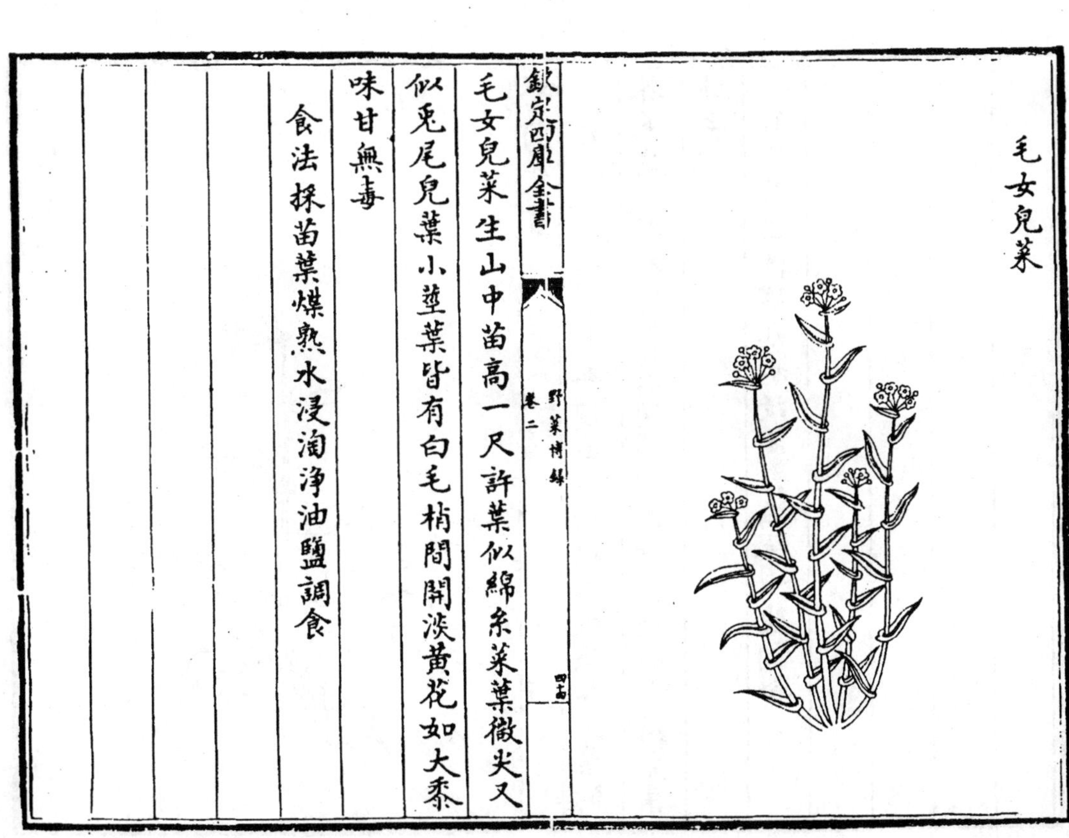

毛女兒菜

毛女兒菜生山中苗高一尺許葉似綿柔菜葉微尖又似兎尾兒葉小莖葉皆有白毛梢間開淡黃花如大黍味甘無毒

食法採苗葉煠熟水浸淘淨油鹽調食

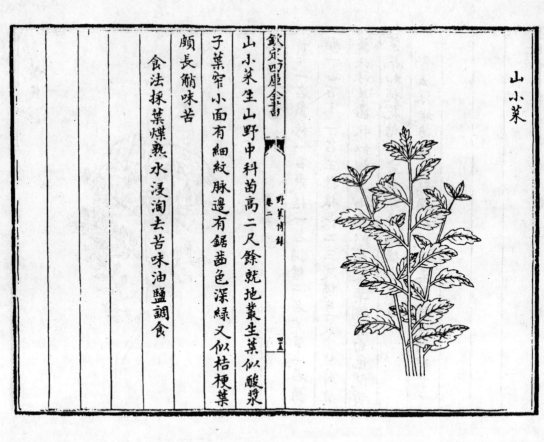

山小菜

山小菜生山野中科苗高二尺餘就地叢生葉似酸漿子葉窄小面有細紋脉邊有鋸齒色深緑又似桔梗葉頗長艄味苦

食法採葉煠熟水浸淘去苦味油鹽調食

小桃紅

小桃紅一名鳳仙花一名夾竹桃一名海蒳一名染指甲草今處處有之苗高二尺許葉似桃葉窄邊有細鋸齒開紅花結實形類桃樣極小有子似蘿蔔子取之易迸兆諍切散俗名急性子葉

食法採苗葉煠熟水浸一宿做菜油鹽調食

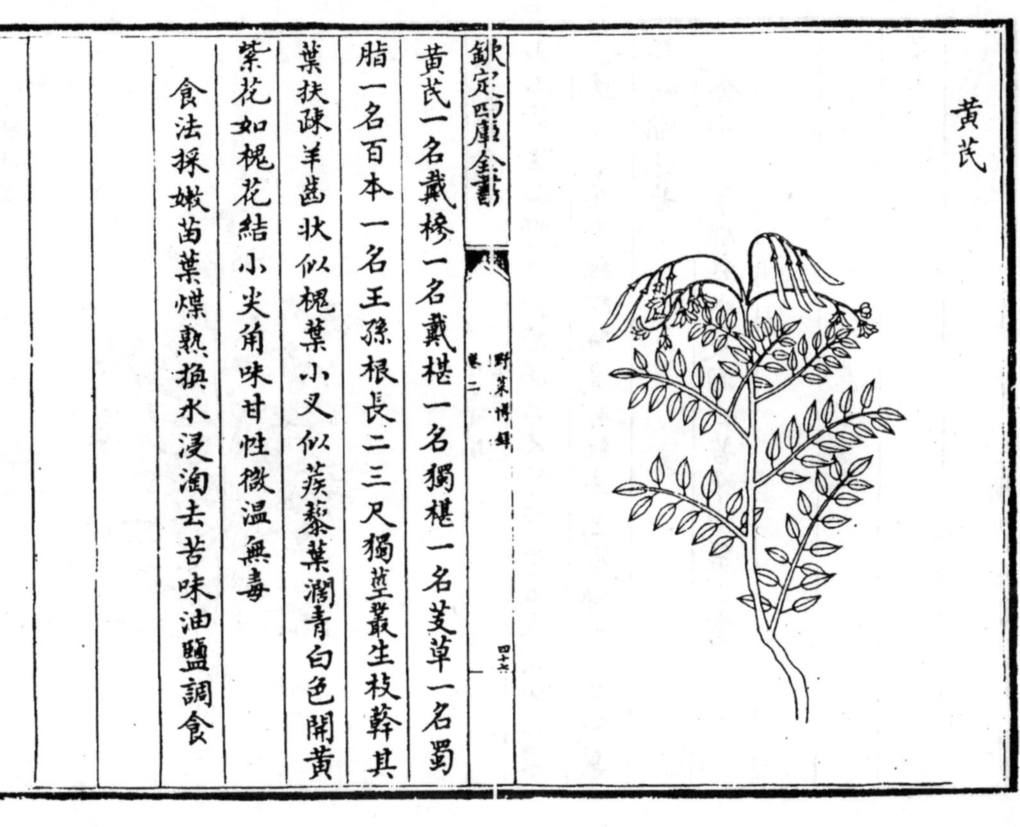

黃芪一名戴椮一名戴椹一名獨椹一名芰草一名蜀脂一名百本一名王孫根長二三尺獨莖叢生枝榦其葉扶疎羊齒狀似槐葉小又似蒺藜葉濶青白色開黃紫花如槐花結小尖角味甘性微温無毒

食法採嫩苗葉煠熟換水浸淘去苦味油鹽調食

威靈仙

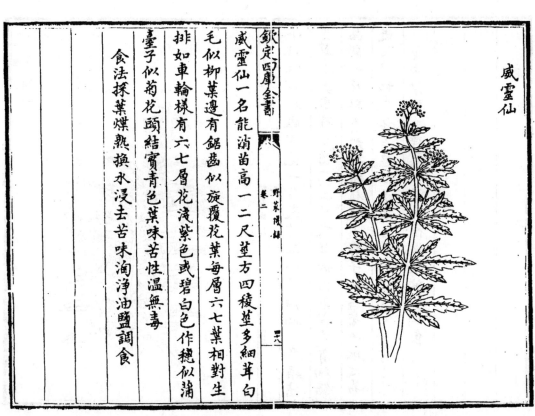

威靈仙一名能消苗高一二尺莖方四稜莖多細茸白毛似柳葉邊有鋸齒似旋覆花葉每層六七葉相對生排如車輪樣有六七層花淺紫色或碧白色作穗似蒲臺子似菊花頭結實青色葉味苦性温無毒

食法採葉煠熟換水浸去苦味淘淨油鹽調食

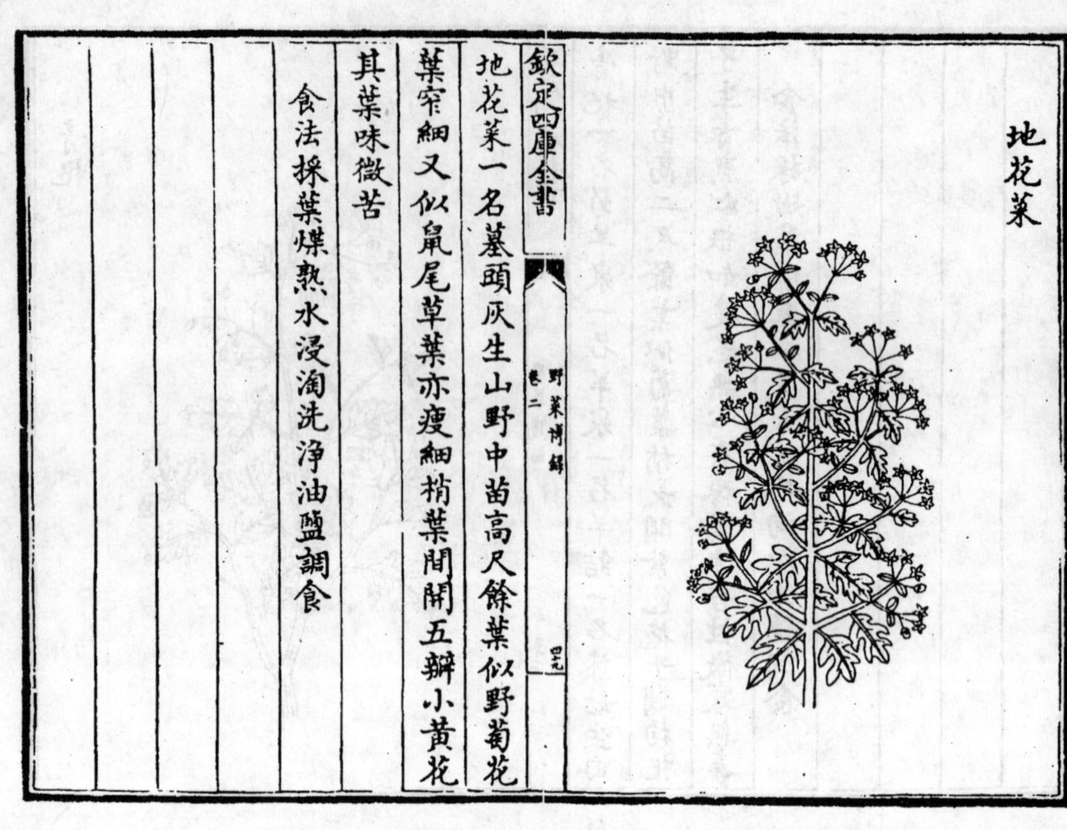

地花菜

地花菜一名墓頭灰生山野中苗高尺餘葉似野菊花葉窄細又似鼠尾草葉亦瘦細梢葉間開五瓣小黄花其葉味微苦

食法採葉煠熟水浸淘洗淨油鹽調食

耬斗菜

耬斗菜生山野中小科苗就地叢生苗高一尺許莖梗細弱葉似牡丹葉小其頭頗圓味甜

食法採葉煠熟水浸淘淨油鹽調食

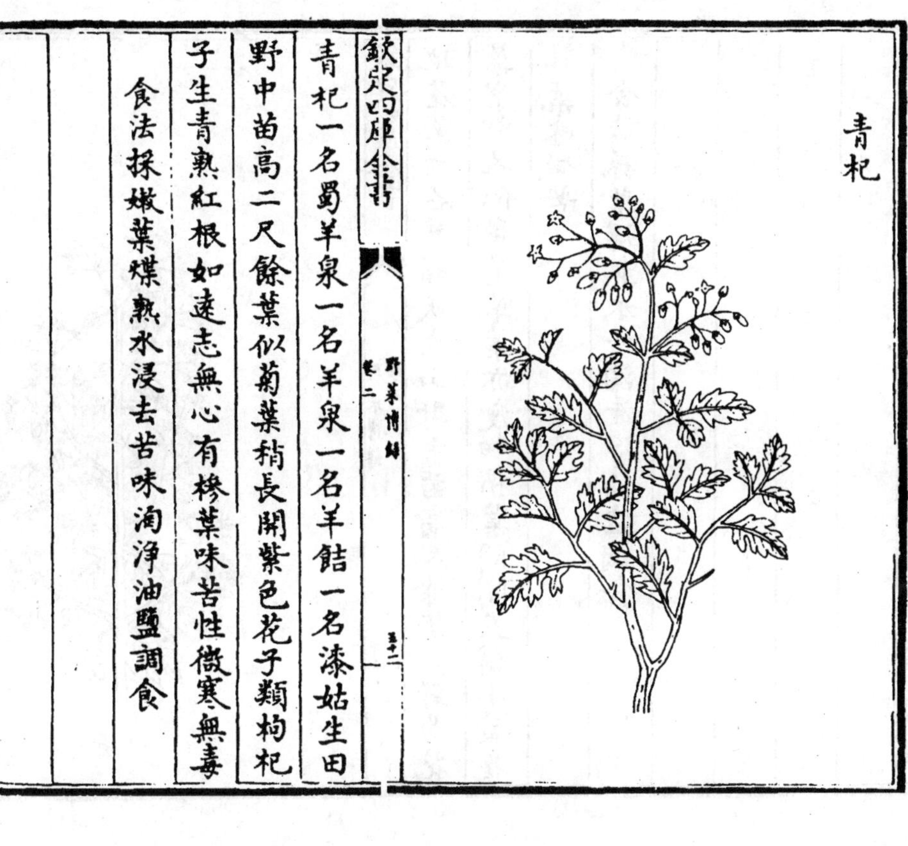

青杞

青杞一名蜀羊泉一名羊泉一名羊飴一名漆姑生田野中苗高二尺餘葉似菊葉稍長開紫色花子類枸杞子生青熟紅根如遠志無心有摻葉味苦性微寒無毒

食法採嫩葉煠熟水浸去苦味淘淨油鹽調食

車輪菜

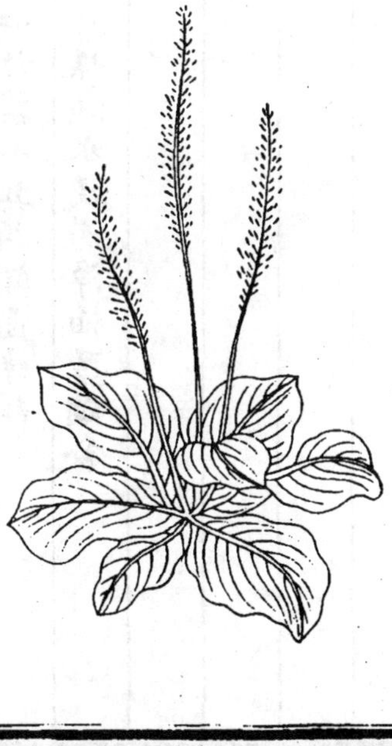

車輪子即車前子一名芣苢一名蝦蟆衣處處有之初生苗葉搨地如匙面累年者長尺餘似玉簪花葉大葉叢中攛葶三四莖作長穗如鼠尾花甚密結實如葶藶子赤黑色葉味甘性寒無毒

食法採嫩苗葉煠熟水浸去涎沫淘淨油鹽調食

金盞菜

金盞菜一名地冬瓜菜生田野中苗高二三尺莖初微赤有線路葉似綿柳葉微厚裓莖生莖葉稠密開花紫色黄心其葉味甘微鹹

食法採苗葉煠熟水淘淨油鹽調食

泥胡菜

泥胡菜生田野中苗高一二尺莖梗繁多葉似水芥菜葉頗大花叉甚深又似風花菜葉却比短小葉中攛葶分生莖叉梢間開淡紫花似刺薊花苗葉味辣

食法採嫩苗葉煠熟水浸淘淨油鹽調食

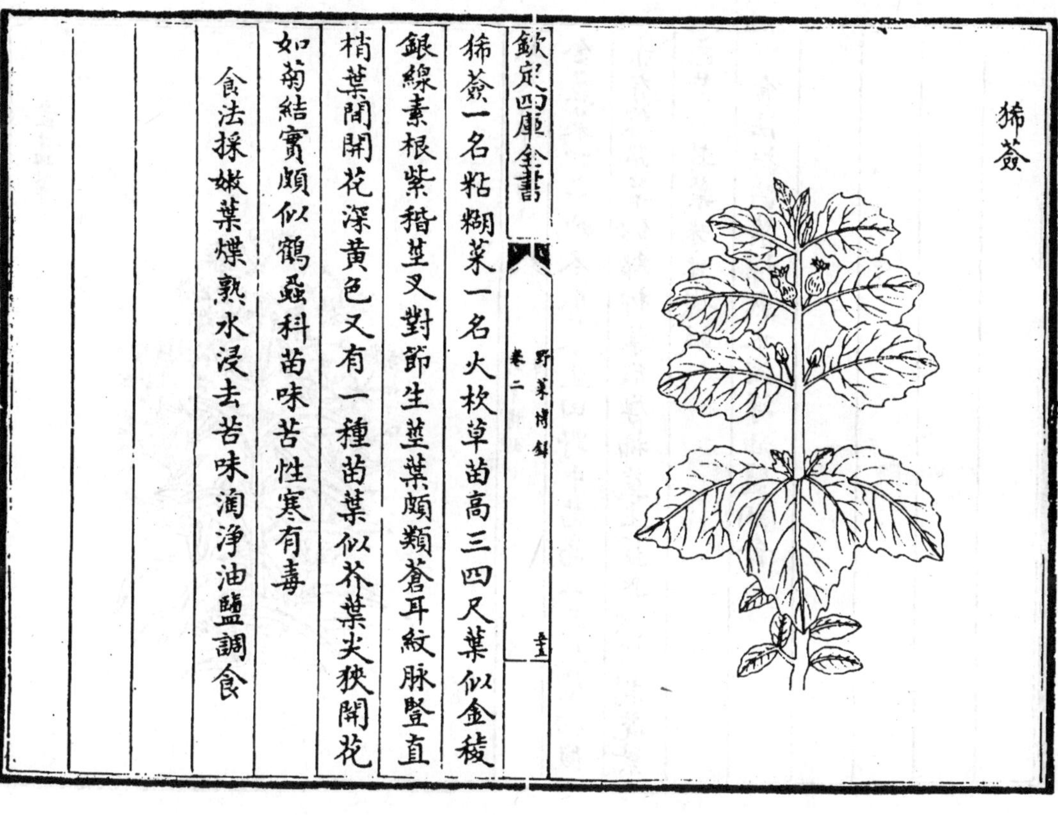

豨薟

豨薟一名粘糊菜一名火杴草苗高三四尺葉似金稜銀線素根紫稭莖又對節生莖葉頗類蒼耳紋脈豎直梢葉間開花深黄色又有一種苗葉似芥葉尖狹開花如菊結實頗似鶴虱科苗味苦性寒有毒

食法採嫩葉煠熟水浸去苦味淘淨油鹽調食

澤瀉

澤瀉一名水舄一名水瀉一名芒芋一名鵲瀉苗葉似牛舌草紋脈豎直葉叢中攛葶對分莖叉有線㮄梢間開三瓣小白花結細子味甘葉味微鹹俱無毒

食法採嫩葉煠熟水浸淘淨油鹽調食

旋覆花

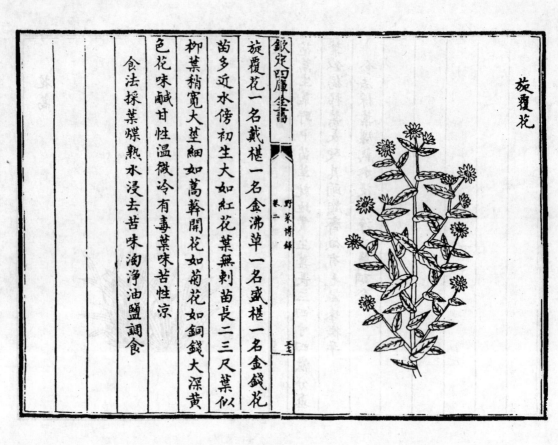

旋覆花一名戴椹一名金沸草一名盛椹一名金錢花苗多近水傍初生大如紅花葉無刺苗長二三尺葉似柳葉稍寬大莖細如蒿簳開花如菊花如銅錢大深黃色花味醎甘性温微冷有毒葉味苦性凉

食法採葉煠熟水浸去苦味淘淨油鹽調食

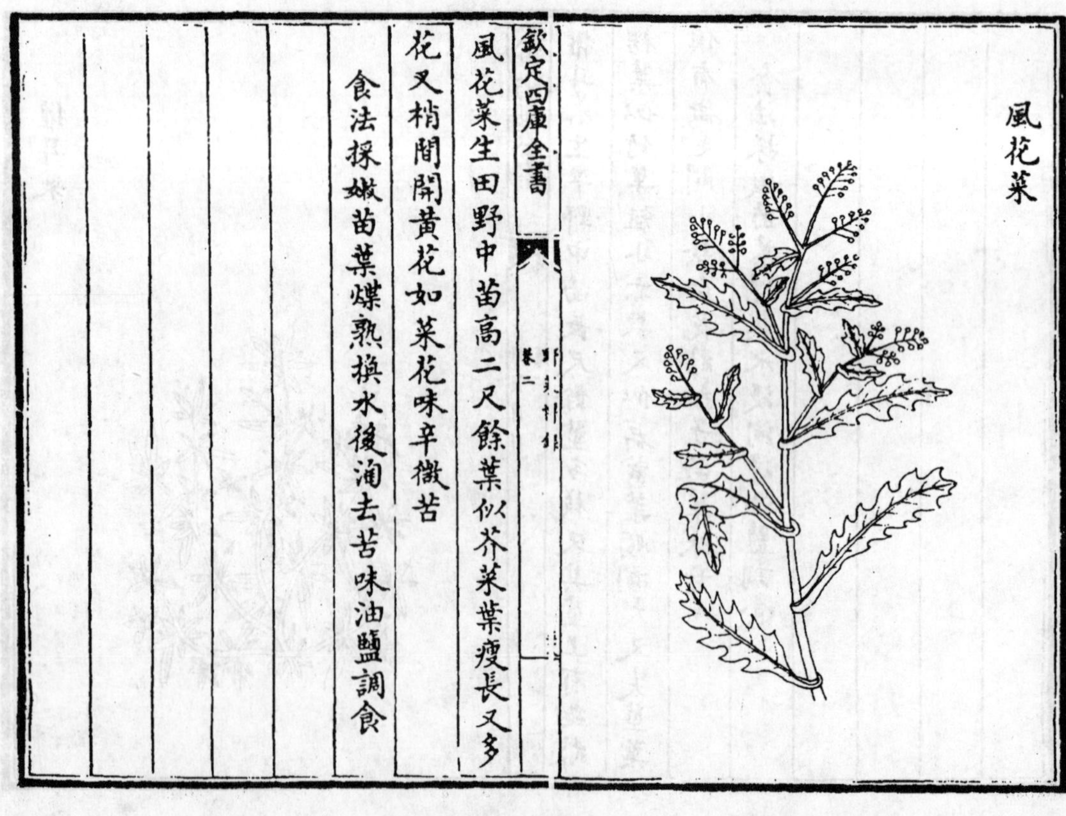

風花菜生田野中苗高二尺餘葉似芥菜葉瘦長又多花叉梢間開黃花如菜花味辛微苦

食法採嫩苗葉煠熟換水後淘去苦味油鹽調食

花蒿

花蒿生荒野中苗葉就地叢生葉長三四寸四散分垂葉似獨掃葉長硬其頭頗齊微有毛澁味微辛

食法採葉煠熟水浸淘淨油鹽調食

雞耳菜

雞耳菜生平野中苗長尺餘莖多枝叉其莖上有細線楞葉似竹葉短小亦軟又似萹蓄葉頗闊大又尖莖葉俱有微毛開小黲白花結細子苗葉味甘

食法採嫩苗葉煠熟水浸淘淨油鹽調食

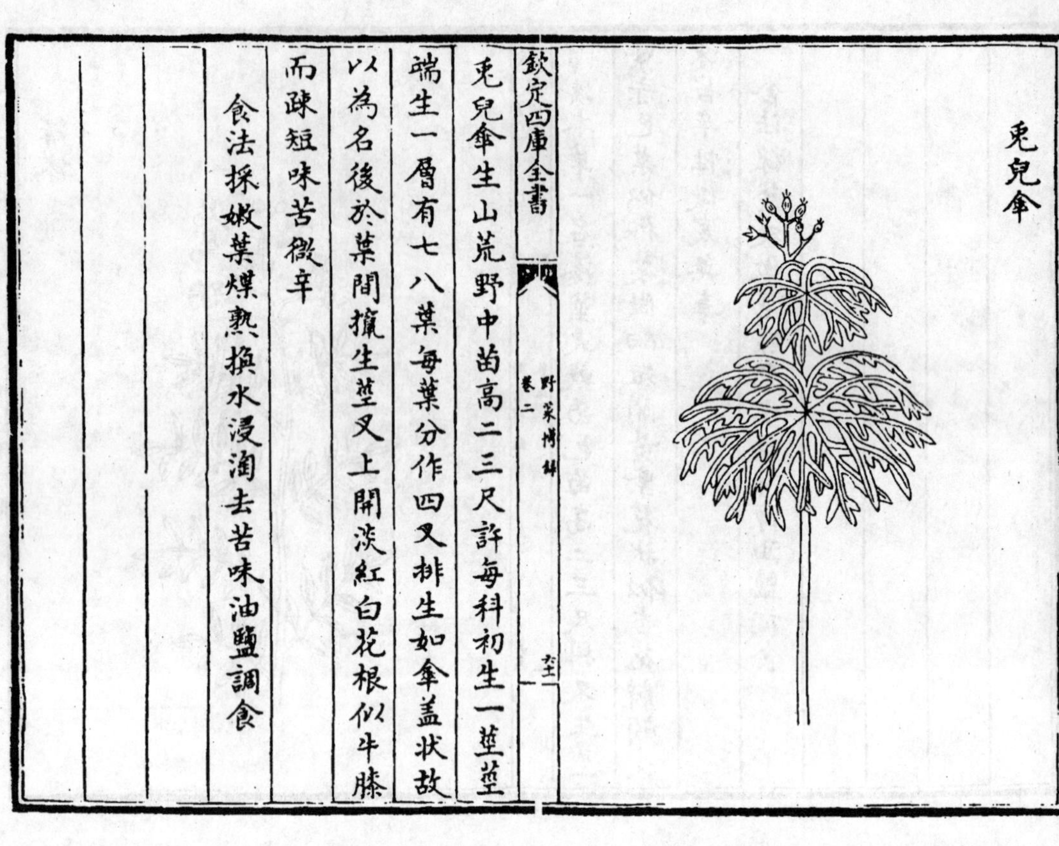

兎兒傘

兎兒傘生山荒野中苗高二三尺許每科初生一莖莖端生一層有七八葉每葉分作四叉排生如傘葢狀故以為名後於葉間攛生莖叉上開淡紅白花根似牛膝而踈短味苦微辛

食法採嫩葉煠熟換水浸淘去苦味油鹽調食

大蓬蒿

大蓬蒿生山野中莖似黄蒿莖色微帶紫葉似山芥菜葉長大極多花叉又似風花菜葉花叉亦多又似漏蘆葉却微短開碎瓣黄花苗葉味苦

食法採葉煠熟水浸淘去苦味油鹽調食

澤漆

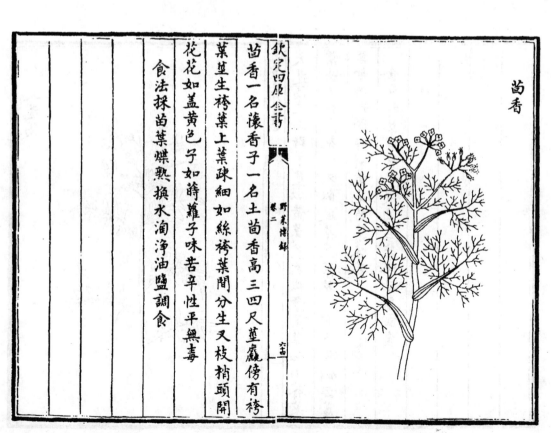

澤漆本草一名漆莖大戟苗也苗高二三尺科叉生莖紫赤色葉似柳葉微細短闊黃紫花狀似杏花瓣頗長味苦辛性微寒無毒

食法採葉及嫩莖煠熟水浸淘淨油鹽調食

茴香

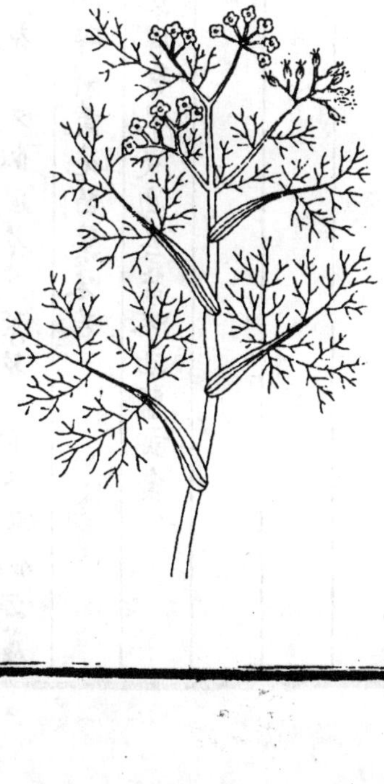

茴香一名蘹香子一名土茴香高三四尺莖麤傍有袴葉莖生袴葉上葉踈細如絲袴葉間分生叉枝梢頭開花花如蓋黃色子如蒔蘿子味苦辛性平無毒

食法採苗葉煠熟換水淘淨油鹽調食

石芥

石芥生山谷中苗高一二尺葉似地棠菜葉濶短每三葉或五葉攢生一處開淡黃花結黑子苗葉味苦微辣

食法採嫩葉煠熟換水浸去苦味油鹽調食

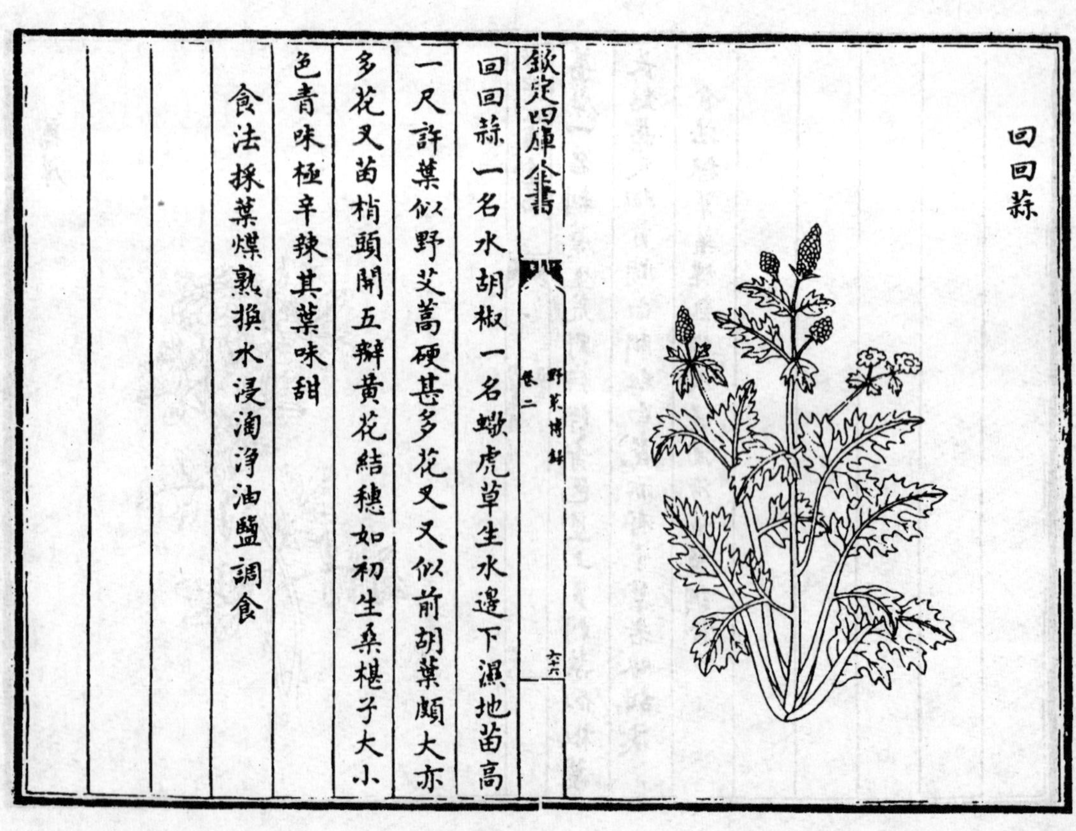

回回蒜

回回蒜一名水胡椒一名蠍虎草生水邊下濕地苗高一尺許葉似野艾蒿硬甚多花叉又似前胡葉頗大亦多花叉苗梢頭開五瓣黃花結穗如初生桑椹子大小色青味極辛辣其葉味甜

食法採葉煠熟換水浸淘淨油鹽調食

香茶菜

香茶菜生田野中莖方窊面四楞葉似薄荷葉微大拞莖對生梢頭出穗開粉紫花結蒴如蕎麥蒴微小葉味苦

食法採葉煠熟水浸去苦味淘淨油鹽調食

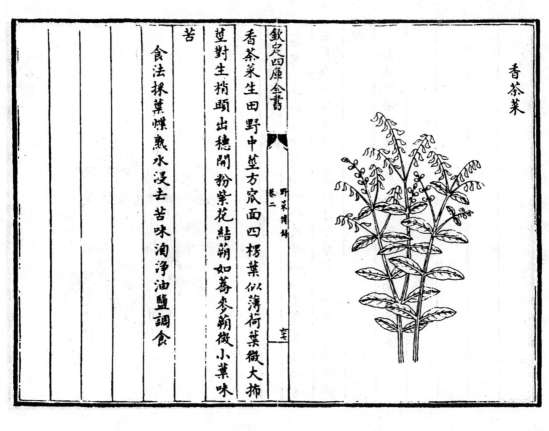

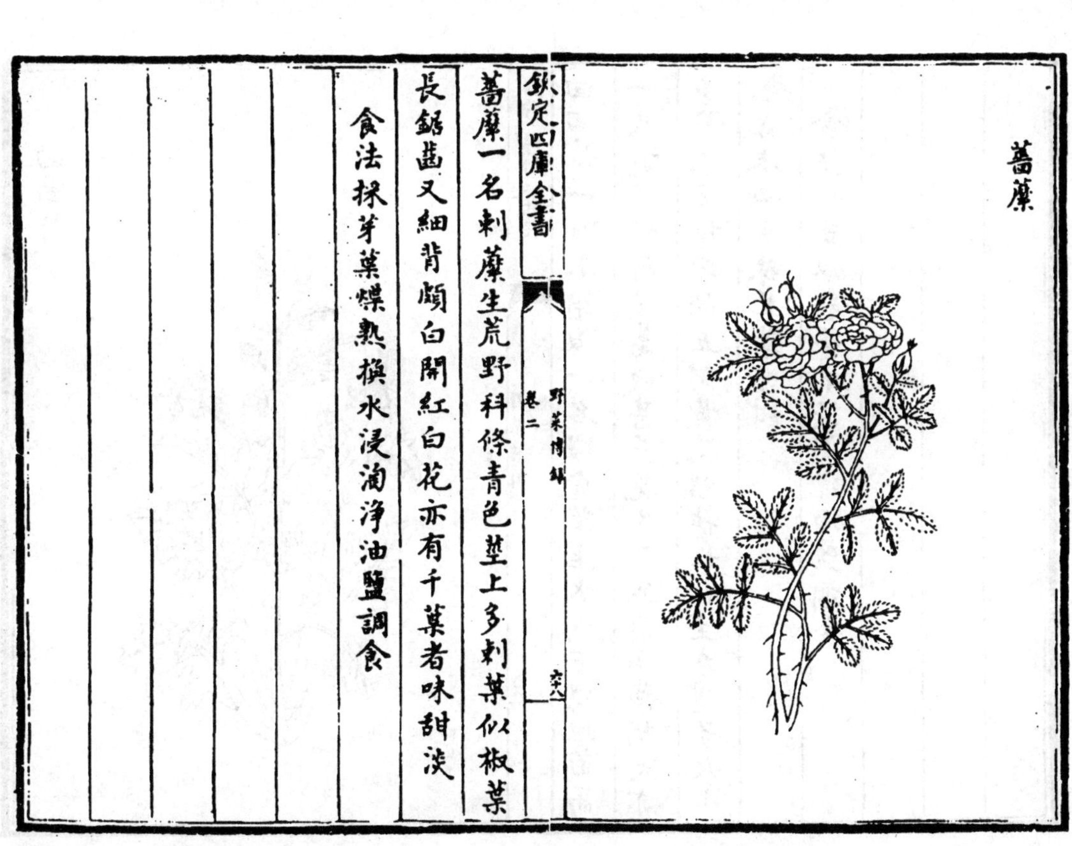

薔蘼

薔蘼一名刺蘼生荒野科條青色莖上多刺葉似椒葉長鋸齒又細背頗白開紅白花亦有千葉者味甜淡

食法採芽葉煠熟換水浸淘淨油鹽調食

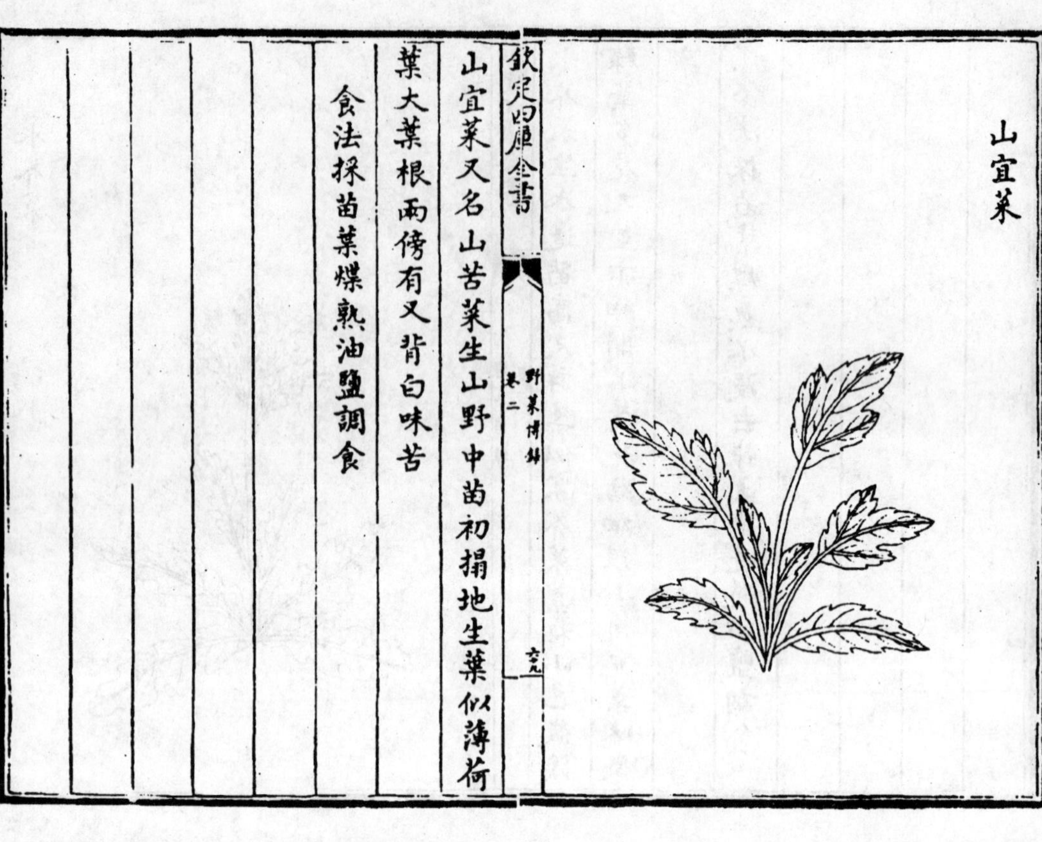

山宜菜

山宜菜又名山苦菜生山野中苗初搨地生葉似薄荷葉大葉根兩傍有叉背白味苦

食法採苗葉煠熟油鹽調食

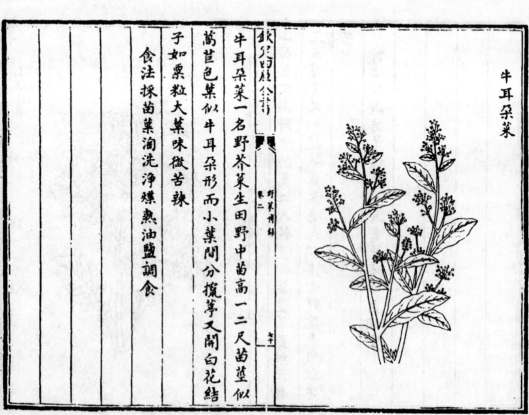

牛耳朶菜

牛耳朶菜一名野芥菜生田野中苗高一二尺苗莖似萵苣色葉似牛耳朶形而小葉間分攛葶叉開白花結子如粟粒大葉味微苦辣

食法採苗葉淘洗淨煠熟油鹽調食

水芥菜

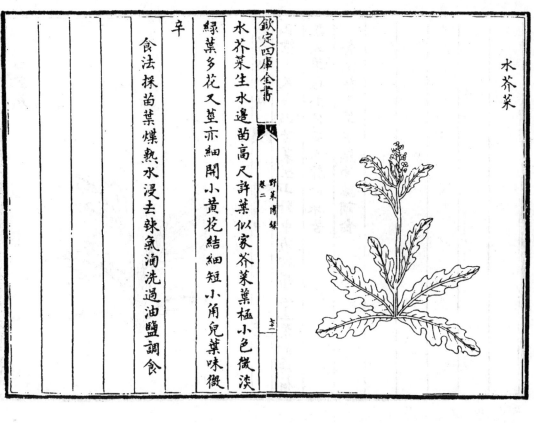

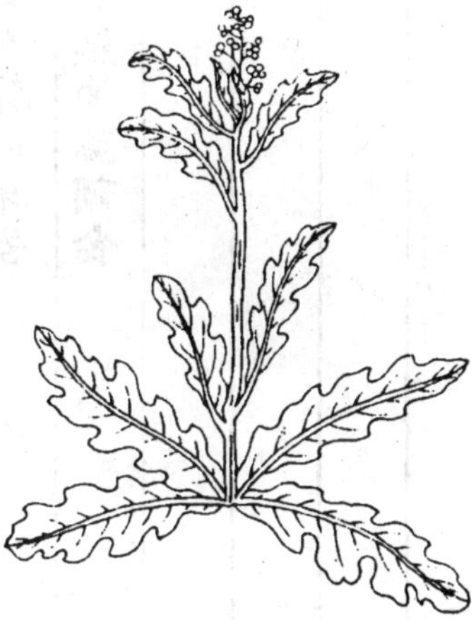

水芥菜生水邊苗高尺許葉似家芥菜葉極小色微淡緑葉多花叉莖亦細開小黄花結細短小角兒葉味微辛

食法採苗葉煠熟水浸去辣氣淘洗過油鹽調食

山苦蕒

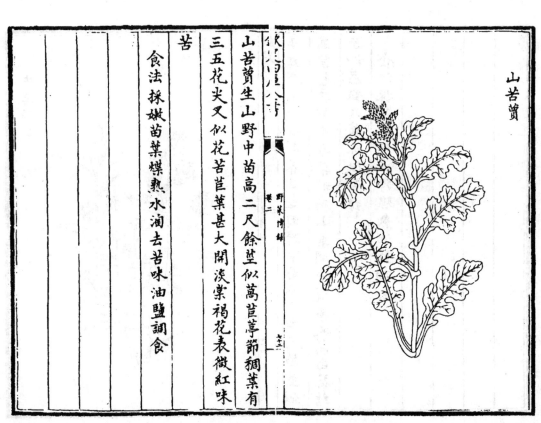

山苦蕒生山野中苗高二尺餘莖似萵苣葶節稠葉有三五花尖叉似花苦苣葉甚大開淡棠褐花表微紅味苦

食法採嫩苗葉煠熟水淘去苦味油鹽調食

水萵苣

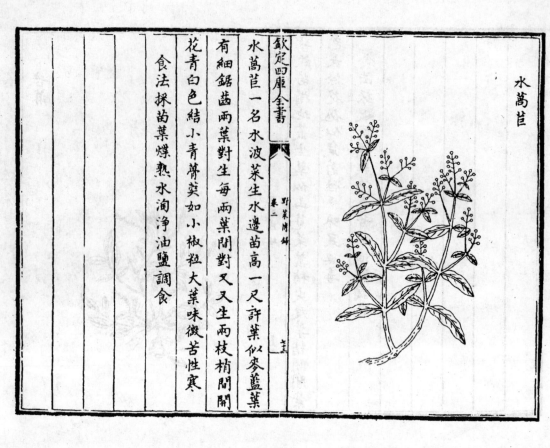

水萵苣一名水波菜生水邊苗高一尺許葉似麥藍葉有細鋸齒兩葉對生每兩葉間對叉又生兩枝梢間開花青白色結小青蓇葖如小椒粒大葉味微苦性寒

食法採苗葉煠熟水淘淨油鹽調食

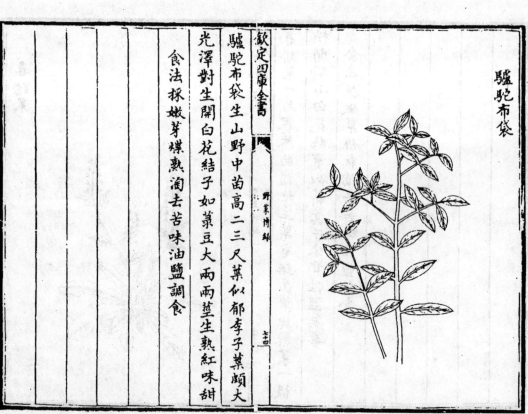

驢駝布袋

驢駝布袋生山野中苗高二三尺葉似郁李子葉頗大光澤對生開白花結子如菉豆大兩兩並生熟紅味甜

食法採嫩芽煠熟淘去苦味油鹽調食

苦蕒

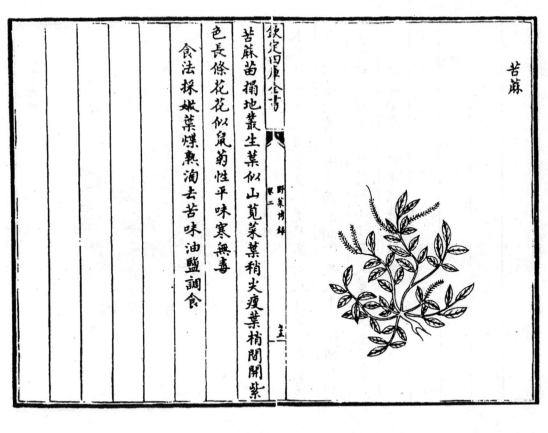

苦蕒苗搨地叢生葉似山莧菜葉稍尖瘦葉梢間開紫色長條花花似鼠菊性平味寒無毒

食法採嫩葉煠熟淘去苦味油鹽調食

春踏菜

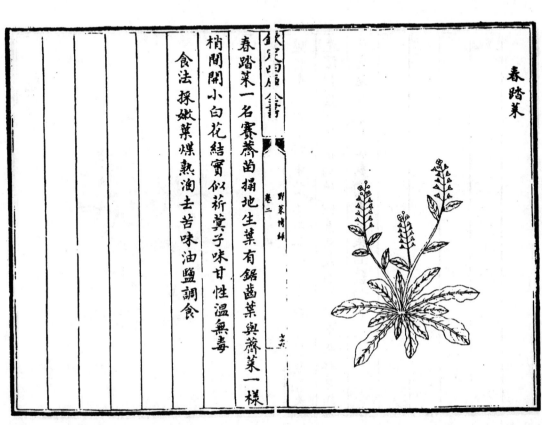

春踏菜一名賽薺苗搨地生葉有鋸齒葉與薺菜一樣梢間開小白花結實似菥蓂子味甘性温無毒

食法採嫩葉煠熟淘去苦味油鹽調食

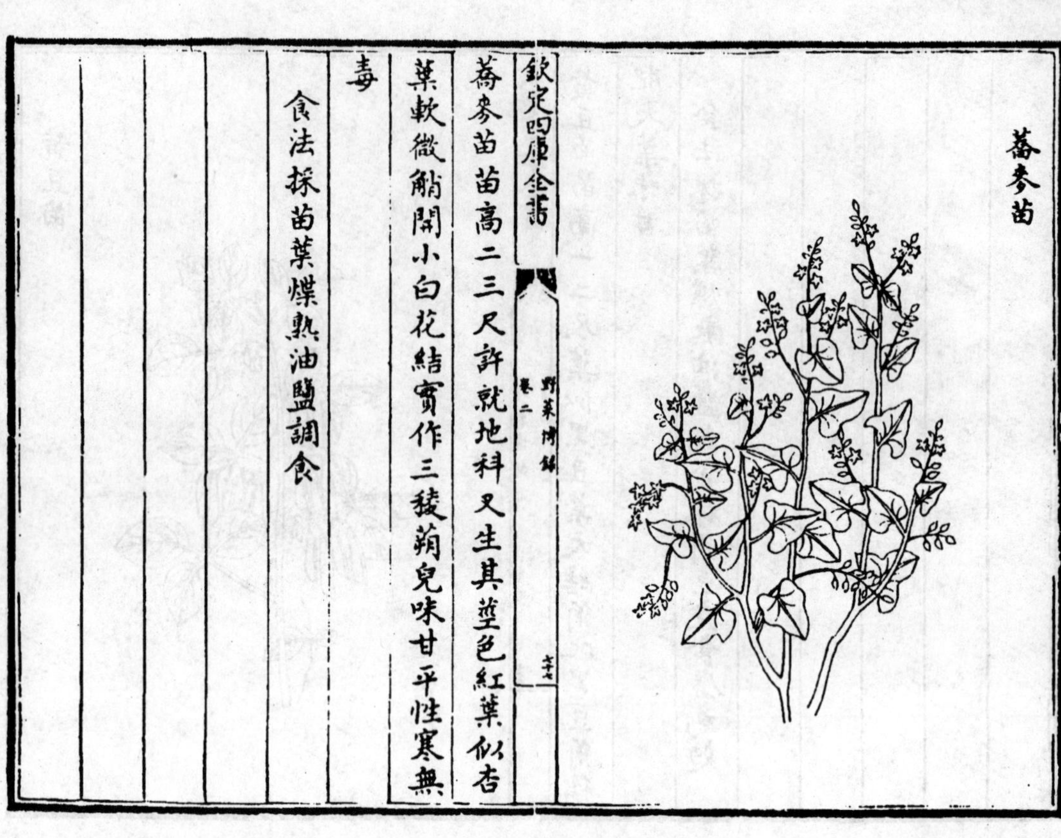

蕎麥苗

蕎麥苗　苗高二三尺許就地科叉生其莖色紅葉似杏葉軟微觧開小白花結實作三稜蒴兒味甘平性寒無毒

食法　採苗葉煠熟油鹽調食

山黑豆

山黑豆生山野中苗似家黑豆每三葉攢生一處居中大葉如菉豆葉傍兩葉似黑豆葉微圓開小粉紅花結角比家黑豆角極瘦小其豆亦極細小味微苦

食法　採苗葉煠熟水淘去苦味油鹽調食

黄豆苗

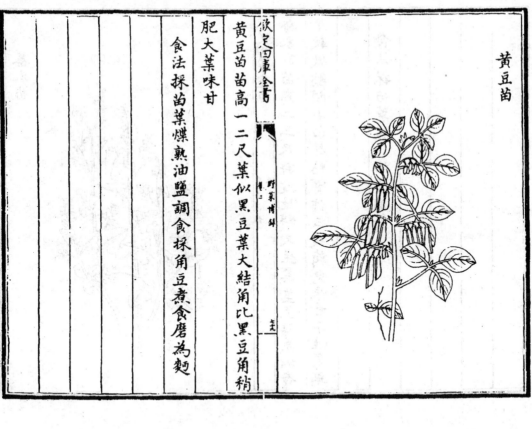

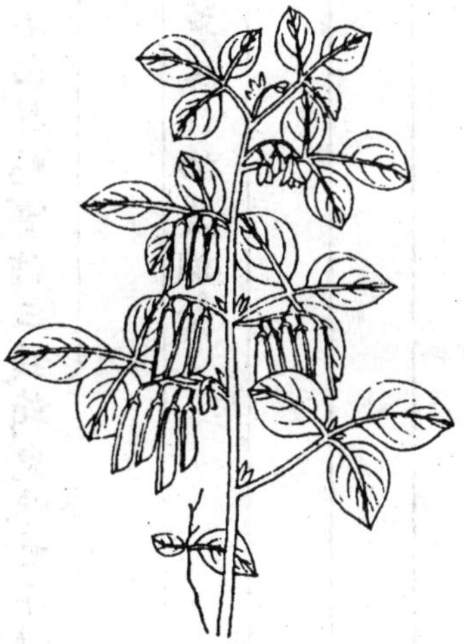

黄豆苗苗高一二尺葉似黑豆葉大結角比黑豆角稍肥大葉味甘

食法採苗葉煠熟油鹽調食採角豆煮食磨為麪

赤小豆

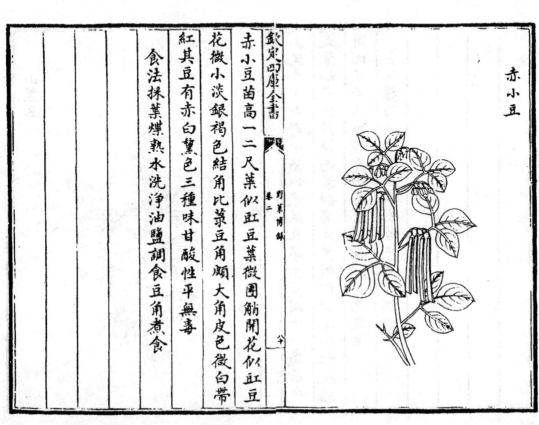

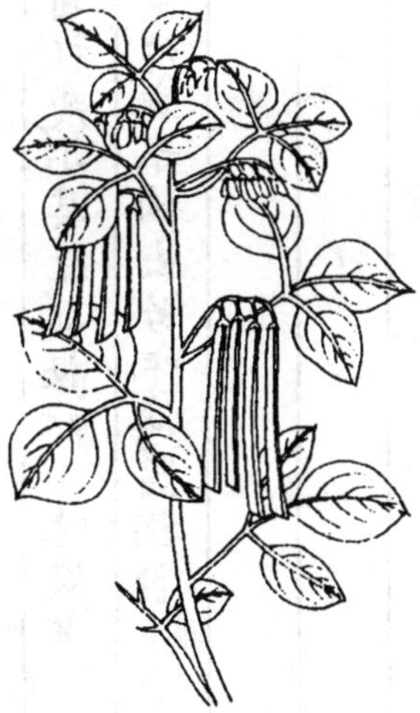

赤小豆苗高一二尺葉似豇豆葉微團艄開花似豇豆花微小淡銀褐色結角比菉豆角頗大角皮色微白帶紅其豆有赤白黧色三種味甘酸性平無毒

食法採葉煠熟水洗淨油鹽調食豆角煮食

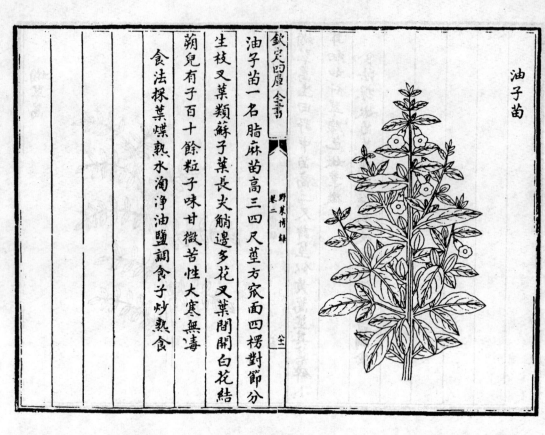

油子苗

油子苗一名脂麻苗高三四尺莖方窊面四楞對節分生枝叉葉類蘇子葉長尖艄邊多花叉葉間開白花結蒴兒有子百十餘粒子味甘微苦性大寒無毒

食法採葉煠熟水淘淨油鹽調食子炒熟食

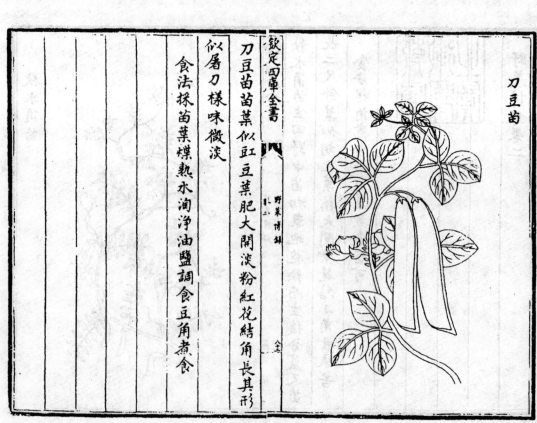

刀豆苗

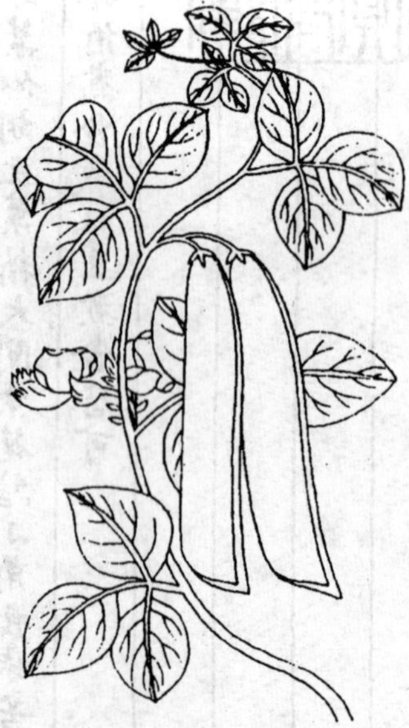

刀豆苗苗葉似豇豆葉肥大開淡粉紅花結角長其形似屠刀樣味微淡

食法採苗葉煠熟水淘淨油鹽調食豆角煮食

嬾翠蒿

嬾翠蒿生田野中苗高二尺許莖似黃蒿莖其葉碎小茸細如針翠綠色嫩葉微苦

食法採嫩苗葉煠熟換水浸去蒿氣油鹽調食

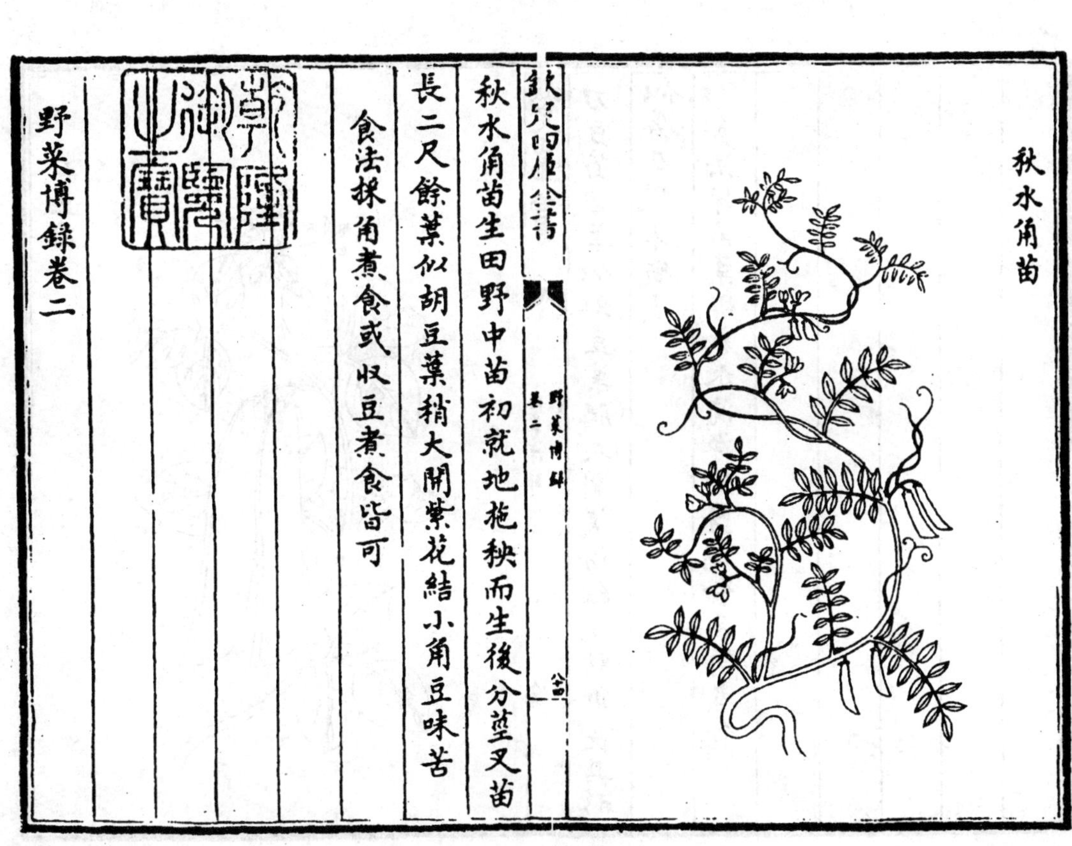

秋水角苗

欽定四庫全書
野菜博錄 卷二

秋水角苗生田野中苗初就地拖秧而生後分莖叉苗長二尺餘葉似胡豆葉稍大開紫花結小角豆味苦

食法採角煮食或收豆煮食皆可

野菜博錄卷二

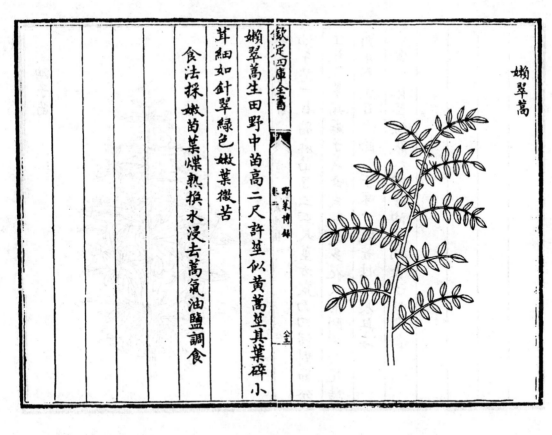

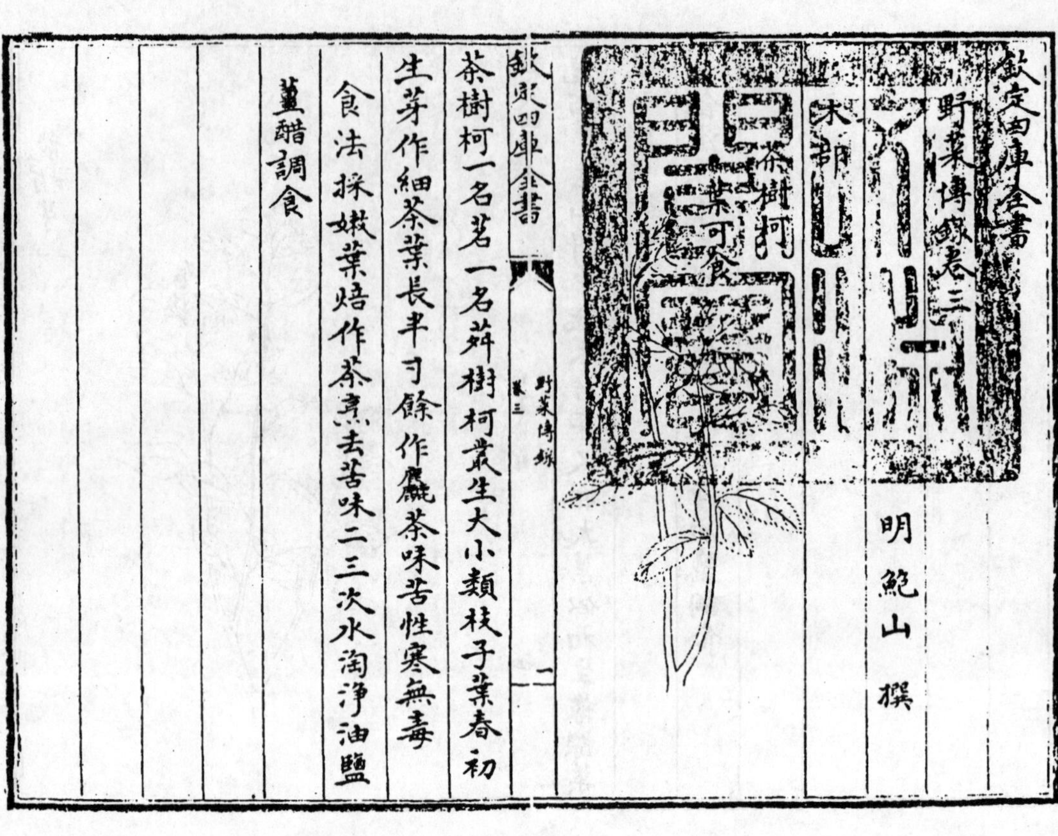

欽定四庫全書

野菜博錄卷三

明 鮑山 撰

木部

茶樹柯 葉可食

茶樹柯一名茗一名荈樹柯叢生大小類枝子葉春初生芽作細茶葉長半寸餘作麄茶味苦性寒無毒

食法採嫩葉焙作茶煮去苦味二三次水淘淨油鹽薑醋調食

木槿樹

木槿樹一名舜如葵花淡紅色五葉成一花朝開暮斂亦有千葉者性平無毒葉味甜

食法嫩葉煠熟冷水淘淨油鹽調食

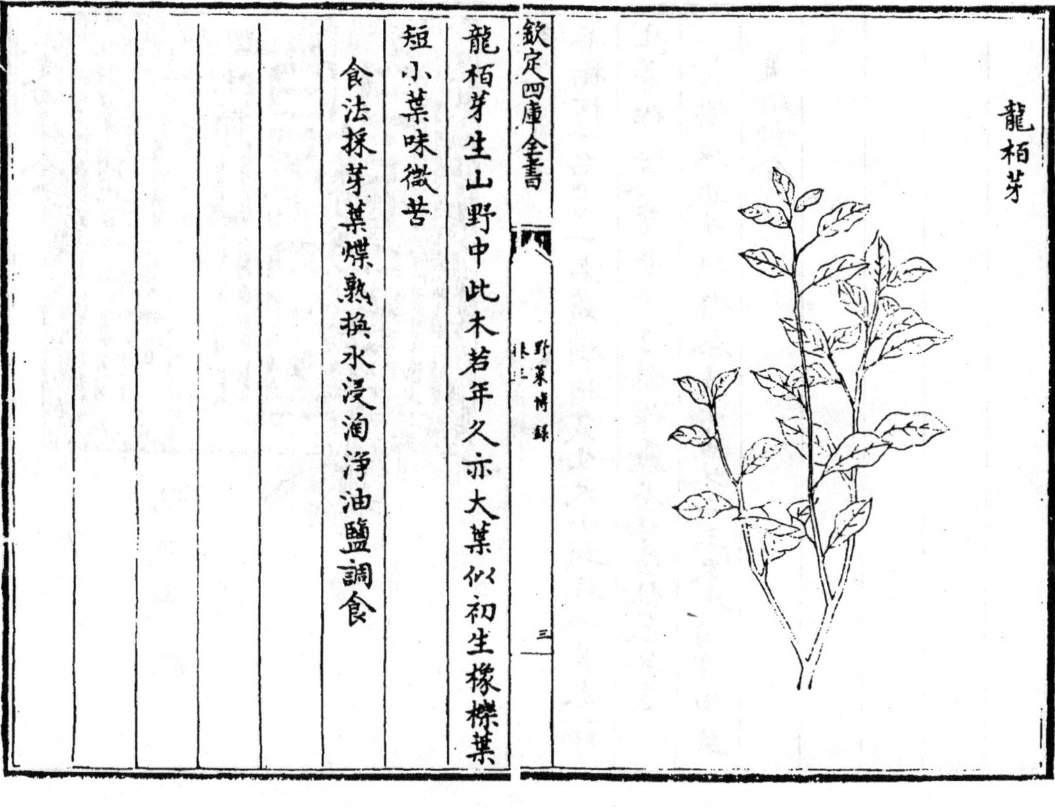

欽定四庫全書　野菜博錄　卷三　三

龍栢芽生山野中此木若年久亦大葉似初生橡櫟葉短小葉味微苦

食法採芽葉煠熟換水浸淘淨油鹽調食

木葛

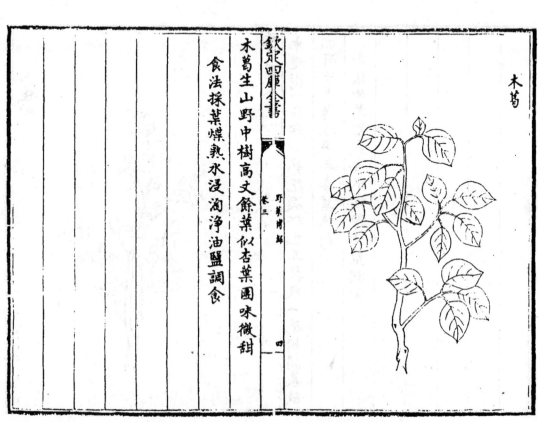

欽定四庫全書　野菜博錄　卷三　四

木葛生山野中樹高丈餘葉似杏葉團味微甜

食法採葉煠熟水浸淘淨油鹽調食

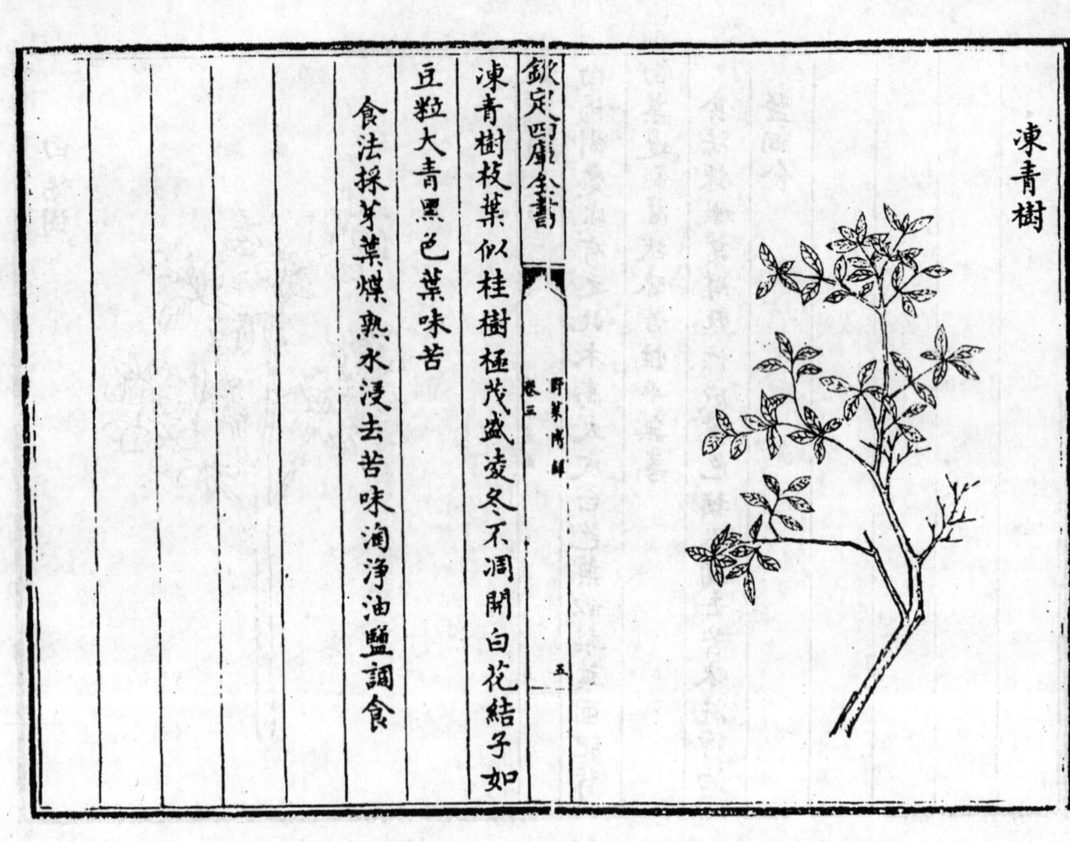

凍青樹枝葉似桂樹極茂盛凌冬不凋開白花結子如豆粒大青黑色葉味苦

食法採芽葉煠熟水浸去苦味淘淨油鹽調食

月芽樹

月芽樹又名仍芽莖似槐條葉似歪頭菜葉短硬味甘微苦

食法採嫩葉煠熟水浸淘淨油鹽調食

白楊樹

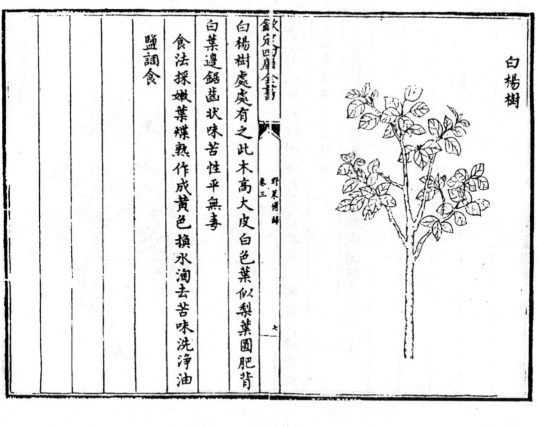

白楊樹處處有之此木高大皮白色葉似梨葉圓肥背白葉邊鋸齒狀味苦性平無毒

食法採嫩葉煠熟作成黃色換水淘去苦味洗淨油鹽調食

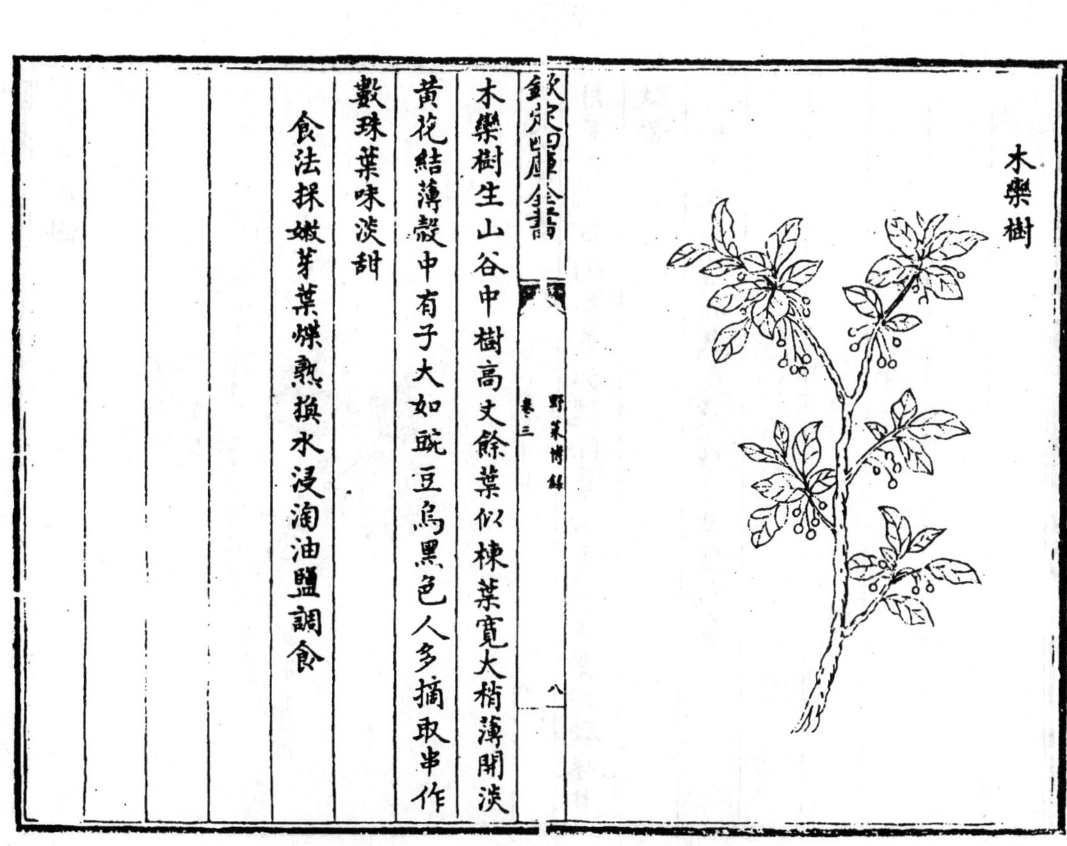

木欒樹

木欒樹生山谷中樹高丈餘葉似楝葉寛大梢薄開淡黃花結薄殼中有子大如豌豆烏黑色人多摘取串作數珠葉味淡甜

食法採嫩芽葉煠熟換水浸淘油鹽調食

老葉兒樹

老葉兒樹生山野中高六七尺葉似李樹葉而長邊有毛葉味甘微澁

食法採葉煠熟水浸去澁味淘淨油鹽調食

青楊樹

青楊樹生山野中樹高大葉似白楊樹葉狹小青色皮亦青色葉味微苦

食法採葉煠熟水浸作成黄色淘淨油鹽調食

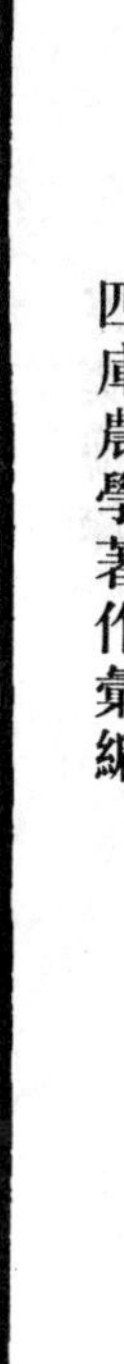

椿樹芽

椿樹芽一名樗樹芽係二種椿芽葉香紫色樗芽踈而臭氣不可食椿芽微苦回味性熱無毒

食法採芽葉煠熟水浸淘淨油鹽調食

黃櫨

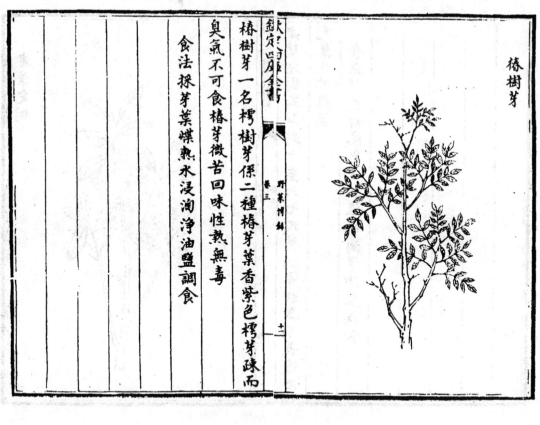

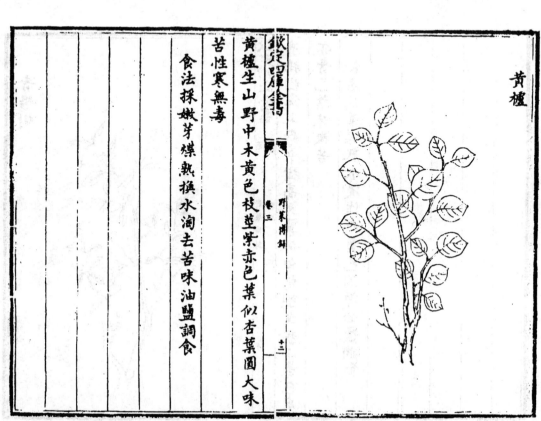

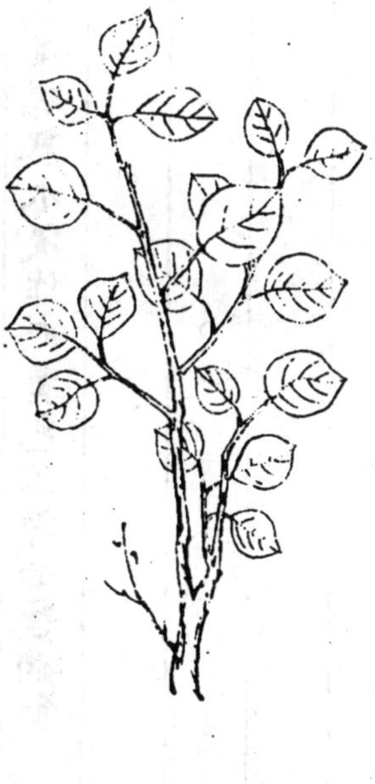

黃櫨生山野中木黃色枝莖紫赤色葉似杏葉圓大味苦性寒無毒

食法採嫩芽煠熟換水淘去苦味油鹽調食

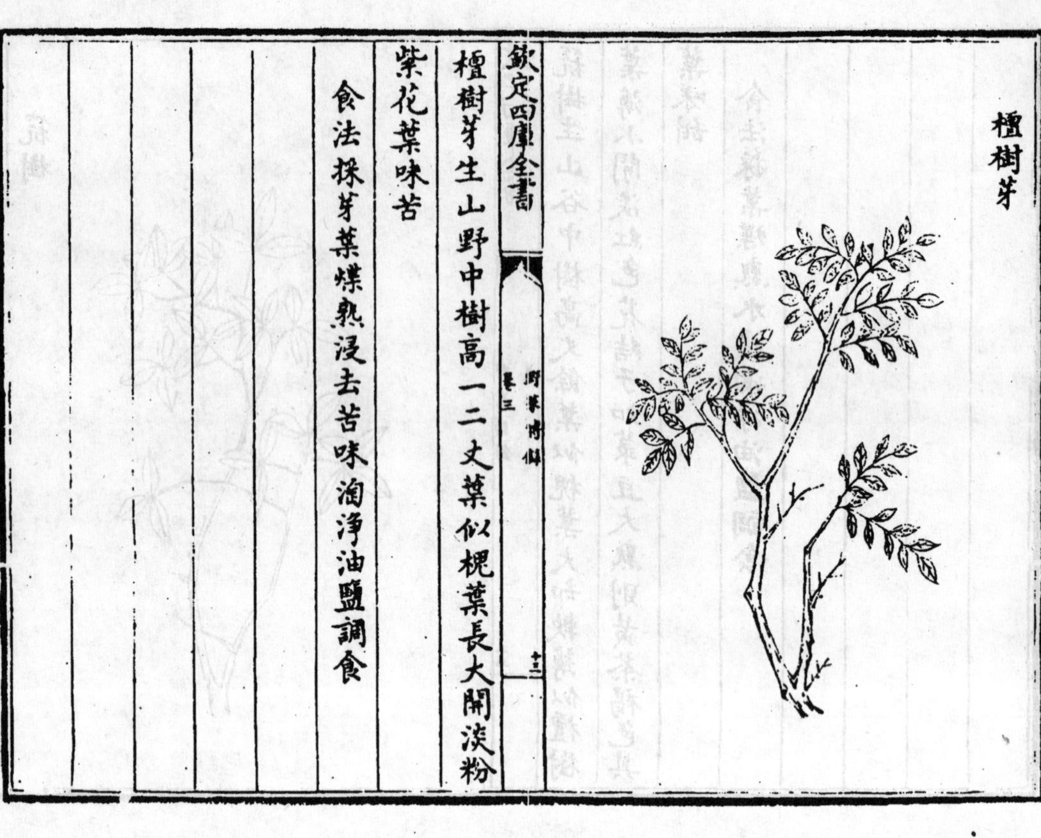

檀樹芽生山野中樹高一二丈葉似槐葉長大開淡粉紫花葉味苦

食法採芽葉煠熟浸去苦味淘淨油鹽調食

山茶科

山茶科生山野中科高四五尺枝梗灰白色葉似皂莢葉團四五葉攢生一處葉甚稠味苦

食法採葉煠熟水浸淘淨油鹽調食或蒸曬乾作茶煮飲可

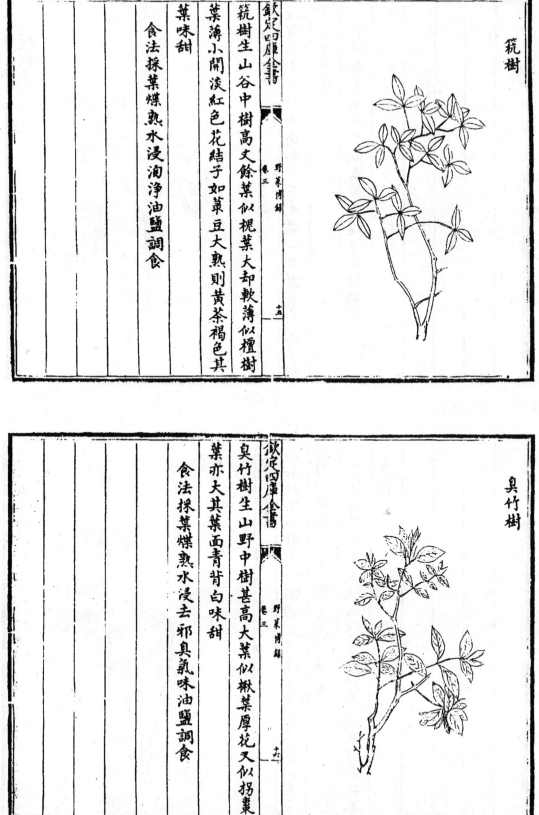

統樹

統樹生山谷中樹高丈餘葉似槐葉大却軟薄似檀樹葉薄小開淡紅色花結子如菉豆大熟則黄茶褐色其葉味甜

食法採葉煠熟水浸淘淨油鹽調食

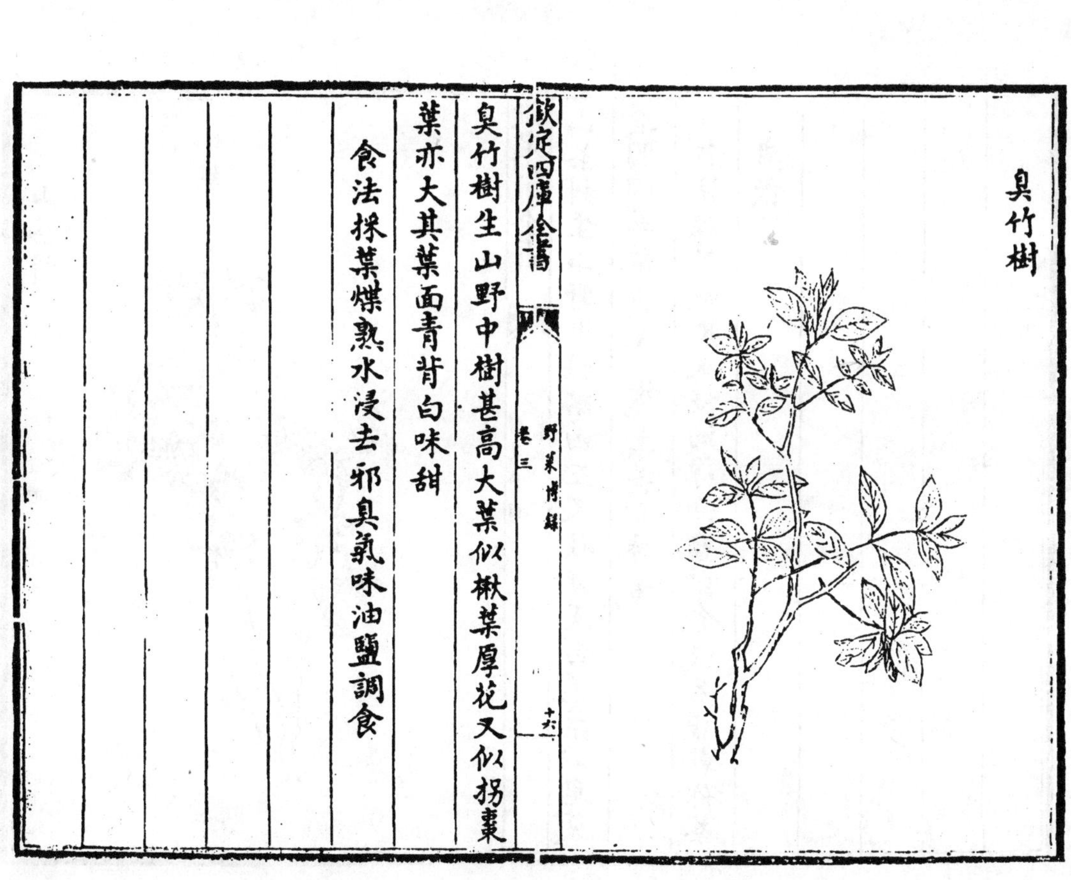

臭竹樹

臭竹樹生山野中樹甚高大葉似楸葉厚花又似拐棗葉亦大其葉面青背白味甜

食法採葉煠熟水浸去邪臭氣味油鹽調食

回回醋

回回醋一名淋樸樕生山野中樹高丈餘葉似椿葉厚太過有鋸齒或三葉或五葉排生一莖開白花結子大如豌豆熟紅紫色味酸葉味微酸

食法採葉煠熟水浸去酸味油鹽調食用子調和百味如醋

槭樹芽

槭樹芽生山野間木高一二丈葉似野葡萄葉五花尖叉又似絲瓜葉却小淡黃綠色開白花葉味甜

食法採葉煠熟水浸作成黃色換水淘淨油鹽調食

女兒茶

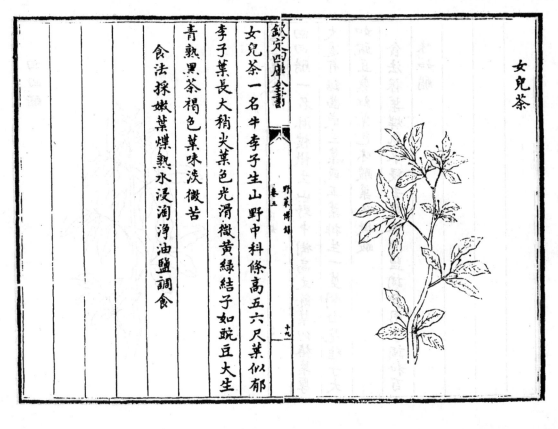

女兒茶一名牛李子生山野中科條高五六尺葉似郁李子葉長大稍尖葉色光滑微黄緑結子如豌豆大生青熟黒茶褐色葉味淡微苦

食法採嫩葉煠熟水浸淘淨油鹽調食

白槿樹

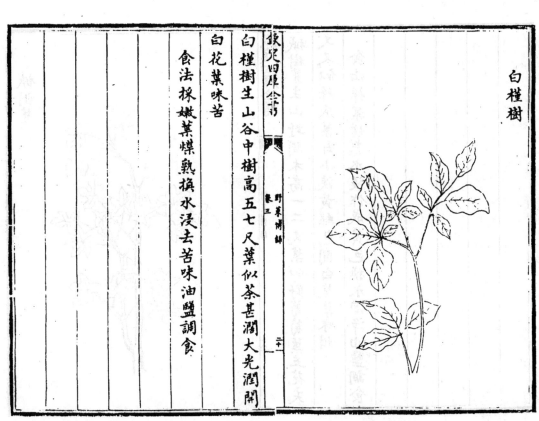

白槿樹生山谷中樹高五七尺葉似茶甚濶大光潤開白花葉味苦

食法採嫩葉煠熟換水浸去苦味油鹽調食

烏稜樹

烏稜樹生山野中樹高丈餘葉似省沽油葉背微白開白花結子如梧桐子大生青熟紅葉味苦

食法採葉煠熟換水浸去苦味作過淘洗淨油鹽調食

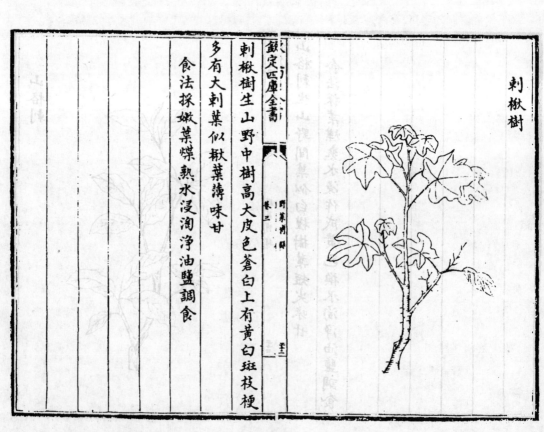

刺楸樹

刺楸樹生山野中樹高大皮色蒼白上有黄白斑枝梗多有大刺葉似楸葉薄味甘

食法採嫩葉煠熟水浸淘淨油鹽調食

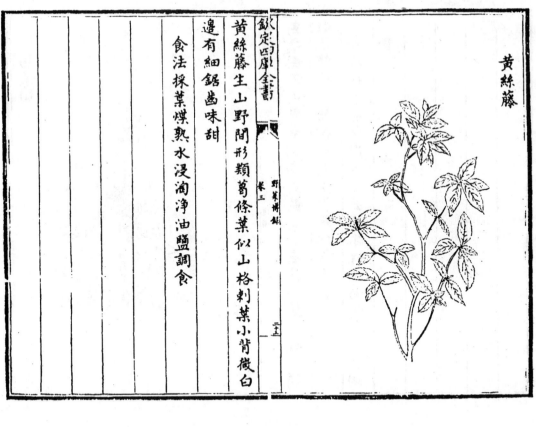

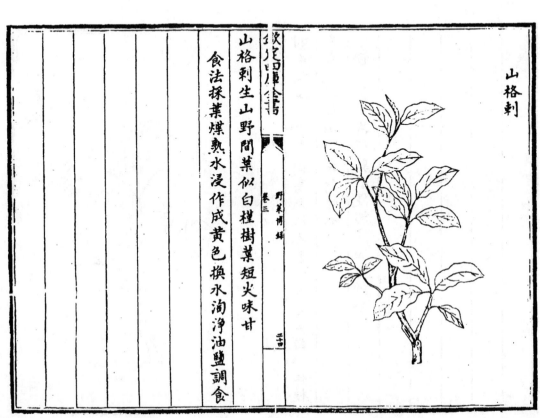

黃絲藤

黃絲藤生山野間形類葛條葉似山格刺葉小背微白邊有細鋸齒味甜

食法採葉煠熟水浸淘淨油鹽調食

山格刺

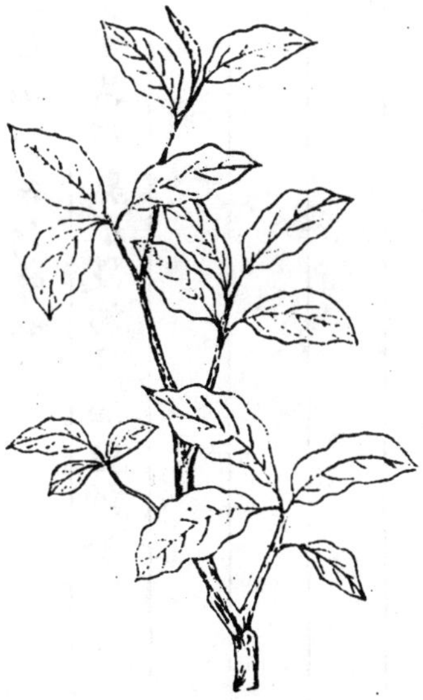

山格刺生山野間葉似白槿樹葉短尖味甘

食法採葉煠熟水浸作成黃色換水淘淨油鹽調食

報馬樹

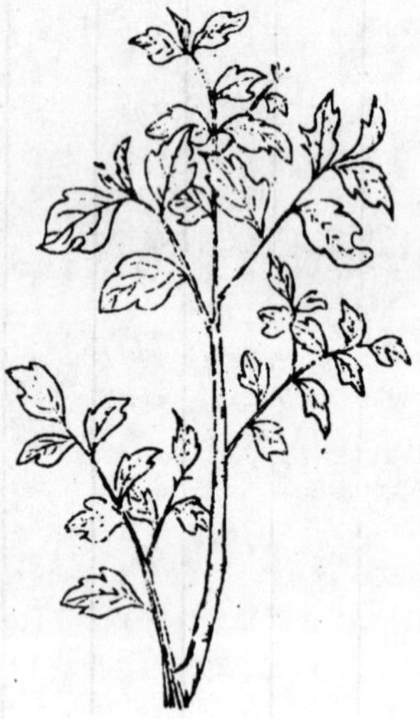

報馬樹生山野中枝似桑條葉似青檀葉大邊有花叉葉味甜

食法採葉煠熟水淘淨油鹽調食硬葉煠熟水浸作成黃色淘去涎沫油鹽調食

堅莢樹

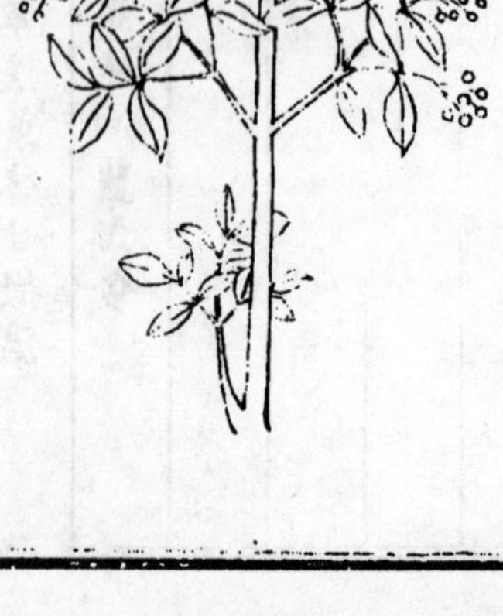

堅莢樹生山谷中樹枝堅勁可以作棒皮色烏黑對分枝叉葉似拐棗葉却大色淡綠亦對生開黃花結小紅子葉味苦

食法採嫩葉煠熟水浸去苦味淘淨油鹽調食

稚芽樹

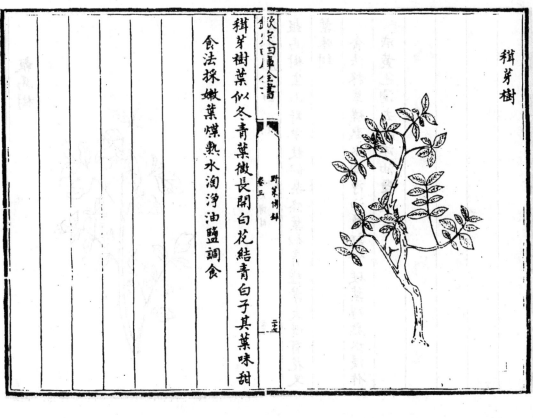

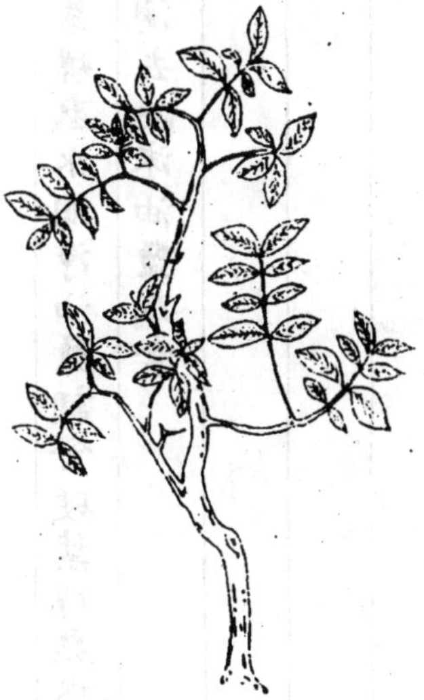

稚芽樹葉似冬青葉微長開白花結青白子其葉味甜

食法採嫩葉煠熟水淘淨油鹽調食

白辛樹

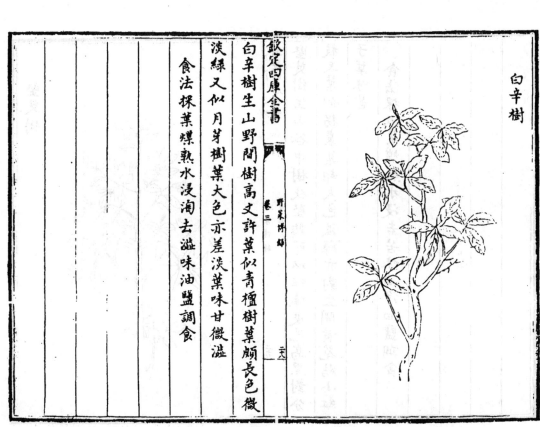

白辛樹生山野間樹高丈許葉似青檀樹葉頗長色微淡綠又似月芽樹葉大色亦差淡葉味甘微澁

食法採葉煠熟水浸淘去澁味油鹽調食

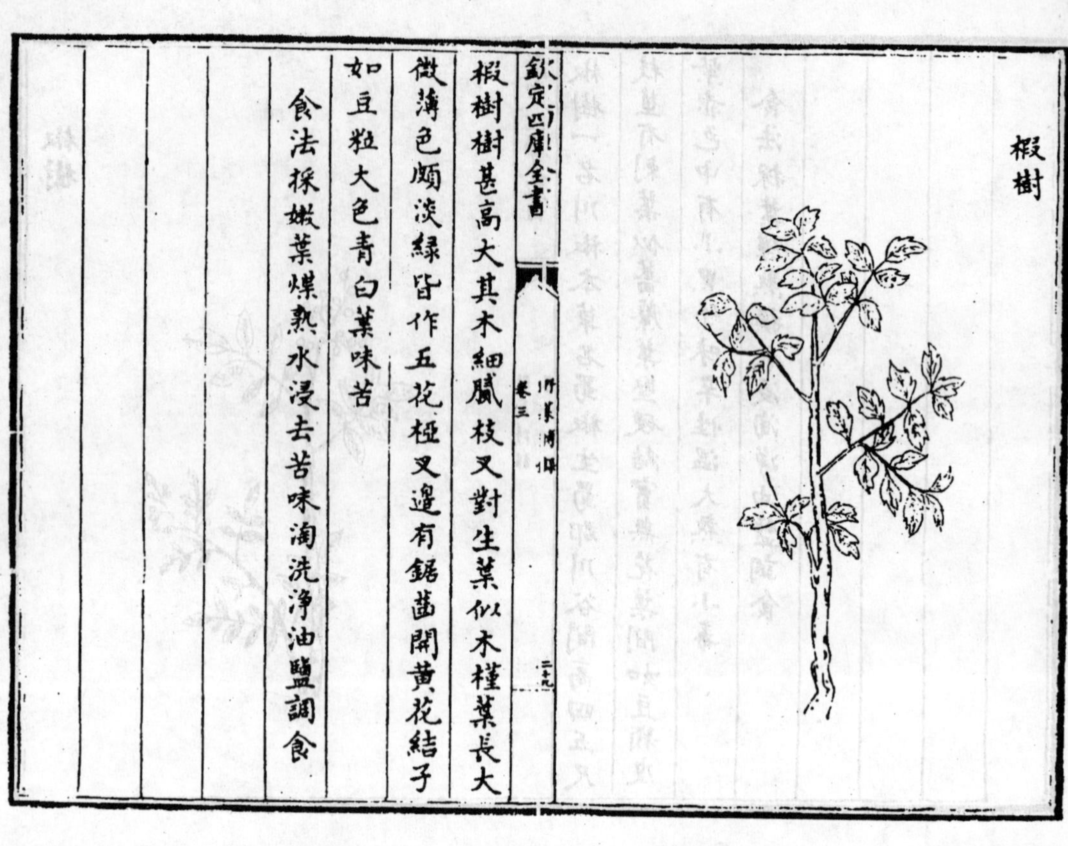

椵樹樹甚高大其木細膩枝叉對生葉似木槿葉長大微薄色頗淡綠皆作五花椏叉邊有鋸齒開黃花結子如豆粒大色青白葉味苦

食法採嫩葉煠熟水浸去苦味淘洗淨油鹽調食

臭蕻

臭蕻科條高四五尺葉似杵瓜葉尖艄又似金銀花葉亦尖艄五葉攢生如一葉開花白色其葉味甜

食法採葉煠熟水浸淘淨油鹽調食

椒樹

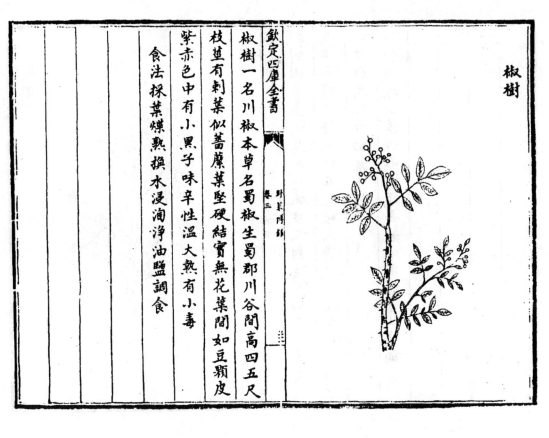

椒樹一名川椒本草名蜀椒生蜀郡川谷間高四五尺枝莖有刺葉似薔蘼葉堅硬結實無花葉間如豆顆皮紫赤色中有小黑子味辛性温大熱有小毒

食法採葉煠熟換水浸淘淨油鹽調食

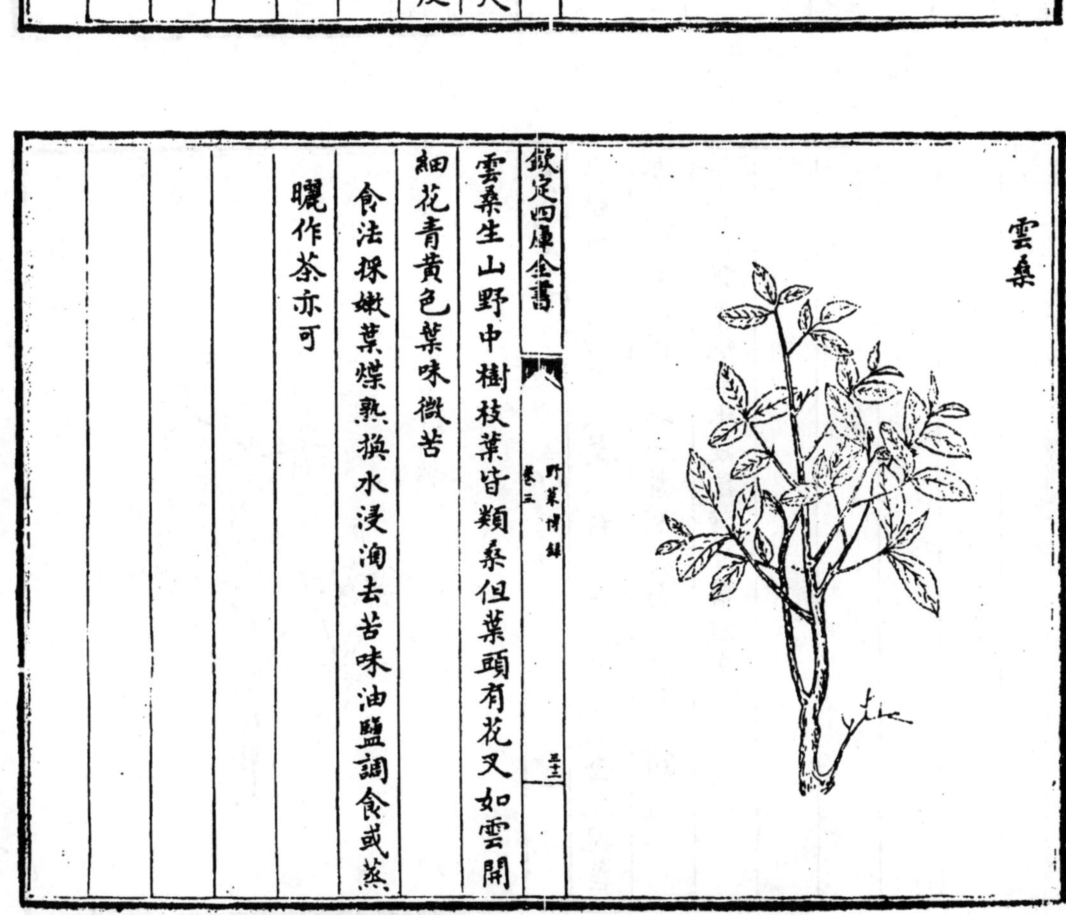

雲桑生山野中樹枝葉皆類桑但葉頭有花叉如雲開細花青黄色葉味微苦

食法採嫩葉煠熟換水浸淘去苦味油鹽調食或蒸曬作茶亦可

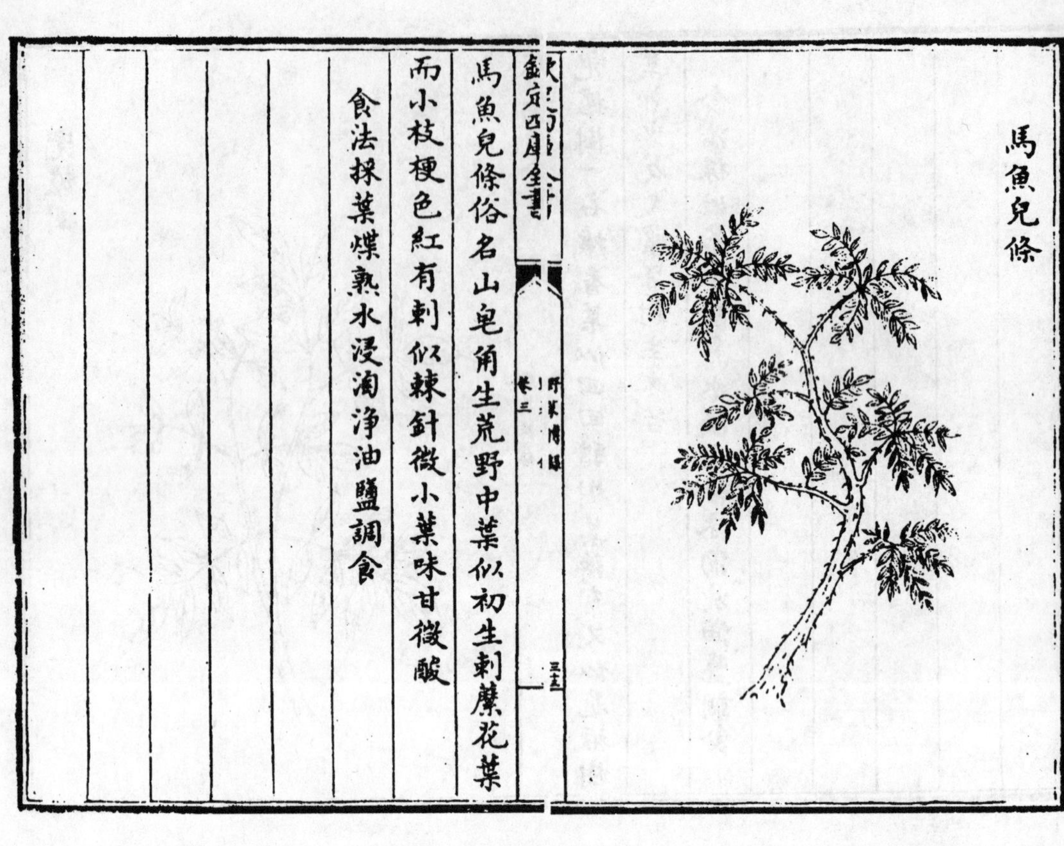

馬魚兒條

馬魚兒條俗名山皂角生荒野中葉似初生刺蘪花葉而小枝梗色紅有刺似棘針微小葉味甘微酸

食法採葉煠熟水浸淘淨油鹽調食

省沽油

省沽油一名珍珠花科條似荆條圓枝又對生葉似驢駝布袋葉大又似葛藤葉小每三葉攢生一處開白花似珍珠色葉味甘微苦

食法採葉煠熟水浸淘淨油鹽調食

兜櫨樹

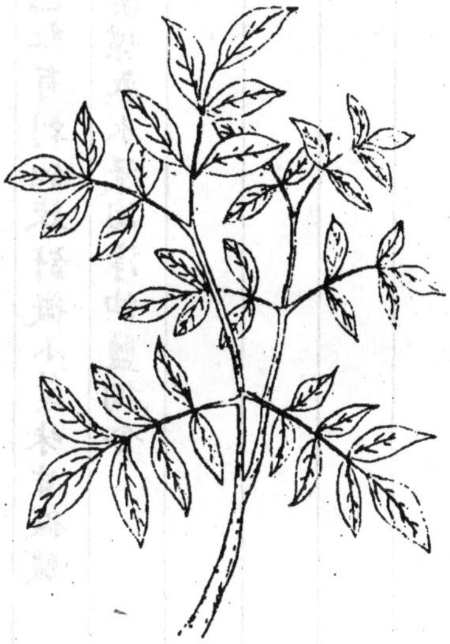

兜櫨樹一名壞香葉似回回醋樹葉薄窄又似花椒樹葉卻少花叉葉皆對生味苦

食法採嫩芽葉煠熟水浸去苦味淘洗油鹽調食

花椒樹

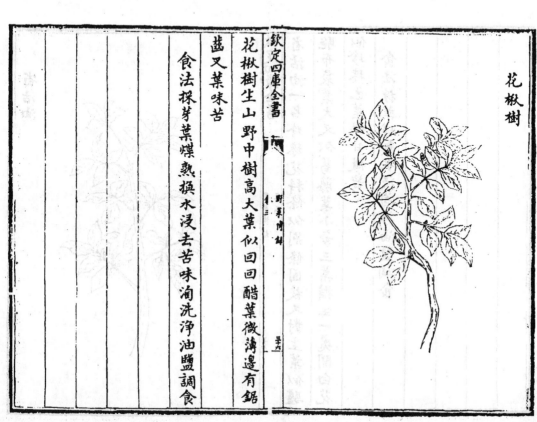

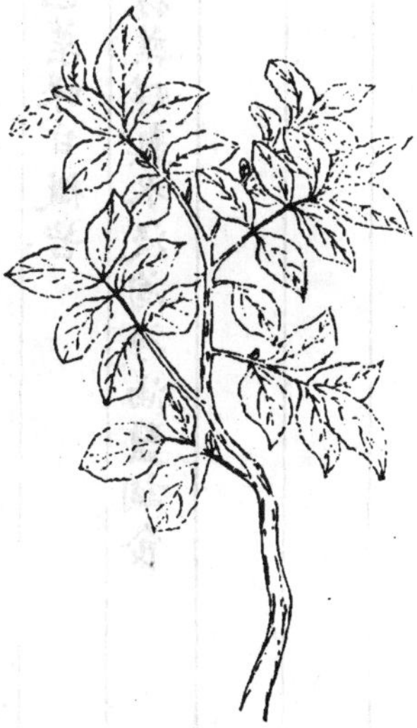

花椒樹生山野中樹高大葉似回回醋葉微薄邊有鋸齒叉葉味苦

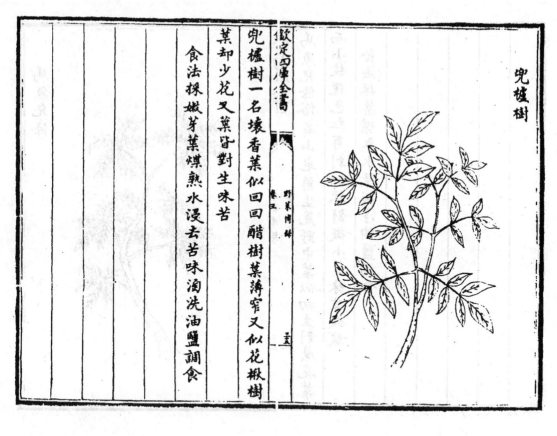

食法採芽葉煠熟換水浸去苦味淘洗淨油鹽調食

椋子樹

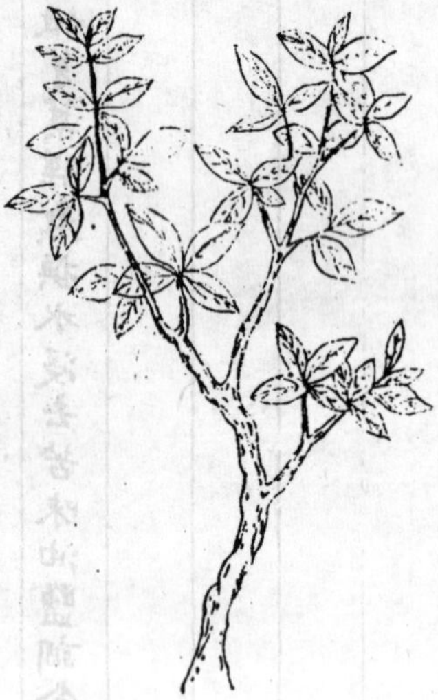

椋子樹樹有大者初生作科條狀類荊條對生枝叉葉似柿葉薄小兩葉對生開白花結子細圓如豌豆大生青熟黑色味甘鹹性平無毒葉味苦

食法葉煠熟水浸淘去苦味洗淨油鹽調食

垂柳

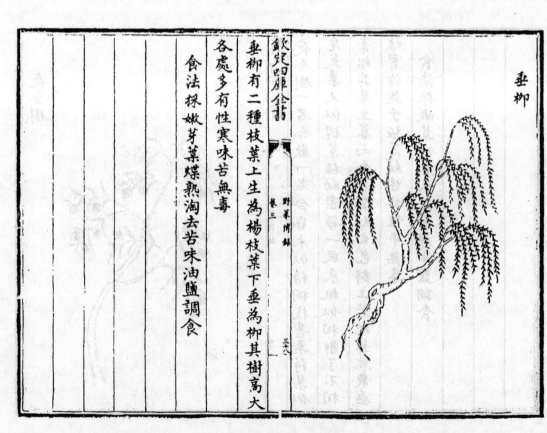

垂柳有二種枝葉上生為楊枝葉下垂為柳其樹高大各處多有性寒味苦無毒

食法採嫩芽葉煠熟淘去苦味油鹽調食

黄楝樹

黄楝樹葉似初生椿樹葉極小又似楝葉微帶黄色開花紫赤色結子如豌豆大生青熟紫赤色味苦

食法採嫩芽葉煠熟換水浸去苦味油鹽調食

夜合樹

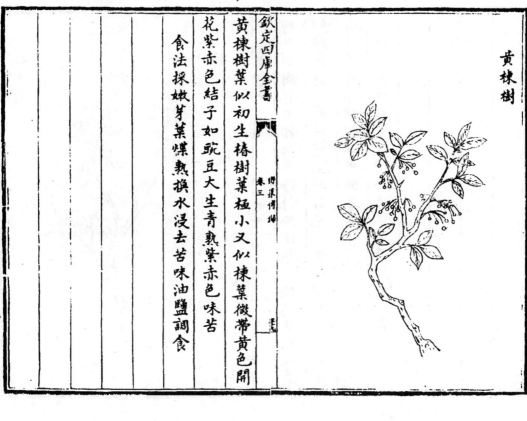

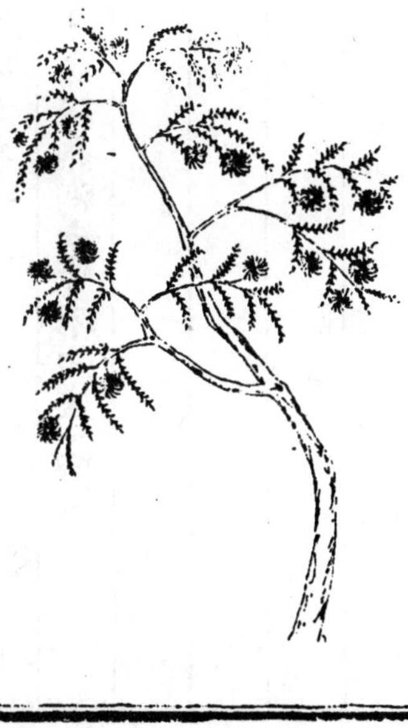

夜合樹一名合歡一名合昏木似梧桐枝甚柔弱葉似皂莢葉又似槐葉極細密每一風來輒似相解了不相牽綴其葉至暮而合花發紅白色瓣上若絲茸然散垂結實作莢子極薄細味甘性平無毒

食法採嫩葉煠熟水浸淘淨油鹽調食

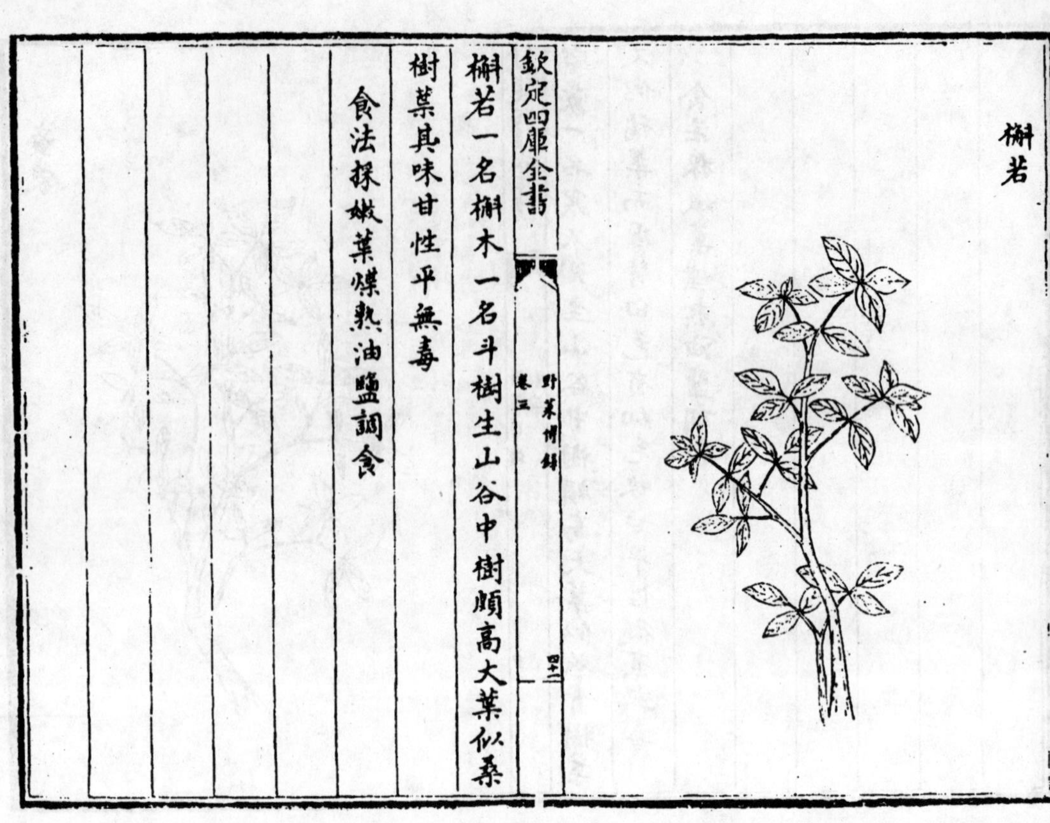

槲若

槲若一名槲木一名斗樹生山谷中樹頗高大葉似桑樹葉具味甘性平無毒

食法採嫩葉煠熟油鹽調食

黃蘗

黃蘗一名蘗木一名子蘗生山谷中樹高數丈葉似茱萸葉經冬不凋皮外白色裏黃色其味苦性寒無毒

食法採嫩葉煠熟浸去苦味油鹽調食

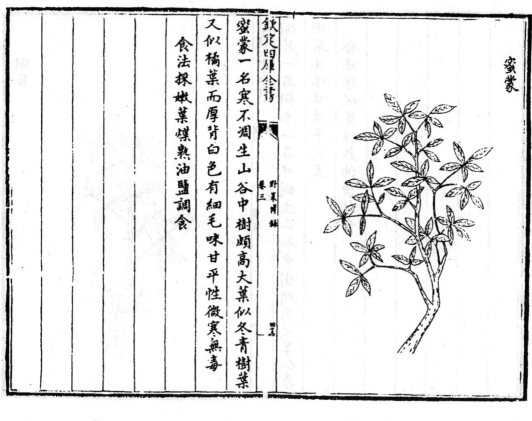

蜜蒙

蜜蒙一名寒不凋生山谷中樹頗高大葉似冬青樹葉又似橘葉而厚背白色有細毛味甘平性微寒無毒

食法採嫩葉煠熟油鹽調食

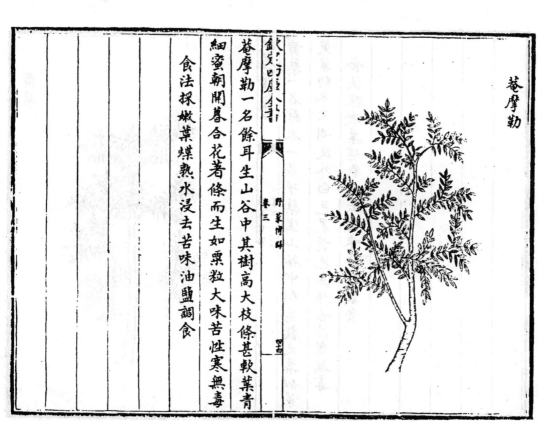

菴摩勒

菴摩勒一名餘甘生山谷中其樹高大枝條甚軟葉青細密朝開暮合花著條而生如粟粒大味苦性寒無毒

食法採嫩葉煠熟水浸去苦味油鹽調食

杜蘭

杜蘭一名林蘭生深山中樹高數仞葉似菌桂葉有二道縱文其味苦性寒無毒

食法採嫩葉煠熟油鹽調食

白棘

白棘一名棘鍼一名棘刺生山中柯莖多刺葉似酸棗葉又似赤刺葉開花結實如棗形味辛性寒無毒

食法採嫩葉煠熟油鹽調食

海桐皮

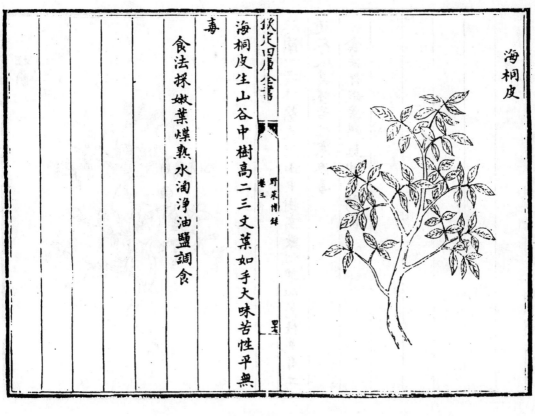

海桐皮生山谷中樹高二三丈葉如手大味苦性平無毒

食法採嫩葉煠熟水淘淨油鹽調食

落鴈木

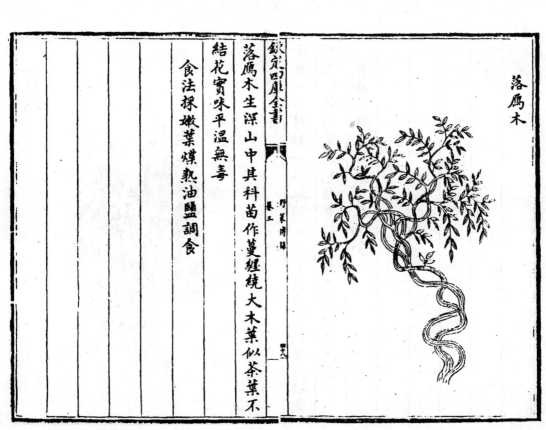

落鴈木生深山中其科苗作蔓纏繞大木葉似茶葉不結花實味平温無毒

食法採嫩葉煠熟油鹽調食

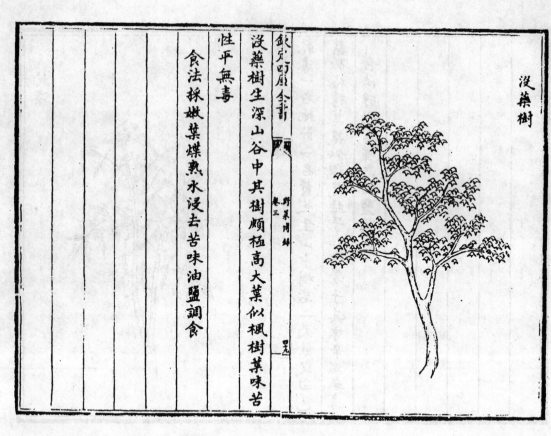

沒藥樹

沒藥樹生深山谷中其樹頗極高大葉似楓樹葉味苦性平無毒

食法採嫩葉煠熟水浸去苦味油鹽調食

南藤

南藤一名丁公藤一名象豆生山谷中延石壁古木纏遶其苗如馬鞭有節紫褐色葉似杏葉短尖味辛烈無毒

食法採嫩苗葉煠熟油鹽調食

乾漆

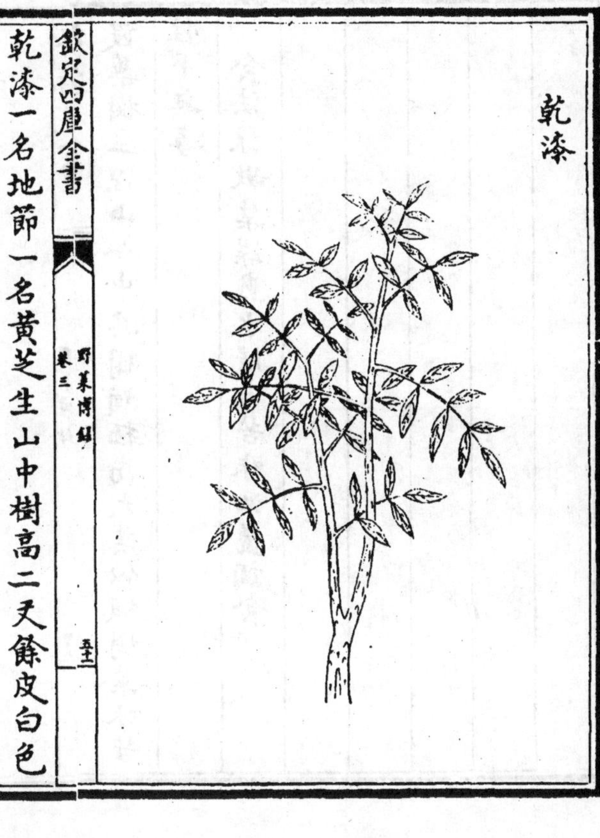

乾漆一名地節一名黄芝生山中樹高二丈餘皮白色葉似椿樗葉花似槐花結子如牛蒡子其味辛温無毒

食法採嫩葉煠熟油鹽調食

木天蓼

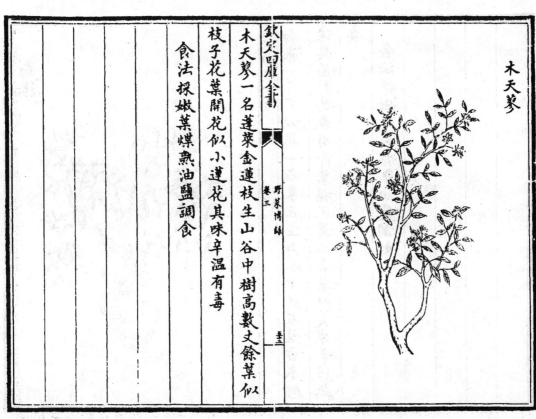

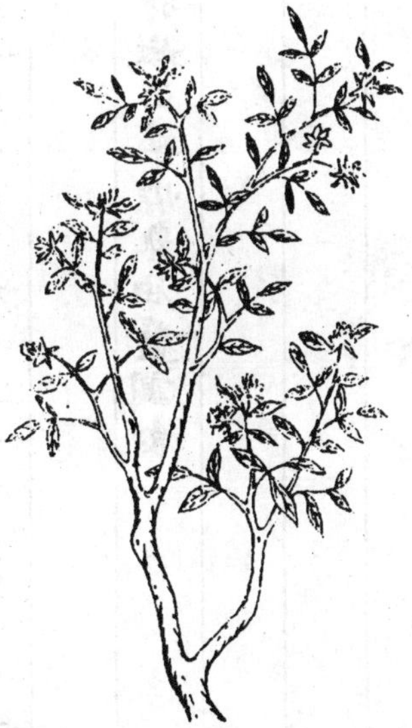

木天蓼一名蓬萊金蓮枝生山谷中樹高數丈餘葉似枝子花葉開花似小蓮花其味辛温有毒

食法採嫩葉煠熟油鹽調食

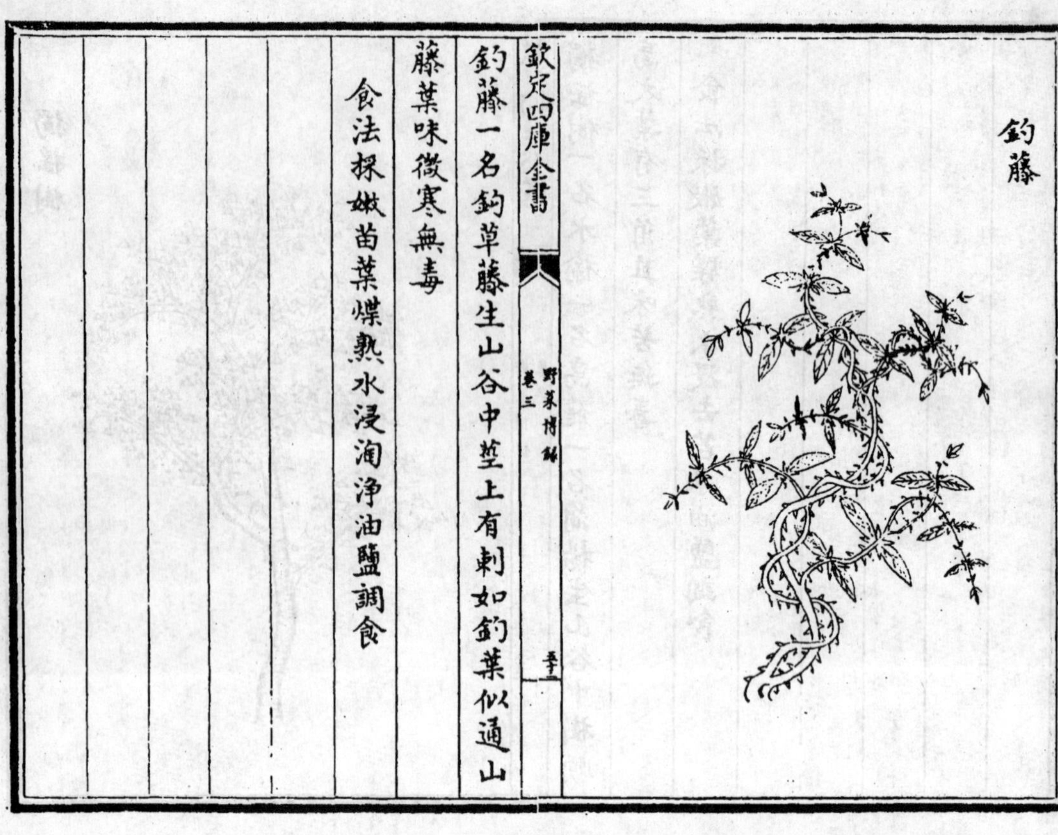

鈎藤一名鈎草藤生山谷中莖上有刺如鈎葉似通山藤葉味微寒無毒

食法採嫩苗葉煠熟水浸淘浄油鹽調食

五倍子樹

五倍子樹一名文蛤一名百蟲倉生山谷中葉似椿樹葉無花結實如拳内多小蟲其味苦酸性平無毒

食法採嫩葉煠熟油鹽調食

獨摇樹

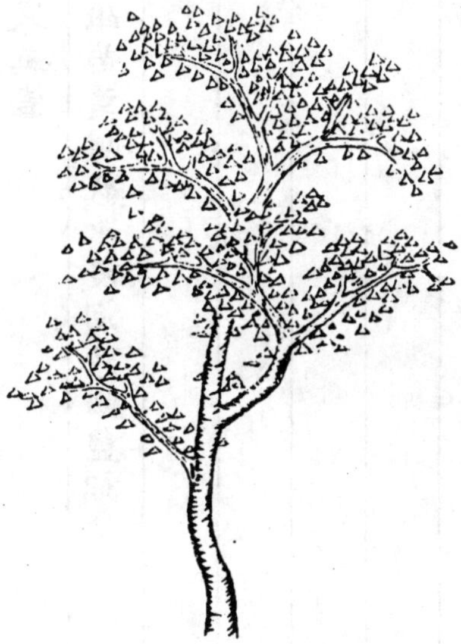

獨揺樹一名水榆一名高飛一名蒲楊生山谷中樹頗高大葉有三角其味苦無毒

食法採嫩葉煠熟水浸去苦味油鹽調食

伏牛花

伏牛花一名隔虎刺生山谷中樹頗高大葉似黄蘗葉梗多刺莖赤色花開淡黄色作穗似小杏子味苦甘無毒

食法採嫩葉煠熟油鹽調食

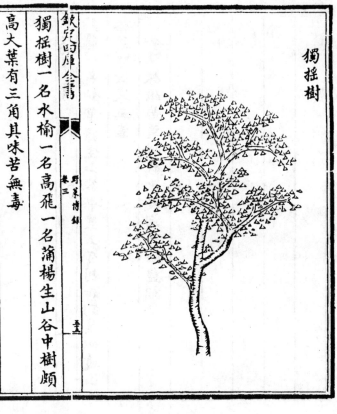

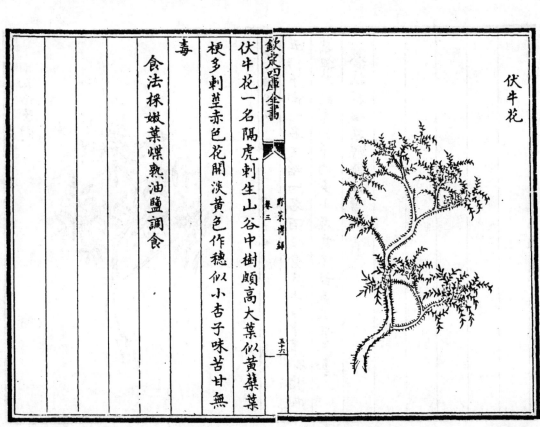

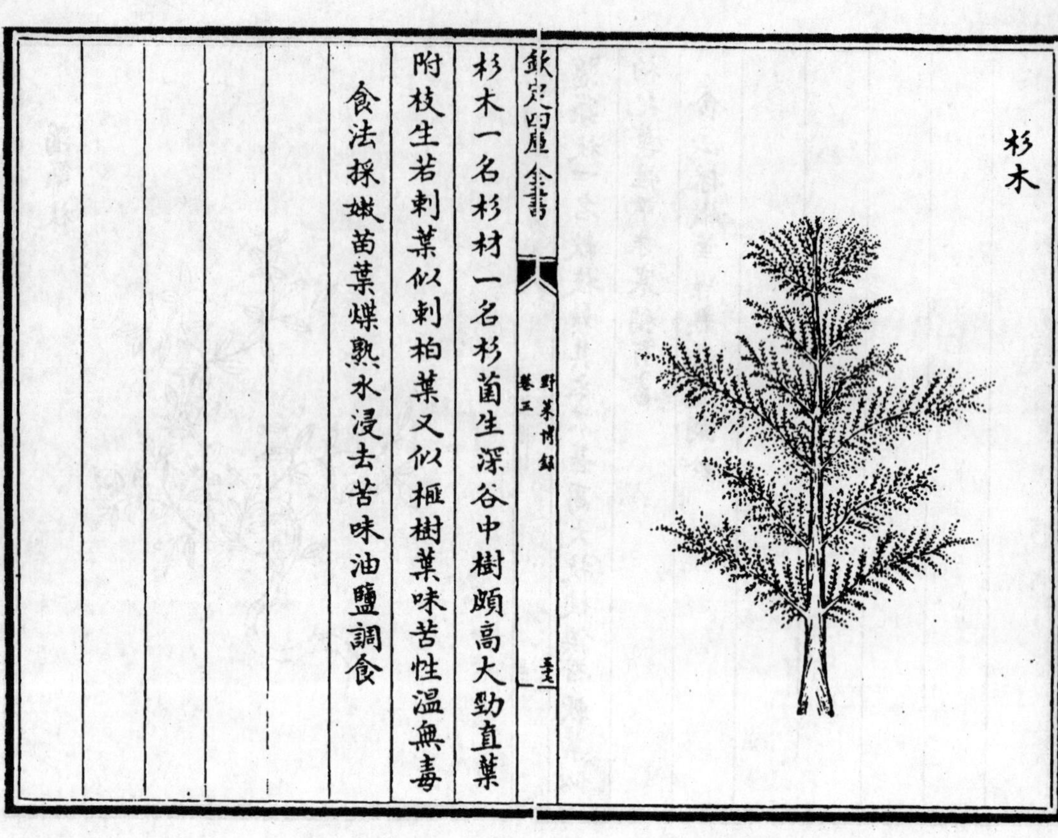

杉木

杉木一名杉材一名杉菌生深谷中樹頗高大勁直葉附枝生若刺葉似刺柏葉又似樞樹葉味苦性溫無毒

食法採嫩苗葉煠熟水浸去苦味油鹽調食

接骨木

接骨木一名木蒴藋生深谷中樹高大丈餘葉似水芹葉開花似陸英樹花其味甘苦性平無毒

食法採嫩葉煠熟油鹽調食

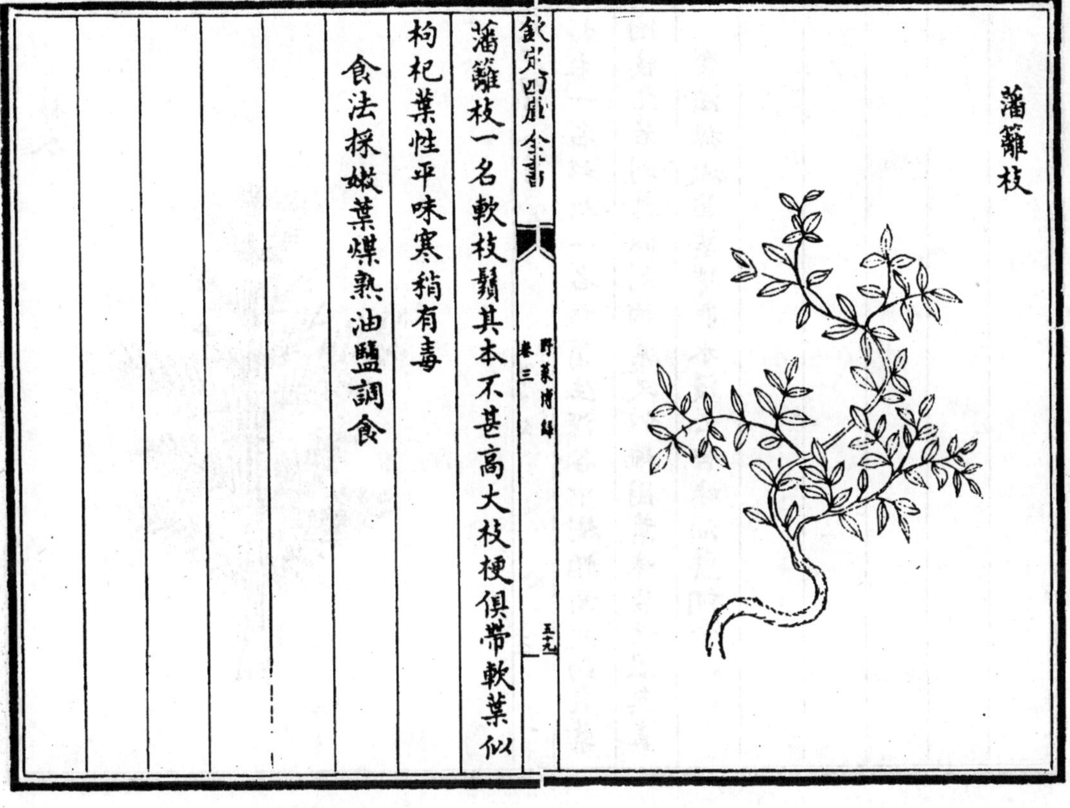

蕃籬枝

蕃籬枝一名軟枝䕸其本不甚高大枝梗俱帶軟葉似枸杞葉性平味寒稍有毒

食法採嫩葉煠熟油鹽調食

臘梅花
花可食

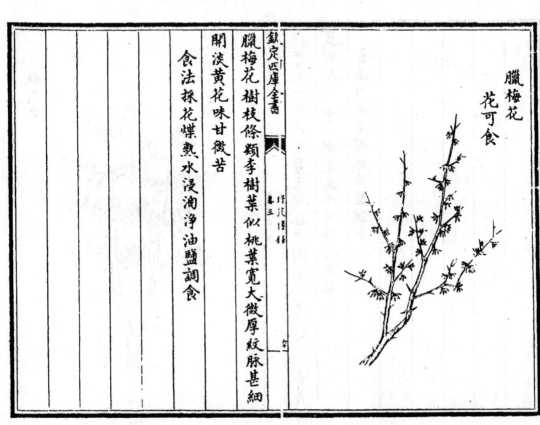

臘梅花樹枝條類李樹葉似桃葉寬大微厚紋脈甚細開淡黃花味甘微苦

食法採花煠熟水浸淘淨油鹽調食

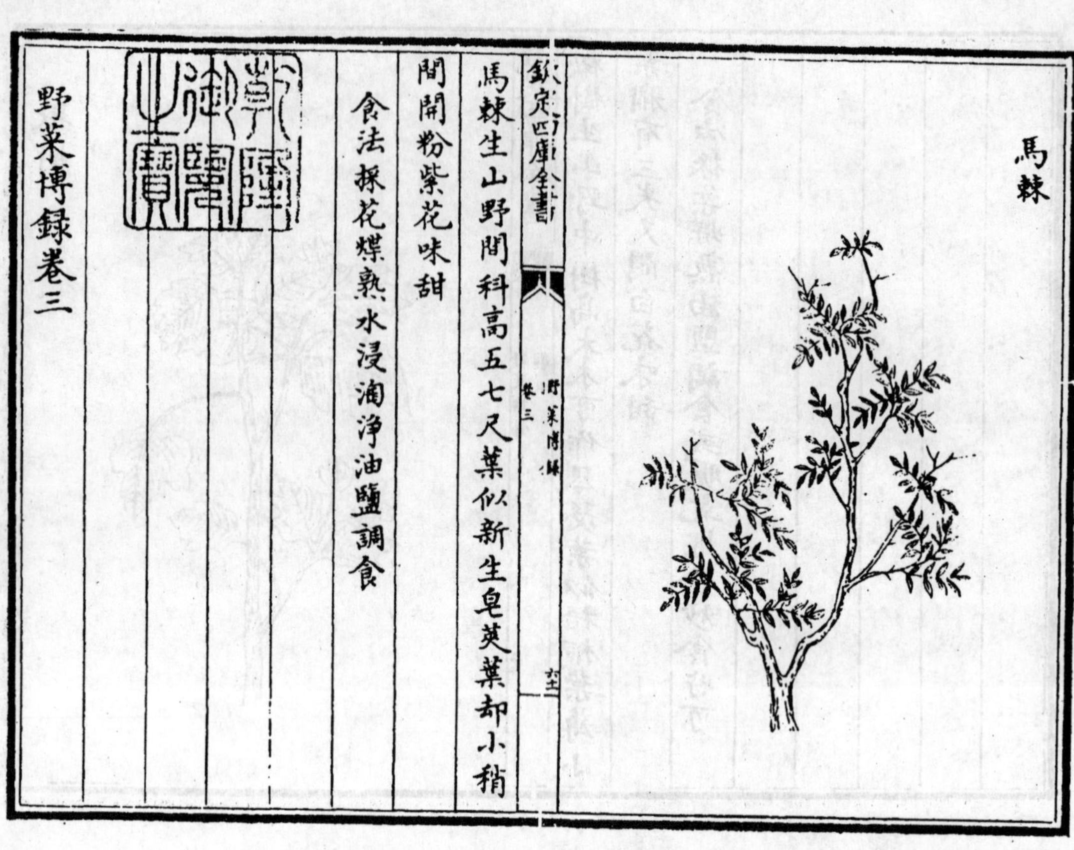

馬棘

欽定四庫全書　　野菜博錄　卷三

馬棘生山野間科高五七尺葉似新生皂莢葉却小稍間開粉紫花味甜

食法採花煠熟水浸淘淨油鹽調食

乾隆御覽之寶

野菜博錄卷三

欽定四庫全書

野菜博錄卷四

明　鮑山　撰

木部

藤花樹

花可食

欽定四庫全書　　野菜博錄　卷四　一

藤花樹生荒野中葉似椿葉小淺綠黃色枝間開淡紫花味甘

食法採花煠熟水淘淨油鹽調食或微焯過曬乾煠食亦佳

楸樹

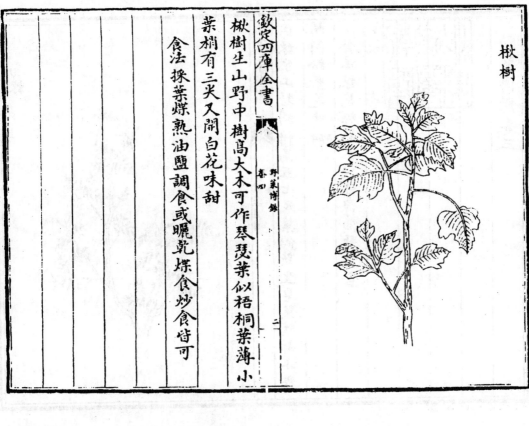

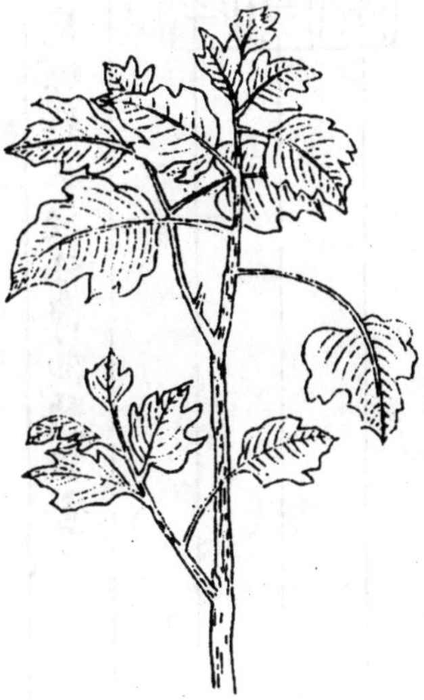

楸樹生山野中樹高大木可作琴瑟葉似梧桐葉薄小葉梢有三尖叉開白花味甜

食法 採葉煠熟油鹽調食或曬乾煠食炒食皆可

櫔齒花

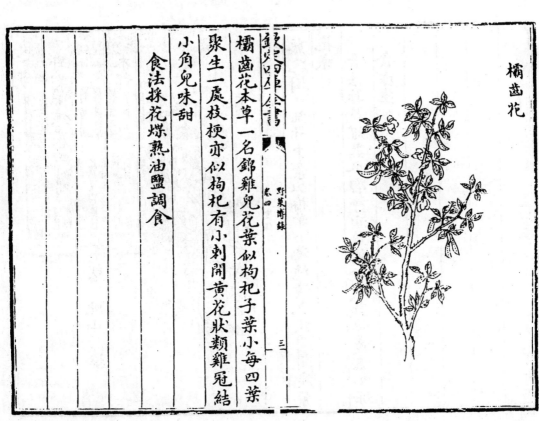

櫔齒花本草一名鉬雞兒花葉似枸杞子葉小每四葉聚生一處枝梗亦似枸杞有小刺開黃花狀類雞冠結小角兒味甜

食法採花煠熟油鹽調食

青舍子條

實可食

青舍子條生山谷間科條微帶柿黄色葉似胡枝子葉光俊微尖稍間開淡粉紫花結子似枸杞子微小生青熟紫黑色

食法採摘其子紫熟者食之

蕤核樹

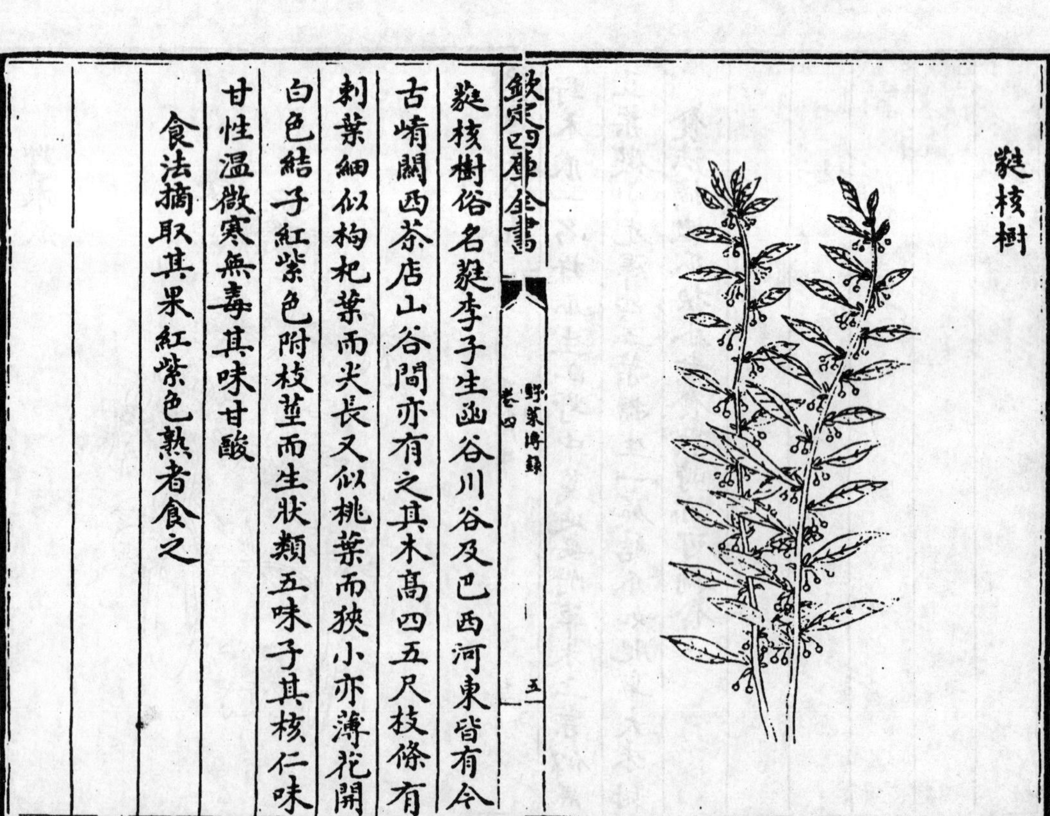

蕤核樹俗名蕤李子生函谷川谷及巴西河東皆有今古靖關西茶店山谷間亦有之其木高四五尺枝條有刺葉細似枸杞葉而尖長又似桃葉而狹小亦薄花開白色結子紅紫色附枝莖而生肰類五味子其核仁味甘性温微寒無毒其味甘酸

食法摘取其果紅紫色熟者食之

白棠子樹

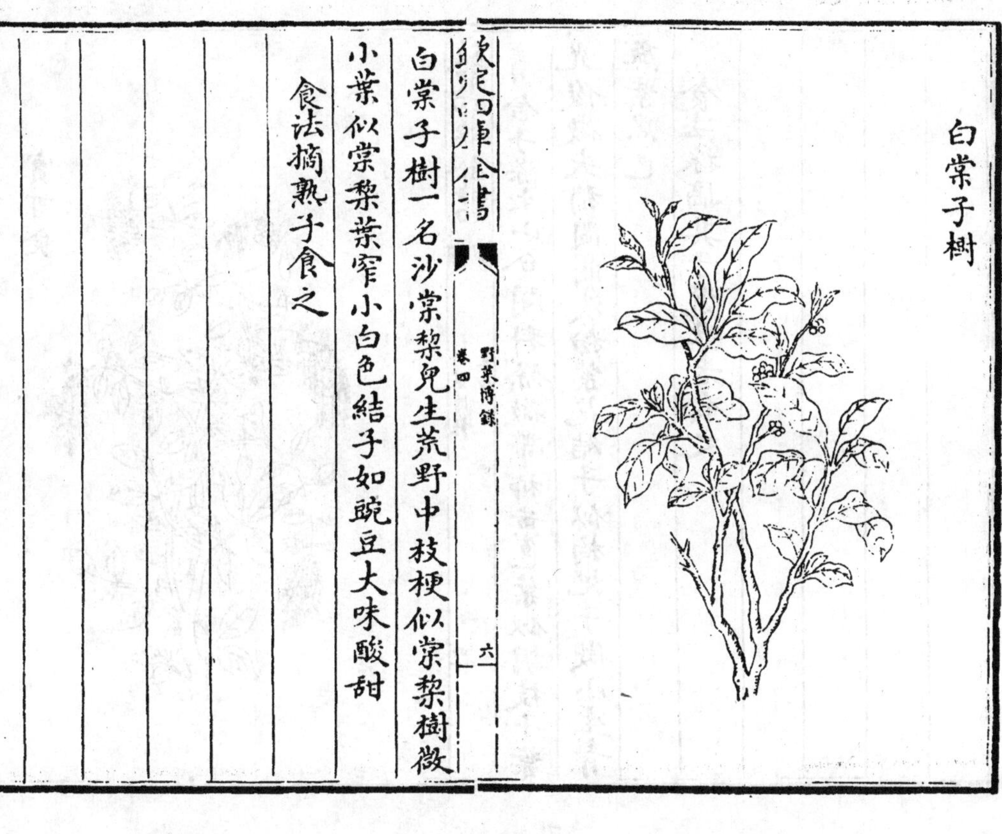

白棠子樹一名沙棠梨兒生荒野中枝梗似棠梨樹微小葉似棠梨葉窄小白色結子如豌豆大味酸甜

食法摘熟子食之

野木瓜

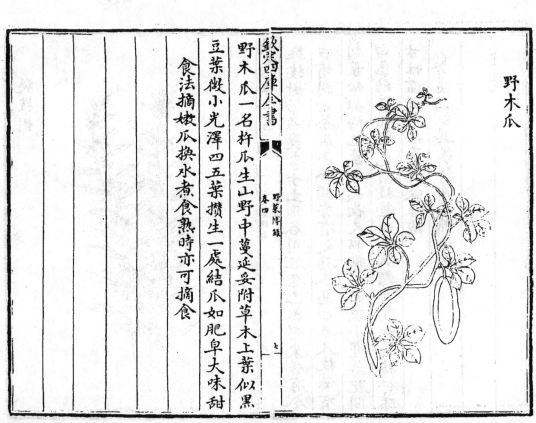

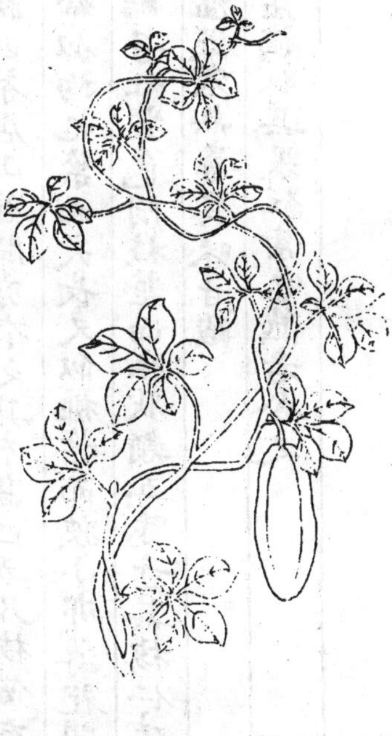

野木瓜一名杵瓜生山野中蔓延妥附草木上葉似黑豆葉微小光澤四五葉攢生一處結瓜如肥皂大味甜

食法摘嫩瓜換水煮食熟時亦可摘食

野櫻桃

野櫻桃生山谷中樹高五六尺葉似李葉更尖開白花似李子花結實比櫻桃又小熟色鮮紅味甘微酸

食法摘取其果紅熟者食之

軟棗

軟棗一名丁香柹又名牛乳柹又呼羊矢棗爾雅謂之梬其樹枝葉皆類柹結實甚小乾熟則紫黑色味甘性温無毒多食動風發冷風咳嗽

食法揀取軟棗成熟者食之

水茶臼

水茶臼科條高四五尺莖上有小刺葉似大葉胡枝子葉有尖開黄白花結果如杏大狀似甜瓜瓣而色紅味甜酸

食法果熟紅時摘取食之

老婆布鞊

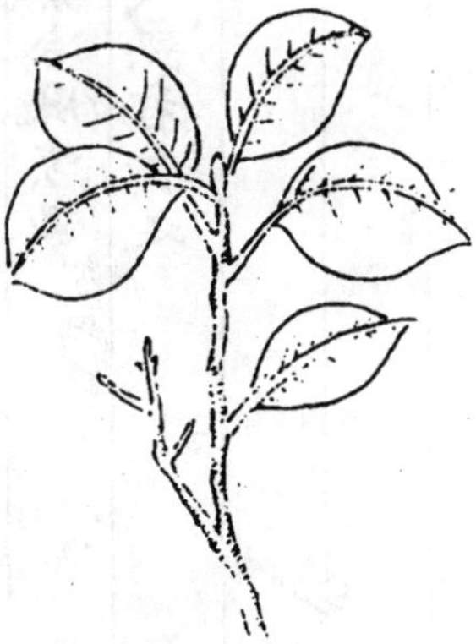

老婆布鞊生山谷中科條淡蒼黄色葉似匙頭樣色嫩緑光俊又似山格刺葉却小味甘

食法採葉煠熟水浸作過淘淨油鹽調食

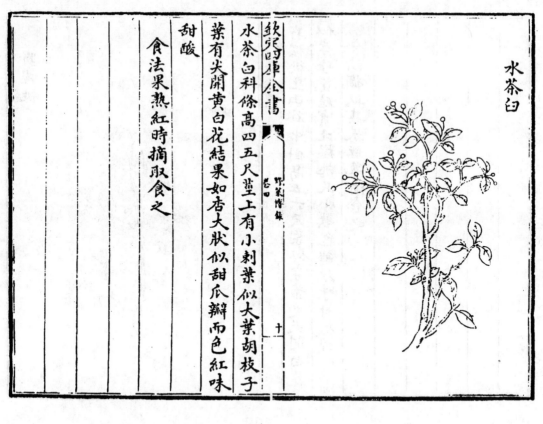

櫨子樹

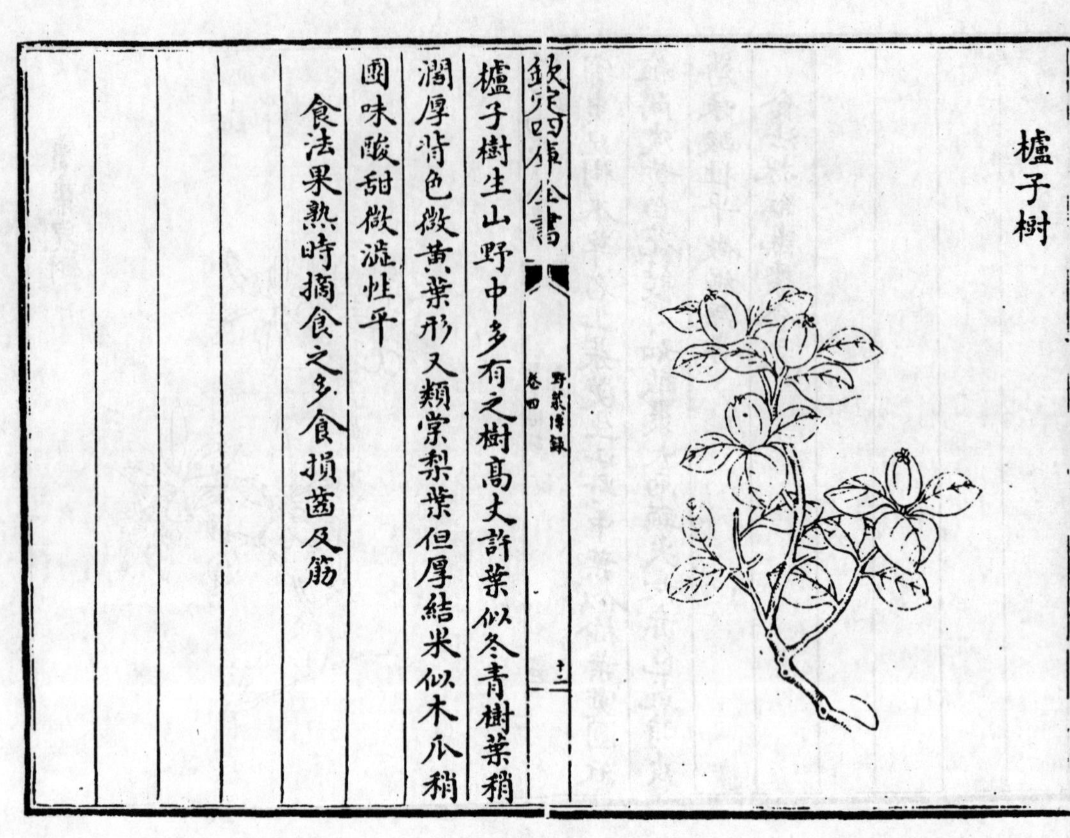

櫨子樹生山野中多有之樹高丈許葉似冬青樹葉稍濶厚背色微黃葉形又類棠梨葉但厚結實似木瓜稍團味酸甜微澁性平

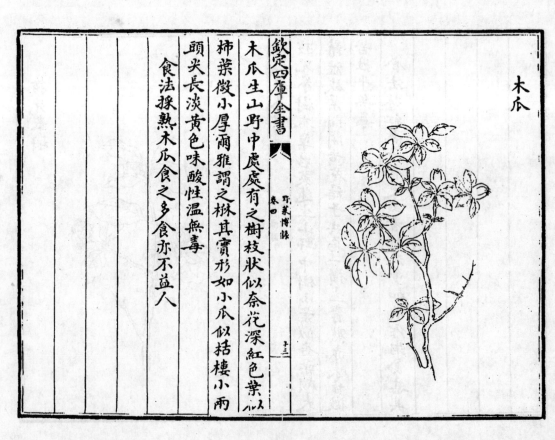

食法果熟時摘食之多食損齒及筋

木瓜

木瓜生山野中處處有之樹枝狀似奈花深紅色葉似柿葉微小厚爾雅謂之楙其實形如小瓜似栝樓小兩頭尖長淡黃色味酸性温無毒

食法採熟木瓜食之多食亦不益人

實棗兒樹

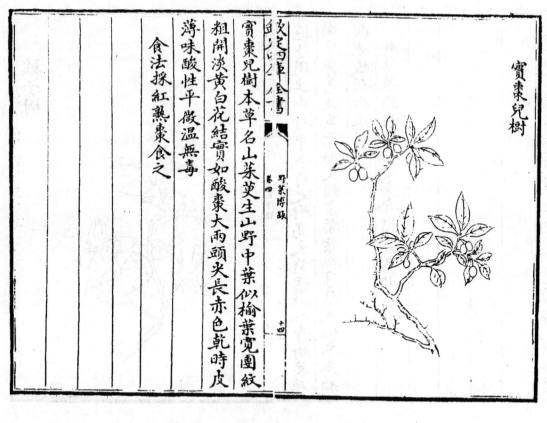

實棗兒樹本草名山茱萸生山野中葉似榆葉寬團紋粗開淡黄白花結實如酸棗大兩頭尖長赤色乾時皮薄味酸性平微温無毒

食法採紅熟棗食之

孩兒拳樹

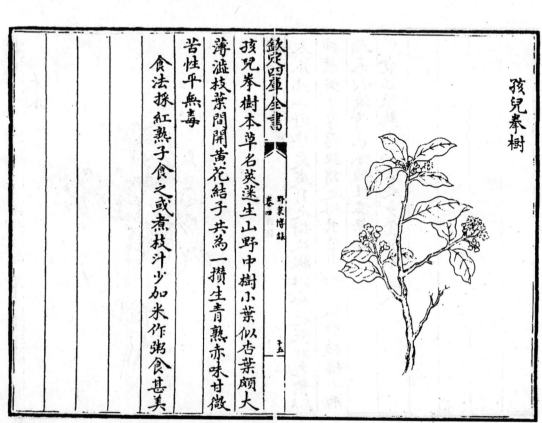

孩兒拳樹本草名荚蒾生山野中樹小葉似杏葉頗大薄澁枝葉間開黄花結子共為一攢生青熟赤味甘微苦性平無毒

食法採紅熟子食之或煮枝汁少加米作粥食甚美

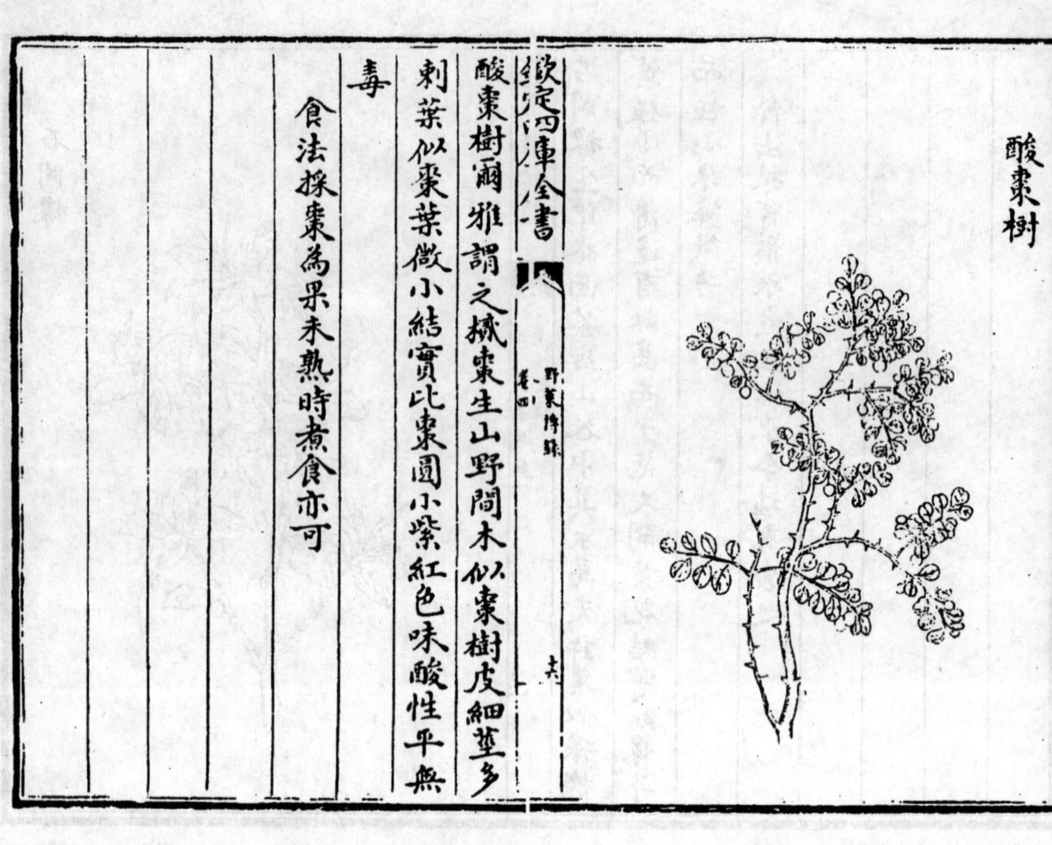

酸棗樹

酸棗樹爾雅謂之樲棗生山野間木似棗樹皮細莖多刺葉似棗葉微小結實比棗圓小紫紅色味酸性平無毒

食法採棗為果未熟時煮食亦可

橡子樹

橡子樹本草橡實櫟子也生山野間樹高大葉似栗葉大開黄花結實有梂裹其實味苦澁性微温無毒

食法取子換水浸煮數次淘去澁味蒸極熟食之厚腸胃肥健人不饑

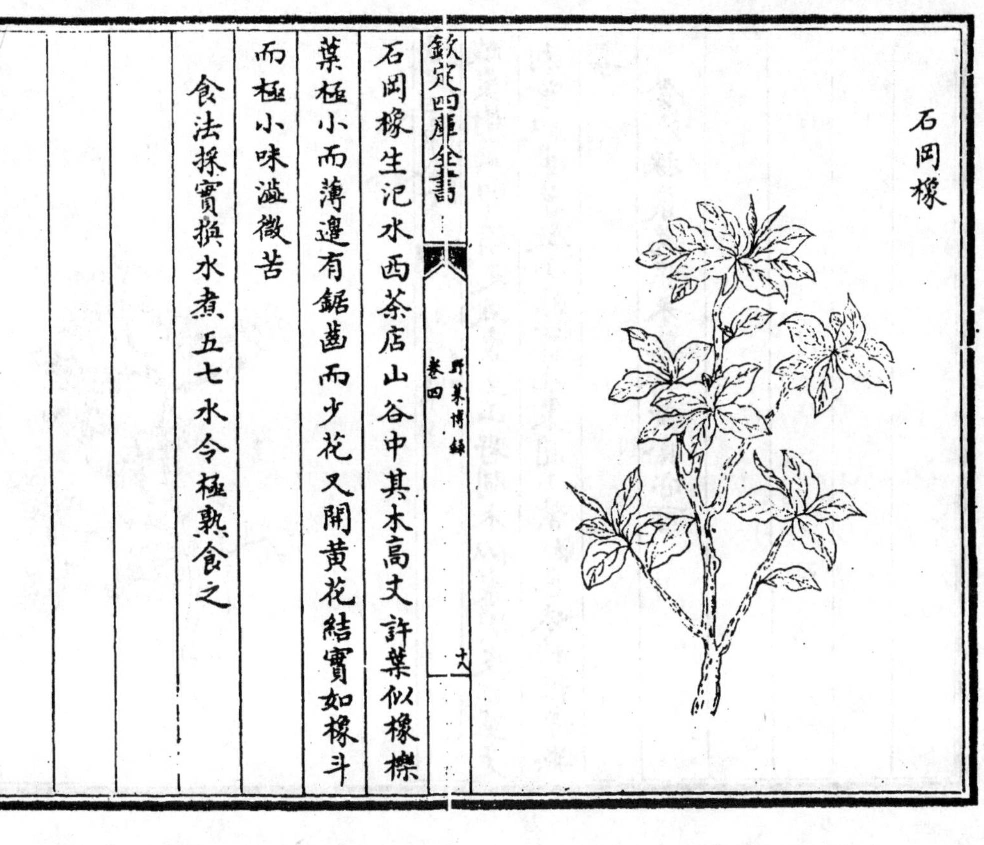

石岡橡

石岡橡生汜水西茶店山谷中其木高丈許葉似橡櫟葉極小而薄邊有鋸齒而少花叉開黃花結實如橡斗而極小味澁微苦

食法採實換水煮五七水令極熟食之

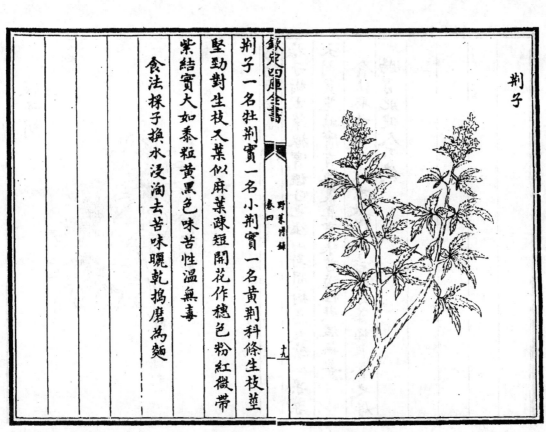

荊子

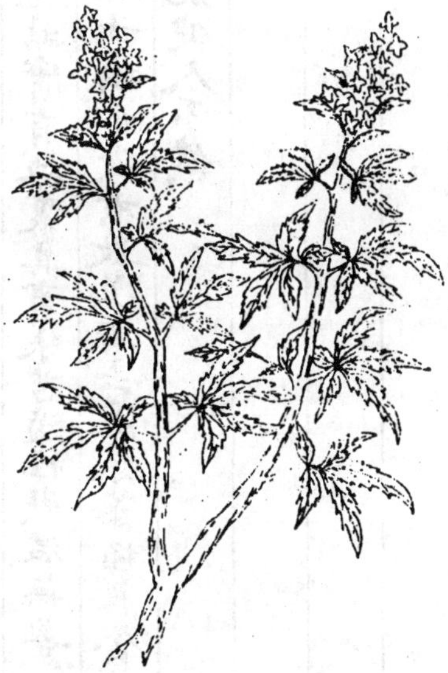

荊子一名牡荊實一名小荊實一名黃荊科條生枝莖堅勁對生枝叉葉似麻葉疎短開花作穗色粉紅微帶紫結實大如黍粒黃黑色味苦性溫無毒

食法採子換水浸淘去苦味曬乾搗磨為麵

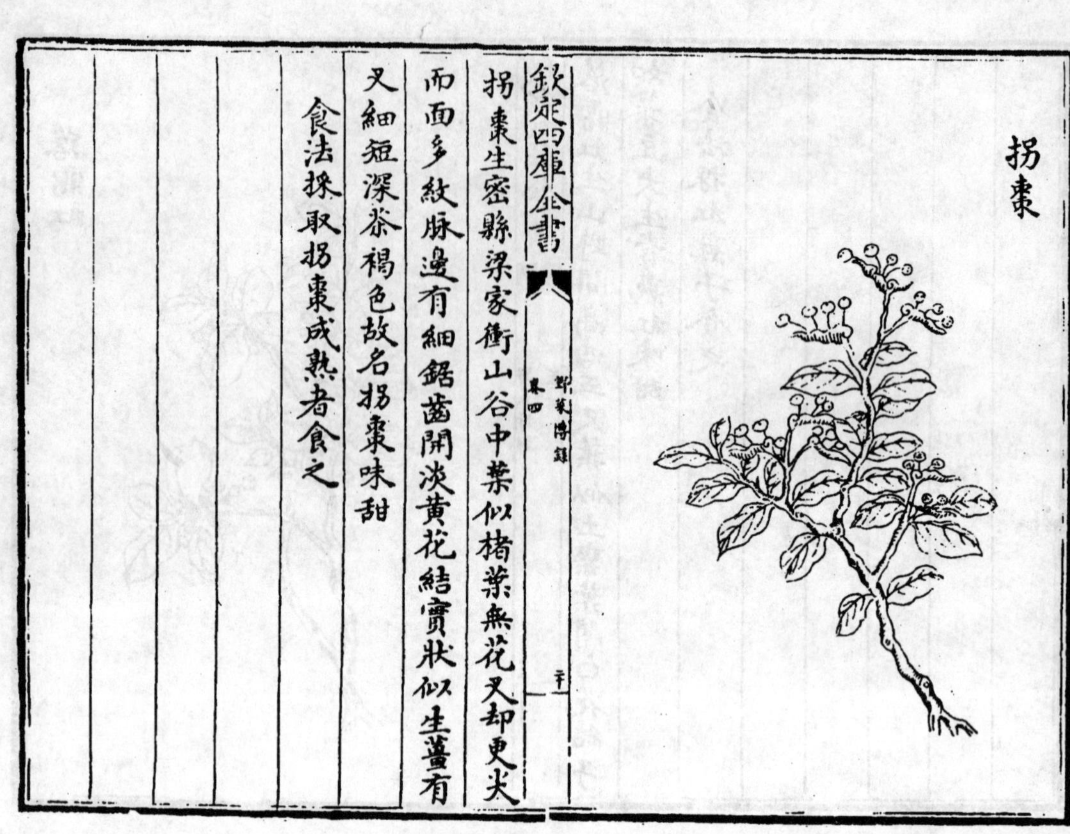

拐棗

拐棗生密縣梁家衝山谷中葉似楮葉無花叉却更尖而面多紋脉邊有細鋸齒開淡黄花結實狀似生薑有叉細短深茶褐色故名拐棗味甜

食法採取拐棗成熟者食之

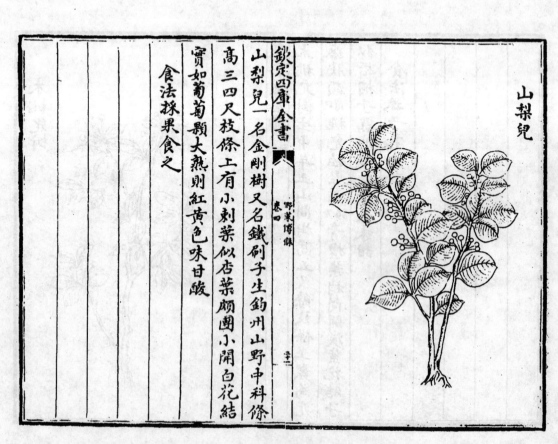

山梨兒

山梨兒一名金剛樹又名鐵刷子生鈞州山野中科條高三四尺枝條上有小刺葉似杏葉頗團小開白花結實如葡萄顆大熟則紅黄色味甘酸

食法採果食之

落霜紅

落霜紅生山野間高四五尺葉似土欒葉開白花結子如菉豆大生青熟紅味甜

食法採紅熟子食之

木桃兒樹

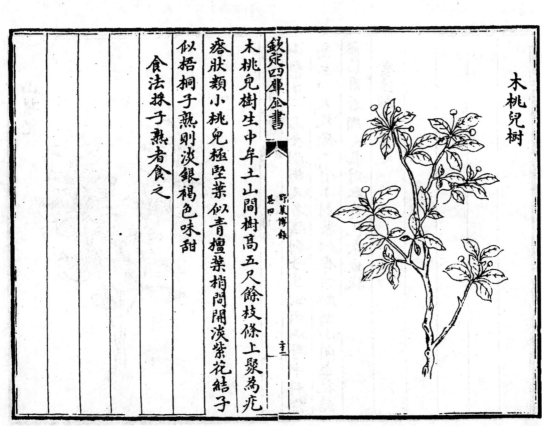

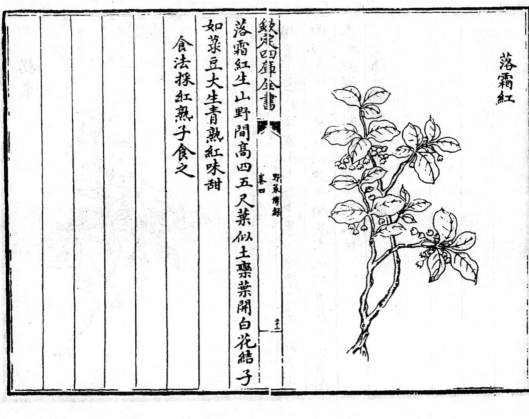

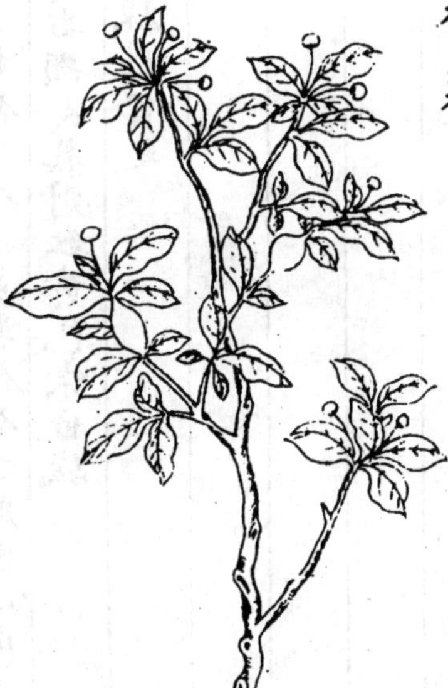

木桃兒樹生中牟土山間樹高五尺餘枝條上聚為疙瘩狀類小桃兒極堅葉似青檀葉梢間開淡紫花結子似梧桐子熟則淡銀褐色味甜

食法採子熟者食之

無花果

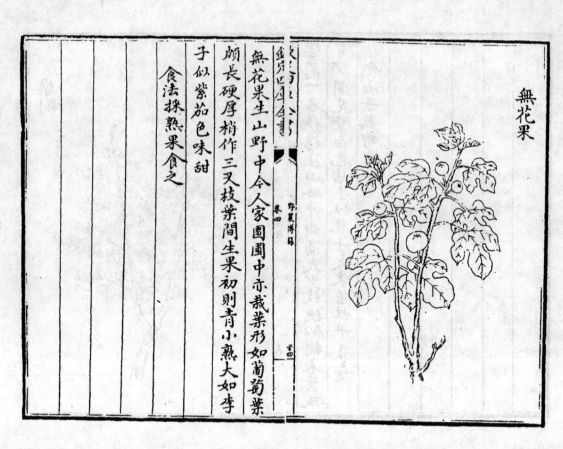

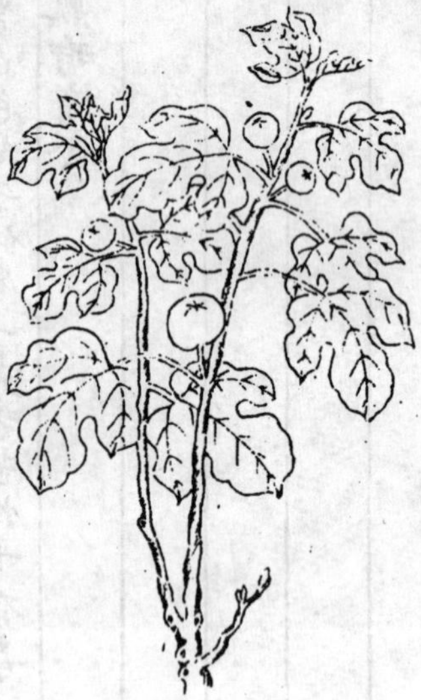

無花果生山野中今人家園圃中亦栽葉形如葡萄葉頗長硬厚梢作三叉枝葉間生果初則青小熟大如李子似紫茄色味甜

食法採熟果食之

土欒樹

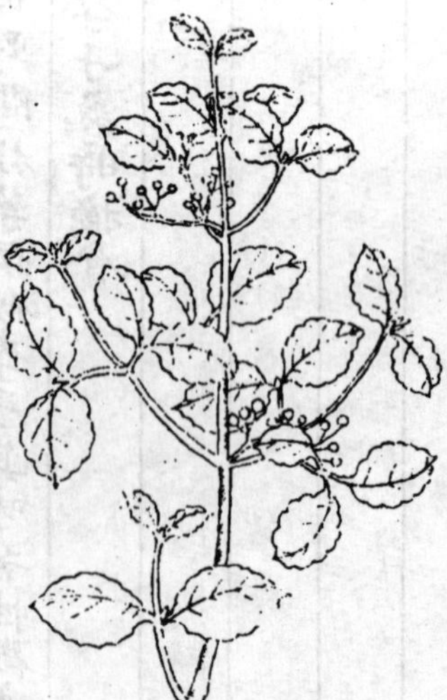

土欒樹生山野中木堅勁可作秤桿葉似木葛葉微狹厚背白微毛開淡黃花結小子如豌豆而匾生青熟紫黑色味甘

食法採紫熟子食之

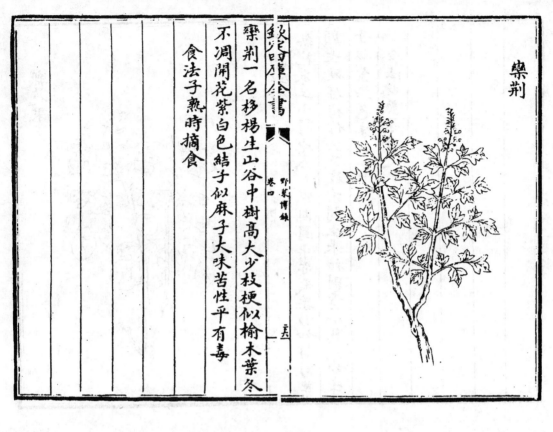

欒荆

欽定四庫全書　野菜博録　卷四

欒荆一名杉楊生山谷中樹高大少枝梗似榆木葉冬不凋開花紫白色結子似麻子大味苦性平有毒

食法子熟時摘食

鼠李

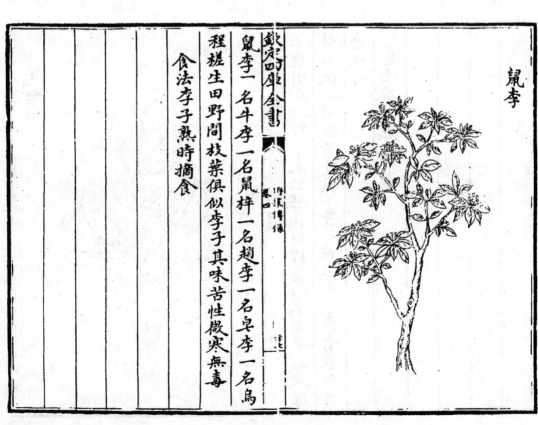

欽定四庫全書　野菜博録　卷四

鼠李一名牛李一名鼠梓一名趙李一名皁李一名烏程槎生田野間枝葉俱似李子其味苦性微寒無毒

食法李子熟時摘食

野葡萄

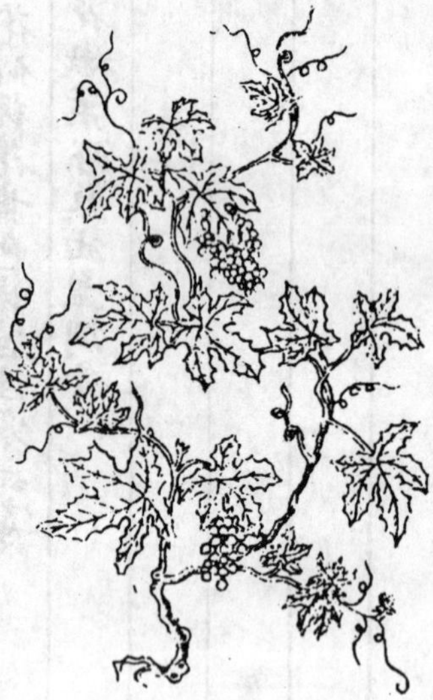

野葡萄俗名烟黑生荒野中莖葉實俱似家葡萄者細小實亦稀踈味酸

食法採葡萄紫熟者食亦中釀酒飲

槐樹芽　花葉可食

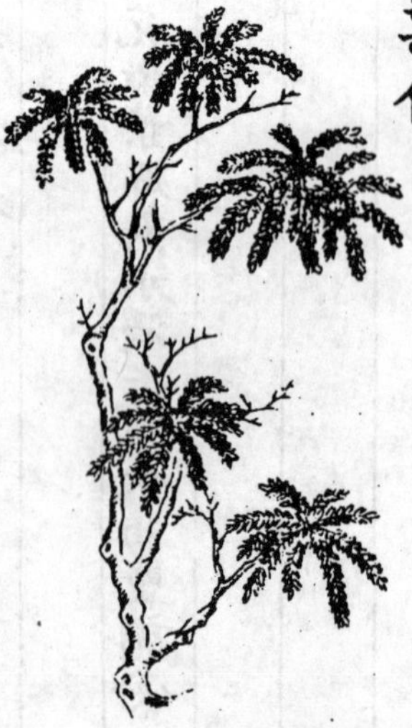

槐樹芽本草有槐實葉大而黑者名櫰槐晝合夜開者名守宫槐葉細青緑者謂之槐開黄花結實似豆角狀味苦酸鹹性寒無毒

食法採芽煠熟淘去苦味油鹽調食採花炒食

欒華木

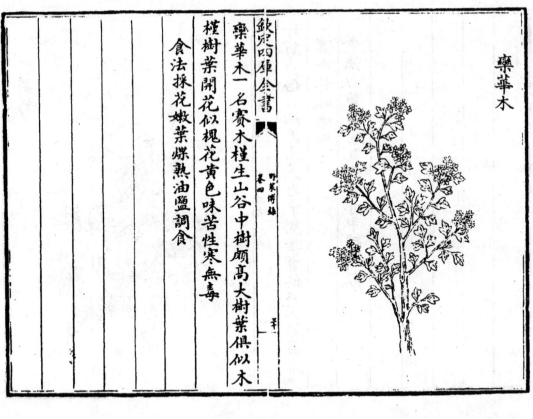

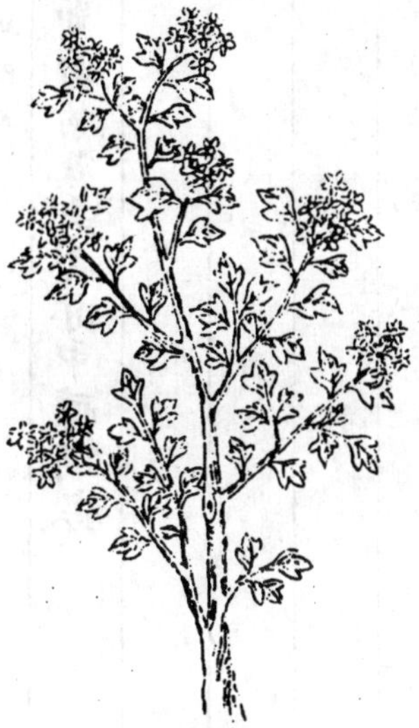

欒華木一名賽木槿生山谷中樹頗高大樹葉俱似木槿樹葉開花似槐花黄色味苦性寒無毒

食法採花嫩葉煠熟油鹽調食

房木

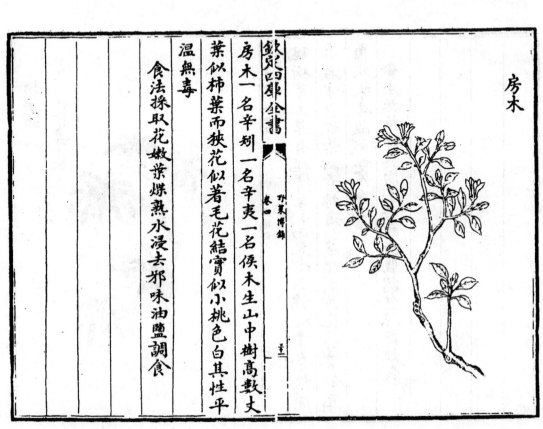

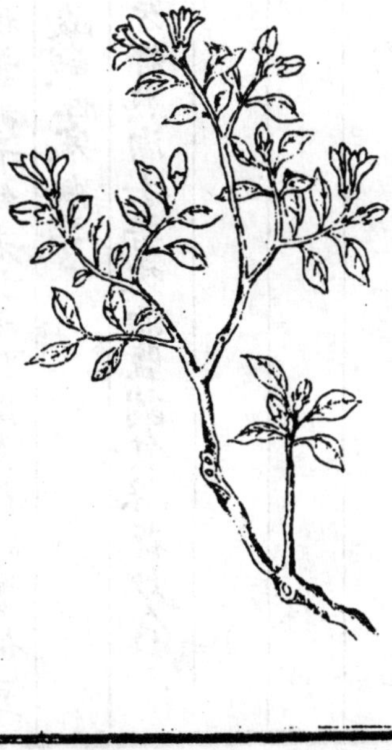

房木一名辛剡一名辛夷一名侯木生山中樹高數丈葉似柿葉而狹花似著毛花結實似小桃色白其性平温無毒

食法採取花嫩葉煠熟水浸去邪味油鹽調食

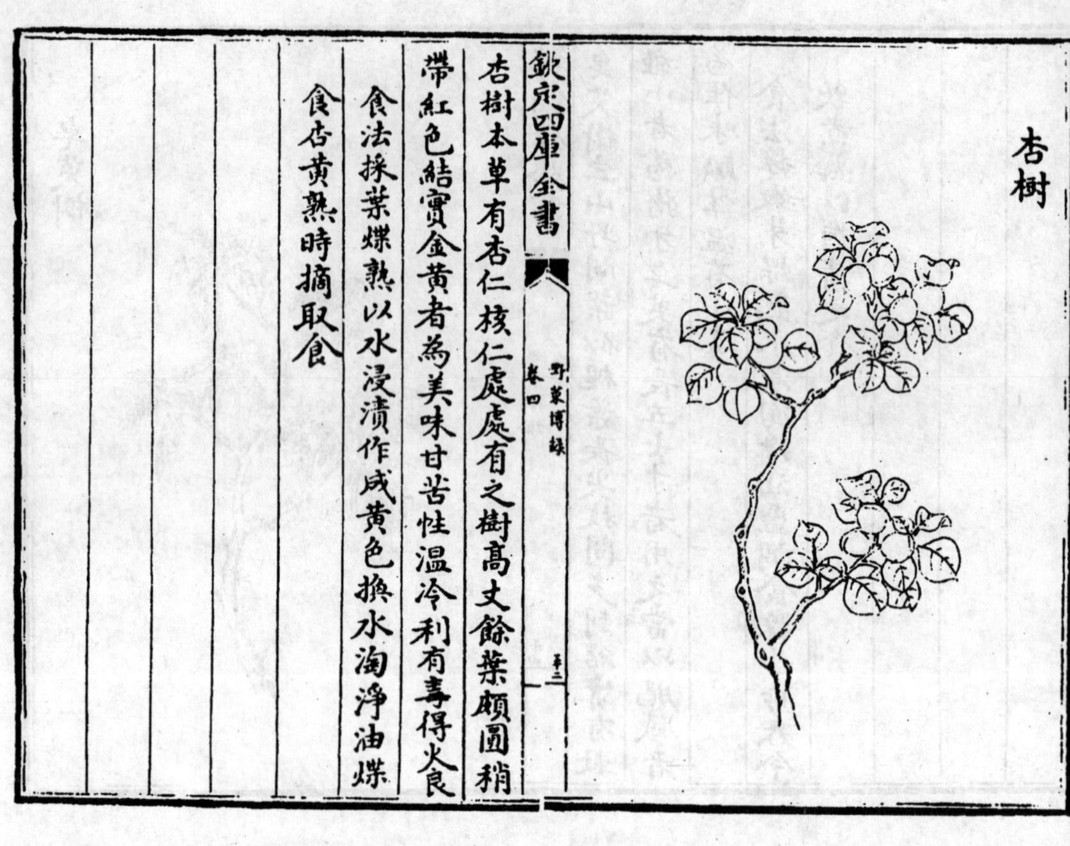

杏樹

杏樹本草有杏仁核仁處處有之樹高丈餘葉頗圓稍帶紅色結實金黄者為美味甘苦性温冷利有毒得火良

食法採葉煠熟以水浸漬作成黄色換水淘淨油煠食杏黄熟時摘取食

沙果子樹

沙果子樹即花紅人家園圃亦多栽種樹高丈餘葉似櫻桃葉深緑色開粉紅花瓣微長不尖結實似李甚大味甘微酸

食法摘取紅熟果食之嫩葉亦可煠熟油鹽調食

皂莢樹

皂莢樹生山野間葉似槐葉長尖枝間多刺結實有數種小者為猪牙皂莢有長五七寸者用之當以肥膩者為佳味醎性温有小毒

食法採嫩芽煠熟水浸淘淨油鹽調食採子炒舂令軟煮熟以糖漬之食

青檀樹

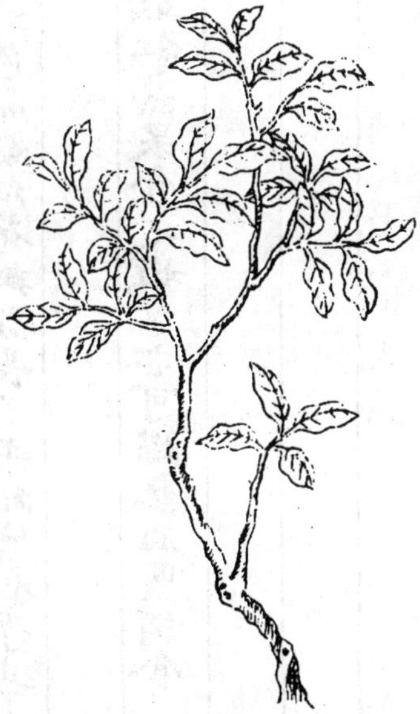

青檀樹生山野間皮紋細薄葉類棗葉微尖背白而澁開白花結青子如梧桐子大葉味酸澁實味甘酸

食法採葉煠熟水浸淘去酸味油鹽調食子熟時摘食之

桃樹

桃樹本草有桃核仁處處有之高丈餘葉似柳葉濶大有紋脉開花紅色結實桃核仁味苦甘性平無毒

食法採嫩葉煠熟水浸作成黄色換水淘淨油鹽調食

棗樹

棗樹本草有大棗樹高一二丈葉似酸棗葉大光澤葉間開青黄色小花結棗味甘美性平無毒

食法採嫩葉煠熟水浸作成黄色淘淨油鹽調食

婆婆枕頭

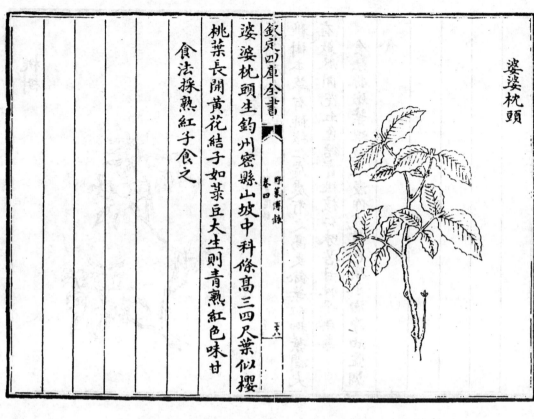

婆婆枕頭生鈞州密縣山坡中科條高三四尺葉似櫻桃葉長開黃花結子如菉豆大生則青熟紅色味甘

食法採熟紅子食之

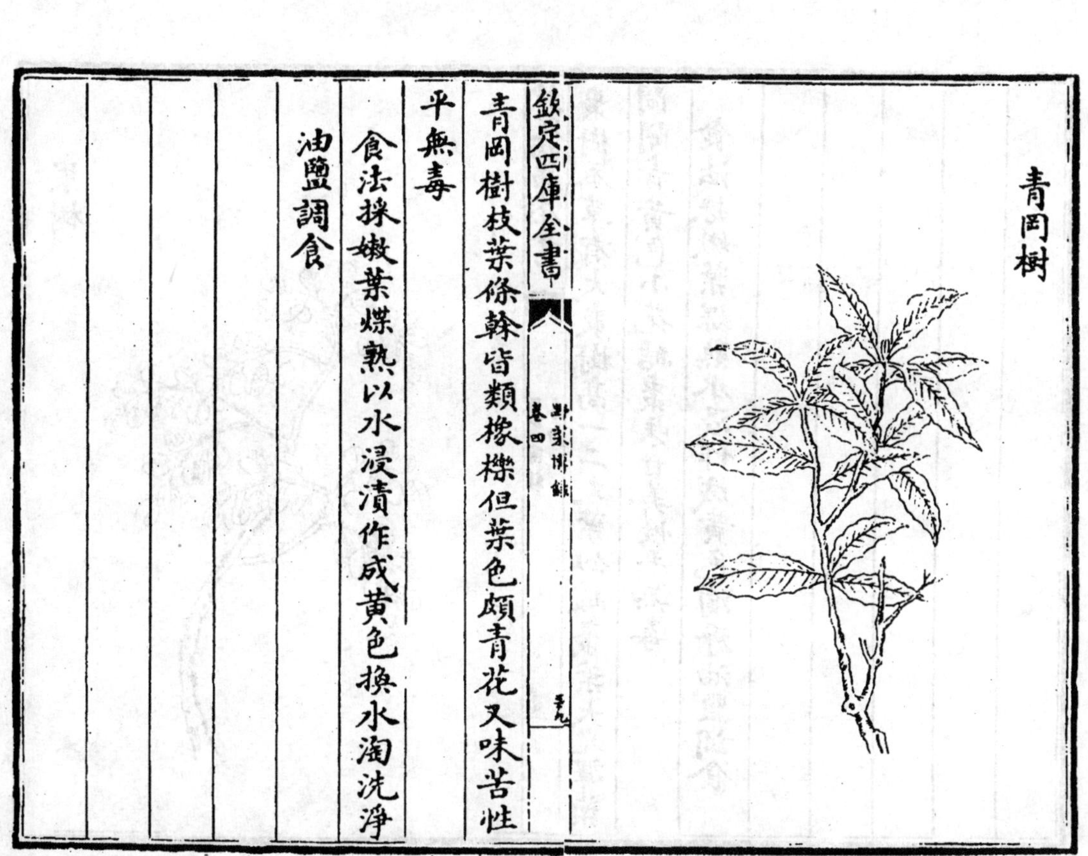

青岡樹

青岡樹枝葉條幹皆類橡櫟但葉色頗青花又味苦性平無毒

食法採嫩葉煠熟以水浸漬作成黃色換水淘洗淨油鹽調食

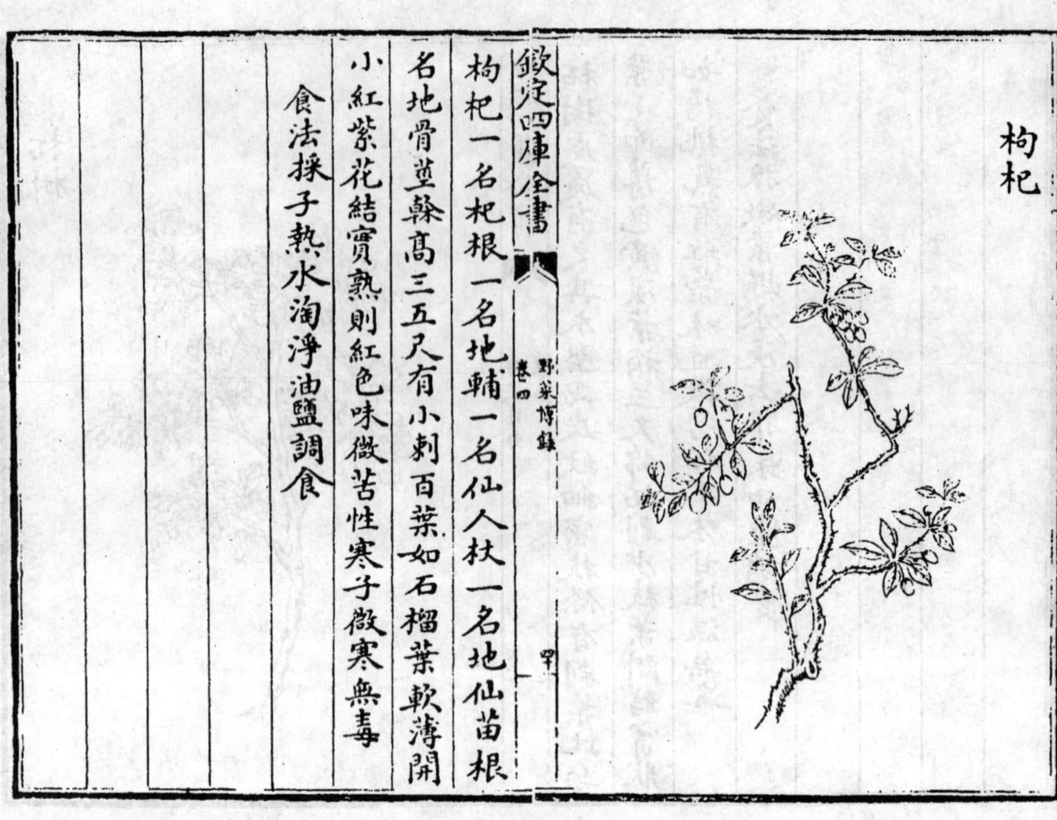

枸杞

枸杞一名杞根一名地輔一名仙人杖一名地仙苗根
名地骨莖榦高三五尺有小刺百葉如石榴葉軟薄開
小紅紫花結實熟則紅色味微苦性寒子微寒無毒
食法採子熟水淘淨油鹽調食

栢樹

栢樹本草曰栢實生山野中葉及實皆味苦性平無毒
食法列仙傳云赤松子食栢子齒落更生採葉換水
浸去苦味初食苦澁入蜜或棗肉和食尤好

柘樹

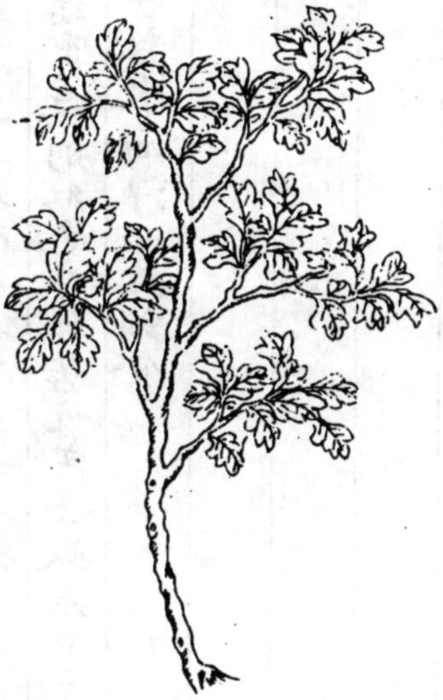

柘樹處處有之其木堅勁皮紋細密枝條有刺葉比桑葉小而薄色黃淡葉梢三叉綿柘刺少枝葉間結實狀如楮桃熟有紅蘂味甘微苦柘木味甘性溫無毒

食法採嫩葉煠水浸去邪味油鹽調食

楮桃樹

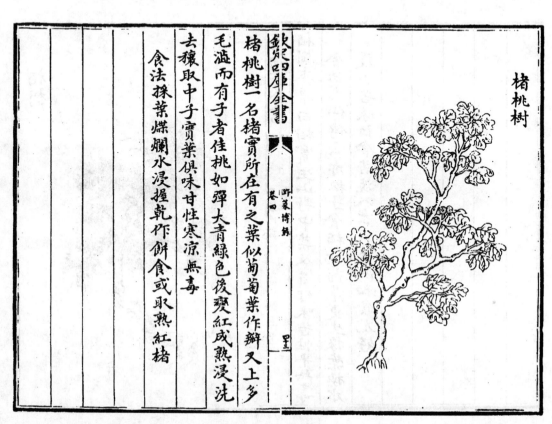

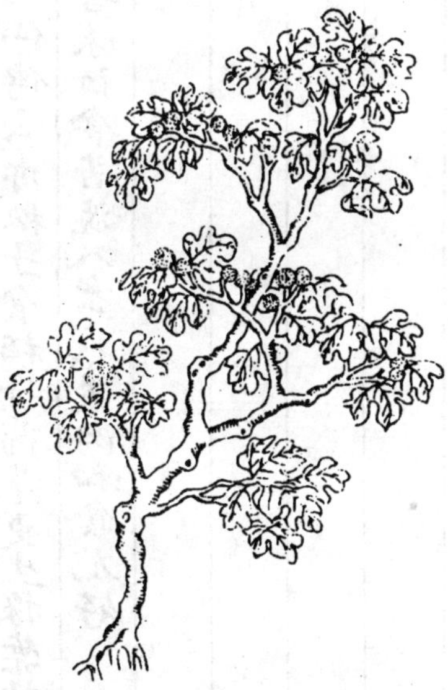

楮桃樹一名楮實所在有之葉似葡萄葉作瓣叉上多毛澁而有子者佳桃如彈大青綠色後變紅成熟浸洗去穰取中子實葉俱味甘性寒涼無毒

食法採葉煠爛水浸搾乾作餅食或取熟紅楮

山櫟樹

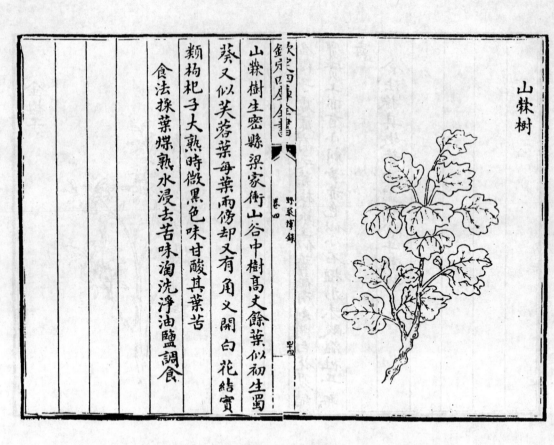

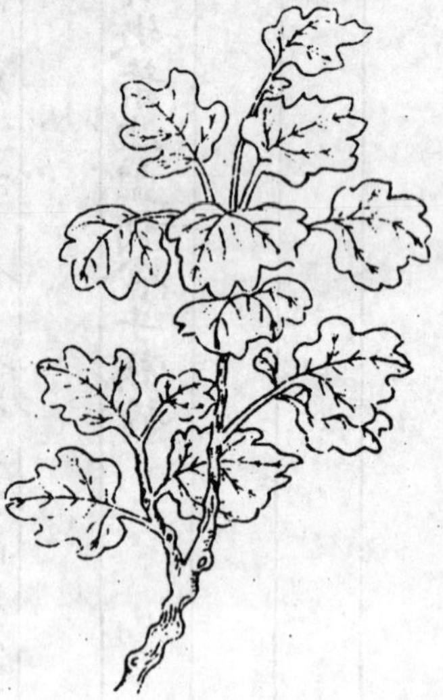

山櫟樹生密縣梁家衝山谷中樹高丈餘葉似初生蜀葵又似芙蓉葉每葉兩傍却又有角叉開白花結實顆枸杞子大熟時微黒色味甘酸其葉苦

食法採葉煠熟水浸去苦味淘洗淨油鹽調食

木羊角科

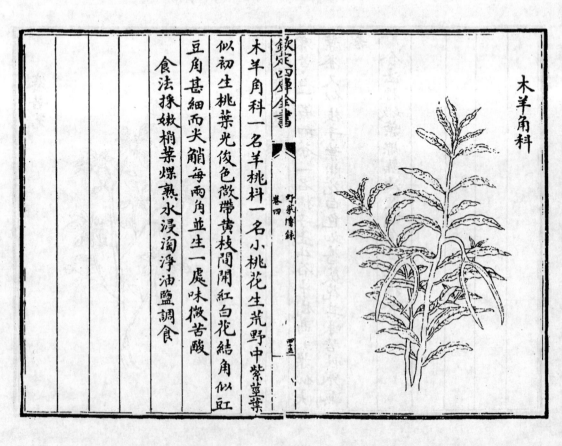

木羊角科一名羊桃科一名小桃花生荒野中紫莖葉似初生桃葉光俊色微帶黄枝間開紅白花結角似豇豆角甚細而尖䲠每兩角並生一處味微苦酸

食法採嫩梢葉煠熟水浸淘淨油鹽調食

金櫻子

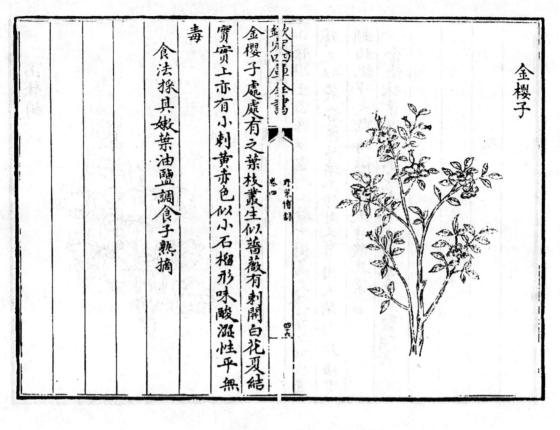

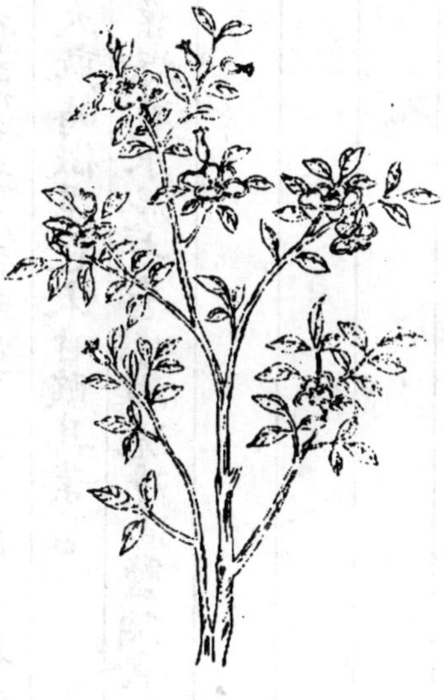

金櫻子處處有之葉枝叢生似薔薇有刺開白花夏結實實上亦有小刺黄赤色似小石榴形味酸澁性平無毒

食法採其嫩葉油鹽調食子熟摘

賽苦茗

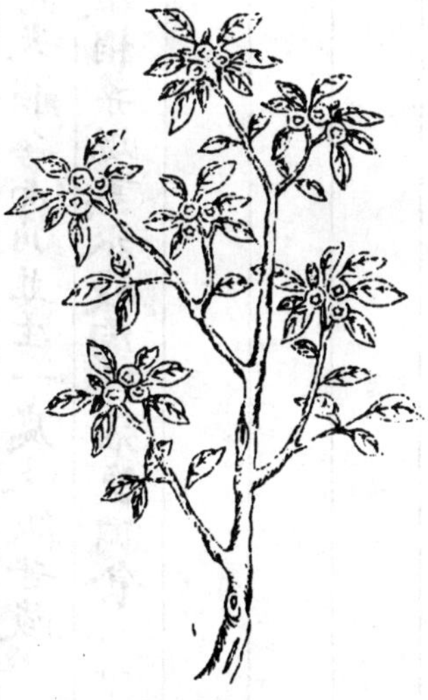

賽苦茗一名如茶一名櫕子生山谷中樹高大葉似大葉茶又似枝子葉開花白色如薔薇花其味苦性寒無毒

食法採嫩葉煠熟油鹽調食子熟摘食

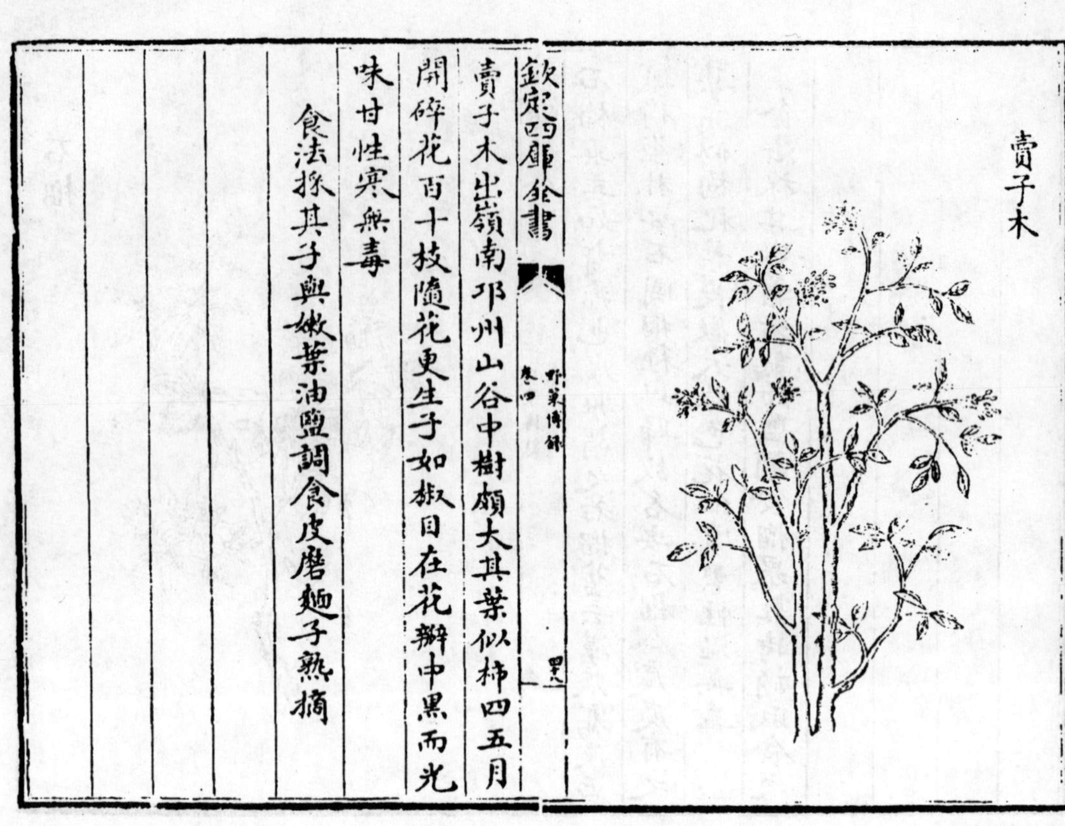

賣子木

賣子木出嶺南邛州山谷中樹頗大其葉似柿四五月開碎花百十枝隨花更生子如椒目在花瓣中黑而光味甘性寒無毒

食法採其子與嫩葉油鹽調食皮磨麵子熟摘

南燭

南燭一名猴藥一名男續一名後卓一名惟那木一名染菽生山谷中樹頗高大葉似苦楝樹葉其味苦性平無毒

食法採嫩葉煠熟油鹽調食子熟摘食

石榴

石榴並垂如贅瘤也廣雅謂之若榴舊云漢張騫使西域得塗林安石國榴種以歸故名安石榴今處處有之其葉似枸杞葉長微尖綠色花紅實繁性温無毒

食法採其嫩葉煮熟油鹽調食榴果熟時摘取食之

松樹 花葉實可食

松樹有三種一名栝子松一名踢牙松一名雲南五鈒松其葉後凋有三鈒五鈒之别二三月抽蕤生花色如金粉結實如荔枝狀每秋老則子長鱗裂然子有大小山松如麻子小而扁不及塞上者佳也味甘性温無毒

食法採花煠熟去其苦味和麵油鹽調食之

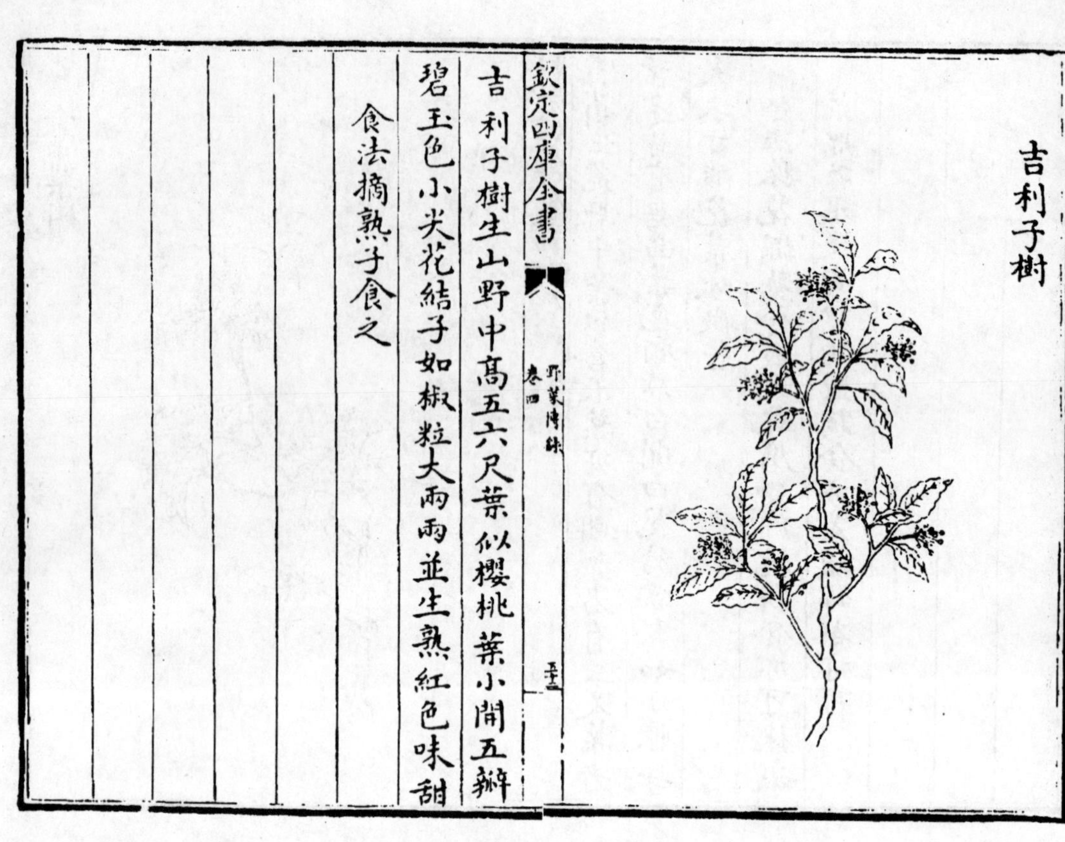

吉利子樹

吉利子樹生山野中高五六尺葉似櫻桃葉小開五瓣碧玉色小尖花結子如椒粒大兩兩並生熟紅色味甜

食法摘熟子食之

文冠花

文冠花出吴楚閩越中葉似榆葉窄小花似藤花色白穗甚長結實如柚而大形有數瓣中有子二十餘顆瓤色微黄軟爛可食其葉性涼味苦

食法採嫩葉淘去苦味油鹽調食子熟食瓤

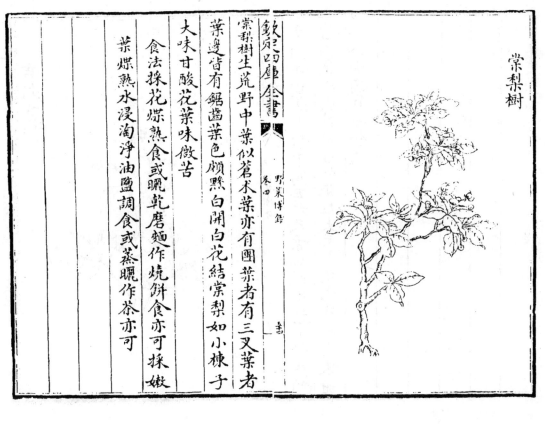

棠梨樹

棠梨樹生荒野中葉似蒼朮葉亦有團葉者有三叉葉者葉邊皆有鋸齒葉色頗黲白開白花結棠梨如小楝子大味甘酸花葉味微苦

食法採花煠熟食或曬乾磨麵作燒餅食亦可採嫩葉煠熟水浸淘淨油鹽調食或蒸曬作茶亦可

旁其

旁其樹生似茶樹高丈餘葉微圓而尖面青背白有紋四五月開細花黃白色六月結實如冬青子生青熟紫味辛溫無毒

食法採嫩葉煠食亦可炙碾煎飲代茗子熟摘

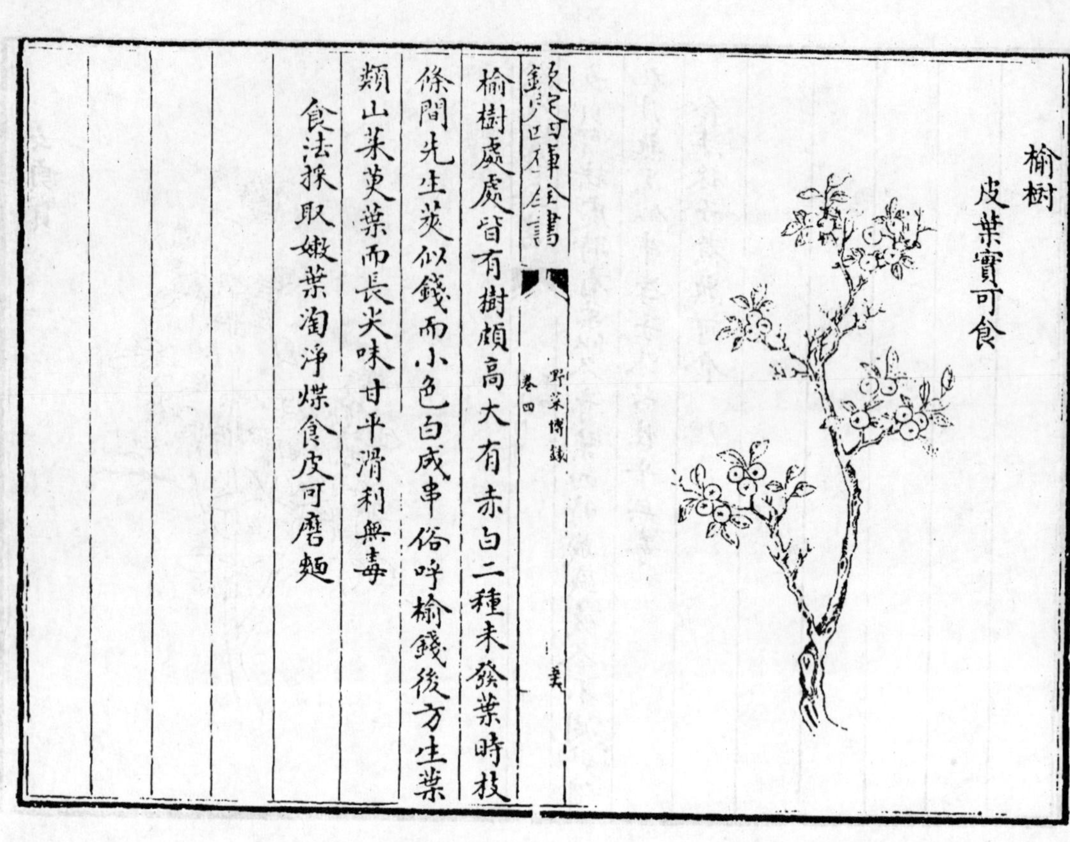

榆樹 皮葉實可食

榆樹處處皆有樹頗高大有赤白二種未發葉時枝條間先生莢似錢而小色白成串俗呼榆錢後方生葉類山茱萸葉而長尖味甘平滑利無毒

食法採取嫩葉淘淨煠食皮可磨麪

桑椹樹

桑椹樹本草有桑根白皮有黑白二種桑之精英盡在其椹味甘性寒無毒桑椹味甘性暖

食法採葉嫩老皆可煠食皮炒乾磨麪可食

女貞實

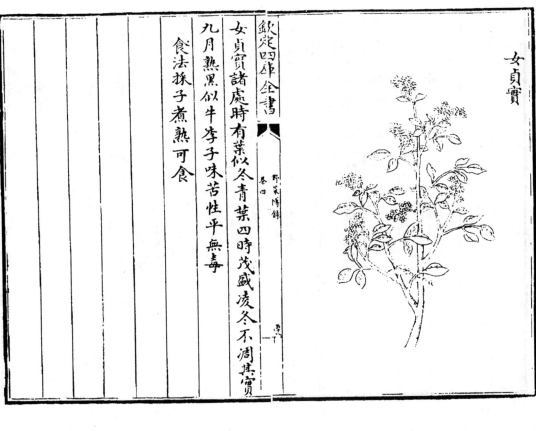

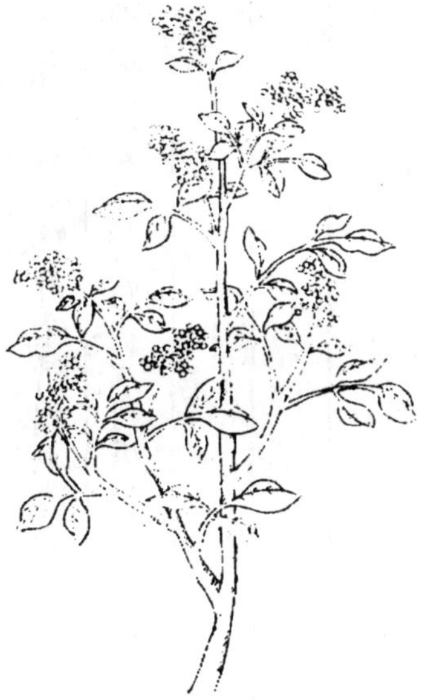

女貞實諸處時有葉似冬青葉四時茂盛淩冬不凋其實九月熟黑似牛李子味苦性平無毒

食法採子煮熟可食

老兒樹

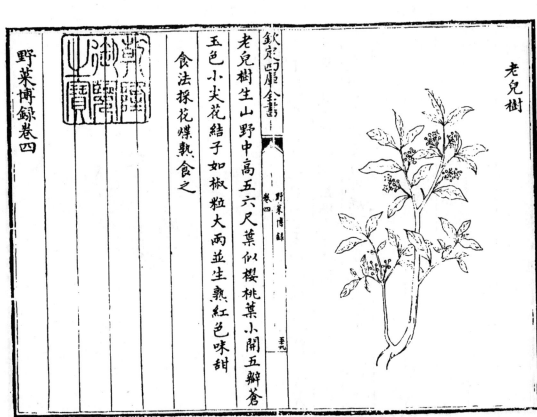

老兒樹生山野中高五六尺葉似櫻桃葉小開五瓣蒼玉色小尖花結子如椒粒大兩並生熟紅色味甜

食法採花煠熟食之

野菜博錄卷四

授時通考

清·鄂爾泰　張廷玉等編

乾隆二年五月十四日
諭總理事務王大臣農桑為致治之本我
皇祖聖祖仁皇帝嘗繪耕織圖以示勸農德意
皇考世宗憲皇帝屢下勸農之詔親耕耤田率先天下所
以敦本計而即田功意至厚也朕思為耒耜教樹藝皆
始於上古聖人其播種之方耕耨之節與夫備旱驅蝗
之術散見經籍至詳且備後世農家者流其說亦各有
可取所當薈萃成書頒布中外庶三農九穀各得其宜

望杏瞻蒲無失其候著南書房翰林同武英殿翰林編
纂進呈欽此

嘉慶十三年六月初十日内閣奉
上諭朕惟農桑為致治之原一夫不耕或受之飢一婦
不織或受之寒惟人君震動恪恭於上斯小民趨事
赴功於下七月之什無逸之圖重民事所以固邦本
也我朝
列聖相承惠愛黎元勤思本業
聖祖仁皇帝詔刊耕織圖四十六幅
作為詩章分冠其上其於農事自浸種以至祭神於蠶事
自浴蠶以至成衣形橅藻繢纖細畢陳恭繹

睿謨蓋以人主生長深宮恐於小民作苦之事未能洞悉
用是被諸
詠歌垂型奕祺
皇祖世宗憲皇帝依題成什
皇考高宗純皇帝繼復恭和
原韻均以
聖祖之心為

心敬念民依後先同揆乾隆二年曾
命詞臣纂輯授時通考一書内列耕織圖二卷
三朝
御製詩依次恭載煌煌
聖訓萬古維昭朕紹承
前烈日以民生為念惟思為閭閻廣衣食之原俾之含哺
挾纊永慶盈寧近於幾暇續題耕織圖成五言律詩
四十六章檢閱授時通考係刊於乾隆七年其耕織

圖卷内恭載
聖祖御製於前次列
世宗御製又次列
皇考御製則書
皇帝御製恭和
聖祖仁皇帝原韻當時體例應然今朕續有題詠應補行
編載原書篇頁内餘幅甚寬著交文穎館總裁等恭
查耕織圖各幅前

皇考御製詩俱敬謹改書
高宗純皇帝御製恭和
聖祖仁皇帝原韻再將朕詩次列於後標目書皇帝御製
繕册進呈交武英殿補刊以示朕祇遹
成謨重民務本至意並將此旨載入以紀補編年月欽此

欽定四庫全書

御製授時通考序

孟子言不違農時穀不可勝食蓋民之大事在農農之所重惟時敬授人時載於堯典周公七月一篇於日星霜露之候昆蟲草木之化詳哉其言之故先王之民莫不震動恪恭於農以修其事者懼失時也我

聖祖仁皇帝勤恤民隱首重農桑率育烝黎涵濡德澤六十餘載户慶盈寧

皇考世宗憲皇帝歲舉耕耤之儀率先天下興水利廣儲蓄為萬世規凡兹薄海蒼生得荷鋤饁餉優游隴畝之間樂生遂性衣食滋豐者何莫非我

祖宗宵旰勤勞以貽樂利於無疆耶朕纘承基緒鑒前代生深宮之中長阿保之手誠知稼穡艱難日與中外臣工為斯民籌食用至計胼胝機杼之作告日屢於懷因檢前人農桑通訣農政全書諸編嘉其用意勤而於民事切也命内廷詞臣廣加蒐輯舉物候早晚之宜南北土壤之異耕耘之節儲偫之方蠶織畜牧之利自經史子集以及農家者流凡言之關於農者彚萃成編命之曰授時通考夫天道廣運於上而四時行萬彚生地道發育於下而庶品蕃百昌遂人事參贊其中而六府修三農殖輔相栽成固國家之大政也趨事赴功亦閭閻之本業也貴穀劭農服田力穡上下交勉弗懈於時以副朕早成海宇之至願覽斯編者尚有取焉

乾隆七年歲在壬戌春正月下澣八日御筆

欽定四庫全書　子部四

欽定授時通考　農家類

目録

臣等謹案

欽定授時通考七十八卷乾隆二年奉

勑撰乾隆七年進

呈

欽定

御製序文頒行凡八門曰天時分四子目明耕耘收穫之節也曰土宜分六子目晝高下燥濕之利也曰穀種凡九子目别物性也曰功作分十子目盡人力也曰勸課分九子目重農

之政也曰蓄聚分四子目備荒之制也曰農餘分五子目種植蓄養之事也曰蠶桑分十子目族絡織紝之法也天時冠以總論餘七門各冠以彙考而

詔諭

御製詩文並隨類恭録焉昔周公作書以無逸為永年之本而所謂無逸在先知稼穡之艱難故重農貴粟治天下之本也管子呂覽所陳種植之法並文句典奥與其他篇不類蓋古者必有專書故諸子得引之今已佚不可見矣劉向七畧綜别九流以農家自為一類其書亦無一存今所傳者以賈思勰齊民要術為最古而名物訓詁通儒或不盡解無論耕夫織婦也沿而作者不可殫數惟王禎徐光啟書為最著而踈漏冗雜亦不免焉我

皇上御極之次年即深維堯典授時之義虞廷命

稷之心

特詔删纂諸書編為此帙準今酌古務期於實用有裨又詳考舊章臚陳政典不僅以自生自息聽之閭閻尤見

軫念民依之至意非徒農家言矣乾隆四十六年

九月恭校上

總纂官臣紀昀臣陸錫熊臣孫士毅

總校官臣陸費墀

乾隆六年十一月二十九日奉

旨開列經理諸臣銜名

監理

和碩和親王臣弘晝

總裁

經筵講官太保議政大臣保和殿大學士總理兵部事務世襲一等伯總裁臣鄂爾泰

經筵日講官起居注太保保和殿大學士兼管吏部尚書翰林院掌院學士世襲三等伯總裁臣張廷玉

南書房纂修

吏部左侍郎世襲一等輕車都尉臣蔣溥

經筵講官戶部左侍郎臣梁詩正

兵部左侍郎臣汪由敦

都察院左僉都御史臣彭啟豐

日講官起居注翰林院侍讀學士世襲三等伯臣張若靄

日講官起居注翰林院侍讀臣介福

左春坊左諭德臣嵇璜

日講官起居注翰林院修撰臣金德瑛

翰林院編修臣秦蕙田

日講官起居注翰林院修撰臣莊有恭

武英殿纂修

經筵講官刑部左侍郎臣張照

工部左侍郎臣許希孔

原任刑部右侍郎臣勵宗萬

原任日講官起居注詹事府詹事兼翰林院侍讀學士臣陳浩

日講官起居注詹事府少詹事兼翰林院侍講學士臣呂熾

日講官起居注右春坊右中允兼翰林院編修臣朱良裘

翰林院編修臣董邦達

翰林院編修臣夏廷芝

翰林院編修臣張映斗

翰林院編修臣陸嘉穎

翰林院檢討臣唐進賢

翰林院檢討臣吳泰

翰林院檢討臣萬松齡

翰林院編修臣吳紱

翰林院編修臣馮祁

監察御史臣沈廷芳

校對

翰林院編修臣田志勤

翰林院檢討臣郭肇鑛

候補主事武英殿行走今補山西隰州直隸州知州臣王祖庚

拔貢生臣費應泰

舉人臣盧明楷

拔貢生臣徐顯烈

拔貢生臣龔世楫

優貢生臣王男

拔貢生臣王積光

恩貢生臣曾尚渭

拔貢生臣李長發

拔貢生臣鄧獻章

舉人臣方廷棟

監造

內務府南苑郎中兼佐領加五級紀錄十次臣雅爾岱

內務府錢糧衙門郎中兼佐領加五級紀錄十一次臣永保

內務府錢糧衙門主事臣永忠

內務府廣儲司司庫加二級臣三格

監造加一級臣李保

監造臣鄭桑格

庫掌臣李廷偉

庫掌臣虎什泰

嘉慶十三年六月初十日奉

旨續辦耕織圖諸臣銜名

監理

和碩儀親王臣永璇

經筵講官太子太傅領侍衛內大臣大學士世襲輕車都尉臣慶桂

文穎館正總裁

經筵講官太子太傅文華殿大學士管理刑部事務世襲騎都尉加五級臣董誥

經筵講官太子少保協辦大學士戶部尚書武英殿總裁翰林院掌院學士世襲雲騎尉加五級臣戴衢亨

經筵講官工部尚書加二級臣曹振鏞

副總裁

經筵講官吏部左侍郎加二級臣潘世恩

經筵講官戶部右侍郎總管內務府大臣鑲黃旗滿洲副都統左翼總兵文淵閣提舉閣事武英殿總裁兼管奉宸苑武備院事務教習庶吉士加二級臣英和

經筵講官禮部右侍郎兼署吏部右侍郎鑲黃旗滿洲副都統世襲雲騎尉加二級臣覺羅桂芳

禮部右侍郎兼公中佐領加二級臣秀寧

工部左侍郎加二級臣周兆基

工部右侍郎教習庶吉士加二級臣陳希曾

提調官

翰林院侍讀加一級臣繼昌

翰林院編修加一級臣席煜

總閱官

翰林院編修臣文寧

署總校官

翰林院編修武英殿纂修加一級臣徐松

翰林院編修武英殿協修加一級臣孫爾準

監造

內務府慎刑司郎中兼叅領佐領臣長申

內務府掌儀司員外郎兼佐領臣克蒙額

正監造員外郎臣永清

副監造副內管領臣經文

委署主事臣敏謙

六品銜庫掌臣和興

庫掌臣善元

庫掌臣光裕

欽定授時通考

凡例

一敬授人時農事之本故是編冠以天時土會土宜辨其名物物土次焉誕降嘉種百穀用成穀種次焉力穡有秋良耜畟畟功作次焉簡器修政保介是咨勸課次焉餘三餘九家有蓋藏蓄聚次焉場圃無棄地林麓無棄材農之餘也故列為農餘蠶織之事授衣所先故次以蠶桑棉葛之利近世尤著故附諸桑餘凡以備法制品節之詳俾知所盡心云

一是編以致用為主凡採摭經史但取其切於實用及名物根据所自詩文藻麗之詞槩置弗録惟歷代詔令章奏有關農事者詳悉採入至我

朝重農務本超越千古凡布諸

綸綍者無不曲盡民情周知稼穡

聖祖仁皇帝御製耕織圖詩咏農人胼胝之勞織女機絲

之瘁周詳往復田家作苦瞭然在目

世宗憲皇帝敬和於前我

皇上敬和於後敦崇本業不啻豳風無逸諸篇矣敬謹

編輯為

本朝重農五卷固非尋常詩文可擬也

一百穀九穀五穀註家詮解不一且南北異宜即老農亦未能悉辨今取其廣種而利溥者羅列於前而附以直省土産至瑞穀嘉禾瑞麥雖靈異攸鍾迥異凡品然亦如人類之有聖賢鱗羽之有麟鳳其莖苗秀實固非別為一種也故以冠於穀種之首

一物土之宜水利為重然惟陂池渠岸溝洫畎澮之用切近農功者始為採輯至河道海塘雖關係民生大利而非農家所能講求不具錄焉

一民間儲蓄歷代以常平社倉為要其斂散糶糴與閭閻休戚相關司牧者所當留意農書所載

甚畧今益加增輯至農政全書中有救荒振卹諸條今已刊行康濟錄一書救饑條件畧具是編不復採入蓋條書以農政為名自不得獨遺賑贍是編以授時為重惟取家裕蓋藏固各有義例也又農政全書載明周憲王救荒本草多至四百餘種固仁者之用心然使政事克修自可無憂捐瘠若今糠覈不飽延喘須臾何暇按圖考傳今曰性味若何烹芼若何是鳴和鸞於救焚拯溺之時而論穀藏於羅雀掘鼠之日也亦從刪省

一農餘以蔬茹果蓏為主而材木之用漆蠟之饒牧字之蕃息生計咸所取資弗可遺也惟飲食製造之方雖備載於齊民要術諸書然古今異宜南北異嗜且籩豆之司非所重也亦槩弗錄

一桑餘之利木棉最廣麻葛蕉桐次之若裘褐氊罽之屬既非草野所需並非紅女所辦更不採

入

一分門編纂凡所採經書諸說有不能不互見數見之處惟於節錄原文中各從本門所重以免複出其必不可節者乃並載焉至如畜牧種植皆農餘也而耕牛之飼養歸於功作桑柘之栽培詳於蠶事亦各舉其重言之

欽定授時通考卷一

天時

總論上

書堯典敬授人時

傳人時謂耕穫之候民事早晚之所關

舜典咨十有二牧曰食哉惟時

傳所重在於民食惟當敬授民時立君所以牧民

民生在於粒食是君之所重論語云所重民食謂年穀也種殖收斂及時乃穫故惟當敬授民時

洪範八庶徵曰雨曰暘曰燠曰寒曰風曰時五者來備各以其敘庶草蕃廡

傳雨以潤物暘以乾物煖以長物寒以成物風以動物五者備至各以次序則衆草蕃滋廡豐茂也舉草茂盛則穀成必矣

又歲月日時無易百穀用成

傳各順常則百穀成

左傳凡分至啟閉必書雲物為備故也

註分春秋分也至冬夏至也啓立春立夏閉立秋立冬汲古叢語分至啟閉順四時而成八節也以其得陰陽之中謂之分以其當寒暑之極謂之至以其生長謂之啟以其收藏謂之閉然則四孟啟閉者陰陽闔闢之功二至二分者陰陽老少之變也

又九扈為九農正扈民無淫者也

疏春扈鳻鶞相五土之宜趣民耕種者也夏扈竊玄趣民耘苗者也秋扈竊藍趣民收斂者也冬扈竊黃趣民蓋藏者也棘扈竊丹為果驅鳥者也行扈唶唶晝為民驅鳥者也宵扈嘖嘖夜為農驅獸者也桑扈竊脂為蠶驅雀者也老扈鴳鴳趣民收麥令不得晏起者也扈止也止民使不淫放

論語行夏之時

註夏以寅為人正商以丑為地正周以子為天正然時以作事則歲月自當以人為紀故孔子嘗曰吾得夏時焉而說者以為夏小正之屬

孟子不違農時穀不可勝食也

註使民得務農不違奪其時則五穀饒足不可勝食也

爾雅春為青陽夏為朱明秋為白藏冬為玄英四時和謂之玉燭春為發生夏為長嬴秋為收成冬為安寧四時和為通正謂之景風甘雨時降萬物以嘉謂之醴泉

疏此釋太平之時四氣和暢以致嘉祥之事也青陽言春之氣和則青而溫陽也朱明言夏之氣和則赤而光明也白藏言秋之氣和則白而收藏也玄英言冬之氣和則黑而清英也玉燭言四時和氣溫潤明照故曰玉燭李巡曰人君德美如玉而明若燭聘義云君子比德於玉焉是知人君若德輝動於內則和氣應于外統而言之謂之玉燭也春為發生夏為長嬴秋為收成冬為安寧此亦四時之別號也四時和

為通正者言上四時之功和是為通暢平正也謂之景風言所以致景風景風即祥風也甘雨時降萬物以嘉者嘉善也甘雨即時雨也不為萬物所苦故曰甘雨既以時降則萬物莫不嘉善之也謂之醴泉者言四時平暢即所以使地出醴泉也

管子歲有四秋而分有四時故曰農事且作請以什伍農夫賦耜鐵此之謂春之秋大夏且至絲纊之所作此之謂夏之秋而大秋成五穀之所會此之謂秋之秋大

冬營室中女事紡績緝縷之所作也此之謂冬之秋

又陰陽者天地之大理也四時者陰陽之大經也東方曰星其時曰春其氣曰風風生木與骨宗正陽治隄防耕芸樹藝正津梁修溝瀆甃屋行水柔風甘雨乃至百姓乃壽百蟲乃蕃此謂星德南方曰日其時曰夏其氣曰陽陽生火與氣九暑乃至時雨乃降五穀百果乃登此謂日德中央曰土土德實輔四時入出以風雨節土益力土生皮肌膚其德和平用均此謂歲德西方曰辰其時曰秋其氣曰陰陰生金與甲其德靜正嚴順百物乃収此謂辰德北方曰月其時曰冬其氣曰寒寒生水與血大寒乃至五穀乃熟此謂月德是故聖王務時而寄政焉

又春三月天地乾燥水糾列之時也山川涸落天氣下地氣上萬物交通故事已新事未起草木荑生可食寒暑調日夜分分之後夜日益短晝日益長利以作土功之事土乃益剛當夏三月天地氣壯大暑至萬物榮華

利以疾薅殺草薉使令不欲擾當秋三月山川百泉踊降雨下山水出海路距雨露屬天地湊汐利以疾作收斂無留一日把百日餔民無男女皆行於野不利作土功之事當冬三月天地閉藏暑雨止大寒起萬物實熟利以填塞空郄繕邊城塗郭術實廥倉凡一年之事畢矣

呂氏春秋黃帝曰四時之不可正正五穀而已耳凡稼早者先時暮者不及時寒暑不節稼乃生災冬至以後

五句有七日而昌生於是乎始耕事農之道見生而藝生見死而穫死迨時而作遇時而止老弱之力可使盡起不知時者未至而逆之既往而慕之當其時而薄之此從事之下也

又春之德風風不信其華不盛華不盛則果實不生夏之德暑暑不信則土不肥土不肥則長遂不精秋之德雨雨不信其穀不堅穀不堅則五種不成冬之德寒寒不信其地不剛地不剛則凍閉不開天地之大四時之化而猶不能以不信成物又況乎人事

又得時之禾長稠而穗大本而莖殺蔬機而穗大其粟圓而薄糠其米多沃而食之彊如此者不風先時者莖葉帶芒以短衡穗鉅而芳奪秮米而不香後時者莖葉帶芒而末衡穗閱而青零多秕而不滿得時之黍芒莖而徼下穗芒以長搏米而薄糠舂之易而食之不噮而香如此者不飴先時者大本而華莖殺而不遂葉藁短穗後時者小莖而麻長短穗而厚糠小米鉗而不香得時之稻大本而莖葆長稠疏機穗如馬尾大粒無芒搏米而薄糠舂之易而食之香如此者不益先時者大本而莖葉格對短稠短穗多秕厚糠薄米多芒後時者纖莖而不滋厚糠多秕庭辟米不得恃定熟卬天而死得時之麻必芒以長疎節而色陽小本而莖堅厚枲以均後熟多榮日夜分復生如此者不蝗得時之菽長而短足其莢二七以為族多枝數節競葉蕃食大菽則圓小菽則摶以芳稱之重食之息以香如此者不蟲先時者必長以蔓浮葉疏節小莢不實後時者短莖疏節本虛

不實得時之麥稠長而莖黑稱之重食之致香以息使人肌澤且有力如此者不蚼蛆先時者暑雨未至胕動蚼蛆而多疾其次羊以節後時者弱苗而穗蒼狼薄色而美芒是故得時之稼興失時之稼約莖相若稱之得時者重粟之多量粟相若而舂之得時者多米量米相若而食之得時者忍饑是故得時之稼其臭香其味甘其氣章百日食之耳目聰明心意叡智四衛變彊殈氣

不入身無苛殃黃帝曰四時之不正也正五穀而已矣

淮南子攝提格之歲歲早水晚旱稻疾蠶不登菽麥昌民食四升單閼之歲歲和稻菽麥蠶昌民食五升執除之歲歲早旱晚水小饑蠶閉麥熟民食三升大荒落之歲蠶小登麥昌菽疾民食二升敦牂之歲歲大旱蠶登稻疾菽麥昌禾不為民食二升協洽之歲蠶登稻昌菽麥不為民食三升涒灘之歲歲和小雨行蠶登菽麥昌民食三升作鄂之歲蠶不登菽麥不為禾蟲民食五升

閹茂之歲歲小饑蠶不登麥不為菽昌民食七升大淵獻之歲歲大饑蠶開菽麥不為禾蟲民食三升困敦之歲歲大霧起大水出蠶稻麥昌民食三升赤奮若之歲早水蠶不出稻疾菽不為麥昌民食一升

又仲春始出仲秋始內昏張中則務種穀大火中則種黍菽虛中則種宿麥昴中則收斂蓄積

晉書藝文志炎帝分八節以始農功

氾勝之書耕之本在于趣時和土務糞澤早鋤穫春凍解地氣始通土一和解夏至天氣始暑陰氣始盛土復解夏至後九十日晝夜分天地氣和以此時耕田一而當五名曰膏澤皆得時功

陳旉農書四時八節之行氣候有盈縮踦贏之度五運六氣所主陰陽消長有太過不及之差其道甚微其效甚著蓋萬物因時受氣因氣發生其或氣至而時未至或時至而氣未至則造化發生之理因之也若仲冬而梅李實季秋之月而昆蟲不蟄藏類可見矣陰陽一有

愆忒則四序亂而不能生成萬物寒暑一失代謝即節候差而不能運轉一氣傳曰不先時而起不後時而縮故農事必知天地時宜則生之蓄之長之育之成之熟之無不遂矣由庚萬物得其道崇丘萬物得極其高大由儀萬物之生各得其宜者謂天地之間物物皆順其理也故堯命羲和歷象日月星辰以欽授民時使咸知東作南訛西成朔易之候稽之天文則星鳥星火星虛星昴於是乎審矣驗之物理則鳥獸孳尾希革毛毨氄

毛亦以詳矣而厥民析因夷隩可得而稽倣之也大則取象於天地無乖升降之機明則取法乎日星不亂經營之度定之以時應之以數此欽天勤民言意豈率然哉其所以時和歲豐良由此也今人雷同以建寅之月朔為始春建巳之月朔為首夏殊不知陰陽有消長氣候有盈縮冒昧以作事其克有成耶設或有成亦幸而已聖王之涖事物皆設官分職以掌之各置其官師以敎導之農師之職其可已耶春秋之時法度並廢宜凶

荒薦至乃書有年書大有年葢幸而書之抑見天道有常而人自愆忒也詩稱豐年穰穰其崇如墉其比如櫛以言其得法度時宜故豐登有常也洪範九疇彞倫攸敘則百穀用成彞倫攸斁則百穀用不成然則順天地時利之宜識陰陽消長之理則百穀之成斯可必矣古先哲王所以頒朔明時者匪直大一統也將使斯民知謹時令樂事赴功也故農事以先知備豫為善

授時之圖

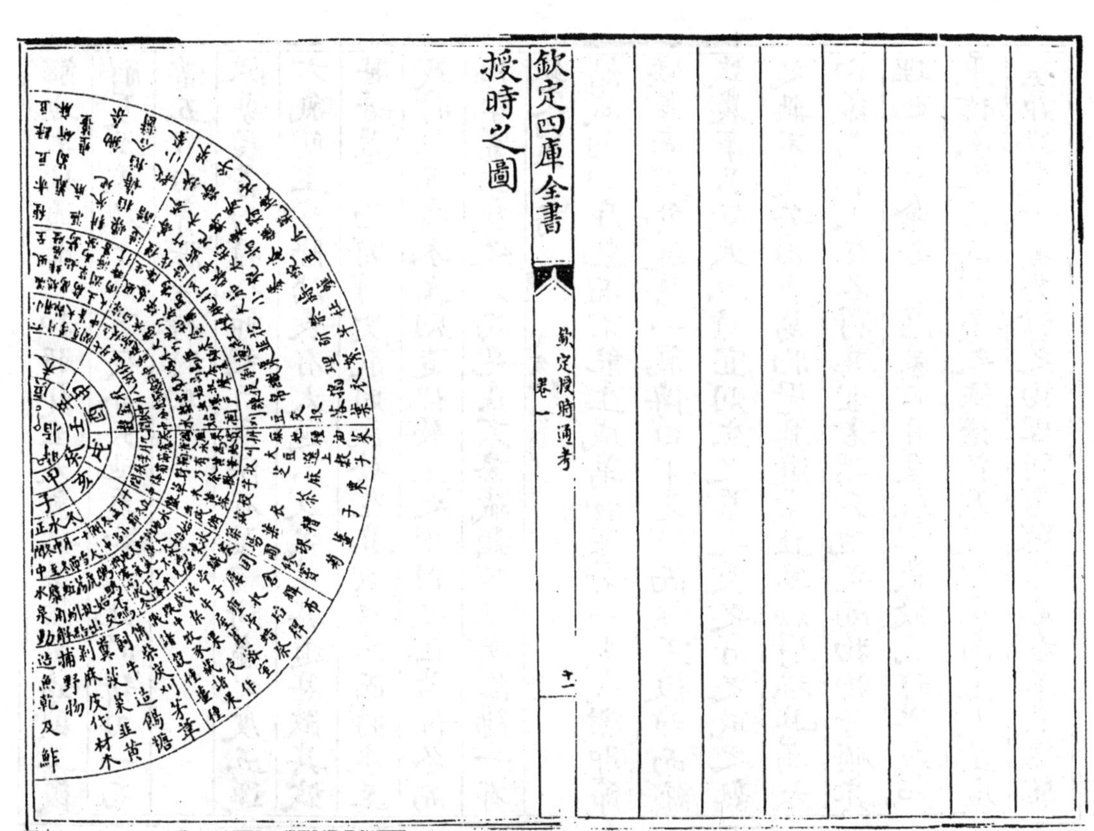

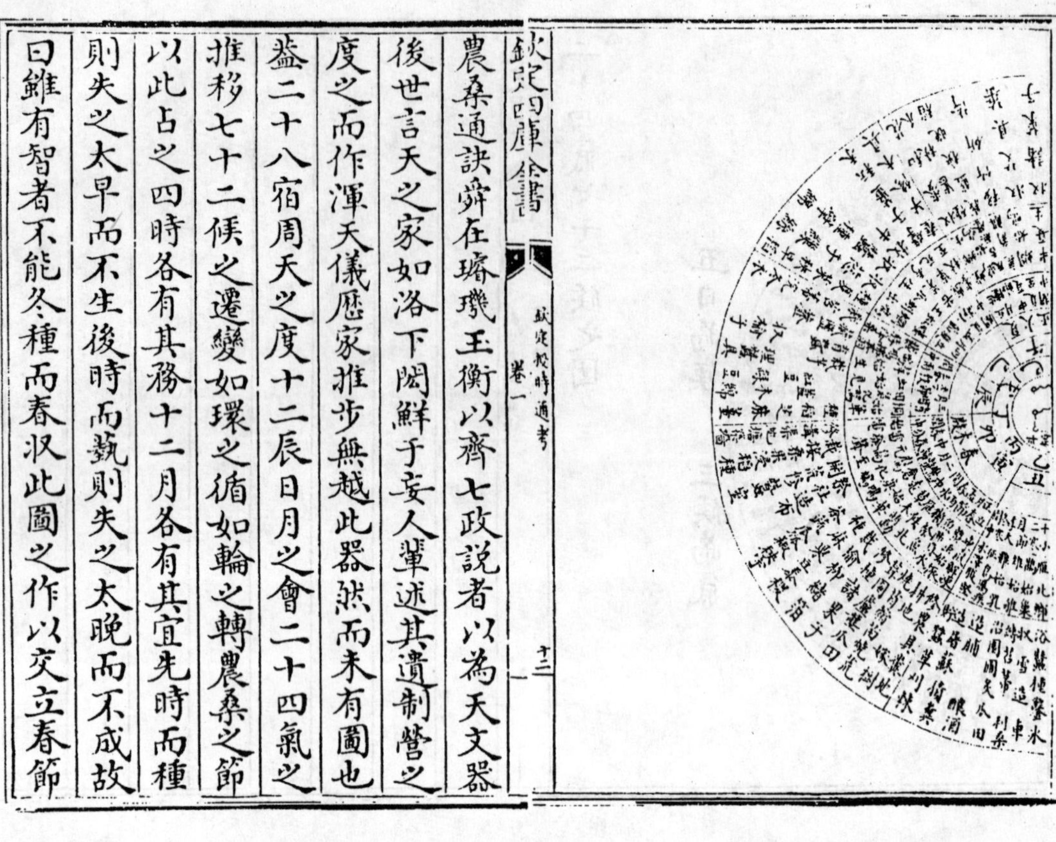

農桑通訣舜在璿璣玉衡以齊七政説者以為天文器後世言天之家如洛下閎鮮于妄人輩述其遺制營之度之而作渾天儀歴家推步無越此器然而未有圖也葢二十八宿周天之度十二辰日月之會二十四氣之推移七十二候之遷變如環之循如輪之轉農桑之節以此占之四時各有其務十二月各有其宜先時而種則失之太早而不生後時而蓺則失之太晩而不成故曰雖有智者不能冬種而春収此圖之作以交立春節為正月交立夏節為四月交立秋節為七月交立冬節為十月北斗旋於中以為準則每歳立春斗杓建於寅方日月會於營室東井昏見於牛建星辰正於南由此以往積十日而為旬積三旬而為月積三月而為時積四時而成歳一歳之中月建相次周而復始氣候推遷與日歴相為體用所以授民時而節農事即謂用天之道也夫授時歴每歳一新時圖常行不易非歴無以起圖非圖無以行歴表裏相參轉運而無停渾天之儀粲

然具在是矣然按月農時特取天地南北之中氣立作標準以示中道非膠柱鼓瑟之謂若夫遠近寒暖之漸殊正閏常變之或異又當推測晷度斟酌先後庶幾人與天合物乗氣至則養之節不至差謬此又圖之體用餘致也不可不知務農之家當家置一本攷歴推圖以定種蓺如指諸掌故亦名曰授時指掌活法之圖

二十四氣七十二候之圖

五日為候　三候為氣

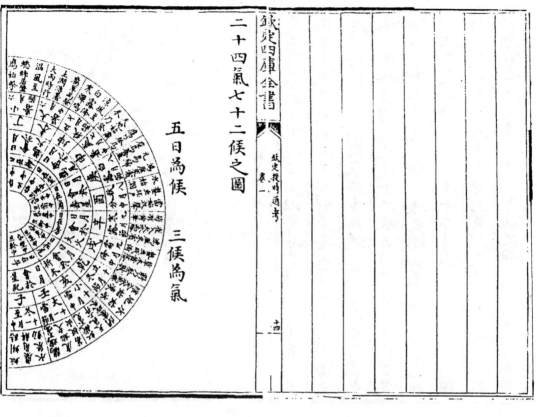

六氣為時　四時為歲

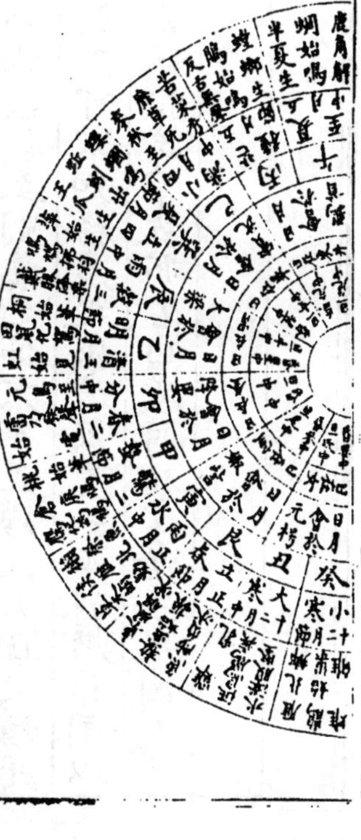

羣芳譜一歲共十二月二十四氣七十二候大寒後十五日斗柄指艮為立春正月節立始建也春氣始至而建立也一候東風解凍凍結於冬遇春風而解也二候蟄蟲始振蟄藏也振動也感三陽之氣而動也三候魚陟負冰上遊而近水也立春後十五日斗柄指寅為雨水正月中陽氣漸升雲散為水如天雨也一候獺祭魚歲始而魚上則獺取以祭二候候雁北陽氣達而北也三候草木萌動天地交泰故草木萌生發動也雨水後

十五日斗柄指甲為驚蟄二月節蟄蟲震驚而出也一候桃始華二候倉庚鳴倉庚黃鸝也倉清也庚新也感春陽清新之氣而初出故鳴三候鷹化為鳩即布穀也仲春之時鷹喙尚柔不能捕鳥瞪目忍饑如痴而化化者反歸舊形之謂春化鳩秋化鷹如田鼠之于駕也若腐草雉爵皆不言化不復本形者也驚蟄後十五日斗柄指卯為春分二月中分者半也當春氣九十日之半也一候玄鳥至玄鳥燕也春分來秋分去二候雷乃發

聲四陽漸盛陰陽相薄為雷乃者象氣出之難也三候始電電陽光也四陽盛長氣洩而光生也凡聲屬陽光亦屬陽春分後十五日斗柄指乙為清明三月節萬物至此皆潔齊而明白也一候桐始華桐有三種華而不實曰白桐亦曰花桐爾雅謂之榮桐至是始華也二候田鼠化為駕駕鶉也鼠陰而駕陽也三候虹始見虹日與雨交天地之淫氣也清明後十五日斗柄指辰為穀雨三月中雨為天地之和氣穀得雨而生也一候萍始

生萍陰物靜以承陽也二候鳴鳩拂其羽拂羽飛而翼迫其聲也三候戴勝降于桑蠶候也穀雨後十五日斗柄指巽為立夏四月節夏大也物至此皆假大也一候螻蟈鳴螻蟈一名鼫鼠一名穀陰氣始故螻蟈應之二候蚯蚓出蚯蚓陰類出者承陽而見也三候王瓜生王瓜土瓜也立夏十五日斗柄指巳為小滿四月中物長至此皆盈滿也一候苦菜秀荼為苦菜感火氣而苦味成不榮而實曰秀榮而不實曰英此苦菜宜言英二候

靡草死靡草草之枝葉靡細者葶藶之屬凡物感陽生者强而立感陰生者柔而靡靡草則陰至所生也故不勝陽而死三候麥秋至麥以夏為秋感火氣而熟也小滿後十五日斗柄指丙為芒種五月節言有芒之穀可播種也一候螳螂生螳螂飲風飡露感一陰之氣而生至此時破殼而出二候鵙始鳴鵙百勞也惡聲之鳥梟類也不能翺翔直飛而已三候反舌無聲諸書為反舌為百舌鳥能反覆其舌感陽而鳴遇微陰而無聲也芒

種後十五日斗柄指午為夏至五月中萬物至此皆假大而極至也一候鹿角解夏至一陰生鹿感陰氣故角解二候蜩始鳴莊子謂蟪蛄夏蟬也語曰蟪蛄鳴朝三候半夏生半夏藥名居夏之半而生也夏至後十五日斗柄指丁為小暑六月節暑氣至此尚未極也一候溫風至溫熱之風至小暑而極故曰至二候蟋蟀居壁感肅殺之氣初生則在壁感之深則在野三候鷹始摯摯擊也月令鷹乃學習殺氣未肅摯鳥始學擊搏迎殺氣

也小暑後十五日斗柄指未為大暑六月中暑至此而盡洩一候腐草為螢離明之極則幽陰至微之物亦化而為明不言化者不復原形也二候土潤溽暑土氣潤故鬱蒸為溽濕三候大雨時行前後濕暑而後候則大雨時行以退暑也大暑後十五日斗柄指坤為立秋七月節秋揫也物至此而揫斂也一候涼風至西方淒清之風也溫變而肅也二候白露降大雨之後涼風來天氣下降茫茫而白尚未凝珠故曰白露降三候寒蟬鳴今初秋夕陽聲小而急疾者是也立秋後十五日斗柄指申為處暑七月中陰氣漸長暑將伏而潛處也一候鷹乃祭鳥金氣肅殺鷹感其氣始捕擊必先祭二候天地始肅三候禾乃登禾者穀連藁秸之總名成熟曰登處暑後十五日斗柄指庚為白露八月節陰氣漸重露凝而白也一候鴻雁來淮南子作候鴈自北而南來也二候玄鳥歸玄鳥北方之鳥故曰歸三候羣鳥養羞羞謂藏美食以備冬月之養白露後十五日斗柄指

酉為秋分八月中至此而陰陽適中當秋之半也一候雷始收聲雷屬陽八月陰中故收聲入地萬物隨以入也二候蟄蟲坯戶坯益其蟄穴之戶使通明處稍小至寒甚乃墐塞之也三候水始涸水春氣所為春夏氣至故長秋冬氣返故涸也秋分後十五日斗柄指辛為寒露九月節氣漸肅露寒而將凝也一候鴻鴈來賓鴈後至者為賓二候雀入大水為蛤嚴寒所至蜚化為潛也三候菊有黃華菊獨華於陰故曰有也寒露後十五日

斗柄指戌為霜降九月中氣愈肅露凝為霜也一候豺乃祭獸以獸祭天報本也方鋪而祭秋金之義二候草木黃落色黃摇落也三候蟄蟲咸俯皆垂頭畏寒不食也霜降後十五日斗柄指乾為立冬十月節冬終也物終而皆収藏也一候水始冰水而初凝未至于堅故曰始冰二候地始凍土氣凝寒未至於拆故曰始凍三候雉入大水為蜃大水淮也立冬後十五日斗柄指亥為小雪十月中氣寒而將雪矣第寒未甚而雪未大也一

候虹藏不見陰陽氣交為虹陰氣極故虹伏言其氣下伏也二候天氣上升三候地氣下降天地變而各正其位不交則不通故閉塞也小雪後十五日斗柄指壬為大雪十一月節言積寒凜冽雪至此而大也一候鶡鴠不鳴陽鳥感六陰之極而不鳴二候虎始交虎感微陽萌動故氣益盛而交也三候荔挺生大雪後十五日斗柄指子為冬至十一月中日南陰極而陽始生也一候蚯蚓結六陰寒極之時蚯蚓交結如蠅二候麋角解冬至一陽生麋感陽氣故角解三候水泉動水者一陽所生一陽初生故泉動也冬至後十五日斗柄指癸為小寒十二月節時近小春故寒氣猶小一候鴈北鄉鴈避熱而南今則北飛禽鳥得氣之先故也二候鵲始巢至後二陽巳得來年之氣鵲遂為巢知所向也三候雉鴝雉陽鳥也鴝雌雄同鳴感於陽而有聲也小寒後十五日斗柄指丑為大寒十二月中時巳二陽而寒威更甚者閉塞不盛則發洩不盛所以啓三陽之泰此造化之

微權也一候雞乳乳育也雞木畜麗於陽而有形故乳二候征鳥厲疾至此而猛厲迅疾也三候水澤腹堅冰徹上下皆凝故曰腹堅一元默運萬彙化生四序循環千古不易極之而陽九百六不過此氣之推遷耳

吳下田家志一九二九扇子不離手三九二十七冰水甜如蜜四九三十六拭汗如出浴五九四十五頭戴秋葉舞六九五十四乘涼入佛寺七九六十三床頭尋被單八九七十二思量蓋夾被九九八十一家家打炭墼

又一九二九相喚弗出手三九二十七籬頭出觱篥四九三十六夜眠如露宿五九四十五太陽開門户六九五十四貧兒爭意氣七九六十三布衲兩肩攤八九七十二猫狗尋陰地九九八十一犂耙一齊出

欽定授時通考卷一

欽定授時通考卷二

天時

總論下

馬一龍農說農為治本知時為上（時謂天時）畜陽不極發生乃微（陽主發生陰主斂息物之生息隨氣升降故冬至之後一陽起于下則羣陰推而漸出寒凝固結于上所以遏其洩耳及陽氣出地物生呈露流衍布濩而不窮畜之盛大致然是以桃李冬花無水不殺草春秋紀之以病愆陽農家者有云冬耕宜早春耕宜遲云早其在冬至之前云遲其在春分之後冬至前者地中陽

氣未生也春分後者陽氣半於土之上下也其意皆在陽榮陰衛欲使微陽之氣不洩求其壯盛而已於此不知所避一則初升而踏其踵一則方啓而裂其膚豈非童而牿未壯盛而先亢者乎亢則害牿則亡傷氣殆盡其生安得不微乎畜陽之意不止於冬凡日為陽雨為陰和暢為陽沍結為陰展伸為陽斂詘為陰動為陽靜為陰淺為陽深為陰晝為陽夜為陰繁殖之道惟欲陽含土中運而不息陰乘其外謹毖不出若陽洩於外而陰入其中生機轉為殺機矣）凝陰在土其氣固嗇（歲久不畊之地純陰固結非假太陽之力追攝何以得散又冬春二時不見天陽亦猶是耳今夫園埴之上未嘗生物正以內不含陽陰不外固而火煅之地藏冰不融者絕其地脈而中無陽氣來至也竊窺神化之妙陽根陰物之所以生也陰根陽物之所以成也生者謂之化成者謂之變）陽自下起發其內之一本以出於外

諸陰皆死者陰自下起斂其外之散齋以入於内諸陽皆生者此盖言二氣始終之定理也諸陽謂自復以至夬也復十一月之卦也夬三月之卦也十二月為臨正月為泰二月為大壯復自坤中來一陽始生成位於冬至至泰而開開而壯壯而夬四月復全乎乾矣諸陰謂自姤以至剝也姤五月之卦也剝九月之卦也六月為遯七月為否八月為觀姤自乾中來一陰始生成位於夏至至否而塞塞而觀觀而剝十月復全乎坤矣上下者乾坤分列之位升降者陰陽往來之氣内外者神化闔闢之妙斂發者萬物生成之機出入者循環無窮之端一本散除相禪以為始終者也大抵二氣陰陽之至當主日月為義春秋二分晝夜相半氣之平也春分後晝漸永日在地下之刻少秋分後夜漸永日在地下之刻多陰陽消長係於是矣陽上而不抑遂以精泆陰下而不濟亦難以形堅損有餘補不足則精不泆而形可堅矣天地之間陽常有餘陰常不足然扶陽抑陰古聖至言易曰亢龍有悔又曰下濟而光以是見陽之精泆由於不抑陰之形脆者由於無所濟也今有工農土地饒糞多而力勤其苗勃然興之矣其後徒有美顆而無實粟俗名肥膈此正不知抑損其過而精泆者耳其法何以斷其浮根翦其附葉去田中積汚以爆裂其膚理則抑矣及其總秸俱成農功已畢或土力既衰潤滋不繼淫濁未去清氣有傷此正不知補助故粒米有空頭枯幹粉黛諸病也是故含生者陽以陰化達生者陰以陽變察陰陽之故叅變化之機其知生物之功乎生則化成則變然必成而後有生陽根陰也生而後有成陰根陽也成者謂之變脫其本根易其故體生者謂之化融液所畜暢茂其緒故冬至之後生意皆含夏至之後生色皆達含者化之機達者變之漸陰陽互為其根求其所以然微妙而難悉也一化一變理不盡顯物自相形機緘所存非審察叅詳則天地生物之功莫之有知矣夫含生者先天也以後天為之體達生者後天也以先天為之神養生家欲求先天之氣當思化理一變非化不能變非變則化者終於化矣推之事理亦然凡事之立其始甚幾微充廣必盛大盛必衰衰必散散則變不變則毀毀則熄此知道者之所深憂乎圖善變而不毀者其諸取法於農

故聖人推日星定四時分節候而示民以則陰陽列於四時早晚見於節候歲氣係於日星期三百有六旬有六日也日窮於次月離於紀星回於天此一歲之終也日行速而月遲故有餘日而以閏月敘之天行健而日月不能及故有歲差而以六十年約之一歲之中春而夏夏而秋秋而冬四時順布也四時有八節立春春分立夏夏至立秋秋分立冬冬至也冬至以後陽漸長立春陽之出也春分陽氣之中也立夏得陽三之二至夏至而極矣夏至以後陰漸長立秋陰之出也秋分陰氣之中也立冬得陰三之二至冬至而極矣堯命羲和日中星鳥以殷仲春日永星火以正仲夏宵中星虛以殷仲秋日短星昴以正仲冬不詳其餘者以一中一極前後測之耳冬至一陽生主生主長夏至一陰生主殺主成故曰生者陽也成者陰也含雖未見其生達雖未見其殺而幾已在矣夫發其生者與其晚也寧早收其成者與其早也寧晚此陽進而前陰退而後之道也

四民月令正月地氣上騰土長冒橛陳根可拔急甾強土黑壚之田二月陰凍畢澤可甾美田緩土及河渚水處三月杏花勝可甾沙白輕土之田五月六月可菑麥

田

齊民要術凡愛田常以五月耕六月再耕七月勿耕謹摩平以待種

又二月三月種者為植禾四月五月種者為穉禾二月上旬及麻菩楊生種者為上時三月上旬及清明節桃始花為中時四月上旬及棗葉生桑花落為下時歲道宜晚者五月六月初亦得春種欲深宜曳重撻夏種欲淺直置自生

又大小麥皆須五月六月暵地穬麥非良地則不須種八月中戊社前種者為上時下戊前為中時八月末九月初為下時小麥宜下種八月上戊社前為上時中戊前為中時下戊前為下時正月二月勞而鋤之三月四月鋒而更鋤

又五穀大判上旬種者全收中旬中收下旬下收

農桑通訣農書云種蒔之事各有攸序正月種麻枲二月種粟脂麻三月種旱麻四月種豆五月中旬種晚麻七夕以後種菜菔菘芥八月社前即可種麥如此則種有次第所謂順天之時也

占驗總附

董仲舒雨雹對太平之世風不鳴條開甲散萌而已雨不破塊潤葉津莖而已

京房易候太平之時十日一雨凡歲三十六雨此休徵時若之應

春秋說題辭一歲三十六雨天地之氣宣十日小雨應天文十五日大雨以斗運也

論衡太平瑞應五日一風十日一雨

田家雜占天下太平夜雨日晴言不妨農也 以上總論風雨

農政全書日暈則雨諺云月暈主風日暈主雨　日脚占晴雨諺云朝又天暮又地主晴反此則雨　日沒後起清白光數道下狹上闊直起亘天此特夏秋間有之俗呼清白路主來日酷熱　日生耳主晴雨諺云南耳晴北耳雨日生雙耳斷風截雨若是長而下垂通地則

又名白日幢主久晴　日出早主雨出晏主晴老農云此特言久陰之餘夜雨連旦正當天明之際雲忽一掃而捲即光日出所以言早少刻必雨立驗言晏者日出之後雲晏開也必晴亦甚準蓋日之出入自有定刻實無早晏也愚謂但當云晴得早主雨晏開主晴不當言日出早晏也　日外有雲障中起主晴諺云日頭趕雲障曬殺老和尚　日沒反照主晴俗名為日返塢一云日沒臙脂紅無雨也有風係光啓曰日返塢明朝水没

路日打洞明朝曬背痛或問二候相似而所主不同何也老農云返照在日没之前臙脂紅在日没之後　諺云烏雲接日明朝不如今日又云日落雲没不雨定寒又云日落雲裏走雨在半夜後此言一朶烏雲漸起而日正落其中者　諺云日落烏雲半夜枵明朝曬得背皮焦此言半天元有黑雲日落雲外其雲夜必開散明必甚晴也又云今夜日没烏雲洞明朝曬得背皮痛此言半天上雖有雲及日没下去都無雲而見日狀如巖洞者也

古今諺日出早雨淋腦日出晏曬殺鴈

吳下田家志壬子日雨主久陰

田家雜占諺云久晴逢戊雨久雨望庚晴又云久雨不晴且看丙丁

浩然齋抄俗諺云逢庚雙變遇甲即晴蓋遇庚於雙日則變遇甲於雙日則晴多驗已上論日

詩小雅月離于畢俾滂沱矣

傳畢躅也月離陰星則雨疏以畢為月所離而雨是陰雨之星故謂之陰星

玉歷璇璣凡孟月七日仲月八日季月九日之夜皆當月暈暈而不已其下三日内有暴風甚雨　月初生色黑有水月滿色赤為旱又月初生而偃有水月始生有黑雲貫月名曰緻雲不出三日暴雨

雜占每月朔一日管上旬二日管中旬三日管下旬月色青黑潤明是旬有雨若黄赤乾枯則旬中無雨

師曠占候月知雨多少八月一日二日三日月色赤黄者其月少雨月色青者其月多雨

農政全書月暈主風何方有闕即此方風來　新月下有黑雲横截主來日雨諺云初三月下有横雲初四日裏雨傾盆月盡無雨則來月初必有風雨諺云廿五廿六若無雨初三初四莫行船　廿五日謂之月交日有雨主久陰　廿七廿八交月雨初二初三勿肯晴已上論月

後漢書郎顗傳石氏經曰歲星出左有年出右無年

孝經援神契歲星守心年穀豐

宋史天文志歲星色光明潤君壽民富又主福主大司農主五穀

農家諺乾星照濕土明日依舊雨

農政全書諺云一個星保夜晴此言雨後天陰但見一兩星此夜必晴　星光閃爍不定主有風　夏夜見星密主熱　諺云明星照爛地來朝依舊雨言久雨正當黄昏卒然雨住雲開便見滿天星斗豈但明日有雨當夜亦未必晴　黄昏上雲半夜消黄昏消雲半夜澆若半夜後雨止雲開星月朗然則必晴無疑已上論星

又夏秋之閒大風及有海沙雲起俗呼謂之風潮古人名之曰颶風言其具四方之風故名颶風有此風必有霖淫大雨同作甚則拔木偃禾壞屋室決堤堰其先必有如斷虹之狀者見名曰颶母航海之人見此則又名破帆風　凡風單日起單日止雙日起雙日止　諺云西南轉西北搓繩來絆屋又云半夜五更西天明拔樹

枝又云日晚風和明朝再多又云惡風盡日沒又云日出三竿不急便寬大凡風日出之時必略静謂之風讓日大抵風自日内起者必善夜起者必毒日内息者必和夜半息者必大凍　諺云風急雨落人急客作又云東風急被蓑笠風急雲起愈急必雨　諺云東北風雨太公言艮方風雨卒難得晴俗名曰牛筋風雨指丑位故也　諺云行得春風有夏雨言有夏雨應時可種田也非謂水必大也經驗　諺云西南早到晏弗動草言

早有此風向晚必晴　諺云南風尾北風頭言南風愈吹愈急北風初起便大　春南夏北有風必雨　冬天南風三兩日必有雪　天氣濕熱鬱蒸主有風古語云熱極則生風　語云東南風跳躑三日退一尺

陶朱公書青龍風急大雨將來朱雀風回烈日晴燥白虎風生必有雨霧玄武風急雨水相隨寅卯時為青龍巳午時為朱雀申酉時為白虎亥子時為玄武隨方起風應乎雨晴

田家五行風自月建方來為得其正萬物各得其所晴雨各得其宜又風吹月建方位主米貴

師曠占常以十月朔日占春糶貴賤風從東來春賤逆此者貴以四月朔占秋糶風從南來西來者秋皆賤逆此者貴以正月朔占夏糶風從南來東來者皆賤逆此者貴已上論風

朝野僉載春雨甲子赤地千里夏雨甲子乘船入市秋雨甲子禾頭生耳冬雨甲子牛羊凍死

吳下田家志戊午原同甲子期始終七日最稀奇七日多晴兩月燥七日多雨兩月泥甲申主米暴貴春主五穀不収夏主傷田禾秋主六畜死冬主人多病　諺云甲申猶且可乙酉怕殺我

又上旬交月雨謂朔月之雨也主月內多雨

田家雜占壬子日春雨人無食夏雨牛無食秋雨魚無食冬雨鳥無食

又自正月至五月五朔皆有大雨主人饑蝗起

易飛候凡候雨以晦朔弦望雲漢四塞者皆當雨如斗牛彘當暴雨有異雲如水牛不三日大雨黑雲如羣羊奔如飛鳥五日必雨雲如浮船皆雨北斗獨有雲不五日大雨四望青白雲名曰天寒之雲雨徵倉黑雲細如杼軸蔽日月五日必雨雲如雨人提鼓持桴者皆為暴雨

金樓子旦雨謂之月額

雜占江淮俗驗每月初二十六日雨則月內多雨

田家五行二十七日最宜晴諺云交月無過廿七晴月盡無雨則來月初必有風雨

農政全書諺云雨打五更日曬水坑言五更忽然雨日中必晴甚驗　晏雨不晴　雨著水面上有浮泡主卒未晴　諺云一點雨似一個釘落到明朝也不晴一點雨似一個泡落到明朝未得了諺云上牽晝下牽齋下晝雨嚌嚌　諺云雨落怕天亮言天明時忽雨此日可晴若久雨正當昏黑忽自明亮反是雨候也　雨夾雪

難得晴　諺云夾雨夾雪無休無歇　諺云快雨快晴道德經云飄風不終朝驟雨不終日　凡久雨至午少止謂之遣晝在正午遣或可晴午前遣則午後雨不可勝　竈灰帶溼作塊天將變作雨兆　齋前風晝後雨並言難止已上論雨

陶朱公書朝看東南有雲氣隨太陽上下不遠者此雲在日初出應巳午時巳午時隨太陽則應未申時未申時隨太陽則應酉戌時有雷雨　又太陽未出將晨之先看東南黑雲如雞頭如旗幟如山峯如陣鳥如龍頭如魚如蛇如靈芝如牡丹應當日未申時有雨或紫黑雲貫穿或在日上下者並應當日雨

農政全書雲行占晴雨諺云雲行東雨無蹤車馬通雲行西馬濺泥水沒犁雲行南雨潺潺水漲潭雲行北雨便足好曬穀　上風雖開下風不散主雨　諺云上風皇下風隘無蓑衣莫出外　雲若砲車形起主大風雲起下散四野滿目如烟如霧名曰風花主風起　諺

云西南陣單過也落三寸言雲陣起自西南來者雨必多尋常陰天西南障上亦雨　諺云太婆年八十八弗曾見東南陣頭發又云千歲老人不曾見東南陣頭雨沒于田言雲起自東南來者絕無雨　凡雨陣自西北起者必雲黑如潑墨又必起作眉梁陣主先大風而後雨終易晴　天河中有黑雲生謂之河作堰又謂之黑豬渡河墨雲對起一路相接亘天謂之雨作橋雨下闊則又謂之合羅陣皆主大雨立至少頃必作滿天陣名

通界雨言廣闊普徧也若是天陰之際或作或止忽有雨作橋則必有掛帆兩脚又是雨脚將斷之兆也不可一例而取　諺云旱年只怕沿江跳水年只怕北江紅一云太湖晴上文言亢旱之年望雨如望恩纔見四方遠處雲生陣起或自東引而西自西而東所謂沿江跳也則此雨非但今日不至必每日如之即是久旱之兆也澇年每至晚時雨忽至雲稍浮北似霞非霞紅光曜日雨必隨作當主夜夜如此直至大暑而後已謂之北

江紅此吳語也故指北江為太湖若是晚霽必兼西天但晴無雨諺云西北赤好曬麥　陰天卜晴諺云朝要天頂穿暮要四脚懸又云朝看東南暮看西北　諺云魚鱗天不雨也風顛此言細細如雨鱗斑者一云老鯉斑雲障曬殺老和尚此言滿天雲大片如鱗故云老鯉往往試驗各有準　秋天雲陰若無風則無雨　冬天近晚忽有老鯉斑雲起漸合成濃陰者必無雨名曰護霜天諺云識每護霜天不識每著子一夜眠

京房風角要訣候雨法有黑雲如一疋布于日中即日大雨二疋為二日雨三疋為三日雨

京房占六甲日雲四合皆當日雨雲多雨多雲少雨少又六甲無雲一旬少雨

師曠占常以五卯日候西北有雲如羣羊者即有雨至

陶朱公書拂曉看南方黑雲最高謂之雷信明日巳午時至中天而止應未申時

孔氏談苑大理少卿杜純之京東人言朝霞不出門暮

霞行千里言雨後朝晴尚有雨須得晚晴乃真晴

田家五行諺云朝霞暮霞無水煎茶主旱此言久晴之霞也朝霞不出市暮霞行千里此皆言雨後乍晴之霞暮霞若有火焰形而乾紅者非但主晴必主久旱之兆朝霞雨後乍有定雨無疑或是晴天隔夜雖無今朝忽有則要看顏色斷之乾紅主晴間有褐色主雨滿天謂之霞得過主晴霞不過主雨若西方有浮雲稍厚雨當立止

雜占早看東南暮看西北空則無雨雖有雲而片色分明亦晴夜觀北斗魁罡之間有黑潤雲在畔則當夜有雨如北斗前有黃氣者明日當風若潤則當夜或明日必大雨

古今諺早霞紅丢丢向午雨瀏瀏晚來紅丢丢早辰大日頭 已上論雲霞

農政全書莊子云騰水上溢為霧爾雅云地氣上天不應曰霧凡重霧三日主有風諺云三朝霧露起西風若

無風必主雨又云霧露不收即是雨 已上論霧

又諺云東鱟晴西鱟雨諺云對日鱟不到晝主雨言西鱟也若鱟下便雨還主晴虹俗呼曰鱟 已上論虹

又諺云未雨先雷船去步來主無雨　諺云當頭雷無雨卯前雷有雨凡雷聲響烈者雨陣雖大而易過雷聲殷殷然響者卒不晴　雷初發聲微和者歲內吉猛烈者凶　雪中有雷主陰雨百日方晴　東州人云一夜起雷三日雨言雷自夜起必連陰 已上論雷

又夏秋之間夜晴而見遠電俗謂之熱閃在南主久晴在北主便雨諺云南閃半年北閃眼前　北閃俗謂之北辰閃主雨立至諺云北閃三夜無雨大怪言必有大風雨也 已上論電

又冰後水長名長水冰主來年水冰後水退名退水冰主旱若冰堅可履亦主水 已上論冰

又每年初下只一朝謂之孤霜主來年歉連得兩朝以上主熟上有鎗芒者吉平者凶春多主旱　毛頭霜主

明日風雨　雪霽不消名曰等伴主再有雪久經日照而不消亦是來年多水之兆也 已上論霜雪

又夏初水中生苔主有暴水諺云水底起青苔卒逢大水來　水際生靛青主有風雨諺云水面生青靛天公又作變　諺云大水無過一週時言天道久雨山澤發洪大水橫流江河陡漲之易也　諺云大旱不過週時雨大水無非百日晴言天道須是久晴則水方能退也故論潮者云晴乾無大汎合而言之可見水漲之易退

之難也如此　凡東南風退水西北反爾此理蓋只是吳中太湖東南之常事初冬大西北風湖水泛起吳江人家皆浸水中風息復平謂之翻湖水纔是南風連吹半月十日便可退水三二尺又不還漲　水邊經行聞得水有香氣主雨水驟至極驗或聞水腥氣亦然　河内浸成包稻種既沒復浮主有水已上論水

又草得氣之先者皆有所驗薺菜先生歲欲甘葶藶先生歲欲苦藕先生歲欲雨蒺藜先生歲欲旱蓬先生歲

欲流水藻先生歲欲惡艾先生歲欲病孟月占之　五穀草占稻色草有五穗近本莖為早色腰末為晚禾隨其穗之美惡以斷豐歉未必極驗但其草每年根根相似　草屋久雨菌生其上朝出晴暮出雨諺云朝出曬殺暮出濯殺　看菓草一名千戈謂其有刺故也蘆葦之屬叢生於地夏月暴熱之時忽自枯死主有水諺云頭苧生子沒殺二苧二苧生子旱殺二苧　茭草水草也村人嘗剥其小白嘗之以卜水旱味甘甜主水已來亦未止味餿氣主旱未來亦已定　梧桐花初生時赤色主旱白色主水扁豆五月開花主水　杞夏月開結主水　藕花謂之水花魁開在夏至前主水　野薔薇開在立夏前主水　麥花晝放主水　扁豆鳳仙花開在五月主水　槐花開一遍糯米長一遍價

雜陰陽書禾生于棗或楊大麥生于杏小麥生于桃稻生于柳或楊黍生于榆大豆生于槐小豆生于李麻生于楊或荆

師曠占術杏多實不蟲者來年秋禾善五木者五穀之先欲知五穀但視五木擇其木盛者來年多種之萬不失一也已上論草木

農政全書諺云鴉浴風鵲浴雨八哥兒洗浴斷風雨鳩鳴有還聲者謂之呼婦主晴無還聲者謂之逐婦主雨鵲巢低主水高主旱俗傳鵲意既預知水則云終不使我沒殺故意愈低既預知旱則云終不使曬殺故意愈高　海燕忽成羣而來主風雨諺云烏肚雨白肚風

亦老鴉含水叫早主雨多人辛苦叫晏晴多人安閒農作次第　夜間聽九逍遥鳥叫卜風雨諺云一聲風二聲雨三聲四聲斷風雨　鸛鳥仰鳴則晴俯鳴則雨　鵲噪早報晴名曰乾鵲　冬寒天雀羣飛翅聲重必有雨雪　鬼車鳥北人呼為九頭蟲夜聽其聲出入以卜晴雨自北而南謂之出窠主雨自南而北謂之歸窠主晴故詩云月黑夜深聞鬼車　喫鷀叫主晴俗謂之賣蓑衣　鷗叫諺云朝鷗晴暮鷗雨　夏秋間雨陣將至

忽有白鷺飛過雨竟不至名曰截雨　家雞上宿遲主陰雨燕巢做不乾淨主田内草多　母雞背負雞雛謂之雞跎兒主雨　喫井水禽也在夏至前叫主旱諺云夏前喫井叫有車個恰喫無車個嘯　鵜鶘一名淘河鵝鸛之屬其狀異常每來必主大水元至正庚寅五月十八日方梅水漲忽見此怪數十自西而東衆謂没田先兆一老農云不妨夏至前來曰犁湖至後曰犁途以其嘴之形狀相似湖言水深途言水淺今至後八日

此後雨脚斷水退矣雖然疑信不决後果天晴高下皆得成熟若此至前至後便分禍福兩端可謂奇驗占候者慎之　獺窟近水主旱登岸主水有驗　圍塍上野鼠爬泥主有水必到所爬處方止　鼠咬麥苗主不見收咬稻苗亦然　狗爬地主陰雨每眠灰堆高處亦主雨狗咬青草吃主晴　狗向河邊吃水主水退　鐵鼠其臭可惡白日銜尾成行而出主雨　猫兒吃青草主雨　絲毛狗褪毛不盡主梅水未止已上論禽獸

又龍下便雨主晴凡見黑龍下主無雨縱有亦不多白龍下雨必多水鄉諺云黑龍護世界白龍讓世界　龍下頻主旱諺云多龍多旱　龍陣雨始自何一路只多行此路無處絶無諺云龍行熟路已上論龍

又魚躍離水面謂之秤水主水漲高多少增水多少　凡鯉鯽魚在四五月間得暴漲必散子散不盡水未止鹹散水勢必定夏至前後得黄鱔魚甚散子時雨必止雖散不甚水終未定最緊　車溝内魚來攻水逆上得

鮎魚主晴鯉主水諺云鮎乾鯉濕又云鯽魚主水鰡魚主晴　黑鯉魚脊翼長接其尾主旱　夏初食鯽魚脊骨有曲主水　漁者網得死鱖謂之水惡故魚著網即死也口開主水立至易過口閉來遲水旱不定 已上論魚

又水蛇蟠在蘆青高處主水高若干漲若干回頭望下水即至望上稍慢　水蛇及白鰻入鰕籠中皆主大風水作　春暮暴煖屋木中出飛蟻主風雨平地蟻陣作亦然　鱉探頭占晴雨諺云南望晴北望雨　田角小

螺兒名曰鬼螄浮于水面主有風雨　石蛤蝦蟆之屬叫得響亮成通主晴諺云杜蛤叫三通不用問家公言報晚晴有準也　田雞噴水叫主雨　蚱蜢蜻蜓黃蝱等蟲在小滿以前生者主水俗呼是魚口中食謂其纔經風雨俱死于水故也　黃梅三時內蝦蟆尿曲有雨大曲大雨小曲小雨　二蠶初出變化得多主水蚯蚓俗名曲蟮朝出晴暮出雨　夏至日蟹上岸夏至後水到岸 已上論蟲

欽定授時通考卷二

欽定四庫全書

欽定授時通考卷三

天時

春

易說卦萬物出乎震震東方也

疏震是東方之卦斗柄指東爲春春時萬物出生也

書堯典分命羲仲宅嵎夷曰暘谷寅賓出日平秩東作

傳宅居也東表之地稱嵎夷日出於谷而天下明故稱暘谷寅敬賓導秩序也歲起於東而始就耕謂之

東作東方之官敬導出日平均次序東作之事以務農也

日中星鳥以殷仲春厥民析鳥獸孳尾

傳日中謂春分之日鳥南方朱鳥七宿殷正也春分之昏鳥星畢見以正仲春之氣節冬寒無事並入室處春事既起丁壯就功

國語先時五日瞽告有協風至

注協和也風氣和時候至也立春曰融風

又農祥晨正日月底於天廟土乃脈發

注農祥房星也晨正謂立春之日晨中於午也農事之候故曰農祥

管子發五正赦薄罪出拘民解仇讐所以建時功施生穀也

注謂及時立農功施力爲生穀凡此皆春令

又日至六十日而陽凍釋七十日而陰凍釋陰凍釋而

蓺稷百日不蓺稷故春事二十五日之內耳

淮南子明庶風至則正封疆修田疇

注春分播穀

又春分至則甘雨降生育萬物

漢書律歷志少陽者東方東動也陽氣動物於時爲春春蠢也物蠢生乃動運

後漢書郎顗傳雷者所以開萌芽辟陰除害萬物須雷而解資雨而潤王者崇寬大順春令則雷應節

古三墳物象春春主發生物之象也

說文辰者農之時也故農字從辰田候也

談撰卉木皆感於春氣而後發生者以木旺寅卯然也

師曠占春雷初起其音格格霹靂者所謂雄雷旱氣也其鳴依依音不大霹靂者謂之雌雷水氣也

農桑通訣孟春立春節氣首五日東風解凍次五日蟄蟲始振後五日魚上氷次雨水中氣初五日獺祭魚次五日候雁北後五日草木萌動次仲春驚蟄節氣初五

日桃始華次五日倉庚鳴後五日鷹化爲鳩次春分中氣初五日玄鳥至次五日雷乃發聲後五日始電次季春清明節氣初五日桐始華次五日田鼠化爲鴽後五日虹始見次穀雨中氣初五日萍始生次五日鳴鳩拂其羽後五日戴勝降於桑凡此六氣一十八候皆春氣正發生之令

說苑主春者張昏而中可以種穀

農政全書東作既興早起夜眠春間最爲緊要古語云一年之計在春一日之計在寅

占驗

田家五行凡春宜和而反寒必多雨諺云春寒多雨水又諺云春風踏脚報言易轉方如人傳報不停脚也一云旣吹一日南風必還一日北風報答也二說俱應

師曠占春辰巳日雨蝗蟲食禾稼

田家雜占春甲子日雨主夏旱六十日春甲申日雨主米暴貴

又茆蕩内春初雨菌生俗呼爲雷蕈多則主旱無則主水

風角書春甲寅日風高去地三四丈鳴條以上常從申上來爲大赦期六十日應

正月　立春　雨水

禮記月令孟春之月日在營室昏參中旦尾中

註日月之行一歲十二會聖王因其會而分之以爲大數焉觀斗所建命其四時此云孟春者日月會於

娵訾而斗建寅之辰也

其日甲乙其帝太皞其神勾芒

註乙軋也日之行春東從青道發生萬物月爲之佐時萬物皆解孚甲自抽軋而出太皞宓羲氏也勾芒少皞氏之子曰重爲木官

又東風解凍蟄蟲始振魚上氷獺祭魚鴻雁來

陳澔曰此記寅月之候振動也來自南而北也

又是月也以立春先立春三日太史謁之天子曰某日

立春盛德在木天子乃齊立春之日天子親帥三公九卿諸侯大夫以迎春於東郊

又天子乃以元日祈穀於上帝

集說元日辛日也郊祭天而配以后稷爲祈穀也

又天氣下降地氣上騰天地和同草木萌動

註此陽氣蒸達可耕之候農書曰土長冒橛陳根可拔耕者急發

又王命布農事命田舍東郊皆修封疆審端經術善相丘陵阪險原隰土地所宜五穀所植以教道民必躬親之田事既飭先定準直農乃不惑

管子正月之朝穀始也

又正月令農始作服於公田

呂氏春秋冬至後五旬七日菖始生菖者百草之先生者也於是始耕

後漢書祭祀志立春之日皆青幡幘迎春於東郭外

唐六典正月上辛祈穀於圜丘以高祖配

唐書王仲丘傳開元中王仲丘上言貞觀禮正月上辛祀感帝於南郊顯慶禮祀昊天上帝於圜丘以祈穀

宋史禮志景德三年十二月陳彭年言來年正月三日上辛祈穀至十日始立春按月令春秋傳當在建寅之月迎春之後後齊永明元年立春前郊議者欲遷日王儉啟云宋景平元年元嘉六年並立春前郊遂不遷日然則左氏所記啟蟄而郊乃三代彝章王儉所啟郊在春前乃後世變禮望常以正月立春之後行上辛祈穀

之禮從之
四民月令正月可種瓜瓠葵芥大小葱蒜首蓿及雜蒜
亦種
齊民要術元日五更雞鳴時點火把照桑棗果木等樹
則無蟲以刀斧班駁敲打樹身則結實此之謂稼樹
是日用尖刀刮破桃樹皮　是月命女工趨織布典饋
釀春酒　是月教牛修農具築墻圍開溝渠修蠶室整
屋漏織蠶箔　此月栽樹爲上時上半月栽者多結子
南風不可栽

下子　茄　瓜　薏苡　諸般花子　葫蘆　匏
扦插　楊柳　石榴　梔子
栽種　松　桑　榆　柳　棗　荼　葵　韭　麻
胡桃　榛子　松子　杏子　椒　牛蒡子　菠菜
竹宜初二日　雜樹木宜上日　木棉花　苦蕒　山藥
冬瓜宜十日　黄瓜　萵苣生菜　四月芥　種薤
種芋

接換　梨子　林檎　棗　柿　栗　桃　梅李　杏
以上並雨後
澆培　石榴　梨子　海棠　棗　柿　梅　桃　杏
林檎　胡桃以上並下旬
收藏　無灰臘糟　蒸臘酒　合小豆醬
雜事　接諸般花木果樹　移諸般花木果樹　壠瓜
地　修諸色果木　修接桑樹　騸諸色樹木騸與嫁同
占驗

禮記月令孟春行夏令則雨水不時草木早落國時有
恐行秋令則其民大疫猋風暴雨總至藜莠蓬蒿並興
行冬令則水潦爲敗雪霜大摯首種不入
史記天官書正月旦決八風風從南方來大旱西南小
旱西方有兵西北戎菽爲小雨趣兵北方爲中歲東北
爲上歲東方大水東南民有疾疫歲惡
註戎菽胡豆也爲成也
又故八風各與其衝對課多者爲勝多勝少久勝亟疾

勝徐旦至食爲麥食至日昳爲稷昳至餔爲黍餔至下餔爲菽下餔至日入爲麻欲終日有雨有雲有風有日日當其時者深而多實無雲有風日當其時淺而多實有雲風無日當其時深而少實有日無雲不風當其時者稼有敗如食頃小敗熟五斗米頃大敗則風復起有雲其稼復起各以其時用雲色占種其所宜其雨雪若寒歲惡

正義正月旦欲其終一日有風有日則一歲之中五

穀豐熟無災害也

又從正月旦數雨率日食一升至七升而極過之不占數至十二日日直其月占水旱爲其環城千里內占則其爲天下候竟正月

注月一日雨民有一升之食二日雨民有二升之食如此至七日月一日雨正月水月三十日周天歷二十八宿然後可占天下

又月所離列宿日風雲占其國然必察太歲所在金穰水毀木饑火旱　正月上甲風從東方宜蠶風從西方若旦黃雲惡

易說立春氣當至不至則多疾瘧

古史考元日太史占氣候以知水旱吉凶隨分野書之

陶朱公書元日有雷禾麥皆吉有雪夏秋大旱日出時有紅霞主絲貴天晴爲上西北風主米貴每月如之諺云歲朝東北五禾大熟壬癸亥子之方謂之水門其方風來主水諺云歲朝西北風大雨定妨農西南風主米

貴東南及南風皆主旱

又占桑葉貴賤只看正月上旬木在一日則爲蠶食一葉爲甚貴木在九日則爲蠶食九葉爲甚賤上元日晴春水少括云上元無雨多春旱清明無雨少黃梅夏至無雲三伏熱重陽無雨一冬晴　元宵前後必有料峭之風謂之元宵風

黃帝占正月二十日爲秋收日時主秋成百穀蕃茂

師曠占立春雨傷五禾

又正月甲戌日大風東來折樹者穀熟甲寅日大風西北來者貴庚寅日風從西來者皆貴

齊民要術欲識歲所宜以布囊盛粟等諸物種平量之埋陰地冬至後五十日發取量之息最多者歲所宜也

玉海祥符四年正月已丑司天言農丈人星見主歲豐

物理論正月朔旦四面有黄氣其歲大豐此黄帝用事土氣黄均四方並熟有青氣雜黄有螟蟲赤氣大旱黑氣大水正朔占歲星上有青氣宜桑赤氣宜豆黄氣宜

稻

又正月望夜占陰陽陽長即旱陰長即水立表以測其長短審其水旱表長二尺月影長二尺以内大旱二尺五寸至三尺小旱三尺五寸至四尺調適高下皆熟四尺五寸至五尺小水五尺五寸至六尺大水月影所極則正面也立表中正乃得其定

羣芳譜元日值甲穀賤乙穀貴丙四月旱丁絲綿貴戊米麥魚鹽貴已米貴蠶傷多風雨庚田熟辛米平麥麻貴壬絹布豆貴米麥平癸主禾傷多風雨一說元日值戊主春旱四十五日

又三日得甲爲上歲四日中歲五日下歲月内有甲寅米賤

占書一日得辛旱二日小收三四日主水麥半收五六日小旱七分收八日歲稔一云春旱不收

通書月内有三卯宜豆無則早種禾一云一日得卯十分收二日低田半收三四日大水五日六日半收七日

八日春澇全收

周益公日記正月内有三子葉少蠶多無三子則葉多蠶少有三卯則旱豆收無則少收有三亥主大水一云正月得三亥湖田變成海在正月節氣方準

便民書元日晴和無日色主有年日有暈主小熟有雷主一方不寧有雹人殃霞氣主蟲蝗蠶少婦人災果蔬盛有霜主七月旱禾苗吉有霧主桑貴而民疾有雪主夏旱秋水如未過立春而元日雪主大有年

通考歲旦天氣晴朗氣溫和主民安國泰五穀豐登人少病犧牲旺寇盗息

類占正朔之日天氣和潤風不鳴條兼有雲迎送出入者歲美無疾朔日晚至連三日内無風雨而陰和不見日色者主一歲大美

探春歷記甲子日立春高鄉豐稔水過岸一尺春雨如錢夏雨調匀秋雨連綿冬雨高懸

紀歷撮要八日穀夜見星辰五穀豐登

研北雜志世謂正月三日爲田本命浙西人謂之夏正三言夏正之三日俗以是日稱水以重爲上有年極驗

朝野僉載正月三白田公笑赫赫西北人諺曰要宜麥見三白

臞仙神隱立春天陰無風民安蠶麥十倍東風吉人民安果穀盛

田家五行正月十六日喜西南風爲入門風主低田大熟

又春牛占歲事頭黄主熟又專主菜麥大熟青主春多瘟赤主春旱黑主春水白主春多風身色主上鄉脚色主下鄉

農政全書上八日宜晴此夜若雨元宵如之諺云上八夜弗見參星月半夜弗見紅燈

又雨水後陰多主少水高下大熟諺云正月罳坑好種田

二月　驚蟄　春分

詩豳風四之日舉趾

傳四之日周四月也民無不舉足而耕矣

禮記月令仲春之月日在奎昏弧中旦建星中

註仲春日月會於降婁斗建卯之辰孔頴達曰餘月昏旦中星皆舉二十八宿此云弧與建星者以弧星近井建星近斗井斗度多星體廣不可的指故舉弧建以定昏旦之中

又始雨水桃始華倉庚鳴鷹化爲鳩

陳澔曰此記卯月之候倉庚黃鸝也鳩布谷也鷹化爲鳩以生育氣盛故鷙鳥感之而變

又擇元日命民社

註社后土也使民祀焉神其農業也祀社日用甲

又是月也日夜分

陳澔曰晝夜五十刻

雷乃發聲始電蟄蟲咸動啟戶始出

疏雷是陽氣之聲將上與陰相衝電是陽光陽微則

光不見此月陽氣漸盛以擊於陰故云始電戶穴也謂發所蟄之穴

國語自今至於初吉陽氣俱蒸土膏其動

註初吉二月朔日也

又土發而社助時也

註土發春分也社者助時求福爲農始也

呂氏春秋開春始雷則蟄蟲動矣時雨降則草木育矣

又太簇之月陽氣始生草木繁動令農發土無或失時

洪範五行傳雷以二月出震其卦曰豫言萬物隨雷出地皆逸豫也

淮南子二月官倉

注二月播種故官倉也

白虎通仲春獲禾報社祭稷以三牲何重功故也

說文膢楚俗以二月祭飲食也一曰祈穀食新曰離膢

又春分而禾生

夏小正祈麥實

傳麥者五穀之先見者故急祈而記之也

又二月往耰黍禪

傳禪單也

論衡二月之時龍星始出見出雩祈穀雨

唐書李泌傳二月朔里閭釀宜春酒以祭勾芒神祈豐年

荊楚歲時記春分日民竝種戒火草於屋上有鳥如烏先雞而鳴架架格格民聞此鳥則入田以爲候

四民月令二月陰凍畢澤可菑美田緩土及河渚水處

氾勝之書種麻子二月下旬傍雨種之麻生布葉鋤之以蠶矢糞之天旱以流水澆之無流水曝井水殺其寒氣以澆之如此美田則畝五十石及百石薄田尚三十石

齊民要術二月昏參夕杏花盛桑椹赤可種大豆謂之上時家政法曰二月可種瓜瓠

又二月順陽習射以備不虞春分中雷乃發聲先後各

五日寢别内外蠶事未起命縫人浣冬衣徹複爲袷其有贏帛遂供秋服凡浣故帛用灰汁則色黄而且脆擣小豆細末下絹簁投湯水以洗之潔白而柔韌勝皂莢矣可糴粟黍大小豆麻麥子等收薪炭炭聚之下碎末勿令棄之擣簁煮淅米泔溲之更擣令熟丸如雞子曝乾以供籠爐種火之用輒得達曙堅定耐久逾炭十倍

初二日東作興俗謂上工日田家雇傭工之人俱此日執役之始故名上工　泥蠶室　春百果木根則子牢

此月雨水中埋諸花樹條則活　中旬種稻爲上時

下子　麻子　紅花　山藥　白扁豆　桑椹

扦插　蒲桃　石榴

栽種　槐　穀楮　栗　松　銀杏　棗　皂莢　菊

茶　木瓜　薤　桐樹　决明　百合　胡麻

黄精　木槿　茨菰　甘蔗　雜菜　藕　芋宜雨多

竹　茄　瓜　莧　枸杞　萱草　蒼朮　芭蕉

萵苣　紫蘇　烏豆　豌豆　茱萸　韭　夏蘿

蔔　苕帚　大葫蘆　菘菜　大豍豆

壓條　桑條

接換　柑　橘　柿　棗　橙　柚　杏　栗　桃

梅　梨　李　胡桃　銀杏　楊梅　枇杷　沙柑

石榴　紫丁香以上春分前後皆可

澆培　柑　橘　橙　柚　蒲萄

收藏　百合曲　槐芽　皂角　新茶

雜事　移諸般花木並忌南風火日　理蠶事春耕宜遲恐陽氣未透　插諸色樹木　解樹上裹縛　二月二日取枸杞煮湯沐浴令人光澤不老不病

續文獻通考元武宗至大三年命祀先農樂用登歌曰用仲春上丁或用上辛或甲日

占驗

禮記月令仲春行秋令則其國大水寒氣總至寇戎來征行冬令則陽氣不勝麥乃不熟民多相掠行夏令則國乃大旱暖氣早來蟲螟爲害

陶朱公書二月朔日値驚蟄主蝗蟲値春分主歲歉風雨主米貴

又二月初八日東南風謂之上山旗主水西北風謂之下山旗主旱

又十五日爲勸農日晴和主年豐風雨主歲歉

又二月虹見在東主秋米貴在西主蠶貴　驚蟄前後有雷謂之發蟄雷聲初起從乾方來主人民災坎方來主水艮方來主米賤震方來主歲稔巽方來主蝗蟲離方來主旱兌方來主五金長價詩曰初二天晴東作興初七八日看年成花朝此夜晴明好何處連綿夜雨傾

師曠占二月甲戌日風從南來者稻熟　二月乙卯日不雨晴明稻上場不熟

通考二月甲子日發雷大熟一云大熟

又十六日乃黃姑浸種日西南風主大旱高鄉人見此風即懸百文錢於簷下風力能動則舉家失聲相告風愈急愈旱又主桑葉貴

經世民事錄二月内有三卯則宜豆無則早種禾

談薈二月二十日謂之小分龍日晴分𡟖龍主旱雨分健龍主水

農政全書二月十二日夜宜晴可折十二夜夜雨二月最怕夜雨若此夜晴雖雨多亦無所妨越人陳元義云二月内得十二個夜晴則一年雨晴調勻更十二夜中又雨爲水潦年歲矣十夜以上雨水鄉人盡叫苦　初四有水謂之春水　初八日前後必有風雨

諺云清明斷雪穀雨斷霜言天氣之常

四時占候二月朔日雨稻惡糴貴晦日雨人多疾

萬寶全書春分日西風麥貴南風先水後旱北風米貴

三月　清明　穀雨

禮記月令季春之月日在胃昏七星中旦牽牛中

註季春日月會於大梁斗建辰之辰　陳澔曰七星二十八宿之星宿也

又桐始華田鼠化爲鴽虹始見蓱始生

陳澔曰此記辰月之候鴽鶉鴾之屬

又薦鮪於寢廟乃爲麥祈實是月也生氣方盛陽氣發泄句者畢出萌者盡達

註於含秀求其成也句屈生者芒而直曰萌

又是月也命司空曰時雨將降下水上騰循行國邑周視原野修利隄防道達溝瀆開通道路毋有障塞

淮南子清明加十五日斗指辰則穀雨音比姑洗

孝經緯斗指辰爲穀雨言雨生百穀也

說文辰震也三月陽氣動雷電振民農時也物皆生

嘉定縣志三月十一日爲麥生日喜晴

祛疑說農家以霜降前一日見霜則清明前一日霜止霜降後一日見霜則清明後一日霜止五日十日而往前後同占欲出秧苗必待霜止毎歲推驗若合符節

氾勝之書三月榆莢時有雨高田可種大豆土和無塊畝五升土不和則益之

又種禾無期因地爲時三月榆莢時雨膏地强可種禾

齊民要術穀雨三月上旬及清明節桃始華爲中時

又三月可種稉稻

又是月也蠶農尚閑可利溝瀆葺治墻屋修門戸警設

守備以禦春饑草竊之寇是月盡夏至煖氣將盛日烈暎燥利用漆油作諸日煎藥可糶黍買布四月繭既入簇趨繰剖線具機杼敬經絡草茂可燒灰是月也可作棄蛹以禦賓客可糴麵及大麥弊絮

下子　茨菰（宜穀雨日）　麻子

栽種　菉豆　茶（宜陰地）　粟　穀　秫稌　石榴　大豆（宜上旬）　松　百合　山藥　黄瓜　紫草　紅花　甘蔗　茇　早芝麻　雞頭　薑　葵菜　絲瓜

兒宜社日 香菜 早稻宜上旬 地黄 梔子 藍

紫蘇 芋 綿花 杏 瓠子 葫蘆 茭白 菠

菜宜月末 桑椹 紵麻

收藏 芥菜 桐花 毛羽衣物 清明醋 次茶書

晝入焙中 又可栽茶宜陰地 諸般瓜宜初三日或辰戌時

葫蘆宜清明日

移植 椒 茄秧 枸杞苗 蒲百合 柚 橘 橙

柑

接換 楊梅 橙 柑 棗 栗 柿 枇杷

雜事 犂秧田 梅上接杏杏上接梅 埋楮樹 收

菌 開溝 修墻 防雨 浸穀種 修蜜

占驗

禮記月令季春行冬令則寒氣時發草木皆肅國有大恐行夏令則民多疾疫時雨不降山陵不收行秋令則天多沉陰淫雨早降兵革並起

陶朱公書朔日值清明主草木榮茂值穀雨主年豐風雨主人災百蟲生有雷主五穀熟

種樹書常以三月三日雨卜桑葉之貴賤諺云雨打石頭徧桑葉三錢片或曰四日尤甚杭人曰三日尚可四日殺我言四日雨尤貴

田家五行清明午前晴早蠶熟午後晴晚蠶熟

又三月初三晴桑葉掛銀瓶雨打石頭斑桑葉錢上[illegible]

雨打石頭流桑葉好餧牛

又三月無三卯田家米不飽

又穀雨日辰值甲辰蠶麥相登大喜忻穀雨日辰值甲午每箔綠綿得三觔 清明無雨少黄梅又雨打紙錢頭麻麥不見收雨打墓頭錢今年好種田門前插柳青農人休望晴門前插柳焦農人好作嬌

嘉定縣志三月三上巳日聽蛙聲占水旱諺云田雞叫得啞低田好稻把田雞叫得響低田好牽欒唐詩田家無五行水旱聽蛙聲是也

農政全書若清明寒食前後有水而渾主高低田禾大

熟四時雨水調　穀雨日雨主魚生諺云一點雨一個魚　穀雨前一兩朝霜主大旱是日雨則魚生必主多雨二麥紅腐不可食用　月内有暴水謂之桃花水則多梅雨無澇亦無乾雪不消則九月霜不降雷多歲稔虹見九月米貴

欽定授時通考卷三

欽定四庫全書

欽定授時通考卷四

天時

夏

書堯典申命羲叔宅南交平秩南訛敬致

傳申重也南交言夏與春交此居治南方之官訛化也掌夏之官平叙南方化育之事敬行其教以致其功

日永星火以正仲夏厥民因鳥獸希革

傳永長也謂夏至之日火蒼龍之中星舉中則七星見可知以正仲夏之氣節季孟亦可知因謂老弱因就在田之丁壯以助農也夏時鳥獸毛羽希少改易革改也

農桑通訣孟夏立夏節氣初五日螻蟈鳴次五日蚯蚓出後五日王瓜生次小滿中氣初五日苦菜秀次五日靡草死後五日麥秋至次仲夏芒種節氣初五日螳螂

生次五日鶪始鳴後五日反舌無聲次夏至中氣初五日鹿角解次五日蜩始鳴後五日半夏生次季夏小暑節氣初五日溫風至次五日蟋蟀居壁後五日鷹始鷙次大暑中氣初五日腐草爲螢次五日土潤溽暑後五日大雨時行凡此六氣一十八候皆夏氣正長養之令

埤雅江湘二浙四五月間梅欲黄落則水潤土溽柱礎皆汗蒸鬱成雨謂之梅雨也

瑣碎錄立夏後逢庚日爲入梅芒種後逢辰日爲出梅

四民月令五月六月可菑麥田

四月　立夏　小滿

禮記月令孟夏之月日在畢昏翼中旦婺女中

註孟夏日月會於實沈斗建巳之辰

其日丙丁其帝炎帝其神祝融

註丙之言炳也日之行夏南從赤道長育萬物月爲之佐時萬物皆炳然著見而強大炎帝大庭氏也祝融顓頊氏之子曰黎爲火官陳澔曰大庭氏即神農也

又螻蟈鳴蚯蚓出王瓜生苦菜秀

陳澔曰此記巳月之候註螻蟈蛙也王瓜萆挈也今月令云王萯生夏小正云王萯秀朱氏曰王瓜色赤感火之色而生苦菜味苦感火之味而成

又是月也以立夏先立夏三日太史謁之天子曰某日立夏盛德在火天子乃齊立夏之日天子親帥三公九卿大夫以迎夏於南郊

又是月也天子始絺命野虞出行田原爲天子勞農勸民毋或失時命司徒循行縣鄙命農勉作毋休於都是月也驅獸毋害五穀毋大田獵農乃登麥

又是月也聚畜百藥靡草死麥秋至

左傳龍見而雩

註建巳之月蒼龍宿之體昏見東方萬物始盛待雨而大故祭天遠爲百穀祈膏雨

春秋考異郵三時惟有禱禮惟四月龍星見始有常雩

呂氏春秋孟夏之昔三葉而穫大麥

注昔終也三葉薺葶歷菥蓂也是月之季枯死大麥熟而可穫大麥旋麥也

淮南子孟夏之月以熟穀禾雄鳩長鳴爲帝候歲

注雄鳩蓋布穀也

又立夏加十五日斗指巳則小滿音比太簇

孝經緯斗指巳爲小滿小滿者言物於此小得滿盈也

嬾真子錄小滿四月中謂麥之氣至此方小滿而未熟也

荊楚歲時記四時有鳥名穫穀其名自呼農人候此鳥則犁杷上岸

氾勝之書黍者暑也種必待暑先夏至三十日此時有雨彊土可種黍一畝三升黍心未生雨灌其心心傷無實黍心初生畏天露令兩人對持長索槩去其露日出乃止

齊民要術是月收諸色菜子斫倒就地曬打收之用瓶罐盛貯標記名號 是月收蜜蜂 此月伐木不蛀

下子 芝麻

扦插 梔子

栽種 椒 松 大豆 紫蘇 麻宜夏至前十日 晚黄瓜 葵 蓮 菉豆 白莧 荷根宜立夏前三日 梔子 枇杷

收藏 絲綿 大麥 乾葚 蒿芥 鹽春菜 蘿蔔子 笋乾 芋魁 蠶豆 甜菜乾 晚菜乾

雜事 曬白菜 移茄 包梨 鋤葱芋 斫竹

占驗

禮記月令孟夏行秋令則苦雨數來五穀不滋四鄙入保行冬令則草木早枯後乃大水敗其城郭行春令則蝗蟲爲災暴風來格秀草不實

羣芳譜諺云有穀無穀且看四月十六立一丈竿量月影月當中時影過竿雨水多没田夏旱人饑長九尺主三時雨水八尺七尺主雨水六尺低田大熟高田半收

五尺主夏旱四尺蝗三尺人饑

嘉定縣志四月初四爲稻生日喜晴

談苑江南民於四月一日至四日卜一歲之豐凶云一日雨百泉枯言旱也二日雨傍山居言避水也三日雨騎木驢言踏車取水亦旱也四日雨餘有餘言大熟也

農政全書四月以清和天氣爲正　必作寒數日謂之麥秀寒即月令麥秋至之候　夏至日風色看交時最要緊屢驗　月中看魚散子占水黄梅時水邊草上看散子高低以卜水增止　立夏日看日暈有則主水諺云一番暈添一番湖塘是夜雨損麥諺云二麥不怕神共鬼只怕四月八夜雨大抵立夏後夜雨多便損麥蓋麥花夜吐雨多花損故麥粒浮秕也

五月　芒種　夏至

禮記月令仲夏之月日在東井昏亢中旦危中

註仲夏日月會於鶉首斗建午之辰

又小暑至螳螂生鵙始鳴反舌無聲

陳澔曰此記午月之候螳螂一名蚚父一名天馬鵙博勞也反舌百舌鳥凡物皆稟陰陽之氣而成質其陰類者宜陰時陽類者宜陽時得時則興失時則廢

又是月也農乃登麥

又日長至

孔穎達曰謂此月之時日長之至極

又鹿角解蟬始鳴半夏生木堇榮

鄭氏曰半夏藥草木堇王蒸也

周禮春官女巫旱暵則舞雩

疏此謂五月已後修雩故有旱暵之事旱而言暵者暵謂熱氣也

管子以春日至始數九十二日謂之夏至而麥熟天子祀於太宗其盛以麥者穀之始也

淮南子小滿加十五日斗指丙則芒種音比大呂

三禮義宗五月芒種爲節者言時可以種有芒之穀故以芒種爲名

嬾眞子錄芒種五月節種該數類之種謂之有芒者麥也至是當熟矣周禮稲人澤草所生種之芒種註云澤草之所生其地可種芒種芒種稲麥也過五月節則稲不可種所謂芒種五月節者謂麥至是而始可收稲過是而不可種也

齊民要術五月芒種節後陽氣始虧陰慝將萌煖氣始盛蟲蠧並興乃弛角弓弩解其徽絃張竹木弓弩弛其絃以灰藏旃裘毛毳之物及箭羽以竿掛油衣勿辟藏霖雨將降儲米穀薪炭以備道路陷滯不通是月也陰陽爭血氣散夏至先後各十五日薄滋味勿多食肥醲距立秋無食煑餅及水引餅夏月食水時此二餅得水即堅強難消惟酒引餅即化可糶大小豆胡麻糴穬大小麥收弊絮及布帛至後糴麰麥曝乾置甖中密封使不生蟲至冬可養馬　十三是竹醉日可移竹

下子　夏松菜　夏蘿蔔

栽種　插稲秧　晚大豆　晚紅花　香菜

收藏　豆醬　烏梅　醎豆　木綿　菜子　蠶種　豌豆　紅花　白酒　芝麻　槐花　小麥　大蒜　藍青　椹子　蘿蔔子

雜事　斫苧　埋桃杏李梅核在牛糞内尖向上易出　浸蠶種　斫桑　芒種後壬日入梅梅日種草無不活者　五月五日萵苣成片放廚櫃内辟蟲蛀衣帛等物收萵苣葉亦得

東陽縣志夏至凡治田者不論多少必具酒肉祭土穀之神束草立標插諸田間就而祭之爲祭田婆蓋麥秋既登稲禾方茂義兼祈報矣

占驗

禮記月令仲夏行冬令則雹凍傷穀道路不通暴兵來至行春令則五穀晚熟百螣時起其穀乃饑行秋令則草木零落果實早成民殃於疫

月令占候圖朔日夏至井二日三日至六日夏至五穀熟二十二日二十四日夏至不熟二十五日三十日夏

至時價平和晦日夏至五穀貴
便民圖纂五月宜熱諺云黃梅寒井底乾又夜亦宜熱
諺云晝暖夜寒東海也乾俱主旱　五月暴熱之時看
窠草忽自枯死主有水
老農俚語上半月夏至前田内曬殺小魚主水口開水
立至易過口閉反是
田家五行朔日值芒種六畜災值夏至冬米大貴又夏
至在月初主雨水調諺云夏至端午前坐了種田年

又五月十三連夜雨來年早種白頭田
嘉定縣志五月朔旦爲旱禾本命日尤忌雨
又夏至日起時時分三節共十五日初雨爲迎時末雨
爲送時諺云高田只怕迎時雨低田只怕送三時蓋初
時雨則旱末時雨則潦也若中時而雷謂之腰報亦主
多雨諺云中時腰報没低田
農政全書諺云初一雨落井泉浮初二雨落井泉枯初
三雨落連太湖又云一日值雨人食百草又云一日晴

一年豐一日雨一年歉　立梅芒種日是也宜晴陰陽
家云芒後逢壬立梅至後逢壬梅斷或云芒種逢壬是
立衞披風土記云夏至前芒種後雨爲黃梅雨田家初
插秧謂之發黃梅逢壬爲是　芒後半月内西南風諺
云梅裏西南時裏潭潭但此風連吹兩日雨立至　畏
雷諺云梅裏雷低田拆舍囘言低田巨浸屋無用也甚
驗或云聲多及震响反旱往往經試才有雷便有雨遍
插秧之患大抵芒後半月謂之禁雷天又云梅裏一聲

雷時中三日雨　立梅日早雨謂之迎梅雨一云主旱
諺云雨打梅頭無水飲牛雨打梅額河底開坼一云主
水諺云迎梅一寸送梅一尺雜占云此日雨卒未晴試
以二日比較近年纔是無雨雖有黃梅亦不多不可不
知也　重五日只宜薄陰但欲晒得蓬癟（步結切枯病也）便好
大晴主水雨主絲綿貴大風雨主田内無邊帶風水多
也　至後半月爲三時頭時三日中時五日末時七日
時雨中時主大水若末時縱雨亦善括云夏至未過水

袋未破諺云時裏一日西南風准過黄梅兩日雨又云時雨西南老龍奔潭皆主旱全不應晚轉東南必晴諺云朝西暮東風正是旱天公　末時得雷謂之送時主久晴諺云迎梅雨送時雷送去了便弗回　諺云黄梅天日幾番顛　冬青花占水旱諺云黄梅雨未過冬青花未破冬青花已開黄梅雨不來　夏至端午前叉手種年田　夏至日雨落謂淋時雨主久雨其年必豐　夏至有雲三伏熱如吹西南風急吹急没慢吹慢没　端

午日雨來年大熟　分龍之日農家於是日早以米綿盛灰籍之紙至晚視之若有雨點迹則秋不熟穀價高人多閉糶　五月二十日大分龍無雨而有雷謂之鎖雷門　田家五行曰至正壬辰春末夏初水至既非桃花亦非黄梅去而復來進退不已余家所種低田數多正苦於插種過時田中積水車洨未有乾期此日尚且勉强督工喜晴固好然八風周旋正不知吉凶如何至申時忽東南陣起見掛帆雨隨有雷三四聲方且驚愕忽見一老農拱手仰天且連稱慚愧不已因問其故答云今日無雨而有雷謂之鎖龍門復拱手相賀喜躍或問此處無雨他處却雨如何老農云晴雨各以本境所致爲占候也幼聞父老言前宋時平江府崑山縣作水災隣縣常熟却稱旱上司謂接境一般高下之地豈有水旱如此相背之理不准申後其里人直赴於朝訴諸史丞相丞相怪問亦然衆人因泣下而告曰崑山日日雨常熟只聞雷丞相謂有此理悉聽所陳至今吳中相傳以爲古諺又諺云夏雨隔田晴又云夏雨分牛脊又

云龍行熟路正謂此也其年果熟晴多雨少自此日至立秋止雨兩番　月内虹見麥貴有三卯宜種稻有應時雨　諺云二十分龍廿一雨破車閣在弄堂裏二十分龍廿一鱟拔起黄秧便種豆

六月　小暑　大暑

易說卦坤也者地也萬物皆致養焉故曰致役乎坤

函史土寄王於四時莫盛於季夏於易卦爲坤坤也

者土也致役致養也土乘其旺竭精華養萬物也

禮記月令季夏之月日在柳昏火中旦奎中

註季夏日月會於鶉火斗建未之辰

又溫風始至蟋蟀居壁鷹乃學習腐草爲螢

陳澔曰此記未月之候疏蟋蟀生於土中至季夏羽翼未能遠飛但居其壁鷹感陰氣乃學習搏擊之事腐草得甲濕之氣故爲螢

又是月也土潤溽暑大雨時行燒薙行水利以殺草如以熱湯可以糞田疇可以美土疆

中央土

陳澔曰土寄旺於四時各十八日共七十二日除此則木火金水亦各七十二日矣土於四時無乎不在故無定位無專氣而寄旺於辰戌丑未之末未月在火金之間又居一歲之中故特揭中央土一令以成五行之序

其日戊午其帝黃帝其神后土

註戊之言茂也日之行四時之間從黃道月爲之佐至此萬物皆枝葉茂盛其含秀者屈抑而起黃帝軒轅氏也后土亦顓頊氏之子曰犁兼爲土官

內經中央生濕濕生土土生甘甘在天爲濕在地爲土

註六月四陽二陰合蒸以生濕氣蒸腐萬物成土也霧露雲雨濕之用也安靜稼穡土之德也

管子中央曰土土德實輔四時

淮南子六月官少內

註六月植稼成熟故官少內也

春秋繁露土者夏中成熟百種君之官

吳志華覈傳是時盛夏興工覈上疏曰六月戊巳土行正旺既不可犯加又農月時不可失昔魯隱公夏城中丘春秋書之垂爲後戒

齊民要術鋤地六月以後雖濕亦無嫌

註濕鋤則地堅夏苗陰厚地不見日故雖濕亦無害矣

六月命女工織縑練絹及紗縠之屬可燒灰染青紺雜色七此

月斫竹不蛀

扦插 楊柳

栽種 小蒜 冬葱 油麻宜上日 白莖秋葵 葵菜

淋瀹 蘿蔔 菉豆 胡蘿蔔 晚瓜 蔓菁

收藏 米麥醋 三黃醋 豆豉 醬瓜 瓜乾 割

蘇 紫草 綿絲 蘿蔔 楮實 白朮 雨衣

麻皮 麴宜伏中 七寶瓜 酒藥 鮝魚 槐花

二麥 椒

雜事 洗甘蔗 鋤竹園地 染水藍 培灌橙橘

斫柴 做氷梅 打炭墼 打糞墼 耕麥地 耘

稻 鋤芋 是月飯不餿法用生莧菜薄鋪在上蓋

之過夜則不致餿壞

又種瞿麥法以伏爲時畝收十石渾蒸曝乾舂去皮米

全不碎炊作飧甚滑細磨下絹簁作餅亦滑美

食物本草種小豆以初伏為上中伏次之後則難爲種

子

占驗

禮記月令季夏行春令則穀實鮮落國多風欬民乃遷

徙行秋令則丘隰水潦禾稼不熟乃多女災行冬令則

風寒不時鷹隼蚤鷙四鄙入保

陶朱公書伏裏西北風主冬氷堅諺云伏裏西北風臘

裏船弗通虹見主麥貴日蝕主旱有霧亦主旱諺云六

月裏迷霧要雨到白露西南風主蟲損稻 朔日值大

暑人多疾遇甲歲多飢風雨主米貴西北風主七八月

內水橫流 六月初八西北風驚動海中龍

通考初六日晴主收乾稻雨謂之湛轆耳主有秋水諺

云六月無蝇新舊相登米價平

四時占候六月雷不鳴蝗蟲生冬民不安

望氣經六月三日有霧則歲大熟

田家五行月內有西南風主生蟲損稻秋前損根可再

抽苗秋後損者不復抽矣諺云秋前生蟲損一莖發一

莖秋後生蟲損了一莖無了一莖
農政全書六月初頭一劑雨夜夜風潮到立秋　六月蓋夾被田裏不生米　六月西風吹遍草八月無風秕子稻　三伏中天熱冬必多雨雪　蝍蟟蟬叫稻生芒

六月有水謂之賊水言不當有也　小暑日晴雨亦要看交時最緊　六月初三日畧得雨主秋旱收乾稻蘇秀人云此日畧得雨則西山及南海不斫薪竿　初

三日雨難稿稻諺云六月初三晴山篠盡枯零　小暑日雨名黄梅顛倒轉主水東南風及成塊白雲起至半月舶趠風主水退兼旱無南風則無舶趠風水卒不能退諺云舶趠風雲起旱魃精空歡喜仰面看青天頭巾落在麻圻裏東坡詩云三時已斷黄梅雨萬里初來舶趠風正此日也　諺云六月不熱五穀不結老農云三伏中稿稻天氣又當下壅時最要晴晴則熱故也

欽定授時通考卷四

欽定四庫全書

欽定授時通考卷五

天時

秋

書堯典分命和仲宅西曰昧谷寅餞納日平秩西成
傳昧冥也日入於谷而天下冥故曰昧谷此居治西方之官掌秋天之政也餞送也日出言導日入言送因事之宜秋西方萬物成平序其政助成物

宵中星虚以殷仲秋厥民夷鳥獸毛毨
傳宵夜也春言日秋言夜互相備虚玄武之中星亦言七星皆以秋分日見以正三秋夷平也老壯在田與夏平也毨理也毛更生整理

春秋襄公五年秋大雩左傳秋大雩旱也
注雩夏祭所以祈甘雨若旱則又修其禮故雖秋雩非書過也

大戴禮方秋三月收斂以時於時有事嘗新於皇祖皇

考食農夫九人以成秋事

書傳主秋者虛昏中可以種麥

莊子正得秋而萬寳成

農桑通訣立秋之節初五日涼風至次五日白露方降後五日寒蟬鳴次處暑氣初五日鷹乃祭鳥次五日天地始肅後五日禾乃登次仲秋白露之節初五日鴻雁來次五日玄鳥歸後五日羣鳥養羞次秋分氣初五日雷乃收聲次五日蟄蟲坏戸後五日水始涸次季秋寒露之節初五日鴻雁來賓次五日雀入大水爲蛤後五日菊有黄花次霜降氣初五日豺乃祭獸次五日草木黄落後五日蟄蟲咸俯凡此六氣一十八候皆秋氣正收斂之令

占驗

史記天官書辰星之色秋青白而歲熟

春秋繁露王者心不能容則稼穡不成而秋多雷雷者土氣也其音宮也故應之以雷

戎事類占秋甲子雷歲凶秋月暴雷謂之天收百穀虛耗不成

田家五行秋天雲陰若無風則無雨

七月　立秋　處暑

詩豳風七月流火

箋大火者寒暑之候也火星中而寒暑退故言寒先著火所在疏服虔云火大火心也季冬十二月平旦正中在南方大寒退季夏六月黄昏火星中大暑退是火爲寒暑之候事也

又七月烹葵及菽

疏葵菽當烹煮乃食

禮記月令孟秋之月日在翼昏建星中旦畢中

註孟秋日月會於鶉尾斗建申之辰

其日庚辛其帝少皥其神蓐收

註庚之言更也辛之言新也日之行秋西從白道成熟萬物月爲之佐萬物皆肅然改更秀實新成少皥

金天氏也蓐收少皞氏之子曰該爲金官

又凉風至白露降寒蟬鳴鷹乃祭鳥

陳澔曰此記申月之候

又是月也以立秋先立秋三日太史謁之天子曰某日立秋盛德在金天子乃齊立秋之日天子親帥三公九卿諸侯大夫以迎秋於西郊

又是月也農乃登穀天子嘗新先薦寢廟

又命百官始收斂完隄防謹壅塞以備水潦

陳澔曰所以爲水潦之備者酉中有畢星好雨也

春秋繁露嘗者七月嘗黍稷也

陶朱公書稻田立秋後不添水晒十餘日謂之擱稻

東京夢華錄中元前一日即賣楝葉享祀時鋪襯桌面又賣麻穀窠兒亦是繫在桌子脚上乃告祖先秋成之意十五日供養祖先素食纔明即賣穄米飯巡門叫賣亦告成意也

齊民要術七月四日命置麴室具箔槌取淨艾六日饌治五穀磨具七日遂作麴及曝經書與衣作乾糗採葸耳處暑中向秋節浣故製新作袷薄以備始涼糶大小麥豆收縑練

栽種　蕎麥　萵菜　葱　苜蓿蘿蔔　菠菜宜月末日　赤豆　薹菜　蔓青　旱菜　冬葵　芥菜立秋前

雜事　斫伐竹木　分薤　剝棗　刈草　作澱　耕菜地　秋耕宜早恐霜後掩入陰氣　收黄葵花治湯火傷　七月七日晒曝革裘無蟲

收藏　採松子　割藍　米醋　鹹豉　茄乾　瓜乾　瓜種　瓜蔕　紫蘇　地黄　角蒿可辟蛀　花椒　荆芥　松栢子　糟茄　糟瓜　醬瓜　荷葉　楮子　芙蓉葉治腫

占驗

禮記月令孟秋行冬令則陰氣大勝介蟲敗穀戎兵乃來行春令則其國乃旱陽氣復還五穀無實行夏令則國多火災寒熱不節民多瘧疾

易通卦驗離氣見立秋分則歲大熟

月令占候圖立秋坤卦用事晡時申西南凉風至黄雲如羣羊宜粟穀望西南坤上有黄雲氣是正氣立秋應節萬物皆榮豆穀熟

又立秋日午時豎竿影得四尺五寸二分半五穀熟

望氣經七月三日有霧歲熟

紀歷撮要立秋日天氣晴明萬物多不成熟

又立秋日要西南風主稻禾倍收三日三石四日四石

立秋日雷名蹭踣損晚禾亦名秋霹靂主晚稻秕

又七夕天河去探米價回快米賤回遲米貴

又朝立秋暮颼颼夜立秋熱到頭

又處暑雨不通白露枉相逢

家塾事親七月雷大吼有急令

又虹以立秋四十六日内出正西貫兑中秋則有水有旱

田家五行七月朔日虹見主年内米貴

嘉定縣志處暑有雨則物成熟諺云處暑若還天不雨總然結實也難收

萬寳全書立秋日申時西南方有赤雲宜粟

農政全書七月秋蒔到秋六月秋便罷休

又立秋日小雨吉大雨主傷禾

又七月有雨名洗車雨主八月有蓼花諺云七月七無洗車八月八無蓼花

八月　白露　秋分

詩豳風八月萑葦

傳薍爲萑葭爲葦豫蓄萑葦可以爲曲薄也

又八月其穫

疏八月其禾可刈穫也

又八月剝棗

疏棗須就樹擊之

八月斷壺

傳壺瓠也疏甘瓠可食就蔓斷取而食之

禮記月令仲秋之月日在角昬牽牛中旦觜觿中

註仲秋日月會於壽星斗建酉之辰

又盲風至鴻雁來玄鳥歸羣鳥養羞

陳澔曰此記酉月之候來自北而來也羞者所美之食藏之以備冬月之養也

又乃命有司趣民收斂務畜菜多積聚乃勸種麥毋或失時其有失時行罪無疑

又是月也日夜分雷始收聲蟄蟲坏戶水始涸

註坏益也蟄蟲益戶謂稍小之也

國語辰角見而雨畢

又五閒南呂贊陽秀物也

註南任也陰任陽事助成萬物也

夏小正八月剝瓜

傳蓄瓜之時也

漢書五行志于易雷以八月入其卦曰歸妹言雷復歸入地則孕毓根核保藏蟄蟲避盛陽之害

舊唐書神龍元年改秋社用仲秋

唐書歴志秋分後五日日在氐十三度龍角盡見時雨可以畢矣

六典旱甚則修雩秋分以後雖旱不雩

宋書禮志祠大社帝太稷常以歲八月秋社日祠之

金史食貨志金宣宗元光元年京南司農卿李蹊言按齊民要術麥晚種則粒小而不實故必八月種之今南方輸秋稅皆以八月為終限若輸遠倉及泥淖往返不下二十日使民不暇趣時乞寬徵斂之限使先盡力於二麥不從

管子以夏日至始數九十二日謂之秋至秋至而禾熟

淮南子秋分蘽定蘽定而禾熟

註蘽禾穗粟孚甲之芒定者成也

東京夢華錄八月秋社各以社糕社酒相齎送貴戚宮院以猪羊肉腰子妳房肚肺鴨餅瓜薑之屬切作碁子片樣滋味調和鋪于飯上謂之社飯

孝經援神契仲秋穰禾拜祭社稷

内經寒風曉暮蒸熱相薄草木凝烟濕化不流則白露陰布以成秋令

又金鬱之發夜零白露林莽聲悽

註夜濡白露曉聽風悽乃秋金發徵也

說文酉爲秋門萬物已入

易通卦驗秋分日入酉白氣直出兌此正氣也

又白露黄陰雲出秋分白陰雲出

白虎通律中南吕南者任也言陽氣尚有任生薺麥也故陰拒之也

齊民要術崔寔曰凡種大小麥得白露節可種薄田秋分種中田後十日種美田

又八月暑退涼風戒寒趣練縑帛染綵色擘絲治絮製新浣故及韋履賤好預買以備冬寒刈萑葦芻茭涼燥可上弓弩繕理檠鋤正縛鎧弦遂以習射弛竹木弓弧糶種麥糴黍

栽種 大蒜 罌粟 寒荳 苦蕒 苧蔴 蔓菁

諸般菜 葱子 大麥 牡丹 芍藥 分薤根

芥子 麗春 小麥 蕎 淤芋根 木瓜 花椒

收藏 醋薑 茄醬 茄乾 糟茄 棗子 淹韭

晚黄瓜 地黄酒 芝蔴 栗子 柿子 韭花

柿漆 斫竹

移植 早梅 橙橘 枇杷 牡丹

雜事 蹈麵 鋤竹園地 是月防霧傷棗棗熟著霧則多損蘇麻散絟於樹枝上則可辟霧氣或用楷稈於樹上四散絟縛亦得

田家五行八月中旬作熱謂之潮熱又名八月小春

田家雜占八月中氣前後起西北風謂之霜信未風先雨謂之料信雨

農桑通訣八月社前即可種麥麥經兩社即倍收而堅好

農政全書種麥八月白露節後逢上戊爲上時中戊爲

中時下戊爲下時
又八月早禾怕北風晚禾怕南風　朔日晴主冬宜蕎
暑得雨宜麥一云風雨宜麥又云凡朔要晴唯此月要
雨好種麥　白露雨爲苦雨稻禾霑之則白颯蔬菜霑
之則味苦諺云白露日個雨來一路苦一路又云白露
前是雨白露後是鬼其時之雨片雲來便雨稻花見日
吐出陰雨則收正吐之時暴雨忽來卒不能收遂致白
颯之患若連朝雨反不爲災不免擔閣吐秀有皮殼厚

之病

占驗

禮記月令仲秋行春令則秋雨不降草木生榮國乃有
恐行夏令則其國乃旱蟄蟲不藏五穀復生行冬令則
風災數起收雷先行草木早死

京房易候虹八月出西方粟貴

通攷朔日值白露果穀不實值秋分主物價貴

又秋分諺云分社同一日低田盡叫屈秋分在社前斗
米換斗錢秋分在社後斗米換斗豆

楊升菴集蜀西南多雨名曰漏天杜子美詩鼓角漏天
東是也自秋分後遇壬謂之入霑吳下曰入液

談叢中秋無月則兎不孕蚌不胎蕎麥不實兎望月而
孕蚌望月而胎蕎麥得月而秀

又八月一日雨則角田下熟角田豆也

經鉏堂雜誌八月一日雁門開懶婦催將刀尺裁

嘉定縣志秋分在社日前則田有收而穀賤後則無收

而穀貴諺云分後社白米徧天下社後分白米如錦墩

又八月二十四日爲稻藁生日雨則雖得穀藁必腐

農政全書秋分要微雨或天陰最妙主來年高低田大
熟　喜雨諺云麥秀風搖稻秀雨澆此言將秀得雨則
堂肚大穀穗長秀實之後雨則米粒圓見收數　畏旱
諺云田怕秋乾人怕老窮秋熱損稻旱則必熟　怕秋
水潦稻諺云雨水淹沒產全收不見半　八月又作新
涼諺云處暑後十八盆湯　又云立秋後四十五日浴

堂乾　十八日潮生日前後有水謂之横港水

九月　寒露　霜降

詩唐風蟋蟀在堂歲聿其暮

傳蟋蟀蛬也箋蛬在堂歲時之候是時農功已畢

又蟋蟀在堂役車其休

箋庶人乘役車役車休農功畢無事也疏春官巾車注云役車方箱可載任器以供役收納禾稼亦用此車故役車休息是農功畢無事也

豳風九月授衣

箋九月霜降始寒蠶績之功成可以授衣矣

又九月叔苴

疏叔拾也苴麻之有實者也以麻九月初熟拾取以供羹菜其在田收穫者猶納倉以供常食也

又九月築場圃

箋場圃同地自物生之時耕治之以種菜茹至物盡成熟築堅以爲場

又九月肅霜

傳肅縮也霜降而收縮萬物

禮記月令季秋之月日在房昏虛中旦柳中

註季秋日月會於大火斗建戌之辰

又鴻雁來賓爵入大水爲蛤鞠有黄花豺乃祭獸戮禽

陳澔曰此記戌月之候雁以仲秋先至者爲主季秋後至者爲賓爵爲蛤飛物化爲潛物也鞠色不一而專言黄者秋令在金鞠色以黄爲正也祭獸者祭之于天戮禽者殺之以食也

又是月也霜始降

又草木黄落乃伐薪爲炭蟄蟲咸俯在内皆墐其戶

疏俯垂頭向下以隨陽氣也墐塗也塗塞其戶穴以避地上陰氣也

天子乃以犬嘗稻先薦寢廟

國語天根見而水涸

註天根亢氐之間也涸竭也謂寒露雨畢之後五日

天根朝見水潦盡竭也
本見而草木節解
註本氐也謂寒露之後十日陽氣盡草木之枝節皆
理解也

夏小正樹麥
傳鞠榮而樹麥時之急也
春秋繁露季秋九月陰乃始多于陽天乃于是時出溧
下霜

說文戌滅也九月陽氣微萬物畢成陽下入地也
易通卦驗寒露正陰雲出如冠纓霜降太陽雲出上如
羊下如磻石
三禮義宗寒露者九月之時露氣轉寒也
又九月霜降為中露變為霜故以為霜降節
齊民要術大豆九月中候近地葉有黃落者速刈之
註葉少不黃必浥鬱刈不速逢風則葉落盡遇雨澤
爛不成

又茄子九月熟時摘取擘破水淘子取沉者速曝乾裹
置至二月畦種
又九月治場圃塗囷倉修竇窖繕五兵習戰射以備寒
涷窮厄之寇存問九族孤寡老病不能自存者分厚撤
重以救其寒
栽種　椒　菊　茱萸　地黃　蠶豆　牡丹　水仙
宜月初　柿　蒜　萱草　芥菜　苡麥　芍藥　罌
粟九日　諸般冬菜

分栽　櫻桃　桃　楊
移植　枇杷　橙　雜果木
收藏　栗　諸色豆稈　五穀種　油麻　甘蔗　梔
子　紫蘇　木瓜　韭子　牛蒡子　冬瓜子　菉
豆　茄種　栗子　枸杞　榧子　皂角　黃菊
槐子　蟹殼治産後兒枕疼　茶子　紫草子
雜事　掘薑出土　草包石榴橘栗蒲桃　朱菊　築
墻圃　斫竹木　斫苧　收雞種

續本事詩北方白雁似雁而小色白秋深乃來白雁至則霜降河北人謂之霜信杜甫詩云故國霜前白雁來謂此

嘉興縣志九月藝麥豆栽桑築場亦謂之忙月

占驗

禮記月令季秋行夏令則其國大水冬藏殃敗民多鼽嚏行冬令則國多盜賊邊境不寧地土分裂行春令則暖風來至民氣解惰師興不居

師曠占粟米常以九月爲本若貴賤不時以最賤之日爲本粟以秋得本貴在來夏以冬得本貴在來秋此收穀遠近之期也

戎事類占自一日至九日以日占月遇此日風則此月穀貴九月雷主穀貴

又霜不下則來年三月多陰寒多雨主米貴

文林廣記九月庚辰辛卯日雨主冬穀貴一倍

又虹以九月出西方大小豆貴又朔日虹見麻貴油貴

雜占朔日值寒露主冬寒嚴凝值霜降主歲歉

又朔日風雨主春旱夏雨芝麻貴又朔日東風半日不止主米麥貴

又九月上卯日北風來年三七月米大貴東風亦然西北平平

又十三日晴則冬晴柴賤

田家五行重九日晴則冬至元日上元清明四日皆晴雨則皆雨諺云重陽無雨一冬晴又諺云九日雨米成脯又云重陽濕漉漉穰草錢千束

四時占候九月雨大宜收禾又云九月九日是雨歸路日有雨來年熟

嘉定縣志九月十三爲稻藳生日宜晴又云十三晴不如十四靈十四晴釘靴掛斷鼻頭繩

農政全書九月初有雨多謂之秋水　中氣前後起西北風謂之霜降信有雨謂之濕信未風先雨謂之料信雨霜降前來信易過霜後來信必嚴毒此信乾濕後信

必如之諺云霜降了布衲著得言已有暴寒之色

欽定授時通考卷五

欽定授時通考卷六

天時

冬

書堯典申命和叔宅朔方曰幽都平在朔易

傳北稱朔亦稱方都謂所聚也易謂歲改易於北方平均在察其政以順天常疏一歲之事在東則耕作在南則化育在西則成熟在北則改易故以方名配

歲事為文言順天時氣以勸課人務也春則生物秋則成物日之出也物始生長人當順其生長致力耕耘日之入也物皆成熟人當順其成熟致力收斂東方之官當恭敬導引日出平秩東作之事使人耕耘西方之官當恭敬從送日入平秩西成之事使人收斂日之出入自是其常但由日出入故物有生成雖氣能生物而非人不就勤於耕稼是導引之勤於收藏是從送之平秩南訛亦是導日之事平在朔易亦

是送日之事依此春秋而共爲賓餞勸課下民皆使致力是敬導之平均次序即是授人田里各有疆埸是平均之也

日短星昴以正仲冬厥民隩鳥獸氄毛

傳日短冬至之日昴白虎之中星亦以七星並見以正冬之三節隩室也民改歲入此室處以辟風寒鳥獸皆生耎毳細毛以自温焉

詩豳風一之日觱發二之日栗烈

傳一之日周正月也觱發風寒也二之日殷正月也栗烈氣寒也疏仲冬之月待風乃寒季冬之月無風亦寒

小雅上天同雲雨雪雰雰

傳雰雰雪貌豐年之冬必有積雪疏明年將豐必有積雪爲宿澤也

左傳襄公十三年冬城防書事時也於是將早城臧武仲請俟畢農事禮也

注土功雖有常節通以事間爲時

大戴禮方冬三月草木落庶虞藏五穀必入於倉於時有事烝於皇祖皇考息國老六人以成冬事

書傳主冬者昴昏中可以收斂

農桑通訣立冬之節首五日水始氷次五日地始凍後五日雉入大水爲蜃次小雪中氣初五日虹藏不見次五日天氣騰地氣降後五日閉塞而成冬次仲冬大雪節氣初五日鶡鴠不鳴次五日虎始交後五日荔挺出次冬至中氣初五日蚯蚓結次五日麋角解後五日水泉動次季冬小寒節氣初五日鴈北鄉次五日鵲始巢後五日雉始雊次大寒中氣初五日雞始乳欵冬華次五日征鳥厲疾後五日水澤腹堅凡此六氣一十八候皆冬氣正養藏之令

十月　立冬　小雪

詩豳風十月穫稻爲此春酒以介眉壽

傳春酒凍醪也疏穫稻爲酒唯助養老

又十月滌場朋酒斯饗曰殺羔羊躋彼公堂稱彼兕觥

萬壽無疆

箋十月民事男女俱畢無饑寒之憂國君閒於政事

而饗羣臣

禮記月令孟冬之月日在尾昏危中旦七星中

註孟冬日月會于析木之津斗建亥之辰

其日壬癸其帝顓頊其神玄冥

註壬之言任也癸之言揆也日之行東北從黑道閉

藏萬物月爲之佐時萬物懷任于下揆然萌芽顓頊

高陽氏也玄冥少皞氏之子曰脩曰熙爲水官

又水始冰地始凍雉入大水爲蜃虹藏不見

陳澔曰此記亥月之候蜃蛟屬此飛物化爲潛物也

虹非有質而曰藏言其氣之下伏也

又是月也以立冬先立冬三日太史謁之天子曰某日

立冬盛德在水天子乃齊立冬之日天子親帥三公九

卿大夫以迎冬于北郊

又天氣上騰地氣下降天地不通閉塞而成冬

又命有司循行積聚無有不斂

注謂芻禾薪蒸之屬

又天子乃祈來年於天宗

注此周禮所謂蜡祭也天宗謂日月星辰也

郊特牲天子大蜡八伊耆氏始爲蜡蜡也者合聚萬物

而索饗之也蜡之祭也主先嗇而祭司嗇也饗農及郵

表畷禽獸仁之至義之盡也迎貓爲其食田鼠也迎虎

謂其食田豕也祭坊與水庸事也曰土反其宅水歸其

壑草木歸其澤

注歲十二月周之正數謂建亥之月也

白虎通律中應鐘鐘動也言萬物應陽而動下藏也

三禮義宗十月立冬爲節者冬終也立冬之時萬物終

成因爲節名十月小雪爲中者氣叙轉寒雨變成雪故

以小雪爲中

齊民要術十月培築垣墻塞向墐戶上辛命典饋漬麴

醸冬酒作脯腊先氷凍作涼餳煮曝飼可折麻緝績布縷作白履不借草履之賤者曰不借賣練帛弊絮糴粟豆麻子

移植 橙 柑 橘

栽種 大小豆 春菜 生薑 蘿蔔

收藏 地黄 莙蓬菜 天蘿子 茶子 橘皮 天豆 栗子 薏苡 椒 冬瓜子 芙蓉條 石橘蘿蔔 山藥 枸杞 皂角 苧

雜事 移葵 接花果 澆灌花木 穫稻 納禾稼

戶 用蓋爐 石堦砌 收二桑葉 壅苧麻 耘開磚 煮膠 收炭 造牛衣 修牛馬 塞北麥地 收猪種 泥飾牛馬屋 壓桑

西域志天竺國以十月二十六日爲冬至冬至則麥秀

歲時事要十月天時和暖似春花木重花故曰小春

占驗

禮記月令孟冬行春令則凍閉不密地氣上泄民多流亡行夏令則國多暴風方冬不寒蟄蟲復出行秋令則雪霜不時小兵時起土地侵削

師曠占五穀貴賤常以十月朔日占風從東來春賤逆此者貴

家塾事親朔日値立冬主災異値小雪有東風春米賤西風春米貴其日用斗量米若緻在斗來春陡貴甚驗

又十月有三卯糴平無則穀貴

農政全書十月立冬晴則一冬多晴雨則一冬多雨亦多陰寒諺云賣絮婆子看冬朝無風無雨哭號咷立冬

日西北風主來年旱天熱 晴過寒諺云立冬晴過寒弗要樞柴積又主有魚 雨主無魚諺云一點雨一個模魚鴉 冬前霜多主來年旱冬後多晩禾好 十六日爲寒婆生日晴主冬暖此說得之崇德舉人徐伯和自江東石洞秧滿而歸云彼中客旅遠出專看此日若晴暖則但隨身衣服而已不必他備言極有准也 月內有雷主災疫有霧俗呼曰沫露主來年水大仍相去二百單五日水至老農咸謂極驗或云要看霧著水面

則輕離水面則重諺云十月沬露塘瀊十一月沬露塘乾　冬初和暖謂之十月小春又謂之晒糯穀天漸見天寒日短必須夜作諺云十月無工只有梳頭吃飯工又云河東西好使犂河射角好夜作　立冬前後起南北風謂之立冬信月内風頻作謂之十月五風信　諺云冬至前後鴻水不走

十一月　大雪　冬至

禮記月令仲冬之月日在斗昏東辟中旦軫中

注仲冬日月會于星紀斗建子之辰

又氷益壯地始坼鶡旦不鳴虎始交

陳澔曰此記子月之候鶡旦夜鳴求旦之鳥

是月也日短至

陳澔曰短至短之極也

又芸始生荔挺出蚯蚓結麋角解水泉動

注芸與荔挺皆香草結屈也解脱也水者天一之陽所生陽生而動言枯涸者漸滋發也

漢書律厯志律中黄鍾黄者中之色鍾者種也陽氣施種於黄泉孳萌萬物爲六氣元也

三禮義宗十一月大雪爲節者形於小雪爲大雪時雪轉甚故以大雪名節

孝經説斗指子爲冬至至有三義一者陰極之至二者陽氣始至三者日行南至

四民月令冬十一月糴秔稻粟豆麻子

便民圖纂十一月種大小麥稻收割畢將田鋤成行壠令四畔溝洫通水下種以灰糞葢之諺云無灰不種麥須灰糞均調爲上宜雪壓易長

務本新書十一月種油菜稻收畢鋤田如麥田法既下菜種和水糞之芟去其草再糞之雪壓亦易長明年初夏間收子取油甚香美

齊民要術冬十一月陰陽爭血氣散冬至日先後各五日寢别内外可釀醢糴秔稻粟豆麻子　此月如有雪則收貯雪水埋地中混穀種倍收不怕

栽種 小麥 油菜 萵苣 桑
移植 松 栢 檜
收藏 鹽水蘿蔔 牛蒡子 豆餅 水果子 鹽菜
宜冬至前
澆培 石榴 柑 橘 橙 柚 梨 栗 棗 柿
雜事 做酒藥 接雜木 造農具 夾笆籬 澆菜
伐木 斫竹 打豆油 置碎草牛脚下春糞田
畜芙蓉條 試穀種 鋤油菜

占驗

禮記月令仲冬行夏令則其國乃旱氛霧冥冥雷乃發聲行秋令則天時雨汁瓜瓠不成國有大兵行春令則蝗蟲爲敗水泉咸竭民多疥癘

四時纂要冬至數至元旦五十日者民食足

陶朱公書冬至日觀雲須子時至平旦觀之若青雲北起主歲稔民安赤雲主旱黑雲主水白雲主人災黄雲大熟無雲主凶

又冬至日占風若南風主穀貴北風主歲稔西風主禾熟若東南風久有重霧主水西南風主久陰諺云冬至西南百日陰半晴半雨到清明

易通卦驗冬至日謹候見雲迎送從其鄉來歲美民和

春秋感精符南至有雲迎日年豐之象

尚書璇璣鈐冬至陰雲祁寒有雲迎日者來歲大美

京房易占虹以冬至四十六日内出東方貫艮中春多旱夏多火災粟貴

玉海開元十一年十一月癸酉日長至太史奏有雲迎日祥風至日有冠珥太平之嘉應

紀歷撮要冬至前米價長貧兒受長養冬至前米價落貧兒轉消索

清臺占法冬至後一日得壬炎旱千里二日得壬小旱三日得壬平四日得壬五穀豐五日得壬少水六日得壬大水七日得壬河決流八日得壬海翻騰九日得壬大熟十日至十二日得壬五穀不成

農政全書十一月冬至諺曰乾冬濕年坐了種田又云閙熱冬至冷淡年葢吳人尚冬至欲晴故也或云冬至雨年必晴冬至晴年必雨此說頗准

嘉興縣志冬至晴主來歲稔

嘉定縣志十一月十七爲彌陀生日忌南風相傳有偈云南風吹我面有米也不賤北風吹我背無米也不貴極驗

沈存中筆談是月中遇東南風謂之歲露有大毒若飢

感其氣開年著瘟病又云風色多與下年夏至相對

農桑輯要欲知來年五穀所宜是日取諸種各平量一升布囊盛之埋窖陰地後五日發取量之息多者歲所宜也

十二月 小寒 大寒

禮記月令季冬之月日在婺女昏婁中旦氐中

注季冬日月會于玄枵斗建丑之辰

又雁北鄉鵲始巢雉雊雞乳

陳澔曰此記丑月之候雊雉鳴也

又氷方盛水澤腹堅命取氷

注腹厚也此月日在北陸氷堅厚之時

又日窮于次月窮于紀星迴于天數將幾終歲且更始

又專而農民毋有所使

註言專一汝農民之心令之豫有志于耕稼之事不可徭役徭役之則志散失業也

國語及寒擊菒除田以待時耕

註菒稾同寒謂季冬大寒時也

漢書律歷志律中大呂呂旅也言陰大旅助黄鐘宣氣而牙物也

後漢書禮儀志季冬之月星廻歲終陰陽以交勞農大享臘

註漢氏以午祖以戌臘午南方故以祖冬者歲之功物畢成故以戌臘

白虎通大大也呂者拒也言陽氣欲出陰不許也呂之

爲言拒者旅抑拒難之也

三禮義宗小寒爲節者亦形於大寒故謂之小言時寒氣猶未極也

又大寒爲中者上形於小寒故謂之大十一月一陽爻初起至此始徹陰氣出地方盡寒氣併在上寒氣之逆極故謂大寒

易通卦驗小寒合凍蒼陽雲出氐大寒降雪黑陽雲出心

風俗通臘者所以迎刑送德也大寒至常恐陰勝故以戌日臘戌者温氣也

齊民要術十二月休農息役惠必下浹遂合耦田器養耕牛選任田者以俟農事之起去豬盍車骨後三歲可合瘡膏藥及臘日祀炙箑箑一作薑燒飲治刺入肉中及樹瓜田中四角去蝁蟲

栽種 橘 松 花樹 麥宜臘日 桑 檾麻

收藏 臘米 臘水 臘酒 臘肉 臘葱 風魚 脯腊 臘糟 猪脂 氷

雜事 造農具 舂米 舂粉 浸米可止瀉痢 浸燈心 剝桑 壓果木 沃桑泥 墩牡丹土 合臘藥 掃 以猪脂啗馬 臘水作麪糊標背不蛀 伐竹木

舂稻必須冬時積日燥暴一夜置霜露中即舂若冬舂不乾即果青赤脉起不經霜不燥暴則米碎矣

范成大冬舂行序臘日舂米爲一歲計多聚杵臼盡臘中畢事藏之土瓦倉中經年不壞謂之冬舂米詩臘中

儲蓄百事利第一先舂年米計羣呼步碓滿門庭運杵成風雷動地篩勻箕健無粞糠百斛只費三日忙齊頭圓潔箭子長隔蘿耀日雪生光土倉瓦龕分蓋藏不蠹不腐常新香去年薄收飯不足今年頓頓炊白玉春耕有種夏有糧接到明年秋刈熟鄰叟來觀還嘆嗟貧人一飽不可賒官租私債縱如麻有米冬舂能幾家

占驗

禮記月令季冬行秋令則白露早降介蟲爲妖四鄙入

保行春令則胎夭多傷國多固疾命之曰逆行夏令則水潦敗國時雪不降氷凍消釋

陶朱公書朔日值大雪或冬至皆主有灾風雨主麥好西風主盜賊起

又念四夜黄昏時候鄉人束稻草於竿爇火在田間行走名曰照田蠶看火色卜水旱色白主水色赤主旱猛烈年豐蕨黊歲歉取北風爲上又除夜燒盆爆竹與照田蠶看火色同是夜取安靜爲吉

通考十二月朔日值大寒主有虎出爲災值小寒主有祥瑞東風半日不止主六畜大災風主春旱

又月内有霧亦主來年有水有冷雨暴作主來年六七月内横水

又常以歲除夜五更視北斗占五穀善惡其星明則成熟暗則有損貪狼主蕎麥巨門主粟祿存主黍文昌主芝蔴廉貞主麥武曲主粳糯破軍主赤豆輔星主大荳

雜占臘月柳眼青主來年夏秋米賤臘月雷鳴雪裡主陰雨百日又月内雷主來年旱澇愆期

紀歷撮要氷結後水落主來年旱結後水漲名上水氷主水若緊後來年大水

又除夜東北風五禾大熟

農政全書冬天南風三兩日必有雪至後第三戌為臘臘前三兩番雪謂之臘前三白大宜菜麥諺云臘雪是被春雪是鬼又主來年豐稔諺云一月見三白田翁笑嚇嚇又主殺蝗子　十二月謂之大禁月忽有一日稍

暖即是大寒之候諺云一日赤膊三日齷齪　又云大寒須守火無事不出門　又云大寒無過丑寅大熱無過未申　十二月立春在殘年主冬暖諺云兩春夾一冬無被暖烘烘

欽定授時通考卷六

欽定四庫全書

欽定授時通考卷七

土宜

彙考

易泰卦輔相天地之宜以左右民

䟽天地之宜者謂天地所生之物各有其宜若大司徒云其動物植物及職方云揚州其貢宜稻麥雍州其貢宜黍稷人君輔助天地所宜之物使各安其性得其宜也宜者據物言之程傳天地通泰則萬物茂遂人君體之而為法制使民用天時因地利輔助化育之功成其豐美之利也折中蔡氏淵曰春生秋殺此時運之自然高黍下稻亦地勢之所宜聖人則輔相之使當春而耕當秋而斂高者種黍下者種稻此輔相天地之宜也

又繫辭觀鳥獸之文與地之宜

䟽地之宜者若周禮五土動物植物各有所宜是也

春秋左傳先王疆理天下物土之宜而布其利

集解疆界也理正也物土之宜播殖之物各從土宜

禮記王制自恒山至於南河千里而近冀州域自南河至於江千里而近豫州域自江至於衡山千里而遥荆州域自東河至於東海千里而遥徐州域自東河至於西河千里而近亦冀州域自西河至於流沙千里而遥雍州域西不盡流沙南不盡衡山東不盡東海北不盡恒山凡四海之内斷長補短方三千里為田八十萬億一萬億畝方百里者為田九十億畝山陵林麓川澤溝瀆城郭宮室塗巷三分去一其餘六十億畝

又月令善相丘陵阪險原隰土地所宜五穀所殖

集說土地有高下五種有宜否

又禮運聖王所以順山者不使居川不使渚者居中原而弗敝也

註鄭氏曰山者利其禽獸渚者利其魚鹽中原利其五穀使各安其居不易其利

周禮地官大司徒以天下土地之圖周知九州之地域廣輪之數辨其山林川澤丘陵墳衍原隰之名物

註周猶徧也九州揚荆豫青兖雍幽冀并也輪從也積石曰山竹木曰林注瀆曰川水鍾曰澤土高曰丘大阜曰陵水崖曰墳下平曰衍高平曰原下濕曰隰名物者十等之名與所生之物疏釋曰馬融云東西為廣南北為輪案王制南北兩近一遥東西兩遥一近是南北長東西短謂知此數也又辨其山林川澤以下十等形狀名號及所出之物也九州揚荆以下據職方周之九州而言故有幽并無徐梁禹貢據夏以前九州故有徐梁無幽并也積石曰山者案詩云節彼南山維石巖巖巖巖積石貌鄭據此而言按爾雅山丘別釋則丘是純土其山皆石亦有兼土者故曰石戴土謂之崔嵬又周語云夫山土之聚是其山有土也竹木曰林者謂生平地注瀆曰川者按釋水云注川曰谿注谿曰谷注谷曰溝注溝曰澮注澮曰瀆彼注云皆以小注大此云注瀆曰川者爾雅無此言鄭以義增之耳此瀆與四瀆義異四瀆則亦川故職方云其川三江其川江漢也水鍾曰澤者周語虞太子晉之言也土高曰丘者爾雅山丘別釋則丘無石者也大阜曰陵者按爾雅釋地云高平曰陸大陸曰阜大阜曰陵大陵曰阿可食者曰原是陵與丘高下異稱皆無石者也其有石者亦曰陵故左氏僖三十二年云殽有二陵是有石者也水崖曰墳者按爾雅云重崖岸墳大防是墳為崖岸之峻者故詩云遵彼汝墳是汝水之大防亦是水崖曰墳也下平曰衍者墳既水崖而高明衍為下平此下平又與下濕曰隰者別也高平曰原者按爾雅云高平曰原廣平曰陸此對下濕曰隰而言其實高平即廣平者也下濕曰隰者爾雅釋地文

又以土宜之灋辨十有二土之名物以相民宅而知其利害以阜人民以蕃草木以任土事辨十有二壤之物

而知其種以教稼穡樹藝

註十二土分野十二邦上繫十二次各有所宜也相占視也阜猶盛也毓生也任謂就地所生因民所能壤亦土也以萬物自生焉則言土以人所耕而樹藝焉則言壤壤和緩之貌藝猶蒔也疏辨十二壤之物者分別物之所生而知其所殖之種遂即以教民春稼秋穡以樹其木以藝其黍稷也王氏曰名所以命其土則丘陵墳衍原隰之屬物所以色其土則青黎

赤埴黑墳之屬鄭鍔曰壤所以種藝然穀之種於此壤則有宜有不宜如冀之白壤兖之黑墳青之白墳徐之赤埴揚荆之塗泥豫之墳壚梁之青黎雍之黃壤則有宜稻者宜麥者宜五種者宜三種者不知其所宜何以教民稼穡周官辨之以土宜之法既別其名又別其物所以有土壤之殊也

又地官土訓掌道地圖以詔地事道地慝以辨地物而原其生以詔地求

註道說也說地圖九州形勢山川所宜若云荆揚地宜稻幽并地宜麻地慝若瘴蠱然也辨其物者別其所有所無原其生生有時也

孝經分地之利朱子孝經刊誤本分改作因

註分別五土視其高下各盡所宜此分地利也疏五土周禮大司徒山陵川澤丘陵墳衍原隰也謂庶人須能分別視此五土之高下隨所宜而播種之職方氏所謂青州其穀宜稻梁雍州其穀宜黍稷之類是

也劉炫云黍稷生於陸菽稻生於水又小學註陳氏選曰高卑燥濕生植農桑者地之利也辨地之宜而稌黍菽麥各遂其性則所入有餘矣

管子地者政之本也地之不可食者百而當一命之曰地均

註政從地生土地就中論不可食者而除之紀其可食之實

又辨於地利而民可富

吳越春秋稷為兒時好種樹禾黍桑麻五穀相五土之宜青赤黃黑陵陸地也水高下粢稷黍禾蕖麥豆稻各得其理

淮南子后稷墾草發菑糞土樹穀使五種各得其宜因地之勢也

通鑑外紀黃帝畫野分州以分星次經地設井以塞爭端立步制畝以防不足

大學衍義補丘氏濬曰臣按人君之治莫先于養民而

民之所以得其養者在稼穡樹藝而已稼穡樹藝地土各有所宜故禹平水土別九州必辨其土之資與色以定其田之等第因其宜以興地利制其等以定賦法不責有於無不取多於少無非以為民而已

又臣按地土高下燥濕不同而同於生物生物之性雖同而所生之物則有宜不宜焉土性雖有宜不宜人力亦有至不至人力之至亦或可以勝天況地乎宋太宗詔江南之民種諸穀江北之民種秔稻眞宗取占城稻種散諸民間是亦裁成輔相以左右民之一事今世江南之民皆雜蒔諸穀江北民亦皆種秔稻昔之秔稻惟秋一收今又有早禾焉二帝之功及民遠矣後之有志於勤民者宜倣宋主此意通行南北俾民兼種諸穀有司以其勸相之數為考課焉

農桑通訣封畛之別地勢遼絕其間物產所宜者往往而異蓋風行地上各有方位土性所宜因隨氣化所以遠近彼此之間風土各有別也孟子謂后稷教民稼穡

樹藝五穀謂之教民意者不止教以耕耘播種而已其亦因九州之別土性之異視其土宜而教之歟今按禹貢所載九州田土土各有差田各有等山川阻隔風氣不同凡物之種各有所宜故宜於冀兗者不可以青徐論宜於荊揚者不可以雍豫擬此聖人所謂分地之利者也周禮保章氏掌天星以星土辨九州之地淮南子分別五方星野其土產名物各有證驗此天地覆載一定古今不可易者蓋其土地之廣不外乎是但所屬邊

裔不無遼絶若能自内而外求由近而及遠則土産之物皆可推而知之矣大抵風土之説總而言之則方域之多大有不同詳而言之雖一州之域一縣一里之間亦有幾種之分似無多異周禮大司徒以土會之法辨五地之物生辨十有二壤之物而知其種以教稼穡樹藝草人掌土化之物以物土相其宜以為之種若今之善農者審方域田壤之異以分其類叅土化土會之法以辨其種如此可不失種土之宜而能盡稼穡之利矣

農政全書五地十二壤周官舊法此可通變用之者也若謂土地所宜一定不易此則必無之理立論若斯固後世惰窳之吏游間之民婾不事事者之口實耳古来蔬果如頗稜安石榴海棠蒜之屬自外國來者多矣今蔓菁薺之類移栽北方其種特盛亦向時所謂土地不宜者也凡地方所無或是昔無此種或有之而偶絶果若盡力樹藝殆無不可宜者就令不宜或是天時未合人力未至耳試為之無事空言抵捍也第其中亦有不宜者則是寒暖相違天氣所絶無關於地若荔枝龍眼不能踰嶺橘柚橙柑不能過淮他若蘭茉莉之類亦千百中之一二吾意欲于農書中載南北緯度如云某地北極出地若干度令知寒暖之宜以辨土物以興樹藝庶為得之

欽定授時通考卷七

欽定四庫全書

欽定授時通考卷八

土宜

方輿圖説

方輿總圖

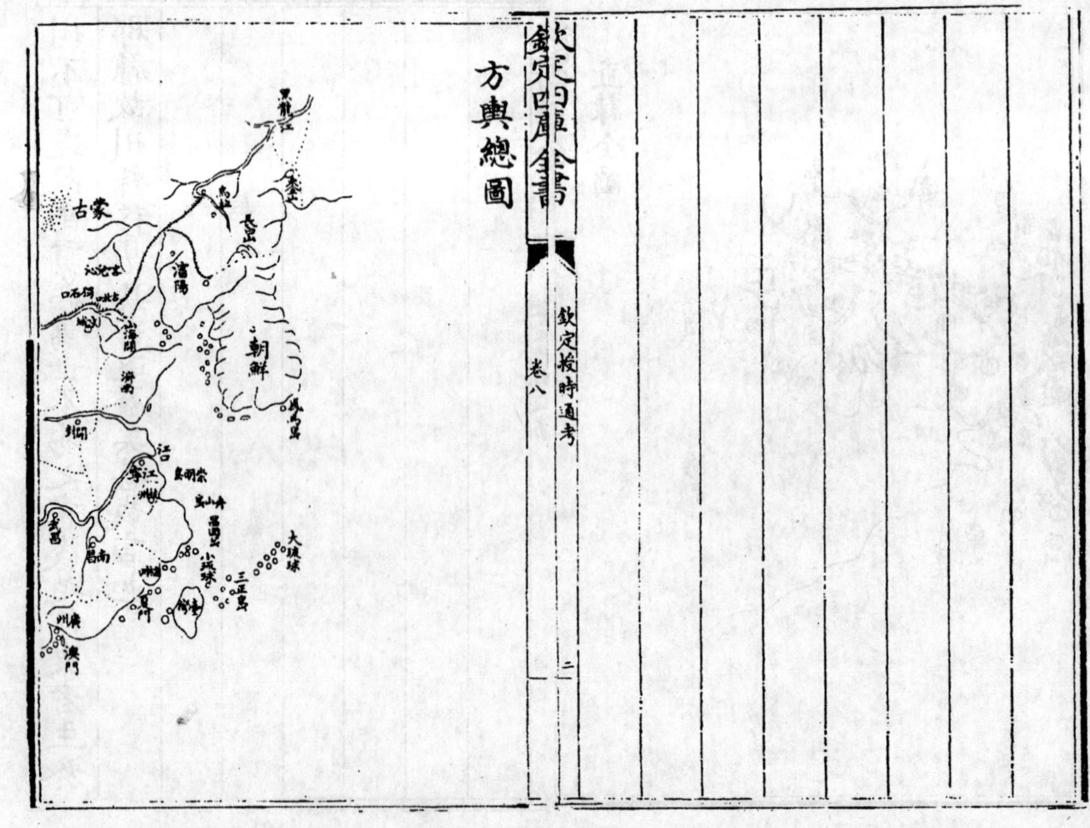

欽定四庫全書　欽定授時通考　卷八　二

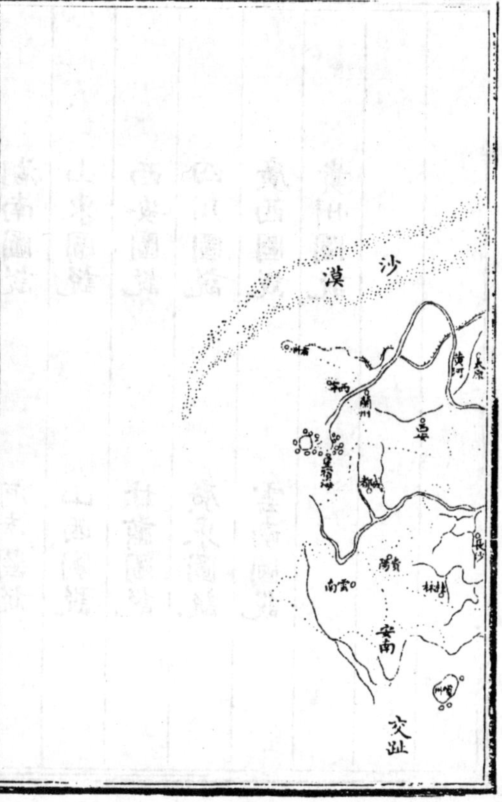

沙

漢

安南

交趾

文獻通考昔堯時禹別九州至舜分為十二州周職方復分為九州而又與禹異漢承秦分天下為郡國而復以十三州統之晉時分州為十九自晉以後為州寖多所統寖狹且建治之地亦不一所南北分裂之後務為夸大僑置諸州離析磔裂循名失實而禹跡之九州寖不復可考矣夾漈鄭氏曰州縣之設有時而更山川之形千古不易故禹貢分州必以山川定疆界使兗州可移而濟河之兗州不可移梁州可遷而華陽黑水之梁州不可遷故禹貢為萬世不易之書後之作史者主於郡縣故州縣移易其書遂廢矣善哉言也

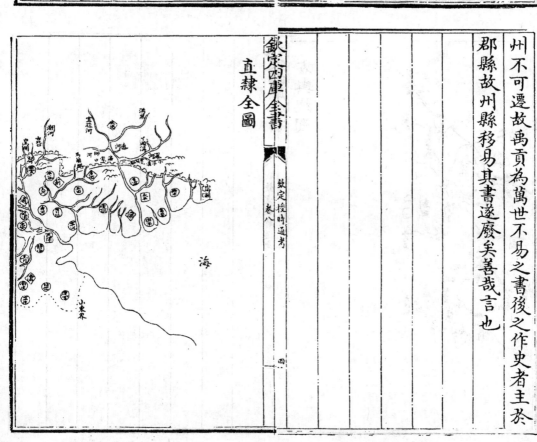

直隸全圖

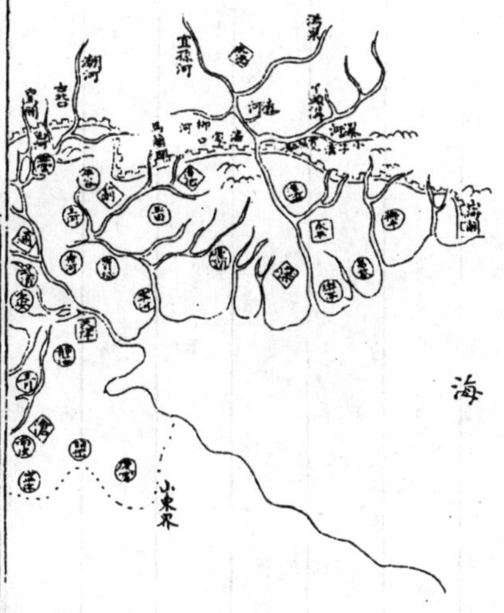

海

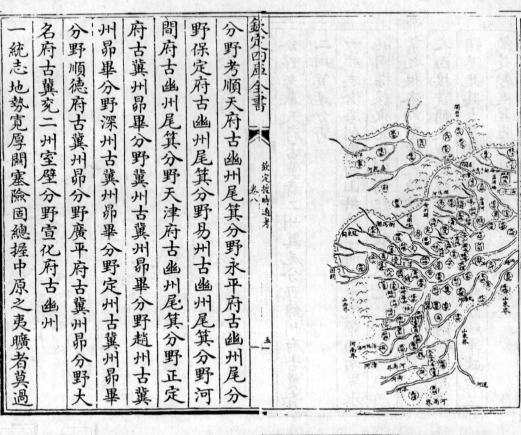

分野考順天府古幽州尾箕分野永平府古幽州尾分野保定府古幽州尾箕分野易州古幽州尾箕分野河間府古幽州尾箕分野天津府古幽州尾箕分野正定府古冀州昴畢分野冀州古冀州昴畢分野趙州古冀州昴畢分野深州古冀州昴畢分野定州古冀州昴畢分野順德府古冀州昴分野廣平府古冀州昴分野大名府古冀兗二州室壁分野宣化府古幽州

一統志地勢寬厚關塞險固總握中原之夷曠者莫過燕薊雖云長安有崤函之固洛邑為天下之中要之帝王都會億萬年悠久之業莫燕薊若矣

又水有九河滄溟之雄山有太行居庸之固玉泉之流經緯乎禁籞之中碣石之壯盤踞乎畿甸之內故其風氣之清淑山川之壯觀誠有以卓冠四方為萬國之都會

欽定四庫全書

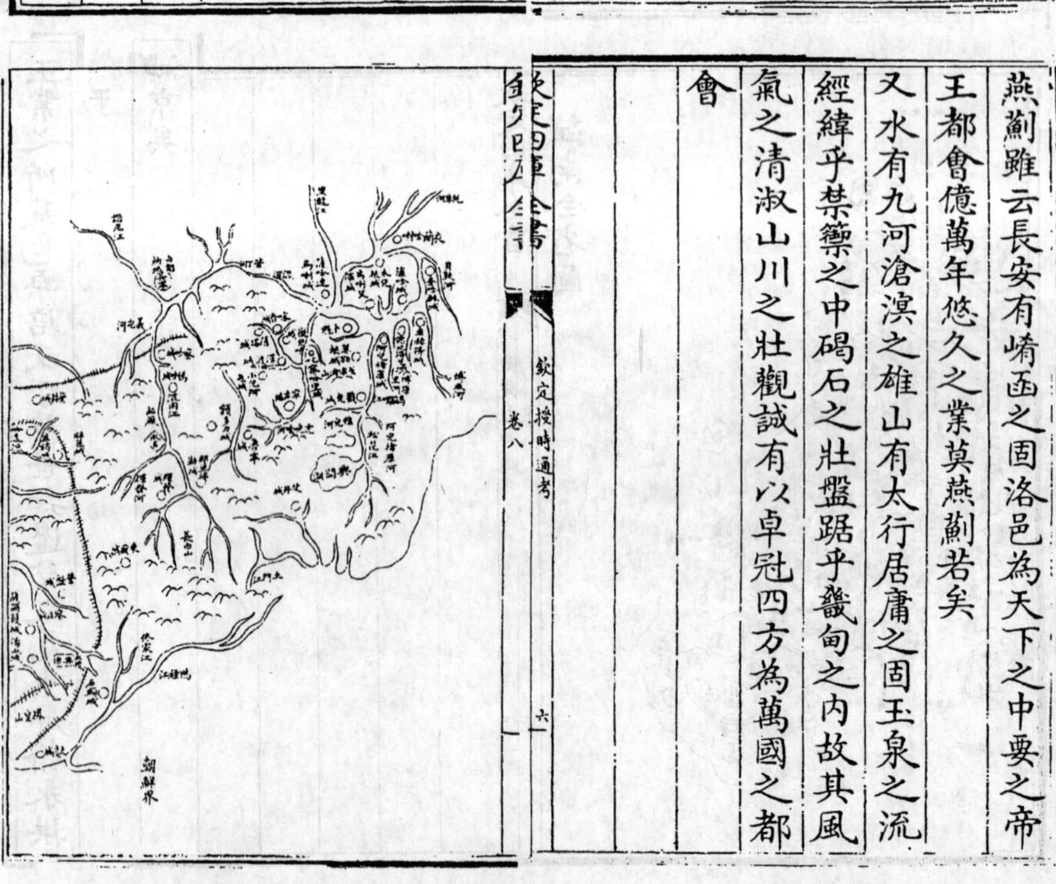

盛京全圖

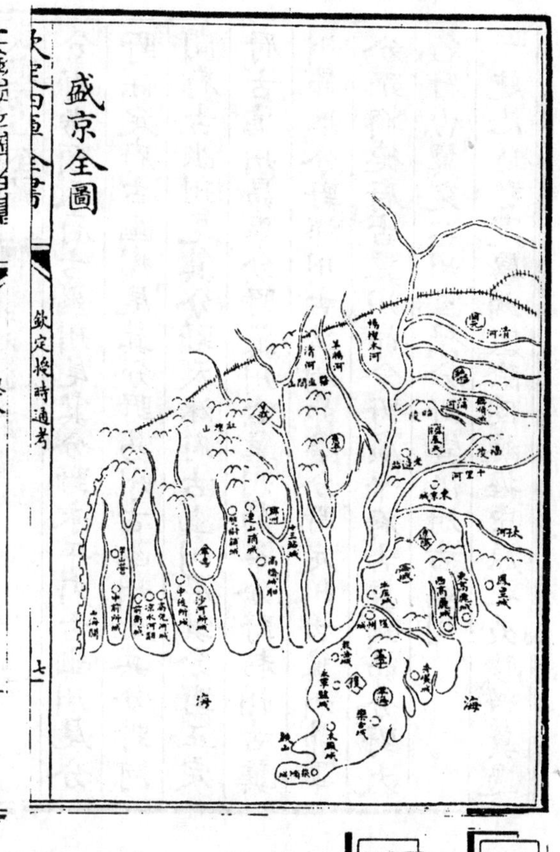

分野考奉天府古冀青二州箕尾分野錦州府古冀青二州箕尾分野

一統志滄海朝宗白山拱峙渾河遼水遶帶西南黑水混同襟環東北控制諸邦跨馭六合允

帝業之根本洵留守之雄都也

又西接畿輔東控朝鮮瀕瀛海以帶龍江俯登萊而通朔漠此其大勢然也司民牧者兩郡攸分統軍政者三鎮是賴既星羅以碁布因畫井以分疆念

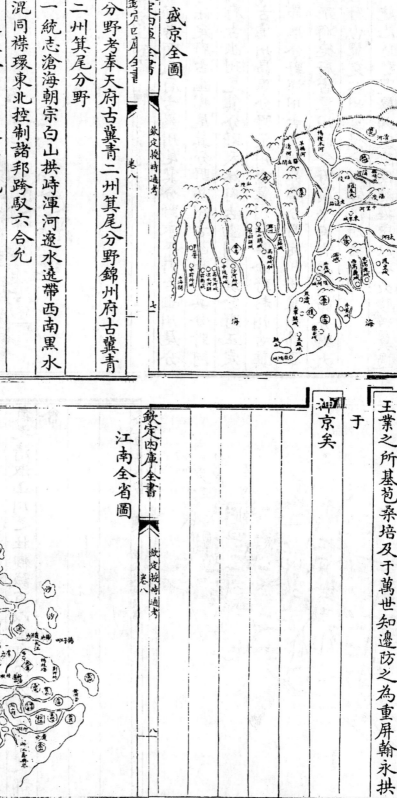

王業之所基芭桑培及于萬世知邊防之為重屏翰永拱于

神京矣

江南全省圖

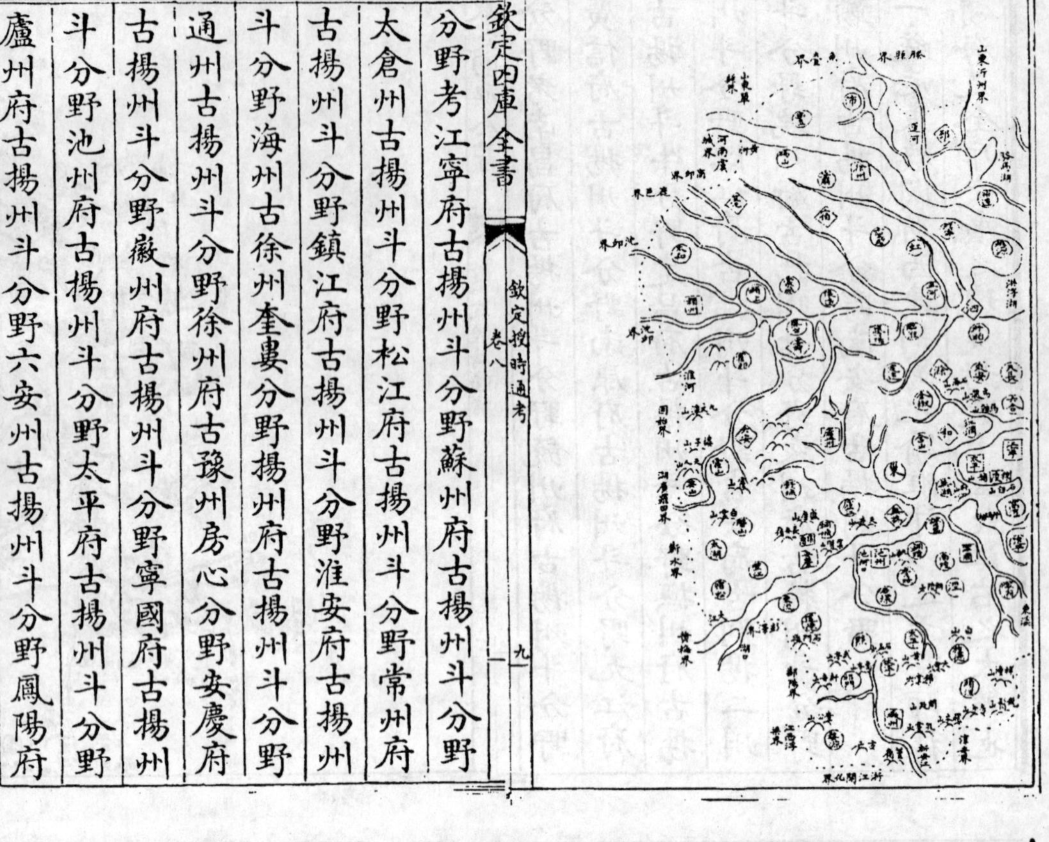

分野考江寧府古揚州斗分野蘇州府古揚州斗分野太倉州古揚州斗分野松江府古揚州斗分野常州府古揚州斗分野鎮江府古揚州斗分野淮安府古揚州斗分野海州古徐州奎婁分野揚州府古揚州斗分野通州古揚州斗分野徐州府古豫州房心分野安慶府古揚州斗分野徽州府古揚州斗分野寧國府古揚州斗分野池州府古揚州斗分野太平府古揚州斗分野廬州府古揚州斗分野六安州古揚州斗分野鳳陽府古揚州斗分野泗州古徐州斗分野潁州府古豫州房心分野和州古揚州斗分野滁州古揚州斗分野廣德州古揚州斗分野

江南通志鍾茅八公天柱九華黄塗潛霍山之作鎮而著名者不可勝數黄河江淮運河三江泗海潁睢淝滁水之經行而浸行者不可勝數藪則震澤巢湖洮湖闗則東闗清流二峴名都雄鎮襟帶江淮

江西全省圖

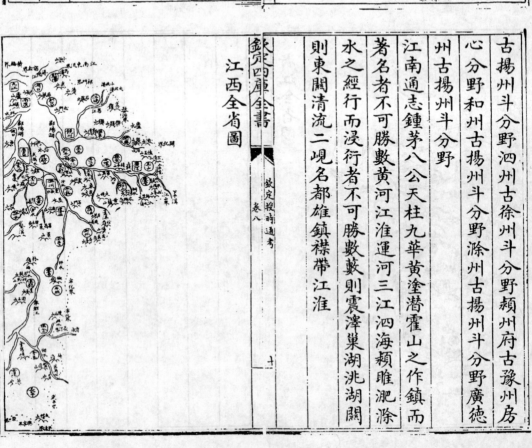

分野考南昌府古揚州斗分野饒州府古揚州斗分野廣信府古揚州斗分野南康府古揚州斗分野九江府古揚州斗牛分野建昌府古揚州斗分野撫州府古揚州斗分野臨江府古揚州斗分野吉安府古荆揚二州斗分野瑞州府古揚州斗分野袁州府古揚州斗分野贛州府古揚州斗分野南安府古揚州斗分野

一統志東接閩浙西連荆蜀北踰淮汴以達于京師據嶺海之全阨交廣之境提封數千里此江右之大較也

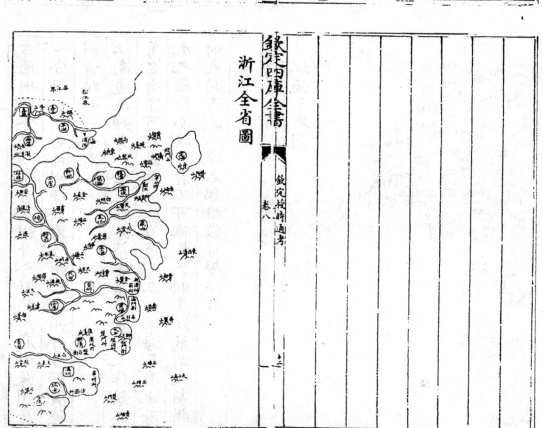

浙江全省圖

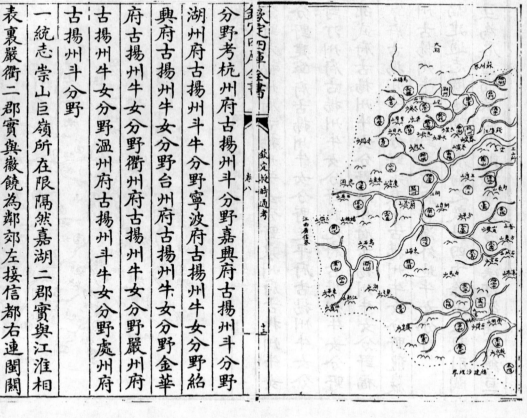

分野考杭州府古揚州斗分野嘉興府古揚州斗分野湖州府古揚州斗牛分野寧波府古揚州牛女分野紹興府古揚州牛女分野台州府古揚州牛女分野金華府古揚州牛女分野衢州府古揚州牛女分野嚴州府古揚州牛女分野溫州府古揚州斗牛女分野處州府古揚州斗分野

一統志崇山巨嶺所在限隔然嘉湖二郡實與江淮相表裏嚴衢二郡實與徽饒為鄰郊左接信都右連閩關

大海東蟠繞出淮揚之域四通八達之區也

又山川秀發風土清佳民人視為樂郊遊客引為福地東晉以后風流掩映粵自有宋建都臨安景物之嘉甲於南服士大夫類能形諸歌咏蓋越中之風致至是而極盛矣

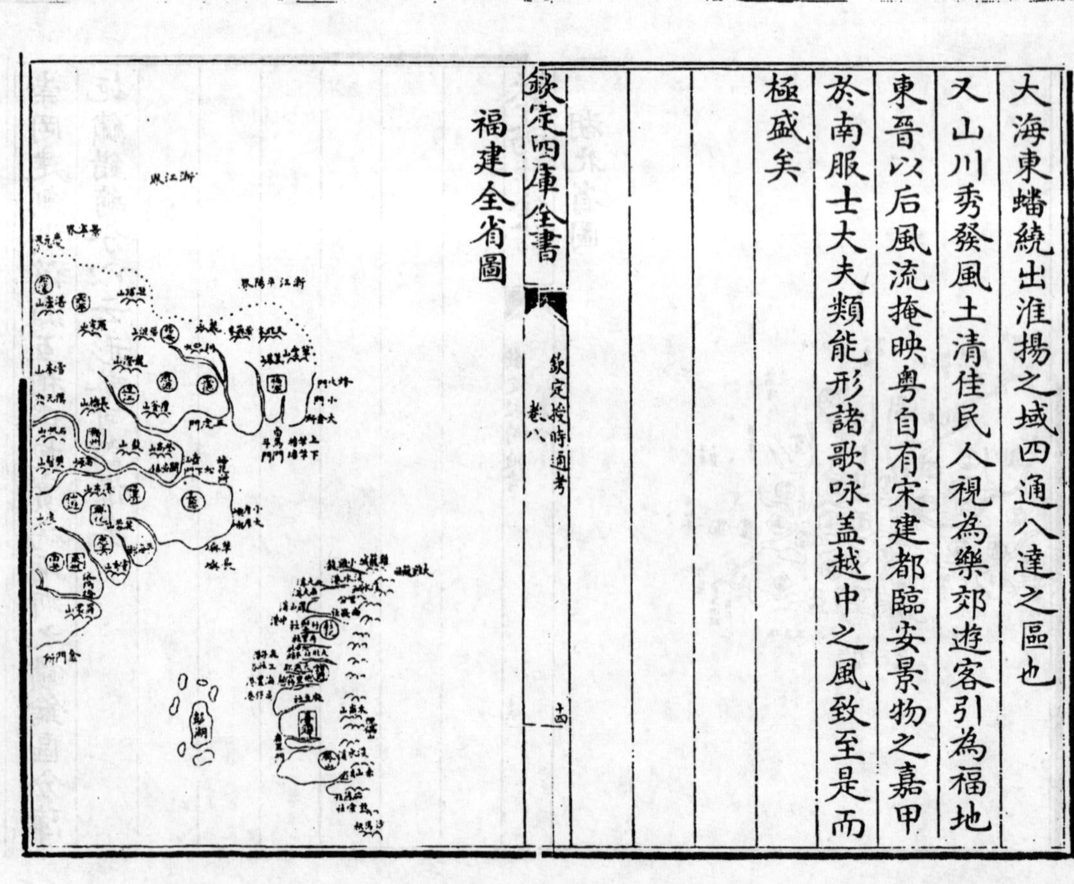

福建全省圖

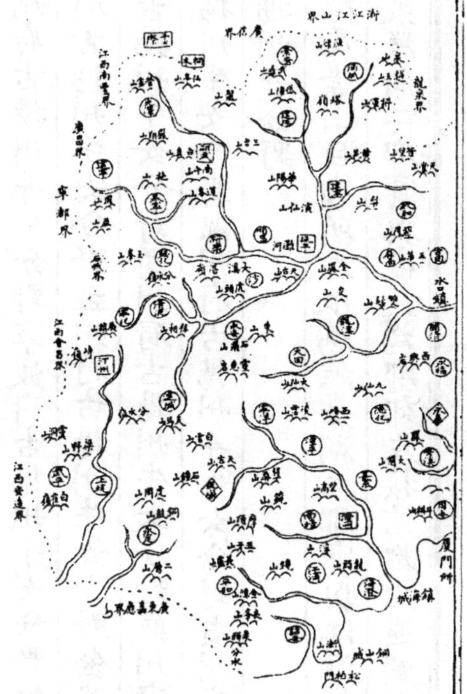

分野考福州府古揚州牛女分野泉州府古揚州牛女分野建寧府古揚州牛女分野延平府古揚州牛女分野汀州府古揚州牛女分野興化府古揚州牛女分野邵武府古揚州牛女分野漳州府古揚州牛女分野福寧府古揚州牛女分野永春州古揚州牛女分野龍巖州古揚州牛女分野臺灣府古海外地牛女分野

福建通志閩地幅幀廣輪之數計四千餘里控豫引閩亙為唇齒福泉四郡則襟帶大海長溪汀邵諸處綿亙崇岡建劍則溪灘亙相環抱實為兩浙之鎖鑰區分障扼繡錯綺分以云形勢可謂備矣

湖北省圖

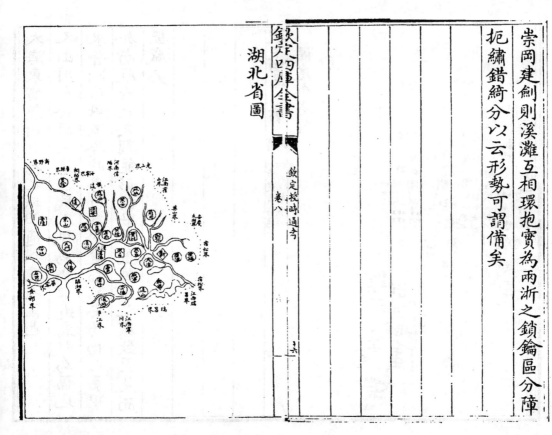

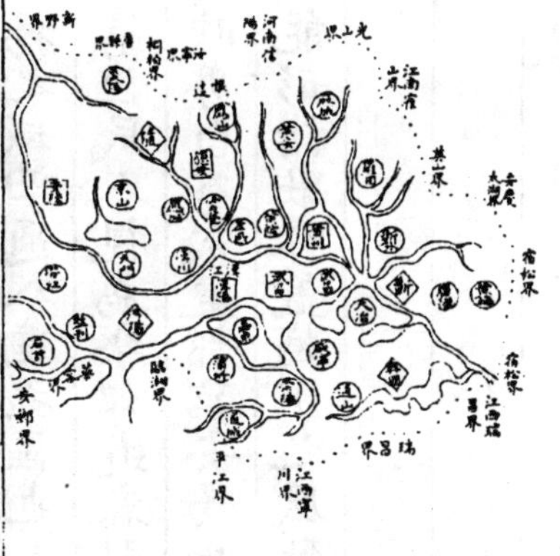

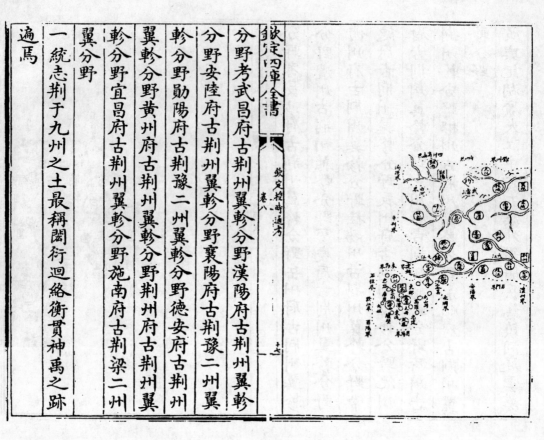

分野考武昌府古荆州翼軫分野漢陽府古荆州翼軫分野安陸府古荆州翼軫分野襄陽府古荆豫二州翼軫分野勛陽府古荆豫二州翼軫分野德安府古荆州翼軫分野黄州府古荆州翼軫分野荆州府古荆州翼軫分野宜昌府古荆州翼軫分野施南府古荆梁二州翼分野

一統志荆于九州之土最稱闊衍迴絡衡貫神禹之跡遍焉

湖南省圖

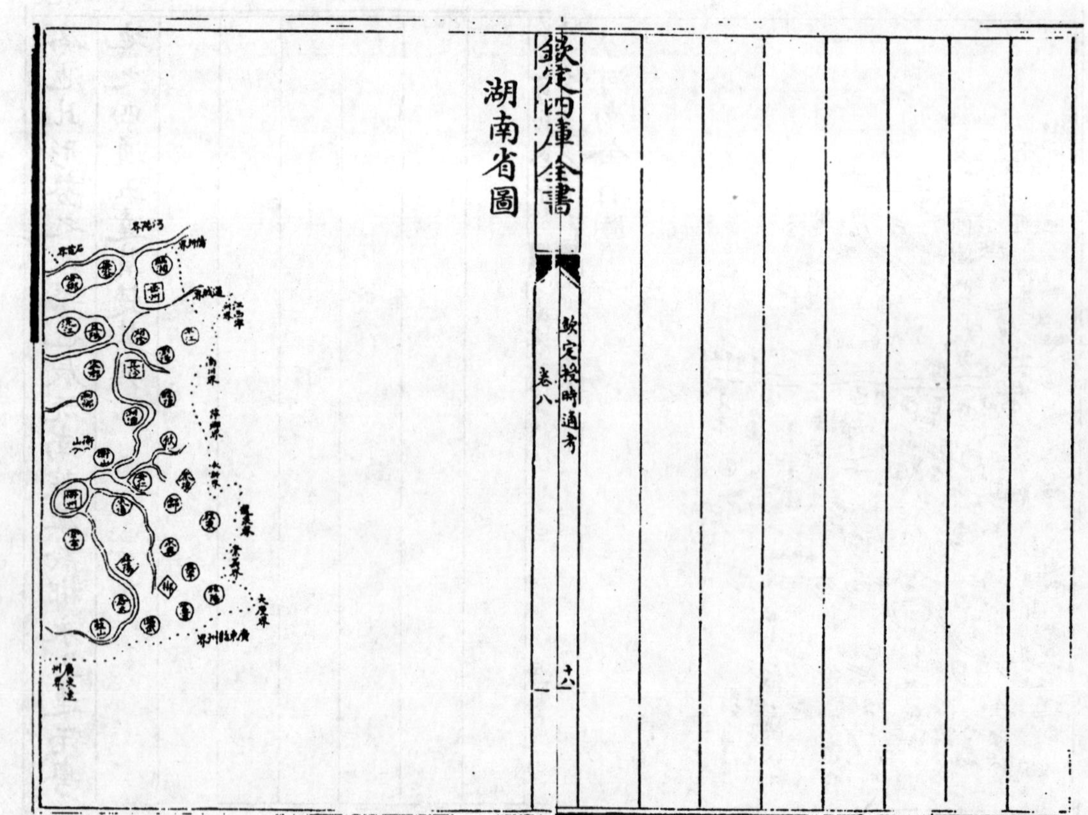

分野考長沙府古荊州翼軫分野岳州府古荊州翼軫分野澧州古荊州翼軫分野寶慶府古荊州翼軫分野衡州府古荊州翼軫分野桂陽州古荊州翼軫分野常德府古荊州翼軫分野辰州府古荊州翼軫分野沅州府古荊州翼軫分野永州府古荊州翼軫分野靖州古荊州軫分野郴州古荊州翼軫分野永順府古荊州翼軫分野

廣輿記湖廣大江中貫五溪外錯衡岳為鎮洞庭雲夢為池此形勢之大槩也辰沅南蔽滇黔郴永上連兩粵地之四通五達莫楚若矣

河南全省圖

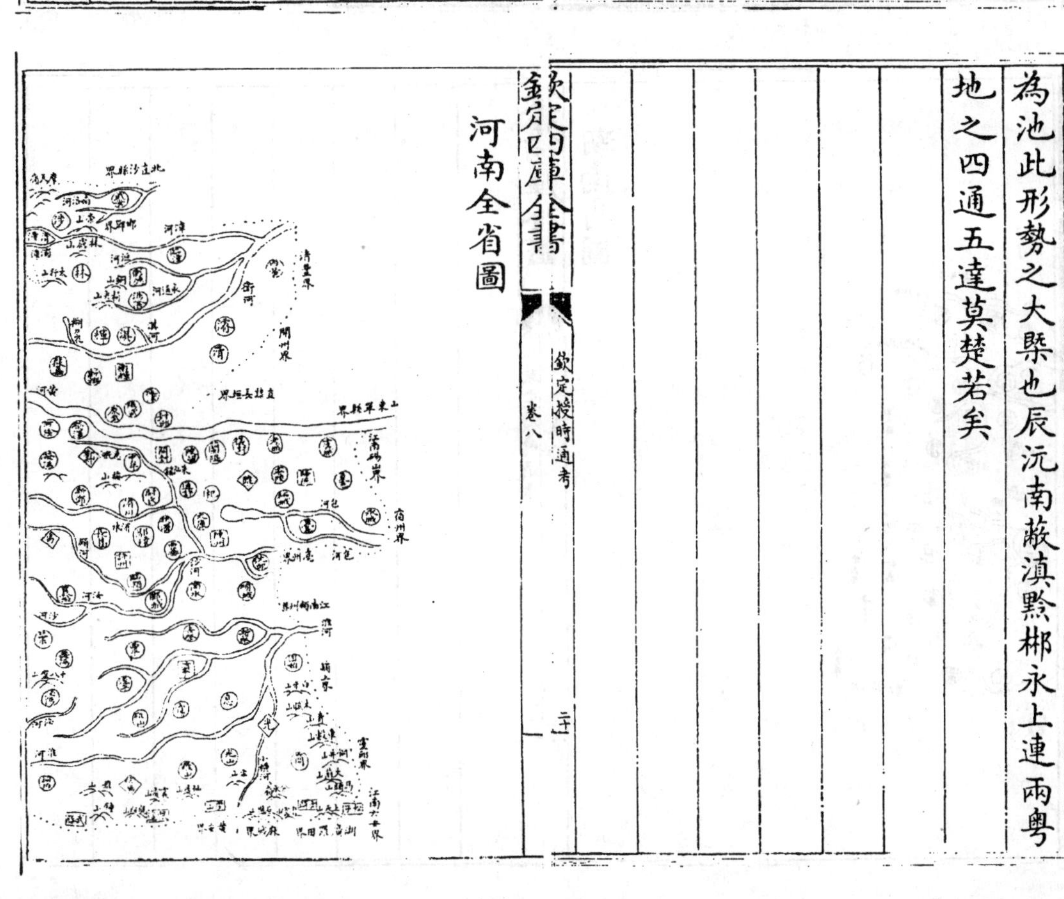

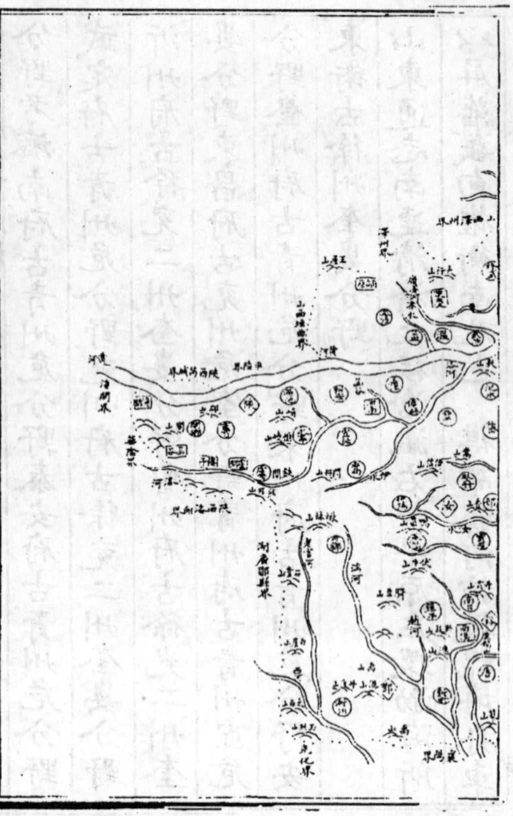

分野考開封府古兖豫二州角亢分野陳州府古兖豫二州角亢分野許州府古兖豫二州角亢分野歸德府古兖豫二州角亢分野彰德府古冀州室壁分野衛輝府古冀州室壁分野懷慶府古冀州覃懷地室壁分野河南府古豫州柳分野陝州古豫州柳分野南陽府古豫州張分野汝寧府古豫州角亢氐分野光州古豫州角亢氐分野汝州古豫州張分野

一統志東連淮魯西接秦晉南絡荆襄北拱燕趙伊洛蟠乎地府河南北乎秦關大河蜿蜒嵩高聳峙鎖天之中區控地之四鄙 居南北要衝綿亘數千餘里實為九州咽喉

山東全省圖

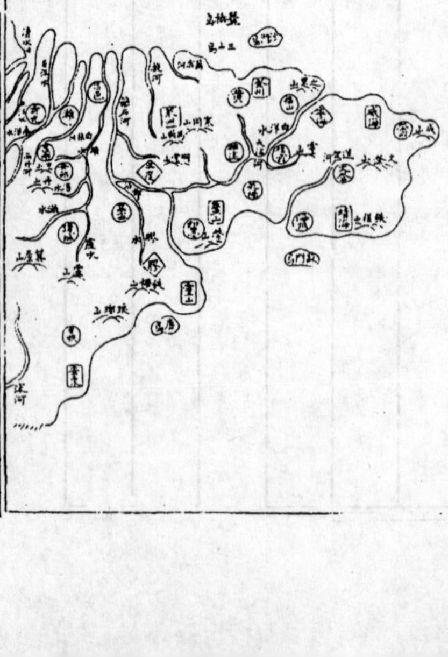

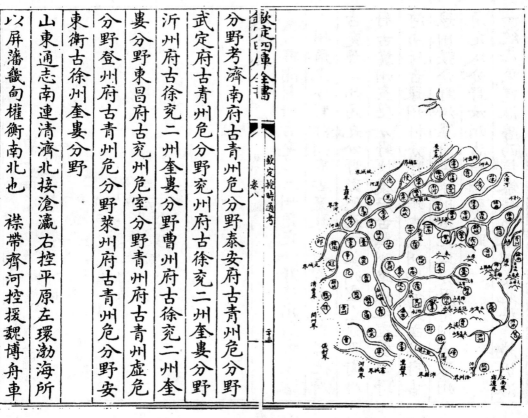

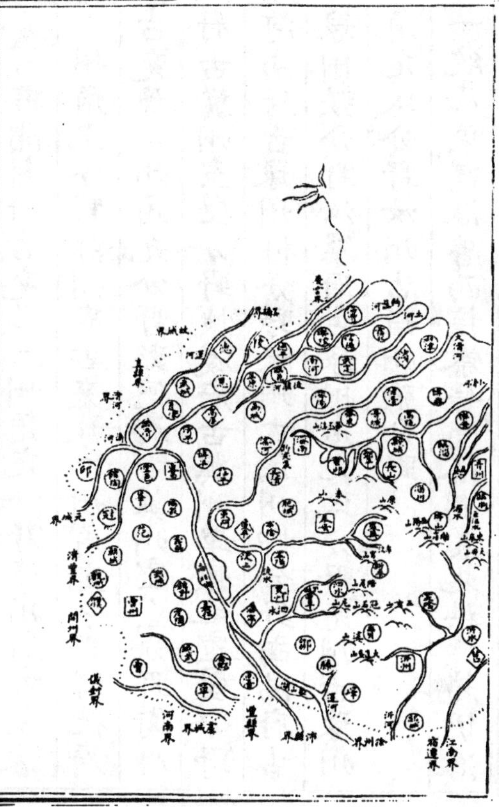

分野考濟南府古青州危分野泰安府古青州危分野武定府古青州危分野兖州府古徐兖二州奎婁分野沂州府古徐兖二州奎婁分野曹州府古徐兖二州奎婁分野東昌府古兖州危室分野青州府古青州虚危分野登州府古青州危分野萊州府古青州危分野安東衛古徐州奎婁分野

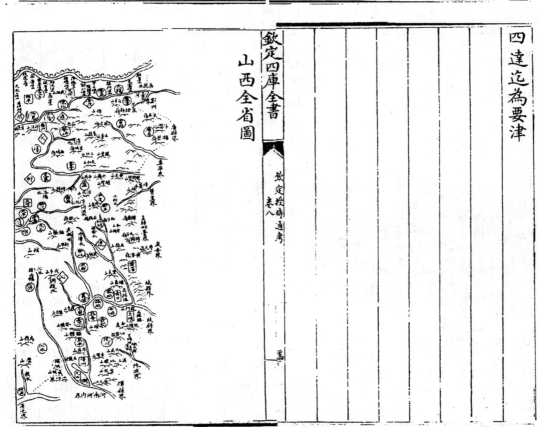

山東通志南連清濟北接滄瀛右控平原左環渤海所以屏藩畿甸權衡南北也　襟帶齊河控援魏博舟車四達迄為要津

山西全省圖

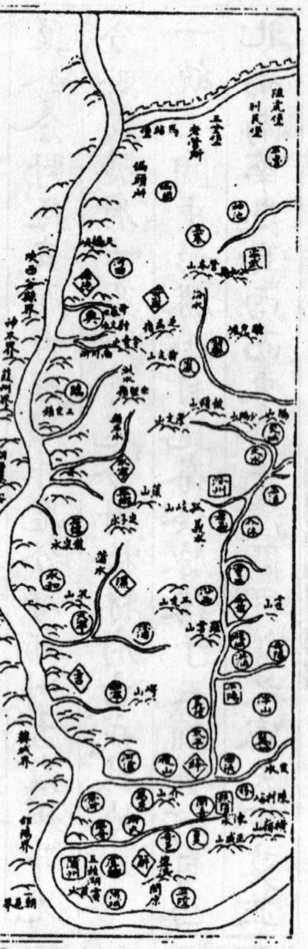

分野考太原府古冀州參井分野平定州古冀州參井分野忻州古冀州參井分野代州古冀州參井分野保德州古冀州參井分野平陽府古冀州觜參分野蒲州府古冀州觜參分野解州古冀州觜參分野絳州古冀州觜參分野吉州古冀州觜參分野隰州古冀州觜參分野潞安府古冀州參井分野汾州府古冀州參分野沁州古冀州參分野澤州府古冀州觜參分野遼州古冀州參井分野大同府古冀州昴畢分野寧武府古冀州昴畢分野朔平府古冀昴畢分野

一統志左有恒山之險右有大河之固　襟四塞之要衝控五原之都邑　土瘠民貧勤儉朴質憂深思遠有堯之遺風　人物殷阜不甚機巧然頗勁悍習於戎馬前代以來亦多文雅之士

西安省圖

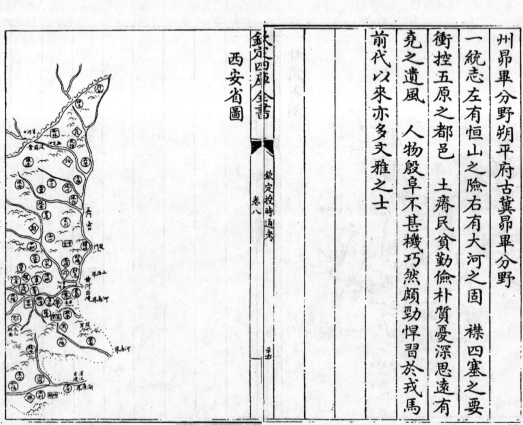

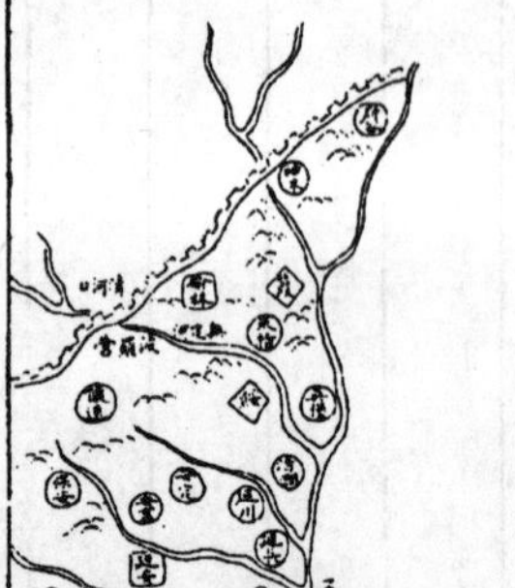

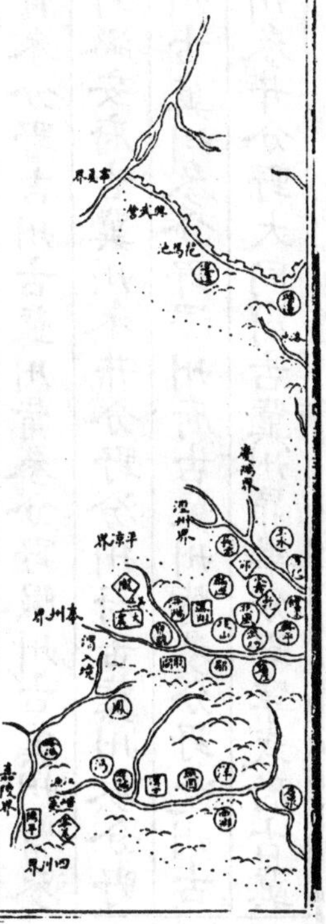

分野考西安府古雍州井鬼分野商州古雍州井鬼分野同州府古雍州井鬼分野乾州古雍州井鬼分野邠州古雍州井鬼分野鳳翔府古雍州井鬼分野漢中府古雍梁二州井鬼翼軫分野興安州古雍梁二州井鬼翼軫分野延安府古雍州井鬼分野鄜州古雍州井鬼分野綏德府古雍州井鬼分野榆林府古戎狄地

一統志關中形勝西自崑崙發脉落于三輔長河自西北而南華嶽自西而東會于潼關關鎖之密天下莫並

甘肅省圖

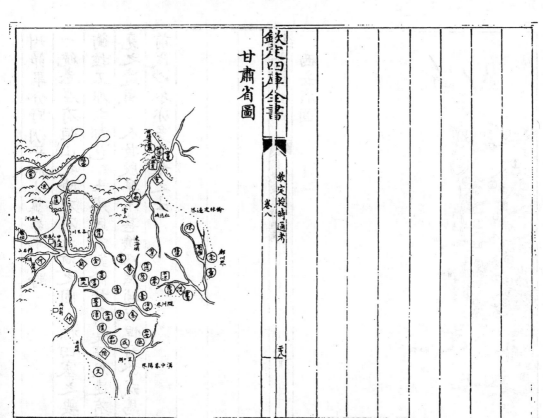

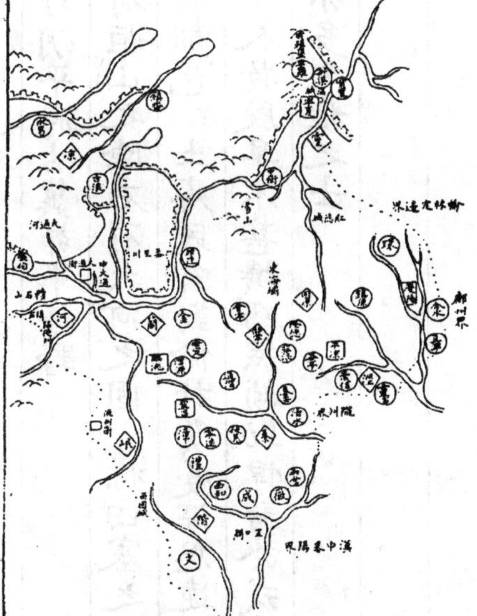

分野考蘭州府古雍州西羌地平涼府古雍州井鬼分野鞏昌府古雍州井鬼分野階州古雍梁二州井鬼翼軫分野秦州古雍州井鬼分野臨洮府古雍州井鬼分野慶陽府古雍州井鬼分野寧夏府古雍州井鬼分野西寧府古雍州井鬼分野涼州府古雍州井鬼分野甘州府古雍州井鬼分野肅州古雍州井鬼分野安西古雍州西羌地靖逆衛古雍州西羌地洮州衛古雍州井鬼分野

廣輿記慶陽平涼近邊臨洮鞏昌鄰接羌番洮岷西寧地入西羌甘涼以西暨肅州籍為内地藩蔽猶榆林之蔽延安花馬池之蔽慶陽固原之蔽平涼莊浪之蔽臨洮岷文之蔽鞏昌馬爾

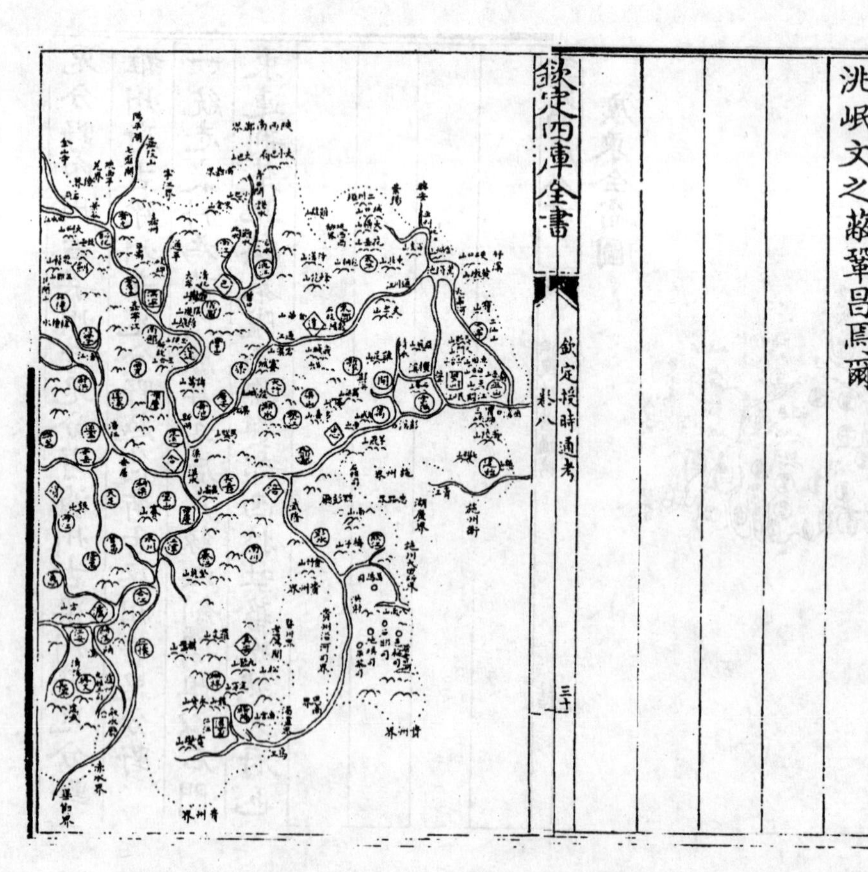

四川全省圖

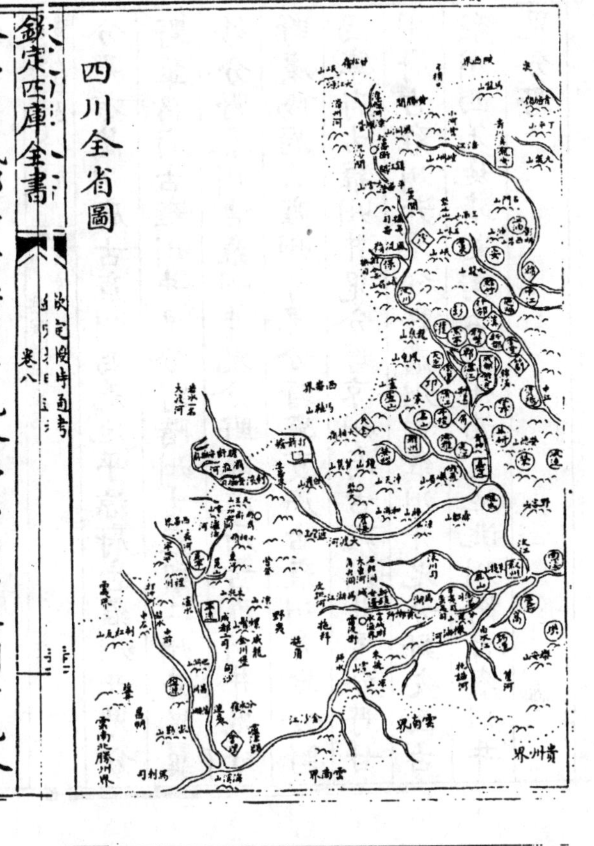

分野考成都府古梁州井鬼分野資州古梁州井鬼分野綿州古梁州井鬼分野茂州古梁州井鬼分野寧遠府古梁州井鬼分野保寧府古梁州井鬼分野順慶府古梁州參井分野叙州府古梁州井鬼分野重慶府古梁州井鬼分野酉陽州古梁州井鬼分野忠州古梁州井鬼分野夔州府古荆梁二州翼軫分野達州古荆梁二州翼軫分州龍安府古梁州井鬼分野潼川府古梁州井鬼分野眉州古梁州井鬼分野嘉定府古梁州井鬼分野邛州古梁州井鬼分野瀘州古梁州井鬼分野雅州府古梁州井鬼分野越巂衛古梁州井鬼分野

一統志褒斜為前門熊耳為后户緣以劍閣阻以石門東連荆楚北接秦隴南撫蠻部西控吐蕃屹然天府也

廣東全省圖

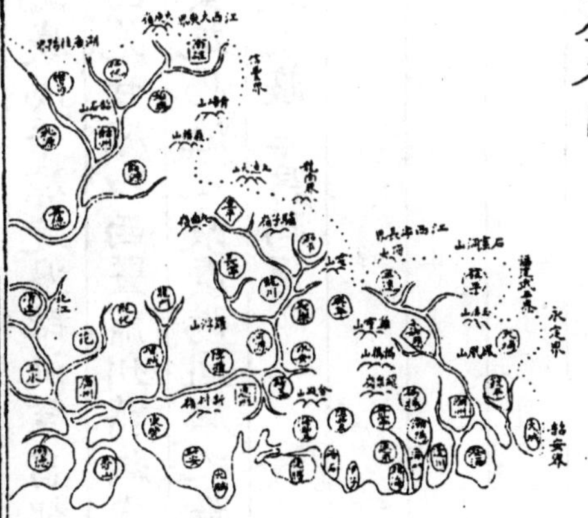

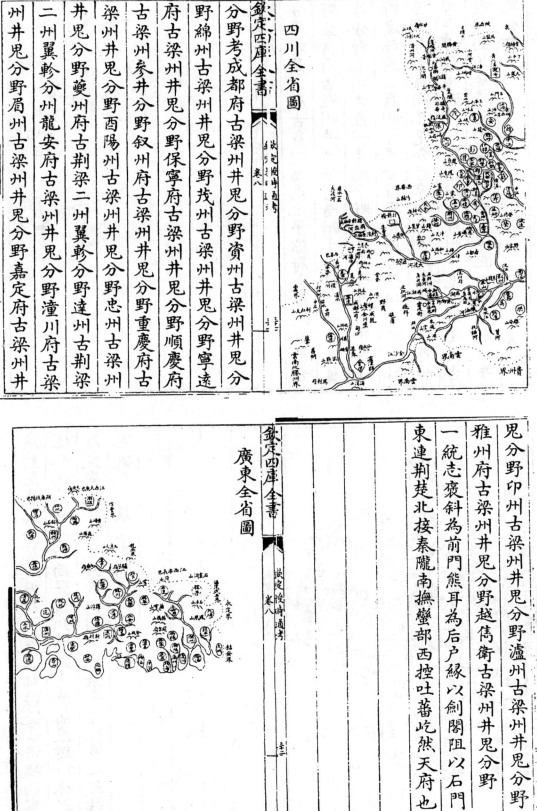

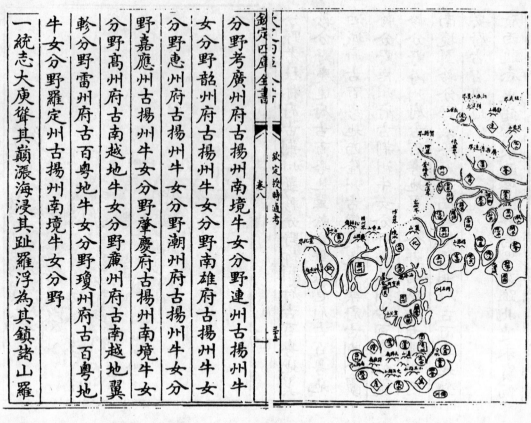

分野考廣州府古揚州南境牛女分野連州古揚州牛女分野韶州府古揚州牛女分野南雄府古揚州牛女分野惠州府古揚州牛女分野潮州府古揚州牛女分野嘉應州古揚州牛女分野肇慶府古揚州南境牛女分野高州府古南越地牛女分野廉州府古南越地翼軫分野雷州府古百粵地牛女分野瓊州府古百粵地牛女分野羅定州古揚州南境牛女分野

一統志大庾聳其巔漲海浸其趾羅浮為其鎮諸山羅

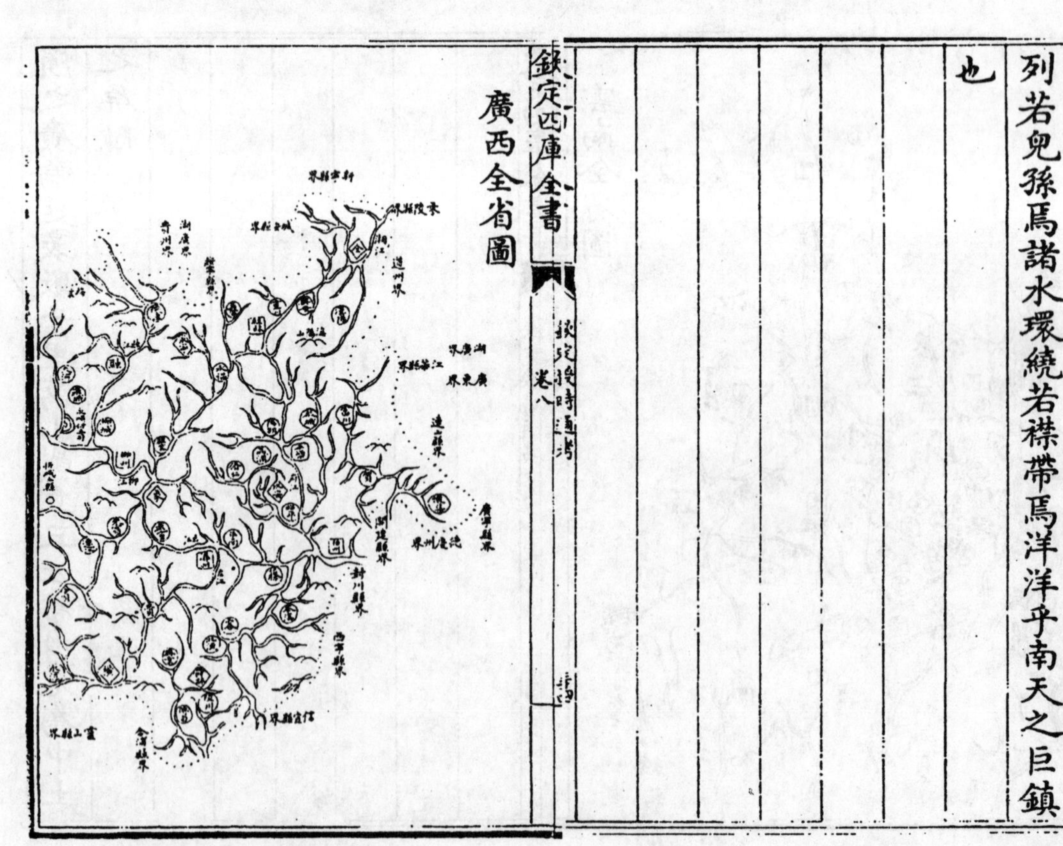

列若兒孫馬諸水環繞若襟帶焉洋洋乎南天之巨鎮也

廣西全省圖

分野考桂林府古荊州翼軫分野柳州府古百粵地翼軫分野慶遠府古百粵地翼軫分野思恩府古百粵地泗城府古百粵地西隆州古蠻夷地平樂府古荊州翼軫分野梧州府古荊州牛女分野鬱林州古百粵地翼軫分野潯州府古百粵地翼軫分野南寧府古揚州西南境翼軫分野太平府古南粵地思明府古百粵地鎮安府古百粵地

廣西通志東錯廣東西際滇黔南界交趾北連永寶幅員之廣輪延袤數千里萬山戟立三江帶盤允為中土之屏障

雲南全省圖

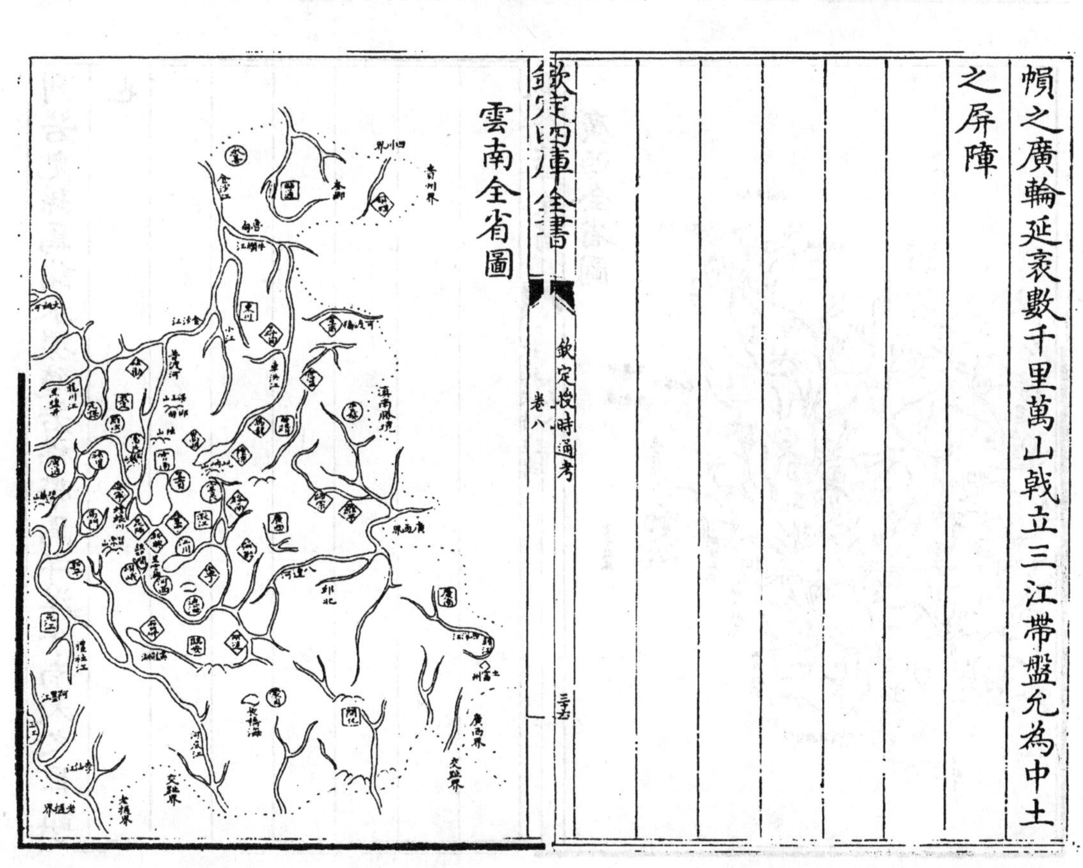

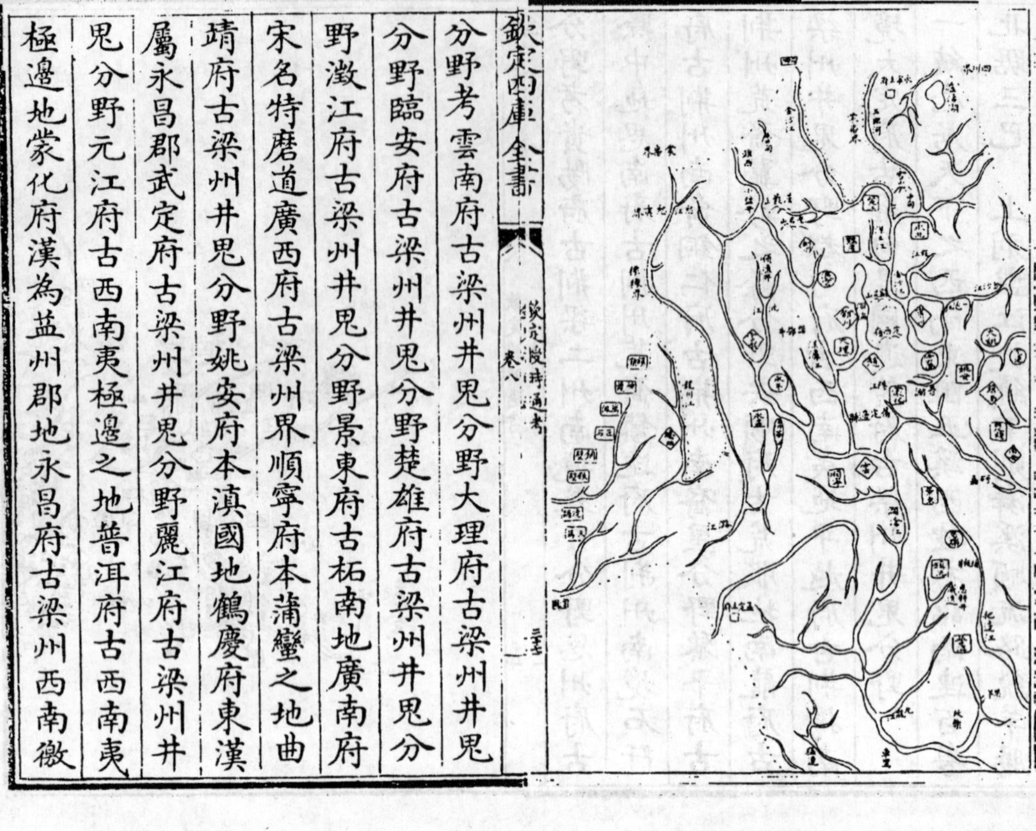

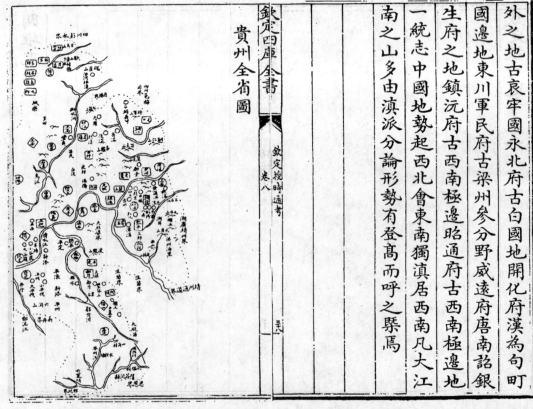

分野考雲南府古梁州井鬼分野大理府古梁州井鬼分野臨安府古梁州井鬼分野楚雄府古梁州井鬼分野澂江府古梁州井鬼分野景東府古柘南地廣南府宋名特磨道廣西府古梁州界順寧府本蒲蠻之地曲靖府古梁州井鬼分野姚安府本滇國地鶴慶府東漢屬永昌郡武定府古梁州井鬼分野麗江府古梁州井鬼分野元江府古西南夷極邊之地普洱府古西南夷極邊地蒙化府漢為益州郡地永昌府古梁州西南徼外之地古哀牢國永北府古白國地開化府漢為句町國邊地東川軍民府古梁州參分野威遠府唐南詔銀生府之地鎮沅府古西南極邊昭通府古西南極邊地

一統志中國地勢起西北會東南獨滇居西南凡大江南之山多由滇派分論形勢有登高而呼之槩焉

貴州全省圖

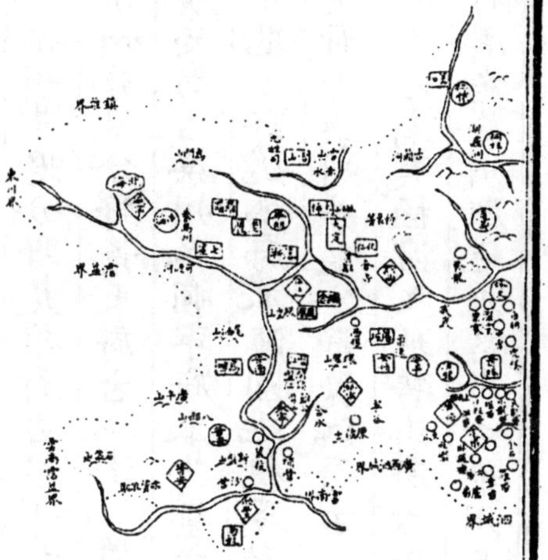

分野考貴陽府古荊梁二州南境參井分野思州府古黔中地思南府古荊州荒裔鎮遠府古荊州南境石阡府古荊州南裔銅仁府古荊州南裔星分野黎平府古荊州荒裔翼軫之餘分野安順府古荒服地南龍府古梁州井鬼分野都匀府古西南夷地平越府古荊揚南境大定府古羅甸鬼國遵義府古梁州井鬼分野

一統志居天下之西南東阻五溪西控六詔南連百粵北踞三巴　上則盤江旋繞下則㵲溪順流路繞羊腸關雄虎踞

欽定授時通考卷八

欽定授時通考卷九

土宜

辨方

尚書堯典分命羲仲宅嵎夷曰暘谷平秩東作

傳日出于谷而天下明故稱暘谷歳起于東而始就耕謂之東作東方之官平均次序東作之事以務農也

又申命羲叔宅南交平秩南訛

傳南交言夏與春交訛化也掌夏之官平秩南方化育之事

又分命和仲宅西曰昧谷平秩西成

傳日入于谷而天下冥故曰昧谷秋西方萬物成平序其政助成物

又申命和叔宅朔方曰幽都平在朔易

傳都謂所聚也易謂歳改易于北方平均在察其政以順天常

禹貢冀州厥土惟白壤厥田惟中中

傳堯所都也無塊曰壤田之高下肥瘠九州之中為第五疏冀州帝都于九州近北故首從冀起九章筭術穿地四為壤五壤為息土則壤是土和緩之名此色白而壤雍州色黃而壤豫州直言壤不言色蓋州内之土不純一色故不得言色也鄭康成云田著高下之等者當為水害備也則鄭謂地形高下為九等

也王肅云言其土地各有肥瘠則肅定其肥瘠以為九等也如鄭之義高處地瘠出物既少不得為上如肅之義肥處地下水害所傷出物既少不得爲上故孔云高下肥瘠共相參對以為九等田土異者鄭康成云地當陰陽之中能吐生萬物者曰土據人功作力競得而田之則謂之田蔡傳夏氏曰教民樹藝與因地制貢不可不先辨土之宜有二白以辨其色壤以辨其性曾氏曰冀州之土豈皆白壤土會

之法從其多者論也

又濟河惟兖州厥土黑墳厥草惟繇厥木惟條厥田惟中下

傳東南據濟西北距河色黑而墳起田第六疏八州發首言山川者皆謂境界所及也繇是茂之貌條是長之體言草茂而木長也宜草木則地美而田非上者為土下濕故也集說陳氏大猷曰兖徐揚居河濟江淮下流水未平則為下濕水既平則為沃衍于草

木尤宜故三州言草木

又海岱惟青州厥土白墳海濱廣斥厥田惟上下

傳東北據海西南距岱濱涯也說文云東方謂之斥田第三疏舜為十二州分青州為營州營州即遼東也海畔迥闊地皆斥鹵故云廣斥集說林氏之奇曰此州土有二種平地之土色白而惟墳海濱之土彌望皆斥鹵

又海岱及淮惟徐州厥土赤埴墳草木漸包厥田惟上中

傳東至海北至岱南及淮土黏曰埴田第二疏考工記用土為瓦謂之摶埴之工是埴為黏土蔡傳埴膩也粘泥如脂之膩也周有摶埴之工老氏言埏埴以為器惟土性粘膩細密故可摶可埏也漸進長也包叢生也集說王氏樵曰埴土性之美者也而又墳起最宜于生物故草木漸包胡氏瓚曰土禀冲和之氣故壤為上太燥者不凝故墳次之墳膏起也

又淮海惟揚州篠簜既敷厥草惟夭厥木惟喬厥土惟

塗泥厥田惟下下

傳北據淮南距海地泉濕田第九蔡傳篠箭竹簜大竹敷布也少長曰夭喬高也塗泥水泉濕也下地多水其泥淖說文曰泥黑土在水中者也集說王氏炎曰南方地煖故草木皆少長而木多上竦河朔地寒雖合抱之木不能高也兖徐言草木皆居厥土之下凡土無高下燥濕其性皆然兼山林言之若揚之塗

泥惟言沮洳之多山林不與故先草木也土塗泥故其田下下大抵南方水淺土薄不如北方地力之厚也金氏曰古人尚黍稷田雜五種故雖水潦旱乾而各有所收塗泥之土其田獨宜稻故第為最下自唐以來則江淮之田號為天下最

又荆及衡陽惟荆州厥土惟塗泥厥田惟下中

傳北據荆山南及衡山之陽田第八

又荆河惟豫州厥土惟壤下土墳壚厥田惟中上

傳西南至荆山北距河水高者壤下者墳壚田第四

疏壚黑剛土也蔡傳土不言色者其色雜也壚疏也顏氏曰玄而疏者謂之壚集說呂氏不韋曰凡耕之道必始于壚為其寡澤而後枯王氏炎曰下土下等之土也壤則沃墳壚則為瘠金氏曰其壤者無塊而柔其下者或膏而起或剛而疏如今輾轅之濘淖汜闕之沙陷皆所謂下土者

又華陽黑水惟梁州厥土青黎厥田惟下上

傳東據華山之南西距黑水色青黑而沃壤田第七

疏孔以黎為黑故云色青黑其地沃壤言其美也王肅曰青黑色黎小疏也集說吳氏澄曰土不言質不一也傳氏寅曰獨言色青黑而不及其性則非壤非墳可知使其果為沃壤如孔氏之說則田宜上品而顧乃止居下上何耶金氏曰梁土色青故生物易性疏故散而不實

又黑水西河惟雍州厥土惟黃壤厥田惟上上

傳西距黑水東據河龍門之河在冀州西田第一蔡傳黃者土之正色集說林氏之奇曰物得其常性者最貴雍州之土黃壤故其田非他州所及陳氏櫟曰土黃壤最貴故雍田上上塗泥最下故揚田下下

周禮地官以土圭之法測土深正日景以求地中日南則景短多暑日北則景長多寒日東則景夕多風日西則景朝多陰

注土圭所以致四時日月之景也晝漏半而置土圭

表陰陽審其南北景短于土圭謂之日南是地于日為近南也景長于土圭謂之日北是地于日為近北也東于土圭謂之日東是地于日為近東也西于土圭謂之日西是地于日為近西也集說陳氏仁錫曰其景短于土圭則其地在日南而多暑其景長于土圭則其地在日北而多寒景夕謂日中時景已如夕也如此則其地多風景朝謂日中時景尚如朝也如此則其地多陰

又日至之景尺有五寸謂之地中天地之所合也四時之所交也風雨之所會也陰陽之所和也然則百物阜安

注土圭之長尺有五寸以夏至之日立八尺之表其景適與土圭等謂之地中集說陳氏仁錫曰以其地當天地之中故曰合交者四時皆協其候也會者風雨以序而至也和者陰陽調而不乖也百物阜安有生者遂有形者育

春官保章氏以星土辨九州之地所封封域皆有分星以觀妖祥

注星土星所主之土也封猶界也鄭司農說星土以春秋傳曰參為晉星商主大火國語曰歲之所在則我有周之分野之屬是也康成謂大界則曰九州之中諸國中之封域于星亦有分焉十二次之分星紀吳越也玄枵齊也娵訾衛也降婁魯也大梁趙也實沈晉也鶉首秦也鶉火周也鶉尾楚也壽星鄭也大

火宋也析木燕也此分野之妖祥主用客星彗孛之氣為象疏按春秋緯文耀鉤云布度定紀分州繫象華岐以西龍門積石至三危之野雍州屬魁星大行以東至碣石王屋砥柱冀州屬樞星三河雷澤東至海岱以北兗州青州屬機星蒙山以東至南江會稽震澤徐揚之州屬權星大別以東至雷澤九江荆州屬衡星荆山西南至岷山北嶇鳥鼠梁州屬開星外方熊耳以至泗水陪尾豫州屬搖星此九州屬北斗

星有七州有九但兗青徐揚并屬二州故七星主九州也

夏官職方氏掌天下之圖以掌天下之地辨其邦國都鄙四夷八蠻七閩九貉五戎六狄之人民與其財用九穀六畜之數要周知其利害

注天下之圖如今司空輿地圖也四八七九五六周之所服國數也財用泉穀貨賄也利金錫竹箭之屬害神奸鑄鼎所象百物也

又乃辨九州之屬使同貫利

注貫事也疏釋曰職方主九州之事故須分別九州之國使同其事利不失其所也

又東南曰揚州其穀宜稻

疏釋曰自此以下陳九州之事總為三道陳之先從南方起蓋取尊其陽方周改禹貢以徐梁二州合之于雍青分冀州地以為幽并東南曰揚州次正南曰荆州周之西南不置州統屬雍州即次河南曰豫州為一道也次正東曰青州次河東曰兗州次正西曰雍州為二道又次東北曰幽州次河内曰冀州次正北曰并州為三道集說易氏祓曰稻生于水澤之地經言稼下地是已揚州居東南之極及支川下流之所歸厥土為塗泥為沮洳故其穀宜稻

又正南曰荆州其穀宜稻

又河南曰豫州其穀宜五種

注五種黍稷菽麥稻疏此州東與青州相接青州有稻麥西與雍州相接雍州有黍稷故知有此四種但此州不言麻與菽及茶鄭必知取菽者蓋以當時自驗而知故添為五種也

又正東曰青州其穀宜稻麥

又河東曰兗州其穀宜四種

注四種黍稷稻麥疏以其東與青州相接青州有稻麥西與冀州相接冀州有黍稷故知也

又正西曰雍州其穀宜黍稷

疏雍州宜麥不言者但黍稷麥並宜以黍稷為主云

又東北曰幽州其穀宜三種

注三種黍稷稻疏西與冀州相接冀州皆黍稷幽州見宜稻也

又河内曰冀州其穀宜黍稷

又正北曰并州其穀宜五種

注五種黍稷菽麥稻也疏若饋用六穀則兼有苽若民之要用則去苽故知是此五者六穀之内三種已

上即言種二者則指穀名云

邍師掌四方之地名辨其丘陵墳衍邍隰之名

注地名謂東原大陸之屬集說陳氏仁錫曰地之廣平曰邍四郊之地名如禹貢冀之太原大陸徐之東原雍之原隰是也

冬官考工記天有時地有氣橘踰淮而北化為枳此地氣然也

山海經西南黑水之間有廣都之野爰有膏菽膏稻膏黍膏稷百穀自生

詩緯含神霧大齊之地處孟春之位海岱之間土地汚泥流之所歸利之所聚

春秋元命苞五星流為兗州鉤鈐星別為豫州昴畢散為冀州分為趙國箕星散為幽州分為燕國營室流為并州分為衛國參伐流為益州虛危流為青州天氐流為徐州軫星散為荊州婺女流為揚州

春秋說題辭西乃金之位米為陽之精故西合米為粟

稻太陰精含水漸洳江旁多稻乃其宜也

管子黃帝得太常而察于地利得奢龍而辨于東方得祝融而辨于南方得大封而辨于西方得后土而辨于北方

又常山之東河汝之間蚤生而晚殺五穀之所蕃孰也四種而五穫

注四種謂四時皆種五穫謂五穀皆宜而有所穫

越絶書少昊治西方蚩尤佐之使主金玄冥治北方白

辯佐之使主水太皥治東方豕何佐之使主木祝融治南方僕程佐之使主火后土治中央后稷佐之使主土並有五方以為綱紀是以易地而輔萬物之常

吳越春秋越地肥美其種甚嘉

淮南子星部地名角亢鄭氐房心宋尾箕燕斗牽牛越須女吳虛危齊營室東壁衛奎婁魯胃昴畢魏觜巂參趙東井輿鬼秦柳七星張周翼軫楚歲星之所居五穀豐昌其對為衝星歲乃有殃

又東南神州曰農土正南次州曰沃土西南戎州曰滔土正西弇州曰幷土正中冀州曰中土西北台州曰肥土正北濟州曰成土東北薄州曰隱土正東陽州曰申土

注農神之所經緯沃盛也稼穡盛張滔大也五穀成大幷猶成也百穀成熟冀大也四方之主故曰中薄猶平也氣所隱藏申復也陰氣盡于北陽氣復起

又汾水濛濁而宜麻濟水通和而宜麥河水中濁而宜菽雒水輕利而宜禾渭水多力而宜黍江水肥仁而宜稻平土之人慧而宜五穀

又東方川谷之所注日月之所出其地宜麥南方陽氣之所積暑濕居之其地宜稻西方高土川谷出焉日月入焉其地宜黍北方幽晦不明天之所閉也寒水之所積也蟄蟲之所伏也其地宜菽中央四達風氣之所通雨露之所會也其地宜禾

釋名青州在東取物生而青也徐州徐舒也土氣舒緩

也揚州州界多水水波揚也荊州取名于荊山也荊警也豫州地在九州之中京師東都所在常安豫也涼州西方所在寒涼也雍州在四山之內雍翳也幷州其州或幷或設故因以為名也幽州在北幽昧之地也冀州亦取地以為名也其地有險有易帝王所都亂則冀治弱則冀強荒則冀豐也兗州取兗水以為名也司州司隸校尉所主也益州益阨也所在之地險阨也古有營州齊衛之地于天文屬營室取其名也

又燕宛也北方沙漠平廣地在涿鹿山南宛宛然以為國都也宋送也接淮泗而東南傾以為殷後若云滓穢所在送使隨流東入海也鄭町也其地多平町町然也楚辛也其地蠻多而人性急數有戰爭辛楚之禍也周地在岐山之南其山四周也秦津也其地沃衍有津潤也晉進也其土在北有事於南則進而南也又取晉水以為名其水迅進也趙朝也本小邑朝事於大國也魯魯鈍也國多山水民性樸魯也衛衛也既滅殷立武庚

為殷後三監以守衛之也齊齊也地在渤海之南渤齊之中也吳虞也太伯讓位而不就歸封之於此虞其志也越夷蠻之國度越禮義無所拘也此十二國上應列宿各以其地及於事宜制此名也

又秦置郡縣隨其所在山川土形而立其名漢就而因之河南在河之南也河內河水從岐山而南從雷首而東從譚首而北郡在其內也河東在河水東也河西在河水西也上黨之所也在山上其所最高故曰上也潁川因潁水為名也汝南在汝水南也汝陰在汝水陰也東郡南郡以京師方面言之也北海海在其北也西海海在其西也南海在海南也宜言海南欲同四海名故言南海東海海在其東也濟南濟水在其南也濟北濟水在其北也義亦如南海也南陽在國之南而地陽也凡若此類郡國之名取號於此其餘可知也縣邑之名亦如之

崔寔政論三輔左右及涼幽州內附近郡皆土曠人稀

厥田宜稼

博物志東方少陽日月所出山谷清西方少陰日月所入其土窈冥南方太陽土下水淺北方太陰土平廣深中央四析風雨交山谷峻

廣雅神農度四海內東西九十萬里南北八十一萬里帝堯所治九州地二千四百三十萬八千二百四頃其墾者九百一十萬八千二十四頃

史記貨殖列傳山西饒材竹穀纑山東多魚鹽漆絲江

南出枏梓薑桂關中自汧雍以東至河華膏壤沃野千里好稼穡殖五穀地重（重於稼穡也）巴蜀亦沃野地饒巵薑竹木之器天水隴西北地上郡畜牧為天下饒三河在天下之中土地狹小民人衆故其俗纖儉習事中山地薄人衆民俗懁急仰機利而食燕有魚鹽棗栗之饒綰穢貉朝鮮真番之利齊帶山海膏壤千里宜桑麻人民多文綵布帛魚鹽鄒魯濱洙泗頗有桑麻之業無林澤之饒堯作游成陽舜漁於雷澤湯止於亳其俗好稼穡

致其畜藏淮北沛陳汝南南郡地薄寡於積聚江陵故郢都有雲夢之饒陳在楚夏之交通魚鹽之貨吳有海鹽之饒三江五湖之利江南卑濕多竹木總之楚越之地地勢饒食無饑饉之患以故呰窳偷生無積聚而多貧是故江淮以南無凍餓之人亦無千金之家沂泗水以北宜五穀桑麻地小人衆數被水旱之害民好畜藏故秦夏梁魯好農而重民三河宛陳亦然齊趙設智巧仰機利燕代田畜而事蠶汶山之下沃野下有蹲鴟（芋也）至死不饑

又地理志巴蜀廣漢土地肥美有江水沃野山林竹木疏食果實之饒

又溝洫志平原東郡左右其地形下而土疏惡

又東方朔列傳汧隴以東商雒以西厥壤肥饒天下陸海之地有秔稻黎栗桑麻竹箭之饒故豐鎬之間號為土膏

又東夷列傳夫餘於東夷之域最為平敞土宜五穀挹

婁古肅慎之國有五穀麻布土氣極寒常為穴居東沃沮土肥美背山向海宜五穀善田種馬韓人知田蠶辰韓土地肥美宜五穀

又南蠻列傳牂牁地多雨潦句町縣有桄榔木可以為麪百姓資之益州郡有池周回二百餘里水源深廣而末更淺狹有似倒流故謂之滇池河土平敞有鹽池田漁之饒汶山郡土氣多寒在盛夏冰猶不釋土地剛鹵不生穀粟麻菽惟以麥為資而宜畜牧武都土地險阻

有麻田

又西羌列傳大小榆谷土地肥美

又雍州之域厥田惟上沃野千里穀稼殷積又有龜茲鹽池以為民利水草豐美土宜產牧

又伊吾地宜五穀桑麻蒲萄其北又有柳中皆膏腴之地

又烏桓列傳其土地宜穄及東墻東墻似蓬草實如穄子至十月而熟

帝王世紀自斗十一度至婺女七度一名須女曰星紀之次于辰在丑謂之赤奮若于律為黃鍾斗建在子今吳越分野自婺女八度至危十六度曰玄枵之次一名天黿于辰在子謂之困敦于律為大呂斗建在丑今齊分野自危十七度至奎四度曰豕韋之次一名娵訾于辰在亥謂之大淵獻于律為大簇斗建在寅今衛分野自奎五度至胃六度曰降婁之次于辰在戌謂之閹茂于律為夾鍾斗建在卯今魯分野自胃七度至畢十一度曰大梁之次于辰在酉謂之作噩于律為姑洗斗建在辰今趙分野自畢十二度至東井十五度曰實沈之次于辰在申謂之涒灘于律為仲呂斗建在巳今晉魏分野自井十六度至柳八度曰鶉首之次于辰在未謂之協洽于律為蕤賓斗建在午今秦分野自柳九度至張十七度曰鶉尾之次于辰在巳謂之大荒落于律為夷則斗建在申今楚分野自軫十二度至氐四度曰壽星之次于辰在辰謂之執徐于律為南呂斗建在酉今韓分野自氐五度至尾九度曰大火之次于辰在卯謂

之單閼于律為無射斗建在戌今宋分野自尾十度至斗七度百三十五分而終曰析木之次于辰在寅謂之攝提格于律為應鍾斗建在亥今燕分野

隋書地理志正西曰雍州上當天文自東井十度至柳八度為鶉首于辰在未得秦之分野安定北地上郡隴西天水金城六郡之地勤于稼穡梁州于天官上應參之宿漢中之人多事田漁豫州其在天官自氐五度至

尾九度為大火于辰在卯宋之分野屬豫州自柳九度至張十六度為鶉火于辰在午周之分野屬三河則河南淮之星次亦豫州之域梁郡好尚稼穡兖州其于天官自軫十二度至氐四度為壽星于辰在辰鄭分野冀州其于天文自胃七度至畢十一度為大梁屬冀州自尾十度至南斗十一度為析木屬幽州自危十六度至奎四度為娵訾屬并州自柳九度至張十六度為鶉火屬三河則河内河東也淮之星次本皆冀州之域信都

清河河間博陵恒山趙郡武安襄國其俗務在農桑長平上黨人多重農桑河東絳郡文城臨汾龍泉西河土地沃少瘠多正東曰青州其在天官自須女八度至危十五度為玄枵于辰在子齊之分野多務農桑徐州自奎五度至胃六度為降婁于辰在戌賤商賈務稼穡揚州在天官自斗十二度至須女七度為星紀于辰在丑吳越得其分野江南之俗火耕水耨食魚與稻宣城毗陵吳郡會稽餘杭東陽數郡州澤沃衍有海陸之饒豫章之俗勤耕稼自嶺已南二十餘郡大率土地下濕荆州上當天文自張十七度至軫十一度為鶉首于辰在巳楚之分野

宋史地理志京東路兖豫青徐之域當虛危房心奎婁之分西抵大梁南極淮泗東北至于海有鹽鐵絲石之饒其俗勤耕紝營丘號稱富衍物產尤盛京西路冀豫荆兖梁五州之域而豫州之壤為多當井柳星張角亢氐之分東暨汝潁西被陝服南略鄢郢北抵河津絲枲

漆纊之所出而洛邑為天地之中民性安舒然土地褊薄迫于營養汝蔡率多曠田太宗遷晉雲朔之民于京洛鄭汝之地墾田頗廣河北路兖冀青三州之域而冀兖為多當畢昴室東壁尾箕之分南濱大河北際幽朔東瀕海岱西壓上黨繭絲織紝之所出土平而近邊置方田以資軍廩河東路冀雍二州之域而冀州為多當觜參之分其地東際常山西控黨項南盡晉絳北控雲朔當大行之險地有鹽鐵之饒勤農織之事業寡桑柘

而富麻苧陝西路雍梁冀豫四州之域而雍州全得焉當東井輿鬼之分西接羌戎東界潼陝南抵蜀漢北際朔方有絲枲林木之饒其民慕農桑好稼穡鄜杜南山土地膏沃二渠灌溉兼有其利兩浙路揚州之域當南斗須女之分東西際海西控震澤北濱于海有魚鹽布帛秔稻之產淮南路荊徐揚豫四州之域而揚州為多當南斗須女之分東至于海四抵灘渙南濱大江北界清淮土壤膏沃有茶鹽絲帛之利江南東西路揚州之

域當牽牛須女之分東限七閩西畧下口南抵大庾北際大江川澤沃衍有水物之饒永嘉東遷茗舛治鑄金帛秔稻之利歲給縣官用度蓋半天下之入焉荊湖南北路荊州之域當張翼軫之分東界鄂渚西接溪洞南抵五嶺北連襄漢其土宜穀稻南路有袁吉壤接者其民往往轉徙自占深耕溉種北路農作稍惰多曠土福建路蓋古閩越之地其地東南際海西北多峻嶺抵江有茶鹽海物之饒民安土樂業川源浸灌田疇膏沃無凶年之憂而土田迫陿生籍繁夥雖磽确之地耕耨殆盡川峽四路梁雍荊三州之地而梁州為多天文與秦同分南至荊峽北控劍棧西南接蠻夷土植宜柘繭絲織文纖麗者窮于天下地狹而腴民勤耕作無寸土之曠歲三四收廣南東西路荊揚二州之域當牽牛婺女之分南濱大海西控夷洞北限五嶺宋初人稀土曠儋崖萬安三州地狹戶少

金史食貨志中都西京北京上京遼東臨潢陝西地寒

稼穡遲熟夏稅限以七月為初

通鑑注太行為河北脊其山脊諸州皆山險至太行山盡頭地始平廣田皆腴美俗謂小江南古所謂覃懷也

海槎餘錄儋耳境山百倍于田土多石少雖絕頂亦可耕植

農政全書三吳古稱澤國其西南翕受太湖陽城諸水形勢尤卑而東北際海岡隴之地視西南特高高者田常苦旱旱者田常苦澇

又中州濱河之區歲苦馮夷衝齧關中引涇通渭并州西南若汾若沁盡可引注為農田用三楚漢沔西來大江中貫閘渠建閘在在沃壤廣南沿海多淤沙饒沃容有未興之利八閩江右畝窄人稠

欽定授時通考卷九

欽定授時通考卷十

土宜

物土

尚書禹貢庶土交正

傳衆土俱得其正謂墳壤壚葉氏夢得曰謂以九土相參而辨其等也集傳土者財之自生謂之庶土則非特穀土也庶土有等當以高下名物交相正焉以任土事如周大司徒以土宜之法辨十有二土之名物以任土事之類

又咸則三壤

集傳則品節之也九州穀土又皆品節之以上中下三等如周大司徒辨十有二壤之名物以致稼穡之類陳氏祥道曰冀州白而壤雍州黄而壤豫州厥土惟壤則壤色非一而已壤與墳埴塗泥雖殊而墳埴塗泥亦壤中之小别耳此禹貢總言三壤而周官總

言十二壤也夏氏允彝曰三壤之中又各有三品復有上下錯而總之為三壤禹之法亦密矣

左傳書土田

注書土地之所宜

辨京陵

注辨別也絕高曰京大阜曰陵

表淳鹵

注淳鹵埆薄之地表之輕其賦稅疏賈逵云淳鹹也

說文云鹵西方鹹地也東方謂之斥西方謂之鹵呂氏春秋稱魏文侯時吳起為鄴令引漳水以灌田民歌之曰決漳水兮灌鄴旁終古斥鹵生稻粱是鹹海之地名為斥鹵禹貢之海濱廣斥是也

數彊潦

疏賈逵以彊為彊檗境埆之地鄭衆以為彊界內有水潦者鄭玄云彊檗經堅者則彊地猶堪種植非水潦之類故從鄭衆之說數其彊界有水潦者計數減其租入也

規偃豬

注偃豬下濕之地規度其受水多少疏豬者停水之名偃豬謂偃水為豬故為下濕之地規度其地受水多少得使田中之水注之

町原防

注廣平曰原防隄也隄防間地不得方正如井田別為小町畦也疏史游急就篇云頃町界畝是町亦頃

類故連言之謂廣平為原者因爾雅之文其實此原謂隄防之間也釋地於陸陵阿之下云可食者曰原孫炎曰可食謂有井田也陸阿山田可種穀者亦曰原也謂彼陵阿之間可食之地非廣平也

井衍沃

注衍沃平美之地則如周禮制以為井田六尺為步步百為畝畝百為夫九夫爲井疏衍是高平而美者沃是底平而美者皆是良田故如周禮之法制之以

為井田賈逵云下平曰衍有溉曰沃所指雖異而俱爲良美之田也

公羊傳原者何上平曰原下平曰隰

注分别之者地勢各有所生原宜粟隰宜麥當教民所宜

禮記王制凡居民材必因天地寒煖燥濕

注使其材藝堪地氣也疏言五方之人其能各殊各須順其性氣材藝使堪其地氣也

周禮天官大宰以九職任萬民一曰三農生九穀

注三農原隰平地疏鄭司農以三農為平地山澤積石曰山水鍾曰澤不生九穀故後鄭不從之也爾雅高平曰原下濕曰隰原及平地可種黍稷之等隰中可種稻及梁苽也

又地官大司徒以土會之灋辨五地之物生一曰山林其植物宜皁物二曰川澤其植物宜膏物三曰丘陵其植物宜覈(音核)物四曰墳衍其植物宜莢物五曰原濕其植物宜叢物

注會計也以土計貢稅之法因别此五者也積石曰山竹木曰林注瀆曰川水鍾曰澤土高曰丘大阜曰陵水涯曰墳下平曰衍高平曰原下濕曰隰植物凡根生者皆是也皁物柞栗之屬今謂柞實為皁斗膏當為櫜字之誤蓮芡之實有櫜韜覈物李梅之屬莢物薺莢王棘之屬叢物萑葦之屬疏以土地計會所出貢稅之法貢稅出於五地五地所生不同故以土

會之法辨之也五地以高下言山林高之極川澤下之極故以為對也五地之物皆方以類聚物以羣分因地氣所感不同故有異也刪翼魏氏校曰五地隨氣異形氣行地中人物之生復隨形異稟蓋天氣以為父地質以為母子肖母形聖人仰稽天運俯察地理以土會之法通計所生物何者為多因而知其土之所宜所以通知地利而盡人物之性也

又以土均之法辨五物九等制天下之地征以作民職

以令地貢以斂財賦以均齊天下之政
注均平也五物五地之物也九等騂剛赤緹之屬征稅也民職民九職也地貢貢地所生謂九穀也財謂泉穀賦謂九賦及軍賦
又乃分地職奠音定地守制地貢而頒職事焉以為地灋而待政令
注分地職分其九職所宜也定地守謂衡麓虞候之屬制地貢謂九職所稅也頒職事者分命使各為其

所職之事疏既授民以上中下地矣此分地職是分九職所宜也九職則大宰云三農生九穀是也所宜謂若孝經注高田宜黍稷下田宜稻麥之類是也
人遂人掌邦之野凡治野以土宜教甿稼穡
疏以土宜教甿稼穡者高田種黍稷下田種稻麥是教之稼穡也
又草人掌土化之法以物地相其宜而為之種
注土化之法化之使美若氾勝之術也以物地占其形色為之種黃白宜以種禾之屬疏化之使美者謂若騂剛用牛糞種化騂剛之地使美如下文所云也漢時農書數家氾勝為上故云氾勝之術也黃白宜以種禾之屬者鄭依孝經緯援神契而言也
又夏官土方氏辨土宜土化之灋而授任地者
注土宜謂九穀植穉所宜也土化地之輕重糞種所宜用如地官草人所掌之法也任地者載師之屬疏授謂以書作法授之

爾雅釋地下濕曰隰大野曰平廣平曰原高平曰陸大陸曰阜大阜曰陵大陵曰阿可食者曰原陂者曰阪下者曰隰
疏此釋地高下不同之名也下濕謂地形卑下而水濕者李巡曰土地窊下常沮洳名為隰也大野曰平者大野之澤一名平曾有大野是也高平曰陸大陸曰阜大阜曰陵大陵曰阿者李巡曰高平謂土地豐正名為陸土地高大名為阜最大名為陵陵之大者

名阿詩大雅皇矣云無矢我陵我陵我阿是也原阪隰三者地形雖有高下不同皆可種穀給食高而可食者名原詩大雅篤公劉于胥斯原是也陂陀不平而可食者名阪詩小雅正月篇瞻彼阪田有菀其特是也下平而可食者名隰公羊傳下平曰隰是也

大戴禮子曰平原大藪瞻其草之高豐茂者草可財也如艾而夷之其地必宜五穀

孝經援神契黃白土宜禾黑墳宜黍麥赤土宜菽汚泉

宜稻

古三墳山地險徑川地廣平雲地高林氣地下濕

管子桑麻不植於野五穀不宜其地國之貧也桑麻植於野五穀宜其地國之富也相高下視肥墝觀地宜明詔期前後農夫以時均脩焉使五穀桑麻皆安其處由田之事也（朱長春曰田田畯之類）

又凡地十仞見水者不大潦五尺見水者不大旱

又地道不宜則有飢饉

又高下肥磽物有所宜故曰地不一利

又管仲之匡天下也其施七尺

注施者大尺之名其長七尺

又瀆田悉徙五種無不宜其木宜蚖菕（音元論）與杜松其草宜楚棘見是土也命之曰五施五七三十五尺而至於泉其水倉其民疆

注瀆田謂穿溝瀆而溉田悉徙謂其地每年皆須更易也五施謂其地深五施每施七尺故五七三十五

尺而至於泉也朱長春曰瀆田五施赤壚四施黃唐三施斥埴再施黑埴一施五土惟五施者最為土厚水深也集韻菕露香草

又赤壚歷彊肥五種無不宜其麻白其布黃其草宜白茅與雚其木宜赤棠見是土也命之曰四施四七二十八尺而至於泉其水白而甘其民壽

注歷疎也彊堅也爾雅雚芄蘭

又黃唐無宜也唯宜黍秫宜縣澤其草宜黍秫與茅其

木宜櫄（椿同）擾桑見是土也命之曰三施三七二十一尺而至於泉其泉黃而糗流徙

注唐虛脆也縣澤常宜縣注而澤擾桑柔桑也糗謂其水糗糒之氣泉居地中而流故曰流徙

又斥植宜大菽與麥其草宜萯蓨雚其木宜杞見是土也命之曰再施二七十四尺而至於泉其泉鹹水流徙

又黑埴宜稻麥其草宜萍蓨其木宜白棠見是土也命之曰一施七尺而至於泉其水黑而苦

又墳延者六施六七四十二尺而至于泉陜之芳七施七七四十九尺而至於泉祀陜八施七八五十六尺而至於泉杜陵九施七九六十三尺而至於泉延陵十施七十尺而至於泉環陵十一施七十七尺而至於泉蔓山十二施八十四尺而至於泉付山十三施九十一尺而至於泉付山白徒十四施九十八尺而至於泉中陵十五施百五尺而至於泉

又青山十六施百一十二尺而至於泉青龍之所居庚泥不可得泉

注庚續也其處既有青龍居又沙泥相續故不可得泉也朱長春曰庚金剛庚泥泥剛也

又赤壤勢（音敖）山十七施百一十九尺而至於泉其下清商不可得泉

注清商神怪之名

又陞山白壤十八施百二十六尺而至於泉其下騂石不可得泉

注言有石騂密故不可得泉

又陵山十九施百三十三尺而至於泉其下有灰壤不可得泉

又高陵土山二十施百四十尺而至於泉

又山之上命之曰縣泉其地不乾其草如茅與走其木乃構鑿之二尺乃至於泉

注茅走皆草名朱長春曰上文自墳延而至陡山十四加不得泉已四矣又一加至十四丈而高陵土山

反不言無泉何也地經曰山之吉者地泉鍾於下靈光發於頂故高山之首多生雲煙降雨澤山上出泉謂之天池今名山至高多有之其旁其側則其脈氣所落而結也故為天眼石井珠簾瀑布玉乳玉潭龍湫虎跑蛟飛杖錫或天生或人力或神通其泉多有名飲之益人冬夏常注大旱不竭上頂氣仰而升故得泉淺傍氣在中側氣在下則泉漸深矣

又山之上命之曰復呂其草魚腸與蕕其木乃柳鑿之

三尺而至於泉山之上命之曰泉英其草蘄白昌其木乃楊鑿之五尺而至於泉

又山之材其草兢與薔其木乃格鑿之二七十四尺而至於泉山之側其草葍與蔞其木乃品榆鑿之三七二十一尺而至於泉

注材猶旁也爾雅薔虞蓼注蓼之生澤者

又凡草土之道各有穀造或高或下各有草土葉下於⿱林草⿱林草下於莧莧下於蒲蒲下於葦葦下於雚雚下於蔞蔞下於荓荓下於蕭蕭下於薜薜下於萑萑下於茅凡彼草物十有二衰各有所歸

注穀造謂此地生某草宜某穀造成也葉草名唯生一葉無茎在⿱林草之下⿱林草即鬱也莊周所謂鬱西也萑一作蓷莞蔚草也衰謂草上下相重次也

又九州之土為九十物每州有常而物有次羣土之長是唯五粟五粟之物或赤或青或白或黑或黄五粟五章五粟之狀淖而不肕剛而不觳不濘車輪不汚手足

其種大重細重白莖白秀無不宜也五粟之土若在陵在山在墳在衍其陰其陽盡宜桐柞莫不秀長其榆其柳其檿其桑其柘其櫟其槐其陽羣木蕃滋數大條直以長其地其樊俱宜竹箭藻龜楢檀五臭生之薜荔白芷蘪蕪椒連其泉黄白其人夷姤五粟之土乾而不格湛而不澤無高下葆澤以處是謂粟土

注肕堅也觳薄也濘泥也校謂馨烈之氣夷平也姤好也言均善也格謂堅槀也葆澤以處言常潤也

又粟土之次曰五沃五沃之物或赤或青或白或黄或黑五沃五物各有異則五沃之狀剽怷橐土蟲易全處怷剽不白下乃以澤其種大苗細苗赨莖黑秀箭長五沃之土若在丘在山在陵在岡若在陬陵之陽其左其右宜彼羣木桐柞枎櫄及彼白梓其梅其杏其桃其李其秀生莖起其棘其棠其槐其楊其榆其桑其杞其枋羣木數大條直以長其陰則生之楂藜其陽則安樹之五麻若高若下不擇墝所其麻大者如箭如葦大長以

美其細者如雚如蒸五臭疇生蓮與蘪蕪藁本白芷其泉白清其人堅勁寡有疥騷終無痟酲五沃之土乾而不斥湛而不澤無高下葆澤以處是謂沃土

注剽堅也怷密也橐土謂其土多竅穴若橐之多竅故蟲處之易全也怷剽不白下乃以澤者土既堅密故常潤濕而不乾白此乃葆澤之地也赨即赤也箭長謂若竹箭之長也疇隴也痟首疾也酲酒病也斥潟鹵也

又沃土之次曰五位五位之物五色雜英各有異章五位之狀不塥不灰青怷以菭與苔通又音墀及其種大葦無細葦無赨莖白秀五位之土若在岡在陵在墳在衍在丘在山皆宜竹箭求黽楢檀其山之淺有龍與斥羣木安逐條長數丈其桑其松其杞其茸種木胥容榆桃柳楝羣藥安生薑與桔梗小辛大蒙其山之梟多桔符榆其山之末有箭與苑其山之旁有彼黄虻及彼白昌山藜葦芒羣藥安聚以圍民殃其林其漉其槐其楝其柞其

穀羣木安逐其泉青黑其人輕直省事少食無高下葆澤以處是謂位土

注塥謂堅不相著也菭地衣也青怷以菭及謂色青而細密和菭以相及也求黽竹類龍斥並草名安和易逐競長數謂速長也大蒙藥名梟猶巔也少食言其性廉也

又位土之次曰五蘟音隱五蘟之狀黑土黑菭青怵以肥芬然若灰其種櫑葛赨莖黄秀恚目其葉若苑以蓄植

果木不若三土以十分之二是謂蘟土

注玢然墳起貌恚目謂殼實怒開也苑蘊結也三土謂五粟五沃五位言於三土十分已不如其二分餘倣此

又蘟土之次曰五壤五壤之狀芬然若澤若屯土其種大水腸細水腸赨莖黃秀以慈忍水旱無不宜也蓄植果水不若三土以十分之二是謂壤土

注屯土言其土得澤則墳起為堆故曰屯土也忍耐也

又壤土之次曰五浮五浮之狀捍然如米以葆澤不離不坼其種忍蘟忍葉如雚葉以長狐茸黃莖黑秀其粟大無不宜也蓄殖果木不如三土以十分之二凡上土三十物種十二物

注捍堅貌言其土屑細如米也忍蘟草名狐茸言草之狀若狐也類篇蘟葸菜名似蕨

又中土曰五怸五怸之狀廩焉如壏咸上聲周禮通作槩潤濕以處其種大稷細稷赨莖黃秀慈忍水旱細粟如麻蓄殖果木不若三土以十分之三

注壏猶彊也朱長春云下有糠以肥此壏與濫同如麻言其繁美如麻也

又怸土之次曰五纑音盧五纑之狀彊力剛堅其種大邯鄲細邯鄲莖葉如扶櫄音符櫄其粟大蓄殖果木不若三土以十分之三

注邯鄲草名粟大言其粒大也

又纑土之次曰五壏五壏之狀芬焉若糠以肥其種大苭小苭青莖黃秀蓄殖果木不若三土以十分之三

注若糠以肥謂其地色黃而虛

又壏土之次曰五剽五剽之狀華然如芬以脤其種大秬細秬黑莖青秀蓄殖果木不若三土以十分之四

注脤謂其地色青紫若脤然秬黑黍也

又剽土之次曰五沙五沙之狀粟焉如屑塵厲其種大萯細萯白莖青秀以蔓蓄殖果木不如三土以十分之

四

注粟馬如屑塵厲言其地粟碎若屑塵之厲厲踊起也

又沙土之次曰五塥五塥之狀果然如僕累不忍水旱其種大樛杞細樛杞黑莖黑秀蓄植果木不如三土以十分之四凡中土三十物種十二物

注僕附也僕累言其地附著而重累也樛杞木名

又下土曰五猶五猶之狀如糞其種大華細華白莖黑

秀蓄殖果木不如三土以十分之五

注大華細華草名

又猶土之次曰五弙五弙之狀如鼠肝其種青梁黑莖黑秀蓄殖果木不如三土以十分之五

又弙土之次曰五殖五殖之狀甚澤以疏離坼以臛塉（音寂木借瘠）其種雁膳黑實朱跗黃實蓄殖果木不如三土以十分之六

注雁膳草名跗花足也

又五殖之次曰五觳五觳之狀婁婁然不忍水旱其種大菽細菽多白實蓄殖果木不如三土以十分之六

注婁婁然疏也

又觳土之次曰五鳧五鳧之狀堅而不骼其種陵稻黑鵝馬夫蓄殖果木不如三土以十分之七

注堅而不骼言雖堅不同骨之骼也陵稻陸生稻也黑鵝馬夫皆草名

又鳧土之次曰五桀五桀之狀甚鹹以苦其物爲下其

種白稻長狹蓄殖果木不如三土以十分之七凡下土三十物其種十二物凡土物九十其種三十六

注長狹謂稻之形長而狹也

荀子相高下視肥磽序五種君子不如農人

呂氏春秋厚土則孽不通薄土則蕃輜而不發壚埴冥色剛土柔種免耕殺草使農事得

淮南子欲知地道物其樹

注五土之宜各有所宜種

說苑山川汚澤陵陸丘阜五土之宜聖王就其勢因其便不失其性高者黍中者稷下者秔蒲葦菅蒯之用不乏麻麥黍粱亦不盡

又農人擇田而田田者擇種而種之豐年必得粟

風俗通阜者茂也言平地隆踊不屬於山陵也部者阜之類也今齊魯之間田中少高卬名之爲部藪之言厚也所以厚養人民與百姓也澤者言其潤澤萬物以宜民用也陂者繁也言因下鍾水以繁利萬物也

釋名地者底也其體底下載萬物也易謂之坤坤順也上順乾也土吐也吐生萬物也已耕者曰田田塡也五稼塡滿其中也壤瀼也肥濡意也土青曰黎似藜草色也土黄而細密曰埴埴膩如脂也土赤曰鼠肝似鼠肝色也土白曰漂漂輕飛散也土黑曰壚壚然解散也

博物志地以名山爲輔佐石爲之骨川爲之脈草木爲之毛土爲之肉三尺以上爲糞三尺以下爲地

又五土所宜黄白宜種禾黑墳宜麥黍蒼赤宜菽芋下泉宜種稻得其宜則利百倍

齊民要術地勢有良薄山澤有異宜

注山田種強苗以避風霜澤田種弱苗以求華實

又土壤氣脈其類不一肥沃磽确美惡不同黑壤之地信美矣故肥沃之過不有生土以解之則苗茂而實不堅磽确之土信惡矣然糞壤滋培則苗蕃秀而實堅栗

後山談叢田理有横有立横土立土不可稻爲其不停水也

袁黄寶坻勸農書禹别九州之土色辨爲九等蓋風行地上各有方位土性所宜因隨氣化所以九州之土各有别也然禹亦辨其大槩耳一州之中土脈各異豈惟一州即一縣之土亦有不齊寶坻縣西北之地白而壤東南之地黑而塗泥就西北之中高者白壤而或兼赤下者青壚就東南之中高者埴壚下者純塗泥而近海者則鹹潟而斥鹵此皆地氣之不齊也周禮司稼掌巡邦野之稼而辨穜稑之種周知其名與其所宜地以爲

法而教於邑閭故耕稼得宜而閭閻充實後世此官不設此政不修而農民狃於故見不察土脈茫昧而種北方尤甚今吾寶邑高鄉宜麥宜麻宜黍宜穀宜棉花者悉仍其舊低鄉宜蔿宜秔宜稗者亦且隨意植之但稗之入最薄惟初開荒地宜種之鹵氣既盡即當種穀矣種蔿亦不若種秔但開井於隴首旱則每月澆三四次無不成熟者海濱一帶皆為鹹鹵之地棄而不耕荒蕪彌目此與抛黃金於路旁而自傷窮窘者何異哉

又地利不同有強土有弱土有輕土有重土有緊土有緩土有肥土有瘠土有燥土有濕土有生土有熟土有寒土有煖土皆須相其宜而耕治布種之苟失其宜則徒勞氣力反失其利齊民要術云春地氣通可耕堅硬強地黑壚土輒磨平其塊以待時所謂強土而弱之也杏始花輒耕輕土弱土閒數日草生復耕之遇雨又復耕之土甚輕者以牛羊踐之如此則土強所謂弱土而強之也緊土宜深耕熟耙多耙則土鬆用灰壅之最佳緊甚用浮沙壅之此緊者緩之也緩者曳磟碡重滾壓之不滾壓則土浮而根虛雨後日炙易萎此土用河泥壅之最妙此緩者緊之也燥土宜遇雨而耕或作圍蓄水冬間遇雪於上邊風來處起土作障勿使雪從風飛去使雪融化入土則所種倍收（按此是燥者潤之）寒土宜焚草根壅之寒甚用石灰此寒者煖之也生土則去草宜淨耕耙宜多此生而熟之也熟土須識代田之法如上年此一行下種今年須空此一行而以舊時空地種之上

年此地種黍今年則種稷此熟而生之也肥沃之土不有生土以觧之則苗茂而實不堅磽确之土得糞壤滋培則苗蕃秀而實堅栗肥者瘠之瘠者肥之亦一定之理也孝經援神契曰黃白土宜禾黑土宜麥赤土宜菽汚泉宜稻北人類以洿下之地為劣而不知其宜稻惟不講水田之法故也

又瀕海之地潮水往來淤泥常積有鹹草叢生此須挑溝築岸或樹立椿橛以抵潮汎其田形中間高兩邊下

不及十數丈即爲小溝百數丈即為中溝千數丈即為大溝以注雨潦此甜水淡水也其地初種水稗斥鹵既盡漸可種稻所謂瀉斥鹵兮生稻粱非虛語也

又周禮草人土化之法鄭康成注謂所以糞土者以牛羊諸骨煑取汁也今固不能分析土性亦無麋鹿貆狐之骨可用然熟玩此章可以知古人用糞之意騂剛者色赤而性剛也赤緹者色赤而如緹謂薄也說卦坤為牛兌為羊牛性前順羊性前逆牛屬土其糞和緩可以

化剛土羊屬金其糞燥密可以治薄土也墳謂土脈墳起而柔解也渴澤謂水去而澤乾也墳壤屬陽渴澤屬陰月令夏至鹿角解冬至麋角解鹿陽故遇陰生而角解麋陰故遇陽生而角解今以麋矢化陽土以鹿矢化陰土也鹹潟鹵也勃壤粉解也鹹鹵之地常濕粉解之地常乾貆貉屬貆好睡狐好疑貆貪殘之物狐陰媚之物貪殘者其氣在外故以化濕土陰媚者其氣在內故以化乾土也埴壚黏黑也輕爂輕脆也埤雅云犬喜雪豕喜雨犬屬火其性輕佻故以化黏土豕屬坎其性負塗故以化脆土也此可以想古人變化之義矣得其意而推之則隨土用糞各有攸當也

春明夢餘錄湖蕩之間可以水耕者則引水鑿渠高衍之地可以陸種者則分經定界

欽定授時通考卷十

欽定四庫全書

欽定授時通考卷十一

土宜

田制上

詩小雅信彼南山維禹甸之

箋禹治而丘甸之六十四井為甸甸方八里居一城之中城方十里出兵車一乘以為賦法正義曰禹甸之者決除其災使成平田定貢賦於天子是以治為義也

我疆我理南東其畝

大全長樂劉氏曰疆謂有夫有畛有塗有道有路以經界之也理謂有遂有溝有洫有澮有川以疏道之也又安成劉氏曰地之勢東南下水勢皆趨之故順其勢以縱為遂以横為溝而南其畝東其畝也

詩大雅迺疆迺理迺宣迺畝

注疆謂畫其大界理謂別其條理也宣布散而居也畝治其田疇也

穀梁傳古者三百步為里名曰井田井田者九百畝公田居一私田稼不善則非吏公田稼不善則非民

禮記王制制農田百畝

注農夫皆受田於公疏王者制度授農以田是農夫授田於公也

州二百一十國其餘以為附庸閒田

天子之縣內凡九十三國其餘以禄士以為閒

疏畿外州建二百一十國之外則閒田少畿內立九十三國之外閒田多者以畿外諸侯有大功德始有附庸故閒田少畿內每須朌賜故閒田多

田里不粥

注皆授於公民不得私也

方一里者為田九百畝方十里者為方一里者百為田九萬畝方百里者為方十里者百為田九十億畝方千里者為方百里者百為田九萬億畝

方百里者為田九十億畝山陵林麓川澤溝瀆城郭宮室塗巷三分去一其餘六十億畝

諸侯之有功者取於閒田以禄之其有削地者歸之閒田

周禮地官大司徒不易之地家百晦一易之地家二百晦再易之地家三百晦

注不易之地歲種之地美故家百晦一易之地休一歲乃復種地薄故家二百畝再易之地休二歲乃復種故家三百畝

小司徒乃均土地以稽其人民而周知其數上地家七人中地家六人下地家五人

注均平也周猶徧也一家男女七人以上則授之以上地所養者衆也男女五人以下則授之以下地所養者寡也

又乃經土地而井牧其田野九夫為井四井為邑四邑為丘四丘為甸四甸為縣四縣為都以任地事

疏匠人營溝洫於田掌其經界故云乃經土地經謂為之里數在土地之中立其里數謂井方一里邑方二里之等是也而井牧其田野者井方一里兼言牧地是次田二牧當上地一井授民田之時上地不易家百畝中地一易家二百畝下地再易家三百畝通率三家受六夫之地一家受二夫與牧地同故云井牧其田野也删翼丘氏曰野外之田不無美惡肥磽之差豈必盡如指掌之平棊盤之畫哉唯有井有牧比析而行乃是活法易氏曰井則上地中地下地之殊牧則不易一易再易之辨王氏曰此法與遂人百夫洫千夫澮萬夫川相表裏

又載師以宅田士田賈田任近郊之地以官田牛田賞田牧田任遠郊之地以公邑之田任甸地以家邑之田任稍地以小都之田任縣地以大都之田任畺地

注鄭司農云民宅曰宅宅田者以備益多也士田者士大夫之子得而耕之田也賈田者吏為縣官賣財

與之田官田者公家之所耕田牛田者以養公家之牛賞田者賞賜之田牧田者牧六畜之田司馬法曰王國百里為郊二百里為州三百里為野四百里為縣五百里為都杜子春云五十里為近郊百里為遠郊鄭玄謂宅田致仕者所受田也士讀為仕仕者亦受田所謂圭田也賈田在市賈人其家所受之田也官田庶人在官者其家所受田也牛田牧田畜牧者之家所受田也公邑謂六遂餘地天子使大夫治之

自此以外皆然二百里三百里其上大夫如州長四百里五百里其下大夫如縣正是以或謂二百里為州四百里為縣云家邑大夫之采地小都卿之采地大都公之采地畺五百里王畿界也然圖書篇載師掌任地之法有宅田士田賈田有官田牛田賞田牧田有公邑之田有小都大都之田且國有四民農之受田無疑矣惟工商之受田初無明文而二鄭之釋周禮則有異議司農謂士田士大夫之子得而耕之田也賈田吏為縣官賣材者與之田也後鄭則引漢食貨志之言謂農民户一人已受田其家衆男為餘夫亦以口受田如比士工商家受田五口乃當農夫一人據後鄭之意則直謂賈田為賈之家所受田也予以為不然夫四民不相業亦不相雜處其來久矣四民自農之外惟士為然蓋使之耕且養也果如後鄭之言以賈為商賈之賈則工商一也何載師獨載賈田而不言工田乎夫先王之所重者農民也所輕

者末作也不耕者出屋粟宅不毛者出里布莫非使農之為優而商賈不足事也今使為工者得以械器易粟而復受田則誰不為工乎使為商者日中而市交易而退而復受田則誰不為商乎然則載師無商田工田之明文而後鄭必為之説予以為不知先王重本抑末之意

又遂人辨野之土上地中地下地以頒田里上地夫一廛田百畮萊五十畮餘夫亦如之中地夫一廛田百畮

萊百晦餘夫亦如之下地夫一廛田百晦萊二百晦餘夫亦如之

注萊謂休不耕者六遂之民奇受一廛雖上地猶有萊皆所以饒遠也通考馬端臨曰按周家授田之制如大司徒遂人之説則是田肥者少授之田瘠者多授之如小司徒之説則口衆者授之肥田口少者授之瘠田如王制孟子之説則一夫定以百畝為率而良農食多惰農食少三者不同

又凡治野夫間有遂遂上有徑十夫有溝溝上有畛百夫有洫洫上有涂千夫有澮澮上有道萬夫有川川上有路以達於畿

注十夫二鄰之田百夫一酇之田千夫二鄙之田萬夫四縣之田遂溝洫澮皆所以通水於川也遂廣深各二尺溝倍之洫倍溝溝廣二尋深二仞徑畛涂道路皆所以通車徒於國都也徑容牛馬畛容大車涂容乘車一軌道容二軌路容三軌都之野涂與環涂同可也萬夫者方三十三里少半里九而方一同以南畝圖之則遂從溝横洫從澮横九澮而川周其外焉去山陵林麓川澤溝瀆城郭宫室涂巷三分之制其餘如此以至於畿則中雖有都鄙遂人盡主其地

集説葉氏曰司徒言井邑遂人言溝洫非鄉遂異制也井邑定田畝多寡以出税故以四井四邑言溝洫定水道大小以興利故以十夫百夫言

孟子夏后氏五十而貢殷人七十而助周人百畝而徹

注陳祥道曰夏商周之授田其畝數不同禹貢九州之地或言土或言作或言乂蓋禹平水土之後有土見而未作有作焉而未乂是時人工未足以盡地力故家五十畝而已沿歷商周則田浸闢而法備矣故商七十而助周百畝而徹詩曰信彼南山維禹甸之畇畇原隰曾孫田之我疆我理南東其畝則法略於夏備於周可知矣

卿以下必有圭田圭田五十畝餘夫二十五畝

注古者卿以下至於士皆受圭田五十畝所以供祭祀也圭潔也井田之民養公田者受百畝圭田半之故五十畝餘夫者一家一人受田其餘老少尚有餘力者受二十五畝半於圭田也

方里而井井九百畝其中為公田八家皆私百畝同養公田

注方里者九百畝之地也八家各私得百畝公田八十畝其餘二十畝以為廬井園圃家二畝半也

爾雅釋地田一歲曰菑二歲曰新田三歲曰畬

注今江東呼初耕地反草為菑詩曰于彼新田易曰不菑畬疏菑災也畬和柔之意也孫炎云菑始災殺其草木也新田新成柔田也畬和也田舒緩也

公羊傳注聖人制井田之法而口分之一夫一婦受田百畝以養父母妻子五口為一家公田十畝即所謂什一而稅也廬舍二畝半凡為田一頃十二畝半八家而九頃共為一井故曰井田井田之義一曰無泄地氣二曰無費一家三曰同風俗四曰合巧拙五曰通財貨司空謹別田之高下善惡分為三品上田一歲一墾中田二歲一墾下田三歲一墾故三年一換主選其耆老有高德者名曰父老其有辯護伉健者為里正皆受倍田

司馬法六尺為步步百為畝畮百為夫夫三為屋屋三為井井十為成成十為通通十為終終十為同

通典文王在岐用平土之法以為治人之道地著為本故建司馬法民受田上田夫百畝中田夫二百畝

下田夫三百畝三歲更耕之自爰其處農民戶已受田其家衆男為餘夫亦以口受田士工商家受田五口乃當農夫一人山林藪澤原陵淳鹵各以肥磽多少為差民年二十受田六十歸田

管子周岐山至於崢丘之西塞丘者山邑之田也周壽陵而東至少沙者中田也

商子地方百里者山陵處什一藪澤處什一谿谷流水處什一都邑谿道處什一惡田處什一良田處十四

呂氏春秋上農后稷曰上田棄畝下田棄甽是以六尺之耜所以成畝也其塼八寸所以成甽也

氾勝之書湯有旱災伊尹作為區田教民糞種區田非必須良田也諸山陵近邑高危傾阪及丘城上皆可為區田區田不耕旁地庶盡地力凡區種不先治地便荒地為之以畝為率令一畝之地長十八丈廣四丈八尺當橫分十八丈作十五町町間分為十四道以通人行道廣一尺五寸町皆廣一尺五寸長四丈八尺尺直橫

鑿町作溝溝一尺深一尺積穰於溝間相去亦一尺嘗悉以一尺地積穰不相受令弘作二尺地以積穰上農夫區方深各六寸間相去九寸一畝三千七百區一日作千區區種粟二十粒畝用種二升秋收區別三升粟畝收百斛中男夫區方九寸深六寸相去二尺一畝千二十七區用種一升收粟五十一石一日作三百區下農夫區方九寸深六寸相去二尺一畝五百六十七區用種六升收二十八石一日作二百區

漢書食貨志武帝末年以趙過為搜粟都尉過為代田一晦三甽歲代處故曰代田古法也后稷始甽田以二耜為耦廣尺深尺曰甽長終晦一晦三甽一夫三百甽而播耕於三甽中率十二夫為田一井一屋故晦五頃用耦犂二牛三人一歲之收常過縵田晦一斛以上善者倍之過使教田太常三輔率多人者田日三十晦少者十三晦以故田多墾闢過試以離宮卒田其宮壖地課得穀皆多其旁田晦一斛以上令命家田三輔公田

又教邊郡及居延城是後邊城河東弘農三輔太常民皆便代田用力少而得穀多

晉書食貨志武帝平吳之後有司奏詔書王公以國為家京城當使有芻藁之田今可限之近郊田大國十五頃次國十頃小國七頃男子一人占田七十畝女子三十畝其外丁男課田五十畝丁女二十畝次丁男半之女則不課

魏書食貨志太和九年詔均給天下民田諸男夫十五

以上受露田四十畝婦人二十畝奴婢依良丁牛一頭受田三十畝限四牛所受之田率倍之三易之田再倍之以供耕作及還受之盈縮諸民年及課則受田老免及身沒則還田奴婢牛隨有無以還受諸桑田不在還受之限但通入倍田分於分雖盈沒則還田不得以充露田之數不足者以露田充倍諸初受田者男夫一人給田二十畝課蒔餘種桑五十樹棗五株榆三根非桑之土夫給一畝依法課蒔榆棗奴各依良限三年種畢

不畢奪其不畢之地于桑榆地分雜蒔餘果及多種桑榆者不禁諸應還之田不得種桑榆棗果種者以違令論地入還分諸桑田皆為世業身終不還恒從見口有盈者無受無還不足者受種如法盈者得賣其盈不足者得買所不足不得賣其分亦不得買過所足諸麻布之土男夫及課別給麻田十畝婦人五畝奴婢依良皆從還受之法諸有舉戶老小癃殘無受田者年十一以上及癃者各授以半夫田年逾七十者不還所受寡婦守志者雖免課亦授婦田諸還受民田恒以正月若始受田而身亡及賣買奴婢牛者皆至明年正月乃得還受諸土廣民稀之處隨力所及官借民種蒔役有土居者依法封授諸地狹之處有進丁受田而不樂遷者則以其家桑田為正田分又不足不給倍田又不足家內人別減分無桑之鄉準此為法樂遷者聽逐空荒不限異州他郡惟不聽避勞就逸其地足之處不得無故而移諸民有新居者三口給地一畝以為居室奴婢五口

給一畝男女十五以上因其地分口課種菜五分畝之一諸一人之分正從正倍從倍不得隔越他畔進丁受田者恒從所近若同時俱受先貧後富再倍之田放此為法諸遠流配謫無子孫及戶絕者墟宅桑榆盡為公田以供授受授受之次給其所親未給之間亦借其所親諸宰民之官各隨地給公田刺史十五頃太守十頃治中別駕各八頃縣令郡丞六頃更代相付賣者坐如律

隋書食貨志北齊武成帝河清三年定令男率以十八受田輸租調二十充兵六十免力役六十六退田免租調京城四面諸坊之外三十里内為公田受公田者三縣代遷戶內執事官一品以下逮於羽林虎賁各有差其外畿郡華人官第一品以下羽林虎賁已上各有差職事及百姓請墾田者名為永業田奴婢受田者親王止三百人嗣王止二百人第二品嗣王以下及庶姓王止一百十人正三品以上及皇宗止一百人七品以上

限止八十人八品以下至庶人限止六十人奴婢限外不給田者皆不輸其方百里外及州人一夫受露田八十畝婦四十畝奴婢依良人限數與者在京百官同丁牛一頭受田六十畝限止四年又每丁給永業二十畝為桑田其中種桑五十根榆三根棗五十根不在還受之限非此田者悉入還受之分土不宜桑者給麻田如桑田法

又開皇十二年發使四出均天下之田狹鄉每丁纔至二十畝老少又少焉

唐書食貨志度田以步其闊一步其長二百四十步為畝百畝為頃授田之制丁及男年十八以上者人一頃其八十畝為口分二十畝為永業老及篤疾廢疾者人四十畝寡妻妾三十畝當戶者增二十畝皆以二十畝為永業其餘為口分田多可以足其人者為寬鄉少者為狹鄉狹鄉授田減寬鄉之半其地有薄厚歲一易者倍授之寬鄉三易者不倍授工商者寬鄉減半狹鄉不

給凡庶人徙鄉及貧無葬者得賣世業田自狹鄉而徙寬鄉者得并賣口分田已賣者不復授死者收之以授無田者凡收授皆以歲十月授田先貧及有課役者凡田鄉有餘以給比鄉縣有餘以給比縣州有餘以給近州

又永徽中禁買賣口分世業田買者還地而罰之

宋史食貨志農田之制五代條章多闕周世宗始遣使均括諸州民田太祖即位循用其法命官分詣諸道均

田課民種樹定民籍為五等第一等種雜樹百每等減二十為差梨棗半之男女十歲以上種韭一畦闊一步長十步乏井者鄰互為鑿之

又神宗患田賦不均熙寧五年重修定方田法詔司農以均稅條約并式頒之天下以東西南北各千步當四十一頃六十六畝一百六十步為一方歲以九月縣委令佐分地計量隨陂原平澤而定其地因赤淤黑壚而辨其色方量畢以地及色參定肥瘠而分五等以定稅則至明年三月畢揭以示民一季無訟即書戶帖連莊

帳付之以為地符凡田方之角立土為峰植其地之所宜木以封表之有方帳有莊帳有甲帖有戶帖其分烟析產典賣割移官給契縣置簿皆以今所方之田為正先自京東路行之諸路倣焉每方差大甲頭二人小甲頭三人同集方戶令各認步畝方田官驗地色更勒甲頭方戶同定元豐八年帝知官吏擾民詔罷之天下之田已方而見於籍者至是二百四十八萬四千三百四十有九頃

文獻通考元豐間天下墾田之數四百六十一萬六千餘頃比治平時增二十餘萬頃然前代混一之時漢元始時定墾田八百二十七萬五千餘頃隋開皇時墾田一千九百四十萬餘頃唐天寶時應受田一千四百三十萬餘頃其數比之宋朝或一倍或三倍四倍有餘雖曰宋之土宇北不得幽薊西不得靈夏南不得交阯然三方之在版圖亦半為邊障屯戍之

地墾田未必多也按治平會計錄謂田數特計其賦租以知其頃畝而賦租所不加者十居其七祖宗重擾民未嘗窮按故莫得其實至治平熙寧間相繼開墾然凡百畝之內起稅止四畝欲增至二十畝則言者以為民間苦賦重再至轉徙遂不增以是觀之則田之無賦稅者又不止於十之七而已蓋田數之在官者雖劣於前代而遺利之在民者多矣

金史食貨志量田以營造尺五尺為步闊一步長二百

四十步為畝百畝為頃民田業各從其便賣質與人無禁但令隨地輸租而已凡桑棗民户以多植為勤少者必植其地十之三猛安謀克户少者必課其地十之一除枯補新使之不闕凡官地猛安謀克及貧民請射者寛鄉一丁百畝狹鄉十畝中男半之請射荒地者以最下第五等減半定租八年始徵之作已業者以第七等減半為稅七年始徵之自首冒比鄰地者輔官租三分之二佃黄河退灘者次年納租

又承安元年四月初行區種法男年十五以上六十以下有土田者丁種一畝丁多者五畝止二年二月九路提刑馬百禄奏聖訓農民有地一頃者區種一畝五畝即止臣以為地肥瘠不同乞不限畝數制可

元史食貨志田無水者鑿井井深不能得水者聽種區田仍以區田之法散諸農民

明史食貨志洪武二十年命國子生武淳等分行州縣量度田畝方圓次以字號悉書主名及田之丈尺編類為冊狀如魚鱗號曰魚鱗圖冊以土田為主諸原坂墳衍下濕沃瘠沙鹵之別畢具凡質賣田土則官為籍記之毋令產去稅存以為民害

又凡田以近郭為上地迤遠為中地下地五尺為步步二百四十為畝畝百為頃

又神宗初用大學士張居正議天下田畝通行丈量用開方法以徑圍乘除畸零截補

國朝

大清會典本朝幅員廣遠地利日興順治十八年總計田土合五百四十九萬三千五百七十六頃有奇康熙二十四年總計田土六百七萬八千四百三十頃有奇雍正二年總計田土六百八十三萬七千九百一十四頃有奇

國初定低地種稻高粱稗子穄麻高阜種粟穀

國家任土作貢以地畝之坍漲定賦額之增減或差員清理或飭州縣官隨時丈量查報瀕江近海之區定例

十年一丈

凡民地勘丈槩以二百四十步為一畝

國朝墾荒助以牛種寬其徵輸或懸爵賞以勵招徠或給投誠以資贍養或遣部員以課耕穫區畫周詳務使野無曠土

順治元年題准圈撥地畝按州縣大小定圈地多寡滿洲自聚一處阡陌室廬耕作牧放互相友助令旗民各安疆理查出無主地與有主者對換以期均便順治元

年議准州縣衛所荒地無主者分給流民及官兵屯種有主者官給牛種三年起科

順治四年又定嗣後民間田屋永停圈撥

順治六年定地方官廣加招徠各處逃民不論原籍別籍編入保甲開墾無主荒田給以印信執照永准為業

順治十年覆准直省州縣魚鱗老冊載有地畝坵段坐落田形四至其間有不清者印官親自丈量

順治十一年覆准凡丈量州縣地用步弓各旗庄屯地用繩

順治十二年定部鑄步尺分頒直省使丈量時悉依新制

康熙四十三年天津附近荒棄地畝開墾一萬畝以為水田行令各省巡撫將閩粵江南等處水耕之人出示招徠計口授田給與牛種

雍正元年議准瀕江近海之區定例十年清丈一次恐未至十年有坍漲者令該管官不時清查坍者即行豁

免漲者即行陞科

雍正二年議准將內務府交出餘地及戶部所收官地制為井田挑選一百戶前往耕種自十六歲以上六十歲以下各授田百畝

雍正三年於灤薊天津文霸任丘新雄等處各設營田專官管領有力之家率先遵奉者以圩田多寡分別獎賞其官田數萬頃分地遣官會同地方官首先舉行為民倡率其濬疏圩岸以及瀦水節水引水戽水之法悉

照成規各因地畝形勢次第興修或有民間廬舍有礙水道者計畝均攤通融撥抵視本田畝數加十之二三其河淀淤地已經成熟陞科必須開挖者將附近官田照數撥補

欽定授時通考卷十一

欽定四庫全書

欽定授時通考卷十二

土宜

田制下

董仲舒乞限田章秦用商鞅之法改帝王之制除井田民得買賣富者田連阡陌貧者無立錐之地古井田法雖難卒行宜少近古限民名田以贍不足塞并兼之路

李安世請均田疏臣聞量地畫野經國大式邑地相參致治之本井稅之興其來日久田萊之數制之以限蓋

欲使土不曠功民罔游力雄擅之家不獨膏腴之美單陋之夫亦有頃畝之分所以恤彼貧微抑兹貪欲同富約之不均一齊民於編戶竊見州郡之民或因年儉流移棄賣田宅漂居異鄉事涉數世三長既立始返舊墟廬井荒毀桑榆改植事已歷遠易生假冒強宗豪族肆其侵凌遠認魏晉之家近引親舊之驗又年載稍久鄉老所惑羣証雖多莫可取據各附親知互有長短兩證

徒具聽者猶疑爭訟遷延連紀不判良疇委而不開柔桑枯而不採僥倖之徒興繁多之獄作欲令家豐儲積人給資用其可得乎愚謂今雖桑井難復宜更均量審其經術令公藝有準力業相稱細民獲資生之利豪右靡餘地之盈則無私之澤乃播均於兆庶如阜如山可有積於比戸矣又所爭之田宜限年斷事久難明悉屬今主然後虛妄之民絕望於覬覦守分之士永免於凌奪矣

白居易議井田阡陌先王度土田之廣狹畫為夫井量人戸之衆寡為邑居使地利足以食人人力足以闢土邑居足以處衆人力足以安家野無餘田以啓專利邑無餘室以容游人逃刑避役者往無所之敗業遷居者來無所處於是生業相因食力相濟三代之後井田廢則游惰之路啓阡陌作則兼并之門開因循未遷積習成弊臣請斟酌時宜參詳古制大抵人稀土廣者且修其阡陌戸繁鄉狹者則復以井田使都鄙漸有名家夫漸有數夫然則井邑兵田之地衆寡相維門閭族黨之居有亡相保相維則無并者何所取相保則游惰者何所容如此則財產豐足賦役平均市利歸於農生業著於地矣

蘇洵論田制井田之制九夫為井百井而方十里萬井而方百里百里之間為澮者一為洫者百為溝者萬既為井田又必兼為溝洫縱能盡得平原廣野而規畫於中亦當驅天下之人竭天下之糧數百年專力於此不

治他事而後可以天下之地盡為井田盡為溝洫亦已迂矣夫井田不可為而其實便於今誠有能為近井田者而用之亦可以蘇民矣孔光何武曰吏民名田無過三十頃期盡三年而犯者沒入官夫三十頃周民三十夫之田也縱不能盡如周制一人而兼三十夫之田亦已過矣期之三年是又迫蹙平民使壞其業非人情難用吾欲少為之限而不禁其田已過吾限者但使後之人不敢多占田以過吾限耳要之數世富者之子孫或

不能保其地而彼嘗已過吾限者散而入於他人矣或者子孫出而分之無幾矣如此則富民所占者少而餘地多餘地多則貧民易取以為業不為人所役屬各食其地之全利夫不用井田之制而獲井田之利雖周之井田何以遠過於此

畢仲游議占田數有人則有田有田則有分田有瘠薄人有衆寡以人耕田相其瘠薄衆寡而分之謂之分分定而以名自占之謂之名田無甚難行者而至今不行

則其制未均而恤之太甚故也盖周井田之法一夫一婦受田百畝餘二十五畝以至工商士人受田亦各有等而又分不易一易再易之差以一夫一婦而受百畝無主客之别比今二百畝矣以不易一易再易之相掩而又有餘夫則比今三百畝矣什一而征無他賦斂而又歲用其力不過三日則比今四百畝矣而何武之制自諸侯王及於吏民皆無過三十頃以一諸侯王而財七八農夫此所謂制未均者也名田之議起於董仲舒申於何武師丹至晉泰始限王公之田以品為差而均田之制起於後魏至唐開元亦嘗立法而卒皆不行夫名田之不行非下之不行乃上之不行也非賤者不行乃貴者不行也在上而貴者戴高位食厚禄官其子孫賞賜狎至雖田制未均猶當行也而何師之議則革於丁傅董賢晉魏則名存而實去此所謂恤之太甚者也今將議占田之數則周官之書漢魏隋唐之制有可行者有不可行者董仲舒以秦變井田民得賣買富者連

阡陌貧者無置錐之地宜少近古限民名田以贍不足塞兼并之路其説雖正而不聞其制度何武之制太狹今日之制太無限宜約周官受田之數與唐世業口分之法參其多少而用之士大夫則因其品秩之高下與其族類之衆寡無使貴者有餘而貧者不足要之仰足以事父母俯足以畜妻子旁可以及兄弟朋友而不為兼并則善矣

林勳本政書五尺為步而二百為畝畝二百為頃頃九

為井井方一里井十為通通十為成成方十里成十為終終十為同同方百里一同之地提封萬井實為九萬頃三分去二為城郭市井官府道路山林川澤與夫磽角不毛之地定其可耕與為民居者三千四百井實為三萬六百頃一頃之田二夫耕之夫田五十畝餘夫亦如之總二夫之田則為百畝百畝之收平歲為米五十石上熟之歲為米百石二夫以之養數口之家蓋裕如矣一頃之地百畝十有六夫分之夫宅五畝總有十六

夫之宅為地八十畝餘十畝以為社學場圃一井之人共之使之朝夕羣居以教其子弟然貧富不等未易均齊奪有餘以補不足則貧駭矣今宜立法使一夫占田五十畝以上者為良農不足五十畝者為次農其無田而為閒民與非工商在官而為游惰末作者皆驅之使隸農良農一夫以五十畝為正田以其餘為羨田正田無敢廢業必躬耕之其有羨田之家則無得買田惟得賣田至於次農則無得賣田而與隸農皆得買羨田以足一夫之數而升為良農凡次農隸農之未能買田者皆使分耕良農之羨田各如其夫之數而歲入其租於良農如其俗之故非自能買田及業主自收其田皆無得遷業若良農之不願賣羨田者宜悉俟其子孫之長而分之官無苛奪以買其怨稍須暇日自合中制矣

朱子條奏經界狀竊見經界一事最為民間莫大之利其紹興年中已推行處至今圖籍尚存田稅可考貧富得實訴訟不繁獨泉漳汀州不曾推行小民業去產存

苦不勝言而州縣坐失常賦勢將何所底止然而此法之行其利在於官府細民而豪家大姓猾吏奸民皆所不便故向議輒為浮言所阻甚至以汀州盜賊藉口恐脅朝廷不知往歲汀州屢次盜賊正以不曾經界貧民失業更被追擾無所告訴是以輕於從亂今者臣請且欲先行泉漳二州而次及於臨汀既免一州盜賊過計之憂又慰兩郡貧民延頸之望誠不可易之良策也

一推行經界最急之務在於推擇官吏乞朝廷先令監

司一員專主其事使擇一郡守臣汰其昏繆疲輭力不任事者而使察其屬縣令或不能則擇於其佐又不能則擇於他官一州不足則取於一路見任不足則取於得替待缺之中皆委守臣踏逐申差或權領縣事或只以措置經界為名果得其人則事克濟而民無擾矣

一經界之法打量一事最費功力而紐折算計之法又人所難曉本州已差人於鄰近州縣已行經界去處取會到紹興中施行事目及募舊來曾經奉行諳曉算法

之人選擇官吏將來可委者日逐講究聽候指揮但紹興中戶部行下打量攢算格式印本乞特詔戶部根檢謄錄點對行下

一圖帳之法始於一保大則山川道路小則人戶田宅必要東西相連南北相照以至頃畝之濶狹水土之高低亦須當衆共定各得其實其十保合為一都則其圖帳但取山水之遠接與逐保之大界總數而已不必更開人戶田宅也其諸都合為一縣則其圖帳亦如保之於都而已不必更為諸保之別也如此則圖帳之費亦當少減若朝廷矜三郡之民不使更有煩費莫若令役戶只作草圖草帳而官為買紙雇工以造正圖正帳實用若干錢物許就本州所管兩司上供錢內截撥應副如此則大利可成而民亦不至於甚病矣又據龍巖縣尉劉壁申經界之行惟里之正長其役最為煩重疆理畝畝分别土色均攤賦稅其在當時動經再歲出入阡陌荒廢家務固已不勝其勞一有廣狹失度肥磽失宜

輕重失當則詞訟並興而督責又隨至矣彼皆鄉民安知經界書算必召募書人以代此役而書人必胥吏之桀黠者莫不乘時要求高價執役之人急於期限隨索則酬而又簿書圖帳所用紙張亦復不貲竊謂經界之在今日不可不行行之亦不患無成若里正里長書人紙札之費有以處之則可舉行若坐視其殫力耗財如曩日恐非仁政之意也竊詳此意與臣所奏略同乞許施行

一絡與經界打量既畢隨畝均產其產錢不許過鄉此蓋以算數太廣難以均敷防其或有走弄失陷之弊也若使諸鄉產錢租額素來均平則此法善矣若逐鄉已有輕重人戶徒然攢算不免有害多利少之歎乞特許產錢過鄉通縣均紐庶幾百里之內輕重齊同實為利便

一本州民間田有產田有官田有職田有學田有常平租課田名色不一而其所納稅租輕重亦各不同年來

產田之稅既已不均而諸色之田散漫參錯尤難檢計姦民猾吏並緣為姦今莫若將見在田土打量步畝一槩均產每田一畝隨九等高下定計產錢幾文而總合一州諸色租稅錢米之數以產錢為母別定等則一例均敷每產一文納米若干銀若干（去州縣遠處遞減令輕）却以到官之數照元分數分隸逐錢撥入諸色倉庫除逐年二稅造簿之外每遇辰戌丑未之年逐縣更令諸鄉各造一簿（令子午卯酉年應辦大禮寅申巳亥年解發舉人惟此四年州縣無事）開具本鄉所管田數四至步畝等第各注某人管業有典賣則云元係某人管業某年典賣某人現今管業却於後項通結逐一開具某人田若干畝產錢若干使其首尾照應又造合縣都簿一扇類聚諸簿通結逐戶田若干畝產錢若干文其有田產散在諸鄉者併就烟爨地分開排總結並隨秋科稅簿送州印押下縣知佐通行收掌人戶遇有交易即將契書及兩家砧基照鄉縣簿對行批鑿則版圖一定而民業有經矣

一本州荒廢寺院田產頗多目今並無僧行住持田土為人侵占將來打量之時無人驗對亦恐別生姦弊乞特降指揮許令本州出榜召人實封請買不惟一時田業有歸民益有富實亦免向後官司稅賦因循失陷而又合於韓愈所謂人其人廬其居之遺意誠厚下足民攘斥異教不可失之機會也

朱子開阡陌辨漢志言秦廢井田開阡陌說者皆以開為開置之開言秦廢井田而始置阡陌也按阡陌者舊

說以為田間之道葢因田之疆畔制其廣狹辨其横縱以通人物之往來即周禮所謂遂上之徑溝上之畛洫上之涂澮上之道也風俗通云南北曰阡東西曰陌又曰河南以東西為阡南北為陌二說不同今以遂人田畝夫家之數考之當以後說為正葢陌之為言百也遂洫縱而徑涂亦縱則遂間百畝洫間百夫而徑涂為陌矣阡之為言千也溝澮横而畛道亦横則溝間千畝澮間千夫而畛道為阡矣阡陌之名由此而得至於萬夫

有川而川上之路周於其外與夫匠人井田之制遂溝洫澮亦皆四周則阡陌之名疑亦因其横縱而命之也然遂廣二尺溝四尺洫八尺澮二尋則丈有六尺矣徑容牛馬畛容大車涂容乘車一軌道二軌路三軌則幾二丈矣此其水陸占地不得為田者頗多先王非不惜之所以正經界止侵爭時蓄洩備水旱為永久之計有不得不然者矣商君以其急刻之心行苟且之政但見田為阡陌所束而耕者限於百畝則病其人力之不盡

但見阡陌之占地太廣而不得為田者多則病其地利之有遺又當世衰法壞之時則歸授之際必不免有欺隱煩擾之姦而阡陌之地切近民田又必有陰據自私而税不入於公上者是以奮然不顧盡開阡陌悉除禁限而聽民兼并買賣以盡人力墾闢棄地悉為田疇而不使其有尺寸之遺以盡地利使民有田即為永業而不復歸授以絶煩擾欺隱之姦使地皆為田而田皆出税以覈陰據自私之幸一時之害雖除而千古聖賢之

意於此盡矣故秦紀鞅傳皆云為田開阡陌封疆而賦税平蔡澤亦曰決裂阡陌以靜生民之業詳味其言則所謂開者乃破壞剗削之意而非創置建立之名所謂阡陌乃三代之舊而非秦所置矣所謂賦税平者以無欺隱竊據之姦也所謂靜生民之業者以無歸授取予之煩也以是數者合証之其理可見而蔡澤之言尤為明白且先王疆理天下均以予民故其田間之道有經有緯不得無法若秦既除井授之制則隨地為田隨田

為路尖斜屈曲無所不可又何必其取東西南北之正以為阡陌而後可以通往來哉或以漢世猶有阡陌之名而疑其出於秦之所置不知秦之所開亦曠僻而非通路者耳若其適當衝要便於往來亦豈得而盡廢之哉但必稍侵削之不使復如先王之舊耳

葉適論田制先王之政設田官以授天下之田貧富強弱無以相過使各有其田得以自耕故天下無甚貧甚富之民至成周時其法極備雖周禮地官所載其間不能無牽合牴牾處要其大略亦見周公授田之制先治天下之田以為井井為疆界歲歲用人力修治之溝洫畝澮皆有定數經界既定人無緣得占田後來井田不修隄防浸失至商鞅用秦已不復有井田之舊於是阡陌既開天下之田却簡直易見看耕得多少惟恐人無力以耕之故秦漢之際有豪強兼并之患官不得治而貧者不得不去而為游手轉而為末業終漢之世以文景之恭儉愛民武帝之修立法度宣帝之勵精為治却

不知其本但能下勸農之詔輕減田租以來天下之民如董仲舒師丹雖建議欲限天下之田其制度又與三代不合當時但問墾田幾畝全不知是誰田又不知天下之民皆可以得田而耕之光武中興亦只是問天下度田多少當時以度田不實長吏坐死者無數至於漢亡三國並立未及富盛而天下大亂當時天下之田既不在官然亦終不在民以為在官則官無人收管以為在民則又無簿籍券但隨其力所能至而耕之元魏稍立田制北齊後周皆相承授民田其初亦未嘗無法度但推行不到其法度亦是空立唐興只因元魏北齊制度而損益之其度田之法濶一步長二百四十步為畝百畝為頃一夫受田一頃周制乃是百步為畝唐却二倍有餘此制度與成周不合八十畝為口分二十畝為世業是一家之田口分須據下來人數占田多少周制八家皆私百畝唐制若子弟多則占田愈多此又與成周不合所謂田多可以足其人者為寬鄉少者為狹鄉

狹鄉之田減寬鄉之半其地有厚薄歲一易者倍授之寬鄉三易者不倍授工商者寬鄉減半狹鄉不給亦與周制不同先王建國只是有分土無分民但付人以百里之地任其自治唐既止用守令為治則分田之時不當先論寬鄉狹鄉以土論不當以人論今卻寬鄉自得多狹鄉自得少自狹鄉徙寬鄉者又得并賣永業口分而去成周之制雖是授田與民其閒水旱凶荒又賑貸救卹可以不至匱乏若唐但知受田而已而既已自賣

其田便已無卹民之實矣周制最不容民遷徙惟有罪則徙之唐卻容他遷徙并得自賣所分之田方授田之初其制已不可久又許之自賣民始有契約文書而得以私自賣易故唐比前世其法雖為粗立然先王之法亦自此大壞矣後世但知貞觀之治執之以為據故公田始變為私田而田終不可改蓋緣他立賣田之法所以至此田制既壞至於今官私遂自各立境界民有沒入官者則封固之時或名賣不容民自籍所謂私田官執其契券以各証其直要知田制所以壞乃自唐世使民得自賣其田始前世雖不立法其田不在官亦不在民唐世雖有公田之名而有私田之實其後兵革既起征斂煩重遂雜取於民遠近異法內外異制民得自有其田而公賣之天下紛紛相兼并故不得不變而為兩稅要知其弊實出於此

衛涇禁圍田奏二浙地勢高下相類湖高於田田又高於江海水少則泄湖水以溉田水多則泄田水由江而

入海惟瀦泄兩得其便故無水旱之憂而皆膏腴之地自紹興末年因軍中侵奪瀕湖蕩工力易辦創置堤埂號為壩田民田已被其害隆興乾道之後豪宗大姓相繼迭出廣包強占無歲無之陂湖之利日朘月削三十年閒昔之曰江曰湖曰草蕩者今皆田也夫圍田者無非形勢之家其語言氣力足以凌駕官府而在位者重舉事而樂因循上下相蒙恬不知怪而圍田之害深矣議者又曰圍田既廣則增租亦多於邦計不為無補殊

不思緣江並湖民間良田何啻數千百頃皆異時之無水旱者圍田一興修築塍岸水所由出入之路頓至隔絕稍覺旱乾則占據上游獨擅溉灌之利民田無從取水水溢則順流疏決復以民田為壑圍田僥倖一稔增租有幾而當稅倍收之田小有水旱反為荒土常賦所損可勝計哉乞賜行下戶部申嚴約束斷自今以後凡陂湖草蕩並不許官民戶及寺觀請佃圍裹

馬端臨論井田井田未易言也古之帝王分土而治外而公侯伯子男內而孤卿大夫所至不過百里之地皆

世其土子其人於是取其田疇而伍之經界正井地均穀祿平貪夫豪民不能肆力以違法制汚吏黠胥不能舞文以亂簿書至春秋之世列國不過數十土地寖廣然又為世卿強大夫所裂如魯則季氏之費孟氏之成晉則欒氏之曲沃趙氏之晉陽皆世有其地又如邾莒滕薛之類小國寡民法制易立竊意當時有國者授其民以百畝之田壯而畀老而歸不過如後世大富之家以其祖父所世有之田授之佃客程其勤惰以為予奪校其豐凶以為收貸其東阡西陌之利病皆少壯所習聞無俟考覈而奸弊自無所容矣降及戰國大邦凡七地廣人衆考覈難施故法制隳弛而奸弊滋多也秦人盡廢井田漢既承秦而卒不能復三代井田之制何也蓋守令之罷除其歲月有限而田土之還授其奸弊無窮雖慈祥如龔黃召杜精明如趙張三王既不久於其政豈能悉知其土地民俗之所宜如周人授田之法乎

又論後魏行均田法夾漈鄭氏言井田廢七百年至後

魏孝文始納李安世之言行均田之法然晉武帝時男子一人占田七十畝女子三十畝丁男課田五十畝丁女二十畝次丁男半之女則不課則亦非始於後魏也但史不書其還授之法無由考其詳耳或謂井田之廢已久驟行均田奪有餘以予不足必致煩擾以興怨讟不知後魏何以能行然觀其立法所受者露田諸桑田不在還授之限意桑田必是人戶世業是以栽植桑

榆其上而露田不栽樹則似所授者皆荒閒無主之田必諸遠流配謫無子孫及戶絕者墟宅桑榆盡為公田以相授受則固非盡奪富者之田以予貧人也又令有盈者不還不足者受種如法盈者得賣其盈不足者得買所不足不得賣其分亦不得買過所不足自令其從便買賣以合均給之數則又非强奪之以為公田而授無田之人與王莽所行異矣

明胡翰論井牧井田者仁政之首也井田不復仁政不

行天下之民始敝之矣其後二百三十有二年而漢始有名田之議又其後六百有三年而元魏始有均田之法名田者占田也占田有限是富者不得過制也其後師丹孔光之徒因之命民名田無過三十頃議者因三十頃之田周三十夫之地也一夫占之過矣故名田雖有古之遺意不若均田之善均其土田審其經術差露田別世業魏人賴之力業相稱北齊後周因而不變隋又因之唐有天下遂定為口分永業之制宋劉歐又以魏齊周隋享國日淺兵革不息土曠人稀其田足以給其衆唐承平日久丁口滋多官無閒田給受徒為具文不知隋唐之盛丁口相若耳開皇十二年發使均天下之田狹鄉一夫僅二十畝隋之給受何加於唐唐雖承平日久貞觀開元之盛其戶口猶不及隋何至具文無實也歐言過矣但狹鄉民多而田不盈永業田鬻而民不固如陸贄所謂時敝者也以余論之古者步百為畝漢人益以二百四十為畝北齊又益之以三百六十為

畝今所用者漢畝步也今之五十畝古之百畝也漢提封田萬萬頃惟邑居道路山林川澤不可墾餘三千二百二十九萬頃皆可墾元始初遣司農勸課定墾田八百二十七萬五百三十頃是時天下之民一千二百二十三萬三千戶以田均之計戶得田六十七畝古之百四十畝也家獲百四十畝耕之未為不給也唐盛時永徽民戶不過三百八十萬至開元七百八十六萬亦不漢過也以天下之田給天下之民徵之漢唐則後世寧

有不足之患乎

崔銑均田議田之不均生自二豪貴宦多賂富室多財近者有司立法均田畫丘計畝三品徵稅惜其付之吏胥高下任心尤為二豪扇搖而罷之今宜倣古限田先禁兼并名集每丘田主共辨肥瘠高田宜潦下田宜旱互乘除之然後定等分租又出山澤使貧者得業如此十年家可使給

大學衍義補按秦廢井田開阡陌已千餘年矣決無可

復之理說者謂國初人寡之時可以為之然承平日久生齒日繁亦終歸於隳廢不若隨時制宜使合於人情宜於土俗而不失先王之意政不必拘拘於古之遺制也然則張載之言非歟曰載固言處之有術其言隱而未發不敢臆說也

又按井田既廢之後田不在官而在民是以貧富不均一時識治體者咸慨古法之善而無可復之理於是有限田之議均田之制口分世業之法然皆議之而不果行行之而不能久何也其為法雖各有可取然皆不免拂人情而不宜於土俗可暫而不可常也必不得已創為之制必也因其已然之俗而立為未然之限不追咎其既往而限制其將來可乎臣請斷以一年為限如是今年正月以前其民家所有之田雖多至百頃官府亦不問惟自今年正月以後一丁惟許占田一頃（餘數不許過五十畝）於是以丁配田因而定為差役之法丁多田少者許買足其數丁田相當者不許再買買者沒入之其丁少

田多者在未限之前不復追咎自立限以後惟許鬻賣有增買者并削其所有（民家生子將成丁者即許豫買以俟其成）以田一頃配人一丁當一夫差役其田多丁少之家以田配丁足數之外以田二頃視人一丁當一夫差役量出雇役之錢（富者出財）田少丁多之家以丁配田足數之外以人二丁視田一頃當一夫差役量應力役之征（貧者出力）若田多人少之處每丁或餘三五十畝或至一二頃人多田少之處每丁或至四五十畝七八十畝隨其多寡盡其數以

分配之此外又因而為仕宦優免之法因官品崇卑量為優免惟不配丁納糧如故其人已死優及子孫以寓世祿之意如京官三品以上免四頃五品以上三頃七品以上二頃九品以上一頃外官則遞減之無田者準田免丁惟不配丁納糧如故名配丁田法既不奪民所有則有田惟恐子孫不多而無匿名不報者矣不惟民有常產無甚貧甚富之不均而官之差役亦有驗丁驗糧之可據行之數十年官有限制富者不復買田與廢無常富室不無鬻產田直日賤而民產日均雖井田之制不可猝復而兼并之患漸銷矣

唐順之荅施武陵書方田一法不難於量田而最難於覈田蓋田有肥瘠難以一槩論畝須於未丈量之前先覈一縣之田定為三等必得其實然後丈量乃可用折算法田畝如周禮一易之田家百畝再易之田家二百畝三易家三百畝此為定畝起賦之準甞觀國初折畝定賦之法腴鄉田必窄瘠鄉田必寬甚得古意今茲不先核田便行丈量則腴鄉之重則必減瘠鄉之輕則必加非均平之道也量田之難全在乎此至於丈量法其簡易者具之九章算法中須自明此意乃可使下人為之庶無弊也

張棟因事陳言疏丈量一事良法也及其成也不必以此而律彼不必以一縣而律一省不必以一省而律天下或減尺丢弓或斜量折算此其弊在田畝其罪在業戶或以上作中或以中作下此其弊在田則其罪在公正或改畝除弓或移三就五或損此易彼或那東補西此其弊在田冊其罪在書算大約弊端不外乎此三者

章潢井田限田均田總論井田法至周始備自李悝商鞅出而其法廢滅無存誠為萬世戎首然秦漢迄今英君誼辟與奇謀碩畫之臣莫之能變即有變者或至紕戾無稽豈秦法有加於三代聖人耶議者謂戰國干戈之後丘陵城郭墳壠廬舍鞠為茂草即有平原亦半荊棘漢去秦無幾已不能比次而經紀之顧處千載之下而欲襲其業以授民踵新莽之覆轍亦迂矣是井田之

不能復也勢也無已又有限田均田之説董仲舒倡限田於元狩而武帝不果行師丹請限田於鴻嘉而成帝不能用乾興初詔限公卿以下與衙前將吏田而任事者以為不便夫井田既廢富民業已肥殖長子孫傳襲擬於封國而遽欲歳月間盡褫其所有此亦非人情矣是限田之不能行也亦勢也由周而來七百年魏孝文納李安世之疏均授民田然不再傳而廢又百二十年而唐太宗定口分世業之法然行未久而報罷又二百

三十年而周世宗詔行元稹均田圖法然世族羣起而撓之夫周制既遠生齒錯出民之遷徙靡定田之給代無常而履畝握算官且不勝其盭矣是均田之不能久也亦勢也夫田不能井又不能限又不能均均亦不能久第建步立畝括田均賦此為至策其必量山澤之入視莊屯之額塞飛詭之竇責無籍之戶命所輸者與所入相當取他羨補崩決償失額無稼税匿逋者即驗問嘉與更始弛其罰無論世世偏累疲癃之民驩然若更生如此則田不必井而井之之法存田不必均而均之之法寓矣

姜揚武水田議職方氏云幽州穀宜三種鄭云黍稷稻賈疏云幽與冀相接冀皆黍稷幽兼宜稻故云三種黍稷稻也是幽之宜稻其來舊矣又讀宋史何承矩傳自順安瀕海東西三百餘里南北五七十里悉為稻田食貨志云凡雄鄚霸州平戎順安等軍興堰六百里置斗門引淀水始為塘濼終為稻田防塞實邊具有成績稻

田有八利多為溝渠引填淤之水利一分為支河疏壅塞之害利二旱不虞枯槁利三水不虞泛漲利四通舟楫以便轉輸利五稻一斗易粟數斗利六逋賦易完利七戎馬不得馳突利八然始必壞民丘壠多起丁夫變置川原遷延歲月必主之密勿付之重臣勿因小害而阻撓勿徼微利而鹵莽寬其文網需以歲時則可舉矣

國朝

戶部條陳圈地疏圈取地土一事於順治四年奉有

上諭今後民間田產再不撥取永為禁革又順治十年奉旨以後仍遵前旨再不許圈取民間房地欽遵在案邇年以來有因旗下退出荒地復行圈補者有自省下及那營處所來壯丁又行圈撥者有各旗退出荒地名民耕種或半年或一二年青苗成熟遇有撥補復行圈去者有因圈補之時將接壤未圈民地取齊圈去者以致百姓失業窮困逃散且不敢視田為恒產多致荒廢而旗下退出荒地復圈取民間熟地更虧國賦臣等酌議滿洲百姓均係朝廷之民且大圈地戶久已圈定屢奉

上諭禁止圈取自應永遠遵行查張家口殺虎口喜峰口古北口獨石口山海關等口外既有可居空閒之地自御內以至王貝勒官員披甲有情願各將壯丁分內地畝退回圈取口外空閒之地耕種者各該衙門都統印文咨送臣部按丁丈給將此退出之地收存撥給自省下那營處所來壯丁圈取民地永行停止庶百姓得所不致流離矣

湯斌與宋郡守書睢陽衛地共有四項曰大軍曰新增曰餘屯曰徭役弓口惟徭役以二百四十步為一畝其起科獨少大軍新增餘屯三項總以三百步為一畝約計小地十畝折行糧地八畝猶之州地之二畝折一畝商丘等縣之或四畝折一畝或三畝折一畝之不同以前代二百餘年之所遵循亦我皇清定鼎以來所率由而未改者迨庚子辛丑間蠹書詭影過多錢糧難數遂有以大軍三項强作小畝派糧者是名為擠地擠地既久詭影愈便明謀密議必不肯

盡行清楚乞發鈞示令各項地畝槩從舊例不得那移紛更庶里役無以借口矣總之衛地自經丈量之後花戶無地數皆可按籍而求除徭役一項外凡軍新餘屯查舊冊內小地十畝者赤歷內註地八畝小地一頃者赤歷內註地八十畝則從前之擠地自去而當年之舊例自復在蠹書之言必曰依小畝則足額依舊例則不足額不知地猶昔日之地

本朝賦役全書額地額糧悉依故明之舊昔大畝而足額今必擠地而後足額此非詭影之地多即續外餘地之未報某等以為詭影之地纏外未報之地未有里書不知者總責里書勒限清報期於大畝足額而止事關民瘼伏惟鑒照

董以寧民屯議屯以兵亦以民明無所謂民屯也徙無田之人耕曠土則謂之屯葢兵戈旁午之地曠土必多丘濬又云沿海閩地築堤以攔鹹水之入疏渠以通淡

水之來則田皆可成何患無地哉今降人雲集既議置屋處之又給以口糧非長計也固撥以地畝為宜但奪土著之田以給之則病民而理有所不可或官買熟田以給則官民皆病而勢且有所不能或以未墾之田計口授之止供其衣食恐將來成熟之後欲其輸將無缺等於民田則必不給而轉徙仍為無定若聽其不與輸將等於賜田則又姑息而主客更覺偏枯莫若因安插之時置屋即於有田之地倣明初衛所舊制多撥田若千畝教人以耕之法而又給以農具屯種使次年以值還官三年稅十之三四年稅十之六至五年而全徵其課額則更為酌量之全拋荒之地原為甌脫而茲有墾闢之勞當較里甲之輸稍減以嘯聚之餘得頒田里而又無城守之任當較旗丁之納稍增待及屯成亦可於向時運糧派餉之地稍減釐毫合龠以甦其困矣

沈荃遵 旨條陳疏一地畝等則之宜分晰也中州土地原有上中下及金銀銅鐵錫等名目分别起科而因

地未盡闢疆井混淆八府以内不分等則一槩派糧致貽民間賠害今查首漸有就緒小民自無遁情若不亟乘清查之時分晰高下則熟田固難隱匿而起科或至混淆終非

皇上軫念國計民生至意仍請 勅部於彚報之後查照萬歷年間則例照地派糧永為遵守庶則壤有一定之規而荒歳免包賠之苦矣

佟鳳彩條陳民田疏一里甲田地多寡懸殊宜均平也

竊照均平里甲久奉
俞旨通行直省惟河南為多荒少熟因循如故雖有里甲之名其實多寡不一多者每里或五六百頃或三四百頃少者每里或止一二百頃甚至或數十頃以至寥寥數頃者遇有差徭有司止知照里編差不知里大則田多戶殷衆擎易舉里小則田少人稀難以承役更有官儒戶名或不入甲或入甲而不當差甚至避重就輕詭寄飛灑大里愈得便宜小里愈增苦累名為一例當差

實有不均之歎今計莫若行各州縣詳察除已均平者不動外凡有不均平者不許拘喚各戶審編亦不許里書分派止令州縣印官按現在徵糧地畝册如一州縣有地一千頃原分為十里者每里均分一百頃一里之中各分十甲一甲均分十頃遇有差徭按里甲均當不許少有增減如是則豪强無計躲避貧儒不致偏枯矣

李光地請開河間府水田疏查南方水田之法行之北方往往有效曩者涿州水佔之田一畝鬻錢二百尚無售者後開為水田一畝典銀十兩即令淀中浮居村庄歲收蒲稗菱藕之利無旱暵之憂其資生未嘗減於高地也臣愚謂靜海青縣上下一帶水居之民正宜以此利導之其可興水田者教之栽秧揷稻之法至於獻縣交河等與正定接壤之處係鹽河上游若能修治溝洫雜興水田則水勢漸分將下流之水勢亦日減是資水之利即以除水之害然舉行方始若非有熟識情形歷經試用之人使之實心任事恐空言無裨也

欽定四庫全書
欽定授時通考　卷十二
三十三

劉殿衡條陳疏一挖壓田地應令文明估價公議均補也楚北安荊一帶地方外而川江內而襄漢水勢湍急風浪洗刷凡堤率多沖潰必須挽築月堤以防不虞其築月堤也堤脚之寬二三丈不等必須覆築於民田之上是之謂壓壓則田在此堤之下矣堤身之高長一二丈不等取土於民田之中是謂之挖挖則此田深窪無用矣此挖壓之田主坑內若有多餘之田則去此數畝堤脚田土其所保護者實多或亦甘心若止此區區數

畝因坐附堤邊一旦盡被挖壓勢必謀生乏策臣採訪輿情酌定一法嗣後遇有修築堤塍於興工之時令地方官將堤身所壓之田及兩邊取土之地俱爲丈明畝數確立界址著令堤長甲長秉公估定價值查明本垸内衆姓享利之田若干畝挖壓之田若干畝算明均攤補償交給被挖被壓本主另置田產耕種則無強行挖壓之弊而窮民得免偏累向隅之苦矣

欽定授時通考卷十二

欽定授時通考卷十三

土宜

田制圖

周尺

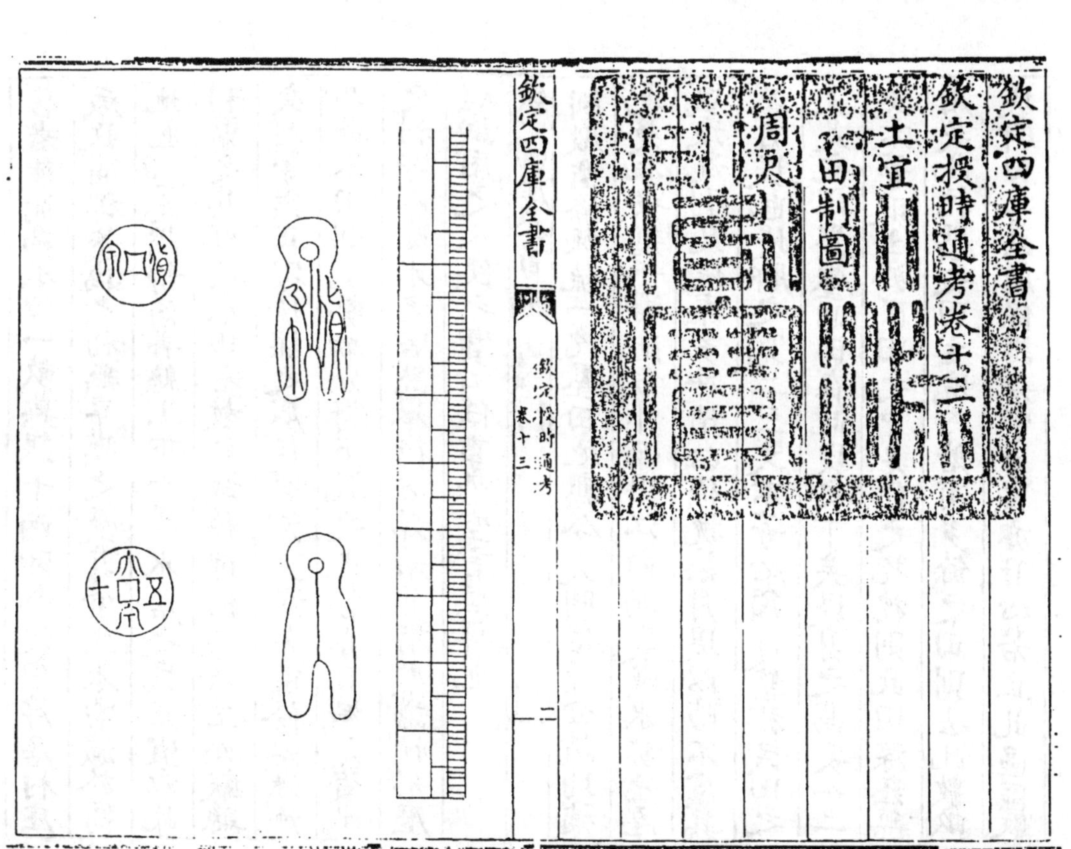

農政全書考尺度按古者度以絲起隋志曰蠶所吐絲為忽十忽為秒十秒為毫十毫為氂十氂為分考工記玉人璧羨度尺好三寸以為度好三寸所以為璧也好璧之孔也裁其兩旁以益上下所以為羨也袤十寸廣八寸所以為度尺也則是十寸八寸皆為尺矣以十寸之尺起度則十尺為丈十丈為引以八寸之尺起度則八尺為尋倍尋為常此周制也自漢以來世無正尺律度量衡靡有孑遺度無自起儒先所謂子穀秬黍中者徒有

空言了無實驗心窮於思口弊於議不能決也惟晉大始中中書監荀勗尺校古物七品多合一曰姑洗玉律二曰小呂三曰西京銅望臬四曰金錯望臬五曰銅斛六曰古錢七曰建武銅尺依尺鑄律時得漢時故鐘吹律命之皆應然時好推遷諸代異制隋書載尺十有五等以荀尺為本大概周尺漢劉歆尺建武銅尺宋祖沖之所傳尺皆與荀氏一體他如晉田父玉尺漢官尺魏杜夔尺晉後尺魏前尺中尺後尺東魏後尺銀錯銅龠尺後周玉尺宋氏尺萬寶常水尺劉曜渾儀尺梁朝俗間尺各與荀互異自隋以來荀尺亦莫傳用唐有張文收律尺有景表尺五代有王朴律尺宋則太府寺有尺四等又高若訥嘗校古尺十五等李照胡瑗之鄧保信各有黍尺崇寧中魏漢津乞用聖上指尺又紹興中內出金字牙尺二十八遂以其中皇祐二年所造大樂中黍尺作景鐘然不知以何法累黍程正叔定周尺以為當省尺五寸五分弱而省尺之度卒難考詳朱元晦家

禮載司馬氏及考定雅樂黃鐘尺不明言長短則周尺之制迄無成說獨丁度建言歷代尺度屢改惟劉歆鑄銅斛之世所鑄錯刀大泉五十王莽天鳳中鑄貨布貨泉之類不聞後世有鑄者遂以此四物參校分寸正同況經籍制度皆起周世劉歆術業之博祖沖之算數之妙晉荀氏之詳密既合姬周之尺則最可法者焉但惜其事尋罷竟不施用今試以諸品泉刀考之按漢志王莽更鑄大錢徑寸二分文曰大泉五十天鳳五年作貨

布長二寸五分廣一寸首長八分有奇廣八分其圜好徑二分半足枝長八分間廣二分其文右曰貨左曰布貨泉徑一寸文右曰貨左曰泉以貨布一分爲率參較其首身足枝長廣之數以爲尺又以大泉之寸二分貨泉之徑寸較之彼此毫釐無差足明丁之議爲至當而丁尺荀尺漢尺周尺一然無異諸家影響之説悉可廢矣葢古人制度必徵實乃信非可以揣摩定非可以口舌爭不見古物而欲知古人之制自不可得荀丁二氏

蹠實之見千載同符今荀氏所考古物七事多不可得而漢錢傳於世者則往往有之據此以求周漢之度以尋昔人定律制器營室分田之數殆爲灼然無疑者也計周尺一尺當今浙尺八寸當今織染金星牙尺六寸四分自後田畝俱以周尺計定别用今尺準之

田制各圖説

步

畝

夫

屋

井

邑

丘

甸

縣

都

同

六尺為步

方尺

司馬法六尺為步
每步積三十六尺

步百為畝

十步
二十步
百步

司馬法步百為畝

考工記匠人為溝洫耜廣五寸二耜為耦一耦之伐廣尺深尺為之甽

古者耜一金兩人并發之其壟中曰甽甽上曰伐伐之言發也甽與伐高深廣各尺一畝之中三甽三伐廣六尺長六百尺以此計畝故曰終畝曰竟畝鄭注畝方百步者非是

每一畝計三千六百尺

古之一畝以尺計得面方六十尺自之得積三千六百尺　以下畝法俱折方取易算故以步計得面方十步自之得積百步

令時畝法以步計得面方十五步四分九釐一毫九絲三忽二微零自之得積二百四十步為畝

六尺為步以尺計得面方九十二尺九寸五分一釐六毫零自之得積八千六百四十尺為畝以三十六尺而一得積二百四十步

五尺為步以尺計得面方七十七尺四寸五分九釐六毫零自之得積六千尺為畝以二十五尺而一得積二百四十步

以丈計畝得面方七丈七尺四寸五分九釐六毫自之得積六十丈為畝以二十五寸而一得積二百四十步

古之一畝以令法準之每浙尺八寸準古一尺得面方四十八尺自之得積二千三百零四尺以令畝法

八千六百四十尺而一得田二分六釐六毫六絲六忽零

以六尺為步計之得面方八步自之得積六十四步以令畝法二百四十步而一得田二分六釐六毫六絲六忽零　後言浙尺準古其尺法步法畝法俱倣此

若以牙尺六寸四分準古一尺得面方三十八尺四寸自之得一千四百七十四尺五寸六分以令畝法

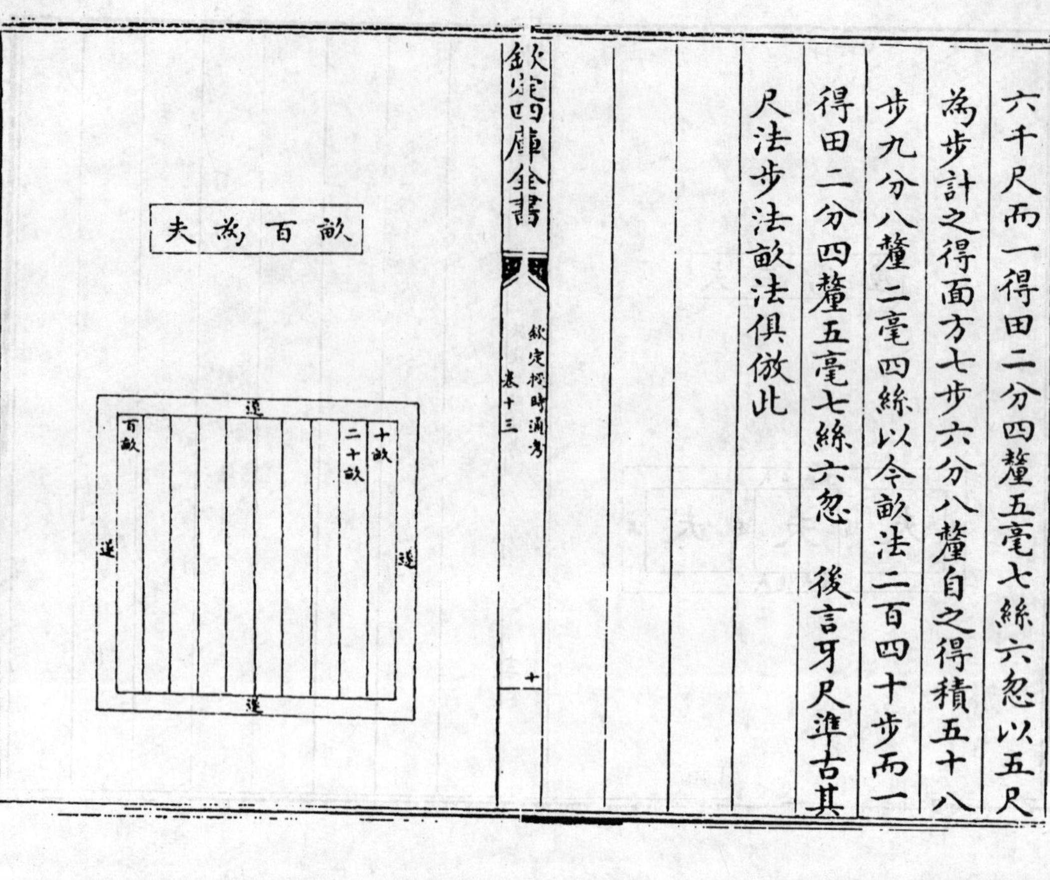
六千尺而一得田二分四釐五毫七絲六忽以五尺為步計之得面方七步六分八釐自之得積五十八步九分八釐二毫四絲以今畝法二百四十步而一得田二分四釐五毫七絲六忽　後言牙尺準古其尺法步法畝法俱倣此

畝百為夫

司馬法畝百為夫

周禮遂人凡治野夫間有遂遂上有徑

考工記匠人為溝洫廣尺深尺謂之甽田首倍之廣二尺深二尺謂之遂

徑廣二尺

每百畝積得一萬步三十六萬尺

面方六百尺加遂徑八尺共六百零八尺自之得三十六萬九千六百六十四尺內夫積三十六萬尺為

田百畝遂徑積九千六百六十四尺得二畝六分八釐四毫一六

古之百畝今浙尺畝法算得二十六畝六分六釐六毫六絲六忽一六

遂徑七分一釐六毫

今牙尺算得二十四畝五分七釐六毫

遂徑六分五釐九毫七絲

夫三為屋

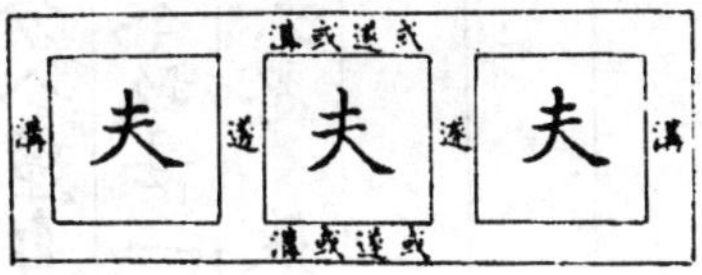

或遂或溝

溝　夫　遂　夫　遂　夫　溝

或遂或溝

司馬法夫三為屋

屋具也一井之中三三相具出賦税共治溝也屋之廣長或傍遂溝洫澮不同今以兩濶加溝畛兩長一作溝畛一作遂徑計之

長一千八百二十四尺濶六百十二尺自之得積一百一十一萬六千二百八十八尺共三百十畝七釐九毫三六

若以兩濶加溝畛兩長加遂徑計之

長一千八百十六尺濶六百十二尺自之得積一百一十萬九千七百八十二尺共三百零八畝三分七釐三毫一二

屋三為井

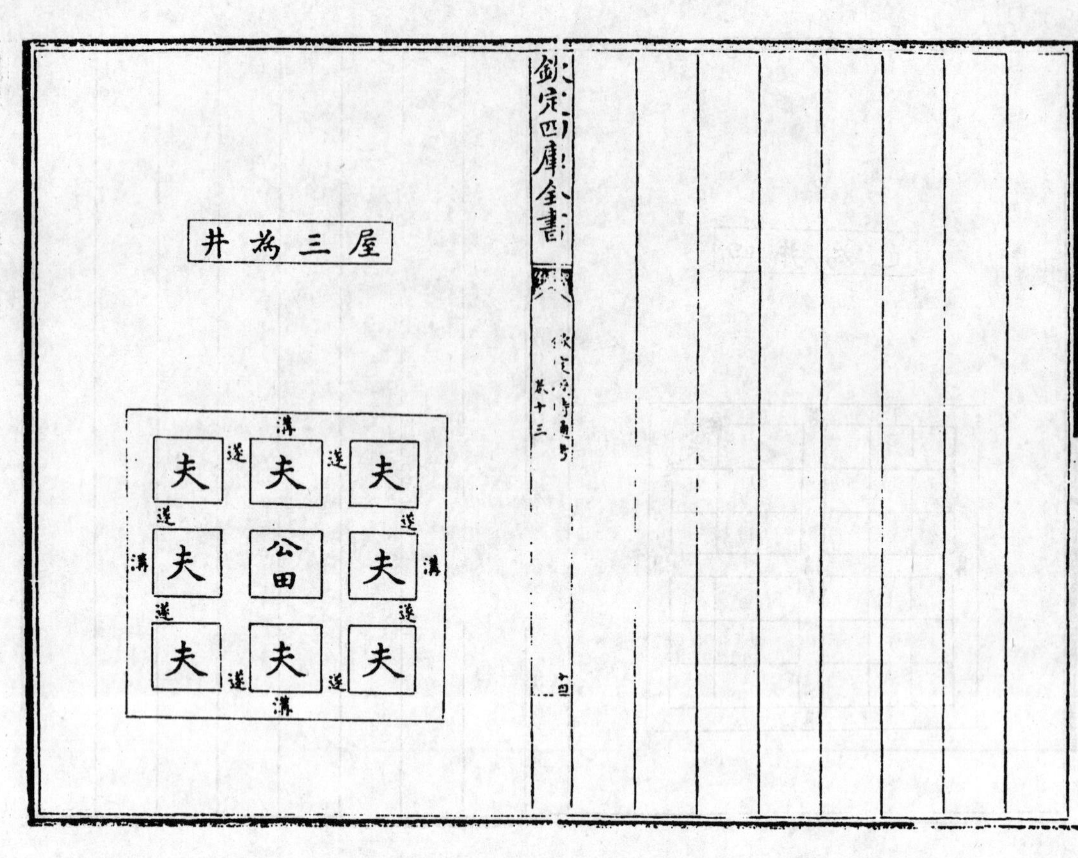

司馬法屋三為井

井方一里九夫

遂人十夫有溝溝上有畛

考工記匠人為溝洫九夫為井井閒廣四尺深四尺謂之溝

畛廣四尺

一井之田面方一千八百尺加溝畛遂徑方一千八百二十四尺自之得積三百三十二萬六千九百七十六尺

内九夫積三百二十四萬尺為田九百畝

溝洫積五萬七千八百五十六尺

遂徑積二萬九千一百二十尺二積共二十四畝一分六釐

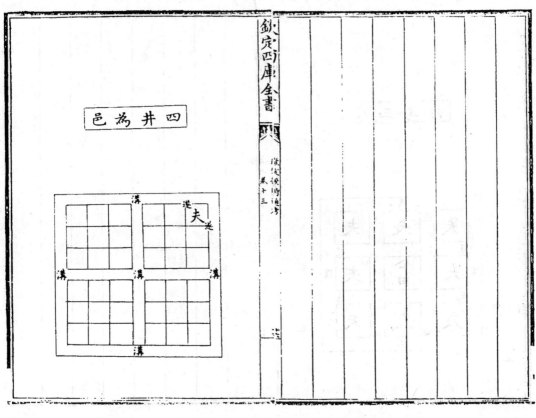

四井為邑

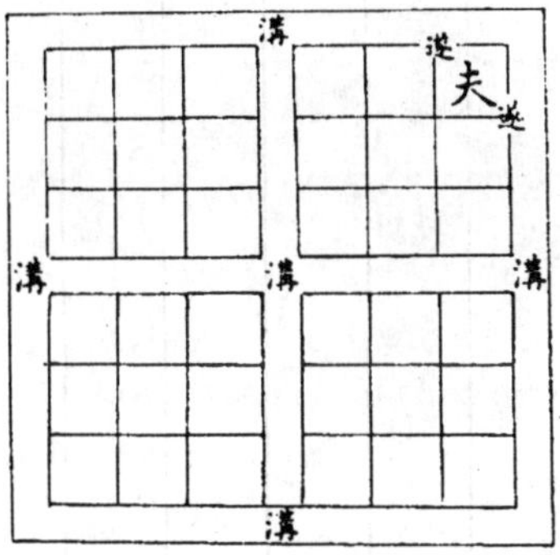

溝　遂　夫　溝　溝　溝　溝

小司徒四井為邑

邑方二里三十六夫

一邑之田面方三千六百尺加溝畛遂徑面方三千六百四十尺自之得積一千三百二十四萬九千六百尺

内田積一千二百九十六萬尺為田三千六百畝溝洫遂徑積二十八萬九千六百尺得八十畝四分四釐四毫一六

四邑為丘

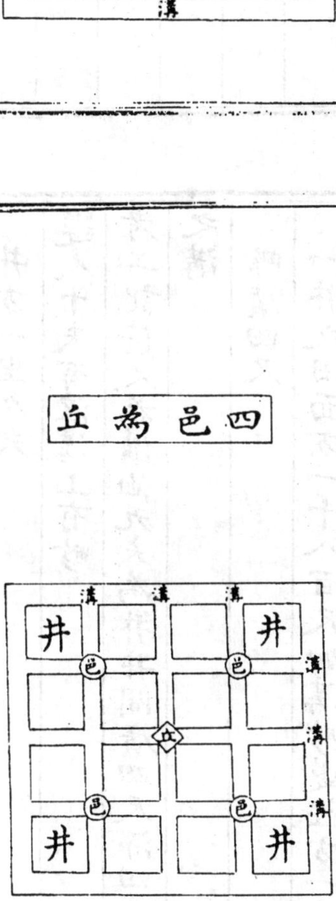

溝　溝　溝　井　井　邑　邑　溝　丘　溝　邑　邑　溝　井　井

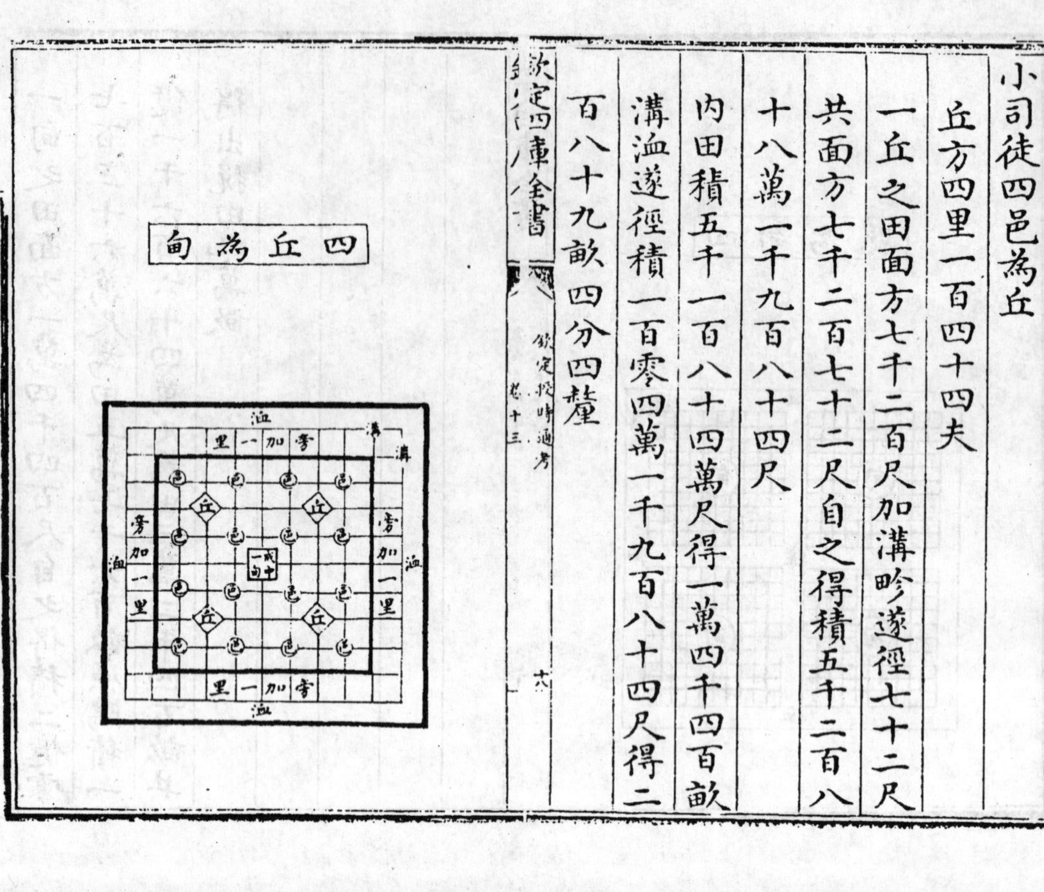

小司徒四邑為丘

丘方四里一百四十四夫

一丘之田面方七千二百尺加溝畛遂徑七十二尺共面方七千二百七十二尺自之得積五千二百八十八萬一千九百八十四尺內田積五千一百八十四萬尺得一萬四千四百畝溝洫遂徑積一百零四萬一千九百八十四尺得二百八十九畝四分四釐

小司徒四丘為甸

司馬法井十為成

遂人百夫有洫洫上有涂

匠人方十里為成成閒廣八尺深八尺謂之洫

成方十里成中容一甸甸方八里出田稅沿邊一里治洫四井為邑四邑為丘四丘為甸甸方八里旁加一里故方十里甸之八里開方計之八八六十四井五百七十六夫出稅旁加一里通廉隅三十六井三百二十四夫治洫

涂亦廣八尺

一成之田面方一萬八千尺加洫涂溝畛遂徑一百八十四尺共一萬八千一百八十四尺自之得積三億三千零六十五萬七千八百五十六尺內積三億二千四百萬尺為田九萬畝餘積六百六十五萬七千八百五十六尺得洫涂溝畛遂徑共一千八百四十九畝四分四毫一六

一甸之田面方一萬四千四百尺自之得積二億零七百三十六萬尺為田五萬七千六百畝廉隅積一億一千六百六十四萬尺為田三萬二千四百畝共得出税田九萬畝

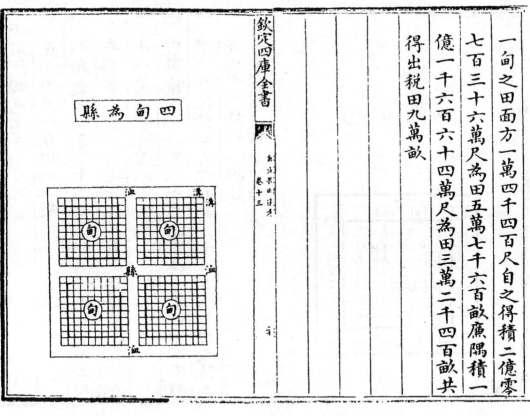

四甸為縣

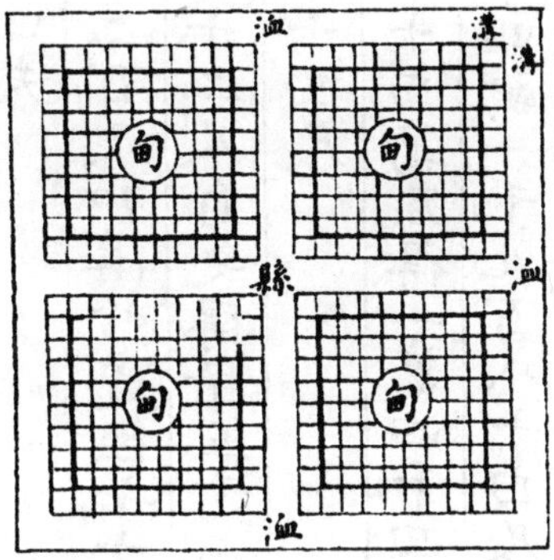

小司徒四甸為縣

縣方二十里四百井三千六百夫

一縣之田面方三萬六千尺加洫涂溝畛遂徑三百五十二尺共面方三萬六千三百五十二尺自之得積一十三億二千二百四十六萬七千九百零四尺内積一十二億九千六百萬尺為田三十六萬畝餘積二千六百四十六萬七千九百零四尺得洫涂溝畛遂徑共七千三百五十二畝一分九釐五毫二

四縣為都

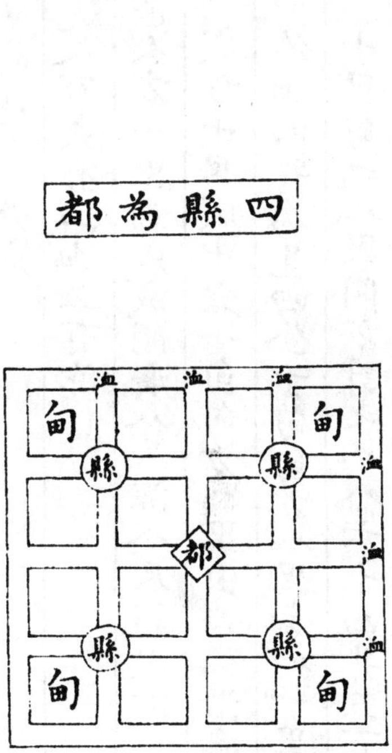

小司徒四縣爲都

都方四十里一千六百井一萬四千四百夫

面方四十里爲都一都之田面方七萬二千尺加洫涂溝畛遂徑六百八十八尺共面方七萬二千六百八十八尺自之得積五十二億八千三百五十四萬五千三百四十四尺

内積五十一億八千四百萬尺爲田一百四十四萬畝餘積九千九百五十四萬五千三百四十四尺得洫涂溝畛遂徑共二萬七千六百五十一畝四分八釐四毫一六

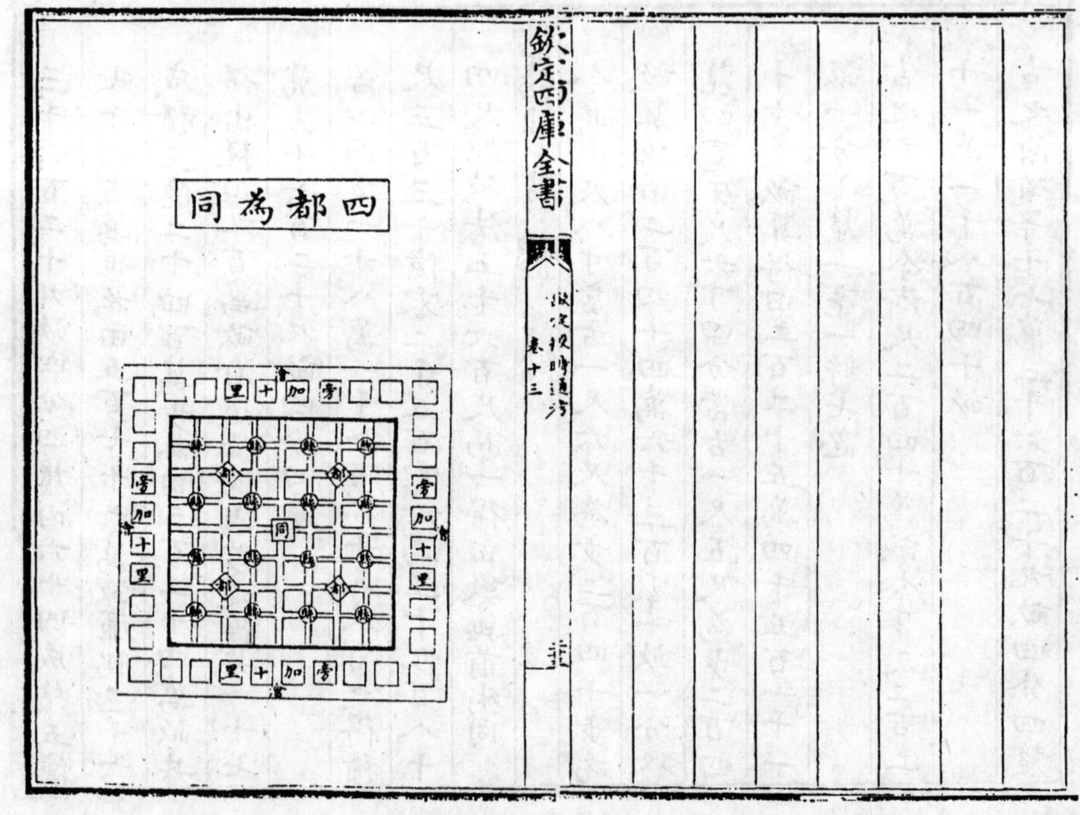

遂人千夫有澮澮上有道
匠人方百里為同同間廣二尋深二仞謂之澮專達于川
同方百里同中容四都方八十里出田稅沿邊十里治澮四甸為縣四登于同同方八十里旁加十里故方百里同之八十里開方計之八八六十四成六千四百井五萬七千六百夫出稅旁加十里通廉隅三十六成三千六百井三萬二千四百夫治澮

澮達於川川者大水通流非人力所治
道廣二尋
井田之制備於一同
一同之田面方一十八萬尺加澮道六十四尺洫涂一百四十四尺溝畛七百二十尺遂徑八百尺共得面方一千七百二十八尺六而一得三萬零二百八十八步自之得積九億一千七百三十六萬二千九百四十四步以畝法積百步而一得九百一十七萬三千六百二十九畝四分四釐內六十四成積五億七千六百萬步為田五百七十六萬畝廉隅三十六成積三億二千四百萬步為田三百二十四萬畝共得出稅田九百萬畝澮道洫涂溝畛遂徑共一十七萬三千六百二十九畝四分四釐
若以面方一十八萬一千七百二十八尺自之得積尺三百三十億零二千五百零六萬五千九百八十四尺以畝法三千六百尺而一得田數與前術同

今時浙尺八寸當古一尺六尺為步二百四十步為畝算得田二百四十四萬六千三百零一畝一分八釐四毫牙尺六寸四分當古一尺五尺為步二百四十步為畝算得田二百二十五萬四千五百一十一畝一分七釐一毫一絲七忽
古之九百萬今浙尺二百四十萬畝今牙尺二百二十一萬一千八百四十畝
古之澮道等十七萬三千六百二十九畝四分四釐

令浙尺四萬六千三百零一畝一分八釐四毫令牙尺四萬二千六百七十一畝一分七釐一毫一絲七忽

欽定授時通考卷十三

欽定授時通考卷十四

土宜

田制圖說下

農桑通訣田制篇器非農不作田非器不成周禮遂人凡治野以土宜教甿稼穡而後以時器勸甿命篇之義遵所自也夫禹別九州其田壤之法固多不同而稷教五穀則樹藝之方亦隨以異故皆以人力器用所成者

書之各有科等用列諸篇之右

田制各圖說

區田

圃田

架田

櫃田

梯田

塗田

沙田

圃田

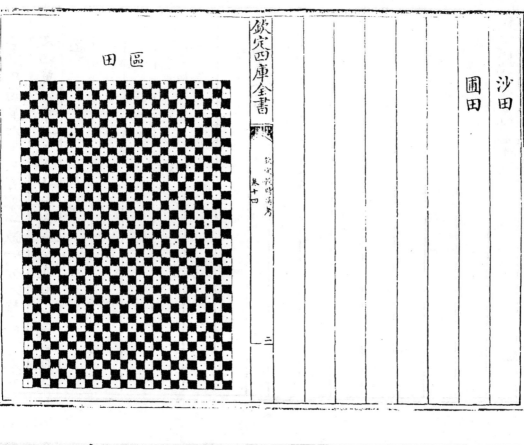

區田

農桑通訣按舊說區田地一畝濶一十五步每步五尺計七十五尺每一行占地一尺五寸該分五十行長一十六步計八十尺每行一尺五寸該分五十四行長濶相乘通二千七百區空一行種於所種行內隔一區種一區除隔空外可種六百七十五區每區深一尺用熟糞一升與區土相和布穀勻覆以手按實令土種相著苗出看稀稠存留鋤不厭頻旱則澆灌結子時鋤土深壅其根以防大風搖擺古人依此布種每區收穀一斗

每畝可收六十六石今人學種可減半計徐光啓曰當考古今度量又參考氾勝之書及務本書謂湯有七年之旱伊尹作為區田教民糞種負水澆稼諸山陵傾阪及田丘城上皆可為之其區當於閒時旋旋掘下正月種春大麥二三月種山藥芋子三四月種粟及大小豆八月種二麥豌豆節次為之不可貪多夫儉豐不常天之道也故君子貴思患而預防之如嚮年壬辰戊戌饑歉之際但依此法種之皆免饑殍此已試之明效也竊謂古人區種

之法本為禦旱濟時如山郡地土高仰歲歲如此種蓺則可常熟惟近家瀕水為上其種不必牛犁但鍫钁墾斸又便貧難大率一家五口可種一畝已自足食家口多者隨數增加男子兼作婦人童稚量力分工定為課業各務精勤若糞治得法沃灌以時人力既到則地利自饒雖遇災不能損耗用省而功倍田少而收多全家歲計指期可必實救貧之捷法備荒之要務也

農政全書按賈思勰曰區田以糞氣為美非必須良田

也諸山陵近邑高危傾阪及丘城上皆可為區田區田不耕旁地庶盡地力凡區種不先治地便荒地為之以畝為率令一畝之地長十八丈廣四丈八尺當橫分十八丈作十五町町間分為十四道以通人行道廣一尺五寸町皆廣一尺五寸長四丈八尺尺直橫鑿町作溝溝一尺深亦一尺積穰於溝間相去亦一尺嘗悉以一尺地積穰不相受令弘作二尺地以積穰種禾黍於溝間夾溝為兩行去溝兩邊各二寸半中央相去五寸旁行相去亦五寸一溝容四十四株一畝合萬五千七百五十株種禾黍令上有一寸土不可令過一寸亦不可令減一寸凡區種麥令相去二寸一行一溝容五十二株一畝凡四萬五千五百五十株麥上土令厚二寸凡區種大豆令相去一尺二寸一溝容九株一畝凡六千四百八十株禾一斗有五萬一千餘粒黍亦少此少許大豆一斗一萬五千餘粒區種荏令相去三尺胡麻相去一尺區種天旱常溉之一畝常收百斛上農夫區方深各六寸間相去九寸一畝三千

七百區一日作千區區種粟二十粒美糞一升合土和之畝用種二升秋收區別三升粟畝收百斛丁男長女治十畝十畝收千石歲食三十六石支二十六年中農夫區方九寸深六寸相去二尺一畝千二十七區用種一升收粟五十一石一日作三百區下農夫區方九寸深六寸相去二尺一畝五百六十七區用種六升收二十八石一日作二百區諺曰頃不比畝善謂多惡不如少善也區中草生茇之區間草以剗剗之若以鋤鋤苗長不能耘之者以

剷鎌比地刈其草歲

又兖州刺史劉仁之昔在洛陽於宅田以七十步之地域為區田收粟三十六石然則一畝之收有過百石矣少地之家所宜遵用也

徐光啓曰區收一斗畝六十六石即區田一畝可食二十許人矣蓋古今斗斛絶異周禮食一豆肉飲一豆酒中人之食也孔明每食不過數升而仲達以為食少事煩若如今斗則中人豈能頓盡孔明數升已自不少而

廉頗五斗得無太多計如今之畝若斗則每畝可收數石可食兩人以下耳見文學張弘言有糞壅法即令常種稻田亦可得穀畝二十許斛也近年中州撫院督民鑿井灌田竊意遠水之地自應種旱穀若鑿井以為水田此令民終歲愲愲也若云救旱穀則炎天爍土一井所灌其潤幾何必須教民為區田家各二三畝以上一家糞肥多在其中遇旱則汲井溉之此外田畝聽人自種旱穀則豐年可以兩全即遇大旱而區田所得亦足

免於饑窘比於廣種無收效相遠矣

圖

田

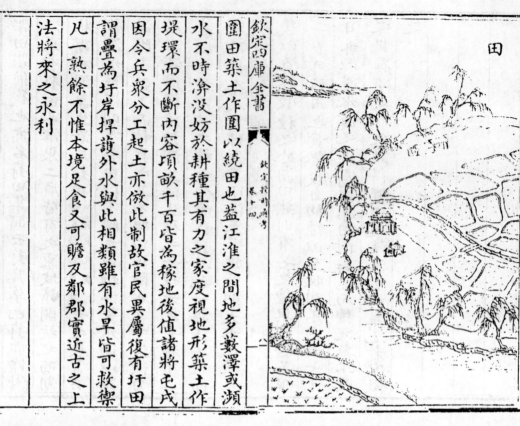

圍田築土作圍以繞田也葢江淮之間地多藪澤或瀕水不時渰没妨於耕種其有力之家度視地形築土作堤環而不斷内容頃畝千百皆為稼地後値諸將屯戍因令兵衆分工起土亦傚此制故官民異屬復有圩田謂疊爲圩岸捍護外水與此相類雖有水旱皆可救禦凡一熟餘不惟本境足食又可贍及鄰郡實近古之上法將來之永利

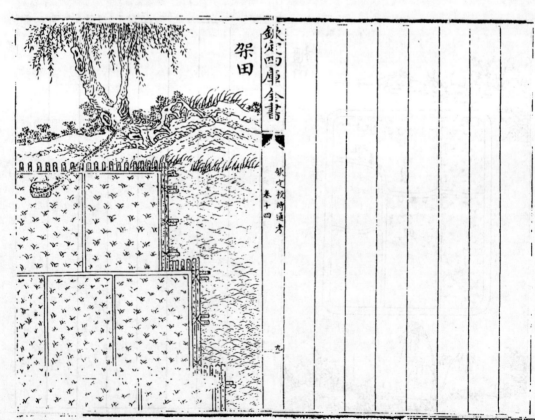

架田

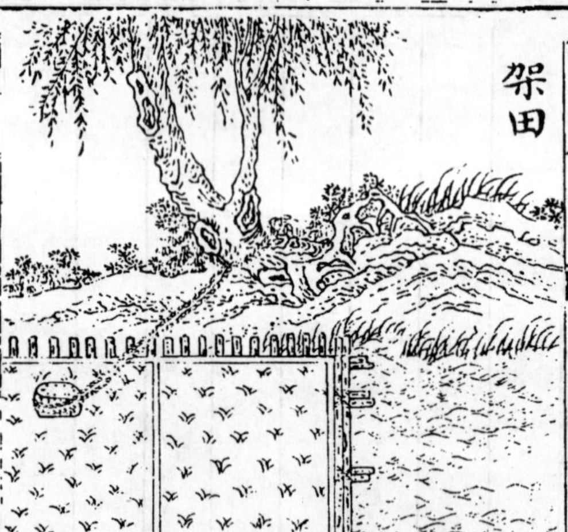

架田架猶筏也亦名葑田集韻云葑菰草也葑亦作湗江東有葑田又淮東二廣皆有之東坡請開杭之西湖狀謂水涸草生漸成葑田徐光啟曰東坡所云與此異考之農書云若深水藪澤則有葑田以木縛為田坵浮繫水面以葑泥附木架上而種藝之其木架田坵隨水高下浮泛自不淹浸周禮所謂澤草所生種之芒種是也芒種有二義鄭玄謂有芒之種若今黃穋穀是也一謂待芒種節過乃種今人占候夏至小滿至芒種節則大水已過然

後以黃穋穀種之於湖田然則有芒之種與芒種節候二義可並用也黃穋穀自初種以至收刈不過六七十日亦以避水溢之患竊謂架田附葑泥而種既無旱暵之災復有速收之效得置田之活法水鄉無地者宜傚之

櫃田

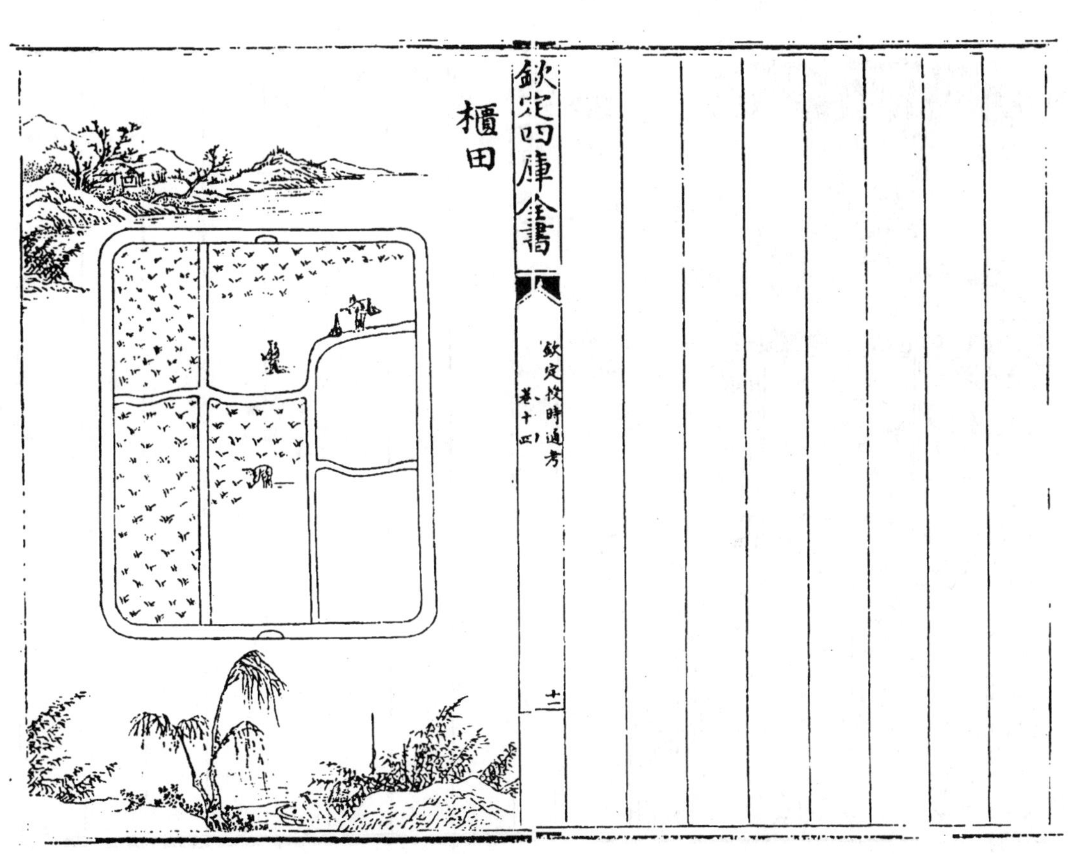

櫃田築土護田似圍而小面俱置瀽穴如此形制順置田段便於耕蒔若遇水荒田制既小堅築高峻外水難入內水則車之易涸淺浸處宜種黃穋稻周禮謂澤草生種之芒種黃穋稻是也黃穋稻自種至收不過六十日則熟以避水溢之患如水過澤草自生穇稗可收高涸處亦宜陸種諸物皆可濟饑此救水荒之上法一名壩水溉田亦曰壩田與此名同而實異

梯田

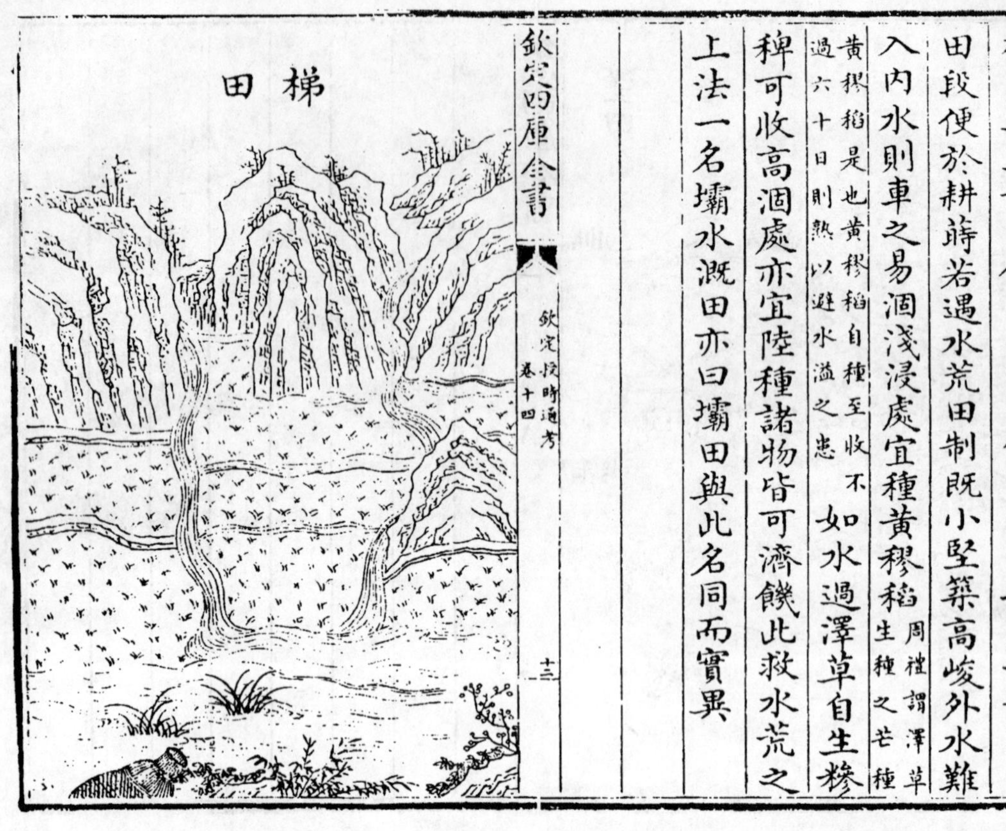

梯田謂梯山為田也夫山多地少之處除磊石及峭壁例同不毛其餘所在土山下自横麓上至危巔一體之間裁作重磴即可種蓺如土石相半則必疊石相次包土成田又有山勢峻極不可展足播植之際人則傴僂蟻沿而上耨土而種躡坎而耘此山田不等自下登陟俱若梯磴故總曰梯田上有水源則可種秫秔如止陸種亦宜粟麥蓋田盡而地地盡而山山鄉細民必求墾佃猶勝禾稼其人力所至雨露所養不無少穫然力田至此未免艱食又復租稅隨之良可憫也

塗田

塗田書云淮海惟揚州厥土惟塗泥夫低水種皆須塗泥然瀕海之地復有此等田法其潮水所泥沙泥積於島嶼或墊溺盤曲其頃畝多少不等上有鹹草叢生候有潮來漸惹塗泥初種水稗斥鹵既盡可為稼田所謂瀉斥鹵兮生稻粱盈邊海岸築壁或樹立樁橛以抵潮汛田邊開溝以注雨潦旱則灌溉謂之甜水溝其稼收比常田利可十倍民多以為永業又中土大河之側及淮灣水涯之地與所在陂澤之曲凡潢汙洄互壅積泥

滓退皆成淤灘亦可種蓺秋後泥乾地裂布掃麥種於上其所收比淤田之效也夫塗田淤田各因潮漲而成以地法觀之雖若不同其收穫之利則無異也

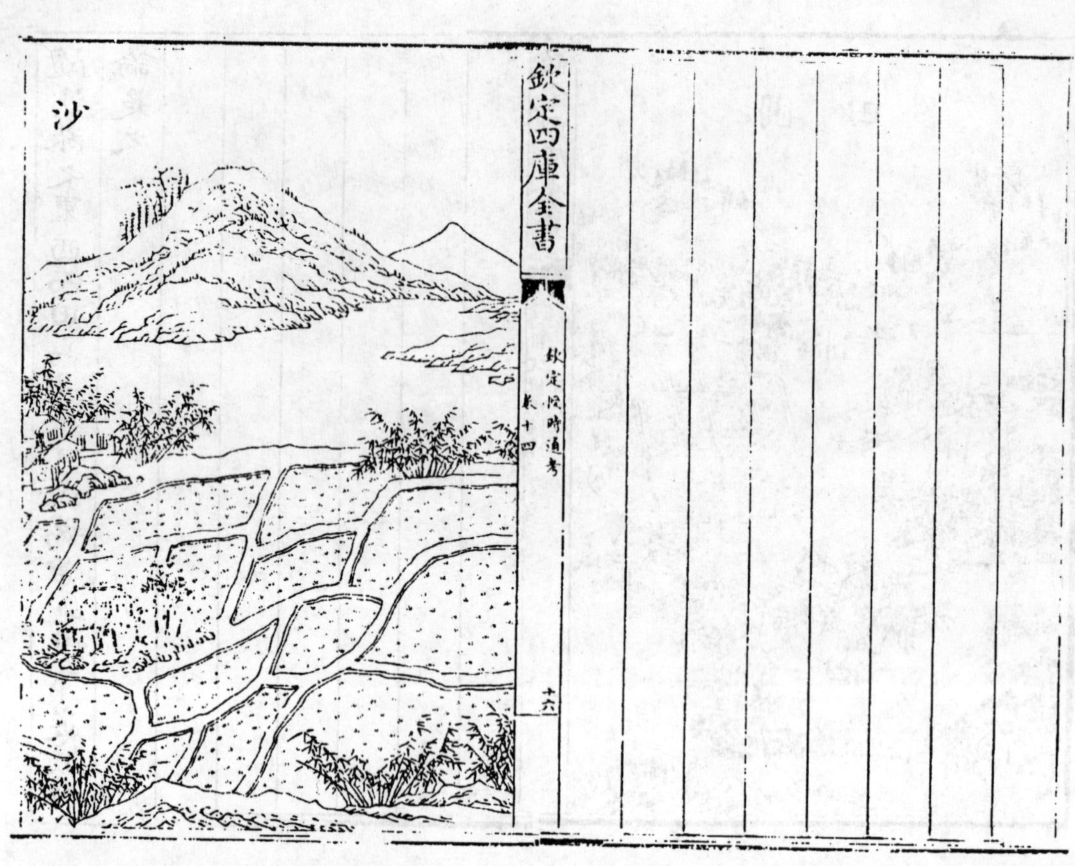

田

沙田南方江淮間沙淤之田也或濵大江或峙中洲四圍蘆葦駢密以護堤岸其地常潤澤可保豐熟普為塍埂可種稻秫間為聚落可蓺桑麻或中貫湖溝旱則平溉或傍繞大港澇則洩水所以無水旱之憂故勝他田也舊所謂坍江之田廢復不常故畝無常數税無定額正謂此也宋乾道年間近習梁俊彦請税沙田以助軍餉既施行矣時相葉顒奏曰沙田者乃江濵出没之地水激於東則沙漲於西水激於西則沙復漲於東百姓

隨沙漲之東西而田焉是未可以為常也其事遂寢時論是之

圃田

圃田種蔬果之田也周禮以場圃任園地註曰圃樹果蓏之屬其田繚以垣墻或限以籬塹負郭之間但得十畝足贍數口若稍遠城市可倍添田數至半頃止結廬於上外周以桑課之蠶利內皆種蔬先足長生韭一二百畦時新菜二三十種惟務多取糞壤以為膏腴之本處有天旱臨水為上否則量地鑿井以備灌溉地若稍廣又可兼種麻苧果穀等物比之常田歲利數倍此圃夫之業可以代耕至於養素之士亦可托為隱所因得供贍又有宦遊家若無別墅就可棲身駐迹如漢陰之獨力灌畦河陽之閒居鬻蔬亦何害於助道哉

欽定授時通考卷十四

欽定四庫全書

欽定授時通考卷十五

土宜

水利一

書益稷決九川距四海濬畎澮距川

傳距至也決九州名川通之至海一畝之間廣尺深尺曰畎方百里之間廣二尋深二仞曰澮畎澮深之至川亦入海

又禹貢九川滌源九澤既陂

傳九州之川已滌除泉源無壅塞矣九州之澤已陂障無決溢矣

詩小雅泉流既清

傳水治曰清箋召伯營謝邑通其水泉之利

又滮池北流浸彼稻田

傳滮流貌箋池水之澤浸潤稻田使之生殖豐鎬之間水北流疏此詩周人所作則此池是周地之水文王有聲箋云豐在豐水西鎬在豐水東則豐鎬之間惟豐水耳此池在豐水之左右其地汙下引豐以溉灌故言浸彼稻田也池水當得停而亦言北流者以池上引豐水亦北流浸灌既訖又決而入豐亦為北流

大雅觀其流泉

正義流泉所以灌溉觀其浸潤所及欲民擇所宜而種之遂浸潤而耕之所以利民富國故公劉殷勤審之也

周禮夏官職方氏東南曰揚州其澤藪曰具區其川三江其浸五湖

注大澤曰藪具區五湖在吳南浸可以為陂灌溉者

疏謂灌溉稻田者也三江者江東行至揚州入彭蠡復分為三道入海故得有三江也

又正南曰荊州其澤藪曰雲夢其川江漢其浸潁湛

注雲夢在華容潁出陽城宜屬豫州湛或為淮疏禹

貢荆州雲土夢作乂又得為澤者彼注云中有平土丘水去土可為作畎畝之治

又河南曰豫州其澤藪曰圃田其川滎洛其浸波溠

注圃田在中牟滎兖水也出東垣入於河泆為滎滎在滎陽波讀為播禹貢曰滎波既豬春秋傳曰楚子除道梁溠營軍臨隨則溠宜屬荆州

又正東曰青州其澤藪曰望諸其川淮泗其浸沂沭

注沂山沂水所出在蓋望諸明都也在睢陽沭出東

莞淮或為睢沭或為洙疏春秋宋澤有孟諸明都即宋之孟諸

又河東曰兖州其澤藪曰大野其川河泲其浸盧維

注大野在鉅野盧維當作雷雍禹貢曰雷夏既澤灉沮會同雷夏在陽城

又正西曰雍州其澤藪曰弦蒲其川涇汭其浸渭洛

注弦蒲在汧涇出涇陽汭在豳地洛出懷德弦或為汧蒲或為浦

又東北曰幽州其澤藪曰貕養其川河泲其浸菑時

注貕養在長廣菑出萊蕪時出般陽

又河內曰冀州其澤藪曰楊紆其川漳其浸汾潞

注楊紆未聞漳出長子汾出汾陽潞出歸德

又正北曰并州其澤藪曰昭餘祁其川虖池嘔夷其浸淶易

注昭餘祁在鄔虖池出鹵城嘔夷出平舒淶出廣昌易出故安

左傳襄公三十年田有封洫

注封疆也洫溝也

公羊傳莊公九年冬浚洙洙者何水也浚之者何深之也

注以言浚也本非人工所為疏畎澮之屬是人功為之也

又僖公三年桓公曰無障谷

注無障斷川谷專水利也水注川曰谿注谿曰谷疏

水出於山入於川為谿水朝屬曰谷

管子水有大小又有遠近水之出於山而流入於海者命曰經水水别於他水入於大水及海者命曰枝水山之溝一有水一毋水者命曰谷水水之出於他水溝流於大水及海者命曰川水出地而不流者命曰淵水此五水者因其利而往之可也因而扼之可也

又令甲士作隄大水之傍大其下小其上隨水而行地有不生草者必為之囊大者為之隄小者為之防夾水

四道禾稼不傷歲埤增之樹以荆棘以固其地雜之以栢楊以備決水民得其饒是謂流膏

史記滑稽傳魏文侯時西門豹為鄴令發民鑿十二渠引河水灌田田皆溉當其時民煩苦不欲豹曰民可與樂成難以慮始期令父老子孫思我至今皆得水利民以給足

漢書溝洫志蜀守李氷鑿離堆避沫水之害穿二江成都中皆可行舟有餘則用溉百姓饗其利

又史起為鄴令引漳水溉鄴以富魏之河内民歌之曰鄴有賢令兮為史公決漳兮灌鄴旁終古舄鹵兮生稻粱

又鄭國鑿涇水自中山西邸瓠口為渠並北山東注洛三百餘里渠成而用溉注填閼之水溉舄鹵之地四萬餘頃收皆畝一鍾於是關中為沃野無凶年秦以富强因名曰鄭國渠

又鄭當時言引渭穿渠起長安旁南山下至河三百餘

里徑易度漕渠下民田萬餘頃可得以溉穿渠三歲而通漕大便利民頗得溉

又嚴熊言臨晉民願穿洛以溉重泉以東萬餘頃可令畝十石於是穿渠自徵引洛水至商顔下乃鑿井深者四十餘丈井下相通行水以絶商顔東至山領十餘里間井渠之生自此始穿得龍骨故名曰龍首渠

又倪寛為左内史奏請穿鑿六輔渠以益溉鄭國旁高卬田

又趙大夫白公復奏穿渠引涇水首起谷口尾入櫟陽注渭中袤二百里溉田四千五百餘頃因名曰白渠民得其饒歌之曰田於何所池陽谷口鄭國在前白渠起後舉臿為雲決渠為雨涇水一石其泥數斗且溉且糞長我禾黍衣食京師億萬之口

通典漢文帝以文翁為蜀郡太守穿煎溲口溉灌田千七百頃人獲其饒

漢書循吏傳召信臣為南陽太守行視郡中泉水開通

溝瀆起水門提閼凡數十處以廣溉灌歲歲增加多至三萬頃民得其利畜積有餘信臣為民作均水約束刻石立於田畔以防分爭吏民親愛信臣號之曰召父

後漢書杜詩傳詩遷南陽太守修治陂池廣拓土田郡內比室殷足時人方於召信臣故南陽為之語曰前有召父後有杜母

又鄧晨傳晨為汝南太守興鴻郤陂數千頃田汝土以殷

又循吏傳王景為廬江太守郡界有楚相孫叔敖所起芍陂稻田景乃驅率吏民修起荒廢墾闢倍多境內豐給

又何敞傳敞遷汝南太守修理鮦陽舊渠百姓賴其利墾田增三萬餘頃吏人共刻石頌敞功德

通典馬臻為會稽太守始立鏡湖築塘周迴三百十里灌田九千餘頃人獲其利

三國魏志鄭渾傳渾遷陽平沛郡二太守郡界下濕患

水潦渾於蕭相二縣界興陂遏開稻田郡人皆以為不便渾曰地勢洿下宜溉灌終有魚稻經久之利此豐民之本也遂躬率吏民興立功夫一冬間皆成比年大收頃畝歲增租入倍常民賴其利刻石頌之號曰鄭陂

又劉馥傳太祖表馥揚州刺史移治合肥興治芍陂及茹陂七門吳塘諸堨以溉稻田官民有蓄子靖都督河北諸軍事修廣戾渠陵大堨水溉灌薊南北三更種稻邊民便之

又王基傳基言江陵有沮漳二水溉灌膏腴之田以千數安陸左右陂池沃衍宜水陸並農以實軍資

又徐邈傳邈為涼州刺史廣開水田募貧民佃之

晉書食貨志魏皇甫隆為敦煌太守敦煌俗不使耬犁及不知用水人牛功力既費而收穀更少隆到乃教作耬犁及溉灌歲終率計所省庸力過半得穀加五西方以豐

又杜預言諸欲修水利者皆以火耕水耨為便非不爾也然此事施於青田草萊與百姓居相絕遠者耳往者東南草創人稀故得火田之利自頃戶口日增而陂堨歲決良田變生蒲葦人居沮澤之際水陸失宜放牧絕種樹木立枯皆陂之害也陂多則土薄水淺潦不下潤宜發明詔敕刺史二千石其漢氏舊陂舊堨及山谷私家小陂皆當修繕以積水其諸魏氏以來所造立及諸因雨決溢蒲葦馬腸陂之類皆決瀝之長吏二千石躬親勸功諸食力之人並一時附功令比及水凍得粗枯涸其所修功實之人皆以俾之

又夏侯和上修新渠富壽遊陂三渠凡溉田千五百頃

又杜預傳預拜鎮南大將軍都督荊州諸軍事至鎮修邵信臣遺跡激用滍清諸水以浸原田萬餘頃分疆刻石使有定分公私同利衆庶賴之

又張闓傳元帝踐阼補晉陵內史時所部四縣並以旱失田闓乃立曲阿新豐塘溉田八百餘頃每歲豐稔葛洪為頌

又苻堅載記堅以關中水旱不時議依鄭白故事發王侯以下及豪望富室僮隸三萬人開涇水上源鑿山起隄通渠引瀆以溉岡鹵之田及春而成民賴其利

宋書劉義欣傳義欣為荊河刺史鎮壽陽時土境荒毀義欣隨宜經理芍陂良田萬餘頃隄堰久壞夏秋常苦旱遣諮議參軍殷肅循行修理有舊溝引淠水入陂伐木開榛水得通涇由是遂豐稔

梁書夏侯夔傳夔為豫州刺史帥軍人於蒼陵立堰溉

田千餘頃歲收穀百餘萬石以充儲備兼贍貧民

魏書裴延儁傳延儁除廷尉卿轉平北將軍幽州刺史范陽郡有督亢渠經五十里漁陽燕郡有故戾陵諸堰廣袤三十里皆廢毀多時莫能修復時水旱不調民多飢餒延儁謂疏通舊跡勢必可成乃表求營造遂躬自履行相度水形隨力分督未幾而就溉田百萬餘畝為利十倍百姓賴之

北齊書斛律金傳子羨為幽州刺史導高梁水北合易京東會於潞因以灌田邊儲歲積轉漕用省公私獲利焉

唐書李襲志傳襲志弟襲譽擢揚州大都督府長史為引雷陂水築句城塘溉田八百頃以盡地利

又姜師度傳師度徙同州刺史泝洛灌朝邑河西二縣閼河以灌通靈陂收棄地二千頃為上田

文獻通考唐肅宗上元中於楚州古射陽湖置洪澤屯壽州置芍陂屯厥田沃大獲其利

唐書于頔傳頔為湖州刺史部有湖陂異時溉田三千頃久廢頔行縣命修復隄閼歲獲秔稻蒲魚無慮萬計

又李景略傳景略拜豐州刺史天德軍西受降城都防禦使窮塞苦寒地瘠鹵邊戶勞悴景略至鑿咸應永清二渠溉田數百頃

又李承傳承累遷吏部郎中淮南西道黜陟使奏置常豐堰於楚州以禦海潮溉田瘠鹵收常十倍

又杜佑傳佑為淮南節度使決雷陂以廣灌溉斥海瀕棄地為田積米至五十萬斛

又韋挺傳挺曾孫武為絳州刺史鑿汾水灌田萬三千餘頃璽書勞勉

又李栖筠傳栖筠子吉甫為淮南節度使築富人固本二塘溉田且萬頃

又孟簡傳簡為常州刺史州有孟瀆久淤閼簡治導溉田凡四千頃賜金紫

又白居易傳居易為杭州刺史始築隄捍錢塘湖鍾洩其水溉田千頃

又崔弘禮傳弘禮為河陽節度使治河内秦渠溉田千頃歲收八萬斛

又温大雅傳温造為朗州刺史開復鄉渠百里溉田二千頃民獲其利號右史渠太和中節度河陽奏復懷州古秦渠枋口堰以溉濟源河内温武陟田五千頃

又循吏傳韋丹為江南西道觀察使築堤捍江長十二

里竇以疏漲為陂塘五百九十八所灌田萬二千頃

宋史食貨志咸平中大理寺丞王宗旦請募民耕潁州陂塘荒地凡千五百頃部民應募者三百餘戶詔令未出租税免其徭役然無助於功利而汝州舊有洛陽務内園兵人種稻雍熙二年罷賦予民至是復置命京朝官專掌募民戶二百餘自備耕牛立團長墾地六百頃導汝水灌溉歲收二萬三千石襄陽縣淳河舊作堤截水入官渠溉民田三千頃宜城縣蠻河溉田七百頃又有屯地三百餘頃知襄州耿望請於舊地兼括荒田置營田上中下三務調夫五百築堤堰仍集鄰州兵每務二百人荆湖市牛七百分給之是歲種稻三百餘頃

又嘉祐中唐守趙尚寛修復漢邵信臣故陂渠遺跡溉田數萬頃

又何承矩知雄州言宜因積潦蓄為陂塘大作稻田以足食閩人黄懋亦上書言河北州軍多陂塘引水溉田省功易就三五年間公私必大獲利詔承矩按視還奏

如懋言遂於雄莫霸州平戎順安等軍興堰六百里置斗門引淀水灌溉初年種稻值霜不成懋以江東早稻七月即熟取其種課令種之是歲八月稻熟初承矩建議阻之者頗衆至是承矩載稻穗數車遣使送闕下議者乃息而莞蒲蜃蛤之饒民賴其利

又鄭戩傳戩以資政殿學士知杭州錢塘湖溉民田數十頃錢氏置潦清軍以疏淤填水患既納國後不復治葑土堙塞為豪族僧坊所占冒湖水益狹戩發屬縣丁

夫數萬闔之民賴其利事聞詔本郡歲治如戩法

又謝絳傳絳知鄧州距州百二十里有美陽堰引湍水溉公田水來遠利不及民濱堰築新土為防俗謂之墩者大小又十數歲數壞輒調民增築奸人蓄薪茭以時其急往往盜決堰墩百姓苦之絳按邵信臣六門堰故跡距城三里壅水注鉗廬陂溉田至三萬頃請修復之可罷州人歲役以水與民

續文獻通考元祐中長樂縣令袁正規以十七都之田

窪下歲被渰沒遂開卓道後山為港以洩其水注之海

又鑿林岊莊前之山為渠注之江民德之因請名曰袁公港正規辭曰此天子之功也遂名之曰元祐港

又郎簡築名塘陂竝江為之蓄河頭水溉田種五百餘石又修天寶陂溉田種千餘石

又范洪知鄞縣葺堰埭百餘決導瀦積在常熟疏金涇鶴瀆二浦溉田千頃

又李禹卿通判蘇州堤太湖八十里為渠漕運蓄水溉田千餘頃

又徐盡通判時東南大水盡周視盡得水利舊跡築石塘九十里建橋十八所復良田數十萬畝

又陳偁為羅源令鑿渠以溉民田民蒙其惠因號曰永利渠

又曾有開知確山縣興修廢陂溉田數千頃

又米定權閩縣時開濬負城河浦百七十六計二萬一千九百七十四丈均用民力凡八萬九千溉田三千六

百餘頃

又趙抃以崇安多水疊石為堤以遏其衝又開除灣陂分西來之流由石雄以入於縣又從縣西鑿陂於星陽溉田甚廣人懷其惠久而不忘因取其諡名清獻陂

又劉諤知興化軍創立太平陂引荻蘆溪水溉田七百頃

又韓正彥知崑山創石隄疏斗門作塘七十里以達於郡得膏腴數百頃

范文正公集上呂相公竝呈中丞咨目姑蘇四郊略平窊而為湖者十之二三西南之澤尤大謂之太湖納數郡之水湖東一派濬入於海謂之松江積雨之時湖溢而江壅横没諸邑雖北壓揚子江而東抵巨浸河渠至多堙塞已久莫能分其勢矣惟松江退落漫流始下或一歲之水久而未耗來年暑雨復為沴焉人必薦飢可不經畫令疏導者不惟使東南入於松江又使西北入於揚子江之於海也其利在此或曰江水已高不納此

流某謂不然江海所以為百谷王者以其下之豈獨不下於此耶江流或高則必滔滔旁來豈復姑蘇之有乎矧今開畎之處下流不息亦明驗矣或曰日有潮來水安得下某謂不然大江長淮無不潮也來之時刻少退之時刻多故大江長淮會天下之水畢能歸於海也或曰沙因潮至數年復塞豈人力之可支某謂不然新導之河必設諸閘常時扃之禦其潮來沙不能塞也每春理其閘外工減數倍矣旱歲亦扃之駐水灌田可救熯涸之災潦歲則啟之疏積水之患或謂開畎之役重勞民力某謂不然東南之田所植惟稻大水一至秋無他望災沴之後必有疾疫乘其羸敗十不救一謂之天災實由飢耳或謂力役之際大費軍食某謂不然姑蘇歲納苗米三十四萬斛官司之糴又不下數十百萬斛去秋蠲放者三十萬官司之糴無復有焉如豐穰之歲春役萬人人食三升一月而罷用米九千石耳荒歉之歲日食五升召民為役而賑濟一月而罷用米萬五千石

耳量此之出較彼之入孰為費軍食哉或謂陂澤之田動成渺瀰導川而無益也某謂不然吳中之田非水不植減之使淺則可播種非決而涸之然後為功也昨開五河洩去積水今歲和平秋望七八積而未去猶有二三未能播種復請增理數道以分其流使不停壅縱遇大水其去必速而無來歲之患矣又松江一曲號曰盤龍父老傳云出水尤利如總數道而開之災必大減蘇秀間有秋之半利已大矣畎澮之事職在郡縣不時開

導刺史縣令之職也然令之所與作橫議先至非朝廷主之則無功有毀也守土之人恐無建事之意矣蘇常湖秀膏腴千里國之倉庾也浙漕之任及數郡之守宜擇精心盡力之吏不可以尋常資格而授之恐功力不至重為朝廷之憂且失東南之利也

宋史茍時中傳時中主寧陵簿邑有古河久湮請開導以溉田為利甚溥人謂之茍公河

又孫覺傳覺知廣德軍徙湖州松江隄沒水為民患覺

易以石高丈餘長百里隄下化為田

又楊佖傳佖主管開封府界常平權都水丞與侯叔獻行汴水淤田法遂釃汴流漲潦以溉西部瘠土皆為良田

續文獻通考長樂濱海山淺而泉微故瀦防獨多大者為湖次為埭為圳捍海而成者為塘次為堰毋慮百五十餘所每歲蓄溪澗雖不洩涓滴亦不足用必時雨滂澍乃或沾洽及農事畢則皆為無用之地以是狡民或侵或請民失其利建炎初縣令陳可大修塘捍陂湖至九年縣令徐蕃復延耆老講究水利為斗門及湖塘陂堰百四所溉田凡二千八十三頃又築大塘基方廣二十餘丈兩旁抵海長一千五十丈溝港共長三千七百丈瀦福清界水溉田種千石

宋史食貨志紹興五年江東帥臣李光言明越之境皆有陂湖大抵湖高於田田又高於江海旱則放湖水溉田澇則決田水入海故無水旱之災本朝慶歷嘉祐間始有盜湖為田者其禁甚嚴政和以來創為應奉始廢

湖為田自是兩州之民歲被水旱之患餘姚上虞每縣收租不過數千斛而所失民田常賦動以萬計莫若先罷兩邑湖田其會稽之鑑湖鄞之廣德湖蕭山之湘湖等處尚多望詔漕臣盡廢之其江東西圩田蘇秀圍田令監司守令條上於是詔諸路漕臣議之其後議者雖稱合廢竟仍其舊

又紹興十六年知袁州張成己言江西良田多占山岡

望委守令講陂塘灌溉之利其後比部員外郎李詠言淮西高原處舊有陂塘請給銀米以時修濬知江陰軍蔣及祖亦請濬治本軍五卸溝以洩水修復横河支渠以溉旱乃竝詔諸路常平司行之每季以施行聞

又紹興二十三年諫議大夫史才言浙西民田最廣而平時無甚害者太湖之利也近年瀕湖之地多為兵卒侵據累土增高長堤彌望名曰壩田旱則據之以溉而民田不沾其利澇則遠近泛濫不得入湖而民田盡没

望盡復太湖舊迹使軍民各安田疇均利

又紹興二十四年大理寺丞周環言臨安平江湖秀四州下田多為積水所浸緣溪山諸水併歸太湖自太湖分二派東南一派由松江入於海東北一派由諸浦注之江其松江泄水惟白茅一浦最大今泥沙淤塞宜決浦故道俾水勢分派流暢實四州無窮之利

又紹興二十八年兩浙轉運副使趙子潚知平江府蔣燦言太湖者數川之巨浸而獨洩以松江之一川宜其勢有所不逮是以昔人以常熟之北開二十四浦疏而導之江又於崑山之東開一十二浦分而納之海三十六浦後為潮汐沙積而開江之卒亦廢於是民田有淹没之患天聖間漕臣張綸嘗於常熟崑山各開衆浦景祐間郡守范仲淹亦親至海浦濬開五河政和間提舉官趙霖復嘗開濬今諸浦湮塞又非前比計用工三百三十餘萬錢三十三萬餘緡米十萬餘斛於是詔監察御史任古復視之既而古至平江言常熟五浦通江誠

便若依所請以五千功月餘可畢詔以激賞庫錢平江府上供米如數給之

續文獻通考紹興中王信知紹興府山陰境有獲猿湖四環皆田歲苦淫潦信創斗門導停瀦注之海築十一壩化滙浸為上腴民繪像祀之更其名曰王公湖

宋史印宏傳宏知秀州華亭縣捍海堰廢且百年鹹潮歲大入壞竝海田蘇州皆被其害宏至海口訪遺址已淪没乃奏創築三月堰成三州瀉鹵復為良田

文獻通考乾道七年四川宣撫使王炎奏興元府山河堰溉南鄭褒城田九十三萬三千畝有奇詔奬諭

又淳熙二年淮東總領錢良臣奏修復鎮江府練湖凡七十二源灌田百餘萬畝從之

續文獻通考淳熙中趙汝愚知福州州舊有湖溉民田數萬畝後豪滑湮塞為田遇旱則西北一帶高田無從得水遇澇則東南一帶淪為巨浸汝愚因請開濬悉復其舊

又嘉定間漳州倅鄭煥浚渠溉田郡人立石刻曰鄭公渠

又趙師繙為漳浦令鑿西湖築岸創立水門時其蓄洩以溉民田週圍五百一十五丈

又趙善蒿知連江縣詢知南壇水利可以溉田遂伐石為斗門民歌之

又制師顔頤仲浚定海西市抵鄞桃花渡邊六十里故河盡復廣五丈深一丈二尺灌溉田疇民蒙其利

又嘉定十七年衛涇奏言國家承平之時京師漕粟多出東南而江浙居其大半中興以來浙西遂為畿甸尤所仰給歲獲豐穰雲及旁路葢平疇沃壤綿亘阡陌有江湖瀦泄之利焉大抵二浙地勢高下相類湖高於田田又高於江海水少則汲湖水以溉田水多則泄田水由江而入海惟瀦泄兩得其便故無水旱之憂而皆膏腴之地自紹興末年因軍中侵奪瀕湖水蕩工力易辦創置堤埂號為壩田民田已被其害而猶未至甚者瀦

水之地尚多也隆興乾道之後豪宗大姓相繼迭出廣包強占無歲無之陂湖之利日朘月削已亡幾何而所在圍田則徧滿矣以臣耳目所接三十年間昔之曰江曰湖曰草蕩者今皆田也夫陂湖之水自常情觀之似若無用由農事言之則為甚急陂湖廣衍則瀦蓄必多遇旱可以灌溉江流深浚則通泄必快遇水不至泛溢儻瀦水之地或至狹隘則容受必少旱即易涸立見焦枯水源既壅而江流填淤則疏泄甚難水即易盈蕩為

巨浸事之利害豈不較然易知州縣監司所當禁戢然圍田者無非形勢之家其語言氣力足以淩駕官府而在位者每重舉事而樂因循故上下相蒙恬不知怪而圍田之害深矣議者又曰圍田既廣則增租亦多其於邦計不為無補殊不思緣江並湖民間良田何啻數千百頃皆異時之無水旱者圍田一興修築塍岸水所由出入之路頓至隔絶稍覺旱乾則占據上流獨擅灌溉之利民田坐視無從取水逮至水溢則順流疏決復以

民田為壑設若圍田僥倖一稔增租所入有幾而當歲倍收之田小有水旱反為荒土常賦所損可勝計哉所謂增租既不繫省額州縣得以移用徒資貪黷之吏耳此其輕重得失又不待智者而後辨也

金史食貨志泰和八年七月詔諸路按察司規畫水田部官謂水田之利甚大沿河通作渠如平陽掘井種田俱可灌溉比年邳沂近河布種豆麥無水則鑿井灌之計六百餘頃比之陸田所收數倍以此較之他境無不可行者遂令轉運司因出計點就令審察若諸路按察司因勸農可按問開河或掘井如何為便規畫具申以俟興作

又興定五年南陽令李國瑞創開水田四百餘頃詔陞職二等仍録其最狀徧諭諸道

元史成宗本紀大德八年五月壬申中書省臣言吳江松江實海口故道潮水久淤凡湮塞良田百有餘里況海運亦由是而出宜於租戶役萬五千人濬治歲免租

八十五石仍設行都水監以董其成從之

又脱脱言京畿近水地召募江南人耕種歲可收粟麥百萬餘石不煩海運京師足食從之於是西至西山南至保定河間北抵檀順東至遷民鎮凡係官地及原管各處屯田悉從分司農司立法佃種合用工價牛具農器穀種給鈔五百萬錠命悟良哈台烏古孫良禎並為大司農卿又於江南召募能種水田及修築圍堰之人各一千名為農師降空名添設職事敕牒十二道募農

民一百名者授正九品二百名正八品三百名從七品就令管領所募之人所募農夫每名給鈔十錠由是歲乃大稔

又良吏傳譚澄為交城令有文谷水分溉交城田有帥專其利而堰之澄令決水均其利於民擢懷孟路總管歲旱令民鑿唐温渠引沁水以溉田

又張文謙傳文謙以中書左丞行省西夏中興等路浚唐來漢延二渠溉田十數萬頃民蒙其利

續文獻通考元至大初江浙行省督治圍田合修陂塘圍岸溝渠曉諭農家須要依法修置遇旱車水澆救遇澇洩水通流會集行都水監官李都水講究得修浚之際田主出糧佃户出力係官圍田若無總佃貧窮無力不能修浚者量其所須官為借貸收成日抵數還官事有成效勸農官擬陞賞奏聞失悞者治罪其拋荒積水田土多因租額太重無人承佃勸諭當鄉富上人户自備工本修築塍圍聽本户佃種為主拋荒官田止納原租初年免徵次惟半而三甫全積荒則三年後第依民田輸税諸人不得爭奪及照到前庸田司五等圍岸體式以水為平平者為第一等高七尺五寸底濶一丈面濶五尺田高一尺為第二等高六尺五寸底濶九尺面濶四尺五寸田高二尺為第三等高五尺五寸底濶八尺面濶四尺田高三尺為第四等高四尺五寸底濶七尺面濶五尺五寸田高四尺為第五等止添備水高三尺底濶六尺面濶三尺若山水原落圍岸迫近諸湖去處自願增者聽

元史郭守敬傳中統三年張文謙薦守敬習水利巧思絶人世祖召見陳水利六事其一中都舊漕河東至通州引玉泉水以通舟歲可省僱車錢六萬緡通州以南於蘭榆河口徑直開引由蒙村跳梁務至楊村還河以避浮雞淘盤淺風浪遠轉之患其二順德達泉引入城中分為三渠灌城東地其三順德澧河東至古任城失其故道没民田千三百餘頃此水開修成河其田即可

耕種自小王村徑滹沱合入御河通行舟栰其四磁州東北滏漳二水合流處引水由滏陽邯鄲洺州永平下經雞澤合入澧河可溉田三千餘頃其五懷孟沁河雖澆溉猶有漏堰餘水東與丹河餘水相合引東流至武陟縣北合入御河可溉田二千餘頃其六黃河自孟州西開引少分一渠經由新舊孟州中間順河古岸下至温縣南復入大河其間亦可溉田二千餘頃授提舉諸路河渠加授銀符副河渠使先是古渠在中興者一名

唐來其長四百里一名漢延長二百五十里他州正渠十皆長二百里支渠大小六十八溉田九萬餘頃廢壞淤淺守敬更立牐堰皆復其舊授都水少監守敬言舟自中興沿河四晝夜至東勝可通漕運及見查泊兀郎海古渠甚多宜加修理又言金時自燕京之西麻峪村分引盧溝一支東流穿西山而出是謂金口其水自金口以東燕京以北溉田若干頃其利不可勝計兵興以來典守者懼有所失因以大石塞之今若按視故蹟使水得東流上可以致西山之利下可以廣京畿之漕又言當於金口西預開減水口西南還大河令其深廣以防漲水突入之患伯顏南征議立水站命守敬行視河北山東可通舟者自陵州至大名又自濟州至沛縣又南至呂梁又自東平至綱城又自東平清河逾黃河古道至與御河相接又自衛州御河至東平又自東平西南水泊至御河乃得濟州大名東平泗汶與御河相通形勢為圖奏之有言灤河自永平挽舟踰山而上可至

開平有言瀘溝自麻峪可至尋麻林朝廷遣守敬相視灤河不可行瀘溝舟亦不通守敬因陳水利十有一事其大都運糧河不用一畝泉舊原別引北山白浮泉水西折而南經甕山泊自西水門入城環滙於積水潭復東折而南出南水門合入舊運糧河每十里置一牐比至通州凡為牐七距牐里許上重置斗門互為提閼以通舟止水帝覽奏喜復置都水監俾守敬領之命丞相以下皆親操畚牐倡工待守敬指授而後行事置牐之

處往往於地中偶值舊時甎木時人爲之感服船既通行公私省便名曰通惠河守敬又言於澄清牐稍東引與北壩河接且立牐麗正門西令舟楫得環城往來志不就而罷大德二年召守敬至上都議開鐵幡竿渠守敬奏山水頻年暴下非大爲渠堰廣五十七步不可執政吝於工費以其言爲過縮其廣三之一明年大雨山水注下渠不能容漂没人畜成宗謂宰臣曰郭太史神人也守敬在西夏嘗挽舟遡流而上究所謂河源者又

嘗自孟門以東循黄河故道縱廣數百里間各爲測量地平或可以分殺河勢或可以灌溉田土具有圖誌又嘗以海面較京師至汴梁地形高下之差謂汴梁之水去海甚遠其流峻急而京師之水去海至近其流且緩其言信而有徵此水利之學其不可及者也

又虞集傳泰定中集爲翰林直學士進言曰京師之東瀕海數千里北極遼海南濱青齊萑葦之場也海潮日至淤爲沃壤用浙人之法築堤捍水爲田聽富民欲得官者合其衆分受以地官定其畔以爲限能以萬夫耕者授以萬夫之田爲萬夫之長千夫百夫亦如之察其惰者而易之三年後視其成以地之高下定額以次漸征之五年有積蓄命以官就所儲給以禄十年不廢得以世襲如軍官之法

任仁發水利集議者曰古者吴淞江狹處尚二里餘猶不能吞受太湖之水於是添浚三十六浦以佐之且後時有湮没田疇之患今所開江二十五丈置閘十座其能去水幾何其利則未知也答曰所開江身二十五丈

置閘十座每閘闊二丈五尺可以泄水二十五丈吴淞江緣潮水往來之故也古人論泄水之法極詳范文正公曰三分其時損居二焉謂如一日十二時晝夜兩潮四時辰潮漲八時辰潮落所設之閘晝夜皆去水之時也所以終江面二里之寛不如十閘之功也況今東南有上海浦泄放澱山湖三泖之水東則劉家港耿涇疏通昆承等湖之水吴淞江置閘十座以居其中潮平則

閘閘而拒之潮退則開閘以放之滔滔不絶勢若建瓴直趨於海實疏通瀦水之上策也與古三江其勢相埒若夫時水雖太湖汪洋瀰漫其涸亦可待矣旱則閉閘瀦水以灌溉乃一舉兩得其利也議者曰吳淞江自古無閘今置之非也何不開濬疏通使江復故道一任潮水往來豈不便易答曰治水之法先度地形之高下次審水勢之往來并追源泝流各順其性古人謂水歸深源又曰沙泥隨潮而來清水蕩滌而去今所往上海劉

家港等處水深數丈今所開之河止二丈五尺若不置閘以限潮沙則渾潮捲沙而來清水歸深源而去新開江道水性不順兼以河沙約住河泥不數月間必復淺塞前工俱廢故閘不可不置也范文正公曰新導之河必設諸閘正此謂也若欲再復吳淞江之故道須候諸閘啟閉流深衆水歸源其洶湧之勢孰得而制禁當於此諸閘都閉挑開一處堰壩任潮水往來借清水力東衝而洪自復成江矣考工記曰善溝水者水齧之之謂

也議者曰吳淞江前時流通今日何為而塞豈非海變桑田之説黄河日走千里非人力所可為者歟答曰東坡有言若要吳淞江不塞吳江一縣人民可盡徙於他處庶使上流寬瀉清水力盛沙泥自不能積何致有堙塞之患哉歸附之後將太湖東岸水出去處或釘木為柵或用土草為堰或築狹河身為橋置為驛路及有湖泖港汊又慮私鹽船往來多行塞斷所以水脉不通清水日弱渾潮日盛沙泥日積而吳淞江日就淤塞今日

江勢正與東坡所見合如曰海變桑田黄河奔突一時之謂則聖人手足胼胝盡力溝洫皆虛言也聖人豈欺吾哉所當盡人力而為可見也議者曰錢氏有國一百有餘年止長盈年間一次水災亡宋南渡一百五十餘年止景定間一二次水災今則一二年或三四年水災頻仍其故何也答曰錢氏有國亡宋南渡全藉蘇湖常秀數郡所產之米以為軍國之計當時盡心經理使高田低田各有制水之法其間水利當興水害當除合役

居民不以繁難合用錢糧不吝浩大又使名卿重臣專董其事富豪上戸美言不能亂其法財貨不能動其心凡利害之端可以興除者莫不備舉又復七里為一縱浦十里為一横塘田連阡陌位位相承悉為膏腴之産設有水患人力未嘗不盡遂使二三百年之間水患罕見國朝四海一統人才畢集擢居重任者或未知風土之所宜也以為浙西地土水利與諸處同一例任地之高下任天之水旱所以一二年間水災頻仍皆不諳風

土之同異故也議者曰蘇州地勢低與江水平故曰平江故稱澤國其地不可作田必然之理也今欲圍築硬岸亦逆土之性耳答曰晉宋以降倉廩所積悉仰給於浙西水田之利故曰蘇湖熟天下足若謂地勢高下不可作田以為必然之理此誠無用之論也浙西之地低於天下而蘇湖又低於浙西澱山湖又低於蘇州此低之又低者也彼中富户數千家於中每歲種植茭蘆埋釘樁笆委埋封土圍築硬岸豈非逆土之性何為今日

盡成膏腴之田此明效之驗不可掩也既是澱山最低之湖經理尚可以作田却説已成之田不可作田天下寧有是理也議者曰水旱天時非人力所可勝自來討究浙西治水之法終無寸成答曰浙西水利明白易曉特行之不得其要何謂無成大抵治水之法其事有三浚河港必深瀉築圍岸必高厚置閘竇必多廣設遇水旱有河港洩瀉隄防而乘除之自然不能為害河港洩瀉圍岸隄防閘竇乘除倘有人力不至而一切委數於天天下寧有豐年

也東坡有言浙西水旱此謂人事不修之積非時之數今之謂也昔范文正公親開海浦時議者阻之公鋭意完具排浮議疏浚横潦數年大稔乃謂終無寸利為是説者皆聽受富家驅使而妄為無稽之言也議者曰吴淞江開之後自合浙西永無水害何為大德十年自濟以南直至浙西有水害甚深答曰且體比年浙西所收子粒分數比之淮北數幾十倍皆吴淞江三閘并諸壩口出放潦水之力以未開吴淞江之前大德七年亦遭

水害所收子粒分數比大德十年不及三分之一以此論之則水監豈為無功天災流行水浴為害人力之所致不見備禦隄防之若除一分之害則享一分之利謂當永無水害乃不近人情之論為執政者不當便聽其言不察是否乃直謂無功而輒罷之正如咽喉噎而廢食也況自歸附以來二三十年所積之病豈半年工役之所能盡哉議者曰行都水監既是有益衙門何謂衆口一辭皆謂無益而明議罷之答曰民可使由之不可

使知之事之利害久而復明非高識遠見熟於世務通於水利者安知有久遠無窮之利彼愚民無知但見一時工夫之繁豪民肆奸有吝供輸募夫之費所以百般阻撓但為無益以敗事殊不知浙西有數等之水拯治方畧皆不相同非專司不能盡力責其成功使水監衙門真如無事古之有國者亦廢而不舉久矣何為周漢唐宋之世未嘗一日不用心盡力經營水利之事列之史傳代不乏人故諺曰水利通民力鬆斯言信矣并浙

西水利低下之地不須水監拯治即今中原高阜之鄉安用水監河道司為哉然則高阜之處水監既不可缺而低下之處乃謂不必置立何不思之甚也議者曰水利不可不修今隴西唐宋二渠止是責於有司疏浚田禾有收民便不擾浙西水利與隴西一體責之有司兼管豈不便哉答曰隴西唐宋二渠長湖水也浚成深渠水自下流何難拯治浙西地面有江海河浦湖泖蕩漾谿澗溝渠汊涇浜漕瀼等名水有長流活水瀦定死水

往來潮水泉石迸水霖淫雨水風決漲水潮泥渾水南來交水風潮賊水海嘯淫水等名水名既異則拯治方畧亦殊豈可以唐宋二渠長流水例之哉畧舉浙西治水礎堰壩水函石倉石囤籧除土帚刺子水管銅輪鐵範木杴木井木簏水匣水車風車手戽桔槔等器插賫碑斗門隴西未必有也今設為此策乃不知地理之人如醯雞井蛙豈足與議遠大之事宋賢如范文正公蘇文忠公朱文公王荆公皆命世大儒經綸天下之大材尚各

各建策設官置兵盡力經營水利之事不令有司兼管必有所見而為之當時有司兼管何往而不敗事為是說者未必長於蘇范諸公之議也況浙西地形高下水旱不均古人有言東州之官莫問西州之利或利於此必害於彼便有彼疆我界之分若無水監通行管領一體整治何能用心協力於均水利也哉

元史鄭鼎傳鼎為平陽路總管導汾水溉民田千餘頃

續文獻通考趙志除長葛縣邑地卑濕累歲不登志相

其宜使為水田旱則決渠水灌之民獲其利

元史耶律伯堅傳伯堅為清苑尹縣西有塘水溉民田甚廣勢家據以為磑民以失利為訴伯堅命毀磑決其水而注之田許以溉田之餘月乃得堰水置磑仍以其事聞於省部著為定例

又張立道傳立道領大司農事中書以立道熟於雲南奏授大理等處巡行勸農使佩金符其地有昆明池介碧雞金馬之間環五百餘里夏潦暴至必冒城郭立道求泉源所自出役丁夫二千人治之洩其水得壤地萬餘頃皆為良田

又廉希憲傳右丞阿里海牙下江陵圖地形上於朝帝使希憲行省江南先是江陵城外蓄水扞禦希憲命決之得良田數萬畝以為貧民之業

續文獻通考王昌齡守衛輝路清水出輝縣山陽鎮以入衛河昌齡因度原隰創濬溝澮溉田數百頃

元史烏古孫澤傳澤為廣西兩江道宣慰副使巡行欎

外募民四千六百餘户置雷留那扶十屯陂水墾田築八堨以節瀦洩得稻田若干畝雷州地近海潮汐齧其東南陂塘鹻農病焉而西北廣衍平衺宜為陂塘澤行視城陰教民浚故湖築大堤堨三谿瀦之為斗門七堤堨六以制其贏耗釃為渠二十有四以達其注輸渠皆支別為牐設守視者時其啟閉計得良田數千頃瀕海廣潟竝為膏土民歌之

續文獻通考温州判皮元重建陰均斗門初金舟東西

四鄉之水赴於陰均樂清邑令汪季良建斗門制之後圮壞河流有洩無蓄海潮衝突入河皆為田害至是皮元囑僧募物料先築上下堰決水更板閘二十四層而以上三十六源皆得蓄洩之宜溉田四十餘萬畝民為碑頌之

欽定授時通考卷十五

欽定授時通考卷十六

土宜

水利二

續文獻通考明洪武八年十月濬涇陽縣洪渠堰涇陽屬西安府其堰歲久壅塞不通灌溉遂命長興侯耿炳文督工濬之涇陽高陵等五縣之田大獲其利

明史沐英傳英在滇百務具舉簡守令課農桑較屯田增損以為賞罰墾田至百萬餘畝滇池隘浚而廣之無復水患子春在鎮七年大修屯政闢田三十餘萬畝鑿鐵池河灌宜良涸田數萬畝民復業者五千餘戶為立祠祀之

續文獻通考永樂元年四月設溧水縣廣通鎮閘壩置閘官一員直隸和州吏目張良興言州麻澧二湖之田約五萬餘頃唐宋時俱係熟田比歲間有耕者輒為水湔祈自本州至含山縣界增築圩埂三十餘里以防水

澇從之

又宣德四年五月福建福清縣民奏縣之光賢里官民田百餘頃舊隄六百餘丈以障海水因隄壞田荒永樂中縣民嘗奏請築隄工部移文令農隙用工至今有司未嘗興築民不得耕上命工部責有司修築因諭尚書吳中曰陂池隄堰民賴其利外無賢守令舉其政爾宜申飭郡縣務及時脩濬慢令者罪之

大政紀成化元年十月巡撫陝西都御史項忠開龍首

鄭白二渠功成關中水泉斥鹵宋有龍首渠歲久湮廢居民病之忠奏開之渠餘三十里涇陽鄭白渠亦久廢奏募工疏通於平地則度勢高卑而穿渠遇巖石則聚火鎔鑠而穿竇不二年而成名曰廣惠渠凡灌田七萬頃人懷其惠立生祠祀之

夏原吉奏治蘇松水利疏臣按浙西諸郡蘇松最居下流太湖綿亘數百里受納杭湖宣歙諸州溪澗之水散注澱山等湖以入三江頃為浦港湮塞滙流漲溢傷害苗稼拯治之法要在浚滌吳淞江諸浦導其壅塞以入於海但吳淞江延袤二百五十餘里廣一百五十餘丈西接太湖東通大海前代屢塞不能經久自下江長橋至夏駕浦約一百二十餘里雖云通流多有狹淺之處自夏駕浦抵上海縣南蹌浦口一百三十餘里湖沙漸漲已成平陸欲即開浚工費浩大且灔沙游泥浮泛動盪難以施工今得劉家港即古婁江徑通大海常熟之白茆港徑入大江皆繫大川水流迅急宜浚吳淞江南北兩岸安亭等浦港以引太湖諸水入劉家白茆二港

使直注江海又松江大黃浦乃通吳淞江要道今下流壅遏難流傍有范家濱至南蹌浦口可徑通海宜浚令深濶上接大黃浦以達泖湖之水此即禹貢三江入海之迹每年水涸之時脩築圩岸以禦暴流如此則事可成於民為便也

吳巖興水利以充國賦疏竊惟國家財賦多出於東南而東南財賦皆資於水利近年以來東南地方下流淤

塞圍岸傾頹臣等悉心推究東南水利之切要者二事一疏濬下流嘗考浙西諸郡蘇松最居下流太湖綿亘數百餘里受納天目諸山溪澗之水由三江以入於海是太湖者諸郡之水所瀦而三江又太湖之所洩也禹貢所謂三江既入震澤底定是已若下流淤湮衆水泛溢渰没禾稼為害匪輕為今之計要在隨其源委相其利害酌量便宜為之區處如白茅港七浦塘劉家河此蘇州東北洩水之大川如吳淞江大黄浦此蘇州南北

交境與松江南境洩水之大川而吳淞之南北與白茆諸港又各有支渠引上流諸水以歸於其中而並入於海此所謂源委者也就其中論之蘇州之七浦塘劉家河松江之大黄浦並皆深濶通利無阻惟白茅一港自弘治七年疏濬之後今二十五六年吳淞一江自天順間疏濬之後今六十有餘年聞之白茆入海之處潮沙壅積勢若丘阜吳淞雖名一江僅如溝洫潮回水落雖舟楫亦艱於行其旁渠港亦多湮塞下流既壅上流爲歸加以霪霖能不泛溢此其利害之可見者也今能濬白茆一港使之通利如七浦劉家河則蘇州東北之水有所歸而不積矣濬吳淞一江使之通利如大黄浦則吳淞南北兩界之水有所歸而不積矣一修築圍岸臣嘗考之浙西之田高下不等隨其多寡各自成圍遠近相望吳越以來素稱膏腴宋儒范仲淹嘗論於朝曰江南圍田中有渠外有門閘旱則開閘引江水之利澇則閉閘拒江水之害旱澇不及為農美利雖然圍田全仗

乎岸塍岸塍常利於修築修築堅完旱澇有備否則反是臣願自今以後每歲於農隙之時治農府州縣官督令田主佃户各將圍田取土修築水漲則專增其裏水涸則仍築其外務令高濶堅固可通往來隨其旱澇而車戽出入如此先事有備而田皆成熟矣

徐貫治東南水患疏竊見嘉湖常鎮水之上流蘇松水之下流上流不浚無以開其源下流不浚無以導其歸於是督同委官人等將蘇州府吳江長橋一帶茭蘆之

地疏濬深濶導引太湖之水散入澱山陽城昆承等湖又開吳淞江并大石趙屯等浦洩澱山湖水由吳淞江以達於海開白茆港并白魚洪鮎魚口等處洩昆承湖水以注於江又開七浦鹽鐵等塘洩陽湖水以達於海下流疏通不復壅塞開湖水之漊涇洩天目諸山之水自西南入於太湖開常州之百瀆洩荊溪之水自西北入於太湖又開各斗門以洩運河之水由江陰以入江上流疏通不復湮滯人無墊溺之憂歲有豐稔之望

葉紳請治水以防災荒疏竊惟直隸之蘇松常浙江之杭嘉湖約其土地雖無一省之多計其賦稅實當天下之半況他郡所輸猶多雜賦六郡所出純為粳稻誠國家之基本生民之命脈不可一日而不經理也若水道不通為六郡農田之害所係亦重矣夫天目諸山之水瀦為太湖而六郡環乎其外太湖之水又由江湖以入於海聞昔人於溧陽則為堰壩以遏其衝於常州則穿港瀆以分其勢於蘇松則開江河以導其流惟是入海之處潮汐往來易為湮塞故前代或置開江之卒或置撩淺之夫以時浚治僅免水患歷歲既久其法廢弛遂致諸湖巨浸壅遏其中江河故道淤漲於外土民利其膏腴或堰而為田築而為圃是以淹沒田疇漂淪廬舍固其所也方弘治四年一澇迨五年復澇今歲大水視昔尤甚伏祈聖明思念東南大害於廷臣中選差有才力通曉水利者一二員授以節鉞重以委任會同撫按講求民瘼設法賑恤俟民困稍甦然後指定地方分投

相視何地為山水入湖之衝何港為太湖入海之道自源徂流一一講究相與度其經費量其事期然後大加浚治使下流得以宣洩然當此饑饉之際欲興大役若非任事者處之得其道則民力不堪不能不重困也

大政紀嘉靖三年大理卿鄭岳上言臣勘事陝西道經畿內河南諸處見大行西倚潼關東繞懷衛北極燕薊其水皆東注南入於海盧易滹沱流離漳洺衛沁洛灃其大也宜督居民瀕水開田築隄防以障汎濫鑿溝渠

以通灌溉其平疇曠土無川澤之利者量鑿洫澮或爲陂塘下通水泉之出上收雨潦之入每府增置通判一人以江左諳水利者居之督率郡邑專理農事則數年之後皆爲沃壤而水旱不足憂矣章下戶部侍郎王承裕覆議從之乃命各撫按官會同二司隨宜舉行

胡體乾修舉水利疏禹之治水有三導川入海洩之以去害也潴水爲澤蓄之以興利也濬畎及川人之以播種也盖高山大原衆水雜流必有一低下處爲之壑如

人之有腹臟焉彭蠡震澤是也旁溪別緒萬理朝宗必有一合流入海之川爲之洩如人之有腸胃焉江淮河漢是也令以三吳水利觀之有宣歙杭湖數郡之山原而導之得所入然後有太湖之汪洋有太湖環五百里之容受而洩之得所歸然後有蘇松常五郡之財賦漫衍浸注爲蕩爲漾縱橫分合爲濱爲塘於是江浦領之徑帶迂迴而放之海此吳中形勢之大都亦諸方言水利之準則矣禹貢載治水成功則曰九川滌源九澤既陂四海會同而盡力溝洫乃則壤陝宅中事也故總敘其事不過始之以決九川距四海終之以濬畎澮距川令列水利事宜一曰禁淤湖蕩廣水利之翕聚也二曰疏經河通其幹也三曰開溝渠濬其支也四曰築隄岸防川澤之泛濫固田間之圍擱也并山鄉積水沿海護塘共爲六條所採昔人之議倶江南治水方略引以爲例他可類推云

呂光洵修水利以保財賦重地疏臣聞善治病者必攻

其本善救患者必探其源水利之興廢乃吳民利病之源也臣嘗巡歷各該地方相視高下詢問父老頗得其說輒敢條爲五事仰俟裁擇一曰廣疏濬以備潴洩二曰脩圩岸以固横流三曰復板閘以防淤澱四曰量緩急以處工費五曰專委任以責成功何謂廣疏濬以備潴洩蓋三吳之地古稱澤國其西南翕受太湖陽城諸水形勢尤卑而東北際海岡隴之地視西南特高大抵高者其田常苦旱卑者其田常苦澇昔人治之高下曲

盡其制既於下流之地疏為塘浦導諸河之水由北以入於江由東以入於海而又畝引江潮流行於岡隴之外是以瀦洩有法而水旱皆不為患近年以來縱浦黄塘多湮塞不治惟二江頗通一曰黄浦二曰劉家河太湖諸水源多而勢盛二江不足以洩之而岡隴支河又多壅絶無以資灌溉於是上下俱病而歲常告災臣據各府所報河浦湮塞之處在下流者以百計而其大者六七所在上流者亦以百計而其大者十餘所治之之

法當自要害者始宜先治澱山等處一帶茭蘆之地導引太湖之水散入陽城昆承三泖等湖又開吳淞江并大石趙屯等浦洩澱山之水以達於海濬白茆港并鮎魚口等處洩昆承之水以注於江開七浦鹽鐵等塘洩陽城之水以達於江又導田間之水悉入於小浦小浦之水悉入於大浦使流者皆有所歸而瀦者皆有所洩則下流之地治而澇無所憂矣乃濬𣸣村等港以溉金壇濬漂港等河以溉武進濬艾祁通波以溉青浦濬顧

浦吳塘以溉嘉定濬大瓦等浦以溉崑山之東濬許浦等塘以溉常熟之北凡岡隴支河湮塞不治者皆濬之深廣使復其舊則上流之地亦治而旱無所憂矣此三吳水利之大經也何謂脩圩岸以固横流蓋四府最居東南下流而蘇松又居常鎮下流其水易瀦而難洩雖導河濬浦引注於江海而每遇秋霖泛漲風濤相薄則河浦之水逆行田間衝齧為患宋轉運使王純臣常令蘇湖作田塍禦水民甚便之而司農丞郟亶亦云治河以治田為本其說多可採行臣嘗詢故老以為二三十

年以前民間足食無事歲時得因其餘力營治圩岸而田益完美近年空乏勤苦救死不贍不暇脩繕故田圩漸壞而歲多水災是吳下之田以圩岸為存亡也失今不治則坍没日甚而農桑日蹙矣宜令民間如往年故事每歲農隙各出其力以治圩岸圩岸高則田自固雖有霖澇不能為害且足以制諸湖之水不得漫行而咸歸於河浦則河浦之水自高於江江之水自高於海不

待決洩自然湍流而岡隴之地亦因江水稍高又得畝引以資灌溉蓋不但利於低田而已何謂復板閘以防淤澱河浦之水皆自平原流入江海水漫而潮急沙隨浪湧其勢易淤不數年即沮洳成陸歲脩之則不勝其費昔人論其便宜去江海十餘里或七八里夾流而置閘時其啟閉以禦淤沙歲旱則閉而不啟以蓄其流歲澇則啟而不閉以洩其流閘有三利蓋謂此也而宋臣郟僑亦云錢氏循漢唐遺事自松江而東至於海又導

海而北至於揚子江又沿江而西至於江陰界一河一浦大者皆有閘小者皆有堰臣按郡志蓋與僑之言頗合然多湮廢惟常熟縣福山閘尚存正德間巡按御史謝琛議復吳塘等閘而不果即令金壇縣議復莊家閘江陰縣議復桃花閘嘉定縣議於橫瀝練塘等處各置閘如舊臣訪諸故老皆以為便以是推之凡河浦入海之地皆宜置閘然後可以久而不壅蓋不獨數處為然也何謂量緩急以處工費夫經畧得宜則事易集施為有漸則民不煩往歲凡有興作皆併役於一時是以功未成而財食告匱為令之計宜令所在有司檢勘某水利害大某水利害小某水至急某水差緩其最大而急者則令歲修之次者明年修之次者又明年修之則興作有序民不知勞而其工費之資亦可以先時而集矣但方今歲時荒歉公私俱絀既不可加斂於民而內帑又不敢望乞將見年未完錢糧係解大户侵欺者督令有司設法清追數十餘萬兩存留在官畧倣宋臣范仲

淹以官糧募饑民修水利之法行令有司查審應賑人數籍其老病無力者為一等壯健有力者為一等無力者日給米一升聽其自便有力者日給米三升就令開濬通將前項官銀及賑濟錢糧一體通融給散各令造册查考則官不徒費民不徒勞所謂一舉而兩利者也

丘濬大學衍義補井田之制雖不可行而溝洫之制則不可廢今京畿之地地勢平衍率多洿下一有數日之雨即便淹沒不必霖潦之久輒有害稼之苦農夫終歲

勤苦盼盼然而望此麥禾以為一年衣食之計賦役之需並成而不得者多矣良可憫也北方地經霜雪不甚懼旱惟水澇之是懼十歲之間旱者什一二而潦恒至六七也為今之計莫若少倣遂人之制每郡以境中河水為主又隨地勢各為大溝廣一丈以上者以達於大河又各隨地勢各開小溝廣四五尺以上者以達於大溝又各隨地勢開細溝廣二三尺以上者委曲以達於小溝其大溝則官府為之小溝則合有田者共為之細

溝則人各自為於其田每歲二月以後官府遣人督其開挑而又時常巡視不使淤塞如此則旬月以上之雨下流盈溢或未必得其消涸若夫旬日之間縱有霖雨亦不能為害矣朝廷於此又遣治水之官疏通大河使無壅滯又於夾河兩岸築為長堤高一二丈計則衆溝之水皆有所歸不至溢出而田禾無淹没之苦生民享收成之利矣是亦王政之端也

嚴訥水利圩圖論今天下以墾田當司農鉅供者蘇松為最蘇松介在湖海厥土塗泥利害以水圩岸者所以隄水而田即周禮稻人匠人所掌塗防者也田甚下濕岸則陡立如城河循其外而中田焉禾在田雖芃芃起矣而河流猶出其上舟行者盖俯而窺也岸或咫隙莫禦而田且沛澤矣其田之最高阜去水遠而水不及溉者則又終古舃鹵田在上下壤之間土厚而水深則號膏腴以其得水蓄洩可為旱澇備而所能蓄洩者以有圩岸耳歲苦旱則河之水績桔槔而上以入於田河不

龜坼田不乏溉歲苦潦則岸水出於河而岸障之雖勞人力不盡待命於天自三江道湮疏濬失宜恒雨注積而無從尾閭也水褰於岸寸許而膏腴汨為巨浸不能與下濕者論良瘠矣廟堂深為國計軫念民瘼校擇憲臣專董水政林公承簡書之重躬橇載之勤周爰咨諏尋源徹委決壅導積滌茹存匯塘之浦之涇之港之溪之閘之以為宣節之大計者既殫厥心矣條縷其目知圩岸為切務而修築焉畢令高缺令補廢令興薄令培

而厚浮令忤而堅規畫既定先有司而躬督察之凡閱歲而次第告成故老相傳以為正德庚午嘉靖辛酉纔淫雨匝旦漂沒無算今浹旬彌月而民幸不患魚者先見之豫圖而成勞之陰賜也

張瀚淮鳳墾田議往年出守廬陽廵行阡陌勸民開塘蓄水又嘗往來鳳淮兩府之間一望數十里皆紅蓼黃茅大抵多不耕之地間有耕者又苦天澤不時非旱則潦蓋雨多則橫潦瀰漫無所歸束無雨則任其焦萎救濟無所資夫水土不平耕作無所施力必先度量地勢高下跟尋水所歸宿濬河以受溝之水開溝渠以受橫潦之水官道之水設大堤以通行偏小之邨亦增卑以成徑惟欲於道傍多開溝洫使接續通流水由地中行不占平地又度低窪處所多開塘堰以瀦蓄之夏潦之時水歸溝塘亢旱之日可資灌溉高者麥低者稻平衍地多則木棉桑枲皆得隨宜樹蓺土本膏腴地無遺利遍野皆衣食之資矣

圖書編論浚渠築堰禹之治水不過曰決九川距四海濬畎澮距川而已而天下之言智者莫踰焉何哉洪範五行水曰潤下知水之性潤下則知禹之治水矣是故先決九川以導於海使水之大者有所歸次濬畎澮以距於川使水之小者有所洩此所以九州同四隩宅而萬世永利也商之衰也五行之官世失其業周人始命遂人十夫為溝百夫為洫千夫為澮萬夫為川而溝洫之制始立稻人以瀦蓄水以防止水以溝蕩水以遂均水以列舍水以澮瀉水而溝洫之制益詳至於匠人氏又辨其深廣之度而通其蓄洩之宜其法可謂盡善矣然周人豈夷陵谷而為之哉亦不過因其自然之利而修伯禹之故而已周之衰也遂人稻人匠人之官又世失其業列國之君皆自利以病人國暴秦之興又廢溝洫開阡陌而水利廢矣是故孫叔敖起芍陂則楚受其惠文翁穿湔口則蜀以富饒史起鑿漳水於魏則鄴傍有稻粱之詠鄭國導涇水於秦則谷口有禾黍之謠許

景山復蕭何之故堰則興元之荒瘠復為膏腴趙尚寬修召信臣之故渠則南陽之瀉鹵變為沃壤之數君子者孰非因其自然之利而修其已然之法哉謂之得周官之遺意亦可也國家司空有總職水利有專官省以督之府府以督之縣而縣之陂塘圩堰又莫不有長重以憲臣之稽察皆以慇惠元元而興水利也然遇水旱民輒告病者是必有其故矣此無他陂塘圩堰之長皆失其業而郡縣長吏又莫之省憂故也欲脩周官之職

加疏濬之功通灌溉之利絶漂没之患甚盛心也愚者以為周官之職不可卒復而溝洫之遺意尚亦可尋周官曰溝必因水勢防必因地勢益溝以導水不因水勢則其流易壅防以止水不因地勢則其土易壞為今之計莫若申飭郡縣長吏督率陂塘圩堰之長察水勢之曲直原地勢之高卑可堤則堤可決則決因陂塘圩堰之舊加疏濬築塞之功而又嚴侵占之禁明考課之法則灌溉之利興漂没之患免矣雖然賈讓有言曰立國

居民疆理土地必遺川澤之利分度水勢所不及大川無防小水得入陂障卑下以為圩澤使秋水多得所休息左右游波寛衍而不迫此誠萬世水利之上策又古之畿甸數百畝之田必溝數十溝之水必川數大川之水必就窪而為湖溝因水漖防因水淫淵因水蓄折而向於渠為湖為渚也湖渚多而天下西北之水不助河而為暴然後數千里中原之地可樹藝而農唐虞之盛由五事宣八風雨暘時若無崩竭淫溢之災無轉

漕輸將之費而封濬分畫功臻於永賴此謂本務又伊洛水田議河南本有水利可以興水田古之人蓋嘗為之矣如太陽三渠去府城南十里而近分洛水以溉田者宣利渠去永寧縣南三里而近又有新興萬箱等渠皆亦分洛水以溉田者伊陽渠去嵩縣東十里而近永寧渠去嵩縣南六里而近又有鳴皋順陽濟民等渠皆分伊水以溉田者而盧氏縣之東澗水則嘗析而為渠流入於城中以灌蔬圃者也可以灌蔬圃則亦可

以灌田與水田之利也至於伊洛瀍澗載在經史流經府城外夏秋間每泛溢而東者寧不可以隄障之車戽而耕種為水田乎蓋其人習於種旱穀憚於胼手胝足之勞而又不諳埂塍之制不慣於栽插耘耔之方術也聞永寧嵩縣亦已有水田其民頗稱饒裕予方欲募召能作水田之人於蘇松及永寧嵩縣之已有成效者以分教乎凡伊洛三川之民興秔稻之利於此一方而惜乎不久即遷官去入閩矣洛民每苦糧重疏欲與汝南

道丈地而均糧格不行倘水田之利成每畝可收穀三四鍾其每畝所上糧一斗比之蘇松猶為輕則即不盡水田以水田與不水田相參錯為輕重數年以後歲稍多收民間亦或稍致饒裕如永寧嵩縣也糧則稍重於輸將不為難乎請輕折而不得欲興水田以利斯民而以轉官去不獲遂心又以為大夫士亦安於故常而不樂為此也且著為議以告後來者

又江西水利議江西列郡為州者一為縣者七十有二陂塘無慮數萬有奇以興一方之水利宜大有益於民事者乃令脩濬方新而旋復壅決所在控告者月無虛牘而民事無補矣推原其故則以溝洫久廢互相因循莫為修舉曰富强自為封殖也曰貧瘠苦於資計也曰勢分而衆心易渝也曰利鉅而當事易撼也又其大者江湍湖匯勢易毀齧而平豐等處一決輒數百丈彭蠡四際一漲率為巨浸膏腴汙萊人謀無措也且職水利者奉上官之檄至捉里胥以支應致使旱乾水溢待命於天或者歸諸氣數適然委之無可奈何焉非民之利

也昔唐韋丹為江西觀察築隄捍江為陂塘五百餘所溉田萬有二千頃功德被於八州茲江右之地當當時故址彼既築以利民若此況於數百載之後求其故智安得藉口於杜亞先事之無功而並棄賈讓之下策乎是故在高原宜鑿池引水以資其利在下隰宜築隄閘港以殺其勢門閘不復修舉壩堰之策猶可行也民力宜恤三時務農之後亦可勞也專利之禁必嚴而曲防

者有罪議貸之令必申而惰事者無赦擇賢吏焉專其委任俾利建百年勿惜一時之費計安萬姓勿恤一人之讟如是而水利不興未之見矣

滇南水利策滇南水利於天下猶之彈丸黑子也然而滇之人非穀不養穀非農不入農非水利不殖夫曲靖之水洱海之旱患之久矣而未聞有治之者不重也曲靖之水前未有也蓋諸山源水合流南出東則東山西則真峯山東焉中為草埸舊稱荒海水至以通流水去

以牧馬既而馬廢不牧地聽開墾稍稍築圍然未甚也近十歲間則悉墾而征之於是起圍徧於荒海而水之所委無幾矣迺始歲歲患潦而民之黃糧軍之屯糧胥病矣及水之盛則或決圍而圍田亦病矣夫其所為病如此治而愈之非難也而有不能者蓋有二焉官不能捐稍入之利而武弁豪右窟穴其間者倡為成功之說忍而不能去奈何其以小利害大事也謂宜博詢利害即不盡除猶當先其甚者去之官減其額歲歲稍除期以水不為災而止可矣故曰審計為急也洱海之旱非他也梁王山之水分流而下者故皆有壩蓄之諸甸令略已湮廢而青海周官海之流亦罔瀦蓄以故一遇恒暘赤地千里而莫之救也夫陂塘蓄泄前人經營以為水計慮者甚悉也其始之稍隳以補苴易矣則廢而任之以至於大壞而有司者猶莫以為意避擅興之嫌偷恬靜之譽需秩滿遷次則去之耳後來繼今者又復盡然非課之章程厲以誅賞此病不除故曰課功為急也

雖然滇之水利非獨此也鄧川之龍泉勢將齧川永昌之疊水河每患淤塞其他源委當講者亦多矣

欽定授時通考卷十六

欽定授時通考卷十七

土宜

水利三

徐貞明請修水利疏臣惟神京鞏據上遊以御六合兵食厥惟重務宜近取諸畿甸而自足夫西北之地夙號沃壤皆可耕而食也惟水利不修則旱潦無備旱潦無備則田里日荒遂使千里沃壤莽然彌望徒枵腹以待江南非策之全也臣聞陝西河南故渠廢堰在在有之山東諸泉可引水成田者甚多今且不暇遠論即如都城之外與畿輔諸郡邑或支河所經或澗泉所出可皆引之成田北人未習水利惟苦水害而水害之未除者正以水利之未修也蓋水聚之則為害而散之則為利令順天真定河間等處地方桑麻之區半為沮洳之場揆厥所由以上流十五河之水而泄於猫兒一灣欲其不泛濫而壅塞勢不能也今誠於上流疏渠濬溝引之

成田以殺水勢下流多開支河以泄横流其淀之最下者留以瀦水淀之稍高者皆如南人圩岸之制則水利興而水患亦除矣此畿内之水利所宜修也臣又嘗考元史學士虞集建議欲於京東瀕海地方如浙人築塘捍水成田惜其議中格今自永平灤州以抵滄州慶雲之境地皆萑葦土實膏腴集議斷然可行當全盛之時河漕歳通而思患預防紛然獻議獨於集議尚廢焉未講若倣其意招撫南人築塘捍水雖北起遼海南濵青齊皆可成田有不煩轉漕於江南而自足者其思患預防之深意又不止於開河通漕而已此瀕海之水利所宜修也議者或以水利久廢驟而行之必役重而民擾勢逆而功難臣以為不然蓋施為緩急在當時酌而行之耳民所素業者姑置勿問而荒蕪不治人所共棄者從而經略其端則不棄者羣起以効力矣功力難施者姑置勿問而勢順費省功力易成者從而經畧其端則難成者以漸而就緒矣順民之情因地之勢亦何憚而

不為哉伏乞勅下工部酌議覆請特命憲臣實心為國為民者假以事權不沮浮議需以歲月不求近功將畿輔諸郡及京東瀕海水利相度土宜率先修舉或撫窮民而給其牛種或任富室而緩其科稅或選健卒而分建屯營或招南人而許其占籍諸凡招徠勸相俱許便宜行事俟行之稍有成績次及山東河南陝西等處地方將江南歲運酌量改折助其費而究其功東南之歲運漸減西北之儲畜常裕不惟民力可紓而國計永保

於無虞矣

劉鳳續吳錄蘇之三江曰吳淞江曰婁河即婁江曰黃浦即東江昔嘉定尹龍晉以御史左官濬治吳淞百年以來淤滯民大被其利名之御史河方鑿地時獲一石上云得一龍江水通盎豫記之矣近巡撫海公復疏之後乃專官以憲令督視者累手盎吳利水稻其豐穰惟在水之節宣得其所昔單諤有書繼則沈憲副岱圖志尤詳實不越禹貢所云三江既入震澤底定二言也

農政全書淞江之側有小聚落名三江口酈善長云淞江自湖東北逕七十里至江口分流謂之三江口吳越春秋載范蠡去越乘舟出三江口入五湖皆謂此也三江即禹貢所指者宜興士人單諤著吳中水利書其說謂蘇湖常三州水瀦為太湖湖之水溢於淞江以入海故少水患今吳江岸界於松江太湖之間岸東則江岍西則湖江東則大海也自慶歷二年欲便糧道遂築此隄橫截江流五十里遂致大湖之水常溢而不洩浸灌

三州之田又覩岸東江尾與海相接之處茭蘆叢生沙泥漲塞而又江岸之東自築岸以來沙漲今為民居民田雖增吳江一邑之賦而三州之賦不知反損幾百倍矣今欲洩太湖之水莫若先開江尾茭蘆之地遷沙村之民運其所漲之泥然後以吳江岸鑿其土為木橋千所以通糧運隨橋谽開茭蘆為港走水仍于下流開白蜆安亭二江使太湖之水由華亭青龍入海則三州水患必減元祐中東坡在翰苑奏其書請行之

吳恩吳中水利記蘇州之地北枕長江東表濵海而水泉之勢則與江平故曰平江郡然江水復高於海而平江之水決之赴海則順導之出江則平是以禹開三江於内地決震澤之豬由三江以入海而厎定之功埀之百代逮至有宋則因吳越錢氏舊議決湖水以入揚子江而其地之高下不甚相懸所以易為通塞也唐人竊見一時利害輕視禹跡不尋三江之舊而遂築長隄横截江湖之上凡四十五里以通漕舟今寳帶橋一路是

也所賴以洩湖波之怒下通吳淞者則有松陵治東之出耳而元人又有垂虹石梁之築雖足以為公私病涉之利而於東南經久之規殆未嘗有深思遠慮以及之者矣故其橋洞雖設而梗塞日滋沙淤寖高而咽喉益隘終不若宋時木橋之為得也今二橋不可去而三江之上流實在於此今欲順其歸海之勢而議者欲去二橋兩旁之塞大濬而擴清之使其深廣峻發此一說也惟不得禹之故道而范文正公乃欲導之以出揚子江於是有開濬白茆之議葢因唐郡守李人原開常熟塘借湖水以救旱而後人因之以分太湖之水耳議者又欲分太湖之上流於是單諤欲開濬百瀆横塘以分荆溪之流又欲濬石隄江尾茭蘆之地改木橋以通壅蘇文忠公獨取其説上之於朝乃謂雖增吳江一縣之税顧二州之逋失者葢不貲也獨以開江又不能經久通利於是郟亶論其不便葢自沿江東自江陰逶常熟太倉一路高阜之地謂之堈身凡三百餘里濶厚亦不下

數十里其土竈而高燥脈理椎結此天所以限長江而奠生民者也其中則為低下之田為圍百萬畝其南則有太湖之壅憑陵於上一遇水潦則泛溢旁出以蕩沒低田無所於救民命所寄國需所出遂為魚龍之宫識治者葢所不忍而必欲為之所者矣且水潦之年江水必漲今鑿堈身以出湖波是引湖水以浸低田而出江之流又未免為江潮之壅遏則倒流入田其勢亦易見矣又江潮之入也常速出也常緩不幾歲月於積泥沙

其塞可期而待也而其子郟僑復申其說識者又多採之今欲不廢已成之隄橋又欲疏通久長之利則必悉舉衆議而於奮入蕪湖之水限之不使東注復修常州十四瀆北出之防而下之江陰則於太湖之上流可以分殺矣又於吳江江尾之壅決去不疑而下開澱山湖以便吳淞江之入如是而始通白茆入江之路則可久得其益也永樂中夏忠靖公開濬白茆通八十九年而今開鑿不過二十年而塞者得非人力有缺也如錢氏

之撩淺軍歟得非隄防未至也如宋人之設閘留清駛以導之歟得非濬法未詳也如古之曲則深直則塞歟凡此皆可細究而通謀盡利之方厚民益國之務莫有急於此時者矣然置閘之法則不可比京口江陰之例蓋京口借江水以通漕不得不閘以禦其去江陰地居常熟之上江水尤高其外潮之入也有時而內水之出也有限故亦可閘非比白茆之口即今已一百餘丈矣若欲置閘則必厚築兩旁厚築兩旁則內水之出也益隘將欲疏之適以阻之矣然欲留清水以滌淤沙則如之何謂宜大疏兩旁支港使節節深濬橫置木閘大則石閘俟潮來即閉潮退即開庶可少得導沙之益矣然撩淺之夫則終不能廢也其撩淺之法募人爲卒官爲雇值設四指揮以督事今若用之則指揮不必設而以各縣治水縣丞主之官爲雇卒而又有本府水利通判督之於上使憂勤相須以期事功事不有益矣乎夫東南諸郡國家之外府也而蘇之貢賦又半於東南一遇

旱澇至於逋亡者不知有若干人於茲矣隄防之修旱暵之備實有不可緩焉者若救旱之法則必先於近山高阜之地多爲積水池如前人開鑿穹窿支溝瀦蓄雨泉以待用而於堈身之地則使多穿陂塘而又必官爲之處上下提督則百錢石米之富可復見於今日也然此其大略也來源去委並列於後

一太湖所受之水吳爲澤國其藪具區其浸五湖又曰震澤曰笠澤即今太湖也酈道元曰萬水所聚觸地成

川一自建康常潤宣興由荆溪以入一自天目宣歙臨安苕霅諸溪以入周圍五百里浸洪三州而瀦聚汪洋盈溢東注則皆東南出吴江奔流分三道以入海謂之三江禹治之舊迹也

一三江遺迹史記正義吴地記所載三江並難尋究唐宋土人所稱獨指吴淞一江為存耳今考之吴縣罏塘即俗人所謂鮎魚口北折經郡城之婁門者為婁江從吴江縣長橋東北合龎山湖者為淞其自大姚分支入

長洲縣界滙澱山湖東出嘉定縣界合於黄浦經嘉定之江灣青浦東北行名吴淞江者為東江

一太湖小支其東出胥口與别流滙於石湖複東行抵郡城折北至閶門婁東至常熟塘下入白茆浦其分水墩北走觀瀆橋散出楊涇者皆入常熟塘其合沙湖者入崑山至和塘直入太倉者歸於海及分合於吴淞江向東而行

一吴江右隄隔塞江路自唐元和中刺史王仲舒築石隄以達松江糧運長亘數十里横截江路隄外為江隄内為湖雖橋洞僅通五十三處名曰寳帶橋而宣洩細溺終不輕快回流積淤漸盤蘆葦而向所謂可敵千浦之江遂為淺渚平沙之境矣當時經制權宜實為有益不虞水道漸塞竟為諸郡良田之梗也

一垂虹橋復阻東流之勢自石隄横截江路所恃以東注者淞陵治東之洩也但湖水為石隄所拘湍怒流急遂折縣治之旁為二於是風濤盛而公私隔矣慶歴中

縣尉王庭堅作木橋以利來往而吴淞江獨恥然通利至元泰定中州判張顯祖遂構石梁而虚洞列至六十之外僅如管窺蠡不知前人立木之意也遂使流沙日壅裹湖水而不得出而山原溪澗之來又成日至其泛溢自恣瀰浸淫無怪乎其然矣

一澱山湖狹隘不能展舒吐納吴中諸湖惟澱山為最下而界於崑山吴江長洲之間南屬華亭而太湖之水入於淞江藉此以為傳送者也元時尚有僧寺特立湖

中而今則寺在良田之中則水路之隘可知矣議者欲復闢其故道暢而通之則未易為力然此湖獨為低下而吐納之機實在於此則其說或可採也

一白茆河形夫水性帶東南則稍下帶北則稍高而今之白茆則直向東北合亦從其下趣之勢因其勢而利導之古之善經也而近年開鑿已非夏忠靖舊開之路是以通塞久近為驗較然矣其必於近江二三十里處相其形便開向東南以從其性或可久得其利也

一夾浦橋不可立湖自大姚分支一從柳胥港瓜涇而北又一從吳江縣北門委直北至夾浦橋而入以下吳淞此僅一脈之存耳國初嘗有石梁為水齧廢而周文襄公乃使造舟為梁鎖兩端而中貫之以通行者至今為便而近者鄉人又謀疊石此政不可許也

一疏通次第大旱暵之年來源必少霜降水涸可以賦功若使先疏上源則下流必壅合無先啟白茆之路乎其次則七丫浦又其次則吳江隄長橋之導而又其次則理百瀆以北以下江陰之江分荆溪之注又次則理宣歙九陽江之水以入蕪湖而中間各縣隄渠水竇之設則分投就近得利之家隨宜開浚則施工之日遂為三州有秋之望矣

一開江始末夫田租始加於漢唐而徵輸遂極於後代徵法愈倍則耕法愈詳何者民之苦於不得已也故沿江之民鑿堈身以救旱而於其中低窪之處了不相涉而水澇之年則太湖被隄橋之壅泛溢瀰漫而各縣之

低田遂成巨浸於是內水高而江水下而見者遂欲決之以入於江此開江之說所由起也暫時處置實為有益及至江水復漲則內水高而不得出亦有時而然者此皆一時所見而欲節宣不費永益良田以無失東南之利者則人事之修不可以不詳定也然禹治震澤則分疏東南之流以歸於海無紛紛多事而後人開江得一益或生一事至紛紜補葺煩切而不可救而又不能已者何也蓋自井邑丘甸之設則必有卒兩軍師之制

水利之興則江防不可不留意也一自江陰之江開始以通魚鹽之利耳而竟開北兵窺南之路偽吳守之以捍吳而國家得之以入金陵一自福山之江開為張士誠襲蘇之逕而國家亦因之以取吳一自許浦白茆之江開而金人每於此窺宋其後李寶破敵兵於此遂設許浦軍而白茆乃有制置節度之設宿重兵而恒恐其不足一自劉家港之江開而元人以之通海運交六國市舶而朱清張瑄之徒為患不絕其後二人抬懷而海

邊之軍鎮遂相望而列矣然永樂中尚有倭賊之寇又設守禦千戶所於崇明沙今縱不能如禹之行水而上下煩勞則皆開江之利啓之也然地維開張本為國家之用而竊發時見未清消弭之源則其敦本厚民之實力田務農之政誠不可漫為之說者矣但積沙既為漲灘而富家因為已有是以客土恃勢力以負國暴水縱積怒以困民其害相因而不解也

復鏡湖議會稽山陰兩縣之形勢大抵東南高西北低其東南皆至山而北抵於海故凡水源所出總之三十六源當其未有湖之時水盎西北流入於江以達於海自東漢永和五年太守馬公臻始築大隄瀦三十六源之水名曰鏡湖隄之在會稽者自五雲門東至於曹娥江凡七十二里在山陰者自常喜門西至於小西江一名錢清凡四十五里故湖之形勢亦分為二而隸兩縣隸會稽曰東湖隸山陰曰西湖東西二湖由稽山門驛路為界出稽山門一百步有橋曰三橋橋下有水門以

限兩湖湖雖分為二其實相通凡三百五十有八里灌溉民田九千餘頃湖之勢高於民田民田高於江海故水多則泄民田之水入於江海水少則泄湖之水以溉民田而兩縣湖及湖下之水啟閉又有石牌以則之一在五雲門外小凌橋之東今春夏水則深一尺有七寸秋冬水則深一尺有二寸會稽主之一在常喜門外跨湖橋之南今春夏水則高三尺有五寸秋冬水則高二尺有九寸山陰主之會稽地形高於山陰故曾南豐陰

述杜杞之説以為會稽之石水深八尺有五寸山陰之石水深四尺有五寸是會稽水則幾倍山陰今石牌淺深乃相反蓋今立石之地與昔不同今會稽石立於瀕隄水淺之處山陰石乃立湖中水深之處是以水則淺深異於曩時其實會稽之水常高於山陰二三尺於三橋閘見之城外之水亦高於城中二三尺於都泗閘見之乃若湖下石牌立於都泗門東會稽山陰接壤之際春季水則高三尺有二寸夏則三尺有六寸秋冬季皆

二尺凡水如則乃固斗門以蓄之其或過則然後開斗門以泄之自永和迄我宋幾千年民蒙其利祥符以來並湖之民始或侵耕以為田熙寧中朝廷興水利有盧州觀察推官江衍者被遣至越訪利害衍無遠識不能建議復湖乃立石牌以分内外牌内者為田牌外為湖凡曰牌内之田始皆履畝許民租之號曰湖田政和末郡守方侈進奉復廢牌外之湖以為田輸所入於府自是環湖之民不復顧忌湖之不為田者無幾矣隆興改元十一月知府事吳公芾因歲饑請於朝取江衍所立石牌之外盜為田者盡復之凡二百七十七頃四十四畝二角二十二步計工度廬先從禹廟後唐賀知章放生池開濬百餘日訖工每歲期以農隙用工至農務興而罷然次鐸出入阡陌詢故老面形勢度高卑始知吳公未得復湖之要領夫為高必因丘陵為下必因川澤豈有作陂湖不因高下之勢而徒欲資畚插以為功哉馬公惟知地勢之所趨横築隄塘障捍三十六源之水

故湖不勞而自成歷歲滋久淤泥填塞之處誠或有之然湖所以廢為田者非直以此也蓋以歲月彌遠湖塘既寖壞斗門堰閘諸私小溝固護不時縱閘無節湖水盡入江海而瀕湖之民始得增高益卑盜以為田使其隄塘固堰閘堅斗門啟閉及時暗溝禁窒不通則湖可坐復民雖欲盜耕為尺寸田不可得也紹熙五年冬孝宗皇帝靈駕之行府縣懼漕河淺涸盡塞諸洞門固護諸堰閘雖當霜降水涸之時不雨者踰月而湖水僅減

一二寸湖田被浸者久之訖事決隄開堰放斗門水乃得去是則復湖之要又較然可見者也夫斗門堰閘陰溝之為泄水均也然泄水最多者曰斗門其次曰諸堰若諸陰溝則又次焉今兩湖之為斗門堰閘陰溝之類不可殫舉大抵皆走泄湖水處也吳公釋此不察獘獘從事於開濬亦誤矣故吳公所開湖纔數年皆復為田故湖廢塞殆盡而水所流行僅有從横枝港可通舟行而已每歲田未告病而湖港已先涸矣昔之湖本為民

田之利而今之湖反為民田之害蓋春水泛漲之時民田無所用水而耕湖者懼其害己輒請於官以放斗門官不從相與什伯為羣決隄縱水入於民田之內是以民常於春時重被水潦之害至夏秋之間雨或愆期又無潴蓄之水為灌溉之利是兩縣無處無水旱監司府縣亦無歲無賑濟利害曉然甚易知也然則湖豈可不復乎道聽塗說者方以闕上供失民業為說是不然夫湖田之上供歲不過五萬餘石兩縣歲一水旱其所損

所放賑濟勸分殆不啻十萬餘石其得失多寡蓋已相絕矣湖之為田若蕩地者不過餘二千頃耕湖之民多亦不過數千家之小利而使兩縣湖下之田九千頃民數萬家歲受水旱饑饉而弗之恤利害輕重亦甚相遠況湖未為田之時其民豈皆無以自業乎使湖果復舊水常瀰滿則魚鼈蝦蟹之類不可勝食茭荷菱芡之實不可勝用縱民採捕其中其利自溥何失業之慮哉次鐸論載既畢又有援執舊説而詰之曰從子之説不必

濬湖使深必須增隄使高且懼隄高壅水萬一決潰必敗城郭於時為之奈何是又未知形勢利害者也夫水之湍急者其地或狹不能容於是有衝激決溢之患今湖之水源不過三十六所而湖廣餘三百里以其地容其水裕如也況自水源所出北抵於隄及城遠者四五十里近猶一二十里其水勢固已平緩於衝隄也何有且隄之去漢如此其久是必有虧無增今誠築隄增於高者二三尺計其勢方與昔同昔不慮其決而今顧慮

之何哉

陳槖夏蓋湖議槖前因至上虞境内過夏蓋湖而備究湖田之為害實吾民今日倒懸之苦有不得不言者古人設陂湖以備旱歲王仲嶷建請以為田乃引鑑湖自然淤澱已成田陸為説又有不妨民間水利之語其欺罔甚矣徐光啓曰凡湖皆自然淤澱但不宜多作田以盡之使水無所容耳然佃户占請之初各有畝數不敢侵冒當時湖之為田者纔十二三佃户止於高仰處作壕未敢涸湖以自便民田尚被其利但瀦水不如曩日之多故諸鄉之田歲歲有旱處比年以來冒佔不已今則湖盡為田矣以夏蓋湖推之諸處可以類見槖所知者止上虞餘姚其它四邑皆不及知上虞餘姚所管陂湖三十餘所而夏蓋湖最大周迴一百五里自來廕注上虞縣新興等五鄉及餘姚縣蘭風鄉此六鄉皆瀕海土平而水易洩田以畝計無慮數十萬惟藉一湖灌溉之利今既涸之為田若雨不時降則拱手以視禾稼之焦枯耳其它諸湖所灌注皆不下

數百頃植利人户倚以為命而乃盡奪之一遇旱暵非唯赤子饑餓僵踣道路而計司常賦虧失尤多雖盡得湖田租課十不補其三四又況每遇旱歲湖田亦隨例申訴官中檢放與民田等昨見上虞丞言曾蒙上司差委相度湖田利害因點對靖康元年建炎元年湖田租課除檢放外兩年共納五千四百餘石而民田緣失陂湖之利無處不旱兩年計檢放秋米二萬二千五百餘石只上虞一縣如此以此論之其得失豈不較然民間所損又可見矣但當時以湖田租課歸御前與省計自分兩家雖得湖田百斛而常賦虧萬斛嬖倖之臣猶將曰此百斛者御前所得也不恤湖田何以有此省計虧羨我何知哉今湖田租課既充經費則漕臺郡守固當計其得失之多寡而辨其利害夫公上之與民一體也有損於公有益於民猶當為之況公私俱受其害可不思所以革之耶建炎二年春邑民嘗訴湖田之害於撫諭使者使者下其狀於州縣上虞令陳休錫遂悉罷境

內之湖田瞿師以未得朝廷指揮數窘之陳不為變是歲越境大旱如諸暨新嵊赤地數百里農夫無事於銍艾獨上虞大熟餘姚次之餘姚七鄉通江潮蔭注兼有燭溪湖等數處不可作田不曾廢故亦熟而上虞新興等五鄉被夏蓋湖之利尤為倍收其冬新嵊之民糴於上虞餘姚者屬路不絕向使陳令行之不果則邑民救死不暇況他境乎夫以一縣令尚能為之橐之所望於左右宜何如

王廷秀水利議鄞縣東西凡十三鄉東鄉之田取足於東湖俗所謂前湖是也西南鄉之田所恃者廣德一湖環百里周以隄塘植榆柳以為固四面為斗門碶閘方春山之水泛漲時皆聚於此溢則洩之江夏秋交民或以旱告則令佐躬親相視開斗門而注之湖高田下勢如建瓴閱日可浹雖甚旱亢決不過一二而稻已成熟矣唐貞元中民有請湖為田者詣闕投匭以聞朝廷重其事為出御史按利否御史李後素銜命詢洛本末利害之實錮獻利者置之法湖得不廢後素與刺史及其寮一二公唱和長篇記其事刻石詩記湖之始興於時已三百年當在魏晉也國初民或因淺淀盜耕有司正其經界禁其侵占太平興國中鄞之惡民窺其利而欲私之復進狀請廢湖朝下其事於州州遣從事郎張大有驗視力言其不可廢且摘唐御史之詩敘致詳繳記於石刻熙寧二年知縣事張詢令民濬湖築隄工役甚備曾子固為作記歷道湖之為民利本末曲折以戒後

人不輕於改廢也元祐中議者復倡廢湖之說值龍圖舒亶信道閒居鄉里痛詰折之記其事於林村資壽院緣雲亭壁間謂其利有四不可廢久之有俞襄復陳廢湖之議守葉棣深罪襄不得騁遂走都省獻其策蔡京見而惡之拘送本貫政宣間淫侈之用日廣茶鹽之課不能給宦官用事務興利以中主欲一時俛躁趨競者爭獻括天下遺利以資經費率皆以無為有縣官括民膏血以應租數時樓异試可丁憂服除到闕蔡京不喜

樓而鄭居中喜之除知隨州異時高麗入貢絶洋泊四明易舟至京師崇寧加禮與遼使等置來遠局於明中樓欲捨隨得明會辭行上殿於是獻言明之廣德湖可為田以其歲入儲以待麗使往來之用有餘且欲造畫舫百柁専備麗使作涉海二巨航如元豐所造以須朝廷遣使上説即改知明州下車興工造舟而經理湖為田八百頃募民佃租歲入米僅二萬石於是西七鄉之田無歲不旱異時膏腴今為下地廢湖之害也

濬東錢湖議東錢湖一名萬金湖以其為利重也在唐曰西湖隸鄮縣未徙時湖在縣治之西也天寶三年縣令陸南金開廣之宋慶曆濬治周圍八十里受七十二谿之流四岸凡七堰曰錢堰曰大堰曰莫枝堰曰高湫堰曰栗木堰曰平湖堰曰梅湖堰水入則蓄雨不時則啟閘而放之鄞定海七鄉之田資其灌溉茭葑蕁蒲荷茭滋漫不除湖輒湮塞淳熙四年魏王鎮州請於朝大浚之是年二月七日準尚書省劄子為魏王奏然當時所除茭葑未出湖堤既復填淤嘉定七年提刑陳亶攝守捐緡錢置田收租欲歲給濬治之費朝廷許其盡復舊址而後來有司奉行不虔田租侵移他用湖益湮寶慶二年尚書胡榘守郡請於朝得度牒百道米一萬五千石又濬之十月命水軍番上迭休且募七鄉之食水利者助役各給券食祁寒輟工明年春夏之交役再舉農不使妨耕兵不使妨閱募漁戸徐畢之十月七日告成胡公猶懼其無以繼也奏以羸錢二萬八千三百四十

七緡有奇增置田畝合舊穀額俾羸三千令翔鳳鄉長顧永之主之分漁戸五百人為四隅人歲給穀六石隨茭葑之生則絶其種立管隅一人管隊二十人以轄之有旨悉如請自此不雜葑者十六年幾無湖矣淳祐壬寅冬制守陳塏因歲稔農隙命制幹林元晉僉判石孝廣行買葑之策不差兵不調夫隨舟大小葑多寡聽其求售茭葑給錢各有司存初至數百人已而掉舟裹糧至者日千餘可見遠近樂趣向也涸湖所收率以佐郡

家支遣至此方全為淘湖之用元大德間世家有以湖為淺淀請以撥田若干畝入官租者時都水營田分司追斷復為湖延祐新志所謂欲塞錢湖此其漸也後因鄉民告有司舉行淘湖拘七鄉有田食利之家分畝步高下量撥湖葑隨田多寡濶狹俾浚之積葑於塘岸然宿葑春泛冬沈次年復生則有司所行為具文耳近年重修嘉澤廟有濯靈之異芟葑不泛荷芰蕁蘆生之者鮮然未足恃也但大旱之年放水湖下一舉而涸知其

積淤年久蓄水至淺東鄉河道又皆淺澁舊稱一湖之水可滿三河半今僅一河而竭是可憂也又況職守者不謹關啟碶閘傍湖人民通同漁戶每於水溢之時乘時射利私自開閘網魚泄水無度沿江堰壩又失修理日夜傾注於江防旱之策果安在哉其原置買葑田畝自元收入官明因之洪武二十四年本縣耆民陳進建言水利差官來董其事於農隙之時令七鄉食利之家出力淘浚雖能少除葑草而根在復生況湖上溪澗沙土隨雨而下久不治則淤塞如舊矣

徐獻忠山鄉水利議予寓居吳興屢見各鄉旱災不收大受饑困山鄉平田既少一遇旱暵泉流枯涸既無所資坐以待斃有司者徒見下鄉平田頗有潤色不肯特為奏免糧稅予按視其地皆坐不知水利之故元儒梁寅有鑿池溉田之議其略云畎畝之間若十畝而廢一畝以為池則九畝可以無災患百畝而廢十畝以為池則九十畝可以無災患予嘗至上虞之夏蓋湖觀之方

知梁子之議可行而永久利民矣有志經國者當相視一鄉之中擇其最高仰者割為陂湖先均其稅額於衆利之民次營別業以拾失田之戶大展陂岸使廣而多受雖亢旱之年不至耗涸從高瀉下均資廣及沾潤一畨可以經月雖有凶災不能及矣況陂湖之利魚鰕雜產芰葦叢生貧者資以養生富者因而便利大雨一注衆流復積前者既瀉後者復蓄山鄉水利無逾此者故孫叔敖之芍陂汝南之鴻郤陂古人成績可以引見自

非為民父母者力主其事愚民誰肯割其成業者乎至於下鄉之田亦有高亢不通資灌者莫若照依北方掘鑿大井上置轆轤汲引之利亦民自辦民可樂成不可謀始若出力任事維存乎人必須久任之方可有成功也俞汝為曰海邊斥鹵地方恃護塘隔絶鹽潮雨水洗去鹵性有圍築成田者築堤鑿河引內湖之水以資灌溉而水遠難致雨澤稍稀便之車救十年三熟此與山鄉地形勢相類近年民間告明官府豁除掘損田畝之糧於田心中開積水溝為夏秋車戽計凡溝溇多處其田多熟或於遠宅開池則近宅之地必有收成此蘇松沿海地方試之有成效者但細訪老農云每十畝之中用二畝為積水溝纔可救五十日不雨若十分全旱

年分尚不免於枯竭況一畝乎大抵水田稻苗全賴水養炎日消水甚易以十日消水二寸計之五十日該消去田間水一尺即二畝溝中亦不免於消水總計其潤是溝中常有五六尺之積斯足用耳豈可望於夏秋亢旱之日且稻苗生長秀實該用水浸溉一百二十日十畝取二畝作積水溝僅救半旱斯言非謬必於山原上勢相視窪下可蓄水處築圍大澤或環數里或環數十里上流之水涓涓不息庶足救濟全旱矣嘗與潘知縣鳳梧熟論西北墾荒之要潘云若計開田先計潴水真確見也

林應訓興修水利文移稿為照溝洫圩岸皆以備旱潦而為三農之急務人人所當自盡者縱使官府開深江浦而各區各圖之溝洫圩岸不修則終無以獲灌溉之利杜浸淫之患也除幹河支港工力浩大者官為估計處置興工外至於田間水道應該民力自盡為此酌定式則出給簡明告示緣圩張掛仍刻成書册給散糧里令民一體遵守施行

一定式様以便稽查吳中之田雖有荒熟貴賤之不同大都低鄉病澇高鄉病旱不出二病而已病澇者則以修築圩岸為急圩岸既各高厚雖有水溢自難潰入而淹沒之矣病旱者則以開濬溝洫為急溝洫既各深通

雖遇旱乾自可引流而灌注之矣況開渠者勢必置土於圩旁築圩者理當取土於溝內二者又自有相成之機令後不必差官泛然丈量該府縣止分別孰為低鄉當急修圩孰為高鄉當急開渠每年府縣水利官先時議定開築之法如開溝洫不論舊時疏通與否其濶即以兩旁老岸為主其深務以一丈二尺為率若相地宜應加深濶者聽決不許減少前數挑起之土務要置在舊隄之内就便護隄庶使雨水不能淋漓復流於河如

附近有低田堪以培高者即以其土培之亦可至於極高地方不用隄岸而土無堆放者亦即就靠內一邊攤放益高鄉多種苴棉一時不妨陸種挑得河深則灌溉自利內中田畝仍自不妨於水種也若惜此尺寸之地弗令攤土沿河堆積復入河中無水灌溉則內中田畝悉成枯槁矣至於築圍岸不論舊時完固與否其底闊務要一丈其面闊務要六尺其高如底之數若應加高厚者聽決不許減少前數如田過五百畝以上者便要

從中增築一界岸一千畝以上者便要從中增築二界岸每界岸底闊四尺面闊二尺高與外圩平岍傍仍可栽種苴麥如極低鄉或近河蕩深處難於取土令民於圩內傍圩田起土增築岸外再築圩岍一層高止一半如階級狀岸上插水楊圩外植茭蘆以防衝激取土之田計所損量派各田出銀津貼俟陸續簖取河泥填平照舊耕種永無後憂是所損者小而所益者大也若互相吝惜不分界岸即如今年霪雨連旬洪水一發車缺

不前全圩無望矣又有一等低窪田畝嵌坐中心無從蓄洩有願開鑿通河運泥增高者聽廢田之價眾戶均認廢田之稅牽攤本圩照此式樣給示遍諭委官分頭區畫每一圩為一圖明白貼說前件每一圖作二本一送縣備照一付圩甲諭眾俟至冬十月刻日出示興工一定夫役以杜騷擾各鄉溝洫圩岸雖有長短廣狹不齊然不過為一圩之田而設也故田少則圩必小田多則圩必大而環圩之溝洫因之此水利此圩之田則當

役此圩有田之戶矣各縣即令塘長備開某圩周圍若干丈外環溝洫若干丈圩內之田若干畝某人得業若干畝共該圍岸若干丈不論官民士庶隨田起役各自施工如田橫闊一丈者築岸一丈徐光啟曰此法誤要須計算本圩之田與本圩之岸平分丈尺不宜偏累近岸之田開河亦然多有一家數畝狹長之田全並河岸者既盡壞其田復盡用其力非偏累乎橫闊十丈者築岸十丈開河亦然對河兩家各開其半溝頭岸側非一家所能辦者計畝出夫眾共協力挨序編號置簿稽查仍備載前圖之後興工之日

塘長不必沿門催夫徒取需求科派之議先期五日插標分段責令圩甲布告各戶某日興工聽其至期各行照段用力如式挑築

一設圩甲以齊作止塘長之設舉一區而言之也一區之中各有數圩計當僉殷實之家充之但一時僉報諸弊俱生或圖展脫或營冒充無不至矣各縣不必僉報即以本圩田多者為之雖其殷實與否不可知然其田既甲於一圩之中則其人自足以當一圩之長矣興工

之日塘長責令圩甲躬行倡率某日起工某日完工庶幾有所統領而無泛散不齊之弊中有業戶不聽倡率聽其開名呈治如圩甲不行正身充當或至別行代頂查出枷號示衆是圩之有甲也專為本圩修濬而立工完即罷非如里長有勾攝之苦亦非如塘長有奔走之煩雖一時倡率不無勞費然利歸其田又非若驅之赴公家之役者等也

一嚴省視以責成功訪得常年非不議行修濬而水利之官多不下鄉乃使各區塘長至縣報數或朔望遞結而已如此虛文何益實事今後興工之日各塘長圩甲務要在圩時時催督開濬工完未可便行開壩放水俱聽各府縣掌印官并水利官分頭親勘如一圩不完責在圩甲一區不完責在塘長輕則懲戒重則罰治本院與該道又不時間出以察之如一縣中有十處不完責在縣官一府有二十處不完則官又有不得不任其咎矣

一禁侵截以通便利訪得各鄉水利原自疏通近多豪家適己自便於上流要害廣插茭蘆稍有淤墊即謀佃為田所司不察輕付執照亦有居民貪圖小利竭澤而漁沿流置籪及有挑出田內泥土增廣田圩堆放竹排木排橫截河港甚有上鄉全賴湖水灌溉奸猾人戶乃於浦口下流設堰橫截百般刁難然後放水入內又其甚者假以報稅起科遂侵為己物豬水專利以致田地灌溉無資若不通行嚴禁終為水道之梗今後各府縣

水利官責令各塘長圩甲凡有侵截之家即便報出姑令改正免罪至於灘田先年曾經丈量收入會計册内無礙水道者姑聽如舊其未經徵糧者盡數報官開除

荒政要覽萬歷戊子年水大蘇州自沈湖澱湖三泖抵松江一望滔天河水高出田間數尺其一二隄岸高厚處仍有不妨插蒔者乃知大澇時吳田盡可作湖百姓生命寄於隄岸蓋沿河隄圍阻截水勢成田田間各自成圩又藉圩岸隔斷若隄岸不堅緻卒然崩潰諸農作

魚鼈矣蘇松地形卑下當震澤委流數郡山原之水從此入海若非年年濬渠築圍田卒汙萊在所不免

徐光啟量算河工測驗地勢法一量某河自某處起至某處止共實該應開河幾何丈尺每步五尺每二十步立一木界樁編定號數自某處起天字一號盡十號又起地字一號盡十號直編至某處止要見若干號數若干丈尺每丈尺俱用官尺算每二步折一丈

一量每號木界樁下兩岸準平相去今濶幾何丈尺木樁下老岸至河中心水底今深幾何丈尺算兩岸斜平至底見在河身空處每丈已得幾何方數中有坳突又用法加減實該河身空處每丈已得幾何方數今照原議或新議所酌定河面應濶幾何丈河底應濶幾何丈應加深幾何尺算該木樁下兩老岸各去土幾何尺河底中心去土幾何尺河岸兩傍各去土幾何尺此號内十丈河身中共該起土幾何方數兩岸各用步弓量至二十步足此岸下定木樁人足抵樁立對岸人亦於步

盡處站樁上人將矩度對岸準平對岸人豎起套竿權繩取直將套夾靠定套竿漸移向下兩岸取平對岸人即於平處站定或用土石記定樁上人用矩度對準人足或記處看在直景何度何分用地平測遠法算得河面濶處河狹者只用竹篾活步弓對岸量亦得次將丈竿豎起河中心權繩取直將矩極對準水面丈竿盡處用勾股量深法算即得木樁至水面股數再加水深數即得河底深數或用重矩勾股量深法亦得或於水際

兩傍取平對準樁頂用重矩重表勾股量高法算亦得或不用算法逕將套竿套定横尺用竪尺挪移逐步量下至水際總算竪尺多少數亦得或只於水次竪起一竹竿權繩取直依前兩岸取平法樁上人用矩極照看亦得後二法於淺狹河道用之尤便次將兩岸濶數河底深數用積方法算即得河身見在每丈已得幾何方數中有坳突亦用套竿量取高下小步弓量取圜徑用堆積法扣算加減即得現在實該河身方數次將議定

河面應濶之數比照原濶應加幾何用木石記定即於兩岸記處用套竿量至折半處即今應用河底中處比原樁深幾何比照今議應深幾何即得今應加深幾何或用二繩各長如今議濶數之半中用轆轤交接復用一繩記取尺寸繫權墜下亦得或中繫方空木用丈竿溜下亦得次于新河底中處用套竿量開如新議河底濶數盡處記定視其高下即知今應加深左傍幾何右傍幾何次將兩老岸加濶河底加深河底兩傍加深五法用積方法總算即得此號內十丈河身中共該起土幾何方數註入號簿

一量見在河身面濶底深酌量揤定之數折中議定令應開面底二濶丈尺數及加深尺數河身底面腰深廣必須三法相稱方得上下相承不致坍壞若河底深濶岸勢高峻不免隨時崩坍開濶河底虛費工力似應用前量深法量令木樁下至河底算定勾幾何股幾何弦幾何量取數處便見何等勾股方得免坍令新開勾股欲依舊數量行加勾減股不致大段懸絶大率要令勾

數少於股數則弦上陂陀不致坍損兩股之間即河底濶數就令稍狹政自無妨

一用衆測水驗令河底深淺酌量加深之數令見在河底深淺有不同若酌定加深尺數一槩開濬即深者愈深淺者仍淺水走不順極易填淤且前量下樁編號止據見在老岸未免高下不齊所云量深諸法亦止據號樁下至本號河底未得通河準平就用矩極以漸量算

亦止能測驗地勢若水走之勢西高東下仍與地勢稍異必須水準方平但長流之水消長不易隨流測量一人可就此方潮汐每日再消再長時刻不同測驗未易必須用衆同時量度相應照前編定號樁若干即每樁用兵夫一名各帶短槍或木棍一根不拘大小刀一把每隊長另帶銃一門并火藥火繩藥線諸物照號樁編給號票令各守號樁約潮退將涸未漲時合境火礮應聲俱發礮響後各兵夫悉于各號河底中心將木棍量

定水痕用刀刻記回繳號票隨驗所刻水痕尺寸註定票上編成號簿逐一扣算酌量加深之數即河身砥平不致停積渾水以成淺淤若行此法與矩極參驗用前量深加濶之法便可絲毫不爽

一河工完後考驗課程果否如法河面河底濶數量法具前兩岸弦上用繩取直考驗俱易惟獨深數易殽如留取樣墩即可培高如釘下樣樁便易拔起別有用活絡樣樁者亦可挖井取出有打水線者亦恐中途節水作弊有用輪車推驗者河濶便難造施用有用木鵝推移者難施於未放水之河今只用前量深諸法如極深極濶者宜用勾股度高度深法如河身稍狹欲求便易即用套竿漸量法或慮遣委工役宛轉欹斜那移作弊即用轆轤下繩方空下竿二法其轆轤方空或加三或加五以驗底濶弦直尤便此二法須極力挺直纔得取平無法可令加高毫末即令開河工役自用量度亦難作弊

一量所開河某境起至某處如前法已得曲折弦若干丈尺今欲知直弦幾何丈尺東西直股幾何丈尺南北直勾幾何丈尺東邊地形下于西邊幾何丈尺要見本處地形沿河而來幾何丈而下一尺東西直股幾何丈而下一丈南北直勾幾何丈而下一尺其大勾股之弦于二十四向中當作何向先於某境第一號量至第二號用繩取直下定指南鍼審定繩直于三百六十分度內定是何向註于號簿如河岸迴曲一號中可分作二

或作三四格定註實格完又用矩極于第一號上立一人持丈竿取直于第二號上立對準取平又互換覆看對準取平即知第二號下于第一號幾何尺寸註于號簿每號俱用此二法至號盡而止事畢布算先將逐號小弦依本號坐向與子午鍼對算即知小勾幾何與卯酉鍼對算即知小股幾何逐號算成小勾股註于號簿次將小勾積算即知大勾小股積算即知大股以大勾股求弦即知大直弦丈尺以大勾股依子午卯酉鍼上

取弦即知大直弦于二十四向中定作何向又用矩極所測高下分寸積算便知二境相去高下之數亦便知沿河而來每幾何丈尺而下一尺次用大勾股歸除之即知直股上每幾何丈尺而下一尺直勾上每幾何丈尺而下一尺

又看泉法取過泉過泉者乃山泉遠來大旱不絕其流橫來將下流作壩水隨壩長乃無限之水又看流之緩急緩者源小急者源大又看嚴冬不凍其氣如霧即春夏用水之時又無竭涸之患此過泉之當取也

又棄仰泉仰泉者乃地泉也其泉即從本地而起水來有限不能隨壩長有限之水即有鉅河其流必緩嚴冬必凍用水之時必有乾涸之患矣此仰泉之當棄也

又源大亦可用也過泉孰非仰泉乎

又有大河如涿州拒馬河固安渾河其水皆可用顧非動支朝廷錢糧築堤建閘鉅費堅固此水不敢用也

又王鍔用拒馬河水以鑄泉余數舉以問人無應者亦

激取之法也

又凡看地勢墾水田可蓄可洩即可田矣入水之處地勢宜高洩水之處地勢宜低水能行動看其下稍愈低愈妙可無淹沒之患矣北邊于夏至後時發沿波地勢宜平坦廣濶則無衝激之患矣土色不拘黃黑堅則為佳土鬆總是漏水地取土作圍注水于內水不漏去此土即可田矣（土鬆別有用處何必水田）地內稍有石子不妨農事如是純沙則不可用也

欽定授時通考卷十七

欽定授時通考卷十八

土宜

水利四

耿橘大興水利申册竊照東南之難在賦稅而賦稅之所出與民生之所養全在水利蓋瀦泄有法則旱澇無患而年穀每登國賦不虧也計常熟縣民間田租之入最上每畝不過一石二斗而實入之數不過一石乃糧之重者每畝至三斗二升而實費之數殆逾四斗是什四之賦矣以故為我民者一遇小小水旱輒流散四方逋負動以數萬計惟有水利大興俾歲時無害為今日救時之急務矧本縣坐落江海之交潮汐三面而至且居蘇常諸府下流諸湖水由此入海其水之利害視他處為尤鉅而其經理為尤急也卑職以其暇日單騎輕舠遍歷川原進諸父老講求水利之故凡地形高下之宜水勢通塞之便疏瀹障排之方大小緩急之序夫田

力役之規官爲補助之則經費量度之法催督考驗之術一一條畫著為圖説以至區里利害之殊土性肥瘠之異錢糧輕重之等田野荒熟之故風俗淳澆之由形勢險夷之辨無不備具務紓百世之訏謨期垂一方之永利為此將查歷過通縣河圩形勢繪圖貼説造册具申

開河法凡九條

一照田起夫量工給食

宋臣范仲淹曰荒歉之歲召民為役日以五升因而賑濟徐光啓曰此宋時斗斛也今勿慮多蓋老成長慮之見如此常熟民素驕侈備趁之人頗少況挑河非重其直不應故莫善于照田起夫量工給銀之法然照田起夫亦難言矣説者謂有近水利者遠水利者不得水利者及田止十畝以下者分為四等除十畝以下者免役外餘以三等為伸縮蓋往年之役如此職深以為不然本縣之田未有不藉水而成者但河有枝幹之殊水有大小之異耳水大者則當施瀦蓄之法水小者則當施疏鑿之方彼幹河引江湖之水而枝河非引幹河之水者乎田近幹河者稱利矣田近枝河者非幹河之利乎若必為四等之説則奸户積書朦朧作弊上户那而為中户中户那而為下户近利那而為遠利遠利那而為不得利而田少愚弱之氓反差重役如小民之偏苦何故開河必觀水勢所向應用某區某圖之民必無論大户小户通融驗派然後于法均于事便于民無擾耳派夫之法先弔黄册查明

該區該圖坐圩田地總數隨令里書將業户一一註明然後通融算派某河應役田若干畝每田若干畝坐夫一名田多者領夫田少者湊補足數名曰協夫其勘明坍江板荒田地俱豁免如此貧富適均衆擎易舉矣

一水利不論優免

濬河以備旱澇便轉輸也論田而士夫之田多於小民論河而灌運之利當亦多於小民故同心協力舉地方之大利在士夫原有此意矣職客歲開濬福山河以此

意向之本縣士夫士夫咸各樂從興工之日倡率鼓舞工反先於百姓而百姓蒸蒸無不子來趨事爭先恐後已有成績矣今後凡濬河築岸之事必如往規庶勞逸均而上下悅服也

一準水面算土方多寡分工次難易

開河之法其說甚難均是河也中間不無淤塞深淺之殊地形亦有高下凹凸之異而土方之多寡工次之難易必有判焉不相同者宋臣郟僑云以地面為丈尺不

以水面為丈尺不問高下勻其淺深欲水之東注必不可得須於勘河之時先行分段編號算土之法若本河有水即沿河點水有深淺不同之處差一尺者即另為一段假如通河水深一尺而有深二尺者即易段也深三尺者又易段也深四尺者極易段也深與議開尺寸等者免挑段也濶做此各立椿編號以記之隨令精算者逐段計算土方其法每土四傍上下各一丈為一方每方計土一千尺假如本河議開面濶五丈底濶三丈水面下開深五尺每長一丈該土二方徐光啟曰誤算矣然不言總深亦難算其實數假若原深一丈而加深廣五尺該土三方又八百尺也假若不論深以此權說應開實土有水一尺者實開土一方又五百二十尺也有水二尺者實開土一方零八十尺也有水三尺者開土六百八十尺也有水四尺者開土三百二十尺也又如某段水深一尺該宅土方四分實開土一方六分為難工某段水深二尺該宅土方八分實開一方二分為易工三尺四尺五尺做此濶做此若本河無水即督夫先于中心挑一水線深廣各三尺或二尺務要徹頭徹尾一脈通流却于水面上丈量露出餘土有厚薄不同

之處差一尺者另為一段假如通河皆餘土一尺而有餘二尺者即難段也餘三尺者又難段也餘四尺者大難段也餘五尺者極難段也立椿編户算土如前法但此乃計水上之土而水下應挑之土可一律齊矣然後通算本河該實開土若干方兩旁得利田若干畝起夫若干名每夫該土若干方分工定宕第從土方土少者宕長土多者宕短齊土方不齊丈尺而後夫役為至均河形為至平也

附打水線法

水線至平也而人心不平奸巧百出如三十三年開福山塘打水線十數日不成管工官皆不知職既識破其術隨設法五里委一官官各乘馬一里委一皂皂各飛奔如是往來不停看其水線不令隂阻乃一日而成奸巧立破何以故渠功少者於水線中暗藏小壩官來則暫決之過則壩住雖土高無水之地而兩頭藏壩中間水可不絕此奸不破高低不明水線為虛何以知其然也隂壩初決者其水流動不然者其水靜定也

一分工定宕

難易有號矣土方有數矣而夫役之來道里遠近不同市野食宿異便而土性亦有緊漫堅散之殊崖岸不無險夷高下之別强者奸者於此爭利焉倘無術以處之亦非盡善之道也然此不可為之河濱宜先為之於堂上查照區圖遠近自頭至尾算定丈尺捱定工次要令遠近適中一一明註此工簿內用印發各千百長照簿竪立夫樁一定不移庶紛爭之擾可免而亦無作奸之處矣第初時量河最要的確臨期分宕務秉至公不則吏書虛報丈尺而實剋夫價者有矣强梁之徒夫多宕少者亦有矣大都正官能一親行自無此弊

一堆土法

夫役偷安類於近便岸上抛土不思老岸平坦一遇天雨淋漓此土隨水流入河心儻挑儻塞徒費錢糧徒勞工夫亦竟何益必于河岸平坦之處務令遠挑二十步

之外照魚鱗法層層散堆若有嬾夫就便亂抛者重究若有古岸高出田上者即挑土岸內相幇以固子岸亦可其平岸之處不得援此為例若岸有半圯之處即宜挑土補塞築成高岸挑成一層堅築一番層層而上岸必堅牢一舉兩得不可姑置岸上待後日築之後來日久人玩貽害河道不小也若田中有漊蕩或原因取土致田深陷者即用河土填平若岸邊有民房有園亭逼近不便挑土者即令業戶自定樁笆於房園邊旋築成

岸亦兩利之道也若河狹則不可耳

一考工法

金藻水學曰勤省視者官廉能也或不省視與無廉能同省視不賞罰與不省視同賞罰不繼續與不賞罰同職亦曰廉能矣省視矣賞罰矣繼續矣而無考驗之法與不廉能不省視不賞罰不繼續同夫考工之法先必立信樁樣樁以防其奸偽樣樁者用木橛刻畫尺寸與應濬尺寸同信樁則一木橛可已法于號段既定之後

每段將畫尺木橛釘入河心與水面平本河無水者與水線之水面平俗所謂水平樁是也俟開方之後以此橛為準益橛露一尺則工滿一尺矣故曰樣樁却將二橛書明號段直對樣樁釘入兩岸老土深與岸平名曰信樁此樁四旁封識老岸數尺不許抛土鎮壓致難認記另具直丈竿一條丈篾一條立竿樣樁之頂拽篾信樁之上以量虛河深淺如篾在竿十尺上則虛河深十尺矣必十尺以下所有尺寸乃算實工虛河尺丈籍而藏之夫役認宕時又各立小樁書某字第幾號某千長下百長某分管領夫協夫某應濬長若干名曰夫樁又按仰月形三濶丈尺之數為横丈竿三條俱畫尺寸做成木輪車架此三竿每查工之日必攜籍持竿拽篾架車而往先稽號樁而知其宕之長短即據信樁樣樁拽篾竪竿而得其工之淺深工完之後沿河推運三竿車而驗其工之濶狹勤惰在目賞罰必加而後人力齊工不虛耳必信樁者虞樣樁之上下其手也又虞老岸之

偽增其高也驗老岸驗信樁驗樣樁驗三竿車而後偽無容矣迨工完之後復打水線以驗之有淤滯處隨令復濬務求線道流通方可決壩放水其或濬深水多打水線不便則于放水之後用木鵝沿河較覈木鵝者用直木一條長與河深平鐵裹其下端隨濬過尺寸處拴繫長繩兩岸拽之直立水中循水面而進遇鵝仆處則土高水淺處也將該管千百長究治仍令撈泥務如原議分數須木鵝通行無滯然後為完工矣

附輪竿式

此仰月形也面腹底
三濶乃可以滿載水
而又經久若止用面
底二濶斜坡而下是
曰斧形易於傾圯若
上下同濶是曰筐形
更易圯矣

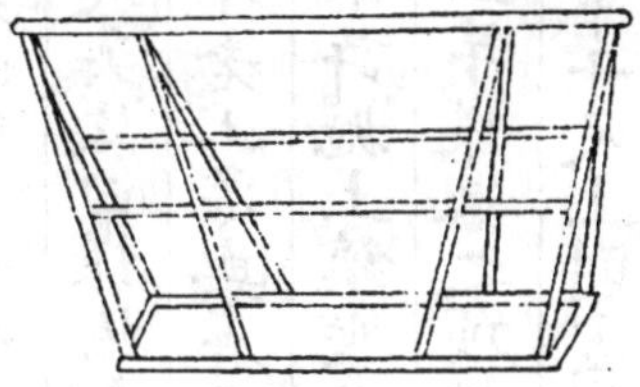

一分管員役

諺曰寧管千軍莫管一夫言無紀律而難御也故督責之法必自下而上由小及大則工程易起故每宕百丈必用百長一名分催千丈必用千長一名督催然此役須點該區田多大戶充之葢大戶必愛惜身家又衆所推服令此輩各照信地千長立一小旗一大橋百長立一小橋各書應管丈尺分數千長催百長百長催小夫而水利官又專督千百長責任攸分大小相驅然後卑職不時親詣稽查考其工次別其勤惰量加賞罰即頑猾之民亦不得不盡其力矣

附用千百長法

千百長非身家才幹兼全者不能服衆邇來照將尖册點用十得八九乃法立弊生區書將大户田花分顯小户於册首點者半係小户除將該書枷號外其千長多用該區公正不足則令公正舉報乃叅之將尖始稱得人得人而工不難完矣

一立章程賞勤罰惰以示鼓舞

號段定矣宕認夫集矣催督有人矣然衆力難齊衆心難一不有以約之則勤者何所勸而惰者無以懲將使勤而為惰矣今定一河工比簿每十日親查一次是為一限假如缺河自水面而下應開深五尺則第一限要見工二尺為浮泥易做也二限黃泥難做要見功一尺五寸三限通完深濶如式工大者亦以此法寬立期限凡比工每百長管百夫就以十夫為一分千長管十百

長就以一百長為一分又立一賞功單如依限如式開完者即給一功單日後遇有過犯許齎單贖罪以示勸其有奸頑惰功者即查千百長該管十分中一分不及限者責各小夫二分不及限者並責百長三分不及限者並責千長以示懲庶章程既立賞罰明而民自鼓舞莫敢躭延矣

附比簿式

都

領夫　田

協夫　田

共實熟田

算派　夫　應開土方

令派　字　號歸見　尺寸　分工

算該開河　丈

初限　日開深　尺開濶　尺堆土離河　丈　尺

月日起至　日止

二限　日開深　尺開濶　尺堆土離河　丈　尺

月　日起至　日止

三限　日開深　尺開濶　尺堆土離河　丈　尺

月　日起至　日止

欽定四庫全書　欽定授時通考　卷十八　十三

附功單式

水利功單

某縣為頒賞功單以昭勸懲事照得本縣賦重民疲田多蕪瘠高阜者因水利之不通坐澤者皆岸塍之低薄每遇旱澇防救無資本縣為民父母安忍坐視以故修河築岸不惜勞瘁但慮爾等勤惰不齊相應激勸特置功單果有濬築如式早完工次者錄給功單後日遇有過犯許齎赴贖罪決不爽示須至單者

右給付　收執

年　月　日給

縣　字　號

一幹河甫畢刻期齊濬枝河

凡田附幹河者少而附枝河者多盖河有枝幹譬之樹焉千百枝皆附一幹而生是幹為重矣然數葉開花結子功在于枝不可忽也彼枝河切近圩埂灌溉之益所關匪細若濬幹河而不濬枝河則枝河反高水勢難以逆上而幹河兩旁所及有限枝河所經之多田反成荒棄即幹河之水又焉用之法當于幹河半工之時即尚官料理枝河責令各枝河得利業戶俱照田論工一齊

並舉仍責令該枝河千百長催督務要先期料理停妥俟幹河工完之日先放各枝河水放畢隨於各枝河口築一小壩俟小壩成然後決大壩而放河水其工之次第如此盖濬幹河時凡幹河水悉放之枝河而後大工可就濬枝河時凡枝河之水悉歸之幹河而後衆小工易成況枝河高幹河低不過一決之力若先放湖水則方浚之初水勢必大此時枝河不能直入必假車戽勞費鉅矣濬河者往往於幹河告成之後心懈力疲置枝河於不問為民者亦曰姑俟異日也而前工荒矣盖機不可失而勞不可辭其工之始終又如此幹河之大者量給官銀枝河則專用民力焉

徐光啟旱田用水疏謂欲論財計先當辨何者謂財唐宋之所謂財者緡錢耳今世之所謂財者銀耳是皆財之權也非財也古聖王所謂財者食人之粟衣人之帛也若以銀錢為財則銀錢多將遂富乎是在一家則可通天下而論甚未然也銀錢愈多粟帛將愈貴困乏將

愈甚矣故前代數世之後每患財乏者非乏銀錢也承平久生聚多人多而又不能多生穀也其不能多生穀者土力不盡也土力不盡者水利不修也能用水不獨救旱亦可弭旱灌溉有法纖潤無方此救旱也均水田間水土相得興雲歊霧致雨甚易此弭旱也能用水不獨救潦亦可弭潦疏理節宣可蓄可洩此救潦也地氣越發既有時雨必有時暘此弭潦也不獨此也三夏之月大雨時行正農田用水之候若徧地耕墾溝洫縱橫

播水于中資其灌溉必減大川之水先臣周用曰使天下人人治田則人人治河也是可損決溢之患也故用水一利能違數害調燮陰陽此其大者不然神禹之功僅抑洪水而已抑洪水之事則決九川距海濬畎澮距川而已何以曰水火金木土穀惟修正德利用厚生惟和一舉而萬事畢乎用水之術不過五法盡此五法加以智者神而明之變而通之田之不得水者寡矣水之不為田用者亦寡矣用水而生穀多穀多而以銀錢為之權當今之世銀方日增而不減錢可日出而不窮又以宋臣李綱所言節用救弊覈實開闔貿遷諸法設誠而致行之不加賦而國用足豈虛言也哉謹條例如左

一用水之源源者水之本也泉也泉之別為山下出泉為平地仰泉用法有六

其一源來處高於田則溝引之溝引者於上源開溝引水平行令自入於田諺曰水行百丈過牆頭源高之謂也但須測量有法即數里之外當知其高下尺寸之數不然溝成而水不至為虛費矣

其二溪澗傍田而卑於田急則激之緩則車升之激者因水流之湍急用龍骨翻車龍尾車筒車之屬以水力轉器以器轉水升入於田也車升者水流既緩不能轉器則以人力畜力風力運轉其器以器轉水入於田也

其三源之來甚高於田則為梯田以遞受之梯田者泉在山上山腰之間有土尋丈以上即治為田節級受水自上而下入於江河也

其四溪澗遠田而卑於田緩則開河導水而車升之急者或激水而導引之開河者從溪澗開河引水至其田側用前車升之法入於田也激水者用前激法起水於岸開溝入田也

其五泉在於此用在於彼中有溪澗隔焉則跨澗為槽而引之為槽者自此岸達於彼岸令不入溪澗之中也

其六平地仰泉盛則疏通而用之微則為池塘於其側積而用之為池塘而復易竭者築土椎泥以實之甚則為水庫以畜之平地仰泉泉之瀵湧上出者也築土者杵築其底椎泥者以椎椎底作孔膠泥實之皆令勿漏也水庫者以石砂瓦屑和石灰為劑塗池塘之底及四旁而築之平之如是者三令涓滴不漏也此蓄水之第一法也

一用水之流流者水之枝也川也川之别大者為江為河小者為塘浦涇浜港汊沽瀝之屬也用法有七

其一江河傍田則車升之遠則疏導而車升之疏導者江南之法十里一縱浦五里一横塘縱横脈散勤勤疏濬無地無水此井田之遺意宋人有言塘浦欲深濶謂此也

其二江河之流自非盈涸無常者為之牐與壩釃而分之為渠疏而引之以入於田田高則車升之其下流復為之牐壩以合於江河欲盈則上開下閉而受之欲減則上閉下開而洩之職所見寧夏之南靈州之北因黄河之水鑿為唐來漢延諸渠依此法用之數百里間灌溉之利纖潤無方寧城絶塞城中之人家臨流水前賢之遺可驗矣因此推之海内大川倣此為之當享其利濟亦孔多也

其三塘浦涇浜之屬近則車升之遠則疏導而車升之

其四江河塘浦之水溢入於田則堤岸以衛之堤岸之田而積水其中則車升出之堤岸者以禦水使不

入也大則為黄河之埽小則為江南之圩宋人有言堤岸欲高厚謂此也車升出之者去水而為蓺稲或已蓺而去其水使不没也

其五江河塘浦源高而流卑易涸也則於下流之處多為牐以節宣之旱則盡閉以留之潦則盡開以洩之小旱潦則斟酌開閤之為水則以準之水則者為水平之碑置之水中刻識其上知田間深淺之數因

知牐門啟閉之宜也浙之寧波紹興此法為詳他山鄉所宜則倣也

其六江河之中洲渚而可田者堤以固之渠以引之牐壩以節宣之

其七流水之入於海而迎得潮汐者得淡水迎而用之得鹽水牐壩遏之以留上源之淡水職所見迎淡水而用之者江南盡然遏醎而留淡者獨寧紹有之也

一用水之瀦瀦者水之積也其名為湖為蕩為澤為淀為海為波為泊也用瀦之法有六

其一湖蕩之傍田者田高則車升之田低則堤岸以固之有水車升而出之欲得水決隄引之湖蕩而遠於田者疏導而車升之此數者與用流之法畧相似也

其二湖蕩有源而易盈易涸可為害可為利者疏導以洩之牐壩以節宣之疏導者懼盈而溢也節宣者損盈隨時資灌溉也宋人有言牐竇欲多廣謂此也

其三湖蕩之上不能來者疏而來之下不能去者疏而去之來之者免上流之害去之者免下流之害且資其利也吳之震澤受宣歙之水又從三江百瀆注之於海故曰三江既入震澤底定是也

其四湖蕩之洲渚可田者隄以固之

其五湖蕩之瀦太廣而害於下流者從其上源分之江南五壩分震澤以入江是也

其六湖蕩之易盈易涸者當其涸時際水而藝之麥藝麥以秋秋必涸也不涸於秋必涸於冬則藝春麥春旱則引水灌之所以然者麥秋以前無大水無大蝗但苦旱耳故用水者必稔也

一用水之委委者水之末也海也海之用為潮汐為島嶼為沙洲也用法有四

其一海潮之淡可灌者迎而車升之易涸則池塘以蓄之閘壩堤堰以留之海潮不淡也入海之水迎而

迈之則淡禹貢所謂逆河也

其二海潮入而泥沙淤墊屢煩濬治者則為牐為壩為竇以遏渾潮而節宣之此江南舊法宋元人治所用百年來盡廢矣近并濬治亦廢矣乃田賦則十倍宋元民貧財盡以此故也其濬治之法則宋人之言曰急流搔乘緩流撈剪淤泥盤吊平陸開挑令之治水者宜兼用之也

其三島嶼而可田有泉者疏引之無泉者為池塘井

庫之屬以灌之

其四海中之洲渚多可灌又多近於江河而迎得淡水也則為渠以引之為池塘以蓄之

一作原作豬以用水作原者井也作豬者池塘水庫也高山平原與水違行澤所不至開挑無施其力故以人力作之鑿井及泉猶夫泉也為池塘水庫受雨雪之水而豬焉猶夫豬也高山平原水利之所窮也惟井可以救之池塘水庫皆井之屬故易井之彖稱井養而不窮也作之之法有五

其一實地高無水掘深數尺而得水者為池塘以蓄雨雪之水而車升之此山原所通用江南海壖數十畝一環池深丈以上圩小而水多者良田也

其二池塘無水脈而易乾者築底椎泥以實之

其三掘土深丈以上而得水者為井以汲之此法北土甚多特以灌畦種菜近河南及真定諸府大作井以灌田旱年甚獲其利宜廣推行之也井有石井磚

井木井柳井葦井竹井土井則視土脈之虛實縱橫及地產所有也其起法有桔槔有轆轤有龍骨木斗有恒升筒用人用畜高山曠野或用風輪也

其四井深數丈以上難汲而易竭者為水庫以畜雨雪之水他方之井深不過一二丈秦晉厥田上上則有數十丈者亦有掘深而得鹹水者其為池塘為淺井亦築土椎泥而水留不久不若水庫之涓滴不漏千百年不漏也

其五實地之曠者與其力不能為井為水庫者望幸於雨則歉多而稔少宜令其人多種木種木者用水不多灌溉為易水旱蝗不能全傷之既成之後或取果或取葉或取財或取藥不得已而擇取其落葉根皮聊可延旦夕之命雖復荒歲民猶戀此不忍遽去也語曰木奴千無凶年

本朝怡賢親王敬陳水利疏竊直隸之水總會於天津以達於海其經流有三自北來者曰白河自南來者曰

衛河而淀池之水貫乎白衛二河之間是為淀河白衛為漕艘要津邇年以來白河安瀾無泛溢之虞衛河發源河南輝縣至山東臨清州與汶河合流東下河身陡峻勢如建瓴不免冲潰泛溢查滄州之南有磚河青縣之南有興濟河乃分減衛水之故道又靜海縣之權家口直接寬河東趨白塘口入海俱應就現在河形逐段開疏築壩減水白塘口入海之處舊有石閘二座磚河興濟河之委應開直河一道歸併白塘出口澇則開閘

放水可殺運河之漲而河東一帶積澇亦得藉以消洩旱則引流灌溉溝洫通而水利溥滄青靜海天津數百里斥鹵之地盡為膏腴之壤矣至東西二淀跨雄霸等十餘州縣廣袤百餘里畿內六十餘河之水會於西淀經霸州之苑家口會同河合子牙永定二河之水滙為東淀蓋衆河之所瀦蓄也故治直隸之水必自淀始凡古淀之尚能存水者均應疏濬深廣併多開引河其已為田者必四面開渠中穿溝洫經緯條貫脈絡交通洩

而不竭蓄而不盈而後圩田種稻旱澇有備魚鼈蜃蛤萑蒲之生息日滋小民享淀池之利不煩督責而淀常治矣子牙永定二河以淀為壑子牙為滹漳下流清濁二漳發源山西至武安縣交漳口會流經廣平正定而滹沱滏陽大陸之水會焉天津歸海之水以子牙為正流其餘諸水附之以達於海今河身高墊支港堙塞安得不冲不泛考任邱舊志子牙下流有清河夾河月河皆分子牙之流同趨於淀宜尋求故道開決分注以緩

奔放之勢永定河俗名渾河其源本不甚大緣水濁泥多淤高必決其流既改故道遂堙應於每年水退後挖去淤泥俾現在河形不致淤高庶保將來不復遷徙二河出口俱在東淀之西淀之淤塞實由於此臣等面奉

上諭令引渾河别開一道令應自柳岔口引渾河稍北遠王慶坨之東北入淀子牙河現由王家口分為二股令應障其西流約東歸一兩河各依南北岸分道東流仍於淀内築堤使河自河而淀自淀河身務須深濬常使

淀水高於河水仍隨時挑濬毋令淤塞二河之濁流自不能為患而萬派之朝宗可得安瀾矣再各處隄防應俟水退之後照舊修築其大小澱淀俱可以圩田種樹如此之處不少統俟來春查明具奏

怡賢親王敬陳畿輔西南水利疏京西一帶諸山實維太行之麓水勢因之盡朝宗而左驁故自西北山而下者皆東南會於兩淀自西南山而下者皆東北會於大陸二泊而道分流畢由東淀達直沽入海則是今日所歷諸河即去冬查勘畿南河淀之上流也謹將勘過情形并開挖疏引措置水田事宜敬陳之盧溝以西諸水拒馬其鉅流也發源山西廣昌之淶山東流至房山鐵鎖崖分為二派一派東入涿州一派南入淶水合流而為白溝河他若馬頭河牤牛河胡良河皆入馬頭牤牛二河均難資其灌溉惟胡良所經地稱膏腴溝渠圩岸宛若江南擴而廣之房涿之間皆稻鄉也淶水一派石亭赤土樓村秔稻最盛而房之張坊至駱家莊涿之高村及城之西北一路分渠引流具有條理又有王家

莊茂林莊毛家屯等村溝渠現存改為旱田者約百餘頃土人以水源微弱為辭此河下流為白溝水勢甚盛未有下流盛而上源微者今應於房山鐵鎖崖分流之處深溝側注以均其來白溝之上相地建閘以節其去不惟王家茂林等處之百餘頃復為水田即河流所經之定興新城等縣亦沾澆灌之利矣

拒馬之南為三易水曰濡曰武曰雹濡水出州北之窮

獨山西折而南入定興與淶水合流源泉入焉源泉舊有石壩乃壅水開渠之遺址當時近水皆稻梁遠城皆芟荷今皆荒廢所應修復武水出武峯嶺流經定興合濡水而歸河陽渡雹水出石獸崗流經安肅入安州之依城河三水具挾源泉分流疏渠其勢甚便鍾家莊唐湖川鹽臺陂民皆藝稻是在因地擴充務使水無遺利

雹水之南曰徐水來自五迴嶺經滿城至安肅而曹水會焉合一畝方順龍泉諸水滙為依城河餘小泉以百

數水源盛而水饒疏而引之不可勝用也

滱水發源山西之靈邱由倒馬關入唐縣為唐河橫水自西北來會居民引以溉稻直達下素町畦相望經曲陽之鎮里高門所溉尤多南入定州而白龍泉復來會之王耨張謙等村傍河皆圩岸應推廣以極水力所得稻田難以頃計矣

唐河之南有沙河來自山西之繁峙入曲陽界合平陽河南流阜平當城胭脂二河行唐之郜河咸會焉其上流亦名派水經自樂歷定州沿流多資灌溉他如阜平之崔家莊行唐之龍岡甘泉河新樂之何家莊浴河俱有水田而泉渠頗多堙廢徧行疏滌所獲尤多

沙河之南有滋河源出山西枚回山經靈壽入行唐之張茂村伏焉至無極南孟社而復出疏鑿成渠皆天然水利也以上諸水盡攝於西淀自此而南水之載在圖經者惟滹沱最大發源山西繁峙之泰戲山由雁門入直隸之平山界治河綿曼等水皆入焉治河源自山西

平定州松嶺流至平山初不與滹水相合自二水合流而滹沱之勢遂猛屢奔潰為真定害治之故道本與洨合今應於入滹之處塞而斷之循其故流加以挖濬引入洨河則滹沱之猛可減

洨河發源獲鹿之蓮花營泎北村二泉其源頗有堙塞至欒城合北沙河而流始大澆溉可資但苦岸高難以升引應作壩以壅之開溝縱橫俱可通流水漲則決壩以洩此萬全之利也洨河下流自寧晉入泊舊有石閘

三座遺跡尚存現今兩岸居民尚庳水以澆畦麥其為水利之用亦可想見矣

汶河以南諸水自贊皇來者有槐水有午水自臨城來者有泲水泥河泜河沙河自内邱來者有李陽河七里河小馬河柳河或名在而跡已湮或源存而流已徙然石橋宛在斷碣猶存前人洩潦歸泊之路今皆任民耕種以致山川暴下瀰漫四野貪尺寸之利貽害無窮今已委員查勘酌量疏通今漫水有歸田疇不受其害小

柳河之東為聖女河泉從地湧引流可田南為白馬河居民建閘溉田下流遂湮水漲之時以鄰為壑故北之聖女南之牛尾二河俱被其衝突為任邑害今應濬入泊之路嚴閉閘之禁害去而利乃可興矣

又南為百泉河出邢臺之風門山歷南和等處有閘十三座溉田數百頃而任縣不沾一勺之潤今應立法均利自下而上各以三日為期則沿流一帶皆水田也但河身尚隘宜展而倍之

百泉之南為野河源出邢臺之西山下入沙河沙河源出山西遼州之漏水至沙河縣分為二支一流至任縣為澧河一流至南和為乾河抵任縣合洺河沙河縣之普潤閘溉田四十餘頃洺河亦發源於遼州入直隸與沙河合近年常苦涸竭若引滏陽之水假沙洺之道兩河之間俱可沾其浸溉

滏陽河諸水之鉅流也源出河南磁州之神麢山至邯鄲會渚沁二水至寧晉貫大泊而出抵冀州與滹沱水

合所經之處疏渠灌稻元郭守敬曾言可灌田三千頃明建惠民等八閘民以殷富近為磁州民築壩截流八閘已廢其六今應照舊修復以上諸水入任縣泊者謂之南泊入寧晉泊者謂之北泊二泊固諸河之委滙皆禹貢大陸澤故地也

又南泊舊注滏河自滹漳閘淤河高於泊難以議開唯爪一河不足消全泊之漲今查穆家口河道原自通流略加疏濬為力無多北泊周圍百里地窪水深亦恃滏

河為宣洩之路自滹沱南徙故道漸湮東注河身亦多淺隘今應大加展挖務俾寬深如此則南泊之水歸穆家口而咽喉已通北泊之水入滏陽河而尾閭亦快積潦日消舊岸漸復涸出之地尚可以數計哉然後作小堤以繞之多開斗門疏渠種稻則沮洳之場皆樂土也惟滹沱一水源遠流長獨行赴海而善決善淤遷徙靡常自古患之自去年北徙直趨束鹿奔軼四出官民請疏入泊之道然此道本非正流閘淤已成平地旋加挖

掘工費甚繁今查有乾河一道係滹水入滏舊路自張岔開挑六七里便可直接決河從此改流由焦岡而入滏水沛然而東寧晉泊既遠淤壅之患即束鹿深州等處亦無沖潰之害矣畿南州縣地方遼闊臣等未及遍歷者已遣効力人員悉心經理即當酌量緩急次第興工以仰副我

皇上愛養民生興修水利之至意可也

怡賢親王敬陳京東水利疏臣等歷看京東之水若北

河若薊若運以及永平之欒河皆經流之最大者白河為漕運要津農田之蓄洩不與焉然河西數十里內止有鳳河一道別無行水之溝亦無瀦水之澤一有雨潦不但田廬瀰漫即運河堤岸亦兖在水中查涼水河源自京城西南由南苑出弘仁橋至張家灣入運請於高各庄開河分流循鳳河故道疏濬由大河頭入仍於分流之處各建一閘以時啓閉庶積潦有歸且可沾溉田疇矣運河之東則香河其下為寶坻沿河堤岸坍頹應

飭修築并於牛牧屯以上斜築長堤以障東溢再通州烟郊以南之水皆滙於窩頭分為二股一股南入運河一股東流經香河縣之吳村滙於百家灣入七里屯達於寶坻查七里屯以上大半淤塞地皆沙鹵難以開鑿若將南流一股疏通深暢則經流歸於運河又夏店之箭杆河經香河入寶坻之溝頭河漫流入淀應從溝頭疏濬會七里屯之水達於大河水有攸歸農田亦有利焉寶坻西北接壤薊州薊州運河自三台營會諸山之

水東南至寶邑會白龍港又南經玉田豐潤合泬水達海河身深濶源遠流長棄之則害用之則利請先築河堤務須高厚然後於下倉以南建石橋空下閘水升注兩岸以資灌溉多開溝澮自近而遠縱横貫注用之不乏矣泬水發源遷安之泉庄委折蛇行土人有三灣六曲之稱河道狹而堤堰卑東決則淹豐潤西決則淹玉田應於劉歆莊王木匠庄各開直河一道舊流亦無令壅塞俾得兩處分瀉可無冲決之患至沿河一帶建閘

開渠數十里内無非沃壤土人動言泬水湍急為患不知敗稼之洪濤即長稼之膏澤現在近河居民引流種菜千畦百隴在在皆然曾未見利於圃而不利於農者也玉田本屬稻鄉藍泉河出藍山西南流入薊運夾河豬水為湖伏秋水發一望彌漫應將河身疏通深廣東以堤防西北另開小河一道引水入河下流使湖無泛濫而河得安瀾仍於曲河頭建閘開溝引水繞東湖而南湖内外田地均沾灌溉再於湖心最下之處圩為水櫃以濟泉水之不足其利可以萬全又泉河發源小泉山東流會孟家泉煖泉達於薊運河現在引流種稻所當搜滌泉源多方宣布以廣水利者也豐潤負山帶水湧地成泉疏流導河隨取而足如城東之天宫寺牛鹿山鐵城坎以及沿河沮洳之處可種稻田數百畝多至千餘畝而止縣南接連大泊一帶平疇萬頃土膏滋潤内有王家河汊河龍堂灣泥河共四道春夏不涸而田疇不沾其利為可惜也應請滌其源疏其流壩以壅之

堤以蓄之東北引陡河為大渠横貫四河中間多開溝洫瀠洄宣布數十里内取之左右皆逢其源而泊内多可耕之田矣陡河自灤州之館山東流繞縣境而南旁河村庄曰上稻地下稻地南曰官渠盖昔年圩田種稻之地遺趾尚存若沿河堅築隄防多設壩閘以時蓄洩疆理一循舊跡不勞區畫而兩岸良田不可數計至板橋狼窩鋪等處東連榛子鎮一帶流泉大槩入灤州境灤河洶湧滂沛推壅沙石既不可束以隄防亦難以資

灌溉然各屬支流藉以滙歸故少漲溢之患而涓瀝皆農田之資灤州近城之别故河淤塞漫流數十年於茲若照舊疏濬不惟城闉不受侵嚙而西南負郭之田皆收浸潤之利城南則有龍溪出五子山東即清河之源城西則有沂河經芹菜山南折而東又轉而南二河之間地勢平衍土岡環之東南一望無際皆可播流而溉也西南則游觀庄之靳家黄坨河引泉可田南則稻河吳家龍堂等處引河可田西北則自沙河驛之東榛子

鎮之西龍溪黄崖煖會於牤牛河經雙橋而圍山瀑水入之流清而駛地平而潤沿岸一帶建壩開溝無處非水耕火耨之地矣灤州之北為遷安城北徐流營湧出五泉合流入桃林河又三里橋湧泉流出灤河鹽姑廟泉河與灤河相接龍王廟之泉頭流為三里河經十里橋而南夾河皆可田黄山之麓一泓湛然西入石渠即浭河自出自泉庄至新集地與水平播之可種稻田百餘頃盧龍縣北之燕河營湧泉成河及營東五泉漫溢

四出至張家莊一帶皆可挹取為樹藝之利京東土壤膏腴甲於天下臣等勘過情形大槩如此惟是工程浩大地方遼濶隨宜酌量容有變通之處統俟工竣彙齊送册

慕天顔請浚孟河白茆河疏臣前疏請浚白茆港孟瀆河福山港三丈浦黄四港申港包港安港西港七丫等處益既鑒上年之奇旱預料今年之大澇從長籌畫實非泛言雖部議未邀即允然關切地方民事豈容緩圖

臣再四籌畫先擇其不易而費簡者若七丫一帶業已勸民濬滌淤沙通崇明之運道福山港三丈浦道里民自願分役疏通再如黄四申包安西等港另行酌量緩急多方設法次第興舉外惟是常熟之白茆港係蘇常諸水東北出江第一要河自明季失修湮塞成陸旱則潮汐不通澇則宣洩無路若此港一通不惟常熟水旱無虞即崑山長洲太倉無錫江陰無不共沾其利又武進之孟瀆河係常鎮諸水歸江要道凡高溧西北諸水

競趨東南則流注於宜興金壇更轉洩於丹陽武進惟籍孟河一口出江今亦年久失修河身壅積武進以西丹陽以東宜興金壇以北諸水歸江阻道於是水旱並災人力難施矣此兩河者蓄洩之利等於劉淞淤塞之形亦不亞於劉淞今劉淞疏通蘇松常資其益者甚鉅白茆孟河淤塞蘇常鎮被其害者亦復不小此臣身在地方目擊親切日夜籌畫而不敢忽者也是以分委道員細加察勘據各該道請照劉淞事例先動正帑濟工不惟水利克修現在望賑饑民得以赴工趁食不設賑

而民已全活數善備焉

總漕桑格等覆勘疏臣等會勘得下河各州縣地方歷被水災皆緣上源受水之處甚多而洩水入海之處甚少兼之各邑通水故道俱多淤澱以致泛濫橫溢成此積水之患也今欲救此災黎舍開浚故道多分水勢之法別無善策是以前疏内議修芒稻河者欲分高郵邵伯兩湖之水入江使不至下河也議挑曹家灣楊家絆七節橋者係開通高郵邵伯兩湖淤塞之水路使通芒稻河於下江也議挑車兒埠之溜子河者欲使泰州所受之水由苦水洋入海也議挑澗河者欲分運河之水流於澗河由射陽湖下海使不至高郵也議挑海陵溪者欲使高郵所受之水通岡門下海也議挑車路白塗海溝三河者欲使興化所受之水由丁溪草堰白駒入海也議挑鰕鬚二溝戛粱河并朦朧西首淤塞之射陽湖者欲使高寶興泰鹽山等處之水俱由廟灣下海此

海口為下河最窪最寬之地洩各處上流之水尤為宣暢也今臣細加覆勘與前無異目今水勢汪洋民間被淹田地多未涸出者皆由水道澱塞不通之故若使挑濬之工一舉水循故道下流歸海田地自然涸出實為大有益於生民

欽定授時通考卷十八

欽定授時通考卷十九

穀種

彙考

詩豳風黍稷重穋禾麻菽麥

正義曰苗生既秀謂之禾種植諸穀名為稼禾稼者苗幹之名又曰鄭司農云先種後熟謂之重後種先熟謂之穋又曰禾稼禾麻再言禾者以禾是大名也非徒黍稷重穋四種而已其餘稻秫苽粱之輩皆名為禾麻與菽麥則無禾稱故於麻麥之上更言禾字以總諸禾也朱子集傳禾者穀連藁秸之總名禾之秀實而在野曰稼

大雅誕降嘉種

傳天降嘉種箋云天應堯之顯后稷故為之下嘉種疏曰后稷善能於稼穡上天乃下善穀之種與之正義曰降者從上之辭故知降嘉種者是天降嘉種也

朱子集傳降降是種於民也書曰稷降播種是也

魯頌黍稷重穋稙穉菽麥奄有下國俾民稼穡有稷有黍有稻有秬

注先種曰稙後種曰穉大全孔氏曰重穋稙穉生熟早晚之異稱非穀名

周禮天官太宰以九職任萬民一曰三農生九穀

注鄭司農云九穀黍稷秫稻麻大小豆大小麥玄謂九穀無秫大麥而有粱苽疏玄謂九穀無秫大麥而有粱苽者以秫亦黏與稷黏疎為異故去之大麥所用處少故亦去之必知有粱苽者下食醫云凡膳食之宜有犬宜粱魚宜苽故知有粱苽也且前七穀之中依月令麥屬東方黍屬南方麻屬西方豆屬北方稷屬中央故知有黍稷麻豆麥稻與小豆所用處多故知有稻有小豆也必知有大豆者生民詩云蓺之荏菽荏菽大豆后稷之所植故知有大豆也

又疾醫以五穀五藥養其病

注五穀麻黍稷麥豆也疏此依月令五方之數

又膳夫凡王之饋食用六穀

注六穀稌黍稷粱麥苽苽雕胡也

孟子五穀者種之美者也

管子凡五穀者萬物之主也穀貴則萬物必賤穀賤則萬物必貴兩者為敵則不俱平故人君御穀物之秩相勝而操事於其不平之間

又五穀者民之司命也

范子計然曰五穀者萬民之命國之重寶也

漢書食貨志種穀必雜五穀以備災害田中不得有木

又董仲舒說上曰春秋他穀不書至於麥禾不成則書之以此見聖人於五穀最重麥與禾也

說文穀續也百穀之總名禾嘉穀也以二月而種八月始熟得時之中故謂之禾禾木也木王而生從木從𠂹省𠂹象其穗

又禾之秀實為稼根節為禾

廣雅釋草粢稻其穗謂之禾

小爾雅廣物稾謂之稈稈謂之芻生曰穀謂之粒菜謂之蔬禾穗謂之穎

格物總論穀種之美者也其為種也不一考之前載有言三穀者粱稻菽是也有言五穀者麻黍稷麥菽是也有言六穀者稻黍稷粱麥苽是也有言九穀者稷秫黍稻麻大小豆大小麥是也有言百穀者又包舉三穀各二十種者為六十蔬果之實助穀各有二十是也蓋人食之則飽不再食則飢未有不資以為生也然不種則不生不時則不穫故古者重穀而務農焉種以時而生以時耕以時而穫以時苗而秀秀而實昔春而種者子粒耳秋而收者萬顆也昔春而入土者升斗耳秋而登場者倉箱也國與民俱足獨不在此乎故聖王必貴五穀而賤金玉

楊泉物理論粱者黍稷之總名稻者溉種之總名菽者衆豆之總名三穀各二十種為六十蔬果之實助穀各

二十八為百穀故詩曰播厥百穀穀者衆種之大名也農桑輯要穀名考五穀禾麻菽麥豆也周禮註又以麻黍稷麥豆為五穀

嘉禾瑞穀瑞麥

禮含文嘉神農就田作耨天應以嘉穀

山海經帝之下都崑崙之墟有木禾郭璞曰穀類也

後魏地形志羊頭山下神農泉北有穀關即神農得嘉穀處

尚書序唐叔得禾異畝同穎獻諸天子王命唐叔歸周公於東作歸禾

傳畝壟穎穗也禾各生一壟而合為一穗異畝同穎天下和同之象

又周公既得命禾旅天子之命作嘉禾

傳天下和同政之善者故周公作書以善禾名篇告天下正義曰嘉訓善也言此禾之善故以善禾名篇後世同穎之禾遂名為嘉禾由此也

白虎通成王時有三苗異畝而生同為一穟大幾盈車長幾充箱民有得而上之者成王訪周公而問之公曰三苗為一穟天下當和為一乎果有越裳氏重譯而來獻白雉

古今注漢和帝元年嘉禾生濟陰城陽一莖九穗安帝延光二年六月九真言嘉禾生百十六本七百六十八穗

爾雅注漢和帝時任城生黑黍或三四實實二米得黍

三斛八斗

吳志黃龍三年夏由拳野稻自生改禾興縣冬十月會稽南始平言嘉禾生十二月改元嘉禾

晉起居注武帝元帝世嘉禾三生其莖七穗

魏書靈徵志太祖天興二年七月獲嘉禾於平城縣異莖同穎八月廣甯送嘉禾一莖十一穗平城南十里郊嘉禾一莖九穗告於宗廟

又世祖神麚二年七月嘉禾生於魏郡安陽縣三本同

穎

又肅宗熙平二年八月幽州獻嘉禾三本同穎正光三年肆州獻嘉禾一根生六穗

又孝靜帝天平四年八月虞曹郎中司馬仲璪獻嘉禾一莖五穗

宋書符瑞志文帝元嘉二十二年六月嘉禾生藉田一莖九穗生華林園百六十穗二十四年七月乙卯嘉禾旅生華林園及景陽山二十五年六月壬寅嘉禾旅生

華林園十株七百穗壬子嘉泰生藉田孝武帝大明元年嘉禾生清暑殿鴟尾中一株六莖

南齊書符瑞志武帝永明元年正月新蔡郡固始縣獲嘉禾一莖五穗八月新蔡縣獲嘉禾二莖九穗一莖七穗十一月固始縣獲嘉禾一莖九穗二年梁郡睢陽縣界野田中獲嘉禾一莖二十三穗

梁書武帝本紀天監四年五月辛卯建康縣朔陰里生嘉禾一莖十二穗大同六年九月始平太守崔碩表獻嘉禾一莖十二穗

大業拾遺錄七年九月太原郡獻禾一本三穗長八尺穗長三尺五寸大尺圍芒穗皆紫色鮮明可愛有老人年八十餘以素木匣盛之賜物三十段勅授嘉禾縣令

玉海唐武德元年六月虞州獻嘉麥一莖六穗八月永州獻嘉禾異畝同穎二年七月益州獻嘉禾一莖六穗四年二月肅州獻嘉禾一莖五穎貞觀二年六月長安獻嘉禾三年十二月潞州獻嘉禾景雲二年六月洛州

言兩岐麥明皇先天二年八月懷州言嘉禾四穗開元八年五月平原麥一莖兩岐分秀九年五月絳州奏瑞麥七莖兩穗一莖四穗十二年六月乙巳河南瑞麥生穗分岐一莖三秀十三年五月甲申瑞麥生河南之壽安

唐會要開元十九年四月一日揚州奏穭生稻二百一十五頃再熟稻一千八百頃其粒並與常稻無異

舊唐書代宗紀朔方節度郭子儀言寧朔縣岕荒地廣

十五里有黑禾穀出遍地每日附近百姓帰畫經宿還生前後可得五六千石其禾圓實味甘美

又永泰元年秋京兆府上言鄠縣嘉禾生穗長一尺餘穗上粒重纍如連珠

唐會要文宗太和二年福建進瑞粟一十莖

又宣宗大中二年七月十六日福建觀察使殷儼進瑞粟十一莖莖有五六穗

宋史五行志太祖乾德二年十月眉州獻禾生九穗圖

四年四月府州尉氏縣雲陽縣並有麥兩岐五月魚臺縣麥秀三岐六月南充縣禾二莖十三穗一莖十一穗七月又生一莖九穗

又太宗太平興國元年九月隰州獻合穗禾長尺餘三年四月夏縣五月舒州六月閬州麥並秀兩岐四年七月邛資二州禾並九穗九月溫州獻嘉禾九穗圖五年七月蓬萊縣田穀隔隴合穗相去一尺許九月流溪縣六年五月汝陰縣九年五月施州麥並秀兩岐至道元年六月嘉禾生眉山縣一本二十四穗七月金水縣禾生九穗舒州監軍廨粟畦兩本岐分十穗臨渙縣二禾合成一穗八月綿竹縣禾生九穗三年三月洋州嘉禾合穗五月黃州建昌軍麥秀二三穗八月雅州禾一莖十四穗

又真宗咸平元年五月曲水縣麥秀二三穗七月嘉禾生後苑一莖二十四穗百丈縣禾生一莖二十七穗八月蘇州廨後園邠州民田並禾上合穗平夷縣田禾兩穗合為一化城縣禾九穗二年五月華州麥秀二三穗

七月資官縣禾二莖九穗者各二彭城縣粟一莖分四穗八月鄠縣粟一莖九穗元武縣粟一莖上分五苗成二十一穗榆次縣禾三莖共穗三年五月鄭縣海陵縣並麥秀二三穗七月真定府禾三莖一穗達州禾一苗九穗八月辰州公田禾生一莖三穗者四五年八月臨汾洪洞縣並禾生隔二隴上合為一六年七月涉縣隔四隴同穎銅梁縣禾一莖九穗景德元年正月寧晉縣

禾合穗者三本八月滎陽縣及相州嘉禾異畝同穎三年九月滎州禾一莖十八穗四年六月南雄州保昌民田禾一本九穗七月神泉縣禾一苗九穗貝兗二州嘉禾合穗大中祥符元年曲水縣南鄭縣並麥秀二三穗七月乾封縣奉高鄉民田禾異隴同穎八月淳化縣田禾隔四隴相去四尺許合為一穗新平縣禾合穗者二本真定府衆生二穗九月澧州嘉禾一莖十穗嘉州禾二莖各九穗二年六月簡州民禾九穗七月黔州嘉禾

異畝合穗八月嘉州廨有一莖十四穗生庭中岐山縣禾異畝同穎三年四月同州麥秀二三穗七月冀淄貽三州嘉禾多穗異畝同穎八月寧化軍嘉禾合穗寶鼎縣禾隔四隴相去二尺許合穗樓煩縣禾異本同穎劍州嘉禾生一莖九穗四年三月辛巳帝至西京福昌縣嘉禾一本七穗昌元縣禾一莖九穗金水縣民田禾一莖三十六穗四月六安縣麥秀二三穗五月唐汝廬宿泗濠州麥自生八月蜀州禾一莖九穗長壽縣禾合穗

者二蒲縣禾異畝同穎五年四月遂州麥秀兩穗或三穗七月華州禾一莖兩穗真定府四縣嘉禾合穗九月巴州禾一莖二十四穗一莖十七穗六年三月邕州麥秀兩穗或三穗七月益州嘉禾九穗至十穗朝邑縣民田禾八莖同穎已未召近臣觀嘉禾於後苑有七穗至四十八穗繪以示百官八月龍門縣永定軍博野縣民田並嘉禾生合穗忻州秀容定襄二縣民田禾合穗九月京兆府獻長安縣嘉禾圖一枝雙穗七年通泉縣廨

禾一本六穗邯鄲縣民田禾隔隴合穗者二本滁州榷酒署內禾一莖三穗晉原平原二縣民田禾並一本十二穗三月郾城縣麥秀兩穗三穗八月亳州禾一莖三穗至十穗府谷縣禾隔三隴合成一穗嵐州禾一莖八穗一莖五穗遼州平城民田禾隔二隴合穗有十三本或二十一本合為一者九月施州禾一莖九穗至十二穗真定貝州並嘉禾合穗八月湖陽縣麥秀兩穗三穗四月旭川縣禾一莖九穗閏六月眉山邛州禾並一莖

九穗七月永靜軍禾隔隴合穗者二八月桂陽監粟一本二穗九年四月建初縣麥秀兩穗或三穗八月大名府獻合穗禾永靜軍阜城縣民田穀隔三隴合穗者二本廣州嘉禾生安化縣禾穗長一尺五寸天禧元年七月流江縣禾一莖九穗二年九月河北獻穀穗三各長尺餘資州禾一莖九穗三年七月饒陽縣禾二隴相去二尺許合為一穗益州嘉禾一莖九穗四年八月内出玉宸殿瑞穀圖示近臣每本有九穗十穗者九月鄭縣

禾一莖九穗五年四月河南府嘉禾合穗七月導江青城禾並一莖九穗乾興元年五月南劍州麥一本五穗緜州麥秀兩岐八月洋州嘉禾合穗十一月高陵縣嘉禾合穗

又仁宗天聖二年八月乙酉寧化軍嘉禾異畝同穎四年九月榮州禾一本九穗五年資州禾一本九穗六年忻州禾異畝同穎五月乙未陳州瑞麥一莖二十穗七年七月河南府嘉禾合穗九年膚施縣禾異畝同穎景祐元年七月磁州嘉禾合穗八月大名府嘉禾合穗九月涇州磁州保德軍並嘉禾合穗十月孝感應城二縣稻再熟成德軍禾一本九穗三年五月榮州禾一莖九穗四年七月己巳臨清縣穀異畝同穎者六十本康定元年六月蜀州懷安軍並禾九穗慶歷二年壽安縣嘉禾合穗六年五月昭化縣禾一莖兩岐八月趙州懷州並嘉禾異畝同穎九月定襄縣嘉禾隔二隴合穗長江縣禾一莖十穗十二月石照諸縣野穀穭生七年九月

汾州榮州德州並嘉禾合穗皇祐元年密州禾合穗者五本永康軍禾一莖九穗二年九月延州石州並嘉禾異畝合穗永康軍嘉禾一莖九穗十二月密州禾十莖合一穗石州四莖合一穗三年五月彭山縣瑞麥一莖五穗者數本滁州麥一莖五穗四年八月嘉州蜀州並嘉禾一莖九穗九月南劍州有禾一本雙莖二十穗五年三月資州嘉禾一莖九穗閏六月資州麥秀兩岐七月鄜州祁州禾異畝同穎九月成德軍嘉禾異畝同穎

綿州禾一莖九穗至和元年十二月蜀州嘉禾一莖九穗二年五月亳州麥秀兩岐六月應天府貢大麥一本七十穗小麥一本二百穗八月邛州嘉禾一莖九穗嘉祐三年六月緜州麥一穗兩岐七月泰山上瑞麥圖凡五本五百一穗四年六月彰明縣有麥兩岐百餘本五年三月崇安縣嘉禾一本九十莖七年陵州禾一莖九穗九月平遥縣禾異畝合穗

又神宗熙寧元年永興軍禾一莖四穗眉州禾一莖九

穗四年乾寧軍禾二莖合穗成德軍晉州汾州禾異壟同穗六年南溪縣禾一苗九穗八年懷安軍瀘州渠州各麥秀兩岐安喜縣禾二本間五隴合穗平山縣禾合穗者二保塞縣禾七本間一壟或兩壟合穗潞城縣禾合穗者二九年火山軍禾間五壟朿鹿秀容二縣間四壟渤海縣皆異壟同穎流江縣禾一苗九穗譙縣麥一本三穗尉氏縣湖陽縣彭山縣麥一本兩穗渠州大麥一穗兩岐或三岐四岐者陽翟縣麥秀兩岐天興寶雞二縣皆麥秀兩岐仍一本有三四穗或六穗者石州安州麥秀兩岐十年磁州禾合穗眉州禾生九穗亳州禾生二穗元豐元年武康軍禾一莖十三穗汝州禾合穗寧江軍禾一莖十穗邢州麥秀兩岐夔州麥一本三穗二年簡州安德軍麥秀兩岐曹州生瑞禾北京安武軍懷州鎮戎軍禾合穗鎮戎軍懷州禾皆異畝同穎袁州禾一莖八穗至十一穗皆層出長者尺餘安州禾異畝同穗三年眉州禾一本九穗齊州禾一莖五穗趙州禾

二本合穗安州麥一本三穗至五穗凡十四莖深州麥秀兩岐或三四穗凡四十畝眉州麥秀兩岐四年徐州麥一本百七十二穗代州禾合穗襄邑縣禾一本九穗五年高邑縣禾一莖五穗青州安肅軍憲州禾皆異畝同穎六年洪州七縣稻已穫再生皆實威勝軍武鄉縣禾二本間五壟合穗歷城縣禾二本合穗趙州禾間三隴合穗唐州禾二穗者四瀘州禾九穗懷青濰三州禾皆異隴同穗府州陝州保平軍禾皆合穗七年蜀州禾

生九穗青州禾異畝同穎者十一同州禾異畝同穎合州麥秀兩岐八年亳州麥一莖二穗一莖三穗一莖四穗鎮潼軍秫禾苗異隴同穗岷州禾皆四穗泰寧軍禾異本同穎者三是歲秋冬保澤趙鄧隰滄濰密簡銳諸州威勝軍禾合穗或異畝同穎

又哲宗元祐元年簡州禾合穗石州禾異畝同穎二年忻隰磁濰懷州禾異畝同穎趙忻州禾合穗三年祁保彭州禾異畝同穎瀛磁代豐州安國軍禾合穗劍州安

國軍麥秀兩岐夔州麥一本十二穗四年泰寧軍麥異畝同穎流江縣禾一本二穗榮德縣禾一本九穗青鄭齊趙州禾合穗及有一本三穗戎眉縣禾異畝同穎又禾登一百五十二穗五年冀州安武軍大名府威德軍禾合穗永寧軍禾二本隔五隴合穗平定軍禾異畝同穗汀州禾生三十六穗劍州禾一本八穗普州麥一莖雙穗夔州麥秀五岐六年汝陽縣美原縣兗州鄜縣麥一莖數穗南劍州粟一本三十九穗瀛定懷汝晉昌州平定永康軍禾合穗七年均兗祁滄資華柳州禾合穗鄧州禾一本一枝兩穗三本三枝兩穗仙源縣禾異隴合穗耀州粟二莖隔兩壟合為一穗梁山軍禾一莖九穗固始縣麥有雙穗定陶縣丹陽縣麥秀兩岐紹聖元年博野縣麥一本五穗漢陽軍麥秀兩岐樂壽縣麥一本兩穗或三穗懷安軍禾一本九穗二年青濰果冀德濱嵐濮達州禾合穗三年安武軍禾合穗嵐州禾兩根合穗者二晉相青齊嵐州永康軍禾異畝同穎合秀至

九穗泉州粟二本五穗八穗瑕邱縣武陟縣陝城小溪四縣麥合穗良原縣沈丘縣長子縣麥秀兩岐四年河中府麥秀三穗虹縣雲安縣麥秀兩岐茂州一枝兩穗汶山縣一枝三穗至六穗西京鄆齊隰州禾合穗穎昌府禾一莖四穗至五穗元符元年慶州禾異本同穎青晉潞州荊南府永寧鎮戎軍等一十一處禾合穗邢州禾異隴合穗南劍州嘉州禾一莖九穗內鄉縣麥一莖兩穗符離靈壁臨渙蘄虹五縣麥秀兩穗兩當縣麥秀

三穗二年連水軍麥合穗鄜岷州鎮戎軍禾合穗

金史熙宗本紀皇統四年正月乙丑陜西進嘉禾十有二莖莖皆七穗

又宣宗本紀興定元年四月陳州商水縣進瑞麥一莖四穗開封府進瑞麥一莖三穗二莖四穗七月癸卯大社壇產嘉禾一莖十五穗

元史本紀世祖至元六年九月癸丑恩州進嘉禾一莖三穗七年五月壬戌東平府進瑞麥一莖二穗三穗五

穗者各一本十一年七月乙未興元鳳州民獻麥一莖四穗至七穗穀一莖三穗十八年八月壬辰瓜州屯田進瑞麥一莖五穗二十三年九月南部縣生嘉禾一莖九穗二十四年八月濬州進瑞麥一莖九穗

又成宗大德元年十二月辛未曹州禹城進嘉禾一莖九穗

又五行志順帝至元元年十月壬子恩州歷亭縣進嘉禾一莖九穗十一月丁酉太原臨州進嘉禾二莖二年

曹州生瑞禾北京安武軍懷州鎮戎軍禾合穗鎮戎軍懷州禾皆異畝同穎袁州禾一莖八穗至十一穗皆層出長者尺餘安州禾異畝同穗四年流江縣禾一本二穗榮德縣禾一本九穗青鄭齊趙州禾合穗及有一本三穗峩嵋縣異畝同穎又禾登一百五十三穗五年冀州安武軍大名府威德軍禾合穗永寧軍禾二本隔五隴合穗平定軍禾異畝同穗汀州禾生三十六穗劍州禾一本八穗六年南劍州粟一本三十九穗瀛定懷汝

晉昌州平定永康軍禾合穗

明史太祖本紀吳元年夏四月應天府句容縣耆民施仁等獻瑞麥一莖二穗洪武三年五月鳳翔府寶雞縣進瑞麥一莖五穗者一本三穗者一本二穗者十有餘本五月庚辰朔太平府當塗縣民獻瑞麥一莖二穗者凡二本戊寅應天府上元縣鍾山鄉民進瑞麥一莖二穗者凡二本寧國府寧國縣進瑞麥一莖二穗者凡三本應天府句容縣獻瑞麥一莖二穗者凡五本

又洪武六年夏六月壬午盱眙縣民進瑞麥一莖二穗者凡十六本命薦之宗廟

又成祖本紀永樂十年七月己酉平陽縣獻嘉禾百六十四本四穗者一本三穗者數本

秀水縣志成化九年秋八月嘉禾生每莖離根二節節間傍生一莖秀二穗或三莖秀二穗或四莖五莖四五穗

寧晉縣志成化二十六年秋七月寧晉嘉禾七穗時禾

生一莖七穗者甚衆下王莊有二三四莖合為一穗者

湧幢小品 正德六年如皋縣嘉禾一本有至百莖者其一本二十莖者尤多

太和縣志正德十三年戊寅麥秀兩岐百餘莖秋穀之並穎者倍

同州志嘉靖元年白水產瑞禾一莖四五穗者五十餘本三穗者百餘本餘不勝紀

金華府志嘉靖三十九年蘭谿縣產瑞粟六穗者一本五穗四穗者各二本三穗者四本二穗者甚多

雲南府志隆慶元年昆陽產嘉禾一莖五穗凡二百餘本

來安縣志隆慶辛未歲大稔穀有雙米者

六合縣志萬歷元年見嘉禾是秋禾登一稃二米

永昌府志萬歷十七年九月騰越北郊竟畝穀生三穗

雲南府志萬歷二十九年昆陽易門產嘉禾一莖三四穗者四十餘本五穗者二百餘本

鳳翔縣志萬歷四十年秋八月本縣興國里產嘉禾一莖四穗者數本一莖三穗者數十本一莖雙穗者數百本

國朝江南通志順治元年懷遠縣產瑞麥一莖雙穗

甘肅通志順治二年廣武營等堡麥秀兩岐

江南通志順治十一年含山縣產嘉禾一莖五穗

山西通志順治十二年潞城嘉禾一莖三四穗或五六穗

甘肅通志順治十八年成縣麥有一莖三穗及四五穗不等

雲南通志康熙元年寧州禾遍產雙穗

四川通志康熙八年茂州麥秀七岐

福建通志康熙九年晉江民獻兩穗麥

山西通志康熙十一年平順產嘉禾太平瑞穀一莖二三穗

江南通志康熙二十年蒙城麥秀五岐並三岐者數十本

雲南通志康熙四十三年晉寧產嘉禾一莖三穗至四五穗四十五年河西產嘉禾一莖三穗

四川通志康熙四十七年綿竹縣麥秀六岐或四五岐

雲南通志康熙四十七年路南產嘉禾一莖三穗四穗

江南通志康熙五十三年徐州麥秀雙岐有四五岐者自是連歲皆稔

湖廣通志康熙五十六年湖廣產嘉禾一莖數穗

內閣奉

上諭雍正四年八月順天府尹進呈耤田所產嘉禾自一莖雙穗三穗以至八穗九穗皆碩大堅好異於常穀

山西通志雍正四年太平嘉禾一莖十有三穗

雲南通志雍正四年建水耤田內產嘉禾一莖雙穗至三四穗

山西通志雍正五年洪洞清源瑞穀穗長尺餘者一莖八九穗

浙江通志雍正五年九月仁和錢塘農民獻水田稻米瑞穀一莖兩穗七年西安常山二縣旱田粟米嘉穀一本之中兩穗三穗四穗者遍於各鄉巡撫臣李衛奏進

詔賜大學士九卿等觀看

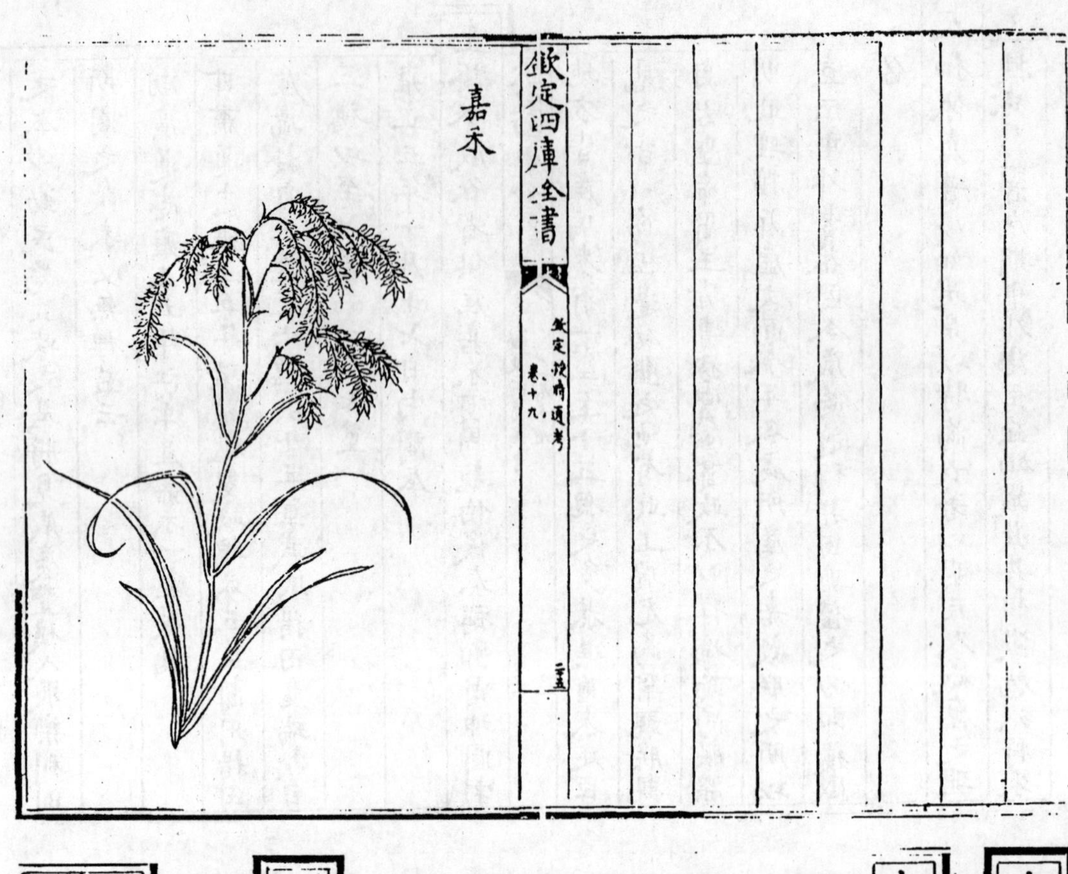

嘉禾

上諭朕念切民依令歲令各省通行耕耤之禮為百姓祈求年穀幸邀上天垂鑒雨暘時若中外遠近俱獲豐登且各處皆產嘉禾以昭瑞應而其尤為罕見者則京師耤田之穀自雙穗至於十三穗御苑之稻自雙穗至於四穗河南之穀則多至十有五穗山西之穀則長至一尺六七寸有餘又畿輔二十七州縣新開稻田共計四千餘頃約收禾稻二百餘萬石暢茂穎栗且有雙穗三穗之奇廷臣僉

云嘉禾為自昔所未有而水田為北地所創見屢詞陳請宣付史館朕惟古者圖畫豳風於殿壁所以誌重農務本之心今蒙上天特賜嘉穀養育萬姓實堅實好確有明徵朕祇承之下感激歡慶著圖頒示各省督撫等朕非誇張以為祥瑞也朕以誠恪之心仰蒙天鑒諸臣以敬謹之意感召天和所願自茲以往觀覽此圖益加儆惕以修德為事神

之本以勤民為立政之基將見歲慶豐穰人歌樂利則斯圖之設未必無裨益云

湖廣通志雍正五年江華產嘉禾一莖數穗

甘肅通志雍正五年環縣獻雙岐瑞麥五莖蘭州耤田產瑞穀自三穗至六穗共十三莖武威耤田產瑞穀自三穗以至七穗共一百七莖

雍正五年十月十七日内閣奉

上諭今歲各省俱產嘉禾頃馬覲伯復奏稱鄂爾坤圖喇

地方皆產瑞麥有一莖至十五穗之多恭進前來廷臣見之皆以為極邊初墾之地有此上瑞尤為罕覯朕觀自古聖帝賢王皆專務實心實政不以祥瑞為尚朕深明此理擯斥虚文而今年各處所產之嘉穀朕之所以宣示中外者蓋因今歲為通行耤田典禮之初即獲感召

天和休嘉普慶如是是以特為表著以明天人感應之理捷於影響庶期中外諸臣益加誠敬共相儆勉於將來也從前屢頒諭旨甚明但恐嗣後地方有司未必人人深悉朕心競尚嘉禾之美名或借端粉飾致有隱匿旱潦之事而不以上聞者亦未可定著將雍正五年以後各省田畝產有嘉禾之處俱停其進獻奏聞

御批諭旨雍正六年九月二十六日署理直隸總督臣何世璂協理直隸總督臣劉師恕奏通州呈送瑞禾數本其一莖者穗長一尺五六寸並雙穗三穗以及八九穗至十三四穗不等

瑞穀

上諭朕從來不言祥瑞是以從前降旨自雍正五年以後各省所産嘉禾俱停其進獻今據貴州巡撫張廣泗奏稱黔省各屬新闢苗疆今年風雨應時歳登大有所産稻穀粟米之屬自一莖兩穗至十五六穗不等稻穀每穗四五百粒至七百粒之多粟米每穗長至二尺有奇實從來所未見特將瑞穀呈覽並繪圖附進等語朕覽各種瑞穀碩大堅實迥異尋常不但目所未見實亦耳所未聞若但見圖畫而未見穀本則人且疑而不信矣

又據廣西巡撫金鉷摺奏今年粤西通省豐收十分者十之九九分者十之一穀價每石自二錢以至三錢二三分乃粤西未有之事等語朕思古州等處苗蠻界在黔粤之間自古未通聲教其種類互相讐殺草菅人命又常越境擾害鄰近之居民刼奪往來之商客以致數省通衢行旅阻滯迂道然後得達而内地犯法之匪類又往往逃竄藏匿其中此實地方之患不得不為經理者又總督鄂爾泰籌畫周至調度有方巡撫張廣泗敬謹奉行殫心奮力俾苗衆革面革心抒誠向化地方寧謐和氣致祥感召

天和黔粤二省歳登大稔而黔省磽瘠之區苗彝新闢之地又蒙

天賜瑞穀顯示嘉徵仰見

天心以經理苗疆為是特昭瑞應以表封疆大臣之善績朕心實為慶幸若歸美於朕朕不居也著將張廣泗所進瑞穀圖交與武英殿繪畫刋刻頒賜各省督撫俾觀

覽之共知勉勵

御批諭旨雍正七年五月十八日雲貴廣西總督鄂爾泰奏報貴州貴陽等十七府州縣俱係十分收成蕎豆有粒大如栗者豌豆有粒大如榛者尤從來所未有

又雍正七年八月十八日雲貴廣西總督鄂爾泰奏報各屬晚稻嘉禾自二三穗以上無論高低原隰漢土苗疆通屬皆同現據呈驗者已不下萬枝而長大稻穗每穗計米竟至三百餘粒至小米穀穗長大自一尺三四

寸至一尺八九寸不等者亦不止萬枝並有一穗上又生九小穗一莖上竟有二十四穗者

又雍正七年九月十六日貴州巡撫臣張廣泗奏稻穀自一莖兩三穗起至十五六穗不等其粟米則穗長一尺四五寸至二尺不等更有稻穀一本三十穗者粟米一本四十八穗者甚至一穗之上復生為六岐九岐者敬貯萬八千穗繪具全圖委官領齎恭呈

御覽

又雍正七年九月十九日廣東總督臣郝玉麟署理廣東巡撫印務臣傅泰奏惠州府河源縣送到嘉禾四十八本內一莖二穗者一十四本一莖三穗者二十本一莖四穗者一十二本一莖五穗者二本

又雍正七年十一月初七日雲貴廣西總督鄂爾泰奏雲南等府州縣呈送瑞禾瑞穀自一莖十三穗至七八穗五六穗者一千餘棵貴州稻穀有一莖數穗及穀穗長至二尺自四百粒以至七百餘粒者小米有一莖二十七穗者高粱稗子有一莖十五穗者昔安州屬旱稻刈穫之後稻根上復生長稻孫仍又吐花結實重有三分收成

又雍正九年九月二十六日巡察直隸等處農務臣舒喜奏永平府昌黎縣刈穫高粱得一莖四穗高粱四株五穗者二株六穗者二株

又雍正十年十一月初四日廣東巡撫臣楊永斌奏各屬送到瑞穀自一莖雙穗以至七穗一本自二穗以至

一百二十九穗自四五尺以及長至一丈一尺不等

四川通志雍正十年四川省城耤田並郫縣耤田內各產嘉禾或三岐三穗或兩岐兩穗

欽定授時通考卷十九

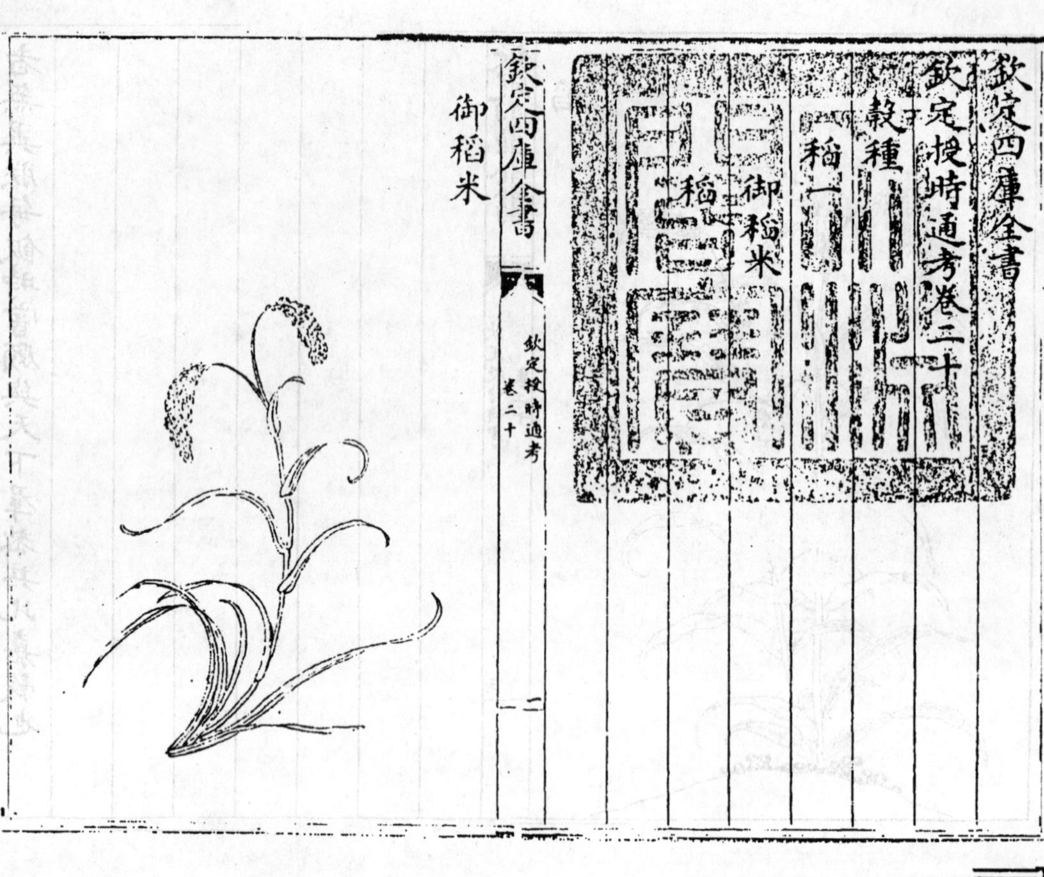
欽定四庫全書

欽定授時通考卷二十

穀種

稻一

御稻米

欽定四庫全書

欽定授時通考　卷二十

御稻米

聖祖御製幾暇格物編豐澤園中有水田數道布玉田穀種歲至九月始刈穫登場一日循行阡陌時方六月下旬穀穗方穎忽見一科高出衆稻之上實已堅好因收藏其種待來年驗其成熟之早否明歲六月時此種果先熟從此生生不已歲取千百四十餘年以來内膳所進皆此米也其米色微紅而粒長氣香而味腴以其生自苑田故名御稻米一歲兩種亦能成兩熟口外種稻至白露以後數天不能成熟惟此種可以白露前收割

故山莊稻田所收每歲避暑用之尚有贏餘曾頒給其種與江浙督撫織造令民間種之聞兩省頗有此米惜未廣也南方氣暖其熟必早於北地當夏秋之交麥禾不接得此早稻利民非小若更一歲兩種則畝有倍石之收將來盖藏漸可充實矣昔宋仁宗聞占城有早熟稻遣使由福建而往以珍物易其禾種給江淮兩浙即今南方所謂黑穀米也粒細而性硬又結實甚稀故種者絶少今御稻不待遠求生於禁苑與古之雀銜天雨

者無異朕每飯時嘗顧與天下羣黎共此嘉穀也

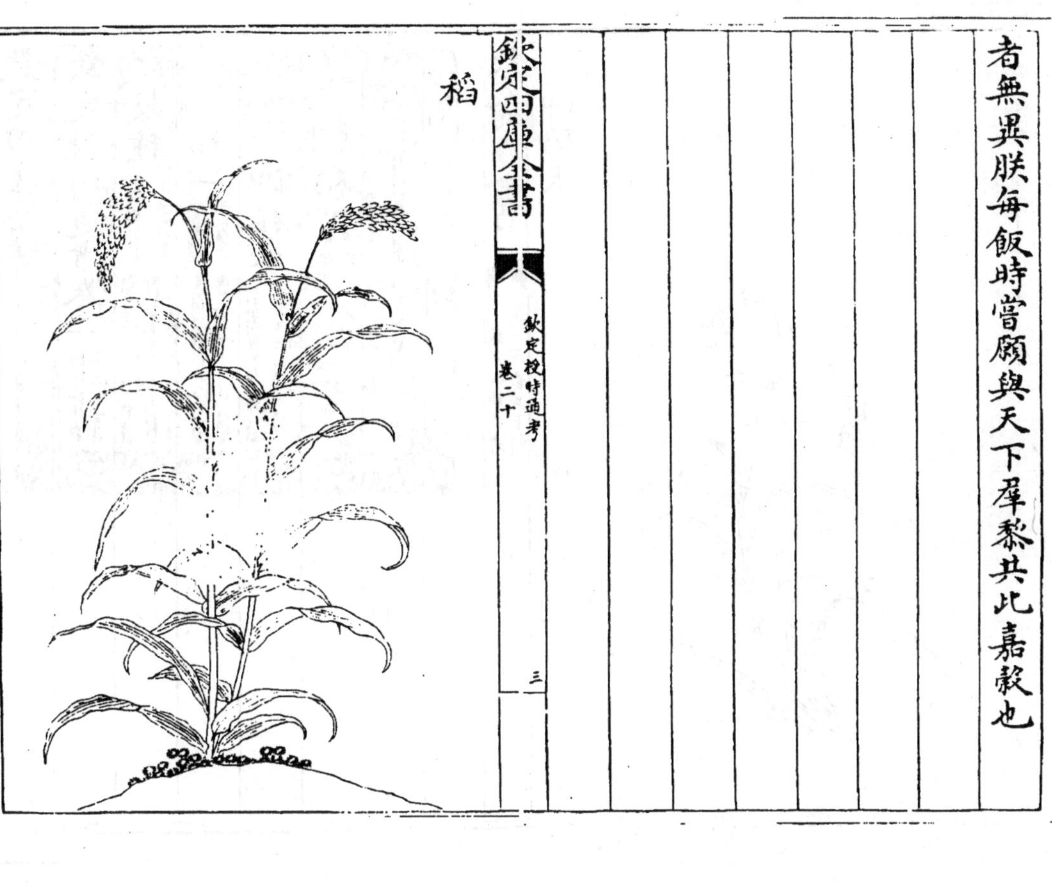

詩豳風十月穫稻

朱子曰稻南方所食稻米水生而色白者也

禮記曲禮稻曰嘉蔬

註蔬與疏同立苗疏則茂盛嘉美也

王制冬薦稻稻以鴈

大全稻為西方之穀則陰類也故配以鴈鴈陽物故也

月令季秋之月天子乃以犬嘗稻

註稻始熟也

周禮天官凡會膳食之宜牛宜稌

訂義稌稻也澤中所生與土畜相宜

地官稻人掌稼下地

易祓曰稻宜於荆揚厥土塗泥乃沮洳下溼之地此稻人所以掌稼下地

爾雅稌稻

註今沛國呼稌疏別二名也案說文云沛國謂稻為

糯秔稻屬也字林云糯黏稻也稻稻不黏者本草以粳米稻米為兩物秔與粳古今字然秔糯甚相類黏不黏為異耳依說文稌稻即糯也江東呼糯乃亂切

素問黃帝問曰為五穀湯液及醪醴奈何岐伯對曰必以稻米炊之稻薪稻米者完稻薪者堅帝曰何以然岐伯曰此得天地之和高下之宜故能至完伐取得時故能至堅也

春秋說題辭稻之為言藉也稻太陰精含水漸洳乃能

化也江旁多稻故其宜也

淮南子江水肥仁而宜稻

古今注稻之黏者為秫禾之黏者為黍

廣志有虎掌稻紫芒稻赤芒稻南方有蟬鳴稻有盖下白稻

續博物志粳粟米五穀中最硬得漿水易化倉粳米炊作乾飯食之止痢

爾雅翼稻米粒如霜性尤宜水故五穀外別設稻人之官掌稼下地漢世亦置稻田使者以其均水利故也古者之於穀菽與苴以食農麥以接續至於食稻衣錦則以為生人之極樂以稻味尤美故也稻一名稌然有黏有不黏者今人以黏者為糯不黏者為秔然在古則通得稻稌之名說文曰稻稌也沛國謂稻曰稬秔稻屬或作粳是則直以稬為稻耳若鄭康成注周禮稌粳也則稻是粳然要之二者皆稻也故氾勝之云三月種秔稻四月種秫稻字林云糯黏稻也秔稻不黏者今人亦皆

以二穀為稻若詩書之文自依所用而解之如論語食夫稻則稻是粳月令秫稻必齊則稻是糯周禮牛宜稌則稌是秔豐年多黍多稌為酒為醴則稌是糯又稻人之職掌稼下地至澤草所生則種之芒種是明稻有芒有不芒者今之粳則有芒至糯則無是通稱稌稻之明驗也又有一種曰秈比於粳小而尤不黏其種甚早今人號秈為早稻粳為晚稻又今江浙間有稻粒稍細耐水旱而成實早作飯差硬土人謂之占城稻云始自占

城國有此種昔真宗聞其耐旱遣以珍寶求其種始植於後苑後在處播之按國朝會典大中祥符五年遣使福建取占城禾分給江淮兩浙漕并出種法令擇民田之高者分給種之則在前矣

養生要集杭稻屬也稻亦秔之總名也道家方藥有用稻米秔米此則是兩物也稻米粒白如霜味苦主溫服之令人多瘦無肥膚秔米味甘主利臟長肌膚好顏色

稻已割而復抽曰稻孫

理生玉鏡六旬稻一名拖犁歸粒小色白四月種六月熟又有八十日稻百日赤毘陵亦有六十日秈八十日秈百日秈之品百日赤百日秈俱白稃而無芒七八月熟其味白淡而紅甘

戒菴漫筆稻花白而瓣少者米賤多而色黃則貴俗云銀花賤金花貴也

湧幢小品暹羅國稻其粒盈寸

燕山叢錄房山縣有石窩稻色白味香美以為飯雖盛暑經數旬不餲

明一統志雷陽界稻十一月下種揚雪耕耘次年四月熟與他地迥異稻花午開暮合開合皆於日中香甚有至七開七合者

農政全書黃省曾理生玉鏡曰稻之粒其白如霜其性如水說文謂之稌沛國謂之粳以黏者謂之糯亦謂之秫以不黏者謂之秔亦謂之粳故氾勝之云三月而種秔四月而種秫然皆謂之稻魯論之食夫稻粳也月令之秫稻糯也糯無芒粳有芒粳之小者謂之秈秈之熟

也早故曰早稻粳之熟也晚故曰晚稻京口大稻謂之粳小稻謂之秈其粒細長而白味甘而香九月而熟是謂稻之上品曰箭子其粒大而芒紅皮赤五月而種九月而熟謂之紅蓮其粒尖色紅而性硬四月而種七月而熟曰金城稻是惟高仰之所種松江謂之赤米乃穀之下品其粒長而色斑五月而種九月而熟松江謂之勝紅蓮性硬而皮茎俱白謂之穲種稻其粒大色白稃

穎而有芒謂之雪裏揀其粒白無芒而稈矮五月而種九月而熟謂之師姑秔湖州録云言其無芒也四明謂之矮白其粒赤而稃芒白五月初而種八月而熟謂之早白稻松江謂之小白四明謂之細白九月而熟謂之晚白又謂蘆花白松江謂之大白其三月而種六月而熟謂之麥爭場其再蒔而晚熟者謂之烏口稻在松江色黑而能水與寒又謂之冷水結是謂稻之下品其粒白而大四月而種八月而熟謂之中秋稻在松江八月

望而熟者謂之早中秋又謂之閶西風其粒白而穀紫五月而種九月而熟謂之紫芒稻其秀最易謂之下馬看又謂之三朝齊湖州録云言其齊熟也其在松江粒小而性柔有紅芒白芒之等七月而熟曰香秔其粒小色斑以三五十粒入他米數升炊之芬芳香美者謂之香子又謂之香𥞊其粒長而釀酒倍多者謂之金釵糯其色白而性軟五月而種十月而熟曰羊脂糯其芒長而穀多白斑五月而種九月而熟謂之臙脂糯太平謂之砵砂糯其白斑五月而種十月而熟謂之虎皮糯太平又云厚稃紅黑斑而芒其粒最長白稃而有芒四月而種七月而熟謂之趕陳糯太平謂之趕不著亦謂之秈糯其粒大而色白四月而種九月而熟謂之矮糯其稃黄而米赤已熟而稈微青布宜良田四月而種九月而熟謂之青稈糯其粒大而色白芒長而熟最早其色易變而釀酒最佳謂之蘆黄糯湖州謂之泥裏變言其不待日之曬也其粒圓白而稃黄大暑可刈其色難變

不宜於釀酒謂之秋風糯可以代粳而輸租又謂之瞞官糯松江謂之冷粒糯其不耐風水四月而種八月而熟謂之小娘糯譬閨女然也其在湖州色烏而香者謂之烏香糯其稈挺不仆者謂之鐵梗糯芒如馬鬃而色赤者謂之赤馬鬃糯其粒小而色白四月而種六月而熟謂之六十日稻又遲者謂之八十日稻又遲者謂之百日赤而毘陵小稻之種亦有六十日秈八十日秈百日秈之品而皆自占城來實賴水旱而成實作飯則差

硬家氏使占城珍寶易之以給於民者在太平六十日秈謂之拖犁歸有赤紅秈有百日秈其白稃而無芒或七月或八月而熟其味白淡而紅甘在閩無芒而粒細有六十日可穫者有百日可穫者皆曰占城稻其已刈而根復發苗再實者謂之再熟稻亦謂之再撩其在湖州一穗而三百餘粒者謂之三穗子

農書治稻者蓄陂塘以瀦之置隄閘以止之又有作為畦埂耕耙既熟放水勻停擲種於內俟苗生五六寸拔

而秧之今江南皆有用此法苗高七八寸則耘之耘畢放水熇之欲秀復用水浸之苗既長茂復事薅拔以去稂莠農家收穫尤當及時江南上雨下水收稻必用喬扦笐架乃不遺失蓋刈早則米青而不堅刈晚則零落而損收又恐為風雨損壞此九月築場十月納稼工夫次第不可失也太抵稻穀之美種江淮以南直徹海外皆宜此稼今閩中有得占城種高仰處皆宜種之謂之旱占其米粒大而且甘為旱稻種甚佳北方水源頗少陸地沾溼處宜種此稻

丘濬曰地土高下燥溼不同而同於生物生物之性雖同而所生之物有宜有不宜焉土性雖有宜不宜人力亦有至不至人力之至亦或可以回天況地乎宋太宗詔江南之民種諸穀江北之民種秔稻真宗取占城稻種散諸民間是亦大易裁成輔相以左右民之一事今世江南之民皆雜蒔諸穀江北民亦兼種秔稻昔之秔稻惟秋一收今又有旱禾焉二帝之功利及民遠矣後之有志於勤民者宜倣宋主此意通行南北俾民兼種諸穀有司考課書其勸相之

數其地昔無而今有成效者加以官賞

農政全書徐獻忠曰居山中往往旱荒乞得旱稻種往時宋真宗因兩浙旱荒命於福建取占城稻三萬斛散之仍以種法下轉運司示民即今之旱稻也初止散於兩浙今北方高仰處類有之者因時宋有江翺者建安人為汝州魯山令邑多苦旱乃從建安取旱稻種耐旱而繁實且可久蓄高原種之歲歲足食種法大率如種

麥治地畢豫浸一宿然後打潭下子用稻草灰和水澆之每鋤草一次澆糞水一次至於三即秀矣

本草綱目李時珍曰稻秔糯之通稱本草則專指糯為稻也稻從舀音舀象人在臼上治稻之義性黏輭故謂之糯汪穎曰糯米緩筋令人多睡其性糯也陶弘景曰道家方藥有稻米粳米俱用者此則兩物也稻米白如霜江東無此故通粳為稻耳不知色類復云何也蘇恭曰稻者穬穀之通名爾雅云稌稻也秔者不黏之稱一

曰秫汜勝之云三月種秔稻四月種秫稻即並稻也陶謂為二蓋不可解也馬志曰此稻米即糯米也其粒大小似秔米細糠白如雪今通呼秔糯二穀為稻所以惑之按李含光音義引字書解粳字云稻也秔字云稻屬也不黏粢字云稻餅也粢蓋糯也寇宗奭曰稻米今造酒糯稻也其性温故可為酒酒為陽故多熱西域天竺土溽熱稻歲四熟亦可驗矣李時珍曰糯稻南方水田多種之其性粘可以釀酒可以為粢可以蒸糕可以熬餳可以炒食其類亦多其穀殼有紅白二色或有毛或無毛其米亦有赤白二色赤者酒多糟少一種粒白如霜長三四分者齊民要術糯有九格雉木大黃馬首虎皮火色等名是矣古人釀酒多用秫故諸說論糯稻往往費辨也秫乃糯粟見本條

又稻米氣味苦温無毒孫思邈曰味甘寇宗奭曰性温蘇頌曰糯米性寒作酒則熱糟乃温平亦如大豆與豉醬之性不同也孟詵曰涼發風動氣使人多睡不可多

食陳藏器曰久食令人身輭緩人筋也小猫犬食之亦脚屈不能行馬食之足重妊婦雜肉食之令子不利蕭炳曰擁諸經絡氣使四肢不收發風昏昏陳士良曰久食發心悸及癰疽瘡癤中痛合酒食之醉難醒李時珍曰糯性粘滯難化小兒病人最宜忌之

又李時珍曰粳乃穀稻之總名也有早中晚三收諸本草獨以晚稻為粳者非矣粳者硬也但入解熱藥以晚粳為良耳陶弘景曰粳米即今人常食之米但有白赤

小大異族四五種猶同一類也可以廩米孟詵曰淮泗之間最多襄洛土粳米亦堅實而香南方多收火稻最補益人諸處雖多粳米但充饑耳李時珍曰粳有水旱二稻南方土下塗泥多宜水稻北方地平惟澤土宜旱稻西南夷亦有燒山地為畬田種旱稻者謂之火米古者惟下種成畦故祭祀謂稻為嘉蔬今人皆拔秧栽插矣其種近百各各不同俱隨土地所宜也其穀之光芒長短大細百不同也其米之赤白紫烏堅鬆香否不同

也其性之温涼寒熱亦因土產形色而異也真臘有水稻高丈許隨水而長南方有一歲再熟之稻蘇頌曰香粳長白如玉可充御貢皆粳之稍異者也

又粳米氣味甘苦平無毒孫思邈曰生者寒燔者熱李時珍曰北粳凉南粳温赤粳熱白粳凉晚白更寒新粳熱陳粳凉凡人嗜生米久成米瘕治之以雞屎白汪頴曰新米乍食動風氣陳者下氣病人尤宜孟詵曰常食乾粳飯令人熱中唇口乾不可同馬肉食發痼疾不可和蒼耳食令人卒心痛急燒倉米灰和蜜漿服之不爾即死

又李時珍曰秈亦粳屬之先熟而鮮明者故謂之秈種自占城國故謂之占俗作粘者非矣又曰秈似粳而粒小始自閩人得種於占城國其熟最早六七月可收品類亦多有赤白二色與粳大同小異甘温無毒

閩書周禮揚州荆州其穀宜稻閩屬揚州當首稻矣左思三都賦國稅再熟之稻宋馬益詩兩熟潮田天下無

蓋美閩稻也說文為稻為粳粳稌屬也糯亦名秫字林云糯稻黏而粳稻不黏今之食米皆粳稻釀酒則糯稻也閩中記云閩人以糯稻釀酒其餘蹂粉歲時以為粞粽粿糕之屬福州曰粳曰秫春種夏熟曰早稻秋種冬熟曰晚稻歲一熟者曰大冬山田冬種者曰早占霜降後熟者曰天降來曰薰提與早稻同熟者曰黃芒與晚稻同熟者曰占城曰稐又曰土稐歲再熟者曰金洲曰白香秫又曰糯與早稻同熟者曰早秫與晚稻同熟者

曰晚秫與大冬同熟者曰大冬秫湘山野錄云福建八郡皆有占城稻泉州曰早稻曰早仔曰師姑早曰晚稻曰大冬曰寄種曰青晚曰占城稻曰畬稻曰白香稻曰近山香曰降來曰大尖曰小尖曰中灉曰親畬曰河南早曰河南秋種曰白柳曰烏芒曰林鳳曰藿香曰一秋紅曰紅芒曰天上落曰八月白曰蘇州白曰烏稻曰金城早曰栗穀曰尤溪早曰早秫曰晚秫曰大冬秫曰赤勞秫曰牛頭秫曰好穀曰白秋秫曰白占秫曰花眉秫

曰虎皮秫曰近山香秫曰龍牙曰斑占建寧曰十日早曰大糯曰小糯曰龍鳳早曰半冬白曰師姑早曰九里香曰大早曰小早曰天降早曰爛泥早曰七娘禾曰小白禾曰大白禾曰小烏禾曰大烏禾曰野豬愁曰無芒禾曰真珠粟曰麻子禾曰公婆禾曰銀珠秫曰早禾曰白禾子曰烏禾子曰厚芒禾曰下馬看曰白芒曰黃穀曰粳穀曰白秈早曰烏龍牙曰紅糟秫曰鋪城錦曰溫州早曰吳家傳曰大師姑曰小師姑曰青絲禾曰荔枝禾曰猴尾秫曰烏節秫曰重陽秫曰白芒秫曰烏牙秫延平曰秧歸曰早子曰金城早曰江西早曰天降曰赤芒曰白芒曰赤穀曰十溪曰廖元山曰早秫曰晚秫曰八月白曰長芒曰栗山中野人間種之汀州曰稻興化早早穀曰穮曰占穀曰粟曰青粱曰黃粱曰粱皆粟類漳州曰早稻曰晚稻曰大冬稻曰寄種曰占稻曰香稻曰白柳曰畬稻曰糯稻以上稻種不一又八郡方言不同有一種而異名者具依本志列之如右

天工開物五穀獨遺稻者以著書聖賢起自西北也今天下育民人者稻居什七凡稻種最多不黏者禾曰秔米曰粳黏者禾曰稌米曰糯（南方無黏黍酒皆糯米所為）質本粳而晚收帶黏（俗名婺源光之類）不可為酒只可為粥者又一種性也凡稻穀形有長芒短芒（江南名長芒者曰𥟖陽早短芒者曰吉安早）長粒尖粒圓頂扁面不一其中米色有雪白牙黃大赤半紫雜黑不一溼種之期早早者春分以前名為社種最遲者後於清明凡播種先以稻麥藁包浸數日俟其生牙

撒於田中生出寸許其名曰秧秧生三十日即拔起分栽若田畝逢旱乾水溢不可插秧秧過期老而長節即栽於畝中生穀數粒結果而已凡秧田一畝所生秧供栽二十五畝凡秧既分栽後早者七十日即收穫（粳有救公饑喉下急糯有金包銀之類方語百千不可殫述）最遲者歷夏及冬二百日方收穫其冬季播種仲夏即收者則廣南之稻地無霜故也凡稻旬日失水即愁旱乾夏種秋收之穀必山澗源水不絕之畝其穀種亦耐久其土脈亦寒不催苗也湖

濵之田待夏潦已過六月方栽者其秧立夏播種撒藏高畝之上以待時也南方平原田多一歲兩栽兩穫者其再栽秧俗名晚糯非粳類也六月刈初禾耕治老膏田插再生秧其秧清明時已偕早秧撒佈早秧一日無水即死此秧歷四五兩月任從烈日暵乾無憂此一異也凡再植稻遇秋多晴則汲灌與稻相終始農家勤苦為春酒之需也凡稻旬日失水則死期至幻出旱稻一種粳而不黏者即高山可插又一異也香稻一種取其

芳氣以供貴人收實甚少滋益全無不足尚也凡稻土脈焦枯則穗實蕭索勤農糞田多方以助之人畜穢遺榨油枯餅（枯者以去膏而得名胡麻萊菔子為上蕓薹次之大眼桐又次之樟柏棉花又次之）草皮木葉以佐生機普天之所同也（南方磨菉豆粉者取溲漿灌田肥甚豆賤之時撒黃豆於田一粒爛土方三寸得穀之息倍焉）土性帶冷漿者宜骨灰蘸秧根（凡禽獸骨）石灰淹苗足向陽暖土不宜也土脈堅緊者宜耕壠疊塊壓薪而燒之埴墳鬆土不宜也凡旱稻種秋初收藏當午晒時烈日火氣在內入倉廩中關閉太急

則其穀黏帶暑氣（勤農之家偏受此患）明年田有糞肥土脈發燒東南風助煖則盡發炎火大壞苗穗此一災也若種穀晚涼入廩或冬至數九天收貯雪水氷水一甕（交春即不驗）清明浸種時每石以數碗激洒立解暑氣則任從東南風煖則此苗清秀異常矣（祟在種內反怨鬼神）凡稻撒種時或水浮數寸其穀未即沉下驟發狂風堆積一隅此二災也謹視風定而後撒則沉匀成秧矣凡穀種生秧之後防雀鳥聚食此三災也立標飄揚鷹俑則雀可驅矣凡秧

沉脚未定陰雨連綿則損折過半此四灾也邀天晴霽三日則粒粒皆生矣凡苗既函之後畆土肥澤連發南風薫熱函內生蟲形似蠶繭此五灾也邀天遇西風雨一陣則蟲化而穀生矣凡苗吐穡之後暮夜鬼火遊燒此六灾也此火乃朽木腹中放出凡木母火子子藏母腹母身未壞子性千秋不滅每逢多雨之年狐野墳墓多被狐狸穿塌其中棺木為水浸朽爛之極所謂母質壞也火子無附脫母飛揚然陰火不見陽光直待日没黄昏

此火衝隙而出其力不能上騰飄遊不定數尺而止凡禾穡葉遇之立刻焦炎逐火之人見他處樹根放火以為鬼也奮梃擊之反有鬼變枯柴之說不知向來鬼火見燈光而化矣凡火未經人間燈傳者總屬陰火故見燈即滅凡苗自函活以至穎栗早者食水三斗晚者食水五斗失水即枯將刈之時少水一升雖數雖存米粒縮小入碾臼中亦多斷碎此七灾也汲灌之智人巧已無餘矣凡稻成熟之時遇狂風吹粒殞落或陰雨竟旬穀粒沾溼自爛此八灾也然風灾不越三十里陰雨灾不越三百里偏方厄難亦不廣被風落不可為若貧困之家苦於無霽將溼穀升於鍋內燃薪其下炸去糠膜收炒糗以充饑亦補助造化之一端矣

田家五行雨水節燒乾鑊以糯稻爆之謂之孛婁花占稻色自早禾至晚稻皆爆一握各以器列之並分數斷高下以番白多為勝

欽定授時通考卷二十

欽定授時通考卷二十一

穀種

稻二

直省志書　宛平縣物產稻有糯粳二種　香河縣物產粳稻糯稻水稻旱稻　昌平州物產稻處處有之惟玉泉山杷榆泉更佳膳米於是需焉　房山縣土產稻紅白二種石窩稻色白粒大米粒美盛煮經三晝夜不

餲　遵化州物產稻有東方稻雙芒稻虎皮稻之類皆食米糯稻有旱糯白糯黃糯皆可釀酒種者粳稻九糯稻一旱田九水田一　灤城縣土產稻有黃鬚者有烏鬚者有秔稻有旱稻米微紅又有糯稻　淶水縣土產稻種於水田者惟石亭新莊村有之所出不多　邢臺縣物產稻有三種紅口芒稻糯稻　歷城縣方產稻秔糯也秔宜飯糯宜酒歷雖山城而城北一帶盡屬水田粳稻之美甲於山左　鄒平縣物產稻漯水之濱近始播種　新城縣物產稻東方瀕湖產水稻間有之　泰安州物產稻紅白二種　萊蕪縣物產稻有粳糯二種萊蕪水田皆旱稻故米不佳　濱州物產稻沿河地可藝　滋陽縣物產稻有糯有粳　曹縣物產稻有數種水陸不同又粘者謂之糯米色黑宜釀　鉅野縣物產稻子黑白二色　沂州物產稻有糯有粳　青州府物產海上斥鹵原隰之地皆宜稻播種苗出耘過四五遍即坐而待穫但雨暘以時每畝可收五六石次四五石

秋收見戶舂米貿遷得高價可比魚鹽若江南水田雖純藝稻然功多作苦農夫經歲胼胝泥淖之中收入反薄畝多二三石次一二石不如此中海稻功半而利倍也安邱日照雖有旱稻而粗硬不佳益都種之不多穫二年後俱變為蕎矣水中亦然　日照縣物產有糯有硬照產皆在陸地稍旱則失收農家不敢多種　萊陽縣物產稻種分水旱紅白早晚　昌邑縣物產稻水旱二種永安稻佳　文水縣物產稻粳硬二種　臨汾縣

物產稻粳糯二種　聞喜縣土產稻紅色惟董澤數村出　洧川縣物產稻有旱稻水稻二種其色紅　鄢陵縣土產稻不秧種紅澀欠佳　洛陽縣土產稻香粳稻柳條青糯稻　遂平縣土產稻屬黏米晚望水白馬尾池紅毛晚糯稻白稻紅粟稻　羅山縣物產稻有早糯占晚白芒黑之屬　光州土產稻白黃黑糯晚麻秈黃瓜秈䭾黎回直頭秈望水白　商城縣土產秈稻晚稻黑稻糯稻紅稻　渭南縣物產稻有二種硬者炊飯名

粳黏者釀酒名糯產花園及大嶺川者佳湑河川次之　韓城縣土產濾壖宜稻志以小江南稱之然貿之域外者無幾　西鄉縣土產稻類紅穀大小二種冷水穀百日穀麻黏穀銀珠穀香穀黃秧早金線早黃瓜早紅米早望水白安南黏青幹黏土黃黏鐵脚漢葉裏藏盞早黃已上俱飯稻百莖稻黃殼糯柳條糯虎皮糯寸穀矮脚黃三百顆釣魚竿香兒糯麻穀糯已上俱酒稻　六合縣物產稻之屬粳穿珠稻紅蓮稻穀色青有紅粒

炊熟味甘香陸龜蒙詩近炊香稻識紅蓮六十日稻閃西風下馬看穗長救公饑賴稈青箭子稻了田青百日赤三朝齊靠籬望洗耙早五十日熟紫芒稻蟬鳴稻花裏黃鵪鶉秈觀音秈銀條秈落芒秈深水紅瓜熟稻晚白稻早白稻香粳稻大粒長胖農人畏種之云種多則傷田閶穀糯趕陳糯虎皮糯火珠糯賴稈糯燕口糯槐花糯白殼糯堆粒糯光頭糯矮脚糯金釵糯待西風烏絲糯豬鬃糯佛手糯鐵梗糯魚鱗糯隨秈糯香糯繈兒

糯粒長不圓味最美　懷寧縣物產秈稻種遲早不一其名甚多田有宜早稻者秋前收仍種晚禾有宜遲稻七月登場者有八月九月登場者大約百日內熟糯稻有大糯有秈糯其名不一大糯較佳晚稻名晚白者佳赤與烏者次之　宿松縣物產稻有秔秫二種為早穀為龍鬚早為團白為小白為無名種為休寧矮為金包銀為賽子白為三度禾為鴨掌為拗馬為峯岡為水波為寒先皆秔屬為魚子為虎皮為蜜蜂為白秈皆秫屬

歙縣物產秈有桃花紅有高郵紅自高郵移種者米色如臙脂有白禾稻之稍遲者長稃白米質粲味甘香瑩可愛然實輕易取盈於量而歉於衡田主貴之佃戶不貴也杭土人呼為大米然地不甚宜種名不一糯其種有青稈羊脂白矮釀之多酒有早歸生六月成有交秋糯七月成　寧國縣土產稻各種皆有其米不黏者名粳稻有掃箒白百日黃六月烏三朝齊銀條白葉裏藏矮其早長其早茄柯早下馬早湖洲秈白沙秈蝦鬚

秈蓮子秈竹丫秈毛黃秈寒秈鼠牙秈金稈秈鐵稈秈冷水秈金裏銀三尺黃瘦八尺雁脚紅金絲黃湖洲白生鬚黃老來白光頭黃烏間白穿珠白思憶稻矮赤稻搽霜晚霜下晚釣竿晚蘇州晚觀音晚隔山拖沿坵熟福建秈三擔禾愛八擔紅粳稻其米黏者名糯稻有烏嘴糯抄秋糯早紅糯遲秈糯白殼糯紅殼糯鴨脚糯烏節糯硃砂糯楊枝糯柳條糯楊花糯青稭糯柿紅糯麻子糯雪花糯魚子糯馬鬃糯望水白齊頭黃蓋下其見

紅消八斗糙　涇縣物產稻有早稻晚稻秈稻秫稻山稻　南陵縣物產秔稻晚稻白芒稻黑稻糯稻　貴池縣土宜秔其名有六十日白六十日紅八十日白掃箒白百日黃六月烏江西早矮其早蝉包早茄柯早下馬早下馬看救公饑湖廣秈廣東秈白沙秈蝦鬚秈蓮子秈竹子秈毛黃秈寒秈鼠牙秈金稈秈冷水秈金裏銀三月黃雁脚紅搽霜晚霜下晚釣竿晚將軍晚蘇州晚觀音晚糯其名有烏角糯抄秋糯早紅糯白殼糯紅殼

糯柳條糯楊花糯青稭糯隨秈糯柿紅糯麻子糯魚子糯雪花糯馬鬃糯望水白齊頭黃蓋下箕見紅消七斗糙青稈糯江西瀘溪有糯稱池州占蓋諸種之一也
太平府物產多秈稻多晚稻多糯稻有黑稻秈十三種秈占城稻有六十日稻俗稱拖犂歸有赤紅秈有百日秈黃秈稻細秈稻蘆稉秈麻秈稻大粒秈蝦鬚秈穿珠秈一名觀音白晚稻六種早晚稻一名望水白又名大子白晚稻白稃白芒白米雁來糧弔梗青一名寒青稻

糯稻十三種早糯稻一名雀不覺又名秈糯隨秈糯燕口紅虎皮糯硃砂糯一名臙脂糯羊鬚糯黃糯稻即秫稻細頸糯青殼糯抄社糯珠子糯橘皮糯紅陸糯　廬江縣土產紅秈稻白秈稻早糯稻晚糯稻黑晚稻白晚稻香稻　舒城縣物產白早稻黃爪秈直頭秈江南秈福德禾梳子秈白晚稻黑晚稻銀條秈雀不知紅嘴糯女兒紅芝麻糯堆穀糯羊鬚糯銅嘴糯馬鬃糯觀音糯青科糯齊秈早黃州糯　無為州物產竹牙秈麻姑秈

落芒秈早白稻早紅稻青柯糯虎皮糯鵲不知烏尖糯紅嘴糯白晚稻紅晚稻黑晚稻　巢縣土產紅稻有百日秈直頭秈麻菇秈竹牙秈四紅秈胡秈稻王瓜秈拖黎黃白稻有觀音秈銀條秈六十日秈青稭秈冷水秈大粒秈亂芒秈麻穀秈千家愛糯稻有羊鬚糯硃砂糯虎皮糯柳條糯齊秈糯牛筋糯青科糯紅芒糯馬鬃糯纍糯深水糯燕尾糯晚稻有黑晚稻紅晚稻　臨淮縣物產秔稻有麻子秈稻早先白稻黃爪秈稻鵓鵠秈稻烏山秈稻脹破穀稻矮白稻紅芒稻黑稻糯稻有羊鬚糯馬鬃糯虎皮糯烏鬚糯槐花糯辮子糯大糯小糯六月黃糯　定遠縣物產麻子秈黃爪秈烏山秈早先白鵓鵠秈脹破殼矮白稻紅芒稻黑稻女兒紅羊鬚糯馬鬃糯烏鬚糯大糯小糯辮子糯虎皮糯槐花糯六月糯

五河縣物產稻有秈稻芒稻香稻早白稻深水紅稻黃鷺公稻老來變稻下馬看稻黑糯臙脂糯馬鬃糯飛上倉糯　泗州物產香稻亦芒稻也類晚粳色微黃紅

稃白實　鹽城縣物產稻有粳糯二種有早晚二熟有紅黃紫赤黑斑青白數色　清河縣物產有稻曰秔曰糯曰秈秈秔之早熟者曰早稻旱田種者曰小芒稻後種先熟者曰香稻味之芬芳者亦秔屬也治北七十里舊有香稻莊　揚州府物產有黃稑烏節大小香斑秈及小赤秈小白秈龍爪秈六月秈齊梅秈蘆稈秈葉裏秈麻觔秈大鵞秈白殼白芒早白晚白晚黃赤鬚黑支焦黃烏口大紅芒小紅芒下馬看六月白鷺鷥白了田

青救公饑絭子籠下撒潮水白拖犂歸深水紅梅裏黃弔殺雞張子赤磊塊赤山骨崙鶴脚烏馬尾赤泰州紅又名海陵紅紫紅芒雀不知觀音白皆秔類趕陳羊脂燕口羊鬚秋紅橘皮烏飳麻觔虎皮豬鬃粉皮秋風雀不覺皆秫屬　儀真縣物産多糯曰燕口曰紅芒曰麻筋曰穗前黄多晚曰江南白曰駝兒白曰深水紅曰長芒白多秈曰爪熟曰龍爪曰鯽魚曰斑秈曰葉裏藏有黑稻曰鶴脚烏曰豬林　高郵州物産早稻五十日六

十日秈稻斑秈六月秈齊梅秈蘆稈秈龍爪秈鯽魚秈葉裏秈苞裏齊拖犂歸小赤秈小白秈麻觔秈大鵞秈大香秈小香秈白稻早白稻晚白稬頸頸白羊鬚白駝兒白青稻白青芒兒白頂霜白晚稻黃花稻小黃稻深水紅鶴脚烏下馬看弔殺雞母豬麟糯稻秋風糯麻觔糯烏絲糯趕上陳雀不覺半鬚糯　寳應縣土産白秈一水秈玉斑秈齊頭白六月白香稻紅秈早紅蓮觀音柳苗強水不易没農多種之古上樓有芒宜水田五十日七月上旬即熟視他種所穫較少蘆管秈宜水田小黄稻宜旱田晚稻俗呼上白米是也刈穫最遲畏水不敢多種大晚稻紅米宜水田糯稻臙脂糯殼紅米白烏金糯米黑色虎皮糯殼色斑駁魚鱗糯拖犂歸七月熟趕上陳七月熟雀不知七月熟　泰州物産海陵紅俗名泰州紅馬尾赤鶴脚烏雀不知隨犂歸救公饑六十日白觀音秈駝兒白小香早香黑早白早早秈斑秈焦芒青芒赤芒黃芒紫紅芒烏殼深水紅了田青下馬看

鯽魚秈香粢鱔魚黃皆秔稻趕陳糯羊脂糯燕口糯羊鬚糯虎皮糯秋紅糯紅糯皆秫稻　通州物産稻種甚多有早黃晚黃早白晚白早紅晚青青芒白芒青鬚黑皮黃稑白殼烏節焦黃鷺鷥白串珠白潮水白深水紅了青田其粒長性硬曰紅白秈曰稚子斑早熟者曰救公饑曰拖犂歸茂密而庭碩者曰下馬看見收曰粃六升曰籠下撒曰薄十分瘦長雪色曰箭子稻中秋熟曰閃西風初秋可蒔曰六十日不畏旱者曰撇殺天和他

米炊之甚香曰香滋糯曰川米早白最先熟而晚白則皮薄易釀芒赤米白曰虎皮性軟色芳曰粉皮一曰羊脂稈硬曰豬鬃皮厚曰薑黄早種宜釀曰趕陳雖熟不枯曰青枝稈柔可以為索曰麻筋亦有香如香滋者曰香秔　吳縣物產稻秔之屬箭子稻紅蓮稻穲稏稻雪裏揀師姑秔早白稻金成稻烏口稻早稻中秋稻紫芒稻枇杷紅下馬看大頭花瓜熟稻晚白稻黄梗秈一粒珠麻皮秔作飯粒長薄十分作粥易膩粳穀蟛蜞香子

米八月白牛尾白丈水紅老來紅五石稻救公饑包十石累泥烏土塘青天落黄糯之屬金釵糯閃西風羊脂糯青稈糯秋風糯趕陳糯矮糯鵝脂糯川粳糯虎皮糯羊鬚糯臙脂糯野人糯柾子糯悦雄雞烏鬚糯觀音糯梗秈糯佛手糯小娘糯蟹殼糯喜蛛糯鴨嘴糯香梗糯珠子糯　長洲縣物產六十日稻四月種六月熟米小色白遲至八九十日熟一名早紅蓮又名救公饑紫芒稻紫穀白粒金釵糯粒長鵞兒糯　崑山縣土產稻之屬三十有六晚白稻紅綠稻早粳稻金城稻六十日稻中秋稻雪裏揀紫芒稻救公饑下馬看紅蓮稻麥爭場香粳稻薄十分黄梗秈麻子烏烏口稻百日赤稻烏兒稻趕陳糯臙脂糯鐵梗糯虎皮糯羊鬚糯再熟稻柾子糯水晶糯小娘糯香子糯閃西風稻竈王糯矮兒糯瞞官糯羊脂糯金釵糯蘆黄糯　常熟縣物產紅蓮稻芒長粒大箭子稻粒長色白味香晚熟早白稻晚白稻又名蘆花白穲稏稻色斑粳長性硬或名勝紅蓮紫芒稻

紫穀白米雪裏揀稈軟有芒粒大色白師姑秔即矮稻無芒粒白救公饑六十日可望熟又名早紅蓮香子稻一名香稫色斑粒長以一勺入他米炊之飯皆香閃西風一名早中秋八月半熟麥爭場最早熟百日赤芒赤米白早熟占城稻即早稻金城稻粒尖性硬又名赤穀烏口稻皮芒黑秋初亦可種下馬看即江陰黄粳俗呼三朝齊枇杷紅皮薄色如枇杷時裏白早熟一名節澳稻烏兒稻芒黑米白即晚烏稉黄粳米白粒大性粳味

香美金釵糯粒長性輭棗子糯殼黑青稈糯皮黃粒白已熟而稈猶青羊鬚糯色白性輭趕陳糯米白熟早鵞脂糯川粳糯粒大無芒一名圓頭糯虎皮糯色斑晚熟臙脂糯殼紅粒白矮兒糯晚熟瞞官糯即冷粒糯鐵梗糯稈勁無芒畏風易落細葉糯米白性輭　吳江縣物產白稻其粒大而圓味甘美他邑所無出震澤者尤佳其價高於常米十二三此則大江以南所絕無者　太倉州物產秔稻春分節後種大暑節後刈爲早稻芒種

節後及夏至節種白露節後刈爲中稻夏至節後十日種寒露節後刈爲晚稻過夏至後十日不成種矣早曰早白早烏早紅蓮八月白晚曰晚白晚烏晚紅蓮有紅芒者曰嘉興黃綠芒者曰梗殺蟛蜞光頭者曰天落黃紅色而香者曰香黃蓮黃色者鴨嘴黃其蘆花白銀杏白木瀆香靠山青諸種名不一糯稻早曰趕陳糯蘆黃糯羊鬚糯晚曰靠山糯老來糯虎皮糯其紅芒者豬鬃糯無芒而光者曰觀音糯曰梗鮮糯不耐風雨者曰小

娘糯又香子稻粳糯二色粒小而長以少許入他米數升炊之極香美又有圓白而稃黃大暑可刈曰蘆花糯性耐旱多收又曰瞞官糯佃多喜種凡糯穀須曝日中色變有光名上變方適用曝不變俗呼痴糯更不如蘆花糯　上海縣物產秔稻宜水有香秔米粒小性柔類糯有紅白芒二種又有一種曰香子色斑粒更小以三五十粒入他米炊之芬香可愛謂之香稻七月熟早白稻皮白米赤一名小白五月種八月熟早中秋一名閃

西風八月熟中秋稻四月種八月熟晚白稻四月種八月熟箭子稻粒長而細色白味甘香稻中上品九月熟紅蓮稻皮白粒大五月種九月熟穲稏稻皮莖白米色斑粒長性硬或以爲勝紅蓮五月種九月熟早烏稻皮赤米白五月種九月熟紫芒稻穀紫米白五月種九月熟深水紅六月種九月熟烏口稻色黑晚熟耐水與寒今呼冷水稻下品也白花珠性輭而香五月種九月熟私稻粒稍細耐水旱有六十日稻米小色白一名帶犂

囘三月種五月熟百日赤芒赤米白一名挚埊望三月種六月熟小秈一名早秈三月種七月熟大秈即晚秈四月種八月熟金城稻高田所種米紅而尖性硬今呼赤米穀之下品糯稻有秋風糯稃黄米白粒圓色最難變每歲代晚稻輸租故一名瞞糯又名冷粒糯不宜釀酒種宜良田大暑節刈金釵糯粒長最宜釀酒得汁倍多三月種七月熟趕陳糯米粒最長四月種七月熟小娘糯不耐風水故名四月種八月熟矮兒糯粒白而大

苗最短四月種九月熟蘆黄糯即晚糯粒大色白芒長熟最晚色易變釀酒最佳今名泥裏變羊鬚糯穀多芒長四月種九月熟羊脂糯色白性輭五月種十月熟鵞脂糯亦以色故名四月種九月熟虎皮糯色黄五月種十月熟　青浦縣土産六十日稻百日赤小秈大秈早白稻中秋稻晚白稻香秔早烏稻紅蓮稻紫芒稻深水紅金城稻秋風糯金釵糯趕陳糯矮兒糯蘆花糯羊鬚糯羊脂糯　無錫縣土産無錫米天下糯米本縣最美

本縣又唯南鄉揚名等處為道地色純白以釀則酒多於他種　江陰縣物産黄梗稻無芒粒大性堅品最上紅蓮稻芒紅粒大米最佳白稻皮芒白米赤其稻有早白晚白早者六十一可熟烏鬚稻熟最早性柔稃弱紫芒稻紫殼白米香子稻米色斑粒小而長入他米炊之則飯皆芬芳今人謂之香珠金城稻四月種七月熟米紅而尖性硬穀之下品辯糯稻綴粒甚密顆稍圓細菲塘青稻米多稃長甑可三石爪熟稻極早而粒長又曰

六十日救公饑鐵梗糯稻梗硬色黑水晶糯稻粒瑩白如水晶虎皮糯稻五月種十月熟色斑斑然趕陳糯稻四月種七月熟米粒最長短萁糯稻稭短九月熟極早不損又一種名長水紅粒最長積三粒可盈寸極澇不傷　靖江縣食貨稻之屬有糯先熟易落曰早白糯皮薄易釀曰晚白糯芒赤米白曰虎皮糯晚熟性輭色芳曰羊脂糯稃硬曰鐵梗糯皮厚曰董黄糯早種宜釀曰趕陳糯雖熟不枯曰青枝糯稃柔可為索曰麻筋糯香

勝於香秔曰香糯早種曰撒穀天又有秋分糯勻暖糯焦子糯野雞糯等名有粳米白早熟曰早黃川即早白稻粒大性輭曰晚黃川又有曰晚青米長性硬曰紅白秈粒大而佳曰早紅蓮早熟曰救公饑亦曰金升稻曰拖犂歸圓碩見收曰秕六升瘦長雪白曰箭子稻中秋熟曰閃西風初秋可蒔曰六十日曰烏口稻皮芒稍黑和他米炊之甚香曰香滋米又有觀音秈茨姑秈深水紅鬣子白三穗千下馬羡烏芒香珠等名皆九十月穫

丹徒縣物産秔有秔有糯秔之屬又有大小土人謂大稻秔小稻秈大稻之種十六曰香子曰鯽魚曰灰鶴曰時裏曰八月白曰蘆花白曰浪裏白曰白蓮子曰紅蓮子曰早紅芒曰晚紅芒曰青川黃曰稈川黃曰馬尾烏曰老了烏曰下馬看今又有塊紅芒靠山黃白芒紅芒撒穀天數種小稻之種有六曰白光曰紅光曰晚秈曰六十日曰八十日曰一百日百日種自占城來今又有觀音秈銀條秈二種糯之種亦有九曰芒曰香曰晚曰抄社曰羊脂曰牛蝨曰虎斑曰柏枝曰長稈今又有黃皮矮萁早白中廣馬鬃雀嘴稱鈎紅芒麻筋早秋風堆子紅殼蘆六升十二種　丹陽縣物産稻出西鄉者佳而東南鄉近古荆城地數十里多種糯則地土所宜有不同也　仁和縣物産秔有黃稈秈七月熟交白稻逢白露則熟早遲芒晚遲芒金裏銀紅蓮子木樨黃雁來青種最遲泰州紅初稈黃黑鬚大黃稻小黃稻晚稻種類不一鵞爪黃赤芒兒赤稻紅稑烏早遲芒花蓮子

銀杏白糯有早糯羊鬚鐵粳光頭臙脂烏鬚馬鬃金釵蘆花　嘉興縣物産秔有香秔早花中秋晚花黃秈白芒黃芒赤芒香稻烏稻八月白鐵稈青蘆花白秫有白殼烏蓑雞脚蝦鬚蟹爪香糯趕陳糯蘆花糯羊脂糯蒲子糯　秀水縣物産秔有箭子稻香秔稻大秈小秈早白稻晚白稻赤芒白芒早稻烏稻大烏芒小烏芒烏鬚烏兔灰稻大黃稻小黃稻青頭光青芒稻馬鬃烏鵝脚黃靠山青麻子烏赤秈晚陳小白稻雪裏揀了田青雀

不知紅稑黃粳秈閃西風百日赤三朝齊八月白中秋稻六十日稻再熟稻靠籬望救公饑凡四十種糯有金釵糯珠子糯硃砂糯臙脂糯佛手糯竈王糯西洋糯麻筋糯羊脂糯烏鬚糯芝麻糯榧子糯趕陳糯羊鬚糯鐵梗糯閃西風香糯晚糯凡十八種　嘉善縣物產香秔烏稻香稻早白稻早中秋黃芒野稻黃秈黃䆉中秋稻六月紅銀杏白箭子稻鐵稈青靠塘青晚白稻山白稻周家稻雀勿知趕陳糯小娘糯矮兒糯羊鬚糯羊脂糯

蒲子糯觀音糯榧子糯茄子糯蟹爪糯蘆花糯菊花糯　石門縣物產早稻廣稻晚稻黃稻旱稻將軍稻秋分稻三穗千烏龍稻香粳稻雞骨黃木樨黃蠶磨子綿環稻早糯旱糯中秋糯豬血糯晚秋糯矮腳糯香粳糯鴨嘴糯羊鬚糯泥裏變　平湖縣物產秔之品香粳稻又名紅蓮稻紫芒稻紫殼白粒雪裏揀色白粒大稈軟而有芒蘆花白即晚白稻早白稻揀選稻鵲不知秋初早熟糯之品金釵糯粒長鵝脂糯一名羊脂糯虎皮糯色斑十月熟馬鬃糯榧子糯白殼糯西洋糯竈王糯羊鬚糯蘆花糯　歸安縣土產早赤芒雁來烏薄殼稻觀音稻大葉黃穲稏稻金城稻鵝腳黃金裏銀黃赤稻赤稻八月白早黃稻晚黃熟三穗千野雞斑山白稻冷水紅香秔稻以上俱秔稻烏香糯硃砂糯馬鬃糯豬血糯羊鬚糯黃皮糯矮兒糯鐵稈糯趕陳糯光頭糯以上俱糯稻　長興縣物產秔之屬十二黃秈白粳赤秔烏稻烏鬚稻宜興白觀音稻七月白宜州白三朝齊黃粳秈鵝

腳黃糯之屬七羊鬚糯烏香糯珠子糯趕陳糯白糯盈塘青矮腳糯　孝豐縣土產稻有黃秈稻百日稻落馬秈觀音秈紅黃秈趕陳秈光頭秈鐵梗糯羊鬚糯烏香糯泥裏變糯硃砂糯　山陰縣物產早稻六月早熟紫口甲嘴黴紫粒細朝穧俗謂之老了烏驪稈細稈細珠早白黏晚白黏料水白歲遇甚潦輒能長出水上烏銜來實類餘杭白而色稍青鵝腳黃穗低而葉仰健腳青熟時莖挺而色猶青早黃黏餘杭白粒圓而白俗傳種

自餘杭來故名稚蒙粒麤而黏最短以上俱秔類雪裏青江西稻矮宜興稏糯青稈糯水鮮糯八月早熟羊鬚糯臙脂糯紅糯其芒赤其實較他種稍重矮方巾早熟而殼薄黃穀糯早熟以上俱秫類　餘姚縣物產秔早熟者曰早白早紅晚紅泰州紅野紅細稈紅上虞白黃巖稻晚熟者曰早白黏晚白黏黃黏縮頸白羅村白湖州白九里香光頭九里香八月白晚青糯曰趕陳糯早黃糯水仙糯矮黃糯光頭糯旱田糯天落糯珠子糯金

裏銀泥裏變畔社早珠　臨海縣物產稻夏熟者名早禾冬熟者名晚禾早禾早者一名六十日一名隨犂歸一名梅裏白次早者一名白婢暴一名赤婢暴又有白散一名八月白白粳遲青縮頭紅馬嘴紅旱稜宜高田倒水賴宜低田晚禾有早糯晚糯矮糯冷水糯烏節糯白糯黃皮糯臙脂　天台縣物產秈稻粳紅稻糯稻晚稻拖犂歸淮白矮白落馬相諸暨早毛白皆秈稻淮紅長稈紅硬殼紅早紅細紅皆粳類白糯紅糯黃皮糯烏

節糯麻糯荔枝糯烏鹽糯毛糯野豬粳皆糯類　仙居縣物產稻六十日黃巖早藍溪曰縮頭紅金裏銀溫州青霜下晚黃扁糯冷水清長稈紅早糯晚糯香糯　寧海縣物產稻早紅晚紅早水紅縮頭紅縮頸早老辣赤馬郎遲洛陽青湖廣白沙鮮白金裏銀櫻珠糯黃扁糯黃巖糯諸種　湯溪縣物產早白禾早赤禾晚白禾晚赤禾金裏銀白芒兒　西安縣物產稻粳有白禾紅禾龍泉禾江西早六十日禾俱六月熟金裏銀太平早七八月熟晚稻十月收以上諸稻浙西俱謂之尖米本色

僅有此種無所謂團米者糯有白殼糯紅殼糯重陽殼湖州糯處州糯麻子糯草鞋糯臙脂糯鐵漿糯白芒糯烏嘴糯俱同晚稻十月收又有晚禾神仙稻早地可種又有二種曰安南早曰浦稜最耐旱　龍游縣物產白禾六十日禾龍泉禾紅禾江山早太平早金裏銀白殼糯紅殼糯鐵漿糯白芒糯草鞋糯臙脂糯烏嘴糯晚禾神仙稻　永嘉縣地產稻有地暴金成百箭白散早糯

八月白龍秈香晚占城磊黃晚糯隔江牽　瑞安縣物産白散多芒色白小暑即熟地暴有紅白二色粒尖細七月收水稜一曰小青粒純赤占城最耐旱有紅白二色磊晚無芒百箭芒勁寄種輭稈白西芒白龍秈粒大白米輭稈色白粒大味甘八月穫穫後其根復萌無異初稻謂之早稻十月刈紅羅帳穎赤色金裹銀殼赤米白早糯一曰大糯七月穫晚糯粒大而堅十月穫其名不一有黃糯白糯烏糯矮糯青糯初冬穫金水糯即水

糯宜山田種之　樂清縣物産稻地暴有紅有白白散紅芒占城早糯晚糯矮糯黃糯臙脂糯　平物縣物産稻有梅裹白地暴占城早赤白西龍秈野豬哽紅芒磊晥輭稈黃芒太倉矮早早糯烏飦糯黃糯晚糯渠糯冷水糯矮回水稜　松陽縣物産香稻白稻龍泉稻晚稻占城稻早稻師姑稻冷凌稻早糯晚糯望秋糯烏嘴糯淮南糯　龍泉縣物産稻有占城赤早早湖金華地暴鵪鴣斑海棠碧嚴中師姑白鬚糯烏鬚糯師姑糯社交糯青粳馱子黃匾子赤芒白芒龍鳳竹香赤谷小子黃糟糯下馬看椒子糯青粳糯荔枝糯赤鬚糯　宣平縣土産蘭溪白金裹銀六十日黃蔡家秈青田晚師姑晚雉雞糯雪稻下馬漢旱糯九月糯晚糯烏節糯

欽定授時通考卷二十一

欽定四庫全書

欽定授時通考卷二十二

穀種

稻三

直省志書新建縣食貨稻之屬占稻九十日占百日占百二十日占北風占大生占見秋紅占背塘占晚赤占齊頭占矮占柳占土黄占通仙占無名占毛占麻占白米秋占洞占救公饑團穀早尖穀早一䢿水七十日早由風早百日早見秋早南早陝西早瀏陽早南陵穀小赤穀赤穀烏穀冷水秋早大禾大赤米黄尖嘴大禾大時禾七斗糙烏大禾硬㯶占之外曰糯有百日糯鐵糯柳條糯倒㯶糯赤粒糯油麻糯椎子糯金絲糯大糯馬牙糯紅殼秫虎皮秫　奉新縣土産稻團穀早尖穀早救公饑隨犂歸七十日早百日早北風粘遲穀油紅穀大禾芒大禾代禾皆粳稻早糯烏糯白糯黄糯紅菱糯大糯皆釀酒糯　靖安縣物産早占百日早油紅蘆花早油赤七月熟洞粘粽子糯麻糯九月熟𥞊糯冷水糯寒粘大禾糯十月熟　武寧縣土産百日占晚赤占白米秋占洞占寒占雷州占救公饑君行早赤穀烏穀臨江早一䢿水望暑白黄泥占尖穀冷水秋大禾紅殼糯白糯柳條糯稜子糯苦株糯烏節糯黄絲糯晚糯寧州土産大糯赤糯百日糯鐵脚糯柳條糯油麻糯金絲糯倒㯶糯碓子糯馬牙糯百日粘北風粘百二十日粘九十日粘大生粘晚赤粘赤穀矮粘見秋紅粘北塘粘白米粘齊頭粘柳粘白米秋粘油紅粘秋粘小赤穀土黄粘無名粘南陵穀毛粘虎皮秫通山粘冷水秋大禾紅穀秫大赤米黄尖嘴烏大禾硬㯶懶擔糞早大禾七斗糙麻粘洞粘　高安縣物産稻有團穀早尖穀早救公饑七十日早百日早秋風粘冷水粘遲穀大禾皆硬稻早糯烏糯白糯黄糯紅菱糯鐵脚糯交秋糯重陽糯遲糯大糯鴨脚糯皆釀酒　上高縣物産早穀有節葉早五十工洗白早頓齊粘蘇州早童子粘撫州早紅

欽定四庫全書　欽定授時通考　卷二十二

米早白殼糯紅蔆糯黄扁糯鐵脚糯晚穀有秋風秥吉安早黄泥早亂麻秥冬秥木子秥長鬚秥粳禾糯重陽糯燕口糯大禾糯柳條糯黒鬚糯紅㲉糯白㲉糯　建昌縣物產稻秔之早者有望暑白救公饑剛幕早一坵水諸名秫之早者曰大糯有赤白二種秔之遲者有北風秥八月白烏穀芒穀之類秫之遲者有團糯秥糯荔枝糯之類又有晚秥稻晚糯稻之類則刈早稻而復植於早田者　德化縣物產早穀有駞犂白留姑早王瓜

早六十日九十日等名白穀有竹了秥蘆花白大白穀等名紅穀有鴨脚秈柳條赤等名晚稻米白而質膩種後晚生烏穀殼黒而多芒五月始種芒穀一名種穀有烏白二種糯穀有早紅糯殼糯黄金糯哽雞糯數種　玉山縣物產早稬白穀紅穀早糯白糯紅糯晚糯晚禾　建陽早紅米糯　鉛山縣物產救公先三朝齊竹了早白沙早高脚紅紅根早北風秥夏桃紅三有禾五家傳猴孫糯上早糯八月糯重陽糯胡椒糯苦株糯師姑糯

響穀糯羊鬚糯秈粟糯　興安縣物產早稬有六十日早上早等名白穀有竹了白沙紅根早桐子白福德早等名紅穀有桃紅竹雞斑早紅遲紅晚穀俗呼大禾穀糯穀有早糯赤糯重陽糯白穀糯嶶州糯連根糯等名　東鄉縣物產早秥救公饑夏桃紅白沙秥池州鮮倉背芙下馬看竹椏秥冬秥早糯晚糯白穀糯青絲糯焦紅糯　南豐縣物產五十日秥六十日秥淮禾早大穀早白沙早龍牙秥黄土秥江東秥百日秥清流秥華山

秥温涼秥茅裏秥八月白鐵脚稉光頭藜缺芒藜細穀藜三有糯響鈴糯重陽糯虎皮糯椒子糯老人糯長腰糯鹽夫糯光頭糯　廣昌縣物產六十日秥白沙早光冬冬秥茅裏秥紫糯重陽糯虎皮糯　瀘溪縣物產稻之屬有早黏有遲黏有糯稻名目不一其早黏春社日前後浸種立夏前後蒔立秋而熟最早者名五十日黏次名六十日黏他種青黄不接而此兩種先可食田家種以繼不足俗云救公饑是也餘一名梔上早有紅白

二種七十日始熟白沙黏三月種六月熟米圓而大江東旱耐寒多粒大穀黏細穀黏二種以粒大小異名耳百日黏福德黏八月白晚稻而早熟者米香白可貴至若李廣黏石城黏龍牙黏流水黏池州黏冬黏鐵脚黏俱色朱而堅九月始熟稻之黏者重陽糯應節候而熟故名黏禾稻與早禾同熟即五十日糯也關公糯穀紅而米白老人糯芒刺長而穀赤石冊糯早晚有異名目不一　萬安縣土産江州禾冷水白百日黏紅穀晚穀

烏嘴大稻晚糯秋風糯青鐵墜白糯黃鐵墜鐵脚撑綿子白羊蹄糯硬木香大秋風油麻糯光骨蕾柳條糯清江縣土産稻最早熟者名救公饑色白味香甘有圓穀早雲南早諸種孚甲薄而米堅好有秋風黏蓑衣黏諸種色赤甲厚有金穀黏田之低窪者種之六月插秧九月方熟有晚稻至冬乃熟色白粒長種之者少而性則冷又有早糯有晚糯　宜春縣物産黏穀紅白二種有五十日黏六十日黏八十日黏百日黏大黏鬚黏晚穀贛州早圓穀早旱穀糯穀有早糯晚糯白殼糯燕口糯鴨婆糯矮脚糯重陽糯子紅糯　萍鄉縣物産鬚秥圓秥安福秥團穀秥百日秥紅米秥白穀秥贛州早救公早務原早大米禾大紅禾百日糯重陽糯北京糯紅鬚糯粽子糯黃絲糯烏鴉糯　雩都縣物産早稻大穀早晚稻八月白冷水白葉底黏早糯重陽糯大糯蝦鬚糯　安遠縣物産早禾八月黏火燒黏大禾早糯黏子糯蝦鬚糯晚糯　寧都縣物産六旬黃七旬熟日日赤八月白留外婆救公饑師姑早和尚光倉背笑大穀早

鼠牙早矮脚紅金包銀嚮玎璫石上珠蘆江早茅裏苫重陽糯　瑞金縣物産稻晚稻早稻早糯大糯金包銀水珠糯湖廣糯陝西糯羊鬚糯　龍南縣物産六月早七月早八月早晚稻早糯黏糯重陽糯大冬糯大禾穀　定南縣物産火燒黏六月熟重陽糯黏糯早糯　蒲圻縣物産稻之類有洗白早金環早陵江早無名早無名遲麻赤穀馬鬃糯柳條糯蝦鬚糯　咸寧縣物産山

黃稻望水白留姑早銀包金黃姑早竹雞斑花黏六十
日早香稻折稻大粒穀和尚苗銀朱苗烏鬚苗馬牙糯
見缸消細子糯六月零糯下馬看浮糟糯蝦鬚糯橘皮
黃　漢陽府物產稻屬有洗耙早拖犁回一坵水七十
日黏待時早江西早麻黏兒白芒兒王瓜早秋風早青
黏火黏騎牛撒早糯晚糯鬚糯牙脂白虎皮糯柳條糯
烏節糯油紅黏蘇州晚香稻接早子蓋草黏等芭齊落
地黃雀不知　蘄水縣物產黏之屬曰黑穀曰五十黏

曰六十黏曰七十黏曰圓頭黏曰齊頭黏曰楊三黏曰
矮脚黃黏曰蓋草黏曰銀條黏曰無名黏曰天降黏曰
蝦鬚黏曰金包銀黏曰得雁紅黏曰浙江黏糯之屬曰
飛上倉糯曰魚子糯曰馬棕糯曰雪黃糯曰蜜蜂糯曰
虎皮糯曰破殼糯曰除黃糯曰黃金糯曰徽州糯曰烏
節糯曰童子糯曰淨田糯曰芭茅糯晚之屬曰八月晚
曰烏節晚曰光頭晚曰徽州晚曰童子晚　羅田縣物
產稻類七十日秈百日秈四節穀蓋草秈油栗赤秈雲

田秈瘦田秈柳條赤秈白花秈大粒赤秈烏風秈黃泥
秈脂頭秈麻秈穀矮脚黃秈烏三節秈黃粒穀三朝齊
望水白水葡萄紅桃熟江南晚黑殼晚芭茅晚子晚穀
珍珠晚紅節穀鬍鬚晚香子晚桐子晚交秋糯老人壽
紅殼糯馬牙糯白殼糯黃瓜秈鐵脚糯馬鬃糯折二糯
界下其三百零糯蜜蜂糯羊鬚糯黏糯　黃梅縣物產
早稻曰洗耙早救公饑流水早一刀齊飛上倉黃金糯
晚稻曰烏穀見秋紅竹桠黏蓋草黏青水糯柳條糯烏

節糯赤米糯　德安府物產稻有黏者黏之類有三曰
早稻曰遲稻曰晚稻早者則有所謂落地黃救公饑一
坵水等芭齊接早江西早此布種宜早且須沃壤遲稻
則有所謂無名黏榔頭黏銀條黏青黏亂麻黏溝黏道
黏稯八石者色皆白又有色紅者曰紅穀晚稻有芒種
於夏秋之交穫於冬初一種名香秄晚者以味香故有
名晝穀者其種法不必浸種分秧但耕田下子五六十
日可實湖人被水害者水退不遑他穀故多布此然亦

須田山原不多藝有糯者分早遲二種早者名金線糯絲芽糯留兒翻墊倉底虎皮糯布種宜早遲者名柳條糯鵝翎白溜沙白紅糯紅毛糯烏糯　枝江縣物產稻之屬有大黏有小黏有香黏有早稻俗名五十黏有晚稻臨冬方熟另有以糯穀名或紅或白或畫眉或柳條蓋隨其色與形而轉名也　寧鄉縣物產穀種十有一曰竹枝黏又名落花黃洗鎖早救窘糧收甚早六十日黏有高脚短脚之分收亦早百日黏一名大穀早以上

色俱白油紅黏一名紅米早以上收頗早秋紅黏一名硬頭紅又名南禾螃皮黏又名柳黏收稍遲以上皆食類珍珠糯又名燒衣糯麻糯一名響糯又婆耘又名巴過嶺言難落也早白糯遲白糯以上皆飲類　瀏陽縣土產稻之品有白黏紅黏麻黏㢲黏黃泥黏鬚黏又名曰鹿見愁晚米黏金包銀糯早糯晚糯　湘鄉縣物產稻之類有沙邱早江西早楊柳黏齊頭黏金包銀油綠黏紅晚禾麻黏順水拖亂麻黏燒衣糯早白糯蜜蜂糯

黑糯黃糯麻糯蠻子糯模糯紅殼糯　邵陽縣食貨稻之屬有秔盤穀早五十日黏六十日黏夜齊早雞婆早析陽早赤鬚早桐子白沙黏皆熟於六月中鯽魚白火燒黏油黏桂陽黏蘇州早大穀黏思南黏皆熟於七月中福德黏亂麻黏北風黏深田紅皆熟於八月中南木私下馬看香甜米馬尾黏臨武黏靖州黏道州禾廣西木皆熟於九月十月乾禾種於山蓋茅黏同人黏芥菜黏銀埜黏金包銀烏鴉黑四香禾六月白江西早八風

黏隴裏黏鬚黏割根私扁砂禾栗子秔順水拖蛇牙黏以上早晚熟有候有糯裏田紅矮婆糯紅殼糯銀埜糯蝦公糯冷水糯蠻子糯思南糯麻糯響糯木禾糯乾禾糯種於山早晚種熟有候桂陽糯蓋茅糯巴仔糯雞婆油糯刷把糯蜜蜂糯銀綿糯拋糯　城步縣物產稻之屬百日黏油黏銀埜黏桂陽黏蓋茅黏麻穀黏夜齊黏沙黏大穀黏北風黏隴裏黏呆黏割根私扁砂禾南木私雲南紅杉木紅赤米紅老來白南流根野豬緊大白

禾香白禾冷水紅桂陽糯矮糯紅殼糯蝦公糯黄絲糯冷水糯水管糯響糯　新寧縣物產稻秔之屬六十日黏火燒黏蓋芽黏大穀早同人黏思南早芥菜黏銀根黏金包銀烏鵝黑四香木六月白江西早八方黏隴裏黏鬚黏南木秈割根秈扁砂禾栗子秔順水拖蛇牙黏冷水紅糯之屬響糯油糯刷把糯矮糯麻糯蜜蜂糯雞婆糯銀線糯蠻子糯桂陽糯蓋芽糯蝦公糯白芒糯巴仔糯黑糯　衡陽縣物產兩接早救饑早安南黏糢黏

油紅黏百日黏團穀黏齊黏天降黏秋黏冬黏順風黏晚禾黏早糯白糯黄糯紅糯鐵鬚糯大糯花穀糯　永明縣土產早稻之品百日黏鼠牙黏蘆荻黏短穀黏冷水黏李家糯白雉糯早地禾赤米黏白米黏寶慶禾晚禾之品珍珠秈里宗禾白皮赤律禾晚地禾珍珠糯鹿毛糯白鬚糯蝦皮秈豆子禾荔浦禾大白糯細白糯紗籃糯　永興縣土產兩節黏百日黏翻生黏紅頭黏生鬚黏南黏寶慶白茶子禾梁山黏油黏梁山糯南禾糯

黄絲糯紅禾糯銅鼓糯大禾糯百日糯冷水糯　興寧縣物產金包銀黏湘潭黏火燎黏雪黏桃花黏脫黏百日黏三夜齊豬膏黏兒見愁黏黄糯大紅糯銀硃糯鴨婆糯南禾糯黄瓜糯銅鼓糯涼傘糯　桂東縣物產南京黏茅裏黏洗白黏靜洲黏三寶黏毛仔黏大禾糯紅米糯冷水糯柳條糯黄瓜糯　達州方產稻有早黏晚黏大白黏拋犁黏香黏黄黏各種　嘉定州物產稻其最佳者糯則有百金早三百顆花殼紅殼豬脂虎皮黏

則有毛香子百日早老鼠牙蓋草黄等名其尖刀穀黑泥黄泥等黏皆常品在在宜之惟佳者非腴田不可
眉州物產稻有白早毛香麻早黄泥黏黑泥黏青稈黏三百顆花殼糯柳條糯豬油糯清酒缸　榮經縣物產稻之屬蓋草黄金線早洗把早冷水穀石頭穀義子穀白穀紅穀白糯麻糯馬胡糯香糯　福州府物產稻二種曰粳曰秫名品甚多志其大者春種夏熟曰早稻秋種冬熟曰晚稻其歲一熟者曰大冬又有各種曰早黏

山田可種附郭則少曰天降來從霜降後熟曰薰提曰黃芒與早稻同熟曰占城與晚稻同熟曰稐早稻既穫後苗始蕃亦與晚稻同熟曰土稐多出洲田其歲再熟者又有曰金洲曰白香秫與早稻同熟者曰早秫與晚稻同熟者曰晚秫與大冬同熟者曰大冬秫　古田縣物產稻之屬赤早穀黃米紅無芒七月收白早穀米俱白亦名古田早八月收白稻穀米俱白有芒十月收降來穀米俱白無芒可作麪九月收芒啄穀米俱白芒短

十月收紅芒秫穀紅米白而大有芒豬背秫米白無芒十月收　福清縣土產早稻有白赤二種信州早種出信州副院早種出天竺副院金城早色紅占早種出占城稐早稻既穫後其苗始蕃晚稻色紅有芒秋種冬熟大冬色白有芒一歲一熟天降來霜降後熟大白秫芒白臙脂秫色畧似臙脂鵝卵秫粒似卵形黃閏秫粒長

莆田縣物產稻有大冬稻早稻晚稻大冬稻春種冬熟歲惟一收早稻春種夏熟穫後即插晚稻歲可兩收有米黏可釀酒者謂秫有米白而香者謂白稜又有黏稻俗名早黏白黏又有畬稻不用水耕高山皆可種

仙遊縣物產稻有粳有糯年一收者謂大冬稻其粒大年兩收者春種夏熟為早稻秋種冬熟為晚稻一種黏稻無芒而粒大其色有白有斑有赤稻名有白香白黏青黏早赤烏秫赤秫等名　泉州府物產稻之屬早稻有赤白二種晚稻有赤白二種大冬有赤白二種寄種與早稻同下種早稻刈後更發苗至十月結實有芒米

赤色又一種無芒青晚埭田多種之其種與收俱遲於早稻一月米色赤占城稻耐旱其色有白有斑有赤自種至熟僅五十餘日涸燥之地多種之畬稻種出獠蠻必深山肥潤處伐木焚之以益其肥不二三年地力耗薄又易他處白香春種秋熟有芒穀黃米白味香又一種無芒更美名過山香降來夏種秋熟有芒差短穀米俱赤大尖春種秋熟穀赤無芒與早赤大同小異又有小尖比大尖差小中濉五月種十月收穀赤米白已上

秔稻早秫晚秫大冬秫赤蒡秫蒡穗赤色米白即荔枝秫牛頭秫一名好穀而清香白賛秫即赤六已上糯稻　惠安縣物產稻之品先後遲速大率繫於地氣依山山高氣深寒常多暮春漬種苗生甚遲至冬乃熟謂之大冬分赤白二種白中有秔有糯顆大殼厚味香氣力完足雖一種而收入兼二季所有者平原之地暖常多驚蟄後即漬種至秋初而熟謂之早稻又翻治其田種冬稻早稻種類頗同大冬而氣力差減冬稻皆秔赤米

青晚耐風與水旱亦能勝鹵氣埭田多種之其種與收俱遲早稻一月又有烏芒稻種漬甲微折投土中乃發芽抽苗與青晚同熟鹵地之尤鹹者宜之殼麤厚味酸澀不香占城稻耐旱瀕海春多雨至夏常旱此穀自種至收僅五十日備旱之地多種之亦有赤白二種畬稻漳州人來賃山種之　同安縣物產秔稻有大冬早種早粳遲粳晚粳諸種糯稻有虎皮黃羡花眉山豬兎白林赤殼白黏過山香諸種禾亦糯屬宜亢爽地粒頗大味亦香　永春縣物產早稻晚稻大冬寄種青晚早秫晚大冬秫　龍溪縣物產稻有早稻春種夏熟有粳有糯米有赤白二色糯米謂之大秫有晚稻秋種冬收有芒多米近亦有白者亦有糯謂之小秫有大冬夏種冬收亦多粳糯二種又有寄種與早稻同種與晚稻同收水田多有之有黏稻性耐旱其色有白有斑有赤比諸粳反佳白者為上斑次之又有香稻芒紅味香有白柳米極精白又有畬稻顆粒最大俗呼曰禾　漳浦縣土

產稻有粳有糯有尖有香稻有白柳其實有白米有赤米　長泰縣土產秔稻種有早晚早六月收米盡白有山東安南等名晚十月收米赤白兼白名斑黏柳仔赤名大稻回洋等不一又有大冬年一收殼厚米尤硬糯稻早晚俱有赤殼者名金包銀晚有斑黏蟣眉長芒鵝卵等種米俱白赤殼為上　大田縣物產早仔大稻金城早八月白長芒　尤溪縣物產稻有秔有糯糯有虎皮黃羡花眉諸種其顆大純白氣力足者謂之半溪秫

秔則有南安早山東早江西早百日早宜初春種又一種附春稻種而與秋同熟謂寄種亦秔屬而氣味差減
建陽縣方産稻屬禾仔禾立冬收黄禾宜肥田三月種十月收孫都禾宜肥田三月種七月半收浦城白蘇州白有芒俱宜肥田黄衣禾赤殼禾俱瘦田可種葡萄禾其米赤九月收小烏禾荔枝禾其米白瘦田倒俗名旱禾山原多種糯屬重陽秫重陽時熟車排秫黄衣秫其色黄鐵尻秫珍珠鬖大冬秫白秫仔東溪秫牛尾麻

子秫無芒秫灰秫俱宜肥田公婆秫　崇安縣貨産稻之屬紅禾赤禾烏禾糟禾青秀禾烏蒂禾小穀赤車斑禾葡萄禾荔枝禾吳家傳鷓鴣斑下馬看蘇州子瘦田倒鄉秫禾魚禾以上皆晚禾大早小早粿早福德早紅根早師姑早龍游早汀州早政和早火燒早以上皆早禾巖秫重陽秫大冬秫黄衣秫蘇州秫鐵脚秫牛尾秫以上皆秫禾　浦城縣土産小早九十日熟米有赤白二種無芒六月收大早一百二十日熟米有赤白二種無芒白秈早龍鳳早師姑早白芒早秫以上七月八月收烏龍牙下馬看銀硃秫黄穀紅秫椒子秫冷水秫粳穀吳傳若秫禾以上九月十一月收　政和縣土産大早六十日江西早清流早禾大糯小糯　壽寧縣物産烏節早清流早芒丁早上東早下南早赤殼早大紅溪頭早烏帶赤芒早黄栢藥大糯珠糯三下槌林下黄大小黄柴紅白糯　光澤縣物産早稻八月白稻大黑稻大黄稻赤糯稻白糯稻　建寧縣物産六十日黏百日

黏秋風黏温凉黏陜西黏清流黏肥豬黏大穀黏八月白獲黏金城禾光頭禾以上皆早稻春分節後插大暑節後刈黎木赤堆穀白白穀赤矮搞紅漢公烏摭露白垂金赤小金禾鷓鴣斑甸山白野豬愁以上皆晚稻宜下濕夏至節後插白露節後刈白露糯響鈴糯長腰糯若秫糯虎皮糯羊鬚糯重陽糯青皮糯道峯糯竹絲糯黄絲糯椒子糯大冬糯以上皆糯内惟響鈴一種造酒甚佳　臺灣府土産早稻晚稻禾黏稻水田者名為水

黏芒種後種米絶佳埔地者名為埔黏立夏後種米稍遜 寧德縣物産稻春種夏熟曰早稻春種冬熟曰晚稻早稻有白早有烏早有金城早即占城早也近有鋪礧早先晚稻一月而熟晚稻有白稻殻米倶白有紅稻殻赤米白有紅米娘殻黄米紅有光頭郎無芒米白有米秀穗長米白秫稻有紅秫有黄卮秫近時有一種米秏紅性極柔膩蹂為粉若丹粉然 番禺縣物産糯米有兩熟早熟五月收性多堅宜粉食其稈柔邑人和泥

塗壁能久名花殻糯晚熟十月收性粘較名蜜子糯宜釀酒其稈燥不適於用黏米早熟有望夫岡早糲新會黏黄黏南京白料禾潤各種五月收晚熟有黄黏鬼奴黏白殻諸種九月收水田一熟有大禾霜降赤黏秋分黏紅鬚稻蝦稻諸種四月下秧九月收 從化縣物産稻之品曰黏有赤黏黄黏白黏花黏薯梁黏鷓鴣黏深水蓮糯有黄糯白糯紅糯麻糯秔有餘抗赤秔 增城縣物産稻多黏早熟有冷黏赤穀黏晚熟有白花黏赤

花黏鼠牙黏最佳多糯有黄糯白糯焦糯聖糯又有香粳最美 新安縣方産稻類早黏黄黏斑黏鹹敏紅頭黏鼠牙黏黄糯白糯早糯旱糯高州糯烏嘴糯紅糯黑糯莆菱菱殻 乳源縣物産稻之屬曰黏有矮脚赤色高脚白米遲黏交秋黏鼠牙黏大谷黏黄黏曰糯有光頭糯紅糯早糯黄糯椒糯鐵皮糯白糯 龍川縣物産黏稻有積玉雪堆金包銀赤白湖裏鼠牙鹿角嘴粳稻藤糯稻藤黄馬尾蝦公香白赤烏鬚早稻有黏粳糯三

種有六月熟者有八月熟者犇稻亦三種山間待雨而耕犇字典不載 海陽縣物産稻之屬為赤早為白早為烏種為早秫為大秫為尖秫為白黏為黄黏為赤脚黏 程鄉縣物産稻之屬為赤早白早為早秫大秫為白黏黄黏為赤脚黏為香禾畬禾歳田一穫為大冬 惠來縣物産粳之屬有光鐵漢六十日西風早光早金包銀糯之屬有烏早早落火燒赤脚馬牙 平遠縣物産稻之屬白黏赤黏百日子南安早倶早收金包銀九月子

髙脚赤矯脚赤雪裏䒦瑞金黏清流黏俱晚收嚮糯白毛糯紅光糯俱早收髙脚糯蓑衣糯畬禾糯俱晚收　鎮平縣物產稻之屬為赤早為白早為百日早為旱糯為冬糯為白黏為黄黏為赤脚黏　髙要縣土產穀品多黏多稻多秫黏在腴田則有細黏青稾紅稾麻包錦鼠牙下馬看清水黏黄魚串落滋黏山豬怕八月黏潮田則有黄連黏交趾黏大黏淋漓黏大長毛小長毛晚赤之屬稻早晚旱三種又有尖鼻烏尻鷓鴣臂又有大

禾稻鬚芒及寸種塘中與水俱長莖丈餘正月布穀九月乃登秫有赤糯白糯黄糯油糯烏豚糯斑魚糯羊鬚糯荔枝糯番鬼糯水流糯旱糯早糯紐糯性輭味香美粒長三分極大昔無今有番鬼糯一名番生羊鬚糯一名羊眼　陽江縣物產稻種類頗多以細黏為上黄糠白米青黏次之黄黏又次之毛穀為下　髙明縣土產稻有早晚旱三種又有尖鼻烏尻鷓鴣臂又有大禾稻鬚芒及寸種塘中與水俱長莖丈餘正月布穀九月乃登黏在腴田則有細黏青菁紅菁麻包銀鼠牙落滋黏山豬怕八月黏黄連黏糯有赤糯白糯黄糯油糯烏豚糯荔枝糯番鬼糯旱糯早糯　電白縣物產稻有黏曰青稾曰黄黏曰白黏曰赤黏曰白殼曰牛皮早曰細粒曰早黏曰長鬚曰懶黏曰黑鐵曰馬尾黏有糯曰荔枝糯曰靈山糯曰油糯曰白糯曰長鬚糯曰番鬼糯曰早糯曰懶糯　石城縣物產稻之種曰早稻曰旱黏曰六十日曰芒稻曰馬屎曰禾名曰黄黏曰白黏曰馬尾黏

曰小黏以上米白曰鐵槌曰紅周二種米赤曰牛牯不懼風曰大糯紅芒黑芒無芒三種曰小糯曰粳曰香秔曰黄䊎朱鵝黄色近遂溪界有之曰水芮宜水田曰鹹稻曰大塞二種宜鹵田曰百稌曰坡黎曰坡蘭曰坡禾名四種宜髙坡曰山旱曰山禾名二種宜山碻人利之曰芮稻二月與早種拌播刈早禾後乃芮生　海康縣土產稻之種十有五曰早稻早黏秫稻光芒稻長芒稻香杭粳稻右杭珍珠稻黏稻百稌稻黄䊎稻芮稻紅稻

稻烏芒稻　合浦縣物產稻屬六禾白禾毛禾赤禾坡禾畬禾旦糯八月粒赤陽糯晚糯老鴉糯　欽州物產稻屬六禾毛禾白禾赤禾巢糯八月粒馬蜆糯赤陽糯白粒赤粒毛粒畬禾潮禾大糯蝦鬚糯香臺糯交趾糯　瓊山縣土產稻粳秫二種粳者曰白芒曰香秔曰烏芒曰珍珠曰鼠齒曰早禾曰黏稻曰山禾秫曰光頭曰九里香　澄邁縣土產秔稻糯稻秔有數種曰百箭烏齋黃其東海鼠牙八黏矮脚白芒紅芒烏芒早禾山禾

坡稻小種稻黏稻糯有數種曰黃鱸烏鴉烏罕光頭坡糯小熟糯　會同縣土產粳稻長芒百箭俱二熟黃沙黑芒紅芒牛鬚俱小熟黃琉山豬斑蓋鼠牙烏節廉州珠蓋穀圓如珠七黏俱大熟山禾坡禾俱山中之人刀耕火種亦大熟糯稻牛頭芒花烏鴉狗蛇穀傍有翅如蛇黃鱔馬眼光頭大糯小糯　儋州土產秔稻有赤黏烏齋百線香禾珍珠禾山肉赤鬚山禾黎人伐山種之曰刀耕火種早割藝之三月即熟鼠齒偶獲數種糯稻

有黃鱸貝子黑糯早割交趾五月光頭數種　羅定州物產稻有黏其種七曰黃曰赤曰白曰細粒曰青葉曰早曰長鬚有糯其種四曰荔枝曰番鬼曰瀨曰坡有粳有秈似粳而黑六月熟　懷集縣物產白銀黏桃花黏岡黏番生黏紅米黏沙黏南寧黏斑黏白銀粳香粳烏牛粳鐵錘粳香糯塔岡糯狗踏糯油糯鴨脚糯大紅糯安南糯番生糯無鬚糯桔貝糯早龍糯白藤糯禿鬚糯　南寧府物產稻粳有毛粳六月粳八月粳黏有白黏

紅黏早黏鼠牙黏長腰黏六月黏糯有紅白黃皮黑皮諸種早糯含香糯黃鬚糯黑鬚糯六月糯光糯毛糯狗眼糯赤陽糯黃蠟糯斑糯鵓鴣糯銀絲糯泥糯魚包糯飯糯香糯　新寧州物產黏穀早穀晚穀勝穀潦禾穀大苗穀三月穀麻現糯白殼糯兆殼糯烏殼糯振安白糯　横州物產稻有秔黏糯三種秔有毛秔六月秔八月秔黏有白黏紅黏早黏晚黏畬禾黏其穀之光芒大小長短不同其米之赤白紫烏堅鬆香否不一總以晚

白者為第一糯有光糯毛糯狗眼糯黃蠟糯斑糯早糯香糯　昆明縣特產香糯　富民縣物產紅稻白稻柳葉糯　宜良縣特產茴香糯　嵩明州物產麻線穀光頭穀金裹銀糯青芒白穀紅穀　呈貢縣物產白穀紅穀老鴉穀糯穀長芒穀　昆陽州物產大白穀小白穀冷水穀水長穀老來紅青芒穀大小糯穀早穀　建水州物產紅稻白稻黃稻香稻糯稻旱稻香糯黏糯柳條糯　石屏州物產小白穀安顛穀冷水穀大細麻線紅

心百日早烏穀紅皮紅白粳齒柳條新興白紅他狼鐵穀假糯飯糯響糯花皮長無芒香大小糯米葉裹藏金裹銀　通海縣物產香穀百日早黑穀小白穀紅芒穀冷水穀背子穀柳條糯紅皮白皮黃米　嶍峨縣物產香穀糯穀白穀紅穀黑穀早穀旱穀細穀　蒙自縣物產香稻紅稻白稻旱稻長芒稻水旱稻紅皮糯黑皮糯軟條糯　新興縣物產稻之屬黃殼小殼落子穀百日穀香穀葉裹藏黑大殼早穀水穀金裹銀糯之屬柳葉

糯紅穀糯香糯圓糯　廣西府物產稻之屬香穀早穀旱秧穀白心水穀紅心穀早穀遲穀黃皮穀黑皮穀老來紅三白子背子穀麻綿穀青芒穀羊毛穀蔓穀糯之屬圓糯長糯黃糯黑糯弔糯小糯臙脂糯虎皮糯香糯柳條糯　趙州物產稻之屬十三白麻線紅麻線豆嘴白穀紅皮矮羅青芒老鴉翎金裹銀早穀弔穀葉裹藏白毛穀糯之屬八香糯殼糯黑嘴糯油糯柳條糯大糯小糯白圓糯　雲南縣物產紅麻線大黑嘴白鼠牙大

香穀　鄧川州物產金裹銀銀裹金矮樓長芒光頭香糯紅糯大糯小糯麻線高脚梁白鷺豈老鴉翎　雲龍州物產穀之屬十落地白白麻線黑嘴紅皮矮白皮矮早弔六月熟金裹銀銀裹金早稻秫之屬四香糯黑嘴糯響穀糯麻線糯　永昌府物產飯穀有十種光頭穀毛穀早穀麻線穀香光頭穀紅穀黑早穀白早穀葉裹藏穀金裹銀穀糯穀有九種紅糯白糯烏糯水糯虎皮糯柳葉糯香糯大糯團頭糯　楚雄府物產秔秫糯粳

黄殻烏嘴虎斑紅芒 廣通縣物産稻為秔為糯為秈為黄殻白殻為烏嘴紅芒為虎斑為香糯為香稻為金齒鼠牙其别種也為旱稻 定邊縣物産稻之種十鵝林稻紅芒稻白殻稻黄殻稻虎皮稻白黒稻烏嘴稻大香稻晚稻早稻 姚州物産稻之屬紅白毛穀光頭長毛麻線青芒早弔穀 鶴慶府物産紅稻白稻長芒稻香稻出羅陋川細稻出大孟村冷水稻三月栽六月熟

麓川稻種自麓川來金裏銀稻皮紅米白銀裏金稻皮白米紅麻線稻虎皮糯珍珠糯牛皮糯松子糯旱糯 順寧府物産稻黄殻黒殻紅殻遲殻花殻矮老糯安喜糯安慶穀安來穀 蒙化府物産稻秔香秔黄黒紅白遲百日花穀落子矮老黒毛麻線老鴉翎背子糯穀香糯背子糯黄糯矮老糯凡二十種

欽定授時通考卷二十二

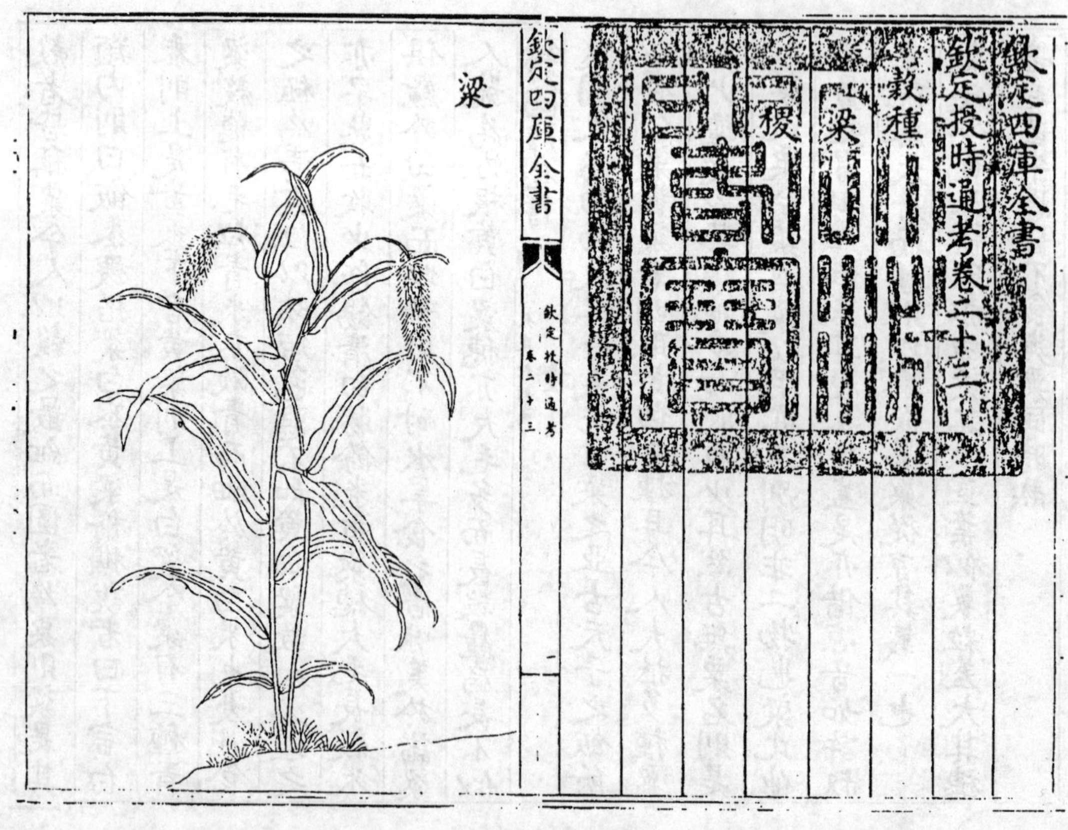

欽定四庫全書

欽定授時通考卷二十三

穀種

梁

稷

梁

禮記曲禮粱曰薌萁

注萁辭也疏正義曰粱謂白粱黃粱也萁語助也

周禮天官食醫凡會膳食之宜犬宜粱

正義犬味酸而溫粱米味甘而微寒氣味相成訂義犬金獸也粱西方之穀與金畜相宜

爾雅虋赤苗

注今之赤粱粟

又芑白苗

注今之白粱粟皆好穀疏案詩大雅生民云誕降嘉種維秬維秠維虋維芑故此釋之也虋與糜音義同虋即嘉穀赤苗者郭云今之赤粱粟芑即嘉穀白苗者郭云今之白粱粟皆好穀也

博雅䆉粱木稷也

廣志有具粱解粱有遼東赤粱鹽鑽粱粒如蟻子魏文帝以為粥

爾雅翼粱今之粟類古不以粟為穀之名但米之有稃殼者皆稱粟今人以穀之最細而圓者為粟則粱是其類內則曰飯黍稷稻粱白黍黃粱稰穛說者曰下言白黍則上是黃黍下言黃粱則上是白粱今粱有三種青粱殼穗有毛粒青米亦微青而細於黃白米也夏月食之極為清涼但以味短色惡不如黃白粱故人少種之亦早熟而收少作餳清白勝餘米黃粱穗大毛長殼米俱麤於白粱而收子少不耐水旱食之香味美於諸粱人號為竹根黃白粱穗亦大毛多而長殼麤扁長不似

粟圓米亦白而大其香美為黃粱之亞古天子之飯所以有白粱黃粱者明取黃白二種耳今人大抵多種粟而少種粱以其損地力而收穫少耳然古無粟名則是以粱統粟今粟與粱功用亦無別明非二物也粱比他穀最益胃但性微寒其聲為涼蓋是亦借涼音如許叔重說黍大暑而種則以黍從暑粱從涼其義一也

農政全書王禎曰赤白粱其禾莖葉似粟粒差大其穗帶毛芒牛馬皆不食與粟同時熟

本草綱目李時珍曰粱者良也穀之良者也或云種出自梁州或云粱米性涼故名皆各執己見也粱即粟也考之周禮九穀六穀之名有粱無粟可知矣自漢以後始以大而毛長者為粱細而毛短者為粟今則通呼為粟而粱之名反隐矣今世俗稱粟中之大穗長芒粗粒而有紅毛白毛黄毛之品者即粱也黄白青赤亦隨色命名耳郭義恭廣志有解粱貝粱遼東赤粱之名乃因地命名也　陶弘景曰凡云粱米皆是粟類惟其芽頭

色異為分别耳氾勝之云粱是秫粟則不爾也黄粱出青冀州東間不見有白粱處處有之襄陽竹根者為佳青粱江東少有又漢中一種枲粱粒如粟而皮黑可食釀酒甚消癖　蘇恭曰粱雖粟類細論則别黄粱出蜀漢商浙間穗大毛長穀米俱麤於白粱而收子少不耐水旱食之香美勝於諸粱人號竹根黄陶以竹根為白粱非矣白粱穗大多毛且長而穀粗扁長不似粟圓也米亦白而大食之香美亞於黄粱青粱殻穗有毛而粒青米亦微青而細於黄白粱其粒似青稞而少粗早熟而收薄夏月食之極為清涼但味短色惡不如黄白粱故人少種之作餳清白勝於餘米　寇宗奭曰黄粱白粱西洛農家多種為飯尤佳餘用不甚相宜

又黄粱米氣味甘平無毒寇宗奭曰青粱白粱性皆微涼獨黄粱性味甘平豈非得土之中和氣多耶蘇頌曰諸粱比之他穀最益脾胃

又白粱米氣味甘微寒無毒李時珍曰炊飯食之和中

止煩渴

又青粱米氣味甘微寒無毒李時珍曰今粟中有大而青黑色者是也其穀芒多米少稟受金水之氣其性最涼而宜病人

直省志書　歷城縣方産粱俗云粱穀米可入祀品　鄒平縣物産白穀粒白圓大俗謂粱穀米　淄陽縣物産粱有黄白紅黑四種　鄒縣物産粱有黄白紅黑四種　沂州物産粱有黄白紅黑四種　昌邑縣物産粱

黄白二種　祁縣物産粱細粒而色白　馬邑縣土産粱有早晚大小及紫白之異種　臨潁縣物産青粱白粱黄粱　咸陽縣物産粱其米青者為青粱夏日食之清凉其米白者形如芝蔴為芝蔴粱黄粱穗大毛長味美謂之竹根黄然赤黄二種甲稃雖有二色而其米皆白　慶陽府物産粱黄白青紅龍爪羊角蠟燭芝蔴長角凡九種　長泰縣物産粱俗呼好穀即香糯青粱穗有毛米微青顆長黄粱穗大毛長米畧麤白粱穗大米扁長又有八畬者米赤大於諸粱更香北方無此穀以糯稷白者為粱非是

稷

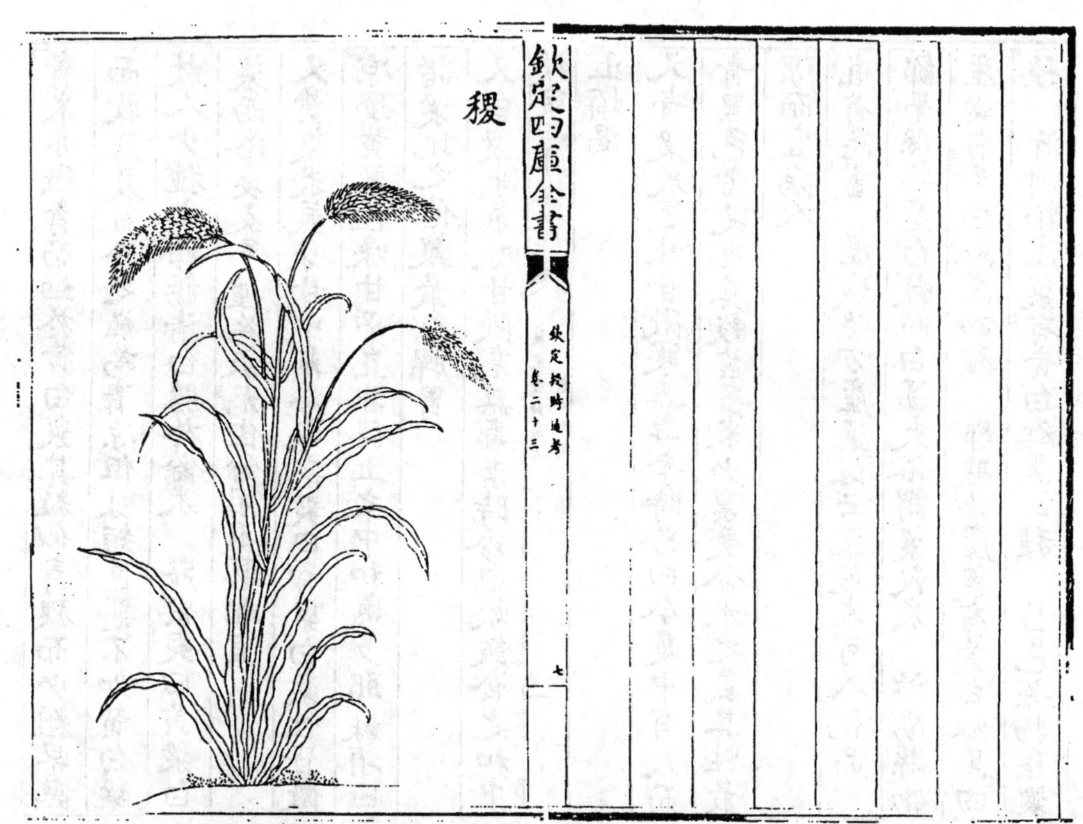

禮記曲禮稷曰明粢
疏正義曰稷粟也明白也言此祭祀明白粢也尚書云黍稷非馨詩云我黍與與我稷翼翼為酒為食以享以祀黍稷為五穀之主是粢盛之貴

周禮天官食醫凡會膳食之宜豕宜稷
正義豭豬味酸牝豬味苦稷米味甘甘苦相成訂義豕水畜也稷北方之穀與水相宜

夏官職方氏正西曰雍州其穀宜黍稷

又河內曰冀州其穀宜黍稷

爾雅粢稷
注今江東人呼粟為粢疏左傳云粢食不鑿粢者稷也曲禮云稷曰明粢是也郭云今江東人呼粟為粢然則粢也稷也粟也正是一物而本草稷米在下品別有粟米在中品又似二物故先儒甚疑焉

尚書帝命期春鳥星昏中以種稷

說文稷五穀之長也穈穄也

月令章句稷秋種夏熟歷四時備陰陽穀之貴者

博雅稷穰謂之䅌

廣志破藏稷逼黍稷也此二者以四月熟

隋書稷五星稷農政也取乎百穀之長以為號也

宋史天文志天稷五星在七星南農政也取百穀之長以為號明則歲豐暗或不具為饑移徙天下荒歉客星入之有祠事於內出有祠事於國外

爾雅翼稷者五穀之長故陶唐之世名農官為后稷其祀五

穀之神與社相配亦以稷為名以為五穀不可徧祭祭其長以該之稷所以為五穀之長者以其中央之穀月令中央土食稷與牛五行土為尊故五穀稷為長又古者號稷為首種孟春行冬令則雪霜大摯首種不入蔡邕以首種為麥以麥常隔歲而種故以為首而鄭康成以為稷者蓋以考靈曜云日中星鳥可以種稷是一歲之初所先種者唯稷況又孟春正種稷之時而云首種不入即是極寒種不入土不待歲收然後為入也稷又名齊或為粢故祭祀之號稷曰明粢而言粢盛者

本之諸穀因皆有粢名小宗伯所謂辨六齍之名物與其用是也杜子春又欲讀酒正五齊皆為粢以禮運有粢醍在堂意以粢穀為醍則餘四齊亦皆以粢穀為之然破五齊從一粢於義不可故後鄭但以為齊者以度量節作之吏讀禮運粢醍為齊此說之不同者也稷又名為穄呂氏春秋曰飯之美者有陽山之穄高誘曰關西謂之糜冀州謂之緊說文糜穄也廣雅曰緊穄也穆天子傳曰赤烏之人獻穄百載見今人皆謂之穄然則

稷也粢也穄也特語音有輕重耳大抵塞北最多如黍黑色稷有二種一黃白一紫黑紫黑者芑有毛北人呼為烏禾今人不甚珍此惟祠事用之農家種之以備他穀不熟為糧（音釋　六齍音粢謂之六穀黍稷稻粱麥苽　五齊音劑謂泛醴醍音醴糟牀下酒赤色）

天中記稷又名為穄

農政全書賈思勰曰穀者總名非止為粟也然今人專以稷為穀蓋俗名之耳朱穀高居黃劉豬豬道慰黃聒穀黃雀懊黃續命黃百日糧有起婦黃辱稻糧奴子場音加支穀焦金黃鶴鳴合履今一名麥爭場此十四種早熟耐旱免蟲聒穀黃辱稻糧二種味美今墮車下馬看白鼠羊懸蛇赤尾龍虎黃雀民泰馬洩韁劉豬赤李穀黃河摩糧東海黃石駒歲青莖青黑好黃陌南木隈隈黃宋黃凝指張黃兎脏青惠日黃寫風赤一睍黃山醝頻黨黃此二十四種穗皆有毛耐風免雀暴一睍黃一種易舂寶珠黃俗得白張鄰黃白醝穀鈞干黃張蟻白耿虎黃都奴赤茄蘆黃熏豬赤魏爽黃白莖青竹根

青調母粱磊碨黃劉沙白憎延黃赤粱穀靈忽黃獺尾青續得黃得客青孫延黃豬矢煙熏黃樂婢青平壽黃鹿橛白醝折作黃單橡阿居黃赤巴粱鹿蹄黃餞狗倉可憐黃米穀鹿橛青阿返此三十八種中麤大穀白醝穀調母粱二種味美擇穀青阿居黃豬矢青有二種味惡黃單橡樂婢青二種易舂竹葉青石柳閱竹根青一名胡穀水黑穀忽泥青衝天棒雉子青鴟腳穀鴈頭青攬堆黃青子規此十種晚熟耐蟲災則盡矣徐光啓曰

古所謂黍今亦稱黍或稱黃米穄則黍之別種也今人以音近誤稱為稷古所謂稷通稱謂穀或稱粟粱與秫則稷之別種也今人亦概稱為穀物之廣生而利用者皆以其公名名之如古今皆稱稷為穀也晋人稱蔓菁為菜吳人稱棗為菓稱陵苕為草洛陽稱牡丹為花又曰穄之苗葉莖穗與黍不異經典初不及穄後世農書輒以黍穄並稱故穄者黍之別種也郭璞注爾雅虋赤粱粟芑白粱粟皆好穀也言粱又言粟言穀故粱者稷

之別種也廣志曰秫黏粟說文曰秫稷之黏者故秫亦稷之別種也凡黏穀皆可為酒秬黍黏故人以為酒秫者黏稷亦可為酒故陶潛種五十畝秫非今之蜀秫也雜陰陽書稷生於棗或楊九十日秀秀後六十日成羣芳譜稷粒如粟而光滑色紅黃米似粟米而稍大色黃鮮三月種耘四遍七月熟四五月亦可種但收少遲耳刈稷欲早八九月熟便刈遇風即落忌與瓠子附子同食

本草綱目李時珍曰稷從禾從畟畟音即諧聲也又進力治稼也詩云畟畟良耜是矣種稷者必畟畟進力也南人承北音呼稷為穄謂其米可供祭也禮記祭宗廟稷曰明粢爾雅云粢稷也羅願云稷穄粢皆一物語音之輕重耳赤者名虋白者名芑黑者名秬註見黍下陶弘景曰稷米人亦不識書記多云黍與稷相似又註黍米云穄米與黍米相似而粒殊大說文云稷乃五穀長田正也此乃官名非穀號也先儒以稷為粟類或言

粟之上者皆說其義而不知其實也按氾勝之種植書有黍不言稷本草有稷不載穄穄即稷也楚人謂之稷關中謂之糜呼其米為黃米其苗與黍同類故呼黍為私秫陶言與黍相似者得之矣　陳藏器曰稷穄一物也塞北最多如黍黑色　孟詵曰稷在八穀之中最為下苗黍乃作酒此乃作飯用之殊途　蘓頌曰稷米出粟處皆能種之今人不甚珍此惟祠祀用之農家惟以備他穀之不熟則為糧耳　寇宗奭曰稷米今謂之穄

米先諸米熟其香可愛故取以供祭祀然發故疾只堪作飯不黏其味淡　李時珍曰稷與黍一類二種也黏者為黍不黏者為稷稷可作飯黍可釀酒猶稻之有粳與糯也陳藏器獨指黑黍為稷亦偏矣稷黍之苗似粟而低小有毛結子成枝而殊散其粒如粟而光滑三月下種五六月可收亦有七八月收者其色有赤白黃黑數種黑者禾稍高今俗通呼為黍子不復呼稷矣北邊地寒種之有補河西出者顆粒尤硬稷熟最早作飯踈

爽香美為五穀之長而屬土吳瑞曰稷苗似蘆粒亦大南人呼為蘆穄孫炎正義云稷即粟也　又曰稷黍之苗雖頗似粟而結子不同粟穗叢聚攢簇稷黍之粒疏散成枝孫氏謂稷為粟誤矣蘆穄即蜀黍也其莖苗高大如蘆而今之祭祀者不知稷即黍之不黏者往往以蘆穄為稷故吳氏亦襲其誤也今並正之

又稷米氣味甘寒無毒別錄曰益氣補不足心鏡曰作飯食安中利胃宜脾李時珍曰涼血解暑按孫真人云稷脾之穀也脾病宜食之氾勝之云燒黍稷則瓠死此物性相制也稷米黍穰能解苦瓠之毒

閩書稷說文曰五穀之長也閩中種稷殊少惟明祀用之甌冶遺事穄米與黍相似而粒大按此說是蜀黍也北人曰高粱泉曰番黍浙人曰蘆穄閩中山畬磽地尚有一種穗如鴨脚粒與黍相類磨之可以麪其稃可以酒

天工開物凡糧食米而不粉者種類甚多相去數百里

則色味形質隨方而變大同小異千百其名北人唯以大米呼粳稻而其餘槩以小米名之凡黍與稷同類粱與粟同類黍有黏有不黏黏者為酒稷有粳無黏凡黏黍黏粟統名曰秫非二種外更有秫也黍色赤白黃黑皆有而或專以黑色為稷未是至以稷米為先他穀熟堪供祭祀則當以早熟者為稷則近之矣凡黍在詩書有虋芑秬秠等名在今方語有牛毛燕頷馬革驢皮稻尾等名種以三月為上時五月熟四月為中時七月熟

五月為下時八月熟揚花結穗總與來牟不相見也凡黍粒大小總是土地肥磽時令害育宋儒拘定以某方黍定律未是也凡粟與粱統名黃米黏粟可為酒而蘆粟一種名曰高粱者以其身高七尺如蘆荻也粱粟種類名號之多視黍稷尤甚其命名或因姓氏山水或以形似時令總之不可枚舉山東人唯以穀子呼之併不知粱粟之名也以上四米皆春種秋穫耕耨之法與來牟同而種收之候則相懸絕云

直省志書宛平縣物產稷有黑白黃三種　保定縣土產稷有紅有白有黑　歷城縣方產稷祀神多需此　鄒平縣物產稷紅白數種　新城縣物產穄紅穄黑穄二種　齊東縣物產稷紅白數種　長清縣物產稷有紅黃黑白四種　泰安州物產稷黃黑二種　萊蕪縣物產稷有黃紅二種　霑化縣物產稷之品紅稷黑稷柳稷六十日　滋陽縣物產稷有黑白二種　鄒縣物產稷有紅白二種　鉅野縣物產稷有紅白二種　東平州物產穄紅黑二種　汶上縣物產稷有黑白二種　沂州物產稷有黑白二種　清平縣物產稷有黑白紅三種　高唐州物產稷其品二黑紅　觀城縣物產稷紅黑二種　日照縣物產稷有黑白二種　招遠縣物產稷其色有赤白黃黑數種　陽曲縣物產稷粟有粳硬二種　祁縣物產稷有大小二種視他方味美　定襄縣物產稷青黃蟄黑　臨汾縣物產稷有大小二種視他方味美　翼城縣物產稷有赤黑二種　汾西

縣土產稷黃白黑三種　馬邑縣物產稷有青紅白黑四種與早晚大小之分　洧川縣物產稷有黃白二種　輝縣物產稷色有青白紅黃名有六月秈溜沙白等皆嘉他如龍爪兔蹄雞腸鼠尾隨象立名動以百計　慶陽府物產稷黃白紅青蟄粳凡六種　歙縣物產穄有黑穄者粳穄也赤穄者糯穄也長如蘆葦號蘆穄黃穄皆古之稷也

欽定授時通考卷二十三

欽定四庫全書

欽定授時通考卷二十四

穀種

黍

丹黍米

蜀黍

玉蜀黍

野黍

黍

禮記曲禮黍曰薌合

疏正義曰黍曰薌合者夫穀秫者曰黍秫既輭而相合氣息又香故曰薌合也集說黍熟則黏聚不散其氣又香故曰薌合

周禮天官食醫凡會膳食之宜羊宜黍

正義羊味甘熱黍味皆溫甘皆相成訂義羊火畜也黍高燥所生與火畜相宜

又夏官職方氏正西曰雍州其穀宜黍稷

又河內曰冀州其穀宜黍稷

爾雅秬黑黍

注詩曰維秬維秠

又秠一稃二米

注此亦黑黍但中米異耳漢和帝時任城生黑黍或三四實實二米得黍三斛八斗是疏李巡曰黑黍一名秬黍秬即黑黍之大名也秠是黑黍之中一稃有二米者别名為秠若然秬秠皆黑黍矣而春官鬯人

註云釀秬為酒秬如黑黍一秠二米言如者以黑黍一米者多秬為正稱二米則秬中之異故言如以明秬有二等也秬有二等則一米亦可為酒鬯人之註必言二米者以宗廟之祭惟祼為重二米嘉異之物鬯酒宜用之故以二米解鬯其實秬是大名故云釀秬為酒此云秠一稃二米鬯人註云一秠二米不同者鄭志答張逸云秠即皮其稃亦皮也爾雅重言以曉人然則秠稃古今語之異故鄭引此文以稃為秠

也漢和帝時任城縣生黑黍或三四實實二米得黍三斛八斗是也

尚書考靈曜夏火星昏中可以種黍

春秋說題辭精移火轉生黍夏出秋改黍者緒也故其立字禾入米為黍酒以扶老

春秋佐助期黍神名俛佞姓蘭郝

孝經援神契黑墳宜黍麥

淮南子渭水多力而宜黍

博雅粢黍也黍釀謂之秎

說文以大暑而種故謂之黍黍禾屬黏者也孔子曰黍可以為酒

古今注稻之黏者為黍亦謂秫為黍禾之黏者為黍亦謂之穄亦曰黃黍

廣志黍有燕頷之名又有驢皮黍又曰牛黍稻尾秀成赤黍馬革大黑黍或云秬黍有濕屯黃黍

齊民要術穄有赤白黑青黃鶩鴿凡五種

又凡黍黏者收薄穄味美者亦收薄難舂

雜陰陽書黍生於榆六十日秀秀後四十日成黍生於巳壯於酉長於戌老於亥死於丑惡於丙午忌於丑寅卯穄忌於未寅

爾雅翼黍禾屬而黏者也以大暑而種故謂之黍從禾雨省聲孔子曰禾可為酒禾入水也然則又以禾入水三字合而為黍不但從雨而已黍以大暑而種故農家以三月上旬為上時四月上旬為中時五月上旬為下

時然月令仲夏之月農既登黍矣天子以雛嘗黍羞以含桃先薦寢廟為鄭說者以為黍非新成直是舊黍蓋以鄭解孟秋所登之穀為黍稷故以仲夏為未熟若其熟何得言登且所謂舊黍者自去歲孟冬與彘併食數月於此矣豈待今而後嘗耶黍固有早晚其晚者不妨至孟秋始熟故庶人秋乃薦黍此天子之禮自重其先熟者而嘗薦之耳故蔡邕以為今之蟬鳴黍亦猶十月獲稻而天子所嘗乃九月熟者謂之半夏稻亦其類也

黍之秀特舒散故說者以其象火為南方之穀詩亦云芃芃黍苗以此也又云彼黍離離彼稷之苗者黍大體似稷故古人併言黍稷今人謂黍為黍穄行役之人有憂於內則有不察於外故於此或不能辨也黍有赤黍黑黍黑黍已別見虋稱赤苗恐是赤者其類有黏不黏如稻之有粳糯其不黏者以為飯黏者別名秫以為酒說文秫稷之黏者即謂此也月令造酒命大酋秫稻必齊蓋以此秫與稻之糯為酒北人謂秫為黃米亦謂之黃糯釀酒比糯稻差劣黍之為物黏而香故凡香之馨馥黏之黏䵒皆從之又古人作履黏以黍米謂之黎其雪桃亦用黍以黍黏去桃毛也孔子先食黍以黍為五穀之先桃為五果之下故捨不用耳黍又擣以為餳謂之餦餭楚辭曰粔籹蜜餌有餦餭言以蜜和米麪煎熬作粔籹又有美餳衆味甘具也及屈原死楚人以菰葉裹黍祠之謂之角黍（馨音香　黏音胡　䵒音暱　餦音張　餭音黃　粔音巨　籹字典不載）又秬黑黍也古者薦籩有白黑形鹽白為熬稻黑即秬

也至藏冰則用黑牡秬黍以享司寒蓋此倣其方之色亦以為酒謂之秬鬯既芬香調暢矣若將用則鬯人以鬯酒入鬱人鬱人得之築鬱金草煮之以和此酒則謂之鬱鬯故鬯人掌共秬鬯而鬱人和鬱鬯以此也又釋草曰秬黑黍秠一稃二米是秬與秠之所以異者在此然則秠必不黑秬必不一稃二米也而鄭氏釋春官鬯人既云秬如黑黍一稃二米則是以秠之狀雜之於秬郭氏解釋草又曰秠亦黑黍則是又以秬之色雜

之於秠秬既欲兼秠之狀秠又欲兼秬之色凡物之所以紊亂不復可推究者由此故也郭氏又引漢和帝時任城生黑黍或三四實實二米得黍三斛八斗以顯二米者為黑黍且任城所生漢之異事歷世所未有詩歌后稷降播乃民事之常如必待任城所生而後降之則沒世不可待矣至唐說者又言今上黨民間黑黍或值豐歲往往得二米者但稀濶而得之不以充貢耳以此附成郭氏之說且后稷所降既謂之種何得以豐歲偶

有一二為說若皆以豐歲言之則禾有同穎麥有兩岐又可待以為種耶按今百穀之中一稃二米者唯麥為然舍麥未有二米者說文解秠亦云一稃二米詩云誕降嘉種維秬維秠天賜后稷之嘉穀也而解來字云周所受瑞麥來麰一來二縫秠與來麰皆后稷所受於天皆一稃二米則是秠者正此來麰耳但生民臣工所稱不同來麰又稱釐麰古者來釐丕三字相通要是一物鄭志自以所解毛人不合釋草之文故答張逸併以秠稃皆解為皮且云爾雅重言以曉人然則不惟二物相混而秠但得為秬之皮轉失實矣予故詳而論之

農政全書王禎曰詩云維秬維秠秬黑黍也又曰秬鬯一卣此言黍之為酒尚矣今又有赤黍米黃而黏可蒸食白黍釀酒亞於糯秫又北地遠處惟黍可生其莖穗低小可以釀酒又可作餼粥黏滑而甘此黍之有補於艱食之地者也凡祭祀以之為上盛貴其色味之美也

本草綱目李時珍曰按許慎說文云黍可為酒從禾入

水為意也魏子才六書精蘊云禾下從氽象細粒散垂之形氾勝之云黍者暑也待暑而生暑後乃成也詩云誕降嘉種維秬維秠維穈維芑穈即虋音轉也郭璞以虋芑為粱粟以秠即黑黍之二米者羅願以秠為來牟皆非也　陶弘景曰黍荆郢州及江北皆種之其苗如蘆而異於粟粒亦大今人多呼秫粟為黍非矣北人作黍飯方藥釀黍米酒皆用秫黍也別錄丹黍米即赤黍米也亦出北間江東時有而非土所宜多入神藥用又

有黑黍名秬釀酒供祭祀用　蘇恭曰黍有數種其苗亦不似蘆雖似粟而非粟也　蘇頌曰今汴洛河陝間皆種之爾雅云虋赤苗芑白苗秬黑黍是也李巡云秬是黑黍中一稃有二米者古之定律者上黨秬黍之中者累之以生律度衡量後人取他黍定之終不能協律或云秬乃黍之中者一稃二米之黍也此黍得天地中和之氣而生蓋不常有有則一穗皆同二米粒並均匀無大小故可定律他黍則不然地有肥瘠歲有凶穰故

米有大小不常矣今上黨民間或值豐歲往往得二米者但稀濶故不以充貢爾　又曰黏者為秫可以釀酒北人謂為黃米亦曰黃糯不黏者為黍可食如稻之有粳糯也李時珍曰此誤以黍為稷以秫為黍也蓋稷之黏者為黍粟之黏者為秫粳之黏者為糯別録本文著黍秫稻糯之性味功用甚明而註者不諳往往謬誤如此今俗不知分别通呼秫與黍為黃米矣

又黍米氣味甘温無毒孫思邈曰黍米肺之穀也肺病宜食之主益氣李時珍曰按羅願云黍者暑也以其象火為南方之穀蓋黍最黏滯與糯米同性其氣温暖故功能補肺而作食作煩熱緩筋骨也孟詵謂其性寒非矣

直省志書宛平縣物產黍有白黑二種　三河縣土產黍有黑白紅黃四種　平谷縣土產黍有黑白紅黃黧五種　清苑縣土產黍有黃有白有丹有大白有小白

歷城縣方產黍有酒飯二種酒黏飯不黏　鄒平縣

物產黍黑白數種　新城縣物產黍白黍黎頭二種齊河縣物產黍有紅黃白黑四種　齊東縣物產黍黑白數種　長清縣物產黍有黑白二種　泰安州物產黍黃白黑三種　萊蕪縣物產黍白黃紅黑四色有粳硬二種粳宜釀酒　霑化縣物產黍之品黎頭黍托地白棗皮黍芝黃黍紅黍白黍　滋陽縣物產黍有黑白二種　曹州物產黍有黃紅黑白四色　曹縣物產黍有數種五色早晚不同曹酒率用此米　鉅野縣物產

黍黑白紅黄四種　東平州物産黍黑白二種　汶上縣物産黍黑白二種　沂州物産黍有黑白二種　清平縣物産黍有紅白黑三種皆可釀酒白者佳　高唐州物産黍其品三黑紅白　觀城縣物産黍黑白二種　日照縣物産黍有黑白二種　黄縣物産黍有紅白黑三種　福山縣物産黍有金銀黑三色釀酒　招遠縣物産赤黍白黍黑黍　萊陽縣物産黍紅白黑三種　陽曲縣物産黍有稉硬二種　祁縣稉硬二種稉宜

釀酒　定襄縣物産黍黄白紅青羊眼　保德州土産黍有黑青紅黄數種　臨汾縣物産黍有稉硬二種丹黑二色　翼城縣物産黍有黄白二種　臨晉縣物産黍有黄白赤黑四種米皆黄俗呼為黄米　平陸縣土産黍有白紅黄黎其硬者為穈黍　高平縣物産黍紅白黎黑數種精潔美腴甲於他郡　和順縣土産黍有稉硬二種其色白黑黄赤黎五色　馬邑縣土産黍有青白黄三種與早晚大小之分　祥符縣物産白黍黑

黍紅黍黄黍　洧川縣物産黍有黄白黑三種　鄢陵縣土産黍紅白黎三色其最早者曰奪麥場　延津縣物産黍有黄黍白黍秔黍糯黍　襄城縣土産白黍白莩黄米為上黄黍黄莩黄米為次黑黍釀酒　延川縣物産黍有稉硬二種有丹黑二色　西鄉縣土産黍類露仁糧矮人糧馬尾糧黑穀糧罩粒頭　清河縣物産黍有黄白黎色數種亦有紅者名大紅袍　蒲圻縣物産黍之屬有黄黍黑黍高粱黍　永明縣土産泡眼黍

赤黍蓑衣黍　建陽縣方産黍屬小早三月種六月收黄竹早宜飽水田四月種七月熟江西早三月種七月初收爛埿早天降早苦株早紅根早蘆絲早俱三月種七月收間有瘦田亦可種縮頸早宜肥田三月種七月半收福德早宜禾田三月種八月收半冬早黄穀早俱三月種九月收　海寧縣土産黍之種四曰糯黍黄黍牛黍飯黍

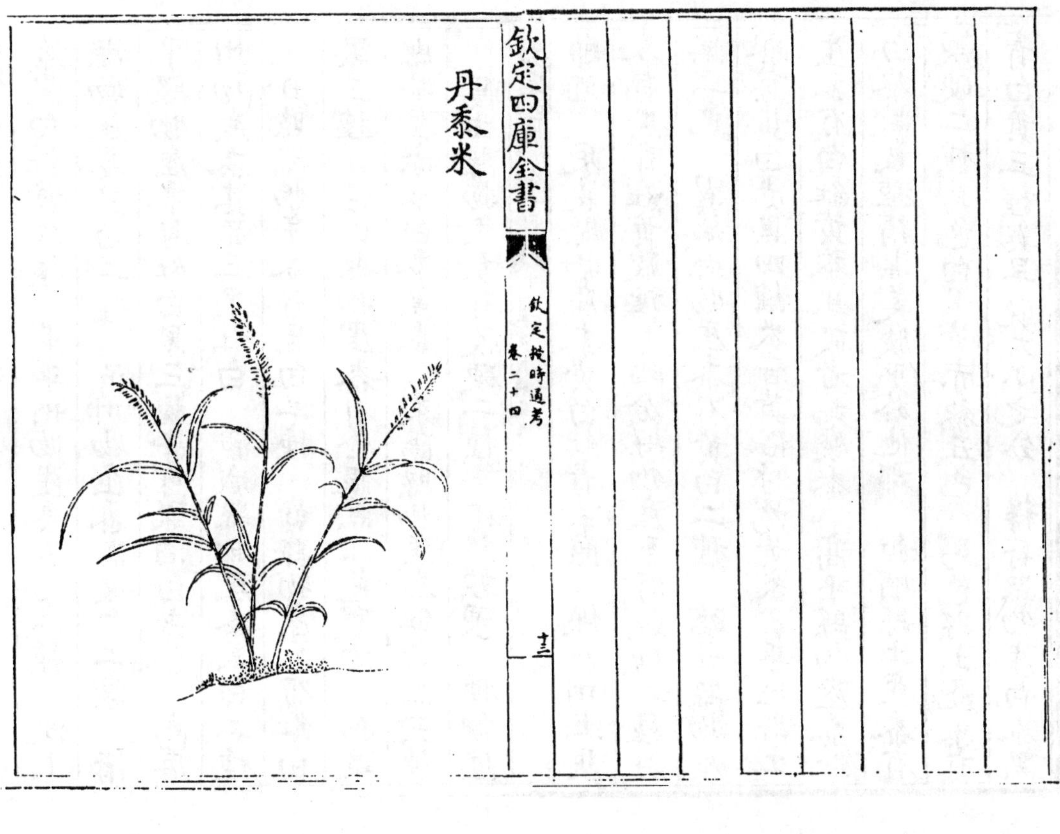

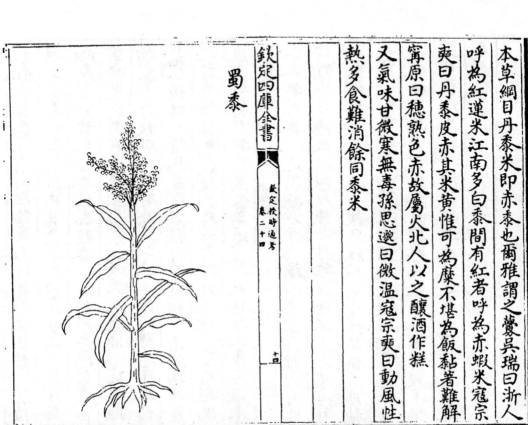

本草綱目丹黍米即赤黍也爾雅謂之虋吳瑞曰浙人呼為紅蓮米江南多白黍間有紅者呼為赤蝦米寇宗奭曰丹黍皮赤其米黄惟可為糜不堪為飯黏著難解甯原曰穗熟色赤故屬火北人以之釀酒作糕

又氣味甘微寒無毒孫思邈曰微温寇宗奭曰動風性熱多食難消餘同黍米

蜀黍

齊民要術蜀秫春月種宜用下土莖高丈餘穗大如帚其粒黑如漆如蛤眼熟時收刈成束攢而立之其子作米可食餘及牛馬又可濟荒其莖可作洗帚稭稈可以織箔編席夾籬供爨無有棄者亦濟世之一穀農家不可闕也

農政全書徐光啓曰蜀秫古無有也後世或從他方得種其黏者近秫故借名為秫今人但指此為秫而不知有粱秫之秫誤矣別有一種玉米或稱玉麥或稱玉蜀

秫蓋亦從他方得種其曰米麥蜀秫皆借名之也又曰北方地不宜麥禾者乃種此尤宜下地立秋後五日雖水潦至一丈深而不能壞之但立秋前水至即壞故北土築堤二三尺以禦暴水但求隄防數日即客水大至亦無害也又曰秦中𪍑地則種蜀秫下地種蜀秫特宜早須清明前後耩（𪍑音減）

本草綱目李時珍曰蜀黍不甚經見而今北方最多按廣雅荻粱木稷也蓋此亦黍稷之類而高大如蘆荻者故俗有諸名種始自蜀故謂之蜀黍汪穎曰蜀黍北地種之以備缺糧餘及牛馬穀之最長者南人呼為蘆穄李時珍曰蜀黍宜下地春月布種秋月收之莖高丈許狀似蘆荻而內實葉亦似蘆穗大如帚粒大如椒紅黑色米性堅實黃赤色有二種黏者可和糯秫釀酒作餌不黏者可以作糕煮粥可以濟荒可以養畜梢可作帚莖可織箔席編籬供爨最有利於民者今人祭祀用以代稷者誤矣其穀殼浸水色紅可以紅酒博物志云地

種蜀黍年久多蛇

又蜀黍米氣味甘澀溫無毒

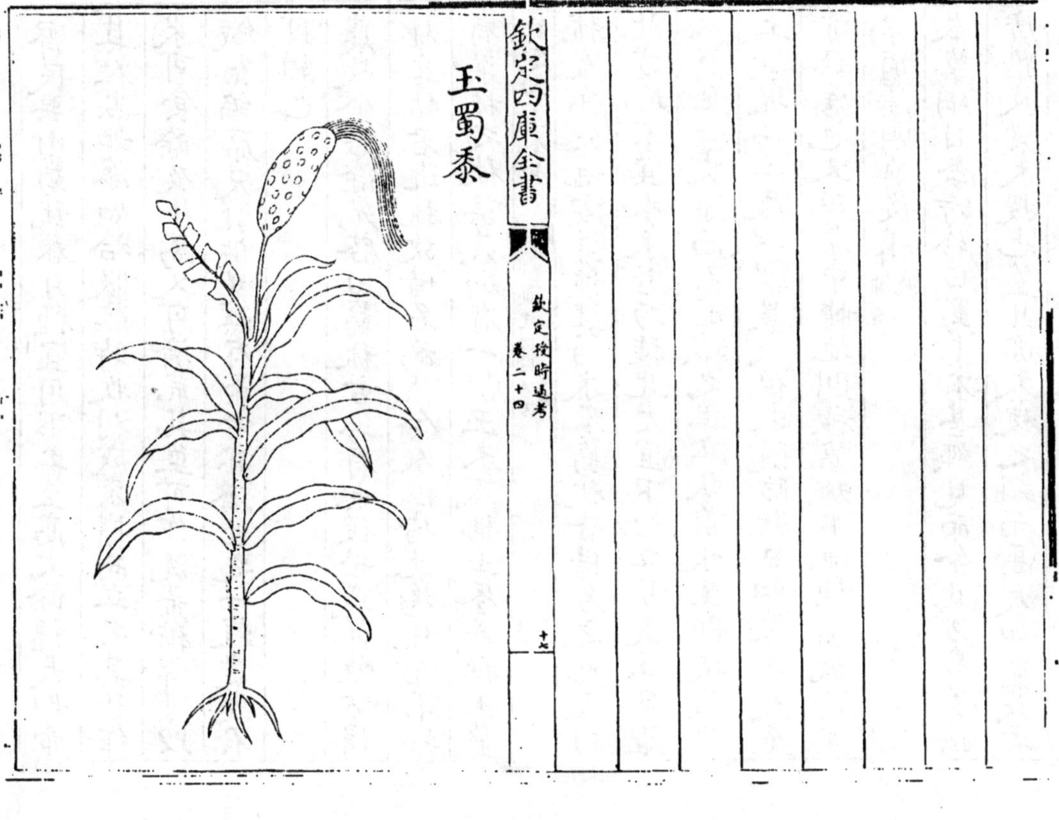

本草綱目李時珍曰玉蜀黍種出西土種者亦罕其苗葉俱似蜀黍而肥矮亦似薏苡苗高三四尺六七月開花成穗如秕麥狀苗心別出一苞如椶魚形苞上出白鬚垂垂久則苞坼子出顆顆攢簇子亦大如椶子黄白色可灤炒食之炒拆白花如炒拆糯穀之狀

又玉蜀黍米氣味甘平無毒

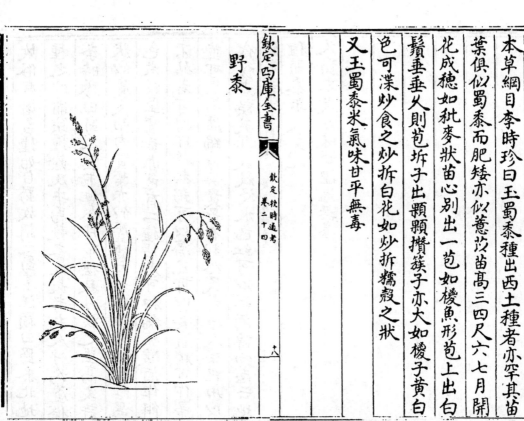

野黍

農政全書野黍生荒野中科苗皆類家黍而莖葉細弱穗甚瘦小黍粒亦極細小味甘性微温採子舂去麤糠或搗或磨麪蒸糕食甚甜

欽定授時通考卷二十四

欽定四庫全書

欽定授時通考卷二十五

穀種

粟

白粟米

秫

粟

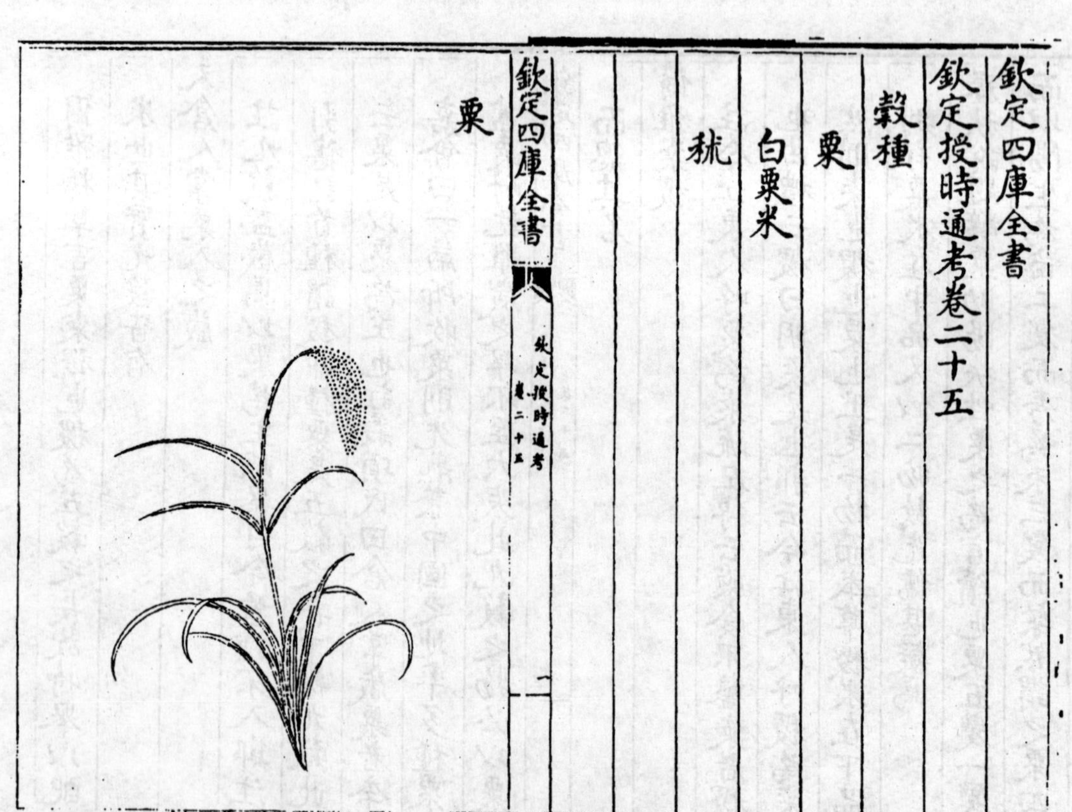

尚書禹貢四百里粟

集傳粟穀也去其穗而納穀

周禮地官載師凡田不耕者出屋粟

疏夫三為屋民有百畝之田不耕墾種作者罰以三夫之稅粟

又旅師掌聚野之耡粟屋粟閒粟

註野謂遠郊之外也耡粟民相助作一井之中所出九夫之稅粟也屋粟民有田不耕所罰三夫之稅粟

閒粟閒民無職事者所出一夫之征粟訂義鄭諤曰耡粟者合耦於耡而不趨合耦之令者罰使出粟劉執中曰耡粟為有五畝之宅不鋤而樹藝之乃出不毛之粟張氏曰屋粟不授田徙居之粟易氏曰閒粟即甸地閒田所出之粟曹氏曰此三等之粟在農民常賦之外旅師之所專掌

又舍人掌米粟之出入辨其物

疏太宰九職有九穀月令有五穀今止言粟即粢也爾雅釋草言粟粢稷也稷為五穀之長故特舉以配米也其實九穀皆有

又倉人掌粟入之藏

註九穀盡藏焉以粟為主疏案月令首種不入鄭注引舊記首種謂稷即種粟是五穀之長下辨九穀此云粟是以粟為主也訂義項氏曰倉人掌藏粟者李嘉會曰一歲所收粟則先熟兼中國之地率多種粟蓋粟耐乾雖歲之旱不至大失此九穀之物必以粟

而總其名

爾雅粢稷

註今江東人呼粟為粢疏左傳云粢食不鑿粢者稷也曲禮云稷曰明粢是也郭云今江東人呼稷為粢然則粢也稷也粟也正是一物而本草稷米在下品别有粟米在中品又似二物故先儒甚疑焉

春秋説題辭粟助陽扶性粟之為言續也粟五變一變而以陽生為苗二變而秀為禾三變而粲然謂之粟四

變入臼米出甲五變而蒸飯可食陽以一立為法故粟積大一分穗長一尺文以七烈精以五六立故其字為粟西者金所立米者陽精故西字合米字而為粟

春秋佐助期粟神名許給姓慶天

說文粟嘉穀實也粟之為言續也續於穀也

廣志粟有赤粟白莖有黑格雀粟有張公斑有含黃有蒼背稷有雪白粟亦名白粟又有白藍下竹頭青白逯麥擢石精狗蝽之各種云

羣芳譜稈高三四尺似蜀秫稈中空有節細而矮葉似蘆小而有毛穗似蒲有毛顆粒成簇性鹹淡養脾胃補虛損益丹田利小便解熱毒陳者尤良北人日用不可缺者

本草綱目李時珍曰粟古文作㮚象穗在禾上之形春秋說題辭云粟乃金所立米為陽之精故西字合米為粟此鑿說也許慎云粟之為言續也續於穀也古者以粟為黍稷粱秫之總稱而今之粟在古但呼為粱後人乃專以粱之細者名粟故唐孟詵本草言人不識粟而近世皆不識粱也大抵黏者為秫不黏者為粟故呼此為私粟以別秫而配私北人謂之小米者即此粟也陶弘景曰粟江南西間所種皆是其粒細於粱熟舂令白亦當白粱呼為白粱粟或呼為粢米蘇恭曰粟類多種而並細於諸粱北土常食與粱有別粢有稷米陶註非矣孟詵曰粟顆粒小者是今人多不識之其粢米粒麤大隨色別之南方多畬田種之極易舂粒細香美少

虛怯祇於灰中種之又不耕治故也北田所種多耕之即難舂不鋤即草翳死都由土地使然爾李時珍曰粟粱也穗大而毛長粒麤者為粱穗小而毛短粒細者為粟苗俱似茅種類凡數十有青赤黃白黑諸色或因姓氏地名或因形似時令隨義賦名故早則有趕麥黃百日糧之類中則有八月黃老軍頭之類晚則有雁頭青寒露粟之類按賈思勰齊民要術云粟之成熟有早晚苗稈有高下收實有息耗質性有強弱米味有美惡山

澤有異宜順天時量地利則用力少而成功多任性反道勞而無獲大抵早粟皮薄米實晚粟皮厚米少又粟氣味鹹微寒無毒李時珍曰鹹淡寇宗奭曰生者難化熟者滯氣隔食生蟲陶弘景曰陳粟乃三五年者尤解煩悶服食家亦將食之

白粟米

聖祖御製幾暇格物編粟米（本草粟米即小米）有黃白二種黃者有粘有不粘本性注云粟粘者為秫北人謂為黃米是也惟白粟則性皆不粘七年前烏喇地方樹孔中忽生白粟一科土人以其種播獲生生不已遂盈畝頃味既甘美性復柔和有以此粟來獻者朕命布植於山莊之內莖幹葉穗較他種倍大熟亦先時作為糕餌潔白如糯稻而細膩香滑殆過之想上古之各種嘉穀或先無而後有者槩如此可補農書所未有也

直省志書遵化州物產粟早熟有趕麥黃中熟有四指紅晚熟有老米白土人總名曰穀　栢鄉縣物產粟有黃穀黑穀白穀紅穀一薄蠶山藥穀一抱箭芝麻穀兒啼穀龍爪穀簍底箆　邢臺縣物產粟種類頗多其佳者名十里香大黃穀小黃穀一把箭龍爪穀有一二十名　鄒平縣物產粟黃白秫糯凡數十種　淄川縣物產粟其種甚多或紫莖或青莖舂為米有黃白二色粟之類又有粱穀黍穀　泰安縣物產粟百餘種曰九里

香花裏黃其最佳者　萊蕪縣物產粟有黃白二色白米者名曰粱穀並黍穀米皆可釀酒　淄陽縣物產粟白赤二色　鄒縣物產粟有紅白二種　曹縣物產粟有黃黑紅白四色　沂州物產粟有黃白赤三色　高唐州物產粟其品三黃白紅　觀城縣物產粟黃白赤三種　黃縣物產粟其名數十種大約分黃白晚三種　招遠縣物產粟其類凡數十大約分黃白烏晚四色　萊陽縣物產粟黃白晚三種　定襄縣物產粟黃白

硬轅二種黑紅二色　翼城縣物產粟有紅白二種　鄢陵縣土產粟類最夥其色有青白紅黃其名有六月先七里香八百光鐵壩齒皆嘉他如雞腸兔蹄龍爪猴尾隨衆立名動以百計焉　延津縣物產粟有二種一種如狗尾南方謂之狗尾粟北方謂之小米一種五叉如爪南方謂之狗爪粟　渭南縣物產粟類頗多其佳者名狼尾又名紫羅帶又有金裹銀銀裹金者又有名疾穀者晚種早熟其穗堅硬如鐵故又名鐵軸　西鄉縣土產飯粟酒粟椒粟草粟薄地襯狗尾粟柳眼青貓爪粟棕簑粟　宿松縣物產粟為青管為大黃為趕麥黃為麂腳紅為硃砂為蠟燭條為婆莫來有秈有糯　歙縣物產粟有早粟寒粟毛粟皆晚成有赤稈白稈有望秫青有糯粟山中人以為酒有罌子粟細美異他粟有山粟皆古之粱也　祁門縣土產山粟圓粟　涇縣物產黴粟寒粟有紅白二種稴子粟稗子粟　揚州府物產粟有秔粟糯粟金釵婆不來鐵落索狗尾　上海

縣物產粟高鄉所種有蘆粟似薏苡而高有二種秔者穗挺而疎糯者穗垂而密雞頭粟節間有赤鬚結實纍纍如珠一名珍珠粟又名天方粟又名玉麥又一種初秋即熟其莖較短四月種八月熟　仁和縣物產粟有秔粟糯粟狗尾金纍　山陰縣物產粳粟糯粟木粟稈尖幾徑寸苗如蘆高丈餘粒比粟殊大皮黑性黏乳粟粒大如雞豆色白味甘俗曰遇粟狗尾粟穄粟　新建縣食貨粟之屬禾粟早粟　奉新縣土產粟種類凡數

十早則有趕麥黃百日糧之類中則有黃老軍頭之類晚則有雁頭青寒露粟之類　靖安縣物產禾粟紅糯粟蘆粟黍子粟毛粟牛尾粟　武寧縣土產禾粟牛繩粟毛粟紅糯粟青捍粟寒粟承州粟觀音粟狗尾粟　寧州土產早粟紅粟鹿角粟馬口粟烏糯粟　建昌縣物產粟種類甚繁早則有大紅毛馬口齊頭白之類遲則有北粟毛蟲窠廬山白頭之類早者夏熟遲者冬熟　德化縣物產粟有早粟大粟草粟　東鄉縣物產禾

粟繩粟黏粟糯粟蘆粟　宜鄉縣物產粟有占粟糯粟黍子粟草子粟等名　萍鄉縣物產大粟鬚粟膏粱粟　蒲圻縣物產早粟寒粟粘粟糯粟觀音粟　咸寧縣物產鐵駝粟猴春粟鹿角粟寒粟觀音粟　羅田縣物產粟類早粟大寒粟小寒粟青管粟矮脚紅穀子粟有穀粟苧蔴粟濫雜九五龍爪下馬看料田搥趕麥黃九月寒砵砂糯粟毛穀粟婆莫來銅鑼搥紅毛老軍頭白毛老軍頭　寧鄉縣物產粟類三曰寒粟早粟糯粟

邵陽縣食貨秔粟糯粟米粟木粟火粟　永明縣物產白范粟赤毛粟羊粟藍米粟秈粟劇粟　嘉定州物產粟有白沙黃沙黃者佳可以煮粥亦有酒粟其殼黑　建寧縣物產金釵粟狗尾粟　福寧州物產粟有牛毛粟鴦掌粟狗尾粟　龍川縣物產粟有魚春牛尾老鴉膾大米珍珠小黃

秫

禮記月令仲冬之月乃命大酋秫稻必齊

爾雅衆秫

註謂黏黍也疏衆一名秫謂黏黍也說文云稷之黏者也與穀相似米黏北人用之釀酒其莖稈似禾而粗大者是也

廣志有胡秫早熟及麥

齊民要術按今世有黃粱穀秫桑根秫穄天培秫也

本草綱目李時珍曰秫字篆文象其禾體柔弱之形俗

呼糯米是矣北人呼為黃糯亦曰黃米釀酒劣於糯也又蘇恭曰秫稻秫也今人呼粟糯為秫北土多以釀酒而汁少於黍米凡黍稷粟秫粳糯三穀皆有秈糯也掌禹錫曰秫米似黍米而粒小可作酒寇宗奭曰秫初搗出淡黃白色亦如糯不堪作飯最黏故宜作酒李時珍曰秫即粱米粟米之黏者有赤白黃三色皆可釀酒熬糖作餈糕食之蘇頌圖經謂秫為黍之黏者許慎說文謂秫為稷之黏者崔豹古今注謂秫為稻之黏者皆悞也惟蘇恭以粟秫分秈糯孫炎註爾雅謂秫為黏粟者得之

欽定授時通考卷二十五

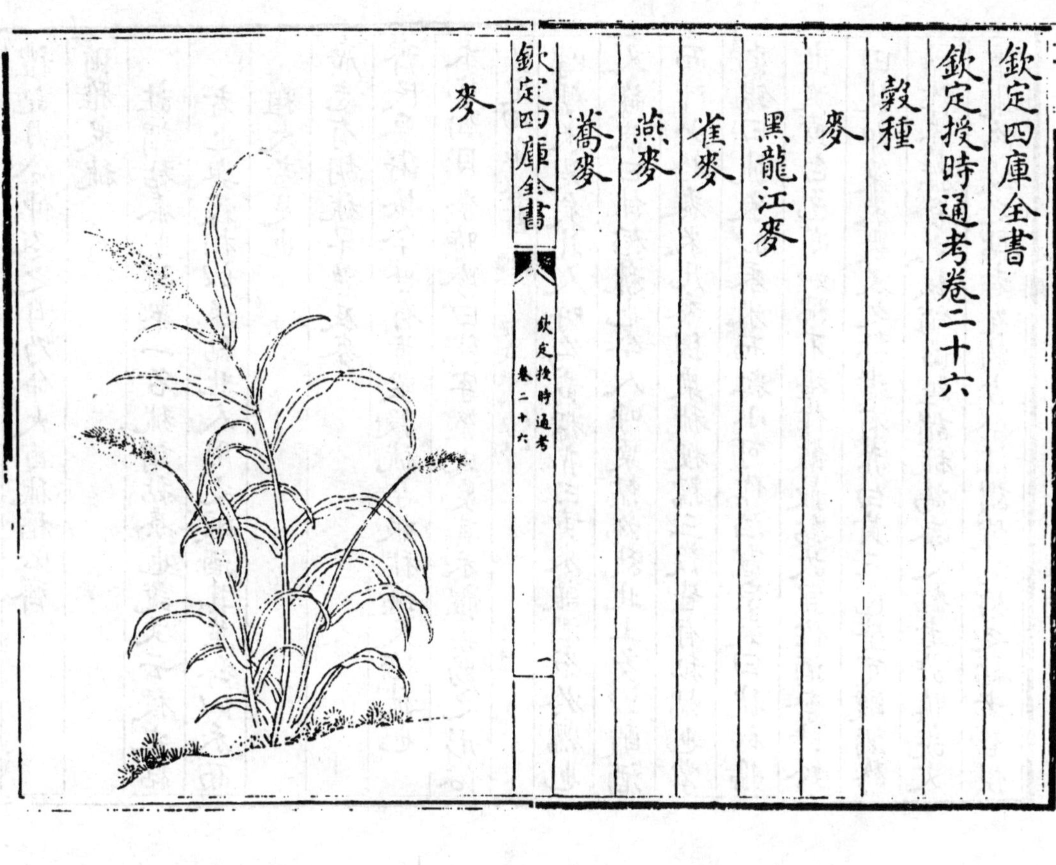

欽定四庫全書

欽定授時通考卷二十六

穀種

麥

黑龍江麥

雀麥

燕麥

蕎麥

麥

詩鄘風爰采麥矣沬之北矣

集傳麥穀名秋種夏熟者大全白虎通曰麥金也金旺而生火旺而死

周頌貽我來牟帝命率育

傳牟麥率用也注牟字書作麰音同或作麰孟子云麰大麥也廣雅云麳小麥麰大麥也疏孟子趙岐注云麰大麥也

禮記王制庶人夏薦麥麥以魚

集注麥與黍皆南方之穀故配以魚與豚皆陰物也

月令仲秋之月乃勸種麥無或失時其有失時行罪無疑

注麥者接絕續乏之穀尤宜重之疏前年秋穀至夏絕盡後年秋穀夏時未登是其絕也夏時人民糧食缺短是其乏也麥乃夏時而熟是接其絕續其乏也

周禮天官食醫凡會膳食之宜鴈宜麥

正義鴈味甘平大麥味酸而温小麥味甘微寒氣味

相成訂義鴈陽也麥秋種而夏熟得陽氣為多與鴈相宜

夏官職方氏正東曰青州其穀宜稻麥

尚書大傳秋昏虛星中可以種麥

春秋說題辭麥之為言殖也寢生觸凍而不息精射刺直故麥含芒事且立也

春秋佐助期麥神名福習

孝經援神契黑墳宜黍麥

大戴禮記三月祈麥實麥實者五穀之先見者故急祈而祀之也

又九月鞠華而樹麥時之急也

淮南子濟水通和而宜麥

說文麥金也金王而生火王而死 麥芒穀秋種厚薶故謂之麥從來有穗者從夊 麰周所受來牟也一麥二縫象其芒刺之形天所來也 麧堅麥也 麩小麥屑覈也𪌭磨麥也 𪍴麥覈息也十斤為三斗從麥啻聲 麷煮麥也 麮麥甘鬻也 稍麥莖也

廣志稅麥似大麥出涼州旋麥三月種八月熟出西方赤小麥赤而肥出鄭縣有半夏小麥有秀芒大麥有黑穬麥

齊民要術爾雅曰大麥麰小麥麳廣志曰鹵水麥其實大麥形有縫稅麥似大麥出涼州旋麥三月種八月熟出西方赤小麥赤而肥出鄭縣語曰湖豬肉鄭稀熟山提小麥至粘弱以貢御有半夏小麥有禿芒大麥有黑

積麥陶隱居本草云大麥為五穀長即今稞麥也一名麰麥似穬麥惟無皮耳穬麥此是今馬食者然則大穬二麥種別名異而世人以為一物誤矣按世有落麥者禿芒是也又有春種穬麥也

雜陰陽書大麥生於杏二百日秀秀後五十日成麥生於亥壯於卯長於辰老於巳死於午惡於戊忌於子丑小麥生於桃二百一十日秀秀後六十日成忌與大麥同蟲食杏者麥貴

種樹書小麥忌戌大麥忌子

又臈日種麥及豆來年必熟麥苗盛時須使人縱牧於其間令稍實則其收倍多麥屬陽故宜乾原稻屬陰故宜水澤

又小麥不過冬大麥不過年

又麥最宜雪諺云冬無雪麥不結

爾雅翼麥者接絶續乏之穀夏之時舊穀已絶新穀未登民於此時乏食而麥最先熟故以為重董仲舒曰春

秋於他穀不書至於麥禾則書之以此見聖人於五穀最重麥與禾也因說武帝勸關中種麥而明堂月令亦有仲秋勸種麥之文凡以接續所賴懼民不以為意耳

又禾下即種為稍勞故鄭司農注稻人稱今時謂禾下麥為荑下麥言芟荑其禾於下種麥又注薙氏云俗閒謂麥下為荑言芟荑其麥以其下種禾豆則是卒歲之閒無曠土閒民此惰農所難故勸之麥比他穀獨隔歲種故號宿麥說者亦或以為首種傳曰秋昏虛星中可以種麥說文曰麥芒穀秋種厚薶故謂之麥秋種冬長春秀夏實具四時之氣自然兼有寒溫熱冷故小麥微寒以為麴則溫麵熱而麩冷其地暖處亦可春種至夏便收然比秋種者四氣不足故有毒河渭以西白麥麵凉以其春種缺二時氣使然也麥既備有四時之氣而說文以麥為金者特以其金王而生又遇火而死鄭注月令則云麥實有稃甲屬木此據明堂月令四時與中央所食為說養生家則以為麥心之穀養心氣心病宜

食是又以為南方之穀皆各自為義然麥性微寒以為金則許氏之說優矣古稱高田宜黍稷下田宜稻麥今小麥倒須下田故古歌有曰高田種小麥終久不穗若大麥則不然詩所謂青青之麥生於陵陂者謂大麥也古者朝事之豆有𪎊蕡先儒以𪎊為熬麥許叔重以為煮麥又小麥屑皮謂之麩小麥屑之覈謂之䴭麥覈屑十觔為三斗者謂之䴹麥末謂之麪麥甘鬻謂之麮餅麴謂之𪍣若𪌨𪌰礱麥若擣謂之䴾堅麥謂之麧又相

謁食麥謂之飴陳楚之間謂之餅楚人謂之飵秦人謂之饐饋

又麰者周所受瑞麥來麰也一作牟又作𪌘即今之大麥也說文云牟大也孟子曰今夫麰麥播種而耰之其地同樹之時又同勃然而生至於日至之時皆熟矣此麰之候也呂氏春秋曰孟夏之月百穀三葉而獲大麥其始蓋后稷受之於天故詩曰貽我來牟又曰於皇來牟劉向以為𪎊麰麥也始自天降皆以和致和獲天助

也然則來麰一物惟廣雅以麰為大麥來為小麥按說文云來周所受瑞麥來麰一來二縫象芒刺之形天所來也故謂行來之來說文以此解來則來麰不應為二物然則來麰為大麥明矣后稷憂勤萬民天賜之麥蓋使其麥豐稔則謂之貽我來牟耳不必雨之種也然古今雨粟事亦甚多安知其始不如此乎雖然后稷所植多矣而獨言此者以其至艱書曰曁稷播奏庶艱食鮮食今麥早種則蟲而有節晚種則穗小而少實又為性多穢一種之終歲不絶耘耡之功此所以為艱食歟方言曰𪍿𪌗𪌘麰𪍕𪎉𪍖麴也自關而西秦豳之間曰𪍿晉之舊都曰𪌗齊右河濟曰𪌘或曰麰北鄙曰𪍕麴其通語也蓋大麥以為麴還得麰之本名𪍕是小麥為之𪍕細餅麴也𪎉有衣麴也大麥宜為飯又可為酢其糵可為餳

本草綱目小麥李時珍曰來亦作䅘許氏說文云天降瑞麥天所來也如足行來故麥字從來從夊夊音綏足

行也詩云貽我來牟是矣又云來象其實夊象其根梵書名麥曰迦師錯

又李時珍曰北人種麥漫撒南人種麥撮撒北麥皮薄麪多南麥反此

又小麥氣味甘微寒無毒李時珍曰新麥性熱陳麥平和

又李時珍曰北麪性溫食之不渴南麪性熱食之煩渴西邊麪性涼皆地氣使然也按李廷飛延壽詩云北多

霜雪故麪無毒南方雪少故麪有毒顧元慶簷曝偶談云江南麥花夜發故發病江北麥花晝發故宜人又且魚稻宜江淮羊麪宜京洛亦五方有宜有不宜也

又大麥李時珍曰麥之苗粒皆大於來故得大名牟亦大也通作麰

又蘇恭曰大麥出關中即青稞形似小麥而大皮厚故謂大麥不似穬麥也蘇頌曰大麥今南北皆能種時穬麥有二種一種類小麥而大一種類大麥而大陳藏器

曰大穬二麥前後兩出穬麥是連皮者大麥是麥米但分有殼無殼也蘇以青稞為大麥非矣青稞似大麥天生皮肉相離秦隴巴西種之今人將大麥米糶之不能分也陳承曰小麥今人以磨麪日用者為之大麥今人以粒皮似稻者為之穬麥今人以似小麥而大粒色青黄汴洛河北之間又呼為黄稞關中一種青稞比近道者粒微小色微青然大穬二麥其名差互今之穬麥似小麥而大者當謂之大麥今之大麥不似小麥而穬脆者當謂之穬麥不可不審李時珍曰大穬二麥註者不一按吳普本草大麥一名穬麥五穀之長也王禎農書云青稞有大小二種似大小麥而粒大皮薄多麪無麩西人種之不過與大小麥異名而已據此則穬麥是大麥中一種皮厚而青色者也大抵是一類異種如粟粳之種近百總是一類但方土有不同耳大麥亦有粘者名糯麥可以釀酒

又大麥氣味鹹温無毒

又穬麥李時珍曰穬之殻厚而粗穬也

又蘇頌曰穬麥即大麥一種皮厚者陳藏器謂即大麥之連殼者非也

又穬麥氣味甘微寒無毒

天工開物凡麥有數種小麥曰來麥之長也大麥曰牟曰穬雜麥曰雀曰蕎皆以播種同時花形相似粉食同功而得麥名也四海之内燕秦晉豫齊魯諸道烝民粒食小麥居半而黍稷稻粱僅居半西極川雲東至閩浙

吳楚腹馬方長六千里中種小麥者二十分而一種餘麥者五十分而一穬麥獨産陝西一名青稞即大麥隨土而變而皮成青黑色者雀麥細穗穗中又分十數細子間亦野生蕎麥實非麥類然以其為粉療飢傳名為麥則麥之而已凡北方小麥歷四時之氣自秋播種明年初夏收南方者種與收期時日差短江南麥花夜開江北麥花晝發亦一異也大麥種穫期與小麥同蕎麥則秋半下種不兩月而即收其苗遇霜即殺邀天降霜遲遲則有收矣

閩書麥廣雅曰大麰也小秣也本草云北方之麥秋種冬長春秀夏實全備四時之氣故無毒南方之麥冬種夏實四時之氣不備故有毒有大麥有小麥有蕎麥稈紅花白實三稜而黑秋花冬實有穬麥類麥而殼稍異福州曰米麥泉州曰蔚麥興化曰穬麥福寧曰玉麥惟穬為古名

黑龍江麥

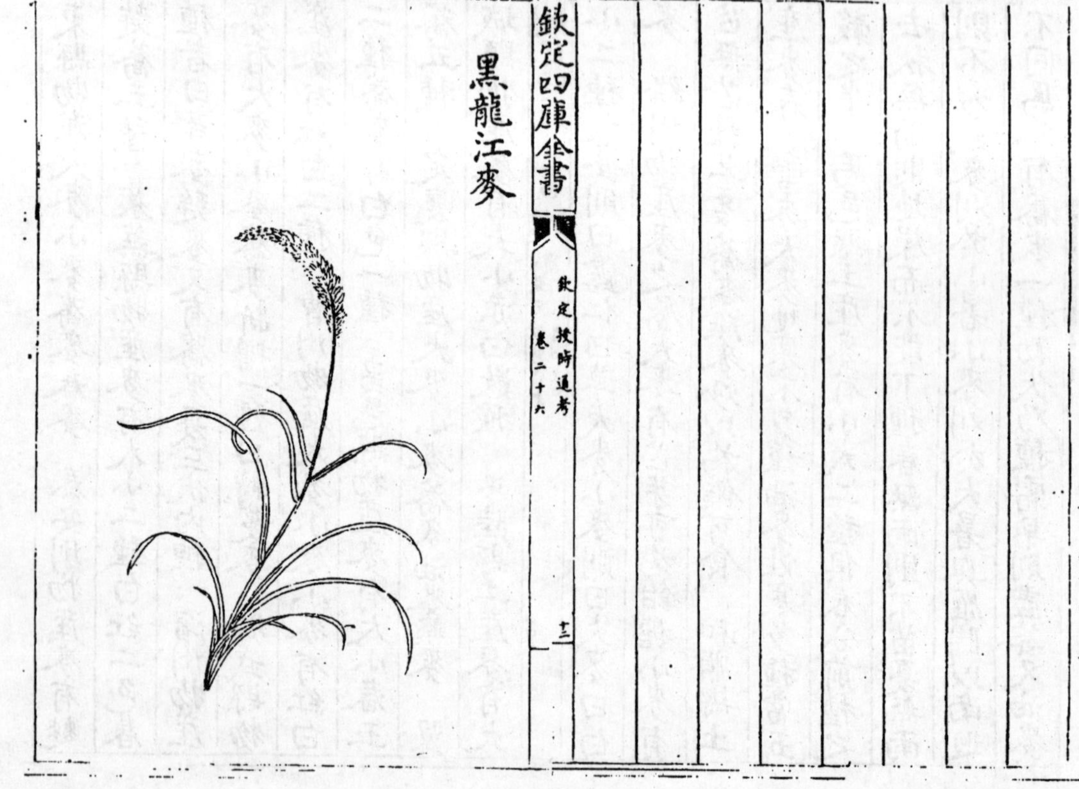

聖祖御製幾暇格物編黑龍江所産之麥最佳色潔白性復宜人相傳中國麥種之佳者係西域攜來鄂羅斯地在西陲萬里有餘黑龍江之上流原係鄂羅斯所居其種亦自西來所以麥之佳較他處尤勝也

直省志書宛平縣物産有三種大小蕎　良鄉縣物産大麥小麥春麥雁麥蕎麥　固安縣土産麥大小穬無芒蕎　清苑縣土産麥有大有小有蕎有春有秋有米有玉　栢鄉縣物産米大麥芒大麥小麥火麥紅麥白

麥蕎麥　邢臺縣物産麥有五種大麥冬種者春種者皮粗而粒大成米謂之大麥仁止可炊飯食之佳小麥有黄皮麥有紅麥白麥光頭麥紫庭白籽實麥縣西北先熟東南次之西山中又次之上下熟差十日　歷城縣方産小麥有白有紫白者粒肥而佳大麥穗有六稜者為六稜麥露仁者為青顆麥宜飯醋蘖宜餳有春秋兩名種宜畦中濕地玉麥蕎麥入伏種霜前收可佐二麥之歉　新城縣物産大麥小麥時麥三種蕎麥　齊東縣物産大麥小麥蕎麥春麥　泰安州物産麥有䴸䴸蕎三種　萊蕪縣物産麥有大小二種白紅二色春種者曰春麥䴸麥又有蕎麥夏三伏内種　濱州物産麥有大麥小麥蕎麥新增一種曰轉蓂麥　城武縣物産麥有紅白二種　曹州物産大麥小麥小麥有紅白二種蕎麥有白色一種　昌邑縣物産麥有大小春玉蕎五種　定襄縣物産大麥小麥蕎麥油麥燕麥　翼城縣物産麥有大小赤白數種　平陸縣土産麥有大

小二種大麥則曰露仁曰草大麥小麥則曰火麥曰白麥　絳州物産麥之屬大麥有芒芽可為飴糖小麥有芒無芒種甚多蕎麥燕麥炒以為餱可食　和順縣土産麥春麥雪麥大麥地寒不多種油麥性寒多種當五穀之半　馬邑縣土産麥有小大二種俱春分前種之去秋無雨則地燥而不能下種春無雨則不苗夏無雨則不秀大麥刈於小暑小麥刈於大暑與雁門以南迥不同馬外有蕎麥一種初伏乃種霜早則盡萎又油麥

一種亦秋熟而種之者少　祥符縣物產芒大麥紅小麥蕎麥米大麥白小麥　太康縣物產小麥大麥米大麥山大麥　洧川縣物產麥有大麥小麥裕麥數種　鄢陵縣土產麥秋種亦有春種者大麥三月黃佳小麥白黃皮蛸子之外有白麥御麥為最佳其他曰紅稈曰鐵稈曰光頭曰偹兒之類難以悉舉　延津縣物產麥麲麥晚麥短稈春麥赤鬚盧麥北麥　襄城縣土產芒大麥後種先熟米大麥亦可釀酒芊麥煮仁作飯最佳

小麥襄土第一奇種耐旱多收八九月種者為上蕎麥俗名陪麥　永寧縣物產麥有大小胅鴈四種　咸陽縣物產小麥有芒麥有無芒麥為和尚麥色白者為白麥色紫者為紫麥早熟者為三月黃生畢原者上品大麥穗有六稜者為六稜麥有露仁者為青稞俱可釀酒

渭南縣物產麥有三種小麥出渭河北者粒小食之易化河以南者粒差大而色不光鮮然一種名三月黃者先諸麥熟細膩潔白河北弗如也大麥皮粗粒大煮食之佳謂之大麥仁蕎麥作麵不甚佳可備諸穀之不熟　乾州物產小麥皮薄麵多佳於他處每斗更重二觔　平涼縣物產番麥一曰西天麥苗葉如蜀秫而肥短末有穗如稻而非實實如塔如桐子大生節間花垂紅絨在塔末長五六寸三月種八月收　西涼縣土產大麥黑大麥番麥燕麥冷山麥換香頭斑鳩旱大斡麥裹周全紅花麥芝蔴麥西番麥白麥甜莜麥苦莜麥青顆麥竹根旱紅麥　六合縣物產麥之屬大麥有糯者

可以釀酒磨麵作醬亦甘美管麥大麥之無芒者麵與小麥同造醬甘美　歙縣物產大麥有高麗麥有糯麥為飯亦宜小麥有長穬麥稃厚而麵少有白麥麵亦少有赤殼麥麩少而麵多　太平府物產大麥五種白大麥一名年麥長粒長芒稃粘於粒管麥即無芒大麥落秸稃自退六稜中早紅粘三種舊志所載今無小麥七種白小麥稃白芒短長闊小麥黃白稃芒長排子小麥黃白稃芒短和尚小麥一名火燒麥黃白稃無芒早白

松蒲娜麥三種舊志所載今無　清河縣物産有𪍿有麥皆芒穀王麥無芒火麥色赤而早熟猶嶺南有火米也又有穬麥麥之似𪍿者亦早熟　高郵州物産大麥有數種𪌭麥晚麥淮麥短稈小麥有數種春麥蘆麥北麥短管赤穀白穀蕎麥有苦甜二種　通州物産麥有大小並早晚二色元麥俗呼為䅟三月熟者糯帶青炒食似新蠶又粳者曰舜麥色稍赤　吳縣物産麥之屬大麥小麥䅟麥蕎麥舜哥麥紫稈麥西番麥形似稷而

枝葉大結子纍纍如芡實　常熟縣物産小麥有紫稈長其舜哥火燒頭數種　太倉州物産麥有三一曰大麥其早者皮厚有芒其晚收皮薄無芒者曰老脫鬚一曰小麥早者曰抄梅言抄在黃梅前也中有火燒頭晚收長穗白殼有芒者曰百脚麥一曰稞麥俗呼㒰麥微分粳糯紅曰紅䅟紫曰紫䅟性輭宜食但磨粉較少青曰青䅟白曰白䅟性硬磨多粉又一種曰綠樹青大約大麥小麥遍處皆有䅟麥惟吳中盛州地高比他邑獨

斃然小麥總不及北地　上海縣物産大麥小麥赤麥有早晚二種白麥亦有二種白䅟麥俗名圓麥有赤白二種蕎麥立秋前後下種八九月收刈舜哥麥俗名火燒頭火燒麥無芒雀麥一名燕麥　靖江縣食貨麥之屬大麥有早晚二色有四稜有六稜小麥亦早晚二色有舜哥紫稈梅前黃有盧晉頭火燒頭諸名圓麥俗呼為䅟又粳者曰舜麥　丹徒縣物産麥有大小大麥之種二曰春曰黃稈小麥之種三曰赤殼曰白殼曰宣州

平湖縣物産麥有赤剝麥無芒穀　天台縣物産小麥大麥矮赤長稈赤麥光頭皆小麥類稞麥穬麥皆大麥類　上高縣物産米大麥穀大麥紫色麥白色麥　新寧縣物産麪麥穀麥晚姑娘麥甜蕎麥苦蕎麥　泉州府物産麥之屬大麥有一種名曰早黃大麥一種名烏肚麥米肚青色名青大麥鬱麥殼薄易脫故名五葉麥　同安縣物産麥芒粒稀鬆早熟者曰早黃白者曰秫麥穗大顆稠密者曰松蕾麥初熟時人多炒而食之

有火能生熱病番麥狀如薏苡

雀麥

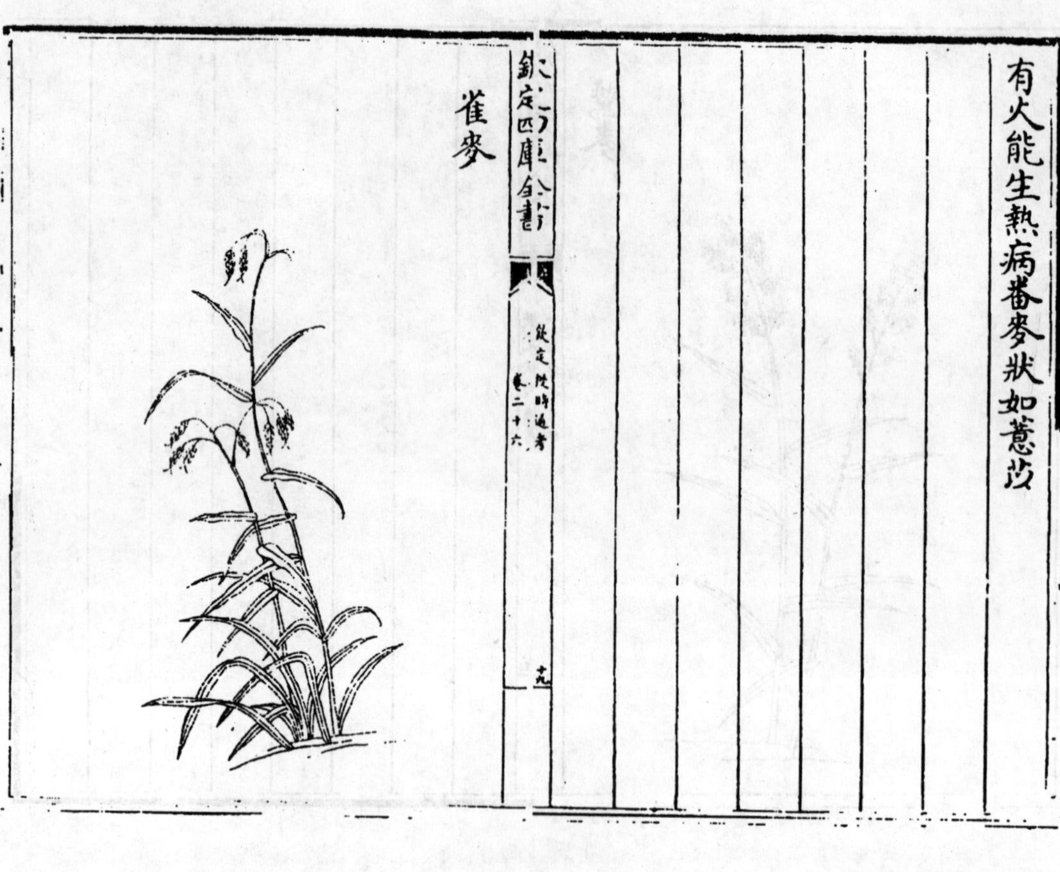

爾雅蘥雀麥

注即燕麥也疏蘥一名雀麥一名燕麥本草云生故墟野林下苗似小麥而弱實似穬麥而細

農政全書雀麥本草一名燕麥一名蘥生於荒野林下今處處有之苗似燕麥而細弱結穗像麥穗而極細小每穗又分作小叉穗十數個子甚細小味甘性平無毒

本草綱目雀麥一名杜姥草一名牛星草李時珍曰此野麥也燕雀所食故名日華本草謂此為䕒麥者非矣

又寇宗奭曰苗與麥同但穗細長而疏唐劉夢得所謂兔葵燕麥動搖春風者也

欽定四庫全書

鷰麥

欽定授時通考　卷二十六

欽定四庫全書

蕎麥

欽定授時通考　卷二十六

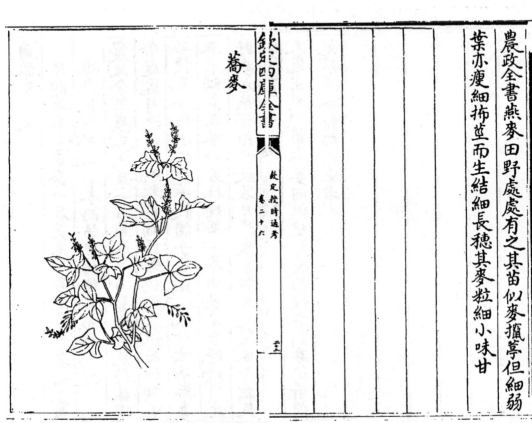

農政全書燕麥田野處處有之其苗似麥攛葶但細弱葉亦瘦細抪莖而生結細長穗其麥粒細小味甘

農政全書蕎麥今處處有之苗高二三尺許就地科叉生其莖色紅葉似杏葉而軟微艄開小白花結實作二蒴味甘平性寒無毒

羣芳譜蕎麥一名荍麥一名烏麥一名花蕎

本草綱目李時珍曰蕎麥之莖弱而翹然易長易收磨麵如麥故曰蕎曰荍而與麥同名也俗亦呼為甜蕎以別苦蕎楊慎丹鉛錄指烏麥為燕麥蓋未讀日用本草也

又李時珍曰蕎麥南北皆有立秋前後下種八九月收刈性最畏霜苗高一二尺赤莖綠葉如烏桕樹葉開小白花繁密粲粲然結實纍纍如羊蹄實有三稜老則烏黑色王禎農書云北方多種磨而為麵作煎餅配蒜食或作湯餅謂之河漏以供常食滑細如粉亞於麥麵南方一種但作粉餌食乃農家居冬穀也

又蕎麥氣味甘平寒無毒孫思邈曰酸微寒食之難消久食動風令人頭眩

欽定授時通考卷二十六

欽定四庫全書

欽定授時通考卷二十七

穀種

豆一

黃豆

大豆

小豆

綠豆

白豆

黃豆

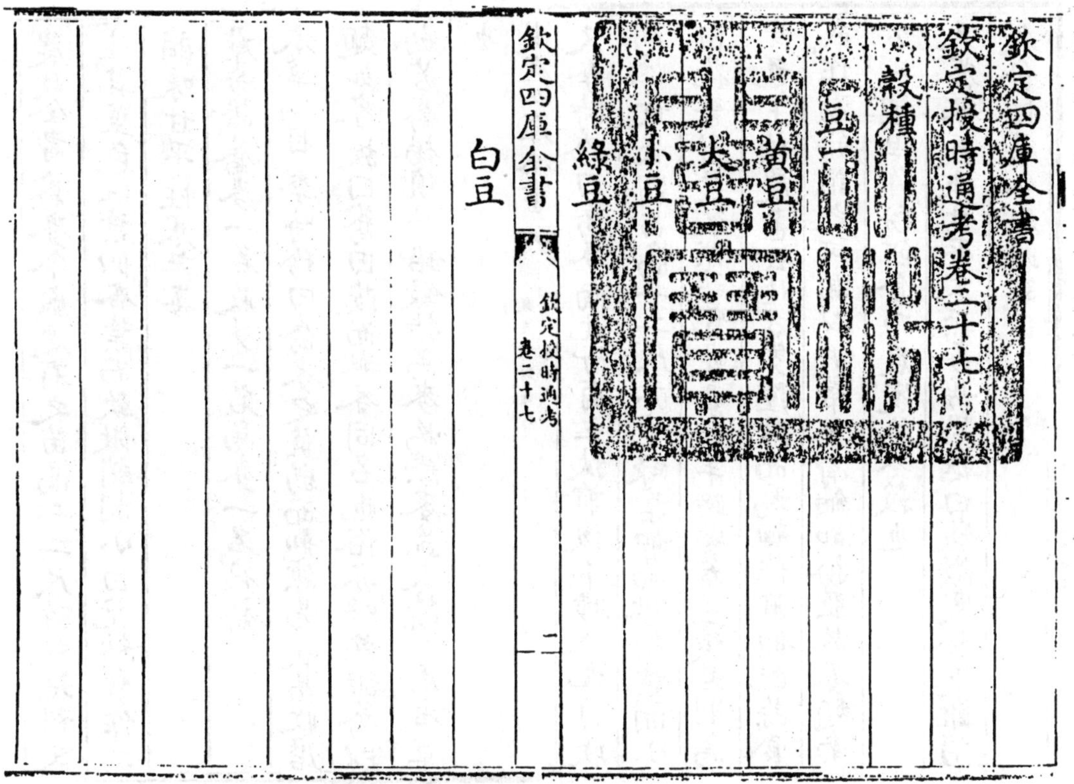

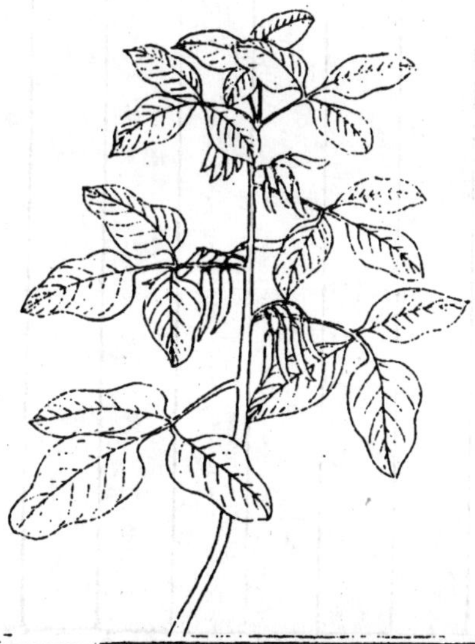

詩豳風七月烹葵及菽
朱註菽豆也大全濮氏曰菽豆葉謂之藿
小雅皎皎白駒食我場藿
大全華谷嚴氏曰藿豆葉用以作羹
大雅蓺之荏菽荏菽斾斾
正義釋草云戎菽謂之荏菽孫炎曰大豆也此箋亦以爲大豆樊光舍人李巡郭璞皆云今以爲胡豆璞又云春秋齊侯來獻戎捷穀梁傳曰戎菽也管子亦

云北伐山戎出冬葱及戎菽布之天下今之胡豆是也按爾雅戎菽皆爲大豆注穀梁者亦以爲大豆也郭璞等以戎胡俱是裔名故以戎菽爲胡豆也后稷種穀不應捨中國之種而種戎國之豆即如郭言齊桓之伐山戎始布其豆種則后稷之所種者何時絶其種乎而齊桓復布之禮有戎車不可謂之胡車明戎菽正大豆也斾斾生長茂盛之貌
爾雅戎菽謂之荏菽
註即胡豆也
尚書帝命期夏火星昏中以種黍菽
春秋說題辭菽者屬也春生秋熟理通體屬也菽亦黑陰生陽大體應節小變象陽色也
春秋佐助期豆神名靈殖姓樂長七尺大目通於時節
孝經援神契赤土宜菽
大戴禮記五月參則見初昏大火中大火者心也心中種黍菽糜時也
淮南子河水中濁而宜菽

博雅大豆菽也小豆荅也䜺豆豌豆留豆也胡豆蜂䗖也豆角謂之莢其葉謂之藿也巴菽巴豆也
爾雅翼菽豆也其類最多故凡穀之中居其二又古人說百穀以爲粱者黍稷之總名稻者溉種之總名菽者衆豆之總名三穀各二十種爲六十疏果之實助穀各二十凡爲百穀然予以爲穀之種類每物不下十數亦何假疏果而後爲百耶廣雅曰大豆菽也小豆荅也䜺

豆豌豆留豆也胡豆䟫䠙也角謂之莢葉謂之藿巴菽巴豆也又廣志曰種小豆一歲三熟槧甘白豆麤大可食刺豆亦可食秬豆苗似小豆紫華可爲麪生朱提建寧胡豆有青有黃者此亦其大畧也然大豆以二月中旬種者爲上時至三四月則費子小豆以五月爲上時上伏中伏次之蓋秋而成故八月之雨謂之豆花雨呂氏春秋曰得時之菽長莖而短足其莢二七以爲族各枝數節競葉繁實菽穀之薄者故豳風九月菽苴采荼

薪樗食我農夫菽苴穀之微者荼菜之苦者樗薪之惡者故以食農夫明俗之勤儉而民方以爲樂亦猶孔子云啜菽飲水盡其歡斯之謂孝不假於物之豐也漢書曰令歲飢民貧卒食半菽言軍中無糧以菽雜他穀食之亦貧乏之義也然菽於用甚多故羞籩之實餱餌粉餈皆稻米黍米所爲合蒸則曰餌餅之則曰餈以其黏著故擣粉熬大豆以爲表餌言餱餈言粉蓋互相足此後鄭之義先鄭則別以粉爲豆屑所不同也又以爲豉

楚辭曰大苦鹹酸辛甘行說者曰大苦豉也言取豉汁調以鹹酢椒薑飴蜜則辛甘之味皆發而行又以爲粥說云共工氏有不才子以冬至日死爲疫鬼畏赤小豆故冬至日以爲粥厭之嵇康養生論云豆令人重說者以爲啖豆三升則身重而行止難常食令人肥肌麤燥

閩書楊泉物理論曰菽豆之總名也有黃豆白豆可食有綠豆可粉有黑豆可豉有赤豆有褐豆有藿豆有紅小豆有九月豆畬豆此外又有豌豆江豆水豆菜豆樹

豆葛豆藊豆刀豆皂莢豆虎爪豆蛾眉豆蟹眼豆蠶豆可入蔬品均豆也

天工開物凡菽種類之多與稻黍相等播種收穫之期四季相承果腹之功在人日用蓋與飲食相終始一種大豆有黑黃兩色下種不出清明前後黃者有五月黃六月爆冬黃三種五月黃收粒少而冬黃必倍之黑者刻期八月收凡大豆視土地肥磽耨草勤怠雨露足慳分收入多少凡爲豉爲醬爲腐皆大豆中取質焉江

南又有高脚黄六月刈早稻方再種九十月收穫江西吉郡種法甚妙其刈稻田竟不耕壟每禾藁頭中拈豆三四粒以指扨之其藁凝露水以滋豆豆性充發復浸爛藁根以滋已生苗之後遇無雨亢乾則汲水一升以灌之一灌之後再耨之餘收穫甚多凡大豆入土未出芽時防鳩雀害毆之惟人　一種綠豆圓小如珠綠豆必小暑方種未及小暑而種則其苗蔓延數尺結莢甚稀若過期至於處暑則隨時開花結莢顆粒亦少豆種

亦有二一曰摘綠莢先老者先摘人逐日而取之一曰拔綠則至期老足竟畝拔起也凡綠豆磨澄晒乾爲粉盪片搓索食家珍貴做粉溲漿灌田甚肥凡已刈稻田夏秋種綠豆必長接斧柄擊碎土塊發生乃多凡種綠豆一日之内遇大雨扳土則不復生既生之後防雨水浸疏溝澮以洩之凡耕綠豆及大豆田地耒耜欲淺不宜深入蓋豆質根短而苗直耕土既深土塊曲壓則不生者半矣深耕二字不可施之菽類此先農之所未發者　一種豌豆此豆有黑斑點形圓同綠豆而大則過之其種十月下來年五月收凡樹木葉遲者其下亦可種　一種蠶豆其莢似蠶形豆粒大於大豆八月下種來年四月收兩浙桑樹之下遍環種之蓋凡物樹葉遮露則不生此豆與豌豆樹葉茂時彼已結莢而成實矣襄漢上流此豆甚多而賤果腹之功不啻黍稷也　一種小豆赤小豆入藥有奇功白小豆一名飯豆當飧助嘉穀夏至下種九月收穫種盛江淮之間　一種穭豆此豆

古者野生田間今則北土盛種成粉盪皮可敵綠豆燕京負販者終朝呼穭豆皮則其產必多矣　一種白藊豆乃沿籬蔓生者一名蛾眉豆其他豇豆虎斑豆刀豆與大豆中分青皮褐色之類間繁一方者猶不能盡述皆充蔬代穀以粒烝民者

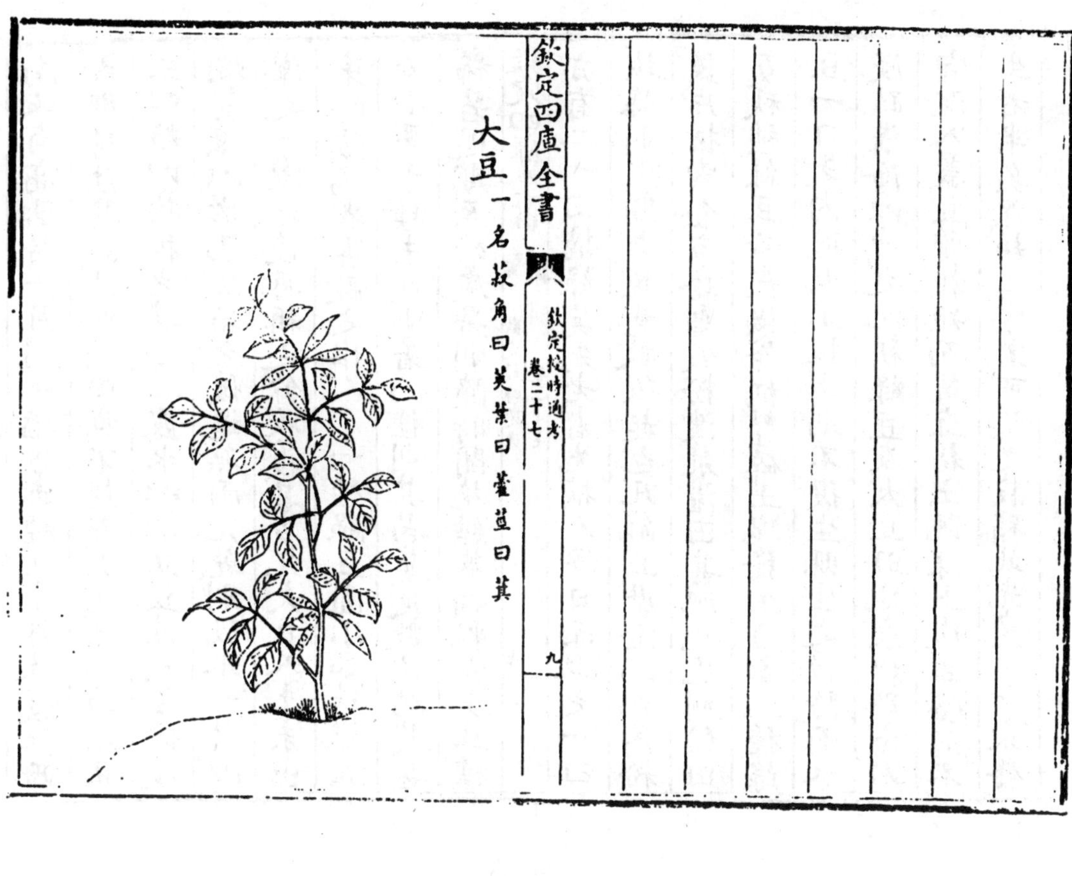

大豆一名菽角曰莢葉曰藿莖曰萁

齊民要術大豆爾雅曰戎菽謂之荏菽孫炎注曰戎菽大菽也張揖廣雅曰大豆菽也小豆荅也豍豆豌豆留豆也胡豆蜂豆也廣志曰種小豆一歲三熟槧甘白豆粗大可食刺豆亦可食秬豆苗似小豆紫花可爲麪生朱提建寧大豆有黄落豆有御豆其豆角長有場豆葉可食胡豆有青有黄者本草經云張騫使外國得胡豆今世大豆有黑白二種及長稍牛踐之名小豆有綠赤白三種黄高麗豆黑高麗豆燕豆豍豆大豆類也豌豆豇豆豐豆小豆類也

雜陰陽書大豆生於槐九十日秀秀後七十日熟豆生於申壯於子長於壬老於丑死於寅惡於甲乙忌於卯午丙丁

農政全書王禎曰大豆之黑者食而充飢可備凶年豐年可備牛馬料食黄豆可作豆腐可作醬料白豆粥飯皆可拌食白黑黄三豆色異而用别皆濟世之穀也

又種大豆鋤成行壟春穴下種早者二月種四月可食

名曰梅豆豆皆三四月種地不宜肥有草則削去種黑豆三四月間種其豆亦可作醬及馬料

本草綱目李時珍曰豆菽皆莢穀之總稱也篆文尗象莢生附莖下垂之形豆象子在莢中之形廣雅云大豆菽也小豆荅也

又別錄曰大豆生太山平澤九月采之蘇頌曰今處處種之黑白二種入藥用黑者緊小者爲雄用之尤佳寇宗奭曰大豆有綠褐黑三種有大小兩類大者出江浙湖南湖北小者生他處入藥力更佳又可碓爲腐食李時珍曰大豆有黑白黃褐青斑數色黑者名烏豆可入藥及充食作豉黃者可作腐榨油造醬餘但可作腐及炒食而已皆以夏至前後下種苗高三四尺葉團有尖秋開小白花成叢結莢長寸餘經霜乃枯按呂氏春秋云得時之豆長莖短足其莢二七爲族多枝數節大菽則圓小菽則團先時者必長蔓浮葉疏節小莢不實後時者必短莖疏節本虛不實又氾勝之種植書云夏至

種豆不用深耕豆花憎見日則黃爛而根焦矣如歲所宜以囊盛豆子平量埋陰地冬至後十五日發取量之最多者種焉蓋大豆保歲易得可以備凶年小豆不保歲而難得也

又黑大豆氣味甘平無毒久服令人身重

又陶弘景曰黑大豆爲蘖牙生五寸長便乾之名爲黃卷用之熬過服食所須李時珍曰一法壬癸日以井華水浸大豆候生芽取皮陰乾用

又李時珍曰大豆有黑青黃白斑數色惟黑者入藥而黃白豆炒食作腐造醬榨油盛爲時用不可不知別其性味也

又黃大豆氣味甘溫無毒

農政全書黃豆苗今處處有之人家田園中多種苗高一二尺葉似黑豆葉而大結角比黑豆葉角稍肥大其葉味甘

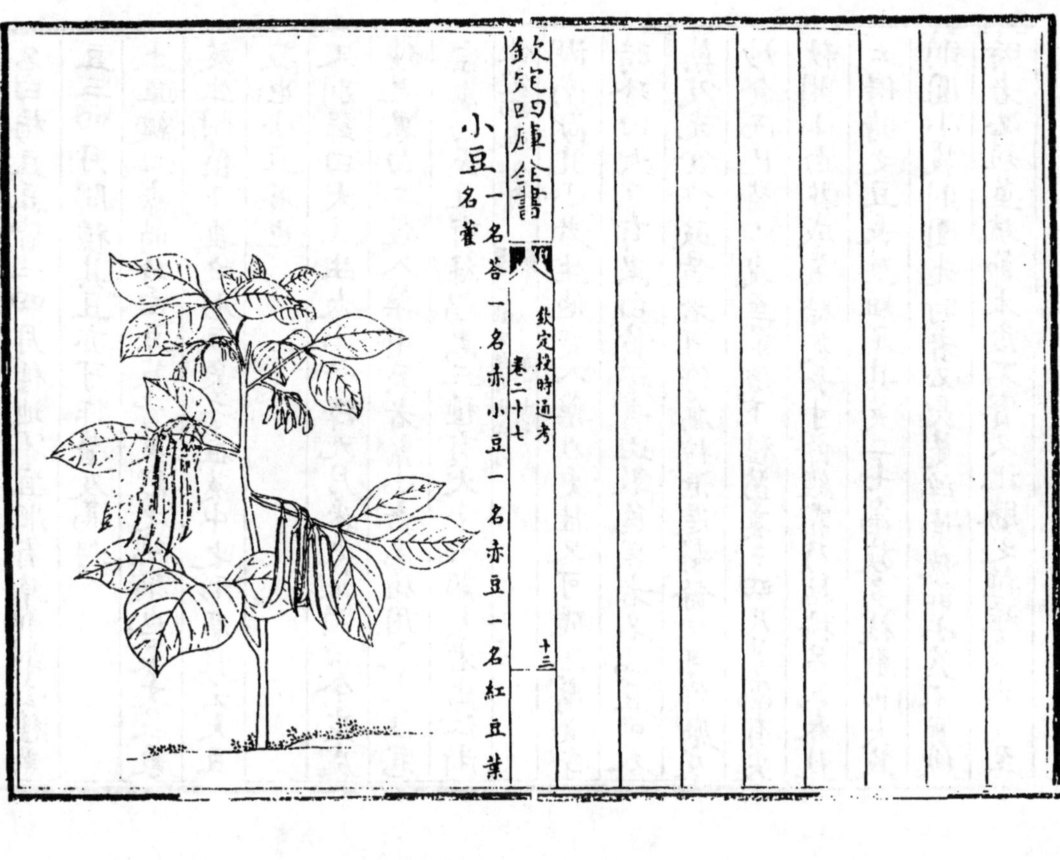

小豆一名荅一名赤小豆一名赤豆一名紅豆葉名藿

雜陰陽書考小豆生於李六十日秀秀後六十日成成後忌與大豆同

農政全書赤小豆本草舊云江淮間多種蒔今北土亦多有之苗高一二尺葉似豇豆葉微團艄開花似豆花微小淡銀褐色有腐氣故亦呼腐婢結角比綠豆角頗大角之皮角微白帶紅其豆有赤白黧色三種

本草綱目赤小豆李時珍曰按詩云黍稷稻粱禾麻菽麥此即八穀也董仲舒註云菽是大豆有兩種小豆名荅有三四種王禎云今之赤豆白豆綠豆𧄍豆皆小豆

也此則入藥用赤小者也

又蘇頌曰赤小豆今江淮間多種之寇宗奭曰關西河北汴洛多食之李時珍曰此豆以緊小而赤黯色者入藥其稍大而鮮紅淡紅色者並不治病俱於夏至後下種苗科高尺許枝葉似豇豆葉微圓峭而小至秋開花似豇豆花而少淡銀褐色有腐氣結莢長二三寸比綠豆莢稍大皮色微白帶紅三青二黃時收之可煮可炒

可作粥飯餛飩餡並良也
又赤小豆氣味甘酸平無毒
又别録曰腐婢生漢中小豆花也七月采之陰乾四十日陶弘景曰花與實異用故不同品方家不用未解何故有腐婢之名本經不言是小豆花别録乃云未審是否今海邊有小樹狀如巵子莖葉多曲氣似腐臭土人呼爲腐婢療瘧有效以酒漬皮服療心腹疾此當是真此條應入木部也蘇恭曰腐婢相承以爲葛花葛花消

酒大勝而小豆全無此效當葛花爲真掌禹錫曰按别本云小豆花亦有腐氣與葛花同服飲酒不醉與本經治酒病相合陶蘇二説並非甄權曰腐婢即赤小豆花也蘇頌曰海邊小樹葛花赤小豆花三物皆有腐婢之名名同物異也寇宗奭曰腐婢既在穀部豆花爲是不必多辨李時珍曰葛花已見本條小豆能利小便治熱中下氣止渴與腐婢主療相同其爲豆花無疑但小豆有數種甄氏藥性論獨指爲赤小豆姑從之

又腐婢氣味辛平無毒

緑豆 一名植豆

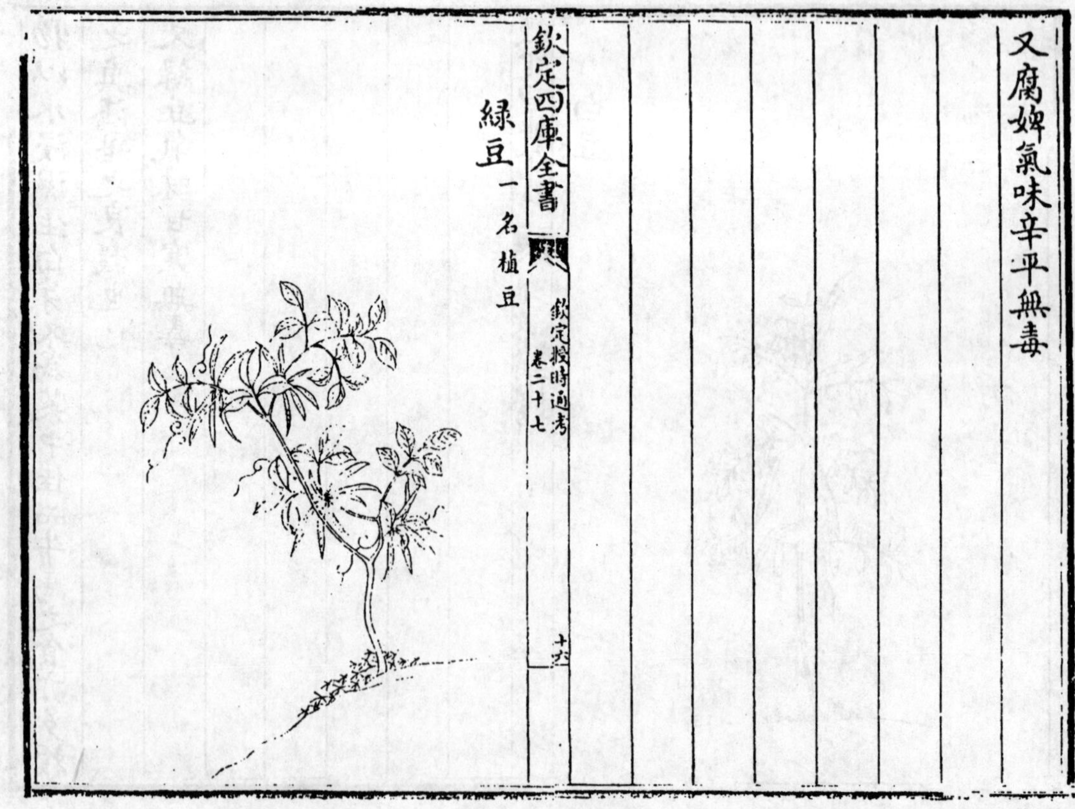

農桑通訣北方唯用綠豆最多農家種之亦廣人俱作豆粥豆飯或作餌爲炙或磨而爲粉或作麪材其味甘而不熱頗解藥毒乃濟世之良穀也南方亦間種之

農政全書山綠豆生輝縣太行山車箱衝山野中苗莖似家綠豆莖微細葉比家綠豆葉狹窄稍開白花結角亦瘦小其豆顆綠色味甘

本草綱目綠豆李時珍曰綠以色名也舊本作菉者非矣

又馬志曰綠豆圓小者佳粉作餌炙食之良大者名植豆苗子相似亦能下氣治霍亂也吳瑞曰有官綠油綠主療則一李時珍曰綠豆處處種之三四月下種苗高尺許葉小而有毛至秋開小花莢如赤豆莢粒粗而色鮮者爲官綠皮薄而粉多粒小而色深者爲油綠皮厚而粉少早種者呼爲摘綠可頻摘也遲種呼爲拔綠一拔而已北人用之甚廣可作豆粥豆飯豆酒炒食麨食磨而爲麪濾取粉可以作餌頓餻盪皮搓索爲食中要物以水浸濕生白芽又爲菜中佳品牛馬之食亦多賴之真濟世之良穀也

又綠豆氣味甘寒無毒

白豆

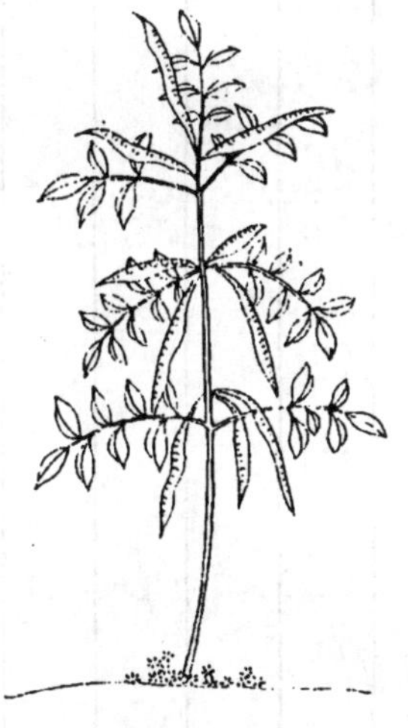

本草綱目孟詵曰白豆苗嫩者可作菜食生食亦妙汪穎曰浙東一種味甚勝用以作醬作腐極佳北方水白豆相似而不及也李時珍曰飯豆小豆之白者也亦有土黄色者豆大如緑豆而長四五月種之苗葉似赤小豆而畧尖可食莢亦似小豆一種蔾豆葉如大豆可作飯作腐亦其類也

又白豆氣味甘平無毒

欽定授時通考卷二十七

欽定四庫全書

欽定授時通考卷二十八

穀種

豆二

穭豆

豌豆

野豌豆

蠶豆

豇豆

紫豇豆

藊豆

山藊豆

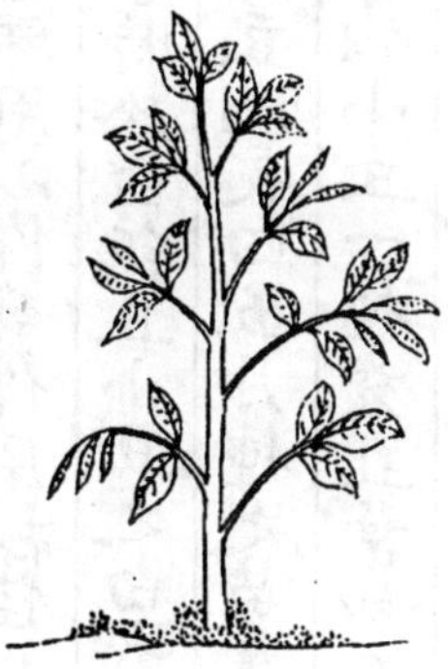

穭豆　一名營豆一名營菽一名治營一名鹿豆一名驢豆

本草綱目李時珍曰穭乃自生稻名也此豆原是野生故名今人亦種之於下地矣

又陳藏器曰穭豆生田野小而黑堪作醬爾雅戎菽一名驢豆古名營豆是也吳瑞曰穭豆即黑豆中最細者李時珍曰此即黑小豆也小科細粒霜後乃熟陳氏指爲戎菽誤矣爾雅亦無此文戎菽乃胡豆營豆乃鹿豆並四月熟

又穭豆甘溫無毒

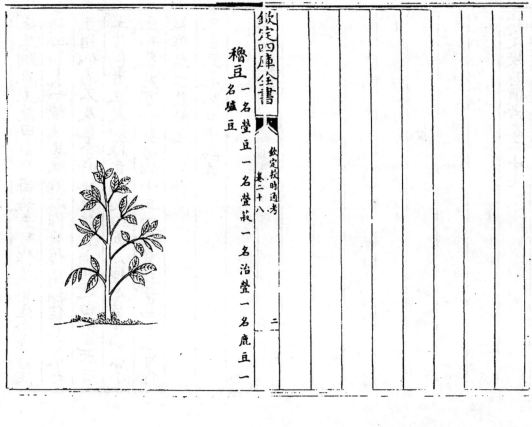

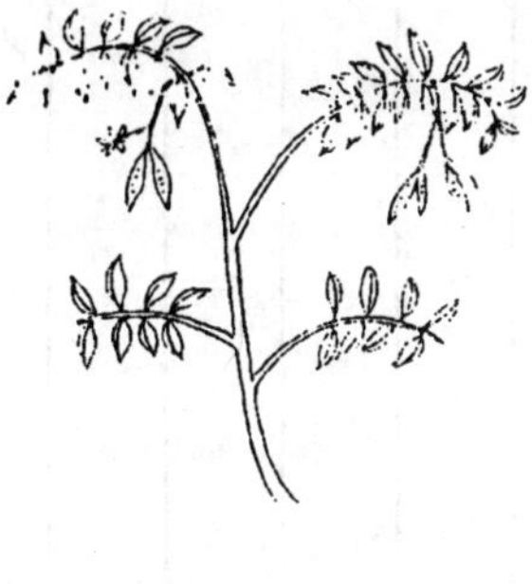

豌豆　一名戎菽一名蹕豆一名留豆一名國豆一名畢豆一名回鶻豆一名青斑豆一名豌豆一名胡豆一名麻累一名青小豆一名淮豆

遼志回鶻豆高二尺許直幹有葉無旁枝角長二寸每角止兩豆一根才六七角色黃味如栗

務本新書豌豆二三月種諸豆之中豌豆最爲耐陳又收多熟早如近城郭摘豆角賣先可變物舊時農莊往往獻送此豆以爲甞新蓋一歲之中貴其先也又熟時少有人馬傷踐以此校之甚宜多種

農政全書豌豆生田野間其苗初搨地生後分莖叉葉似苜蓿葉而細莖葉稍間開淡葱白搨花結小角有豆

如豍豆狀味甜

本草綱目李時珍曰胡豆豌豆也其苗柔弱宛宛故得豌名種出胡戎嫩時青色老則斑麻故有胡戎青斑麻累諸名陳藏器拾遺雖有胡豆但云苗似豆生田野間米中往往有之然豌豆蠶豆皆有胡豆之名陳氏所云蓋豌豆也豌豆之粒小故米中有之爾雅戎菽謂之荏菽管子山戎出荏菽布之天下並註云即胡豆也唐史畢豆出自西戎回鶻地面張揖廣雅畢豆豌豆留豆也別録序例云九藥如胡豆大者即青斑豆也孫思邈千金方云青小豆一名胡豆一名麻累鄴中記云石虎改胡豆爲國豆此數說皆指豌豆也蓋古昔呼豌豆爲胡豆今則蜀人專呼蠶豆爲胡豆而豌豆名胡豆人不知矣又鄉人亦呼豌豆爲淮豆蓋回鶻音相近也

又李時珍曰豌豆種出西胡今北土甚多八九月下種苗生柔弱如蔓有鬚葉似蒺藜葉兩兩對生嫩時可食三四月間開小花如蛾形淡紫色結莢長寸許子圓如

藥丸亦似甘草子出胡地者大如杏仁煮炒皆佳磨粉麪甚白細膩百穀之中最爲先登

又豌豆氣味甘平無毒

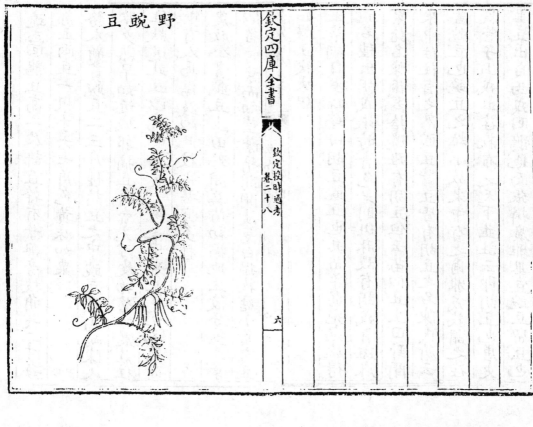

野豌豆

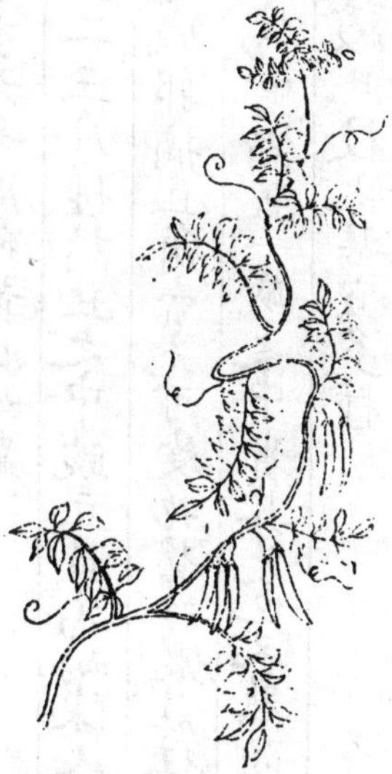

農政全書野豌豆生田野中苗初就地拖秧而生後分生莖叉苗長二尺餘葉似胡豆葉稍大又似苜蓿葉亦大開淡粉紫花結角似家豌豆角但秕小味苦

本草綱目李時珍曰野豌豆粒小不堪惟苗可茹名翹摇

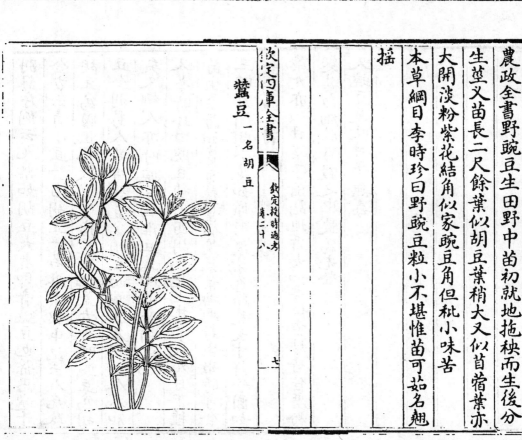

蠶豆 一名胡豆

王禎農書蠶豆蠶時始熟故名百穀之中最爲先登蒸煮皆可便食是用接新代飯充飽今山西人用豆多麥少磨麪可作餅餌而食

農政全書蠶豆今處處有之生田園中科苗高二尺許莖方其葉狀類黑豆葉而團長光澤紋脉堅直色似豌豆頗白莖葉稍間開白花結豆角其豆似豇豆而小色赤味甜

又蠶豆種花田中冬天不拔花稭用以拒霜至清明後

拔之

又蠶豆八月初種臘月宜厚壅之此種極救農家之急且蝗所不食

本草綱目李時珍曰蠶豆莢狀如老蠶故名王禎農書謂其蠶時始熟故名亦通吳瑞本草以此爲豌豆誤矣此豆種亦自西胡來雖與豌豆同名同時種而形性迥別太平御覽云張騫使外國得胡豆種歸指此也今蜀人呼此爲胡豆而豌豆不復名胡豆矣

又李時珍曰蠶豆南土種之蜀中尤多八月下種冬生嫩苗可茹方莖中空葉狀如匙頭本圓末尖面綠背白柔厚一枝三葉二月開花如蛾狀紫白色又如豇豆花結角連綴如大豆頗似蠶形蜀人收其子以備荒歉

又蠶豆氣味甘微辛平無毒

豇豆一名跭豆一名䜹豆

農政全書豇豆今處處有之人家田園多種就地拖秧而生亦延籬落葉似赤小豆葉而極長䈂開淡紫粉花結角長五七寸其豆味甘

又豇豆穀雨後種六月收子收來便種八月又收子

本草綱目李時珍曰豇豆紅色居多莢必雙生故有豇𧿹之名廣雅指爲胡豆誤矣

又李時珍曰豇豆處處三四月種之一種蔓長丈餘一種蔓短其葉俱本大末尖嫩時可茹其花有紅白二色莢有紅白紫赤斑駁數色長者至二尺嫩時充菜老則收子此豆可菜可果可穀備用最多乃豆中之上品

又豇豆氣味甘鹹平無毒李時珍曰豇豆開花結莢必兩兩並垂有習坎之義豆子微曲如腎形所謂豆爲腎穀者宜以此當之

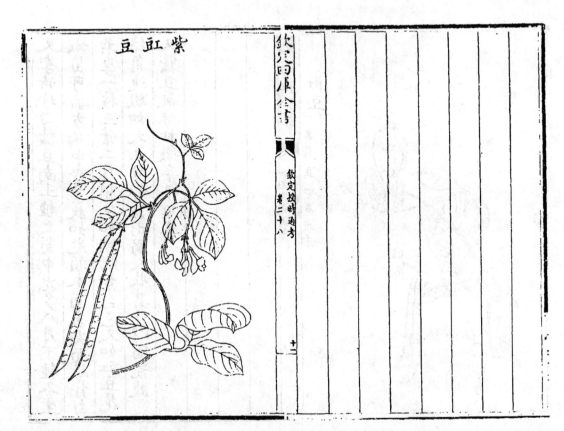

紫豇豆

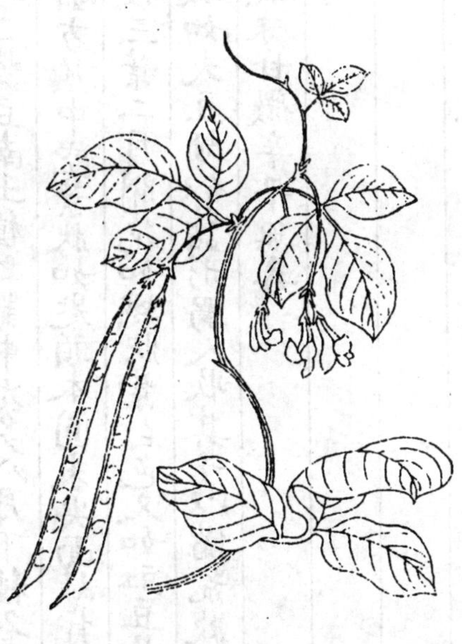

農政全書紫豇豆人家園圃中種之莖葉與豇豆同但結角色紫長尺許味微甜

藊豆 一名鵲豆一名蛾眉豆一名沿籬豆

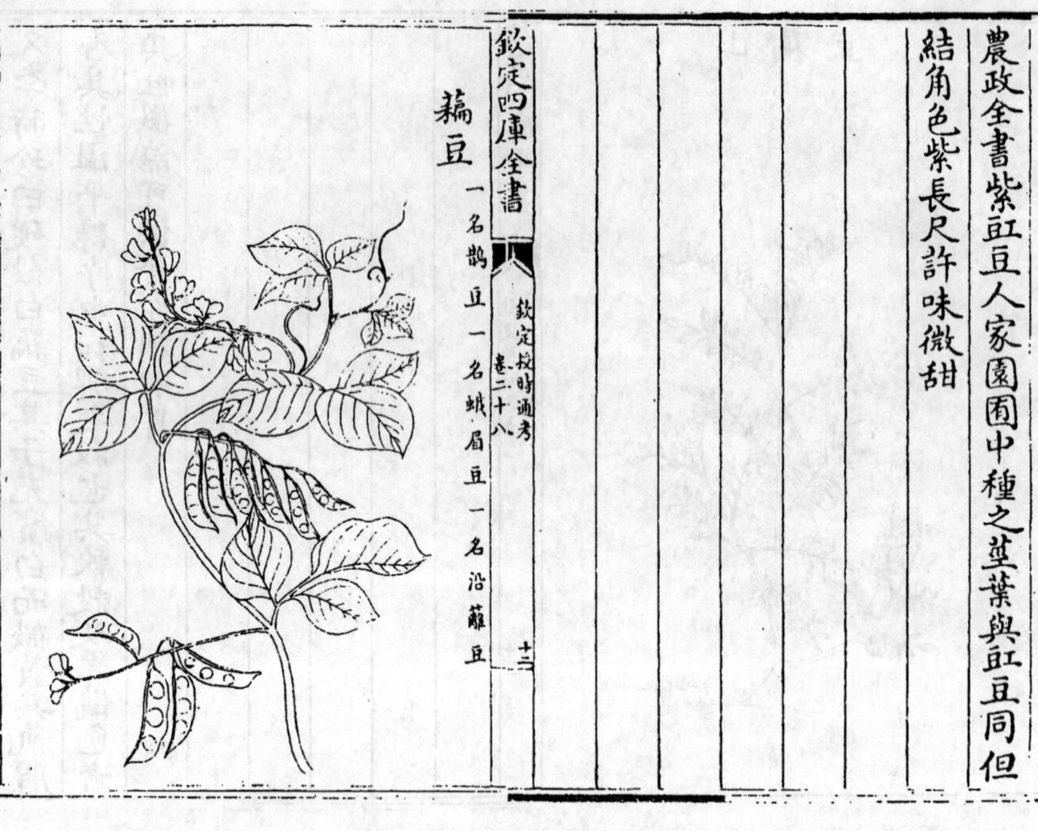

農政全書藊豆清明日下種以灰蓋之不宜土覆芽長分栽搭棚引上

又徐光啓曰以口向上種粒粒出若扁種十不出一蓋豆瓣重頂土不起故爛耳

本草綱目李時珍曰藊莢形扁也沿籬蔓衍也蛾眉象豆脊也

又陶弘景曰藊豆人家種之於籬垣其莢蒸食甚美蘇頌曰蔓延而上大葉細花花有紫白二色莢生花下其實有黑白二種白者溫而黑者少冷入藥用白者黑者名鵲豆蓋以其黑間有白道如鵲羽也李時珍曰藊豆二月下種蔓生延纏葉大如杯團而有尖其花狀如小蛾有翅尾形其莢凡十餘樣或長或團或如龍爪虎爪或如猪耳刀鐮種種不同皆累累成枝白露後實更繁衍嫩時可充蔬食茶料老則收子煮食子有白黑赤斑四色一種莢硬不堪食惟豆子粗圓而色白可入藥

又藊豆氣味甘微溫無毒

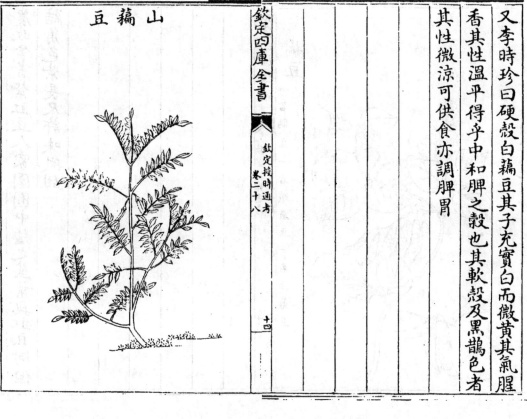

又李時珍曰硬殼白藊豆其子充實白而微黄其氣腥香其性溫平得乎中和脾之穀也其軟殼及黑鵲色者其性微涼可供食亦調脾胃

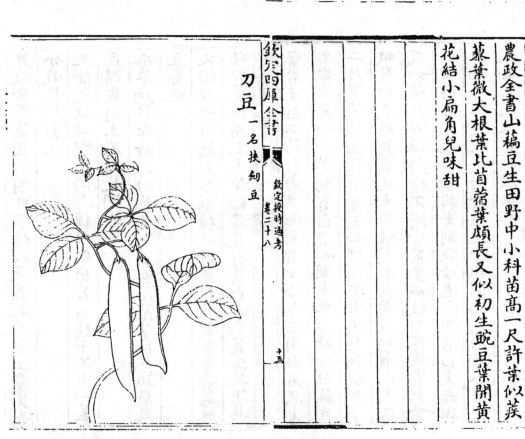

山藊豆

農政全書山藊豆生田野中小科苗高一尺許葉似蒺藜葉微大根葉比苜蓿葉頗長又似初生豌豆葉開黄花結小扁角兒味甜

刀豆 一名挾劔豆

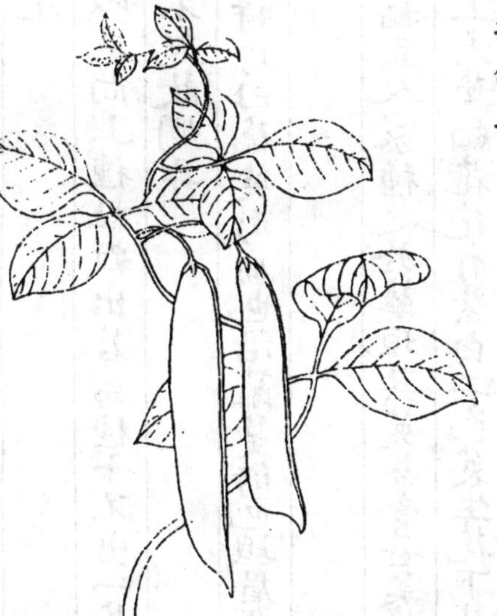

酉陽雜俎挾劒豆樂浪東有融澤澤中生豆莢形似人挾劒横斜而生

農政全書刀豆處處有之人家園籬邊多種之苗葉似豇豆葉肥大開淡粉紅花結角如皂角狀而長其形似屠刀樣故以名之味甜微淡

又刀豆清明日鋤地作穴每穴下種一粒以灰蓋之只用水澆待芽出則澆以糞水蔓長搭棚引上

本草綱目李時珍曰刀豆以莢形命名也

又汪頴曰刀豆長尺許可入醬用李時珍曰刀豆人多種之三月下種蔓生引一二丈葉如豇豆葉而稍長大五六七月開紫花如蛾形結莢長者近尺微似皂角扁而劒脊三稜宛然嫩時煮食醬食蜜煎皆佳老則收子子大如拇指頭淡紅色同猪肉雞肉煮食尤美

又刀豆氣味甘平無毒

欽定授時通考卷二十八

欽定四庫全書

欽定授時通考卷二十九

穀種

豆三

黎豆

山黧豆

山黑豆

苦馬豆

鹿藿

𨄔豆

回回豆

黎豆一名欇一名虎櫐一名虎豆一名欌欇一名棃沙一名獵沙一名貍豆

爾雅欇虎櫐

注今虎豆纏蔓林樹而生莢有毛刺今江東呼為欌欇疏欇一名虎櫐郭云今虎豆纏蔓林樹而生莢有刺今江東呼為欌欇或曰葛類也子如菉豆而葉大

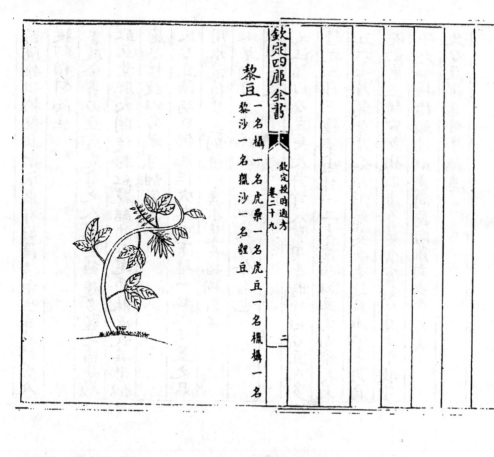

本草綱目陳藏器曰豆子作貍首文故名李時珍曰黎亦黑色也此豆莢老則黑色有毛露筋如虎貍指爪其子亦有點如虎貍之斑煮之汁黑故有諸名又曰黎豆生江南蔓如葛子如皂莢子作貍首文人炒食之別無功用陶氏註蚺蛇膽云如黎豆者即此也爾雅云諸慮一名虎涉又註櫐根云苗如豆爾雅欇虎櫐郭璞註云江東呼櫐為藤似葛而粗大纏蔓林樹莢有毛刺一名豆蒐今虎豆也千歲櫐是矣李時珍曰爾雅虎櫐即黎豆也古人謂藤為櫐後人訛櫐為貍矣爾雅山櫐虎櫐原是二種陳氏合而為一謂諸慮一名虎涉又以為千歲櫐並誤矣千歲櫐見草部貍豆野生山人亦有種之者三月下種生蔓其葉如豇豆葉但文理偏斜六七月

開花成簇紫色狀如扁豆花一枝結莢十餘長三四寸
大如拇指有白茸毛老則黑而露筋宛如乾熊指爪之
狀其子大如刀豆子淡紫色有斑點如貍文煮去黑汁
同猪雞肉再煮食味乃佳
又黎豆氣味甘微苦溫有小毒多食令人悶

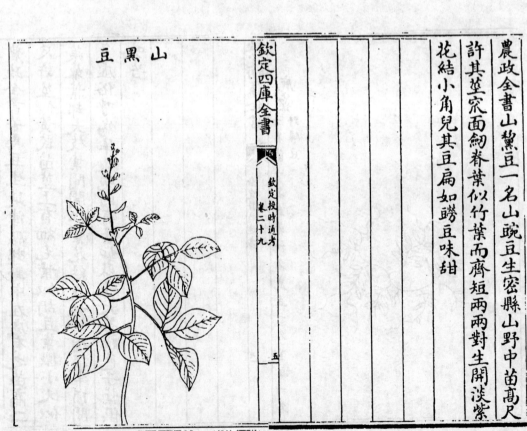

山黧豆

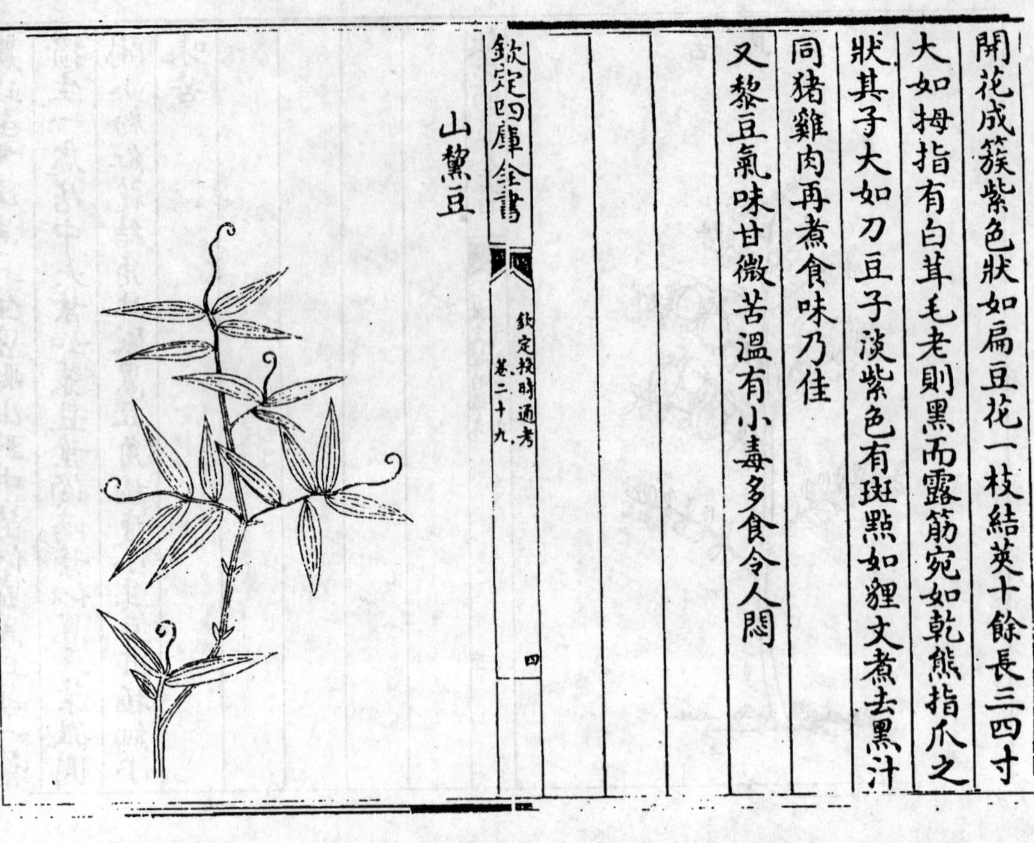

農政全書山黧豆一名山豌豆生密縣山野中苗高尺
許其莖窊面剜脊葉似竹葉而齊短兩兩對生開淡紫
花結小角兒其豆扁如蹘豆味甜

山黑豆

農政全書山黑豆生密縣山野中苗似家黑豆每一葉攢生一處居中大葉如菉豆葉傍兩葉似黑豆葉微圓開小粉紅花結角比家黑豆角極瘦小其豆亦極細小味苦

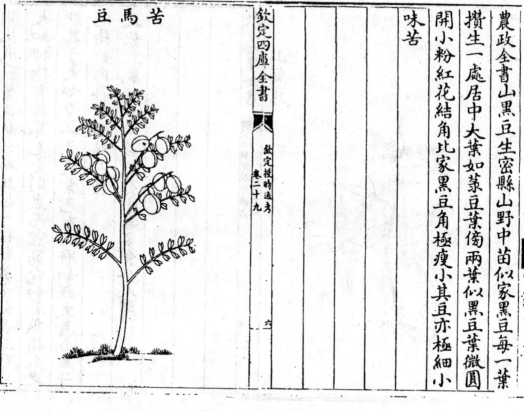

苦馬豆

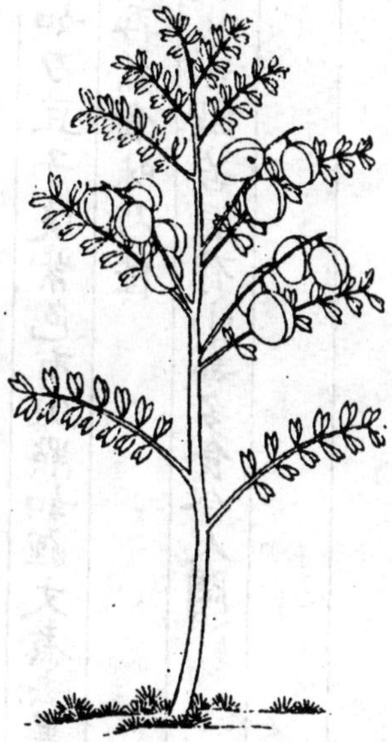

農政全書苦馬豆生延津縣郊野中在處有之苗高二尺許莖似黄芪苗莖上有細毛葉似胡豆葉微小又似蒺藜葉却大枝葉間開紅紫花結殼如拇指頂半頂間多虛俗呼爲羊尿胞内有子如麻子大茶褐色子葉俱味苦

鹿藿一名䕡一名鹿蘿一名鹿豆一名塋豆一名野緑豆

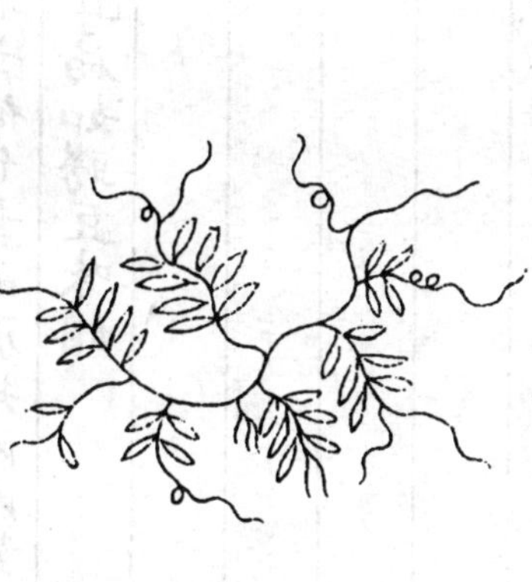

爾雅薗鹿藿其實莥

注今鹿豆也葉似大豆根黄而香蔓延生疏薗一名鹿藿其實名莥郭云今鹿豆也葉似大豆根黄而香蔓延生本草云味苦唐本註云此草所在有之苗似豌豆有蔓而長大人取以為菜亦微有豆氣名為鹿豆也

本草綱目李時珍曰豆葉曰藿鹿喜食之故名俗呼螢豆螢鹿音相近也王盤野菜譜作野緑豆爾雅云薗音

卷鹿藿也其實莥音紐即此又別録曰鹿藿生汶山山谷陶弘景曰方藥不用人亦無識者但葛苗一名鹿藿蘇恭曰此草所在有之苗似豌豆而引蔓長粗人採為菜亦微有豆氣山人名為鹿豆韓保昇曰鹿豆可生噉五月六月採苗日乾之郭璞註爾雅云鹿豆葉似大豆蔓延生根黄而香是矣李時珍曰鹿豆即野緑豆又名螢豆多生麥地田野中苗葉似緑豆而小引蔓生生熟皆可食三月開淡粉紅花結小莢其子大如椒子黒色可煮食或磨麪作餅蒸食

又鹿藿氣味苦平無毒

䠖豆

農政全書䓞豆生平野中北地處處有之莖蔓延附草木上葉似黑豆葉而窄小微尖開淡粉紫花結小角其豆似黑豆形極小味甘

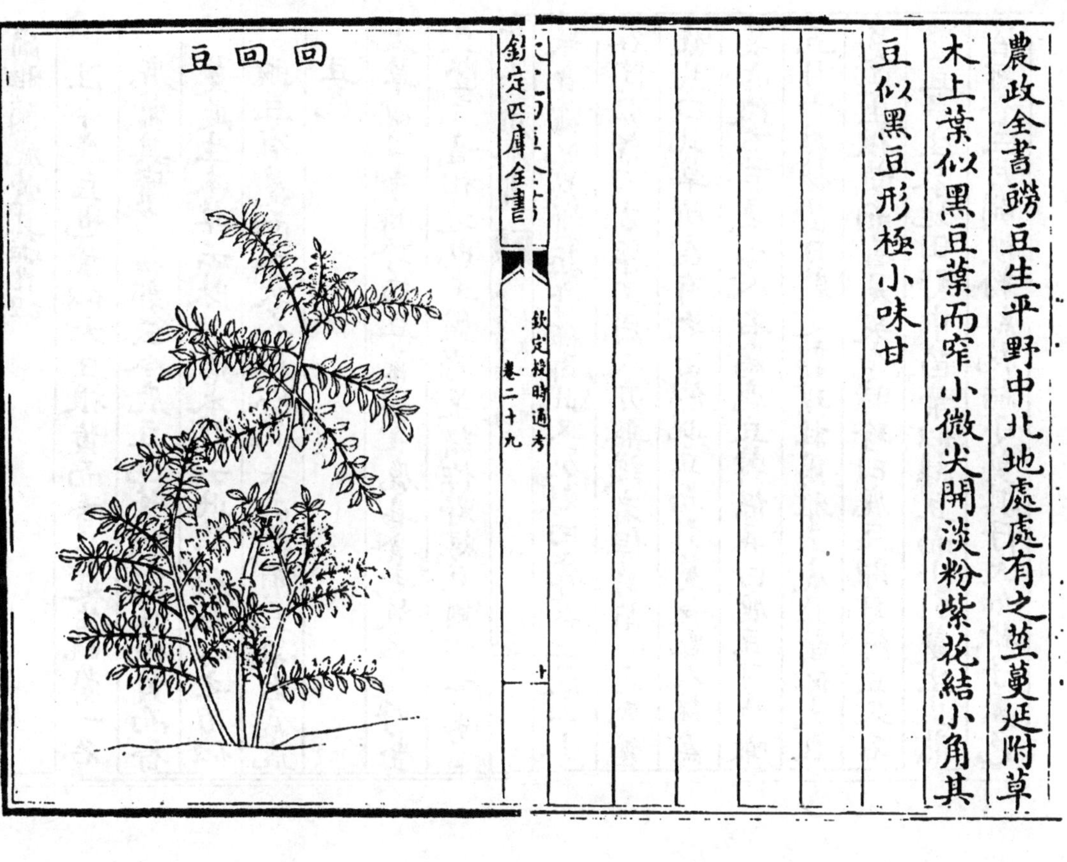

農政全書回回豆又名那合豆生田野中莖青葉似蒺藜葉又似初生嫩皂莢而有細鋸齒開五瓣淡紫花如蒺藜花樣結角如杏花樣而肥豆如牽牛子微大味甘

各土豆產附

直省志書宛平縣物產豆有青白黃黑赤菉紅藜豌菜扁龍爪刀羊角蠶等種　香河縣物產猪食豆羅裙帶豆　昌平州物產菉豆有官綠油綠摘綠拔綠四種黑豆有雌有雄雌者長大而暗雄者圓小而明白藊豆凡

十餘種或長或團或如龍爪虎爪或如猪耳刀鐮大豆有綠褐烏三種小豆有赤白二種　清苑縣土產菽有秕虱有猫眼　歷城縣方產菉豆紅豆豇豆黑豆豌豆大豆有青黑作豉用黃豆小豆赤白藜黑四種扁豆俗名眉豆二種或青而長或白而肥蠶豆形似蠶蠶月生金豆長豆角刀豆　鄒平縣物產豆黃黑菉赤白蠶豆數種扁豆豇豆連莢可食刀豆僅可醬食　臨邑縣物產有菽江南豆月豆　萊蕪縣物產豆有黑黃綠扁醬

青豇赤八種秋熟豌一種夏熟又有赤小豆白小豆黎小豆扒山豆之類眉豆有數種刀豆形如刀蠶豆長豆角有數種　陽信縣物產菽紅白黃黑爲用各異而綠豆最佳豆角有長扁各數種可熟食　霑化縣物產豆之品大黃豆青黃豆天鵝蛋大黑豆小黑豆牛腰齊皮狐腿老鼠眼蘆花白明菉豆毛菉豆東北風紅摘豆茶豆小豆扁豆　曹縣物產豆夏熟者曰豌豆匾豆秋熟者曰豇豆黃豆而黃亦有數種曰青豆青亦有數種曰

黑豆黑亦有數種又曰金豆玉豆黎豆菉豆又有赤小豆白小豆綠小豆又有扒山豆管豆又有一種大黑豆　鉅野縣物產豆黃豆黑豆青豆茶豆豇豆紅白黑三種菉豆蠶豆小豆紅白黑三種菉豆匾豆豌豆管豆眉豆凡十八種　汶上縣物產豆黃豆青豆黑豆大小二種茶豆豇豆紅白黑三種小豆紅白黑三種菉豆匾豆豌豆管豆凡十八種　陽穀縣物產黃豆黑豆綠豆白薑豆紅薑豆黑薑豆白小豆紅小豆黑小豆彎豆梅豆

茶豆扁豆刀豆蠶豆豆角　濮州土產豆有菉黃赤白青茶眉刀裙帶龍爪羊角之屬　范縣物產豆有十二菉豆黃豆黑豆茶豆紅豇豆白豇豆豌豆匾豆⿰豆勞豆青豆紅小豆白小豆菉豆有八眉豆蠶豆龍爪豆羊角豆白不老羅裙帶仙鶴頂刀豆　觀城縣物產豆花黑黃三種　日照縣物產豆其種不一大者青黃黑三色小者赤綠二色又有豌豆龍爪刀鞘裙帶白稨豆　黃縣物產豆有纏絲豆紅黃豆紫羅帶豆　福山縣物產豆

黃豆青黃豆纏絲豆鐵黑豆小黑豆香豆俗名雀卵綠豆白小豆赤小豆花小豆玉小豆兔脚豆　招遠縣物產大豆有黑青黃白綠斑數色而黃者爲多綠豆有明綠黑綠東北風之類豆以風名遇東北風則易壞故名之豇豆有紅白花三種　定襄縣物產豆黃黑菉豌藊薑小連刀梅箸纏絲　太平縣物產豆多種其形色大小間雜不等菜豆角有龍爪羅裙帶葉裏藏數種　臨晉縣物產黑豆大小二種緊黑者爲雄豆入藥良黃豆

亦有大小二種綠豆有官綠油綠二種早種者名摘角綠遲種者名拔角綠豌豆藊豆一名沿籬豆一名蛾眉豆又名茶豆豇豆有二種一種蔓長丈餘須懸架則蕃一種蔓短鋪地結莢嫩時充菜土人呼爲菜角又大赤豆土人亦呼豇豆　平陸縣土産菽之名色不一惟黄豆黑豆之大者可以爲豉豇豆扁豆則可爲菜他如菉黄青紅黑白豌茶龍眼羊眼龍爪虎爪麥蘆小豆皆可日用　絳州物産菽之屬纏絲豆人面豆龍爪豆紫羅

帶白不老　祥符縣物産紅豇豆白豇豆菉豆黑豇豆花豇豆扁豆青豆黑豆銅皮豆紅小豆豌豆黑小豆黄豆花豆白小豆蠻小豆綠豆　鄢陵縣土産豆有青白黄紅黑茶褐等色天鵞蛋老鴉眼花斑雞虱羊眼等名然大青豆及羊眼黑豆堪作豉豇豆曰羅裙帶白不老者堪爲菜紅小豆堪入藥餘皆平常　延津縣物産菽有大黄大青大紫大黑扁黑扁白菉豆青豌白豌白眼紫眼羊眼等種淮南王以豆爲乳脂今豆膏豆粉豆腐較他處尤佳得淮南遺法　禹州土産花斑石豆雞虱豆春不老虎爪豆　葉縣土産紫豆紅滚豆龍爪豆瑪瑙豆　遂平縣土産豆屬菀豆紅豆羊眼豆雞虱豆龍爪豆紫羅帶香子豆鵞眉豆紅米豆猪腦豆朴姜豆　西鄉縣土産黄豆黑豆氷豆青豆茶褐豆羊眼豆赤豆菉豆麻小豆白小豆臨秋豆白扇豆　六合縣物産菽之屬黑大豆青大豆有透骨青者用同黄豆黄大豆赤小豆黑小豆綠豆圓小者佳白豆一名飯豆豌豆香珠

豆色紫小者尤香佛手豆白果豆粒大而香同白果羊眼豆蠶豆一名胡豆豇豆匾豆一名沿籬豆黑白二種刀豆一名挾劍豆　貴池縣土宜豆有矮條蛾眉魴魮富郎冲天角豆茶豆棠豆　鹽城縣物産菽有茶豆葶薺豆有青黄紫赤黑白綠紅數色最早熟者有六十日雁來枯之類　揚州府物産菽有大黄大青大紫大黑大褐鴨卵青白扁黑扁白小赤小小紅菉豆樓子綠摘角綠鶺鴒斑赤江白江摘角江青豌白豌白眼紫眼羊

眼雁來枯杪社黄半夏黄佛指　通州物產豆粒有大小色有青黄紫黑白之别名有茶青扁莆麻皮雞趾牛莊僧衣香珠蓮心烏眼沉香白果之不同　吳縣物產菽之屬緇豆又名僧衣豆斑豆蝂眼豆羊眼豆香珠豆色紫小而香賊懊惱極小雲南豆似白扁豆大而長崑山縣土產中秋豆雁來紅佛手豆瑪瑙豆　常熟縣物產紫羅豆有青黑花紋河陽青早熟西鄉高田種之豇青黑色長角十八豇蔓生俗名裙帶豆　嘉定縣物

產大黑豆凡豆之屬皆出嘉定者佳而黑豆為之魁他邑爭購作種豌豆有大小二種四鄉俱有之大有如指頂者其味絶美他邑所出甚稀形小性硬逈不如也土人或種之花田中冬天不拔花萁用以拒霜至清明後始拔豆隨熟　太倉州物產豆有黄青黑三種黄曰蘇州黄員珠黄烏眼黄水白豆扇子黄高脚黄青曰大青小青淡菰青肉裹青黑曰大黑小黑六月烏雜色者曰僧衣豆香珠豆羊眼豆最大者曰嚇殺人小曰賊歎氣

州岡自種豆收亦薄惟東土所出獨壯美絶勝他邑蠶豆出雙鳳法輪寺前者尤佳自雙鳳至南門亦擅勝大有如指頂者他邑僅三之一性亦粗硬　上海縣物產豆有南京黄以種自秣陵故名隨稻黄九月中方香綻可食六月豆種最早六月即可採食砂仁豆色紫味香豆中上品黑豆赤豆有大小二種米赤豆較赤豆畧小可和米炊飯菉豆水白豆青豆色青七月即熟白香圓白豆之最大者以色味形得名茅柴赤凡豆不宜肥土

土肥則莢稀此種不用耘茅草之地叢生尤盛故名紫羅豆色紫粒小俗謂紫香圓又一種青黑花紋名僧衣豆龍爪豆江豆刀豆豌豆蠶豆白藊豆　江陰縣物產黄豆名珍珠黄烏眼黄者為上青豆名白果青最佳、靖江縣食貨菽之屬其產於邑者粒有大小色有青黄紫白黑之别青色者粒大味美曰扁莆曰膠州青骨裹青豹腰青粒圓多實曰圓珠翠碧粒小曰茶青其淡碧而味色絶美者曰白果六月拔八月枯烏眼黄粒有黑眼水面白粒大品佳麻皮黄牛壟莊兔子圓雞趾黄獐皮黄皆黄色之屬也六月白搶塲白白果豆皆白色之屬也色紫者僧衣香珠蓮心三種竝妙烏香珠大黑子黑之屬外有五色雜而宜飯者俗呼赤豆其粒細而長蔓生者曰蝌眼早収者曰麻熟　丹徒縣物産豆有大小豆色有青黄黑紫褐名有雁來青雁來枯癡黄半夏黄鐵殻黄香珠茶褐荸薺白果牛嘴莊早綿青烏豆水白豆馬鞍豆小豆亦有赤豆綠豆小黑豆白豆龍爪豆

飯豆紅黑豇豆佛指豆十六粒豆蠶豆黑白扁豆刀豆

丹陽縣物産豆黄豆以東鄉沼漕渠者爲佳　石門縣物産豆有梅豆含豆香珠豆棋花豆裙帶豆一茶匙眉莢豆僧衣豆　桐鄉縣物産有舜隆豆　瑞安縣物産豆有六月烏六月白八月白雲豆三収豆珍珠豆苜蓿豆　寧州土産輭莢豆錢豆米豆道士冠脚魚郎東鄉縣物産豆有六月爆泥豆花豆虎爪豆　瀘溪縣物産菽之屬有沉香豆秋後種諸田間羊眼豆虎爪豆

羊鬚豆俱以形似六月爆豆之最早者　龍南縣物産菽有六月黄八月黄　蒲圻縣物産菽之類有兔兒圓羅裙帶道人冠　咸寧縣物産俾栗豆青皮豆雁來紅龍爪豆猪牙豆元修豆　羅田縣物産菽類有羅裙帶雁來紅羊眼豆蛾眉豆巴山豆西山豆六月報猪牙豆蜜蜂豆龍爪豆茶柯豆青皮豆高脚黄兔兒丸雞婆豆飯豆白殻豆泥豆鴉鵲豆　德安府物產菜豆曰摘菜曰藤菜曰一朶雲曰蔓草菜曰殻椿菜黄豆有黄色青

色黒色茶花色數種更有名纓絡者骨裏青者六月爆者楊雀郎者統謂之黄豆　寧鄉縣物産豆種十有一曰豆角即上笆豆一名紅豆又曰羅裙帶刀豆幚皮豆一名蠶豆又名白扁豆八月白以上皆藤生摘岡菜豆懶人豆一名爛蒿薦秋江豆黄豆黑豆飯豆以上皆枝實　邵陽縣食貨菽之屬黄豆菉豆六月黄八月白水白豆皂角豆羊眼豆茶豆粟稿豆飯豆江豆衮豆冬豆蠶豆硃砂豆青皮豆刀靶豆蛾眉豆龍爪豆裙帶豆泥

豆線豆扁豆烏豆椶豆　永明縣土產菽之品硃砂豆羊眼豆大松豆小黃豆雪豆韶豆大青豆黑茶豆黑冷豆　泉州府物產菽之屬有紅豆春豆九月豆騎草豆畬豆白卯豆六月綱豆　建寧縣物產花羅豆大烏豆寒露豆虎爪豆六月黃上樹豆田豆岡豆　惠來縣物產豆之屬有蕉子虎爪九月黃九月白六月黃六月烏十八粒壓旱　高明縣土產豆有樹豆生數尺高四季熟猪牙豆靴嘴豆有刀鞘豆花眉豆又五月収豆　廣

西府物產豆之屬南豆灣豆架豆靴豆老鼠豆黃花豆白旱豆羊眼豆寸金豆

欽定授時通考卷二十九

欽定授時通考卷三十

穀種

麻

麻

大麻

沙蓬米

亞麻

蓖麻

稗　穇子　稂　莠　東廧

薏苡仁

脂麻苗

詩經王風丘中有麻

疏言丘中墝埆之處所以得有麻者乃留氏子嗟之所治也由子嗟教民農業使得有之集傳麻穀名子可食皮可績爲布者大全本草曰一名麻勃此麻上花勃勃者麻子味甘平無毒園圃所蒔今人作布及履用之

齊風藝麻如之何衡從其畝

注欲樹麻者必先縱横經治其田畝

豳風九月叔苴

疏苴麻之有實者也叔苴謂拾取麻實以供食也

大雅麻麥幪幪

注茂盛也

禮記月令孟秋之月天子食麻與犬

注麻始熟也

又仲秋之月天子以犬嘗麻先薦寢廟

周禮天官朝事之籩其實麷蕡

注蕡實也鄭司農云麻曰蕡
儀禮有司徹主司取籩於房𪌊蕡坐設於豆西
注蕡熬枲實也
爾雅黂枲實
注禮記曰苴麻之有黂疏枲麻也黂者即麻子名故
云黂枲實也
又枲麻
注别二名疏麻一名枲故注云别二名禹貢青州云

厥貢岱畎絲枲是也
又莩麻母
注苴麻盛子者疏一名莩一名麻母
淮南子汾水濛濁而宜麻
齊民要術漢書張騫外國得胡麻今俗人呼爲烏麻者
非也廣雅曰狗蝨勝茄胡麻也本草經曰青蘘一名巨
勝今世有白胡麻八角胡麻白者油多
爾雅翼麻實既可以養人而其縷又可以爲布其利最
廣然麻之屬總曰麻别而言之則有實者别名苴無實
者别名枲子夏喪服傳曰苴絰者麻之有蕡者也牡麻
者枲麻也蕡即實也牡即無實之名也然此類亦通名
麻枲故或以蕡爲枲實蓋假借言之耳麻實又有文理
故屬金爲西方之穀明堂月令秋則食麻與犬秋氣既
涼又向寒無害故食當方之穀牲而至仲秋則又以犬
嘗麻先薦寢廟也若豳風則九月菽苴蓋食農夫者不
嫌於晚耳麻實既謂之蕡故古者朝事之籩熬麻麥以
實之謂之𪌊蕡又麻於植物中最爲多子故詩稱桃之

夭夭有蕡其實言桃花色既盛又結子之多如麻子然
以況室家之相宜而其繼續繁衍者如此說文又云萉
枲實或作黂則音雖異而意同後世說本草者或以黂
爲牡麻之華則與詩雅所說大異又胡麻亦有實本生
大宛一名油麻一名狗蝨一名方莖純黑者名巨勝亦
曰一葉兩莢爲巨勝或曰莖圓爲胡麻莖方爲巨勝道
家以爲飯陶隱居言八穀之中胡麻最爲良以詩黍稷

稻粱禾麻菽麥爲八種而引董仲舒云禾是粟苗麻是胡麻按胡麻大宛之種張騫得之以歸詩人所稱豈應近捨中國之苴而遠述大宛之巨勝此説非是又以其胡物而細故別謂中國之麻爲漢麻亦曰大麻

本草綱目李時珍曰按沈存中筆談云胡麻即今油麻更無他説古者中國只有大麻其實爲蕡漢使張騫始自大宛得油麻種來故名胡麻以別中國之大麻也寇宗奭衍義亦據此釋胡麻故今并入油麻爲巨勝即胡

麻之角巨如方勝者非二物也方莖以莖名狗蝨以形名油麻脂麻謂其多油脂也按張揖廣雅胡麻一名藤弘弘亦巨也別錄一名鴻藏乃藤弘之誤也又杜寶拾遺記云隋大業四年改胡麻曰交麻

又別錄曰胡麻一名巨勝生上黨川澤秋採之青蘘巨勝苗也生中原川谷陶弘景曰胡麻八穀之中惟此最良純黑者爲巨勝巨者大也本生大宛故名胡麻又以莖方者爲巨勝圓者爲胡麻蘇恭曰其角作八稜者爲巨勝四稜者爲胡麻都以烏者爲良白者爲劣孟詵曰沃地種者八稜山田種者四稜土地有異工力則同蘇頌曰胡麻處處種之稀復野生苗硬如麻而葉圓鋭光澤嫩時可作蔬道家多食之本經謂胡麻一名巨勝陶弘景以莖之方圓分別蘇恭以角稜多少分別仙方有服胡麻巨勝二法功用小別是皆以爲二物矣或云即今油麻本生胡中形體類麻故名胡麻八穀之中最爲大勝故云巨勝乃一物二名如此則是一物而有二種

如天雄附子之類故葛洪云胡麻中有一葉兩尖者爲巨勝別錄序例云細麻即胡麻也形扁扁爾其莖方者爲巨勝也今人所用胡麻之葉如荏而狹尖莖高四五尺黃花生子成房如胡麻角而小嫩時可食甚甘滑利大腸皮亦可作布類大麻色黃而脆俗亦謂之黃麻其實黑色如韭子而粒細味苦如膽杵末略無膏油其説各異此乃服食家要藥乃爾差誤豈復得效也寇宗奭曰胡麻諸説參差不一止是今人脂麻更無他義以其

種來自大宛故名胡麻今胡地所出者皆肥大其紋鵲其色紫黑取油亦多嘉祐本草白油麻與此乃一物但以色言之比胡地之麻差淡不全白爾今人通呼脂麻李時珍曰胡麻即脂麻也有遲早二種黑白赤三色其莖皆方秋開白花亦有帶紫艷者節節結角長者寸許有四稜六稜者房小而子少七稜八稜者房大而子多皆隨土地肥瘠而然蘇恭以四稜爲胡麻八稜爲巨勝正謂其房勝巨大也其莖高者三四尺有一莖獨上者

角纏而子少有開枝四散者角繁而子多皆因苗之稀稠而然也其葉有本團而末銳者有本團而末分三了如鴨掌形者葛洪謂一葉兩尖爲巨勝者指此蓋不知烏麻白麻皆有二種葉也按本經胡麻一名巨勝吳普本草一名方莖抱朴子及五符經竝云巨勝一名胡麻其說甚明至陶弘景始分莖之方圓雷斅又以赤麻爲巨勝謂烏麻非胡麻嘉祐本草復分白油麻以別胡麻并不知巨勝即胡麻中丫葉巨勝而子肥者故承誤啟疑如此惟孟詵謂四稜八稜爲土地肥瘠寇宗奭據沈存中之說斷然以脂麻爲胡麻足以證諸家之誤矣又賈思勰齊民要術種收胡麻法即今種收脂麻之法則其爲一物尤爲可據今市肆間因莖分方圓之說遂以茺蔚子僞爲巨勝以黃麻子及大藜子僞爲胡麻誤而又誤矣茺蔚子長一分許有三稜黃麻子黑如細韭子味苦大藜子狀如壁蝨及酸棗核仁味辛甘竝無脂油不可不辨梁簡文帝勸醫文有云世誤以灰滌菜子爲

胡麻則胡麻之訛其來久矣

又胡麻氣味甘平無毒

又白油麻氣甘大寒無毒李時珍曰胡麻取油以白者爲勝服食以黑者爲良

天工開物凡麻可粒可油惟火麻胡麻二種胡麻即脂麻相傳西漢始自大宛來古者以麻爲五穀之一若專以火麻當之豈有當哉竊意詩書五穀之麻或其種已滅或即菽粟中之別種而漸訛其名號皆未可知也今

胡麻味美而功高即以冠百穀不爲過火麻子粒壓油無多皮爲布疏惡其值幾何胡麻數龠充腸移時不餒粔餌飴餳得粘其粒味高而品貴其爲油也髮得之而澤腹得之而膏腥膻得之而芳毒厲得之而解農家能廣植厚實可勝言哉種胡麻法或治畦圃或壟田畝土碎草淨之極然後以地灰微溼拌勻麻子而撒種之早者三月種遲者不出大暑前早種者花實亦待中秋乃結耨草之功惟鋤是視其色有黑白赤三者其結角長寸許有四稜者房小而子少八稜者房大而子多皆因肥瘠所致非種性也收子榨油每石得四十觔餘其枯用以肥田若饑荒之年則留供人食

大麻 一名火麻一名漢麻一名黄麻雄者名枲麻一名牡麻雌者爲苴麻一名茡麻花名麻勃

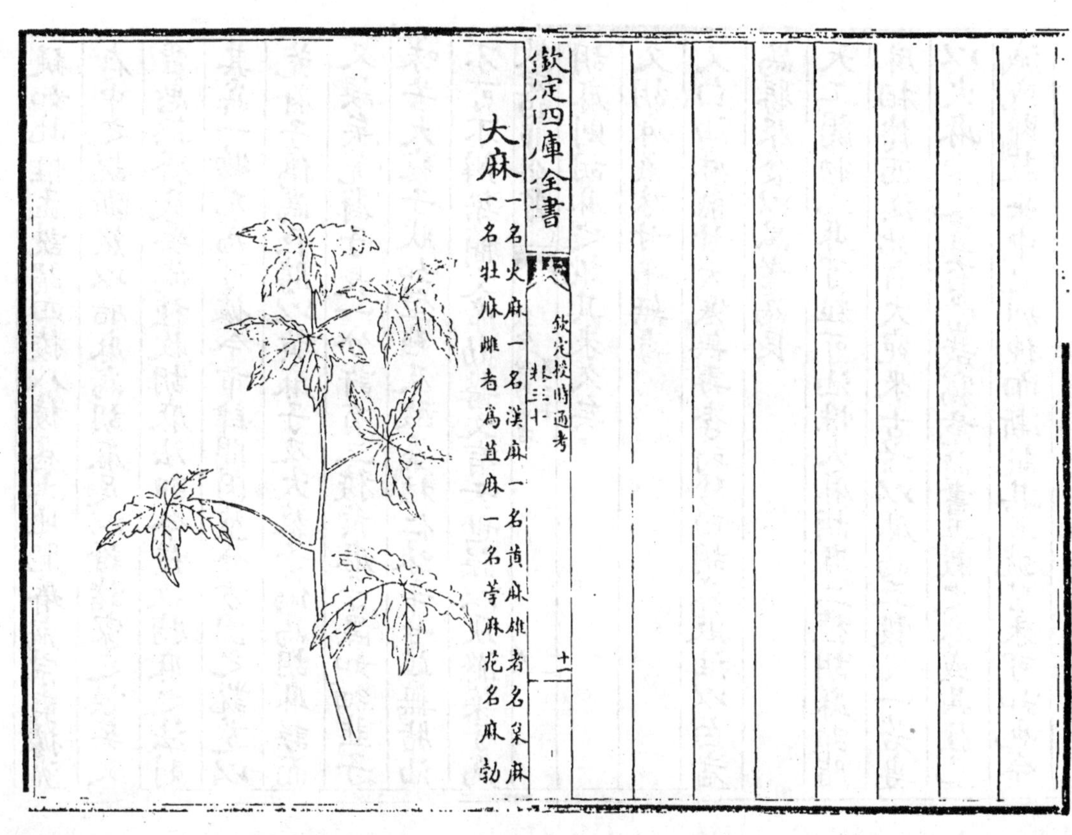

羣芳譜大麻莖高五六尺枝葉扶疎葉狹而長狀如益母草葉一枝七葉或九葉五六月開細黃花成穗隨即結子似蘇子而大剝去皮作麻績之可爲布

本草綱目李時珍曰麻從兩朩在广下象屋下派麻之形也朩音派广音儼餘見下註云漢麻者以別胡麻也又本經曰麻蕡一名麻勃麻花上勃勃者七月七日采之良麻子九月採入土者損人生太山川谷陶弘景曰麻蕡即牡麻牡麻則無實今人作布及履蘇恭曰蕡即

麻實非花也爾雅云蕡枲實儀禮云苴麻之有蕡者註云有子之麻爲苴皆謂子也陶以蕡爲麻勃謂勃勃然如花者復重出麻子誤矣既以蕡爲米穀上品花豈堪食乎陳藏器曰麻子早春種爲春麻子小而有毒晚春種爲秋麻子入藥佳壓油可以油物寇宗奭曰麻子海東毛羅島來者大如蓮實最勝其次出上郡北地者大如豆南地者子小蘇頌曰麻子處處種之績其皮可以爲布農家擇其子之有斑黑文者謂之雌麻種之則結子繁他子則不然也本經麻蕡麻子所主相同而麻花非所食之物蘇恭之論似當矣然本草朱字云麻蕡味辛麻子味甘又似二物疑本草與爾雅禮記稱謂有不同者又藥性論用麻花云味苦主諸風然則蕡也子也花也其三物乎李時珍曰大麻即今火麻亦曰黃麻處處種之剝麻收子有雌有雄雄者爲枲雌者爲苴大科如油麻葉狹而長狀如益母草葉一枝七葉或九葉五六月開細黃花成穗隨即結實大如胡荽子可取油剝

其皮作麻其稭白而有稜輕虛可爲燭心齊民要術云麻子放勃時拔去雄者若未放勃先拔之則不成子也其子黑而重可搗治爲燭即此也本經有麻蕡麻子二條謂蕡即麻勃謂麻子入土者殺人蘇恭謂蕡是麻子非花也蘇頌謂蕡子花爲三物疑而不決謹按吳普本草云麻勃一名麻花味辛無毒麻藍一名麻蕡一名青葛味辛甘有毒麻葉有毒麻子中仁無毒據此說則麻勃是花麻蕡是實麻仁是實中仁也普三國時人去古

未逺説甚分明神農本經以花爲蕡皆傳寫脱誤耳陶氏及唐宋諸家皆不考究而臆度疑似可謂踈矣今依吳氏改正

又麻勃吳普曰一名麻花李時珍曰觀齊民要術有放勃時拔去雄者之文則勃爲花明矣

又麻勃氣味辛温無毒

又麻蕡吳普曰一名麻藍一名青葛李時珍曰此當是麻子連殼者故周禮朝事之籩供蕡月令食麻與犬麻可食蕡可供稍有分别殻有毒而仁無毒也

又麻蕡氣味辛平有毒

沙蓬米

聖祖御製幾暇格物編沙蓬米凡沙地皆有之鄂爾多斯所產尤多枝葉叢生如蓬米似胡麻而小性暖益脾胃易於消化好吐者食之多有益作爲粥滑膩可食或爲米可充餅餌茶湯之需向來食之者少自朕試用之知其宜人今取之者衆矣

亞麻　一名鵶麻　一名壁蝨胡麻

本草綱目蘇頌曰亞麻子出兗州威勝軍苗葉俱青花白色八月上旬採其實用李時珍曰今陝西人亦種之即壁蝨胡麻也其實亦可榨油點燈氣惡不堪食其莖穗頗似茺蔚子不同

又亞麻子氣味甘微溫無毒

蓖麻　一名博落迴

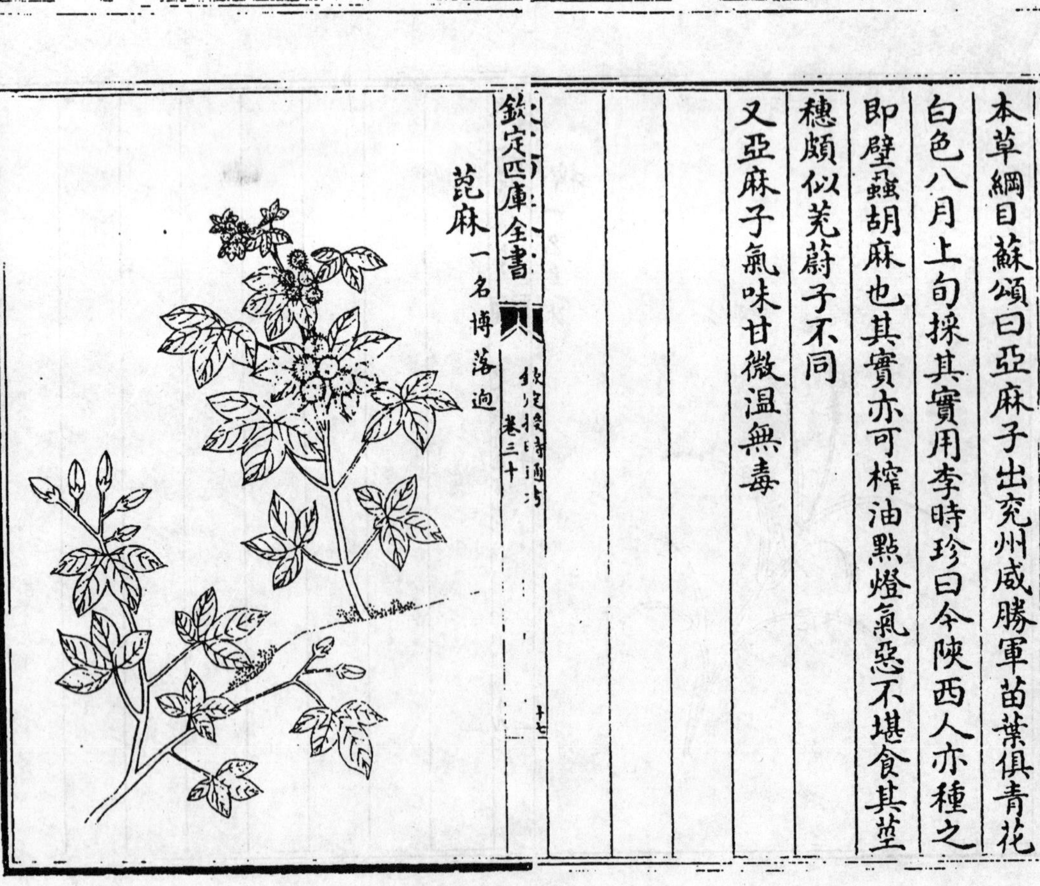

本草綱目蘇頌曰萞麻葉似大麻子形宛如牛蜱故名

李時珍曰萞亦作螕牛蝨也其子有麻點故名

又蘇恭曰此人間所種者葉似大麻葉而甚大結子如牛蜱今胡中來者莖赤高丈餘子大如皂莢核用之亦良韓保昇曰今在處有之夏生苗葉似葎草而大厚莖赤有節如甘蔗高丈餘秋生細花隨便結實殼上有刺狀類巴豆青黄斑褐夏采莖葉秋采實冬采根曬乾用

李時珍曰其莖有赤有白中空其葉大如瓠葉每葉凡五尖夏秋間椏裏抽出花穗纍纍黄色每枝結實數十顆上有刺攢簇如蝟毛而輭凡三四子合成一顆枯時劈開狀如巴豆殼内有子大如豆殼有斑點狀如牛螕再去斑殼中有仁嬌白如續隨子仁有油可作印色及油紙子無刺者良有刺者毒

又萞麻氣味甘辛平有小毒

稗一名烏禾

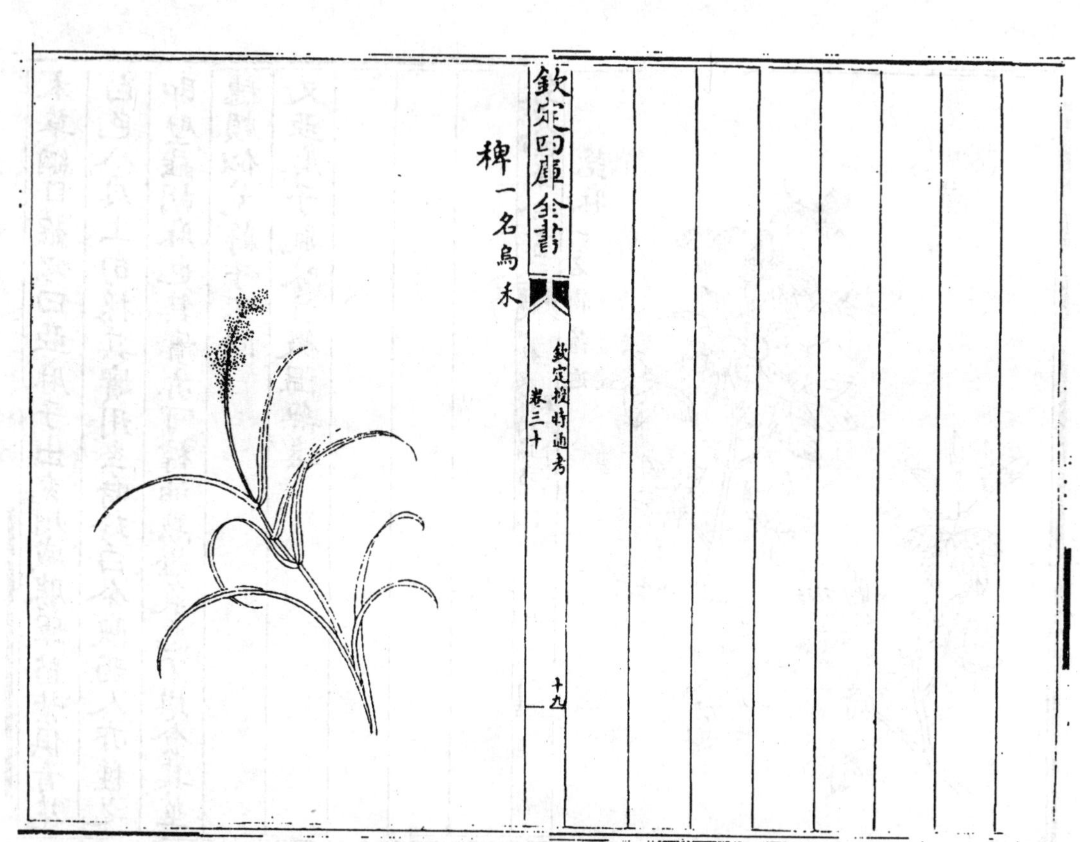

爾雅蕛英

注蕛似稗布地生穢草疏蕛一名英似稗之穢草也布生於地莊子曰道在蕛稗是亦有米細小又曰若蕛米之在太倉是也

六書故稗葉純似稻節間無毛實似黃害稼

爾雅翼孟子曰五穀者種之美者也苟爲不熟不如蕛稗蕛與稗二物也皆有米而細小莊子曰道在蕛稗言比於穀則微細而不精道亦在焉又曰若蕛之在太倉

亦言小也爾雅蕛英釋曰蕛一名英似稗之穢草布生於地而稗則生下澤中故古詩曰蒲稗相因依氾勝之書曰稗水旱無不熟之時又特滋盛易得蕪穢良田畝得二三十斛宜種之以備凶年

又稗中有米熟時可擣取之炊之不減粱米又可釀作酒武帝時令典農種之一頃收二千斛斛得米三升大儉可磨食之蓋稗遇水旱無不熟而五穀則有熟不熟之時以此不熟方之於稗則爲不如耳草之似穀可養人者甚多博物志稱飾草實食之如大麥本草稱東廧可爲飯又菵米可爲飯四月熟久食不饑狼尾草子作黍食之令人不饑又蒯草子亦堪食如秔米又蓬草子作飯無異秔米儉年食之此皆五穀之外可以接糧者故附著之

本草綱目李時珍曰稗乃禾之卑賤者也故字從卑

又陶弘景曰稗子亦可食又有烏禾生野中如稗荒年可代糧而殺蟲煮以沃地螻蚓皆死陳藏器曰稗有二

種一種黃白色一種紫黑色紫黑色者似芑有毛北人呼爲烏禾

又稗米氣味辛甘苦微寒無毒

農政全書稗子有二種水稗生水田邊旱稗生田野中今處處有之苗葉似䅟子葉色深綠脚葉頗帶紫色結子如黍粒大茶褐色味微苦性微溫

又稗多收能水旱可救儉孟子言五穀不熟不如荑稗淮南所謂小利者皆以此且稗稈一畝可當稻稈二畝

其價亦當米一石宜擇嘉種於下田藝之歲歲無絶倘遇災年便得廣植勝於流移掘拾遠矣

䅟子附　一名龍爪粟一名鴨爪稗

農政全書䅟子生水田中及下溼地内苗葉似稻但差短梢頭結穗彷彿稗子穗其子如黍粒大茶褐色味甘

本草綱目李時珍曰䅟乃不黏之稱也又不實之貌也龍爪鴨爪象其穗歧之形

又李時珍曰䅟子山東河南亦五月種之苗如茭黍八

九月抽莖有三稜如水中藨草之莖開細花簇簇結穗如粟穗而分數岐如鷹爪之狀内有細子如黍粒而細赤色其稃甚薄其味麤澀

又䅟子氣味甘澀無毒

稂附

詩曹風冽彼下泉浸彼苞稂

爾雅稂童粱

注稂莠類也疏今人謂之宿田翁或謂之守田也

說文稂禾秀之穗生而不成者謂之董蓈

爾雅翼稂惡草與禾相雜

本草綱目稂一名狼尾草陳藏器曰生澤地似茅作穗廣志云子可作黍食李時珍曰莖葉穗粒並如粟而穗色紫黄有毛荒年亦可採食

菵草附

爾雅皇守田

注似燕麥子如雕胡米可食生廢田中一名守氣

爾雅翼菵米可爲飯生水田中苗子似小麥而小四月熟久食不饑爾雅所謂皇守田者也

東廧附　一名梁禾

廣志東廧粒如葵子似蓬草色青黑十一月熟出幽涼并烏丸地

本草綱目陳藏器曰東廧生河西苗似蓬子似葵九月十月熟可爲飯食河西人語曰貸我東廧償爾田粱李時珍曰相如賦東廧雕胡即此魏書云烏丸地宜東廧

似穄可作白酒又廣志云粱禾蔓生其子如葵子其米粉白可作饘粥六月種九月收牛食之尤肥此亦一穀似東廧者也

又東廧子氣味甘平無毒

薏苡仁　一名解蠡一名芑實一名贛米一名回回米一名薏珠子一名西番蜀秫一名草珠兒一名簳珠一名𥻆米苗名屋菼

續博物志薏苡一名簳珠收子蒸令氣餾暴乾挼取之作飯麪主不饑

農政全書本草名薏苡仁一名解蠡一名屋菼一名芑實一名贛俗名草珠兒又呼爲西番蜀秫生真定平澤及田野交趾生者子最大彼土人呼爲贛珠今處處有之苗高三四尺葉似黍葉而稍大開紅白花作穗子結實青白色形如珠而稍長故名薏珠子味甘微寒無毒今人亦呼菩提子

羣芳譜薏苡處處有之交趾者子最大出真定者佳今多用梁漢者氣劣於真定春生苗莖高三四尺葉如黍葉開紅白花作穗五六月結實青白色形如珠子而稍長故呼薏珠子取用以顆小色青味甘黏牙者良形尖而殼薄米白如糯米此真薏苡也可粥可麪可同米釀酒

本草綱目李時珍曰薏苡名義未詳其葉似蠡實葉而解散又似芑黍之苗故有解蠡芑實之名贛米乃其堅

硬者有贛强之意苗名屋菼救荒本草名回回米又呼西番蜀秫俗名草珠兒

又雷斆曰凡使勿用䊪米顆大無味時人呼為粳䊪是也薏苡仁顆小色青味甘咬著人齒也李時珍曰薏苡人多種之二三月宿根自生葉如初生芭茅五六月抽莖開花結實有二種一種黏牙者尖而殼薄即薏苡也其米白色如糯米可作粥飯及磨麪食亦可同米醸酒一種圓而殼厚堅硬者即菩提子也其米少即粳䊪也

但可穿作念經數珠故人亦呼為念珠云其根並白色大如匙柄糺結而味甘

又薏苡氣味甘微寒無毒

欽定授時通考卷三十

欽定四庫全書

欽定授時通考卷三十一

功作

彙考

詩周頌載芟載柞其耕澤澤

傳除草曰芟除木曰柞箋先芟柞其草木土氣蒸達而和耕之則澤澤然解散集解劉氏瑾曰第一節言墾土也

千耦其耘徂隰徂畛

箋隰新發田也畛舊田有徑路者集解曹氏粹中曰反土之後草木根株有芟柞不盡則復耘之也劉氏瑾曰第二節言治田也

侯主侯伯侯亞侯旅侯彊侯以有嗿其饁思媚其婦有依其士有畧其耜俶載南畝

傳主家長也伯長子也亞仲叔也旅子弟也箋彊有餘力者以謂閒民父子餘夫皆行彊有力者相助又

取傭賃務疾畢已當種也集傳喩衆飲食聲也媚順
依愛也言餉婦與耕夫相慰勞也畧利俶始載事也
集解劉氏瑾曰第三節言男女長幼齊力於始耕也
播厥百穀實函斯活
箋播猶種也實種子也函含也活生也其種皆成好
含生氣集解曹氏粹中曰百穀之性各有所宜而水
旱豐凶不可預定故悉種之所以爲備也劉氏瑾曰
第四節言苗生也

驛驛其達有厭其傑
集傳驛驛苗生貌達出土也厭受氣足也傑先長者
也集解劉氏瑾曰第五節言苗生之盛也
厭厭其苗綿綿其麃
箋厭厭其苗衆齊等也集傳綿綿詳密也麃耘也集
解王氏安石曰既苗而耘以綿綿爲善恐傷苗也劉
氏瑾曰第六節言耘苗也
載穫濟濟有實其積萬億及秭爲酒爲醴烝畀祖妣以

洽百禮
箋濟濟穗衆難進也集傳積露積也集解何氏楷曰
穫言在野積言在場萬億及秭言在庾劉氏瑾曰第
七節言收入之多以供祭祀也
又畟畟良耜俶載南畝
疏畟畟刃利之狀集解劉氏瑾曰第一節言始耕也
播厥百穀實函斯活
集解劉氏瑾曰第二節言苗生也

或來瞻女載筐及筥其饟伊黍
集解劉氏瑾曰第三節言餉田也
其笠伊糾其鎛斯趙以薅荼蓼
傳笠所以禦暑雨也趙刺也說文薅拔去田草也疏
荼陸穢蓼水草田有原有隰故並舉集解劉氏瑾曰
第四節言耘苗也
荼蓼朽止黍稷茂止
集解陸氏佃曰因暑雨化之則草不復生而地美劉

氏瑾曰第五節言苗盛也

穫之挃挃積之栗栗其崇如墉其比如櫛以開百室

傳挃挃穫聲也栗栗衆多也箋如墉如櫛積之高大相比迫也集解劉氏瑾曰第六節言收穫之多而齊也

百室盈止婦子寧止

集解劉氏瑾曰第七節言其樂豐稔也

書梓材若稽田既勤敷菑惟其陳修爲厥疆畎

傳言農夫之考田已勞力布發之惟其陳列修治爲

其疆畔畎壟然後功成

周禮地官遂大夫正歲簡稼器修稼政

注簡猶閱也稼器耒耜鎡基之屬稼政孟春月令所云

汲冢周書若農之服田務耕而不耨維草其宅之既秋而不穫惟禽其饗之人而獲饑去誰哀之

管子今夫農羣萃而州處審其四時權節具備其械器用比耒耜穀芟及寒擊稾除田以待時乃耕深耕均種疾耰先雨芸耨以待時雨時雨既至挾其槍刈耨鎛以旦暮從事於田壄稅衣就功別苗莠列疏遬首戴苧蒲身服襏襫沾體塗足暴其髮膚盡其四支之力以疾從事於田野少而習焉其心安焉不見異物而遷焉是故其父兄之敎不肅而成其子弟之學不勞而能是故農之子常爲農

莊子長梧封人曰昔予爲禾稼而鹵莽種之其實亦鹵莽而報予芸而滅裂之其實亦滅裂而報予來年深其

耕而熟耨之其禾繁以滋

淮南子禾稼春生人必加功焉故五穀得遂長

楊泉物理論種作曰稼稼猶種也收斂曰穡穡猶收也古今之言云爾稼農之本穡農之末稼欲熟穡欲速此良農之務也

漢書食貨志種穀必雜五種以備災害田中不得有樹用妨五穀力耕數耘收穫如寇盜之至

注顔師古曰謂促遽之甚恐爲風雨所損

齊民要術傳曰人生在勤勤則不匱語曰力能勝貧四體不勤思慮不用而能事治求贍者未之聞也仲長子曰天爲之時而我不農穀亦不可得而取之青春至焉時雨降焉始之耕田終之簠簋惰者釜之勤者鍾之矧夫不爲而尚乎食也哉

又凡人營田須量己力寧可少好不可多惡每年一易必須頻種其雜田地即是來年穀資欲善其事先利其

器悅以使人人忘其勞且須調習器械務令快利秣飼牛畜常須肥健撫恤其人常遣歡悅觀其地勢乾濕得所

大學衍義真德秀曰農者衣食之本惟其關生人之大命是以服天下之至勞以七月一詩考之日月星辰之運行昆蟲草木之變化凡感乎耳目者皆有以觸其興作之思是其心無一念不在乎農也自于耜而舉趾自播穀而滌場所治非一器所業非一端私事方畢而公宮之役毋敢稽歲功方成而嗣歲之圖不敢後是一歲之間無一日不專於農也惟夫與婦惟婦與子各共乃事各任乃役是一家之內無一人不力於農也田事既起曉霜未釋忍饑扶犂凍皴不可忍則燎草火以自溫此始耕之苦也燠氣將炎晨興以出傴僂如啄至夕乃休泥塗被體熱爍濕蒸百畝告青而形容不可復識此立苗之苦也暑日流金水田若沸耘耔是力稂莠是除爬沙而指爲之戾傴僂而腰爲之折此耘苗之苦也迨

垂穎而堅栗懼人畜之傷殘縛草田中以爲守舍數尺容膝僅足蔽雨寒夜無眠風霜砭骨此守禾之苦也刈穫而歸婦子咸喜舂揄簸蹂競敏厥事其勞苦不重可哀憐也哉

陳旉農書凡從事於農務者皆當量力而爲之不可苟且貪多務得以致終無成遂也傳曰少則得多則惑況稼穡在艱難之尤者詎可不先度其財足以贍力足以給優游不迫可以取必效然後爲之儻或財不贍力不

給而貪多務得未免苟簡滅裂之患十不得一二幸其成功已不可必矣若深思熟計既善其始又善其中終必有成遂之常矣豈徒徼一時之幸哉古者分田之制有不易一易再易之别非獨以土敝而草木不長氣衰而生物不遂也抑欲其財力優裕歲歲常稔不致務廣而俱失故皆以深耕易耨而百穀用成諺有之多虚不如少實廣種不如狹收豈不信然

大學衍義補丘濬曰成周盛時其播時百穀之事具有

成法故命農官獨有詩曰嗟嗟臣工敬爾在公王釐爾成來咨來茹俾其詳考先王之成法以為三農之勸相既不可失其時又不可失其度自耕種以至於收穫無一不循其序凡舊田與夫新田無一不得其宜官則盡其勸相之功民則致其耕治之力一皆如先王之成法可也成王既置田官而戒命之後王復遵其法而重戒之噫嘻之詩曰率時農夫農官之職也播厥百穀農夫之事也終三十里欲其地之無遺利也十千維耦欲其人之無遺力也古之致力於農事也如此

馬一龍農說農為治本食乃民天天畀所生人食其力故知時為上知土次之知其所宜用其不可棄知其所宜避其不可為力足以勝天矣此總言用力體要時言天時土言地脉所宜主稼穡力之所施視以為用衆知膏瘠不如原隰衆知蕪平不如淺深肥饒為膏砂瘦為瘠高者為原下者為隰蕪荒而不治者也平成熟也農家栽禾啓土九寸為深三寸為淺膏瘠熟荒此皆易知至如地之高下有氣脉所行而生氣鍾其下者有氣脉所不鍾而假天陽以為生氣者故原之下多土骨而隰之下皆積泥啓原宜深啓隰宜淺深以接其生氣淺以就其天陽常治者氣必

衰再易者功必倍患因無備命在有滋將衰而沃之助其力也欲倍而壯焉收其全矣沃莫妙於滋源壯須求其固本此因土材而以人力輔相之衰者土力衰也倍者所穫倍也患言水暵蟲傷之類溝塍陂洫桔槔蓑笠潤燥以時濟及浚築制造為之預者則有備而無患矣命言生發收藏之元所滋之事有二以人力者灌溉鋤耘塗盪也以物力者泥糞灰粃稿卉也沃助其衰壯求其倍勢也猶有不待其衰未來而先沃之白塊之間者此素問所謂滋化源之意耳滋其衰者過或至於不能勝而病滋源則無是也固本者要令其根深入土中法在禾苗初旺之時斷去浮面絲根略爆根下土皮俾項根直生向下則根深而氣壯可以任其土力之發生實穎實粟矣亢而過洩者水奪此謂獨陽不長者濟之以陰也何謂亢如既穫之後

犂土在田冬春二時皆無雨雪太陽爍裂破塊之間盡爲枯體陰不外周陽不內蓄氣過洩矣以水奪之藉其潤澤之液奪其過洩之陽包含融結以成發生之功斂而固結者火攻此謂獨陰不生者濟之以陽也何爲斂失於鋤墾蕪翳蔽其天陽汚濁淫於膚理陰沍久而不開生意塞而不達氣固結矣以火攻之假其焚燎之力攻其固結之陰疏道蒸騰以宣發育之氣水云奪者必久浸而後可奪火云攻者必猛烈而後可攻奪之欲其過洩於外者返攻之欲其固結於內者去也鎡錤寸隙不立一毛欝蒸所至並鍾五賊此又揭工力時氣所害爲甚者言也鎡錤寸隙墾之不遍也雖有餘徑寸他日禾根適當之則詰屈不入葉雖叢生亦必以漸消盡俗云縮科是已故犂鋤者必使翻抄數過田無不毛之土則土無不毛之病五賊食禾之蟲也熱氣積於土塊之間暴得雨水醞釀蒸濕未經信宿則其氣不去禾

根受之遂生蟊烈日之下忽生細雨灌入葉底留注節幹或當晝汲太陽之氣得水激射熱與濕相蒸遂生螣朝露混日淡雨日中點綴葉間草則化氣合則化形遂生螣熱踵根下濕行於槁央日與雨外薄其膚遂生蟥歲交熱化不雨不暘晝晦夜暍而風氣不行遂生蟘五賊不去則嘉禾不興故灌田者先須以水遍過收其熱氣旋即去之易以新水栽禾無害不過一遍易去者雖久浸不免日中雨露或以長竿或以竦齒拔拂勿令凝著則蟲不生故祖氣不足母胎有虧其踵不踵胎氣不完其胎不胎雖成必敗蓋親下之本既久去地而傷母之體豈能全天哉祖氣主穀子之在秸者言也母胎主穀子之脫秸者言也祖氣不足謂未及冬至而先刈者其一成之氣既未充足以之爲種母胎有虧矣草木之生其命在土生成變化不離土氣踵踵相接生生無已焉若脫土久氣不相屬生之雖具於胎成之則不全其數或半途而剝或成穗而秕故收種者當於冬至之後熱治高土散布其上覆以疏草障蔽鳥雀墾以畲灰滋潤燥枯至清明時沃之使芽除草護糞頻助其長此第一義也其次草裹美種縣之風簷季春之始置諸深汪勿令近泥半月氣足布地而芽此雖不傷已落第二義矣但世俗浸種晝沉夜眼禽釀鬱蒸逼之使速胎中受病拔不可去長芽嫩脆拋擲下田趺蹼折損種不免迷而不悟不知何見耳夫善本者斯圖末慮終者貴謀始推陳而致新氣以交併積盛脫胎而洗髓精以剝換化生此下言治禾也種得水始芽芽得土始苗移苗置之別土二土之氣交併於一苗生氣積盛矣然其胎不脫則陳腐之體猶存髓不洗則濁淫之氣終在欲其粗而壯壯而盛盛而不衰也得乎故天地之間氣之積盛者力在交

併精之化生者功在剝換違順則豐覆逆乃稿縱橫成列紀律不違密邇爲儔尺寸如范栽苗者當如是也先以一指搪泥然後以二指嵌苗置其中則苗根順而不逆縱橫之列整則易於耘盪疏密各因其地之肥瘠爲儔疏者每畝約七十二百科密則數踰於萬但害生於稂莠法謹於芟耘與其滋蔓而難圖孰若先務於決去故上農者治未萌其次治已萌矣已萌不治其謂農何稂莠惡草之害苗者芟耘皆去草之事蔓草之延生也上農深於農理勤於農事者也未萌根株在土也夫雜草之法數與草齊南秔北黍種之良也物之良者必貴貴非賤等良畏惡朋雜治也惡草害苗者不可勝數治法不多

則不可去天生五穀所以養人可貴之物也貴者難成而易傷賤者易起而難制於此辨之不早蚤其潛滋暗長而後治之則其根株深固枝葉暢茂盤結而輔翼者勢盛於苗矣故農家者流思其力不足以盡圖之備假諸物其始也直木而耒其次也橫木而耜又其次編木而齒曲木末而鏟鑿木首而鋤繼之以掇終之以塗無不加以鐵焉以木直而鐵堅也攻之無遺類矣如是而猶存者可不畏夫草之滋生無窮而人之用力有限不能不假於物以爲力勝之具耳今之耒而耕者有大畊小畊開挑罨揜大抵勤與情之殊也耰抄遍過之說已見於前其耙者亦多不求細熟平整粗塊脈泥凸則暴日先燥窒則注水過深是以一塍之間禾之豐悴

頓異且又妙在旋抄旋耙旋耙旋蒔則燥濕和均渾水澄泥聚於根坎有壅培之力也移苗新土黃色轉青乃用搗盪搗盪雖以去草實以固苗蓋田之浮泥易行橫根而下之實土難入頂本頂本入土不深橫根布於泥面則得土之生氣不厚枝葉雖繁抽心不茂矣搗欲斷其泥面橫根使其頂根入土深受積厚多生之氣其後抽心始高而結穗長碩也鎡錤皆削草器撥以手拾去餘草塗以泥壅蔽田皮既撥則洩去多水留少水在田夾泥爲塗塗時以手撿去禾心宿水候田有燥裂即上水灌之禾心宿水既去燥時免其濕釀漬入新水又助潤滋清氣矣養苗至此除草已盡物不能再假力不可再加然意外之虞尚不保其無也衛生固難成功亦不易華而欲實風雨不作時將穫矣燥則多損浸以成腐此言養之係於人而成之係於天也稻花必在日色中始放雨久則閉其竅而不花風烈

則損其花而不實二者皆秕穀之患也及其成穀將穫土太燥則米粒乾損水多而過浸則斑黑成腐二者又皆毀成之病也故可貴之物不產非時不安非類欲其至足以遂斯民之天而農也如之何不力

農器彙考 附

易繫辭斲木爲耜揉木爲耒耒耨之利以教天下

又斷木爲杵掘地爲臼臼杵之利萬民以濟

禮記月令季冬之月命農修耒耜具田器

周禮考工記車人爲耒庛長尺有一寸中直者三尺有三寸上句者二尺有二寸

注庛讀爲棘刺之刺耒下前曲接耜疏庛者耒之面中直謂庛上句下句謂人手執之處

自其庛緣其外以至於首以弦其內六尺有六寸與步相中也

注緣外六尺有六寸內弦六尺應一步之尺數耕者以田器爲度宜疏緣其外者逐曲量之弦其內者望直量之外有六尺六寸內應一步之尺數人步或大

或小恐其不平故以六尺之耒代步量地也

爾雅釋器斪斸謂之定注鋤屬斫謂之鐯也注钁痢謂之疀注皆古鍬插字

管子一農之事必有一耜一銚一鎌一鎒一椎一銍然後成爲農

淮南子古者剡耜而耕摩蜃而耨木鉤而樵抱甀而汲民勞而利薄後世爲之耒耜耰鉏斧柯而樵桔皐而汲民逸而利多

方言臿燕之東北朝鮮洌水之間謂之斛宋魏之間謂之鏵或謂之鍏江淮南楚之間謂之臿沅湘之間謂之畚趙魏之間謂之㮒字亦作鍫東齊謂之梩江東又呼鍫刃爲鍫杷無齒曰朳宋魏之間謂之渠拏今江東亦然或謂之渠疏今連架所以打穀者宋魏之間謂之攝殳或謂之度自關而西謂之棓或謂之柫齊楚江淮之間謂之柍或謂之桲刈鉤江淮陳楚之間謂之鉊或謂之鐹自關而西或謂之鉤或謂之鎌或謂之鍥籠所以注斛盛米穀寫斛中者也陳魏宋楚之間謂之篙今江東亦然自關而西謂之注箕炊箕謂之縮漉米箕也或謂之篗或謂之匠江東呼淅籤碓機陳魏宋楚自關而東謂之梴磑或謂之碨即磨也

釋名斧甫也甫始也凡將制器始用斧伐木已乃制之也鎌廉也體廉薄也其所刈稍稍取之又似廉者也椎推也耒亦推也鑿有所穿鑿也耜似也似齒之斷物也犁利也利則發土絶草根也檀坦也摩之使坦然平也鋤助也去穢助苗長也齊人謂其柄曰橿橿然正直也

頭曰鶴似鶴頭也枷加也加杖於柄頭以撾穗而出其穀也或曰羅枷三杖而用之也或曰丫丫杖轉於頭故以名之也鍤插也插地起土也或曰銷銷削也能有所穿削也或曰鏵鏵刳地爲坎也其板曰葉象木葉也杷播也所以播除物也柫撥也撥使聚也鎒以鋤耨禾也鎛亦鋤類也鎛迫也鎛溝也既割去壟上草又辟其土以壅苗根使壟下爲溝受水潦也鉏殺也言殺草也銍穫黍鐵也銍銍斷穗聲也鐲誅也以誅除物根株也

耒耜經陸龜蒙曰耒耜農書之言也民之習通謂之犂冶金而爲之者曰犂鑱曰犂壁斲木而爲之者曰犂底曰壓鑱曰策額曰犂箭曰犂轅曰犂梢曰犂評曰犂建曰犂槃木與金凡十有一事耕之土曰墢墢猶塊也起其墢者鑱也覆其墢者壁也草之生必布於墢不覆之則無以絕其本根故鑱引而居下壁偃而居上鑱表上利壁形下圓負鑱者曰底底初實於鑱中工謂之鼇肉底之次曰壓鑱背有二孔係於壓鑱之兩旁鑱之次曰

策額言其可以扞其壁也皆貼然相戴自策額達於犂底縱而貫之曰箭前如桯而樛者曰轅後如柄而喬者曰梢轅有越加箭可弛張焉轅之上又有如槽形亦如箭焉刻爲級前高而後卑所以進退曰評進之則箭下入土也深退之則箭上入土也淺以其上下類激射故曰箭以其淺深類可否故曰評評之上曲而衡之者曰建建犍也所以柅其轅與評無是則二物躍而出箭不能止橫於轅之前末曰槃言可轉也左右繫以樫乎軛也轅之後末曰梢中在手所以執耕者也轅取車之胷梢取舟之尾止乎此乎鑱長一尺四寸廣六寸壁廣長皆尺微橢底長四尺廣四寸評底過壓鑱二尺策額減壓鑱四寸廣狹與底同箭高三尺評尺有三寸槃增評尺七焉建惟稱轅修九尺梢得其半轅至梢中間掩四尺犂之終始丈有二耕而後有爬渠疏之義也散墢去芟者也爬而後有礰礋焉有磟碡焉自爬至礰礋皆有齒磟碡觚稜而已咸以木爲之堅而重者良江東之田器盡於是

欽定授時通考卷三十一

欽定授時通考卷三十二

功作

墾耕

詩小雅昀昀原隰曾孫田之

傳昀昀墾闢貌疏孔穎達曰墾耕其地闢除其草萊以成桑田也

周頌駿發爾私終三十里亦服爾耕十千維耦

箋駿疾也發伐也亦大服事也使民疾耕發其私田竟三十里者一部一吏主之於是民大事耕其私田萬耦同時舉也

禮記月令季夏之月土潤溽暑大雨時行燒薙行水利以殺草如以熱湯

注薙謂迫地芟草也此謂欲稼萊地先薙其草草乾燒之至此大雨流水潦畜於其中則草死不復生而地美可稼也

周禮地官稻人以涉揚其芟作田

注揚去前年所芟之草而治田種稻訂義黄氏曰草芟著土則復生故以涉揚之草死田肥故曰作田

又凡稼澤夏以水殄草而芟夷之

注殄絶也夏六月之時以水絶草之後生者至秋水涸芟之明年乃稼

秋官柞氏掌攻草木及林麓夏日至令刊陽木而火之冬日至令剝陰木而水之若欲其化也則春秋變其水火

注刊剝謂斫去次地之皮生山南為陽木生山北為陰木火之水之使其肄不生化猶生也謂時以種穀也所火則水之所水則火之則其土和美疏柞氏薙氏治地皆擬後年乃種田薙氏除草柞氏攻木兼云草者以攻木之處有草兼攻之也陽木得陰而鼓陰木得陽而發故須其時刊剝之刊木正欲種田生穀故云欲使生穀則當變其水火也

又薙氏掌殺草春始生而萌之夏日至而夷之秋繩而芟之冬日至而耜之若欲其化也則以水火變之

注萌之以茲其斫其生者夷之以鉤鐮迫地芟之也含實曰繩芟其繩則實不成實耜之以耜側凍土剗之以火燒其所芟萌之草已而水之則其土亦和美矣疏茲基即今之鋤也含實曰繩秋時草物含實也以耜側凍土剗之者冬時地凍以耜附側剗之

考工記堅地欲直庛柔地欲句庛直庛則利推句庛則

利發

管子丈夫二犂童五尺一犂以為三日之功

荀子楛耕傷稼

注耕不精曰楛

呂氏春秋凡耕之大方力者欲柔柔者欲力息者欲勞勞者欲息棘者欲肥肥者欲棘（棘羸瘠也）急者欲緩緩者欲急濕者欲燥燥者欲濕上田棄畝下田棄甽五耕五耨必審以盡其深殖之度陰土必得大草不生又無螟蜮今茲美禾來茲美麥是以六尺之耜所以成畝也其博八寸所以成甽也耨柄尺此其度也其耨六寸所以間稼也地可使肥又可使棘人肥必以澤使苗堅而地隙人耨必以旱使地肥而土緩草諯大月冬至後五旬七日菖始生菖者百草之先生者也於是始耕

又凡耕之道必始於壚為其寡澤而後枯必厚其靹為其唯厚而及鎗（鎗或作遝）者莁之堅者耕之澤其靹而後之上田則被其處下田則盡其汙無與三盜任地夫四序

參發大甽小畝為青魚胠苗若直獵地竊之也既種而無行耕而不長則苗相竊也弗除則蕪除之則虛則草竊之也故去此三盜者而後粟可多也所謂今之耕也營而無獲者其蚤者先時晚者不及時寒暑不節稼乃多菑實其為畮也高而危則澤奪陂則埒見風則蹶高培則拔寒則彫熱則脩一時而五六死故不能為來（來丕成也）不俱生而俱死虛稼先死衆盜乃竊望之則有餘就之則虛

又凡農之道厚之為寶斬木不時不折必穗稼就而不穫必有天菑夫稼為之者人也生之者地也養之者天也是以稼之容足耨之容耨據之容手此之謂耕道

氾勝之書春地氣通可耕堅硬強地黑壚土輒平摩其塊以生草草生復耕之天有小雨復耕和之勿令有塊以待時所謂強土而弱之也春候地氣始通椓橛木長尺二寸埋尺見其二寸立春後土塊散上沒橛陳根可拔此時二十日以後和氣去即土剛以此時耕一而當

四和氣去耕四不當一杏始榮華輒耕輕土弱土望杏花落復耕耕輒藺之草生有雨澤耕重藺之土甚輕者以牛羊踐之如此則土強此謂弱土而強之也春氣未通則土歷適不保澤終歲不宜稼非糞不解慎無旱耕須草生至可種時有雨即種土相親苗獨生草穢爛皆成良田此一耕而當五也不如此而旱耕塊硬苗穢同孔出不可鉏治反為敗田秋無雨而耕絕土氣土堅垎名曰腊田及盛冬耕泄陰氣土枯燥名曰脯田脯田與腊田皆傷田二歲不起稼則一歲休之凡愛田常以五月耕六月再耕七月勿耕謹摩平以待種時五月耕一當三六月耕一當再若七月耕五不當一冬雨雪止輒以藺之掩地雪勿使從風飛去後雪復藺之則立春保澤凍蟲死來年宜稼得時之和適地之宜田雖薄惡收可畝十石

四民月令正月地氣上騰土長冒橛陳根可拔急菑強土黑壚之田二月陰凍畢釋可菑美田緩土及河渚水

處三月杏華勝可菑沙白輕土之田五月六月可菑麥田

齊民要術凡開荒山澤田皆七月芟艾之草乾即放火至春而開墾其林木大者劉殺之葉死不扇便任耕種三歲根枯莖朽以火燒之耕荒畢以鐵齒鎬榛再徧杷之漫擲黍穄勞亦再徧明年乃中為穀田

又凡耕高下田不問春秋必須燥濕得所為佳若水旱不調寧燥無濕燥雖耕塊一經得雨地即粉解濕耕堅垎數年不佳諺曰濕耕澤鋤不如

歸去言無益而有損濕耕者白背速鐊榛之亦無傷否則大惡也

又凡秋耕欲深春夏欲淺犂欲廉犂廉耕細牛復不疲秋耕稀青者為上比至冬月青草復生初耕欲深轉地欲淺耕不深地不熟轉不淺動生土也菅茅之地宜縱牛羊踐之踐則根浮七月耕之則死非七月復生矣凡秋收之後牛力弱未及即秋耕者穀黍穄粱秫茇之下即移羸速鋒之也

又凡秋收了先耕蕎麥地次耕餘地務遣深細不得趁多看乾濕隨時蓋磨著切見世人耕了仰著土塊並待

益春蓋若冬乏水雪連夏亢陽徒道秋耕不堪下種無問耕得多少皆須旋蓋磨如法

陳旉農書夫耕耨之先後遲速各有宜也早田穫刈纔畢隨即耕治曬暴加糞壅培而種豆麥蔬茹因以熟土壤而肥沃之以省來歲功役且其收足又以助歲計也晚田宜待春乃耕為其藁秸柔韌必待其朽腐易為牛力山川原隰多寒經冬深耕放水乾涸雪霜凍沍土壤蘇碎當始春又遍布朽薙腐草敗葉以燒治之則土暖而苗易發作寒泉雖冽不能害也若不能然則寒泉常浸土脈冷而苗稼薄矣詩稱有冽氿泉無浸穫薪冽彼下泉浸彼苞稂蓋謂是也平陂易野平耕而深浸即草不生而水亦積肥矣俚語有之曰春濁不如冬清殆謂是也

蘇氏直說為農大綱一則牛欺地二則人欺苗牛欺地則所種不失其時人欺苗則省力易辦反是則徒勞無益矣凡地除種麥外並宜秋耕秋耕之地荒草自少極

省鋤工如牛力不及不能盡秋耕者除種粟地外其餘黍豆等地春耕亦如大抵秋耕宜早春耕宜遲秋耕宜早者乘天氣未寒將陽和之氣掩在地中其苗易榮遇秋天氣寒冷有霜時必待日高方可耕地恐掩寒氣在內令地薄不收子粒春耕宜遲者亦待春氣和暖日高時依前耕䎬

農桑通訣墾耕者其農功之第一義歟墾除荒也耕犂也凡墾闢荒地春曰燎荒如平原草萊深者至春燒荒趁地氣通潤草芽欲發根荄

乘脆易為開墾夏曰掩青夏日草茂時開謂之掩青可當草糞但根鬚壯密須藉強牛乃可盖莫若春為上秋曰芟夷其次秋暮草木叢密先用鎌刀徧地芟倒暴乾放火至春而開墾乃省力如泊下蘆葦地内必用劚刀引之犂鑱隨耕起墢特易牛乃省力沾山或老荒地内科本多者必須用钁劚去餘有不盡根科俗謂之埋頭耕也當使熟鐵煆成鑱尖套於退舊生鐵鑱上縱遇根株不至擘缺妨誤工力或地段廣濶不可徧劚則就斫枝莖覆於本根上候乾焚之其根即死而易朽又有經暑雨後用牛曳礰礋或輥子之所斫根查上和

泥碾之乾即净死一二歲後皆可耕種

又大凡開荒必趁雨後又要調停犂道淺深麤細淺則務盡草根深則不至塞墢麤則貪生費力細則貪熟少功惟得中則可

又今漢沔淮潁上率多創開荒地當年多種脂麻等種有痛收至盈溢倉箱速富者如舊稻塍内開耕畢便撒稻種直至成熟不須薅拔緣新開地内草根既死無荒可生若諸色種子年年揀淨别無稂莠數年之間可無荒歲所收常倍於熟田蓋曠閑既久地有餘力苗稼豈茂子粒蕃息也諺云坐賈行商不如開荒言其穫利多也除荒墾闢之功如此

又耕地之法未耕曰生已耕曰熟初耕曰塌再耕曰轉生者欲深而猛熟者欲淺而廉此其畧也北方農俗所傳春宜早晚耕夏宜兼夜耕秋宜日高耕中原地皆平曠旱田陸地一犂必用兩牛三牛或四牛以一人執之量牛强弱耕地多少其耕皆有定法所耕地内先并耕兩犂墢皆内向合

為一壠謂之浮疄自浮疄為始向外繳耕終此一段謂之一繳之外又間作一繳耕畢於三繳之間歇下繳却自外繳耕至中心割作一畛蓋三繳中成一畛也其餘欲耕平原率皆傚此南方水田泥耕其田高下濶狹不等以一犂用一牛挽之作止回旋惟人所便高田早熟八月燥耕而熯之以種二麥其法起墢為疄兩疄之間自成一畎一段耕畢以鋤横截其疄洩利其水謂之腰溝二麥既收然後平溝畎蓄水深耕俗謂之再佃田也下田熟晚十月收刈既畢即乘天晴無水而耕之節其水之淺深常令塊墢半出水面日暴雪凍土乃蘇碎仲春土膏脈起即再耕治又有一等水田泥渾極深能陷牛畜則以禾杠横亙田中人立其上而鋤之南方人畜耐暑其耕四時皆以中晝此南方地勢之異宜也

農政全書徐光啟曰古治田者歲易故可夏耕今居廣虛之地者宜仍用古法若麥田種秋苗自然五六月耕不待論也

又韓氏直說言秋耕宜早氣天氣未寒將陽和之氣掩在地中其苗易榮寒暖之氣豈能掩在地中乎以月令地氣沮泄之説為近

嶺表異録新龍等州山田揀荒平處以鋤鍬開為町疃伺春雨町中貯水即先買鯇魚子散於田内一二年内魚兒長大食草根並既盡為熟田又收魚利乃種稻且無稗草斯民之上術也

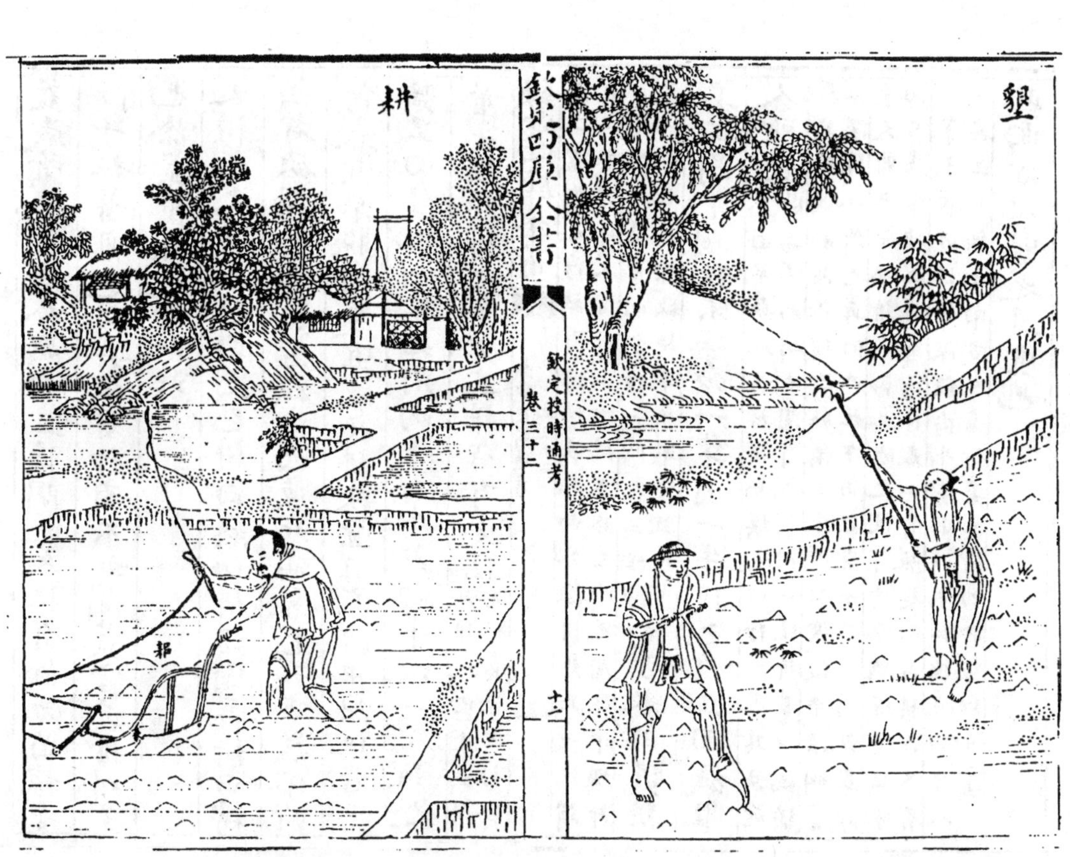

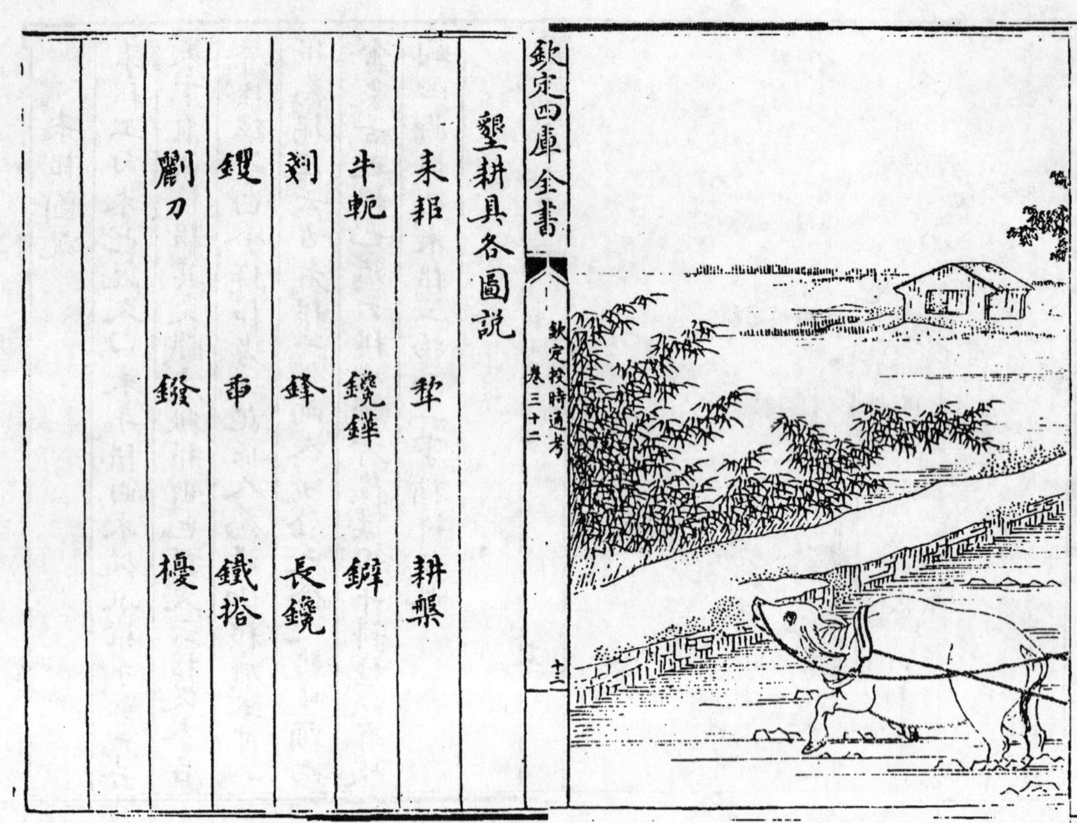

欽定四庫全書

欽定授時通考　卷三十二

十三

墾耕具各圖說

耒耜　犂　耕槃

牛軛　鑱鏵　鐴

剗　鋒　長鑱

钁　臿　鐵搭

劚刀　鏺　櫌

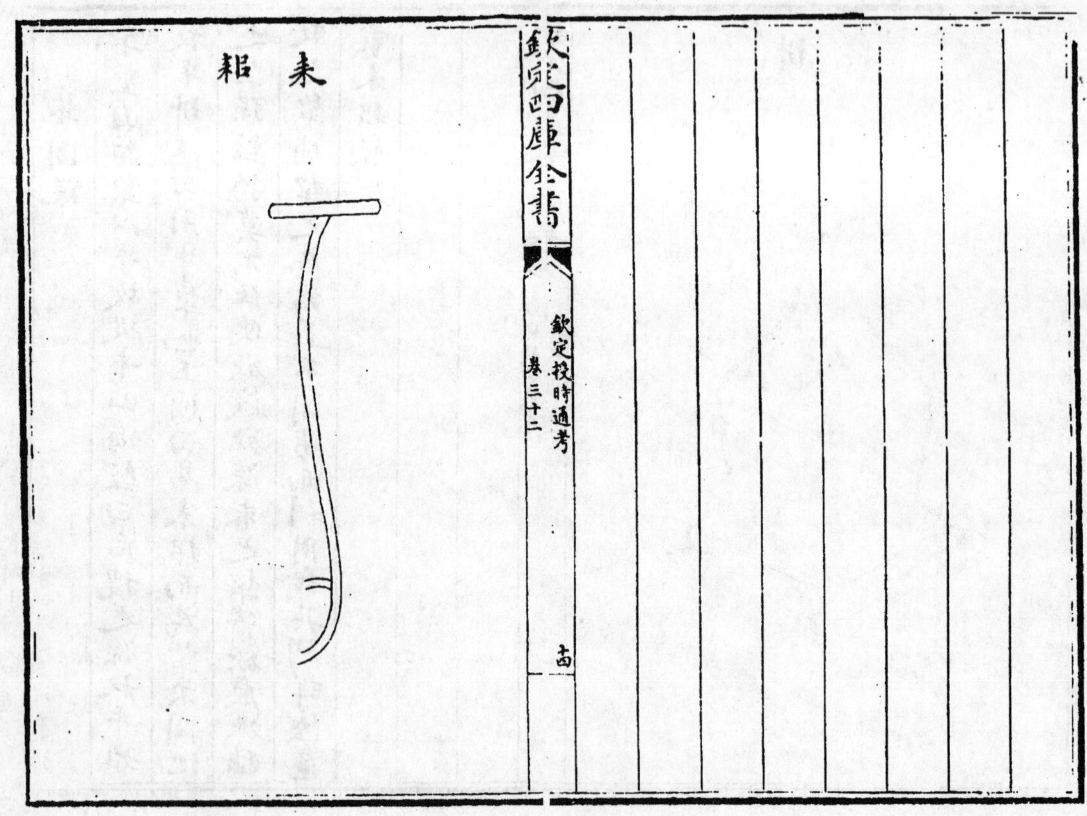

欽定四庫全書

欽定授時通考　卷三十二

十四

耒耜圖說

耒耜上句木也說文曰耒手耕曲木從木推手鄭元云耒下前曲接耜其受鐵處鍬耜臿也說文云梠從木吕聲徐鉉等曰今作耜考工記匠人為溝洫耜廣五寸二耜為耦注云古者耜一金兩人併發之今之耜岐頭兩金象古之耦也疏云耜岐頭者後漢用牛耕種故有岐頭兩脚耜也耒耜二物而一事猶杵臼也

犂

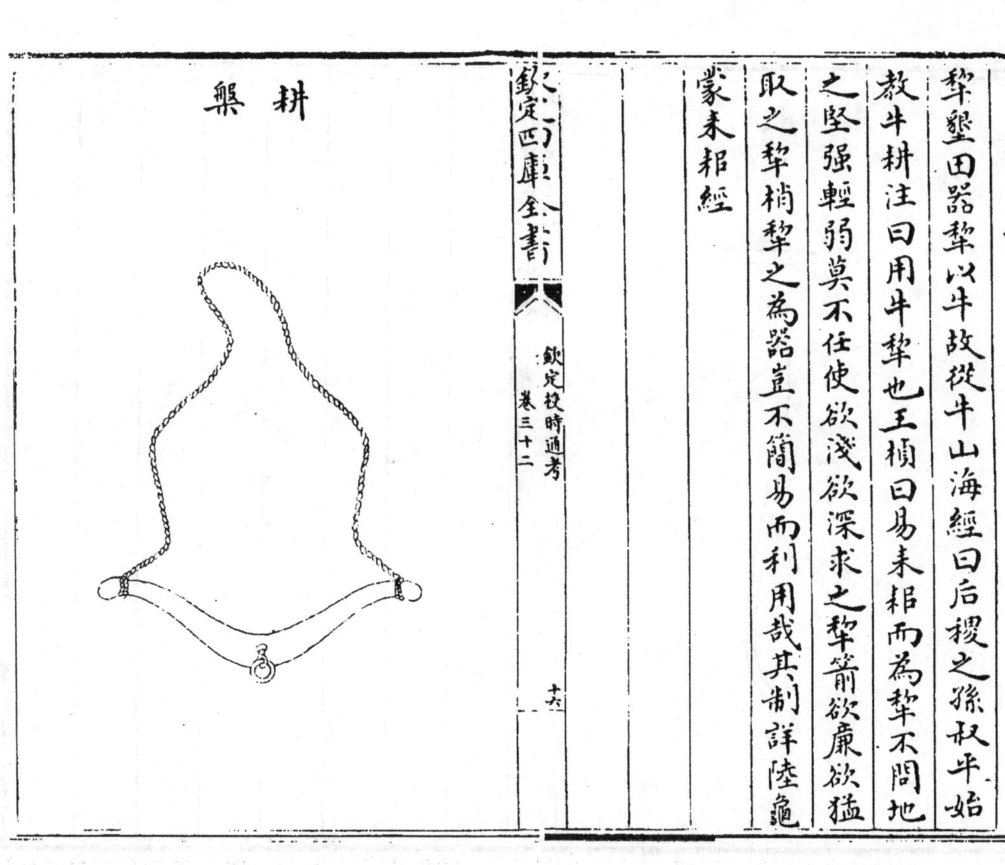

犂圖說

犂墾田器犂以牛故從牛山海經曰后稷之孫叔均始教牛耕注曰用牛犂也王禎曰易耒耜而為犂不問地之堅強輕弱莫不任使欲淺欲深求之犂箭欲廉欲猛取之犂梢犂之為器豈不簡易而利用哉其制詳陸龜蒙耒耜經

耕槃

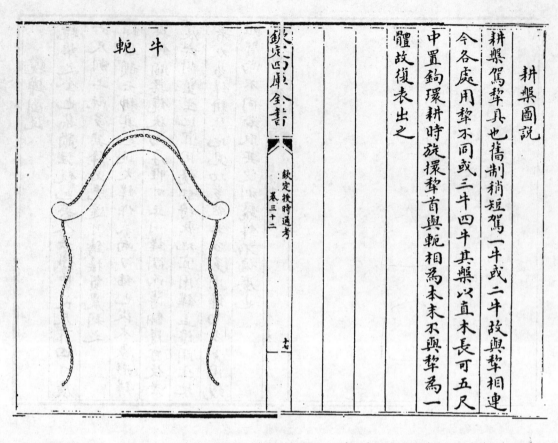

耕槃圖說

耕槃駕犂具也舊制稍短駕一牛或二牛故與犂相連今各處用犂不同或三牛四牛其槃以直木長可五尺中置鉤環耕時旋擐犂首與軛相為本末不與犂為一體故復表出之

牛軛

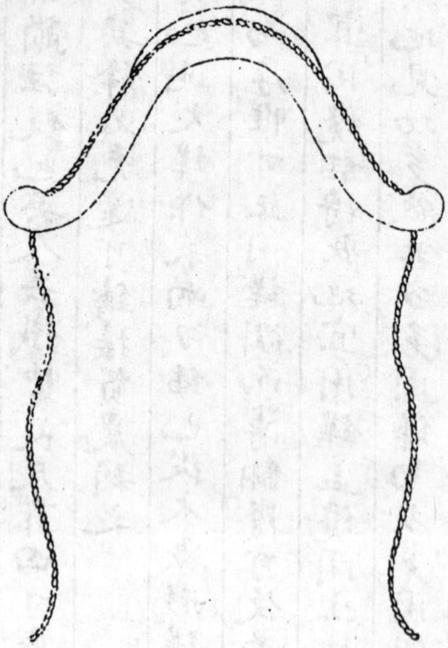

牛軛圖說

牛軛字亦作軶服牛具也隨牛大小制之以曲木竅其兩旁通貫耕索仍下繫鞅板用控牛項軛乃穩順了無軒側說文曰軶轅前木也

欽定四庫全書

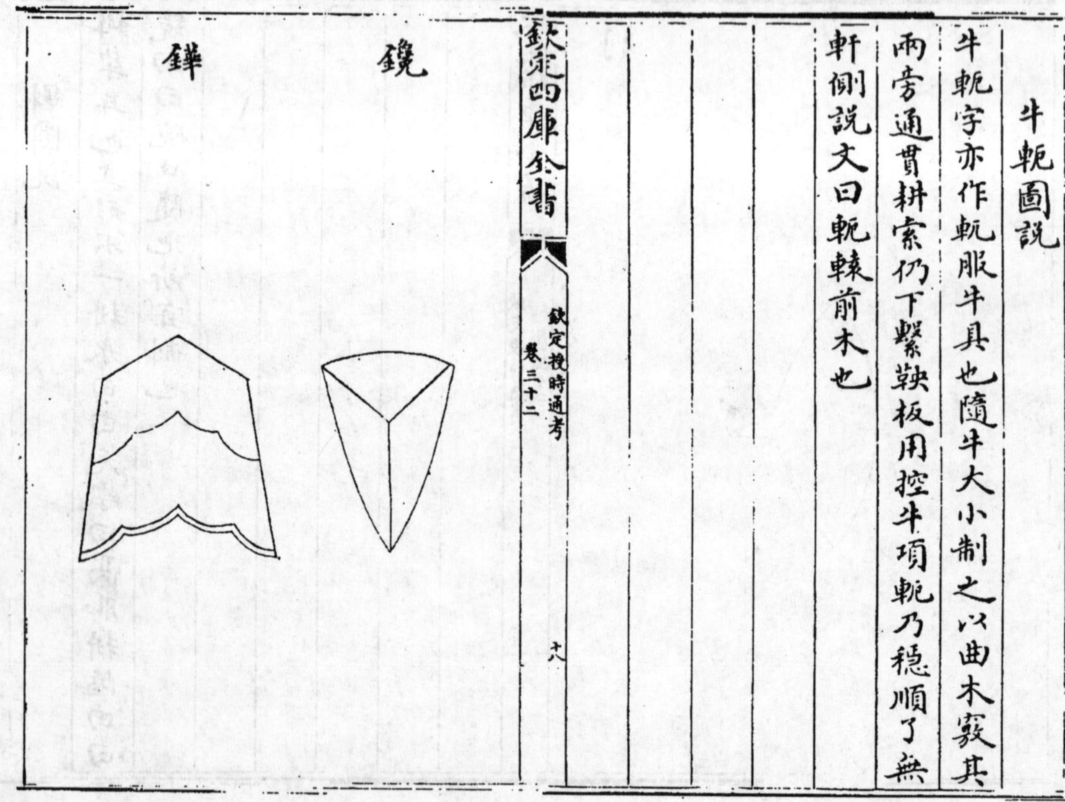

鐃鏵圖說

鐃犂之金也集韻註鋭也吳人云鐵犂長尺有四寸廣六尺剜土既多其鋒必禿還可鑄接貿農利之鏵集韻云耕具也說文鏵作茉兩刃鍤也從木象形鏵與鐃頗異鐃狹而厚惟可正用鏵闊而薄翻覆可使老農云開墾生地宜用鐃翻轉熟地宜用鏵盖鐃開生地著力易鏵耕熟地見功多然北方多用鏵南方多用鐃雖習尚不同若取其便則鐃鏵不偏廢也

鏵

鐴圖說

鐴犂耳也其形不一耕水田曰瓦繳曰高脚耕陸田曰鏡面曰碗口隨地所宜制也

鐴

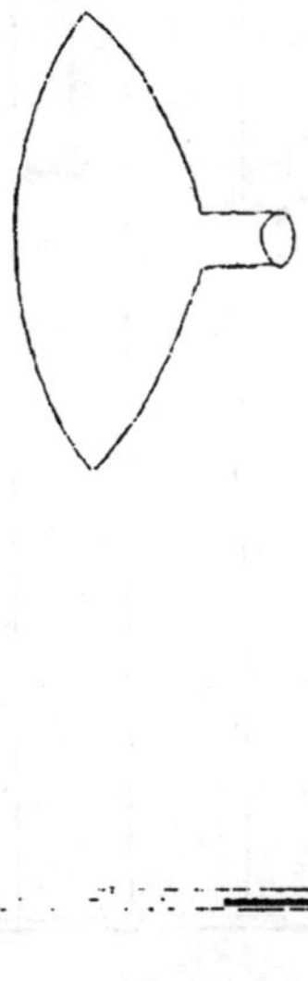

剗圖說

剗剗土除草故名周禮注謂以耜側凍土而剗之是也刃如鋤而濶上有深袴插於犂底所置鑱處其犂輕小用一牛或人輓行北方幽冀等處遇有下地經冬水涸至春首浮凍稍甦乃用此器剗土而耕草根既斷土脈亦通俗亦名鏵

鋒

鋒圖說

鋒古農器也其金比鑱小而加銳其柄如耒首如刃鋒故名鋒取其銛利也地若堅垎鋒而後耕牛乃省力又不乏刃古農法云鋒地宜深鋒苗宜淺齊民要術云速鋒之地恒潤澤而不硬注曰刈穀之後即鋒茇下令突起則潤澤易耕又云苗生壟平鋒而不耩農書云無鏵而耕曰耩既鋒矣固不必耩蓋鋒與耩相類今耩多用歧頭若易鋒為耩亦可代也

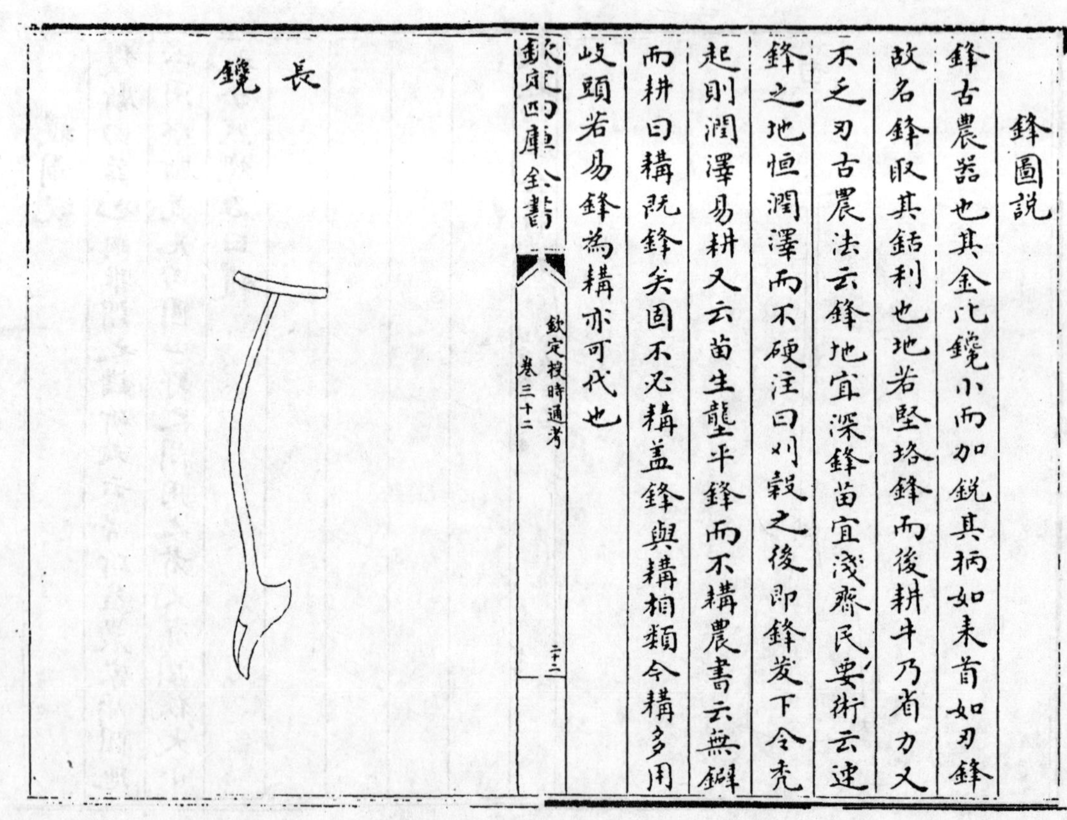

長鑱圖說

長鑱踏田器也鑱比犁鑱頗狹制為長柄謂之長鑱杜工部同谷歌曰長鑱長鑱白木柄即謂此也柄長三尺餘後偃而曲上有橫木如拐以兩手按之用足踏其鑱柄後跟其鋒入土乃捩柄以起土撥也在園圃區田皆可代耕比于钁劚省力得土又多古謂之蹠鏵今謂之踏犁亦耒耜之遺制也

钁

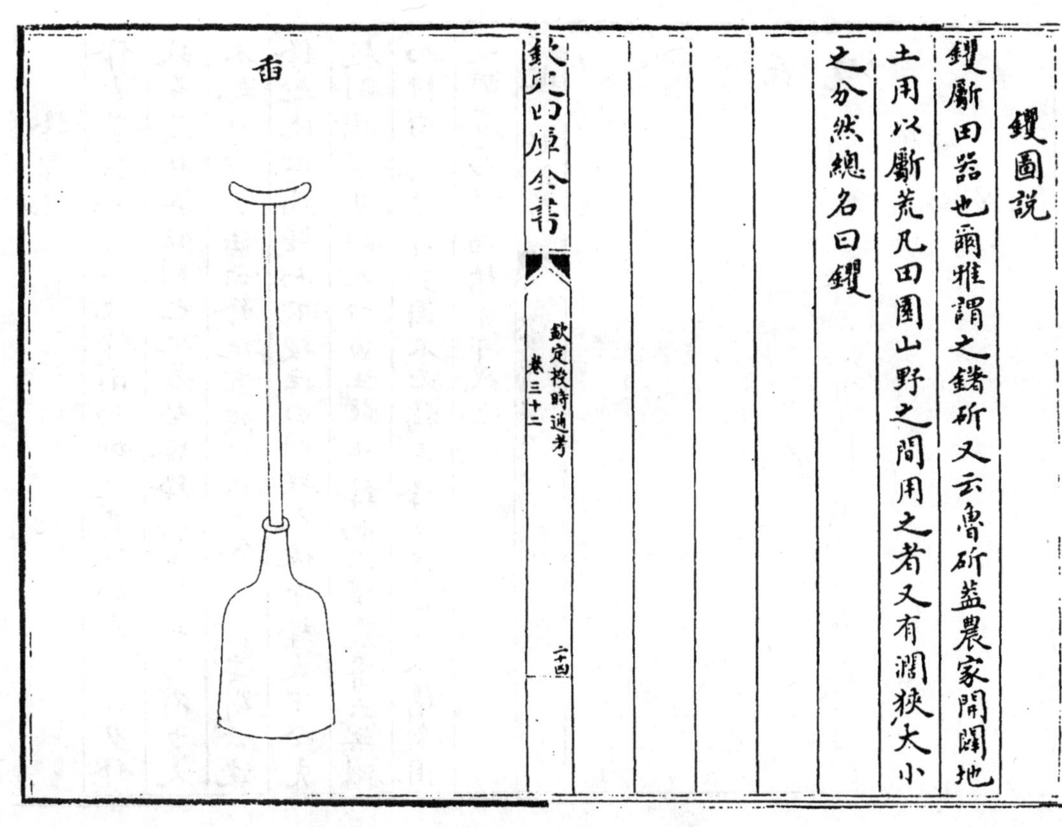

钁圖說

钁斸田器也爾雅謂之鐯斫又云魯斫蓋農家開闢地土用以斸荒凡田園山野之間用之者又有濶狹大小之分然總名曰钁

臿

臿圖說

臿顔師古曰鍫也所以開渠者或曰削所守也唐韻作疀作臿同作插爾雅疏方言云燕之東北朝鮮洌水之間謂之斛宋魏之間謂之鏵或謂之鍏江淮南楚之間謂之臿趙魏之間謂之喿皆謂鍫也然多謂之臿蓋古謂臿今謂鍫一器二名宜通用

鐵搭

鐵搭圖說

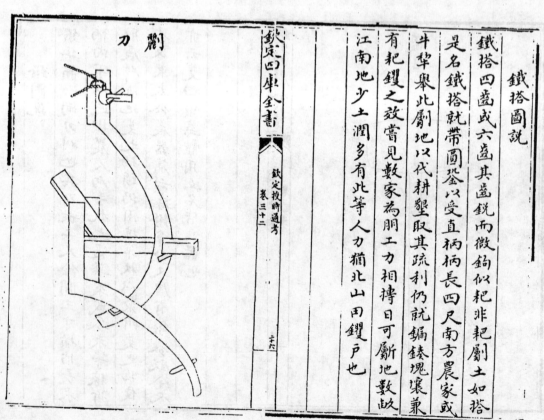

鐵搭四齒或六齒其齒銳而微鉤似杷非杷斸土如搭是名鐵搭就帶圜銎以受直柄柄長四尺南方農家或乏牛犂舉此斸地以代耕墾取其疏利仍就鍽鎝塊壤兼有杷钁之效嘗見數家爲朋工力相摶日可斸地數畝江南地少土潤多有此等人力猶北山田钁户也

劚刀

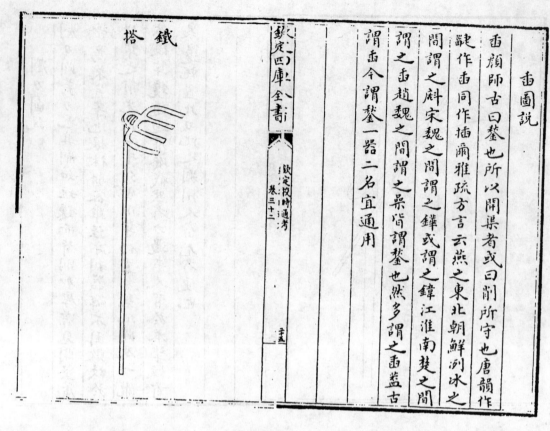

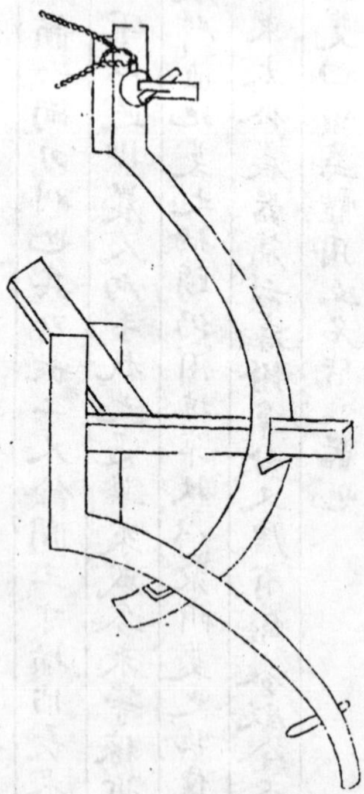

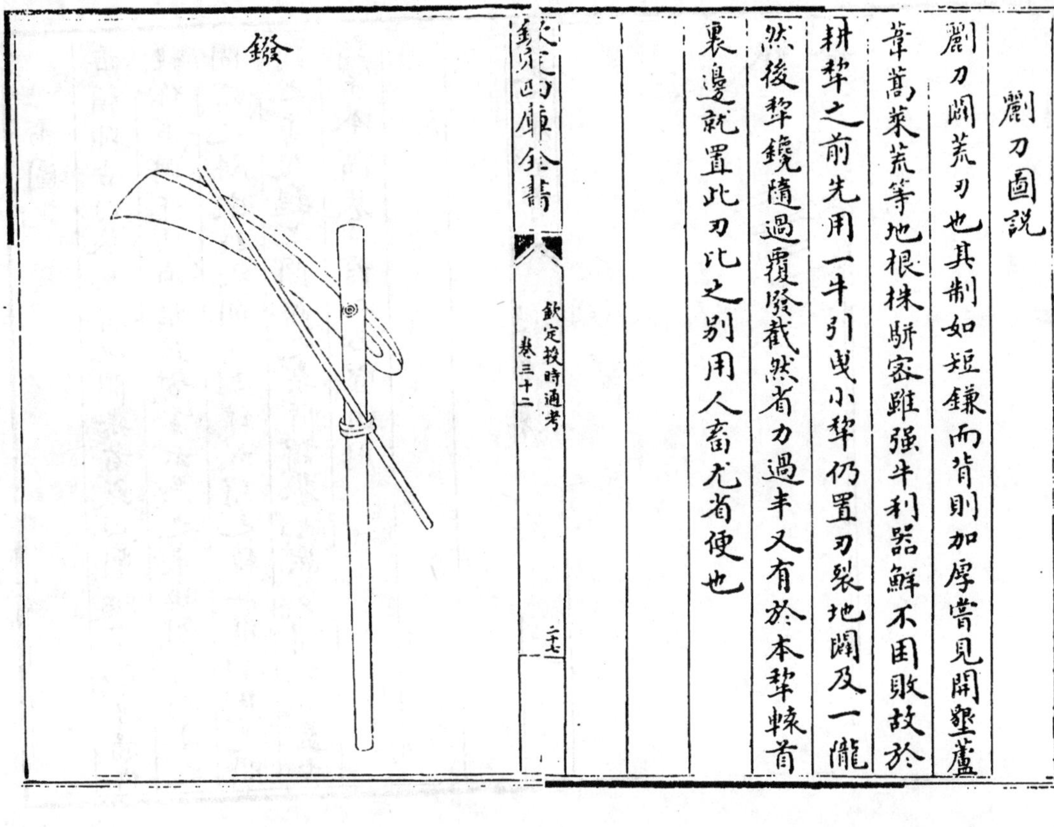

劚刀圖說

劚刀闢荒刃也其制如短鐮而背則加厚嘗見開墾蘆葦蒿萊荒等地根株駢密雖强牛利器鮮不困敗故於耕犂之前先用一牛引曳小犂仍置刃裂地闢及一隴然後犂鑱隨過覆墢截然省力過半又有於本犂轅首裏邊就置此刃比之别用人畜尤省便也

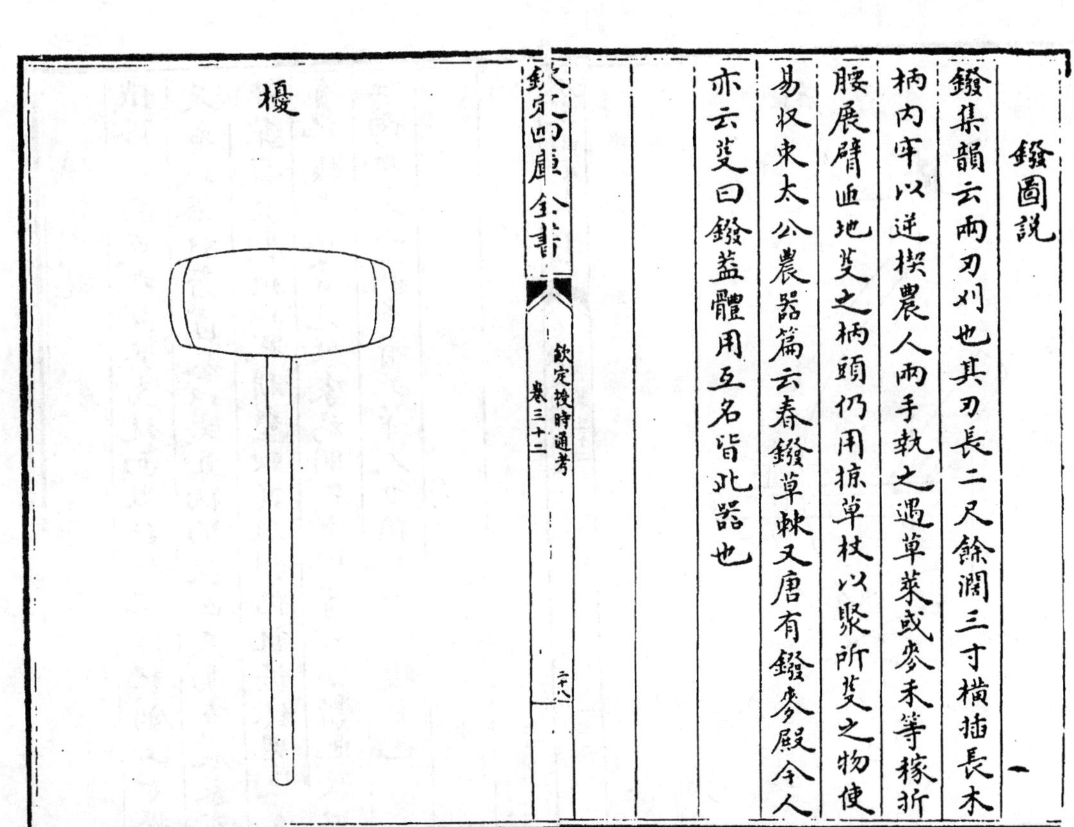

鏺圖說

鏺集韻云兩刃刈也其刃長二尺餘闊三寸横插長木柄内牢以逆楔農人兩手執之遇草萊或麥禾等稼折腰展臂匝地芟之柄頭仍用掠草杖以聚所芟之物使易收束太公農器篇云春鏺草棘又唐有鏺麥殿今人亦云芟曰鏺葢體用互名皆此器也

耰圖說

耰椎塊器說文云耰摩田器晉灼曰耰椎塊椎也呂氏春秋曰鉏耰白梃耰椎也今田家所制無齒杷首如木椎柄長四尺可以平田疇擊塊壤又謂木斫即此耰也

欽定授時通考卷三十二

欽定授時通考卷三十三

功作

耙勞

大戴禮夏小正 正月農率均田率者循也均田者始除田也言農夫急除田也二月往耰黍禪禪單也

呂氏春秋畝欲廣以平甽欲小以深下得陰上得陽然後咸生熟有耰也必務其培其耰也植植者其生也必先其施土也均均者其生也必堅是以畝廣以平則不

喪本

鹽鐵論茂木之下無豐草大塊之間無美苗

齊民要術耕荒畢以鐵齒鎘鏤再徧杷之

又春耕尋手勞古曰耰今曰勞今人亦名曰摩秋耕待白背勞春多風若不尋勞地必虛燥秋田㙇實濕勞令地硬勞欲再再勞地熟旱亦保澤也

又迷鋒之地恒潤澤而不堅硬乃至冬初常得耕勞不患枯旱若牛力少者但九月十月一勞之

又自地亢後但所耕地隨向蓋之待一段總轉了即橫蓋一遍計正月二月兩個月又轉一遍然後納種

又每耕一遍蓋兩遍最後蓋三遍還縱橫蓋之

又苗既出壟每一經雨白背時輒以鐵齒鎘楱縱橫杷而勞之

陳旉農書種穀必先治田於秋冬即再三深耕之於始春又再三耕杷

又五月治地惟要深熟於五更乘露鉏之五七遍即土

壤滋潤累加糞壅又復鉏轉

種蒔直說古農法犁一耮六今人只知犁深為功不知耮細為全功耮功不到土麤不實下種後雖見苗立根在麤土根土不相著不耐旱有懸死蟲咬死乾死等諸病耮功到土細又實立根在細實土中又碾過根土相著自耐旱不生諸病

又凡地除種麥外並宜秋耕先以鐵齒耮縱橫然後插犁細耕隨耕隨勞至地大白背時更耮兩遍至來春地

氣透時待日高復耙四五遍其地爽潤上有油土四指許春雖然無雨至時便可下種

農桑通訣凡治田之法犁耕既畢則有耙勞耙有渠疏之義勞有蓋磨之功今人呼耙曰渠疏勞曰蓋磨皆因其用以名之所以散撥去芟平土壤也耮勞之功不至而望禾稼之秀茂實粟難矣凡耕荒畢以鐵齒鎘楱再徧杷之蓋鐵齒鎘楱已為之先再用耙鎘楱而後勞之也今人但耕地畢破其塊墢而後用勞平磨乃為得也

凡已耕耙欲受種之地非勞不可諺曰耕而不勞不如作暴然耙勞之功非但施於納種之前有用之於種苗之後者耙法令人坐上數以手斷其草草塞齒則傷苗如此令地熟軟易鋤省力此用於種苗之後也南方水田轉畢即耙耙畢即耖故不用勞其耕種陸地者犁而耙之欲其土細再犁再耙後用勞乃無遺功也北方又有所謂撻者與勞相類齊民要術云春耕欲深宜曳重撻令人凡下種耬種後惟用砘車碾之然執耬種者亦

須要緊輕撻曳之使壟土覆種稍深也或耕過田畝土性虛浮者亦宜撻之打令土實也今當耕種用之故附於耙勞之末然南人未嘗識此蓋南北習俗不同故不知用撻之功至於北方遠近之間亦有不同有用耙而不知用勞有用勞而不知用耙亦有不知用撻者今並載之使南北通知隨宜而用無使偏廢然後治田之法可得論其全功也

各種耕耙法

稻

氾勝之書種稻春凍解耕反其土

齊民要術稻無所緣惟歲易為良選地欲近上流（地無良薄水清則稻美）先放水十日後曳陸軸十遍（遍數惟多為良）北土高原本無陂澤隨隈曲而田者二月冰解地乾燒而耕之仍即下水十日塊既散液持木斫平之畦畤大小無定須量地宜取水均而已

又旱稻用下田白土勝黑土凡下田停水處燥則堅垎濕則汙泥難治而易荒墝埆而殺種其春耕者殺種尤甚故宜五六月暵之水澇不得納種者九月中復一轉至春種稻萬不失一（春耕者十石收五蓋悞人耳）

又凡種下田不問秋夏候水盡地白背時速耕耙勞頻煩令熟（過燥則堅過雨則泥所以宜速耕）其高田種者不求極良惟須廢地（過良則苗折廢地則無草）亦秋耕耙勞令熟

又旱稻種即再遍勞其土黑堅彊之地種未生前遇旱者欲得牛羊及人履踐之濕則不用一跡入稻既生猶欲令人踐壟背（踐者茂而多實也）每經一雨輒欲耙勞

農桑輯要治秧田須殘年開墾待冰凍過則土脈酥來春易平且不生草

天工開物凡稻田宜本秋耕墾使宿藁化爛敵糞力一倍一耕之後勤者再耕三耕然後施耙則土質勻碎而其中膏脉釋化也凡人力窮者兩人以扛懸耜項背相望而起土兩人竟日敵一牛之力若耕後牛窮製成磨耙兩人肩手磨軋一日敵三牛之力

田家五行種稻須犁耙三四遍

梁秫

齊民要術梁秫並宜薄地（地良多雉尾）燥濕之宜耙勞之法一同穀苗

羣芳譜梁種地欲肥耕欲細欲深秋耕更佳先耙後種種後踶以碌碡碾令土堅

又蜀秫宜早下地

農桑通訣蜀秫宜下土

黍

齊民要術凡黍穄田新開荒為上大豆底為次穀底為下地必欲熟（再轉乃佳若春夏耕者下種後再勞為良）

又種黍地刈黍子即耕兩遍

又苗生隴平即宜耙勞

稷

齊民要術凡穀田（穀粟也粟穀五穀之總名然今人專以稷為穀隨俗名之耳）菉豆小豆底為上麻黍胡麻次之蕪菁大豆為下（常見不及不減菉豆本既不論聊復寄之）穀田必須歲易（颯子則秀多而收薄矣）

陳旉農書種粟必碾以轆軸則地緊實科本鬯茂

麥

齊民要術大小麥皆須五月六月暵地（不暵地而種者其收薄崔寔曰五月一日菑麥田也）穬麥非良地則不須種（薄地徒勞種而必不收凡種穬麥高下田皆得用但必須良熟耳）小麥宜下種（歌曰高田種小麥穇穇不成穗徐光啟曰北方有水處即高地種之亦可灌也南方下地種之又畏濕）

又凡種小麥地以五月內耕一遍看乾濕轉之耕三遍

為度

種樹書種麥之法土欲細溝欲深耙欲輕

法天生意六月初旬五更時乘露未乾陽氣在下耕地牛得其涼耕過稀種菉豆七月間豆有花犁翻豆秧入地麥苗易茂

農政全書種大麥早稻收割畢將田鋤成行隴令四畔溝洫通水

又耕種麥地俱須晴天若雨中耕種令土堅塉麥不易

長南方種大小麥最忌水濕每人一日只令鋤六分要極細作隴如龜背冬月宜清理麥溝令深直瀉水即春雨易洩不浸麥根理溝時一人先運鋤將溝中土杷墾鬆細一人隨後持鍬鍬土勻布畦上溝泥既肥麥根益深矣

豆

齊民要術大豆地不求熟（秋鋒之地即擿種地過熟者苗茂而實少）刈訖則速耕（大豆怕雨秋不耕則無澤）種茭者用麥底用子漫散訖犂細淺

畤而勞之（早則霜壓葉落稀則苗壅不高深則土厚不生）若澤多者先深耕訖逆垡擲豆然後勞之（澤少則否為其浥鬱不生）又小豆大率用麥底然恐小晚有地者常須兼留去歲穀下以擬之熟耕耬下以為良澤多者耬耩漫擲而勞之（未生白背勞之極佳）漫擲犂畤次之稿種為下牛力若少得待春耕亦得稿種凡大小豆生既布葉皆得用鐵齒鍋鏃縱橫杷而勞之

脂麻

齊民要術胡麻宜白地種散子空曳勞（勞上加人則土厚不生）

羣芳譜種植須肥地荒地亦可

蕎麥

農桑輯要凡蕎麥五月耕經三十五日草爛得轉並種耕三遍假如耕地三遍即三重著子

杷勞具各圖說

人杷方杷

耖

勞

磟碡

礰礋

拖車

田盪

刮板

平板

梧桐角

人耙

耙圖說

耙又作杷又謂渠疏程長可五尺闊約四寸兩程相離五寸許其程上相間各鑿方竅以內木齒齒長六寸許其程兩端木括長可尺三前稍微昂穿兩捎以繫牛鞅鈎索此方耙也又有人字耙鑄鐵為齒齊民要術謂之鐵齒鎘鍒凡耙田人立其上入土則深又當於耙頭不時跂足閃去所擁草木根荄水陸俱必用之

欽定四庫全書

欽定授時通考　卷三十三

耖

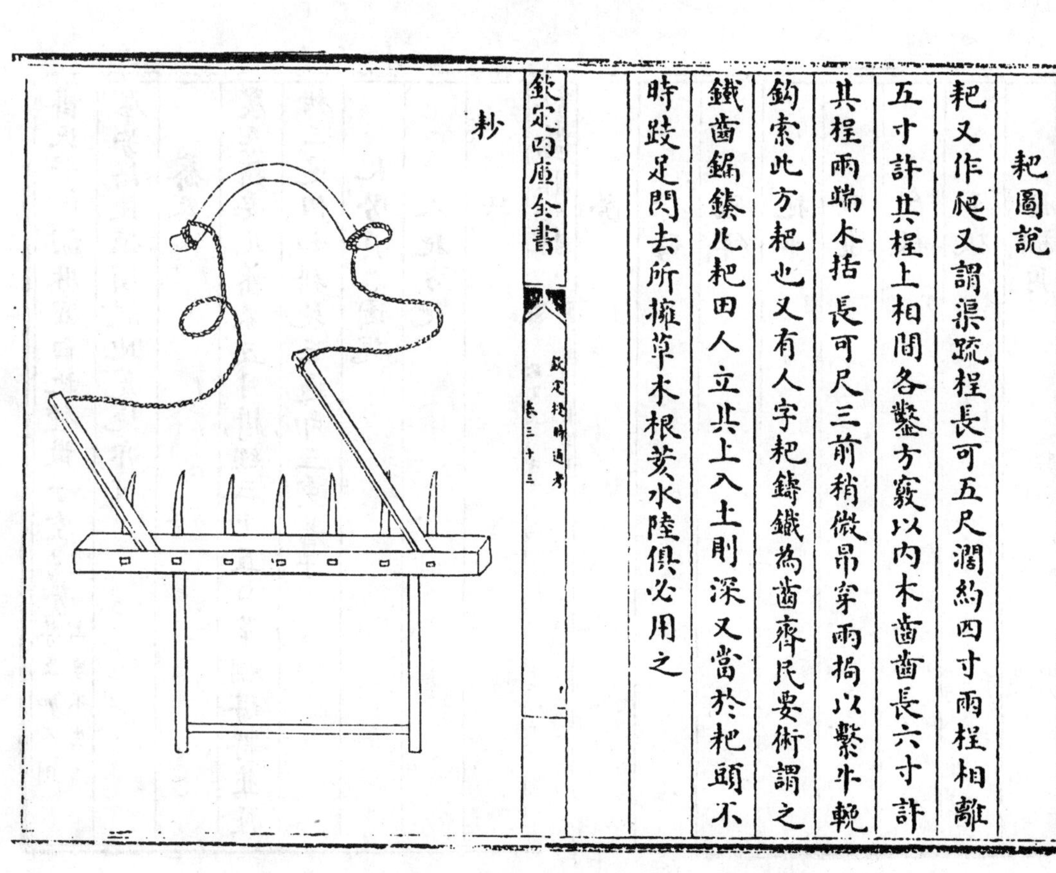

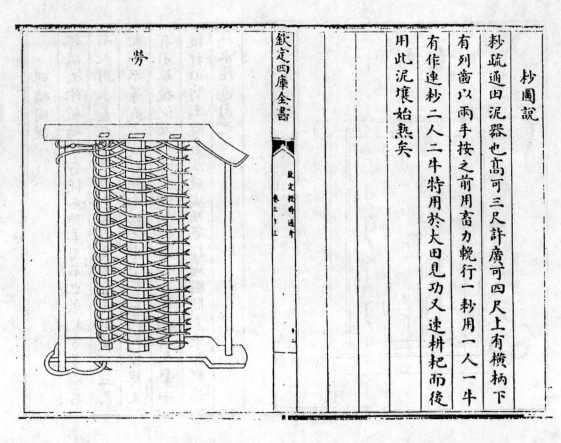

耖圖說

耖疏通田泥器也高可三尺許廣可四尺上有横柄下有列齒以兩手按之前用畜力輓行一耖用一人一牛有作連耖二人二牛特用於大田見功又速耕耙而後用此泥壤始熟矣

勞

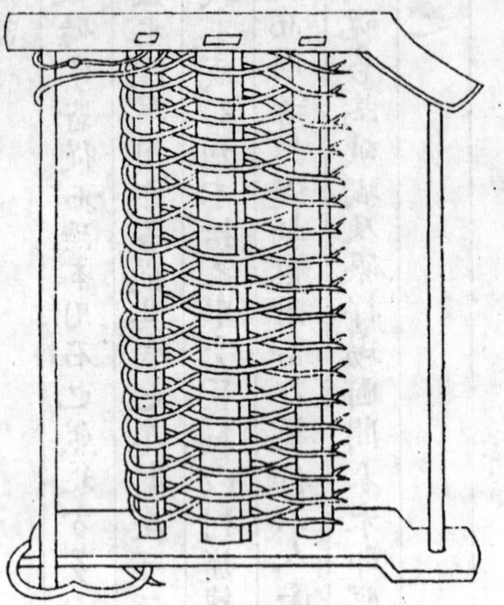

勞圖說

勞無齒耙也耙梃之間用條木編之以摩田也耕者隨耕隨勞又看乾濕何如務使田平而土潤與耙頗異耙有渠疏之義勞有蓋摩之功也今名勞曰摩又名蓋凡以耕耙欲受種之地非勞不可

磟碡

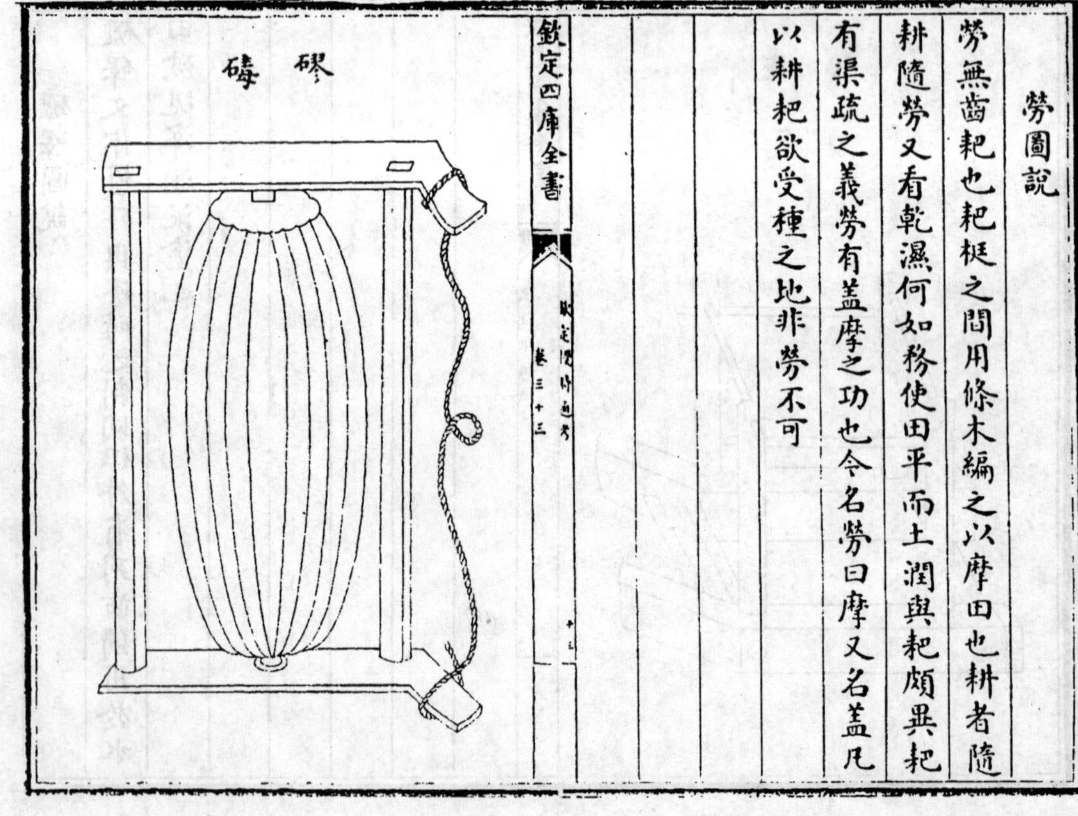

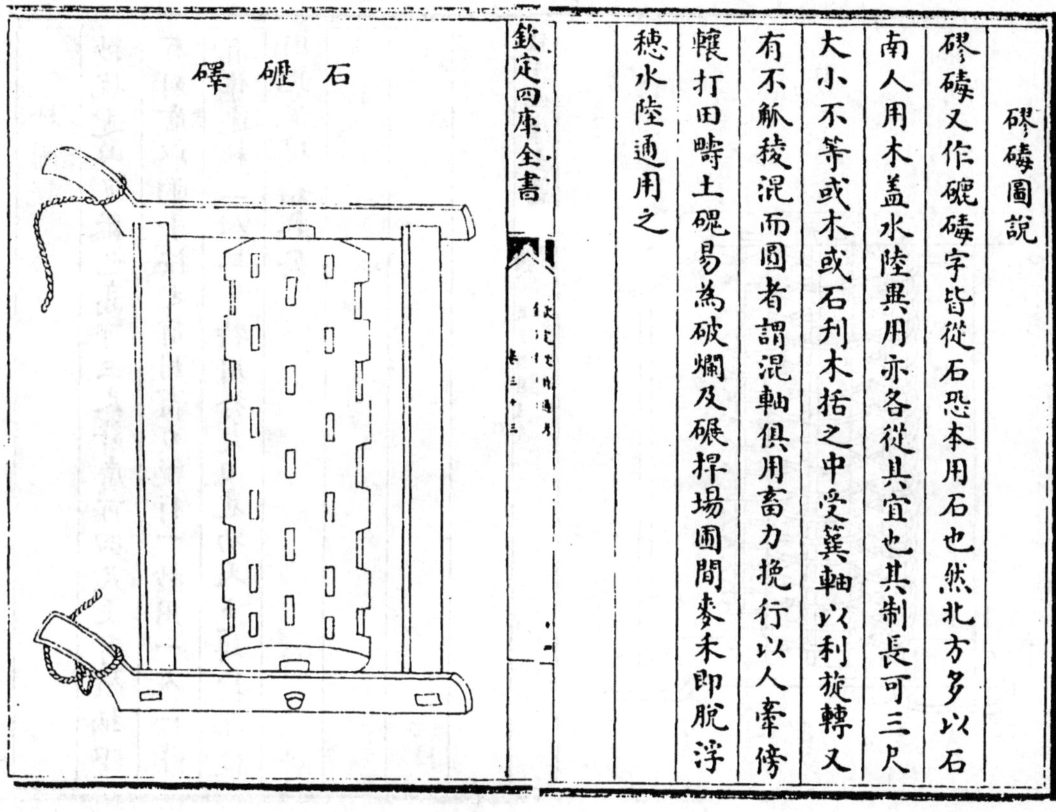

磟碡圖說

磟碡又作碌碡字皆從石恐本用石也然北方多以石南人用木蓋水陸異用亦各從其宜也其制長可三尺大小不等或木或石刊木括之中受簨軸以利旋轉又有不觚稜混而圓者謂混軸俱用畜力挽行以人牽傍輾打田疇土磈易為破爛及碾捍場圃間麥禾即脫浮穗水陸通用之

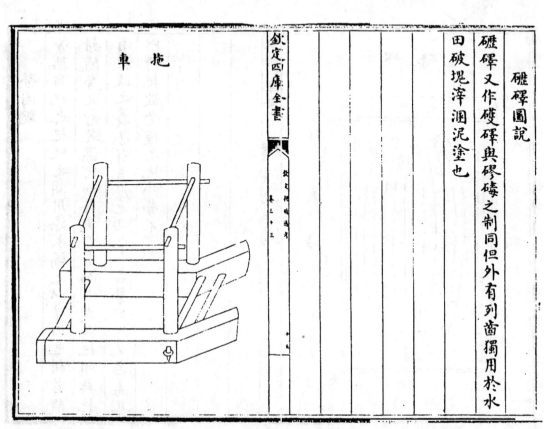

拖車

礰礋圖說

礰礋又作䃯礋與磟碡之制同但外有列齒獨用於水田破塊滓溷泥塗也

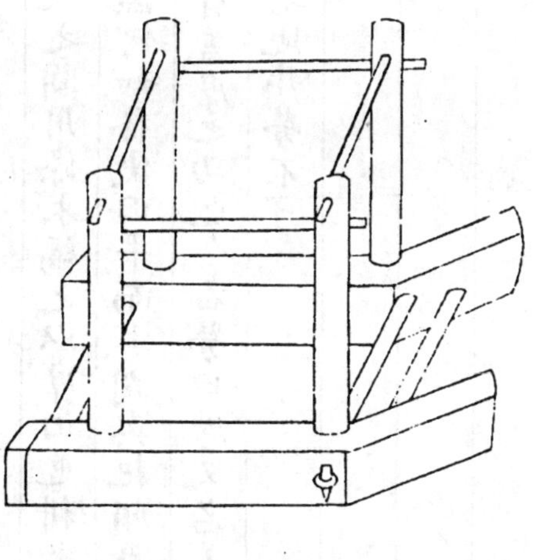

拖車圖說

拖車即拖脚車也以脚木二莖長可四尺前頭微昂上立四莖以横木括之濶約三尺高及二尺用載農具及芻種等物以往耕所有就上覆草為舍取蔽風雨耕牛輓行以代輪也

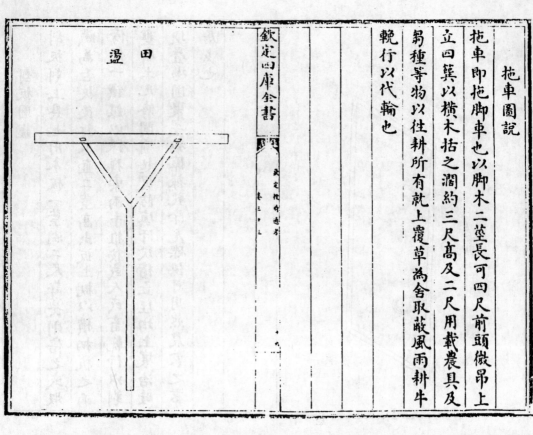

田盪

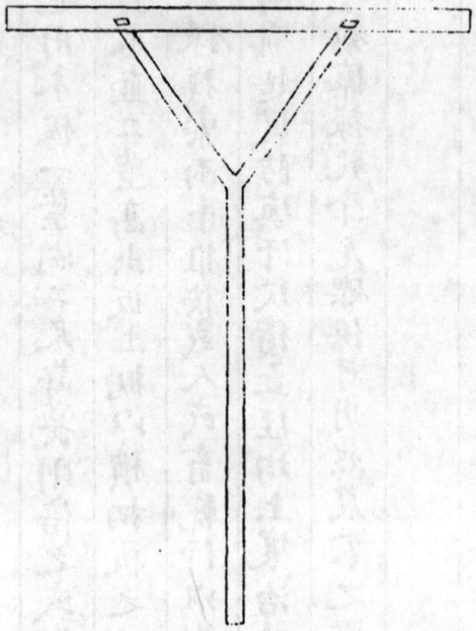

田盪圖說

田盪均田器也用叉木作柄長六尺前貫横木五尺許田方耕耙尚未匀熟須用此器平著其上盪之使水土相和凹凸各平則易為秧蒔農書種植篇云凡水田渥漉精熟然後踏糞入泥盪平田面乃可撒種此亦盪之用也夫田盪與耘盪之盪字同音異所用亦各不類因辯及之

欽定四庫全書

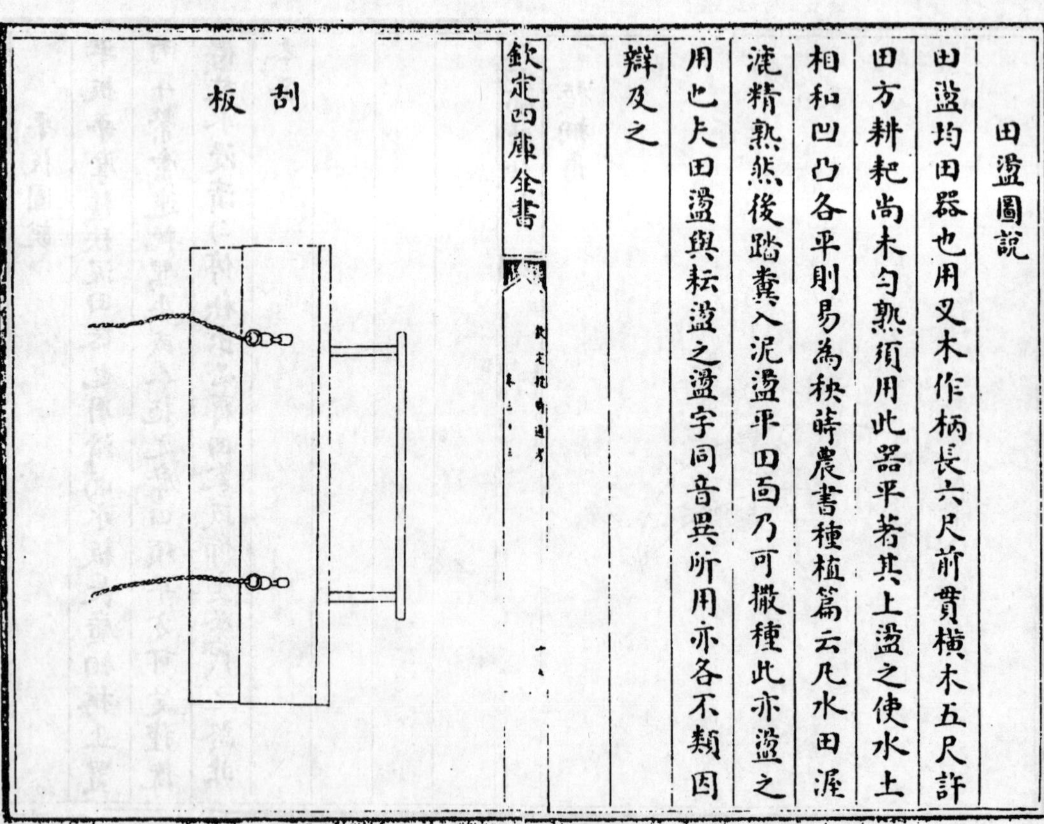

欽定四庫全書

刮板圖說

刮板剗土具也用木板一葉闊二尺許長則倍之或杴鐵為舌板後釘木直二莖高出板上概以橫柄板之兩傍係一鐵鐶以鐶拽索兩手推按或人或畜輓行以剗壅脚土凡修閘壩起堤防填汙坎積丘垤均土壤治畦埂疊場圃聚子粒擁穅粃除瓦礫俱可用然農家之事居多也

平板

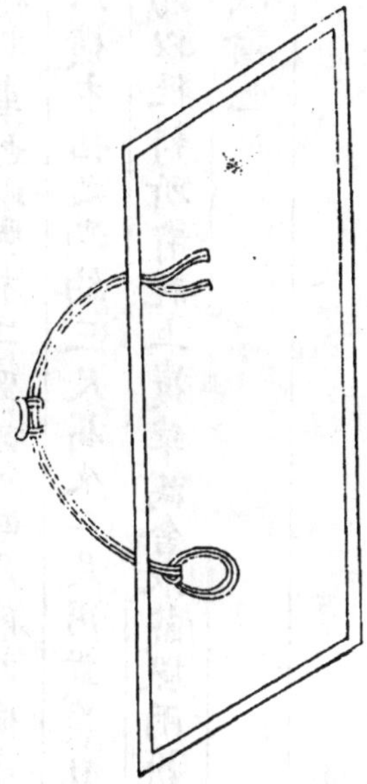

欽定四庫全書

平板圖說

平板平摩種秧泥田器也用滑面水板長廣相稱上置兩耳繫索連軛駕牛或人拖之摩田須平方可受種既得放水浸漬匀停秧出必齊田家或仰坐凳代之終非本器

梧桐角

梧桐角圖說

梧桐角浙東諸鄉農家兒童以春月捲梧桐為角吹之聲遍田野前人有村南村北梧桐角山後山前白菜花之句狀時景也則知此制已久但故俗相傳不知所自蓋音樂主和寓之於物以假聲韻所以感陽舒而蕩陰鬱道天時而達人事則人與時通物隨氣化非直為戲樂也

欽定授時通考卷三十三

欽定四庫全書

欽定授時通考卷三十四

功作

播種

詩小雅大田多稼既種既戒既備乃事以我覃耜俶載南畝播厥百穀

禮記月令季冬之月告民出五種命農計耦耕事

吕氏春秋稼欲生於塵而植於堅者慎其種勿使數亦無使疏于其施土無使不足亦無使有餘

氾勝之書種傷濕鬱熱則生蟲也取麥種候熟可穫擇穗大強者斬束立場中之高燥處曝使極燥無令有白魚有輒揚治之取乾艾雜藏之麥一石艾一把藏以瓦器竹器順時種之則收常倍取禾種擇高大者斬一節下把懸高燥處苗則不敗

又薄田不能糞者以原蠶矢雜禾種種之則禾不蟲

又取馬骨剉一石以水三石煮之三沸漉去滓以汁漬
附子五枚三四日去附子以汁和蠶矢羊矢各等分撓
令洞洞如稠粥先種二十日時以溲種如麥飯狀當天
旱燥時溲之立乾薄布數撓令易乾明日復溲天陰雨
則勿溲六七溲而止輒曝謹藏勿令復濕至可種時以
餘汁溲而種之則禾稼不蝗蟲無馬骨亦可用雪汁雪
汁者五穀之精也使稼耐旱常以冬藏雪汁器盛埋於
地中治種如此則收常倍

齊民要術凡五穀種子浥鬱則不生生亦尋死種雜者
禾則早晚不勻舂復減而難熟特宜存意不可徒然粟
黍穄粱秫常歲歲別收選好穗純色者劁刈高懸之徐光
啟云收種特宜窖藏晉人云封函多不生訛也至春治取別種以擬明年種子
耬耩穊種一斗可種一畝量其家田所須種子多少種之其別種種子嘗須加鋤鋤多
則無秕也先治而別埋先治場淨不雜窖埋又勝器盛還以所治穰草蔽窖
徐光啟云窖埋為佳者土中恒受生氣故將種前二十許日開出水淘浮秕去則
無莠即曬令燥種之浥勝之術曰牽馬令就穀堆食數口

以馬踐過為種無虸蚄蟲也
又看地納粟先種黑地微帶下地即種糙種然後種高
壤白地其白地候寒食後榆莢盛時納種以次種大豆
油麻等田候昏房心中下黍種
陳旉農書篩細糞和種子打壟撮放惟疏為妙燒土糞
以糞之霜雪不能凋雜以石灰蟲不能蝕更能以鰻鱺
魚頭骨煮汁浸種尤善
又凡種植先看其年氣候早晚寒暖之宜乃下種即萬

不失一若氣候尚有寒當從容熟治苗田以待其暖則
無窘迫滅裂之患多見今人纔暖便下種忽為暴寒所
折失者十常三四
農桑通訣凡下種之法有漫種耬種瓠種區種之別漫
種者用斗盛穀種挾左腋間右手料取而撒之隨撒隨
行約行三步許即再料取務要布種均勻則苗生稀稠
得所秦晉之間皆用此法南方惟種大麥則點種其餘
粟豆麻小麥之類亦用漫種北方多用耬種其法甚備

齊民要術云凡種欲牛遲緩行種人令促步以足蹋壠底欲土實種易生也今人製造砘車隨耬種子後循壠碾過使根土相著功力甚速而當瓠種者竅瓠貯種隨行隨種務使均勻犁隨掩過覆土既深雖暴雨不至搥撻暑夏最為耐旱且便於撮鋤今燕趙間多用之區種之法凡山陵近邑高危傾阪及丘城上皆可為區田糞種水澆備旱災也

農政全書凡種子皆宜淘去浮者穀浮者秕果浮者油也

各種種法

水稻

氾勝之書種稻區不欲大大則水深淺不適冬至後一百一十日可種稻稻地美用種畝四升

四民月令三月可種稉稻美田欲稀薄田欲稠五月可別種及藍盡夏至後二十日止

齊民要術稻三月種者為上時四月上旬為中時中旬為下時地既熟淨淘種子（浮者去之秋則生稗）漬經三宿漉出內草篅裹之復經三宿芽生長二分一畝三升擲三日之內令人驅鳥

又北土田者納種如前法既生七八寸拔而栽之（既非歲易草稗俱生芟亦不死故須用栽而薅之）

陳旉農書纔撒種子忽暴風却急放乾水免風浪淘蕩聚却穀也忽大雨必稍增水為暴雨漂颭浮起穀根也若晴即淺水從其曬暖也然不可太淺太淺即泥皮乾堅不可太深太深即浸沒沁心而萎黃矣惟淺深得宜乃善

農桑輯要秋田平後必曬乾入水澄清方可撒種則種不陷土中易出（落秧宜清易拔落散宜濁易生根）

農桑通訣作為畦埂耕耙既熟放水勻停擲種子於內候苗生五六寸拔而秧之今江南皆用此法

農書南方水稻有三曰秈曰稉曰穤三者布種同時每歲收種取其熟好堅栗無秕不雜穀子曬乾節藏置高

爽處至清明節取出以盆盎別貯浸之三日漉出納草篅中晴則暴暖浥以水日三數遇陰寒則浥以溫湯候芽白齊透然後下種須先擇美田耕治令熟泥沃而水清以既芽之穀漫撒稀稠得所秧生既長小滿芒種之間分而蒔之自日高下皆遍

農政全書今人用穀種畝一斗以上密種而少糞難耘而薄收也但插蒔早者用種須少插蒔遲者用種宜稍多過夏至者用種不得不多亦有小暑後插蒔而用種

如常則先種麻燈心席草之屬田底極肥故也

羣芳譜早稻清明節前浸用稻草包裹一斗或二三斗投於池塘水内缸内亦可晝浸夜收不用長流水難得生芽若未出用草罨之浸三四日微見白芽如鍼尖大取出於陰處陰乾密撒田内候八九日秧青放水浸之糯稻出芽較遲浸八九日如前微見白芽方可種撒時必清明則苗易堅

又插秧芒種前後插之早稻宜上旬拔秧時輕手拔出就水洗根去泥約八九十根作一束却於犂熟水田内插栽每四五根為一叢約離六七寸插一叢脚不宜頻那舒手插六叢那一遍逐漸插去務要正直

天工開物凡播種先以稻包浸數日俟其生芽撒於田中生出寸許其名曰秧秧生三十日即拔起分栽若田畝逢旱乾水溢不可插秧過期老而長節即栽於畝中生穀數粒結果而已

又凡秧田一畝所生秧供移栽二十五畝

又凡稻旬日失水即愁旱乾夏種冬收之穀必山間源水不絕之畝其穀種亦耐久其土脉亦寒不催苗也湖濱之田待夏潦已過六月方栽者其秧立夏播種撒藏高畝之上以待時也南方平原田多一歲兩栽兩穫者其再栽秧俗名晚糯非粳類也六月刈初禾耕治老膏田插再生秧其秧清明時已偕早秧撒布早秧一日無水即死此秧歷四五六月任從烈日暵乾無憂

又凡早稻種秋初收藏當午曬時烈日火氣在内入倉

關閉太急則其穀黏帶暑氣勤農之家偏受此患明年田有糞肥
脉發燒東南風助暖則盡發炎火大壞苗穗若種穀晚
涼入廩或冬至數九天收貯雪水氷水一甕交春即不驗清
明濕種時每石以數碗激灑立解暑氣
又凡稻撒種時或水浮數寸其穀未即沉下驟發狂風
堆積一隅謹視風定而後撒則沉勻成秧矣
又凡穀種生秧後防雀鳥聚食立標飄揚鷹俑則雀可
歐矣

旱稻

齊民要術旱稻二月半種稻為上時三月為中時四月
初及半為下時漬種如法裛令開口耬耩掩種之掩種者省耕而生科又勝擲者若歲寒早霜種晚即不漬種恐芽焦也其髙田種者至春黄塲
時納種不宜濕下
又科大如概者五六月中霖雨時拔而栽之栽法欲淺令其根須四散則滋茂深而直下者聚而不科其苗長者亦可拔去葉端數寸勿傷其心也入七月不復
任栽七月百草成時晚故也徐光啟曰水稻秧長亦用此法南土立秋後十日尚可栽北土不然

農政全書徐獻忠曰旱稻種法大率如種麥治地畢豫
浸一宿然後打潭下子
又旱稻最須水宜用區種畦種兩法

梁秫

齊民要術梁秫欲稀苗概穗不成一畝用子三升半種與植
穀同時晚者全不收也
農桑通訣蜀秫春月種
羣芳譜梁種欲成實不枇用臘雪水浸過耐旱避蟲時

欲仲春得雨為妙小雨欲接濕大雨須俟少乾先耙後
種春種欲深夏種欲淺早禾晚禾欲兼種防歲有所宜
行欲稀諺云稀穀大穗來年好麥

黍

尚書考靈曜夏火昏中可以種黍
氾勝之書黍者暑也種者必待暑先夏至二十日此時
有雨強土可種黍一畝三升黍心未生雨灌其心心傷
無實黍心初生畏天露令兩人對持長索槩去其露日

出乃止凡種黍覆土鋤治皆如禾法欲疏於禾賈思勰曰疏黍雖科而米黃又多减及空令概雖不科而米白且均不减更勝疏者氾氏云欲疏於禾其義未聞

四民月令四月蠶入簇時雨降可種黍禾謂之上時夏至先後各二日可種黍

齊民要術凡黍穄田一畝用子四升三月上旬種者為上時四月上旬為中時五月上旬為下時夏種黍穄與植穀同時非夏者大率以椹赤為候諺云椹釐釐種黍時燥濕候黃場種訖不曳撻常記十月十一月十二月凍樹日種之萬不失一凍樹者凝霜封著木條也假令月三日凍樹還以月三日種黍他皆倣此十月凍樹宜早黍十一月凍樹宜中黍十二月凍樹宜晚黍若從十月至正月皆凍樹者早晚黍悉宜也

稷

尚書考靈曜春鳥星昏中可以種稷

氾勝之書種無期因地為時三月榆莢時雨膏地彊可種禾

齊民要術凡穀田良田一畝用子五升薄田三升此為植穀晚田加種也二月三月種者為稙禾四月五月種者為稺禾二月上旬及麻菩楊生種者為上時三月上旬及清明節桃始華為中時四月上旬及棗葉生桑花落為下時歲道宜晚者五六月初亦得凡春種欲深宜曳重撻夏種欲淺宜置自生春風冷生遲不曳撻則根虛雖生輒死夏氣熱而生速曳撻遇雨必堅垎其澤澤多者或亦不須撻必須撻者宜須待白背濕撻令地堅硬故也凡種穀雨後為佳遇小雨宜接濕種遇大雨待薉生小雨不接濕無以生禾苗大雨不待白背濕輾則令苗瘦薉若盛者先鋤一遍然後納種乃佳也春若遇旱秋耕之地得仰壟待雨春耕者不中也夏若仰壟非直盪汰不生兼與草薉俱生凡田欲早晚相雜有閏之歲節氣近後宜晚田然大率欲早早田倍多於晚早田淨而易治晚田蕪薉難出其收多少從歲所宜非關早晚然早穀皮薄米實而多晚穀皮厚米少而虛也

陳旉農書二月種粟必疏播種子

羣芳譜稷三月種

麥

尚書大傳秋昏虛星中可以種麥

說文秋種厚埋故謂之麥

氾勝之書夏至後七十日可種宿麥早種則蟲而有節晚種則穗小而少實當種麥若天旱無雨澤則薄漬麥種以酢漿并蠶矢夜半漬向晨速投之令與白露俱下酢漿令麥耐旱蠶矢令麥忍寒

四民月令凡種大小麥得白露節可種薄田秋分種中田後十日種美田惟穬早晚無常正月可種春麥盡二月止

齊民要術種大小麥先畤逐犁稀種者佳再倍省種子而科大逐犁

擲之亦得然不如作稀耐旱其山田及剛強之地則耬下之其種子宜加五省於下田凡耬種者非直土淺易生然於鋒鋤亦便穬麥八月中戊社前種者為上時擲者畝用子二升半下戊前為中時用子三升八月末九月初為下時用子三升半或四升小麥八月上戊社前為上時擲者用子一升半中戊前為中時用子二升下戊前為下時用子二升半又種瞿麥法以伏為時良田一畝用子五升薄田三四升

又青稞麥每十畝用種八斗

種樹書種麥之法撒欲勻

陳旉農書八月社前即可種麥麥經兩社即倍收而子顆堅實

士農必用古農語云社後種麥爭回耬社前種麥爭回牛言奪時之急如此之甚也

務本直言麥種初收時旋打旋揚與蠶沙相和辟蟲傷資地力苗又耐旱

農桑通訣種植之日有先後則所擲之子有多寡凡種須用耬犁下之又用砘車碾過日種數畝蓋成壟易於鋤治又有漫種一法農人左手挾器盛種右手握而勻擲於地既遍則用耙勞覆之又頗省力此北方種麥之法南方惟用撮種故用種不多然糞而鋤之人工既到所收亦厚

農桑輯要麥種宜與剉碎蒼耳或艾暑日曝乾熱收藏以瓦器順時種之無不生茂

農政全書種須簡成實者棉子油拌過則無蟲而耐旱
宜有雨諺云麥怕胎裏旱又云無灰不種麥以灰糞拌
種妙種小麥須揀去雀麥草子簸去秕粒在九十月種
種法與大麥同若太遲恐寒鵝食之則稀出少收
又小麥早種每畝種七升晚種九升大麥早種種一斗
晚種一斗二升麥溝口種之蠶豆豆亦忌水畏寒臘月
宜用灰糞蓋之
天工開物凡北方厥土墳壚易解釋者種麥之法耕具
差異耕即兼種其服牛起土者未不用耕並列兩鐵於

橫木之上其具方語曰鏹鏹中間盛一小斗貯麥種於
內其斗底空梅花眼牛行搖動種子即從眼中撒下欲
密而多則鞭牛疾走子撒必多欲稀而少則緩其牛撒
種即少既撒種後用驢駕兩小石團壓土埋麥凡麥種
緊壓方生南方不與北同者多耕多耙之後然後以灰
拌種手指拈而種之種過之後隨以腳跟壓土使緊以
代北方驢石也

豆

氾勝之書大豆保歲易為宜古之所以備凶年也謹計
家口之數種大豆率人五畝此田之本也三月榆莢有
雨高田可種土和無塊畝五斗土不和則益之種大豆
夏至後二十日尚可種戴甲而生不用深耕大豆須勻
而稀豆花憎見日見日則黃爛而根焦也小豆不保歲
難得椹黑時注雨種畝一升
四民月令二月昏參夕杏花盛桑椹赤可種大豆謂之

上時四月時雨降可種大小豆美田欲稀薄田欲稠
齊民要術春大豆次植穀之後二月中旬為上時一畝
用子八升三月上旬為中時用子一斗四月上旬為下
時用子一斗二升歲宜晚者五六月亦得然稍晚稍加
種子必須耬下種欲深故豆性強苗深則及澤
又小豆夏至後十日種者為上時一畝用子八升初伏
斷手為中時一畝用子一斗中伏斷手為下時一畝用
一斗二升中伏以後則晚矣諺曰立秋葉如荷錢猶能

得豆者指謂宜晚之歲耳不可為常矣耬下以為良漫擲次之摘種為下

陳旉農書四月種豆

農政全書種大豆鋤成行壟春穴下種早者二月種四月可食名曰梅豆豆皆三四月種地不宜肥有草則削去種黑豆三四月間種

天工開物大豆有黑黃兩色下種不出清明前後江南又有高脚黃州早稻方再種江西吉郡種法甚妙其刈

稻田竟不耕慇每禾藁頭中拈豆三四粒以指扱之其藁凝露水以滋豆豆充發復浸爛藁根以滋其已生之苗後遇無雨亢乾則汲水一升以灌之後再耨之收穫甚多

又菉豆必小暑方種未及小暑而種則其苗蔓延數尺結莢甚稀若過期至于處暑則隨時開花結莢顆粒亦少

又蠶豆八月下種豌豆十月下種

脂麻

四民月令胡麻二月三月四月五月時雨降可種之

齊民要術胡麻二三月為上時四月上旬為中時五月上旬為下時（月半前種者實多而成月半後種者子少而多秕也）種欲截雨脚（若不緣濕不生）一畝用子二升漫種者先以耬耩然後撒子耬耩者炒沙令燥中和半之（不和沙下不均壟種若荒得用鋒耩）

蕎麥

齊民要術凡種蕎麥立秋前後皆十日內種之

農政全書蕎麥立秋前後漫撒種即以灰糞蓋之稠密則結實多稀則結實少若種遲恐花經霜不結子

天工開物凡蕎麥南方必刈稻北方必刈菽稷而後種

北耕兼種圖

南種牟麥圖

說見種具

說見種具

播種具各圖說

種箪

耬車

瓠種

砘車

撻

輥軸

秧彈

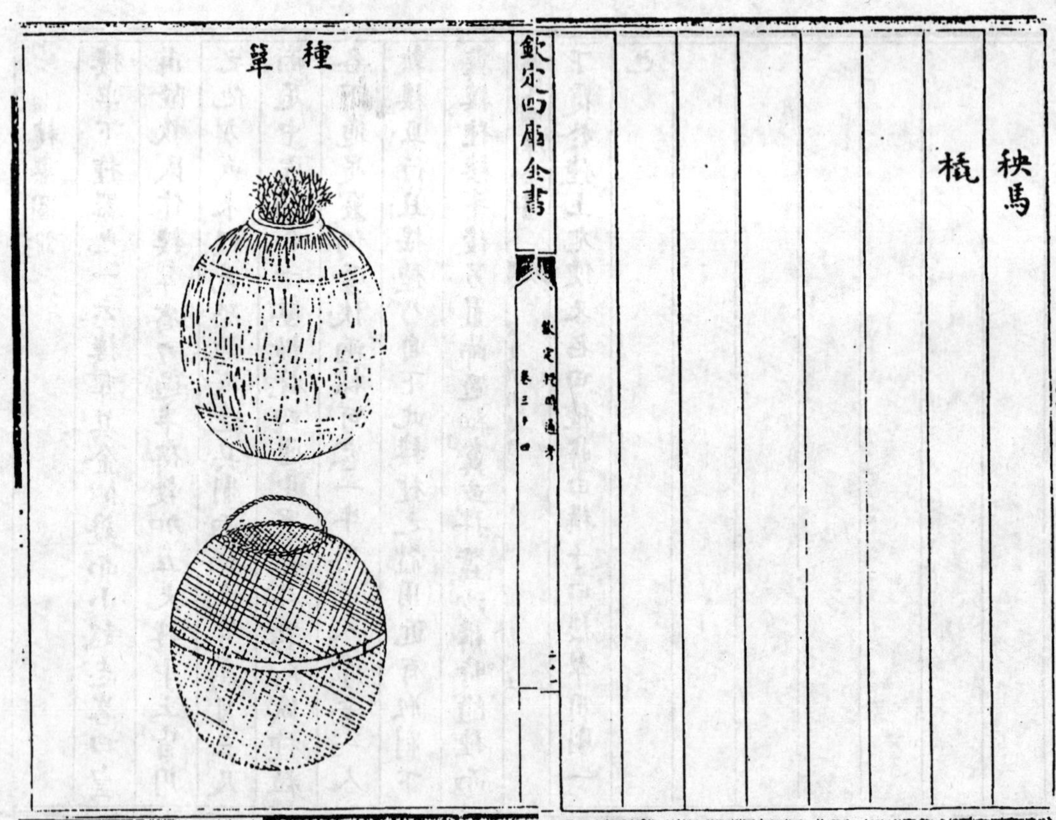

秧馬

橇

種箪

種箄圖說

種箄盛種竹器也其量可容數斗形如圓甕上有卷口農家用貯穀種庋之風處不致鬱浥齊民要術云藏稻必用箄蓋稻乃水穀宜風燥之種時就浸水内又其便也徐光啟云草篅判竹圍以盛穀

耬車

耬車圖說

耬車下種器也一云耬犁其金似鑱而小魏志畧曰皇甫隆教民作耬犁省力過半得穀加五夫耬中土皆用之他方或未經見恐難成造其制兩柄上彎高可三尺兩足中虛闊合一壟横桄四匝中置耬斗其所盛種粒各下通足竅仍旁挟兩轅可容一牛用一人牽旁一人執耬且行且搖種乃自下此耬種之體用近有剏制下糞耬種耬斗後另置篩過細糞或拌蠶沙耩時隨種而

下覆於種上尤便又名曰種蒔曰耩子曰耬犁用則一也

欽定四庫全書

欽定授時通考　卷三十四

二十四

瓠種

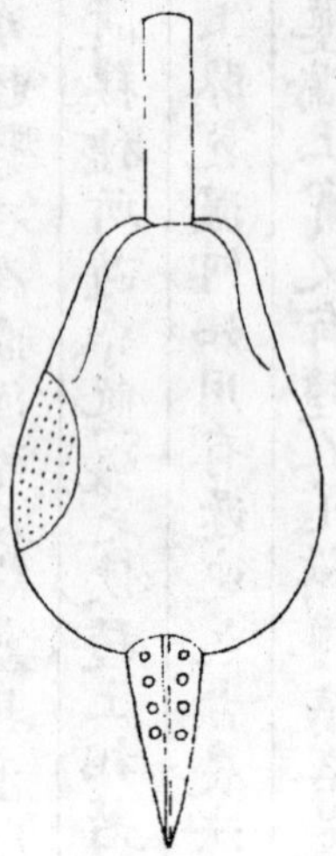

瓠種圖說

瓠種竅瓠貯種量可斗許乃穿瓠兩頭以木箄貫之後用手執為柄前用作嘴瀉種於耕壟畔隨耕隨瀉務使均匀又犁隨掩過遂成溝壟覆土既深暑夏最為耐旱且便於撮鋤苗亦鬯茂燕趙及遼以東多有之齊民要術曰兩耬重耩竅瓠下之以批契維腰曳之此舊制以今較之頗拙於用故從今法寡力之家比耕耙耬砘易為功也

欽定四庫全書

欽定授時通考　卷三十四

二十五

砘車

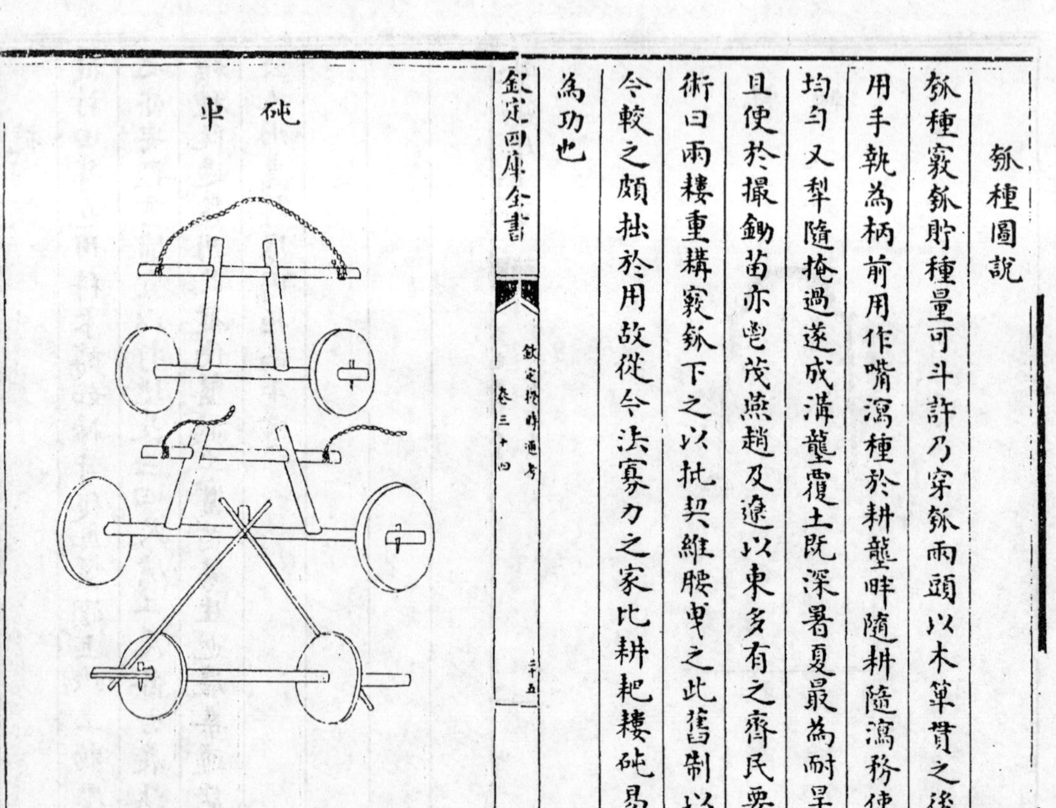

砘車圖說

砘車砘石碢也以木軸架碢為輪故名砘車兩碢用一牛四碢兩牛力也鑿石為圓徑可尺許竅其中以受機栝畜力挽之隨耬種所過尋壟碾之使種土相著易為生發然亦看土脉乾濕何如用有遲速也古農法云耬種後用撻則壟滿土實又有種人足躡壟底各是一法今砘車碾溝壟特速此後人所創尤簡當也

撻

撻圖說

撻打田篲也用科木縛如掃篲復加匾濶上以土物壓之亦要輕重隨宜以打地長三四尺廣二尺餘古農法耬種既過後用此撻使壟滿土實苗易生也農桑通訣云又用曳打場圃極為平實

軖軸

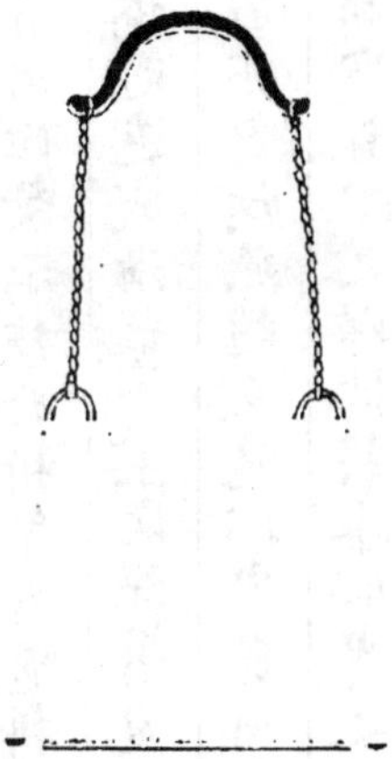

輥軸圖說

輥軸碾草木軸也其軸木徑可三四寸長約四五尺兩端俱作轉簨挽索用牛拽之江淮之間漫種稻田草禾並出用此輥軸使草禾俱入泥內再宿之後禾乃復出草則不起又嘗見一方稻田不見插秧惟務撒種却於軸間交穿板木謂之鴈翅狀如礰礋而小以輮打水土成泥就碾草禾江南地下易於得泥故用輥軸若夫北方塗田頗少放水之後欲得成泥故用鴈翅輥打此各

隨地之所宜用也

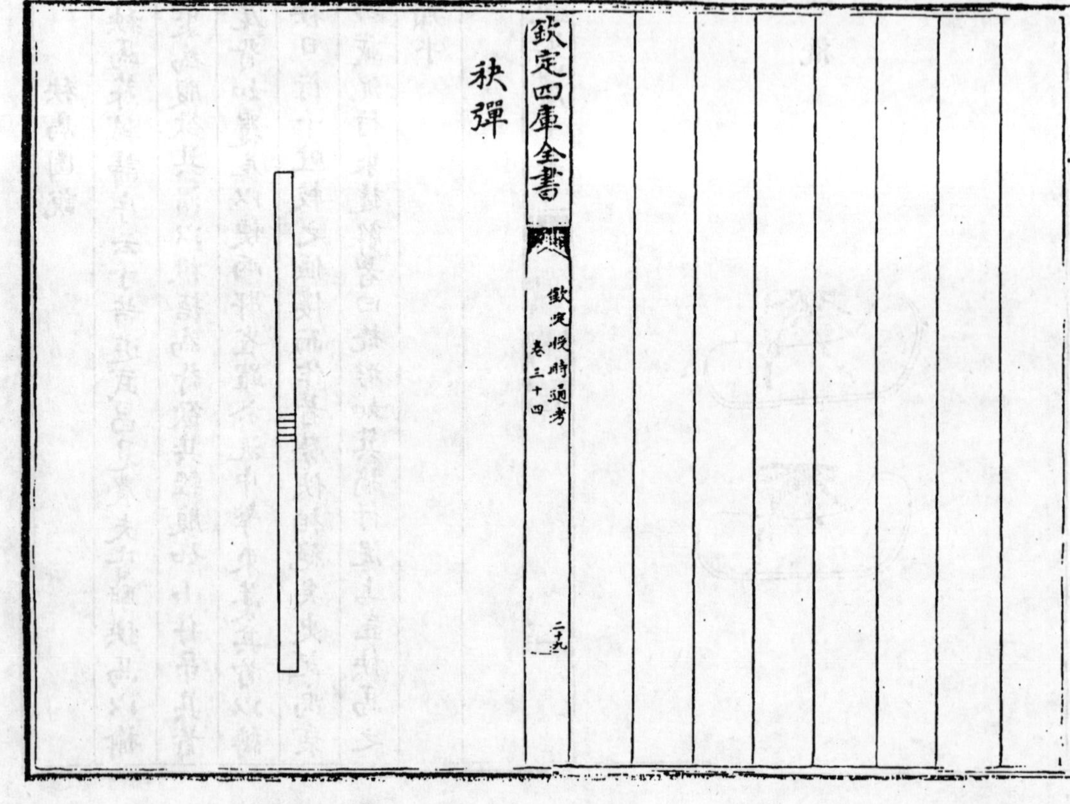

秧彈

秧彈圖說

秧彈平聲秧壟以篾為彈彈猶弦也世呼船牽去聲曰彈字義俱同盖江鄉檲田內平而廣農人蒔秧漫無準則故制此長篾掣於田之兩際其直如弦循此布秧了無欹斜猶梓匠之繩墨也

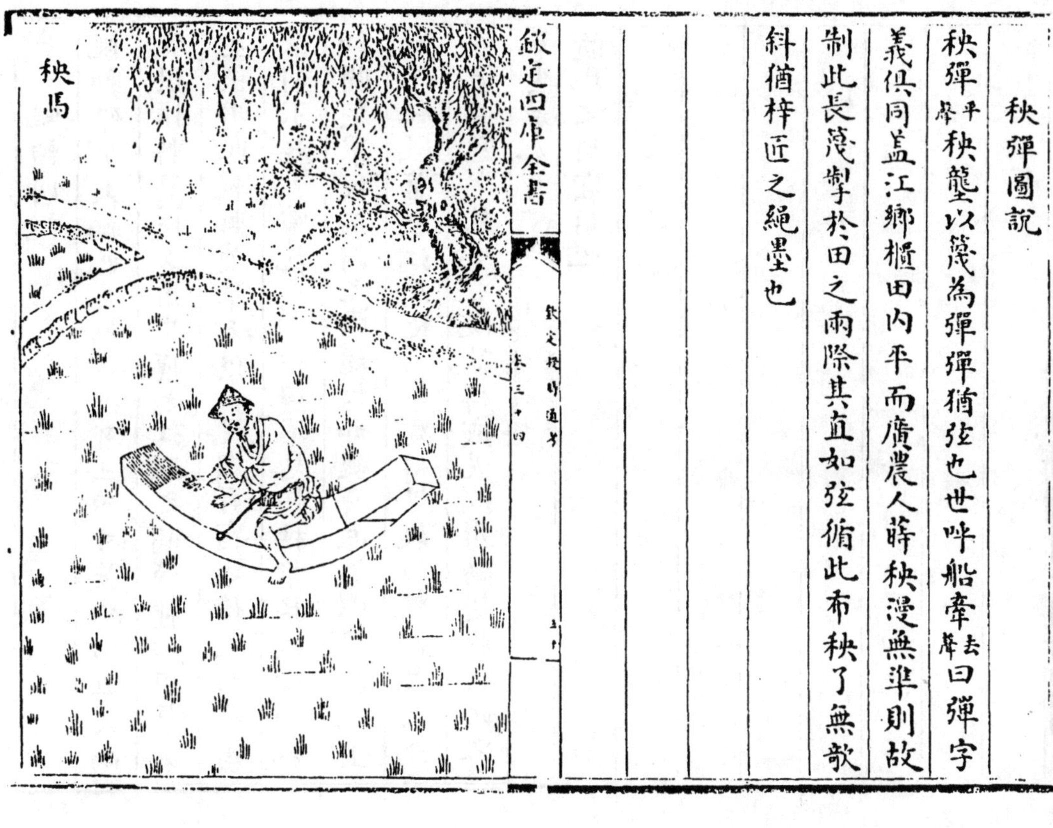

秧馬圖說

秧馬蘇軾詩序云予昔遊武昌見農夫皆騎秧馬以榆棗為腹欲其滑以楸梧為背欲其輕腹如小舟昂其首尾背如覆瓦以便兩髀雀躍於泥中繫束藁其首以縛秧日行千畦較之傴僂而作者勞佚相絕矣史記禹乘四載泥行乘橇解者曰橇形如箕擿行泥上豈秧馬之類乎

橇

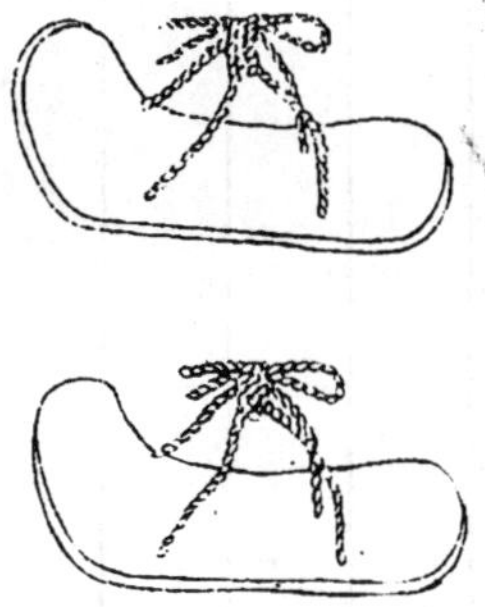

橇圖說

橇泥行具也史記禹乘四載泥行乘橇孟康曰橇形如箕擿行泥上嘗聞向時河水退灘淤地農人欲就泥裂漫撒麥種奈泥深恐没故制木板為履前頭及兩邊皆起如箕中綴毛繩前後繫足底板既濶則舉步不陷今海陵人以行及刈過葦泊中皆用之

欽定授時通考卷三十四

欽定四庫全書

欽定授時通考卷三十五

功作

淤陰

周禮地官草人掌土化之法以物地相其宜而為之種凡糞種騂剛用牛赤緹用羊墳壤用麋渴澤用鹿鹹潟用貆勃壤用狐埴壚用豕彊檃用蕡輕爂用犬

註凡所以糞種者皆謂煮取汁也赤緹縓色也潟鹵

也貆貒也勃壤粉解也埴壚黏疏者或曰土之黏而黑者彊檃彊堅者輕爂輕脆者杜子春謂騂謂地色赤而土剛彊也鄭司農云用牛以牛骨汁漬其種也疏土化之法用骨灰漬種蕡則以麻子擣之以漬種也所用之汁不同因以助其種之生氣以變易地氣則薄可使厚過可使和而稼之所穫必倍常詩云誕后稷之穡有相之道是也

禮記月令季夏之月燒薙行水利以殺草如以熱湯可

以糞田疇可以美土疆

疏糞壅苗之根也蔡云穀田曰田麻田曰疇言爛草可以糞田使肥也可以美土疆者謂彊槩磊硗難耕之地此月亦可止水潰之乃壅糞使田美也

氾勝之書伊尹作為區田教民糞種負水澆稼區田以糞氣為美非必須良田也

又剉馬骨牛羊猪麋鹿骨一斗以雪水三斗煮之三沸取汁以漬附子率汁一斗附子五枚漬之五日去附子

擣麋鹿羊矢分等置汁中熟撓和之候晏溫又溲曝如法汁乾乃止若無骨煮繰蛹汁和溲以區種之大旱澆之其收至畝百石以上

齊民要術凡田地中有良有薄者即須加糞糞之其踏糞之法凡人家秋收後治糧場上所有穰穀䅌等並須收貯一處每日布牛脚下三寸厚每平旦收聚堆積之還依前布之經宿即堆聚計經冬一具牛踏成三十車糞至十二月正月之間即載糞糞地計小畝畝別用五車計糞得六畝勻攤耕蓋

陳旉農書土壤氣脉其類不一肥沃磽埆美惡不同治之各有宜也且黑壤之地信美矣然肥沃之過或苗茂而實不堅當取生新之土以解利之即疏爽得宜也磽埆之土信瘠惡矣然糞壤滋培即其苗茂盛而實堅栗也雖土壤異宜顧治之何如耳治之得宜皆可成就諺謂糞藥言用糞猶用藥也

又凡農居之側必置糞屋低為簷楹以避風雨飄浸且糞露星月亦不肥矣糞屋之中鑿為深池甃以磚甓勿

使滲漏凡掃除之土燒燃之灰簸揚之糠粃斷藁落葉積而焚之沃以糞汁積之既久不覺其多凡欲播種篩去瓦石取其細者和勻種子疎把撮之待其苗長又撒以壅之何患收成不倍厚也哉或謂土敝則草木不長氣衰則生物不遂凡田土種三五年其力已乏斯說殆不然若能時加新沃之土壤以糞治之則精熟肥美其力常新壯矣何衰何敝之有

又治田於秋冬之間深耕俾霜雪凍沍土壤蘇碎又積腐藁敗葉刬薙枯朽根荄遍鋪燒治即土暖且爽於始春以糞擁之若用麻枯尤善但麻枯難使須細杵碎和火糞窖罨如作麯様候其發熱生鼠毛即攤開中間熱者置四旁收斂四旁冷者置中間又堆窖罨如此三四次直待不發熱乃可用不然即燒殺物矣切勿用大糞以其瓮腐芽蘖又損人手脚成瘡痍難療唯火糞與燖猪毛及窖爛粗穀殼最佳亦必渥漉田精熟了乃用糠糞踏入泥中盪平田面乃可撒穀若不得已而用大糞必先以火糞久窖罨乃可用多見人用小便生澆灌立見損壞

農桑通訣田有厚薄土有肥磽耕農之事糞壤為急糞壤者所以變薄田為良田化磽土為肥土也古者分田之制上地皆百畝歲一耕之中地家二百畝間歲耕其半下地家三百畝耕百畝三歲一周盎以中下之地瘠薄磽确苟不息其地力則禾稼不蕃後世井田之法變又

强弱多寡不均所有之田歲歲種之土敝氣衰生物不遂為農者必儲糞朽以糞之則地力常新壯而收穫不減

又草糞者於草木盛茂時芟倒就地就地内掩罨腐爛也農夫不知乃以其耘除之草棄置他處殊不知和泥渥漉深埋禾苗根下漚罨既久則草腐而土肥美也江南三月草長則刈以踏稻田歲歲如此地力常盛

又火糞積土同草木堆疊燒之土熱冷定用碌軸碾細用之江南水地多冷故用火糞種麥種蔬尤佳

又泥糞於溝港内乘船以竹夾取青泥杴撥岸上凝定裁成塊子擔去同大糞和用比常糞得力甚多

又凡退下一切禽獸毛羽親肌之物最為肥澤積之為糞勝於草木

又下田水冷亦有用石灰為糞治則土暖而苗易發

又糞田之法得其中則可若驟用生糞及布糞用多糞力峻熱即燒殺物反為害矣大糞力壯南方治田之家

常於田頭置磚檻窖熟而後用之其田甚美北方農家亦宜效此利可十倍

又為圃之家於厨棧下深潤鑿一池細甃使不滲洩每舂米則聚礱簸穀殼及腐草敗葉漚漬其中以收滌器肥水與滲漉泔淀漚久自然腐爛一歲三四次出以糞苧因以肥桑愈久愈茂而無荒廢枯摧之患矣

又凡農圃之家欲要計置糞壤須用一人一牛或驢駕雙輪小車一輛諸處搬運積糞月日既久積少成多施

之種藝稼穡倍收桑果愈茂歲有增羨此肥稼之計也夫掃除之猥腐朽之物人視之而輕忽田得之為膏潤惟務本者知之所謂惜糞如惜金也故能變惡為美種少收多諺云糞田勝如買田信斯言也凡區之間善於稼者相其各各地里所宜而用之庶得乎土化之法沃壤之效俾擅上農矣

農政全書田附郭多肥饒以糞多故村落中民居稠密處亦然凡通水處多肥饒以糞壅便故

又苗糞蠶豆大麥皆好草糞如翹蕘陵苕江南皆特種以壅田非野草也苜蓿亦可壅稻毛羽和埽溝積之久則潰腐如欲速潰置韭菜一握其中明日爛盡矣下田水不得冷惟山田泉水未經日色則冷闊廣用骨及蚌蛤灰糞田亦因山田水冷也

又肥積苔華是糞壤法也濱湖人漉取苔華以當糞壅亦甚肥不可不知

又胡麻油查可糞田

勸農書製糞有多術有踏糞法有窖糞法有蒸糞法有釀糞法有煨糞法有煮糞法而煮糞為上南方農家凡養牛羊豕屬每日出灰於欄中使之踐踏有爛草腐柴皆拾而投之足下糞多而欄滿則出而疊成堆矣北方豬羊皆散放棄糞不收殊為可惜然所有穰穢等並須收貯一處每日布牛羊足下三寸厚經宿牛以蹂踐便溺成糞平旦收聚除置院內堆積之每日如前法得糞亦多窖糞者南方皆積糞於窖愛惜如金北方惟不收

糞故街道不淨地氣多穢井水多鹹使人清氣日微而濁氣日盛須當照江南之例各家皆置糞廁濫則出而窖之家中不能立窖者田首亦可置窖拾亂磚砌之藏糞於中窖熟而後用甚美蒸糞者農居空閒之地宜誅茅為糞屋簷務低使蔽風雨凡掃除之土或燒燃之灰簸揚之糠粃斷藁落葉皆積其中隨即栓蓋使氣蒸薰糜爛冬月地下氣暖則為深潭夏月不必也釀糞者於廚棧下深鑿一池細砌使不滲漏每舂米則聚礱簸穀

殼及腐草敗葉漚漬其中以收滌器肥水漚久自然腐爛煨糞者乾糞積成堆以草火煨之煮糞者鄭司農云用牛糞即用牛骨浸而煮之其說具區田中糞既經煮皆成清汁樹雖將枯灌之立活此至佳之糞也用糞時候亦有不同用之於未種之先謂之墊底用之於既種之後謂之接力墊底之糞在土下根得之而愈深接力之糞在土上根見之而反上故善稼者皆于耕時下糞種後不復下也大都用糞者要使化土不徒滋苗化土則用糞於先而使瘠者以肥滋苗則用糞於後徒使苗枝暢茂而實不繁故糞田最宜斟酌得宜為善若驟用生糞及布糞過多糞力峻熱即殺物反為害矣故農家有糞藥之喻謂用糞如用藥寒溫通塞不可悞也

各種淤蔭法

稻

農桑輯要壅稻田或河泥或麻豆餅或灰糞各隨其地土之宜麻豆餅畝十斤和灰糞拌餅畝三百斤揷禾前一日將拌餅化開勻撒田內秒或草

羣芳譜稻田須青草或糞壤灰土厚鋪於內奄爛打平方可撒種

又揚稻後將灰糞或麻豆餅屑撒田內

農桑通訣穀殼朽腐最宜秧田

農書南方稻田有種肥田麥者不糞麥實當春麥青青之時耕殺田中蒸罨土性秋收稻穀必加倍也

又旱稻以灰糞蓋之或稻草灰和水澆之每鋤草一次澆糞水一次至於三即秀矣

黍稷

齊民要術美田之法綠豆為上小豆胡麻次之悉皆五六月穊種七八月犁掩殺之為春穀田其美與蠶矢熟糞同

又糞種黍地耕熟葢下糠

農桑通訣苗糞江淮迤北用為常法

麥

齊民要術冬雨雪止以物輒藺麥上掩其土勿令從風飛去後雪復如此則麥耐旱多實

農政全書麥宜有雨諺云要喫麪泥裏縕春雨更宜農書凡麥田既種以後糞無可施為計在先也陝洛間憂蟲食者或以砒霜拌種子南方所用惟炊塩也

蕎麥

氾勝之書蕎麥立秋前後漫撒種即以灰糞葢之

淤蔭具圖說

農舟

划船

野航

大車

下澤車

推車

杴

杷

竹杷

杴

畚

箕

帚

瓢杌

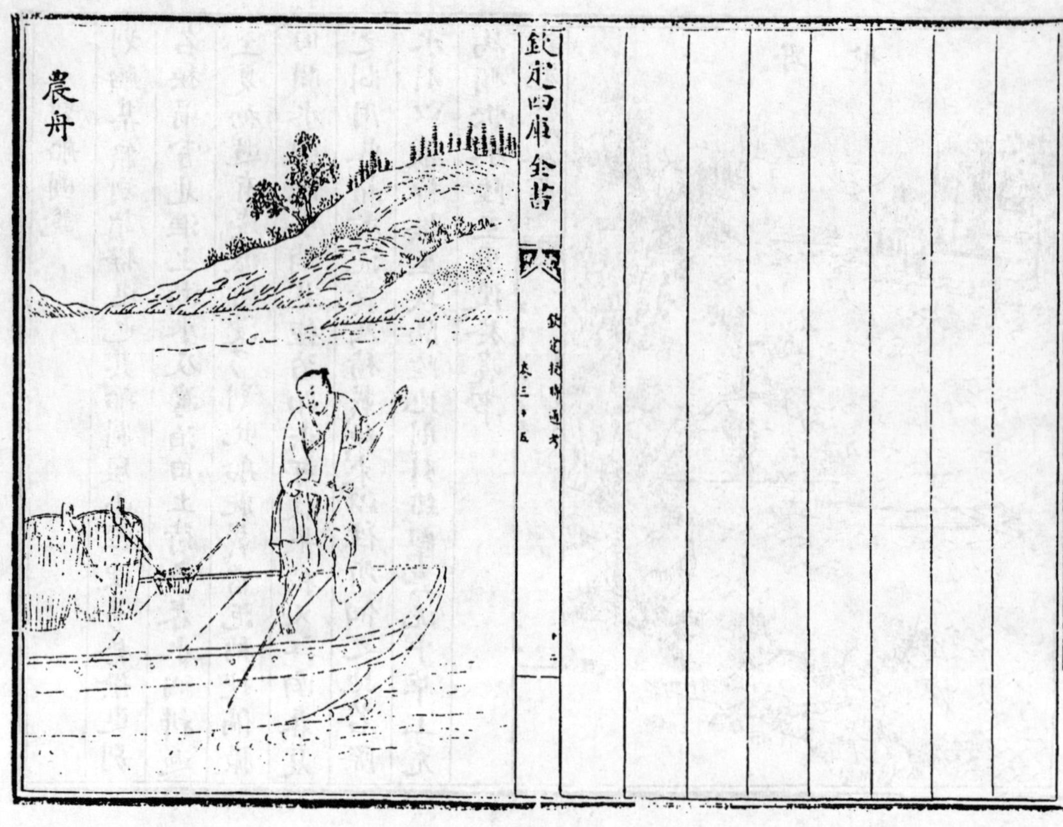

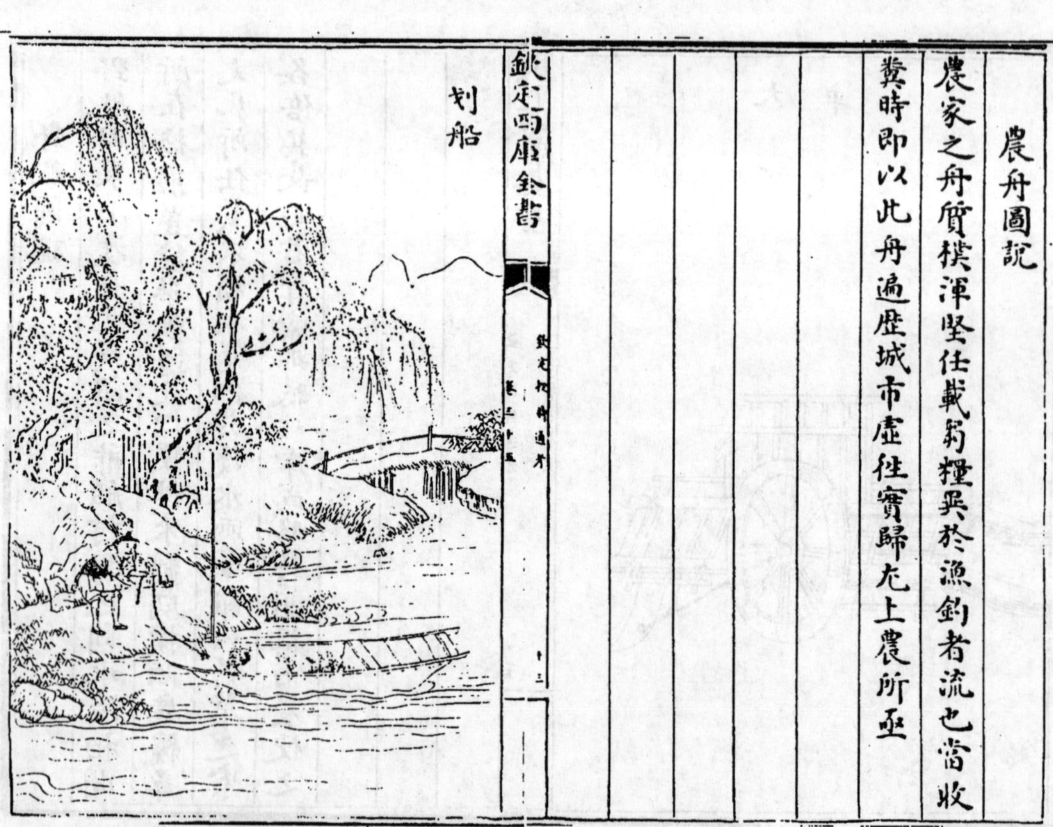

農舟圖說

農家之舟質樸渾堅任載芻糧異於漁釣者流也當收穫時即以此舟遍歷城市虛往實歸尤上農所亟

刬船圖說

刬船集韻刬謂撥進也其船制短小輕便易於撥進別名秧塌嘗見淮上湖水及灣泊田土待冬春水涸耕過至夏初遇有淺漲所漫乃刬此船就載宿浥稻種徧撒田間水內候水稍退種苗即出可收早稻又江南春夏之間用此箱貯泥糞及積載秧束以往所佃之地若際水則以鍬棹撥至或隔陸地則引纜掣去泥中草上尤為順快水陸互用便於農事

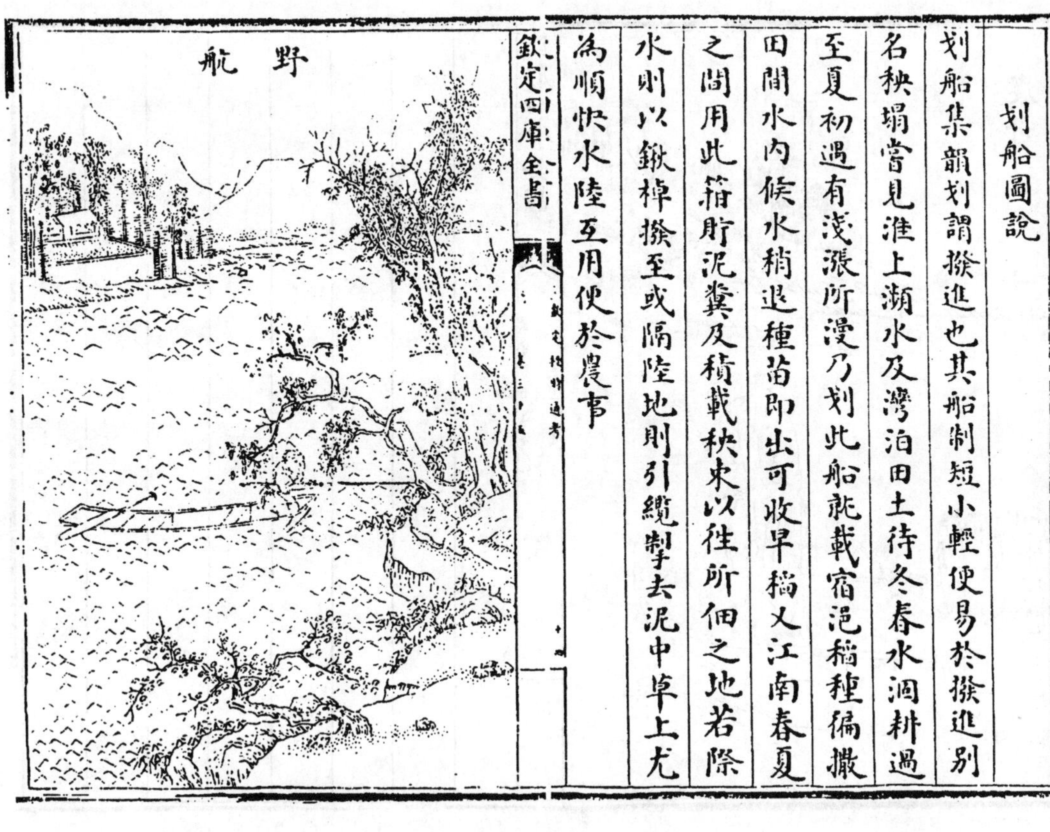

野航圖說

野航田家小渡舟也或謂之舴艋村野之間水陸相間所在橋梁豈能畢備造此以便往來制頗樸陋廣纔尋丈尺所任載不煩人駕但於渡水兩旁維以竹草之索各倍其長過者掣索即抵彼岸或略具篙楫田農便之

大車

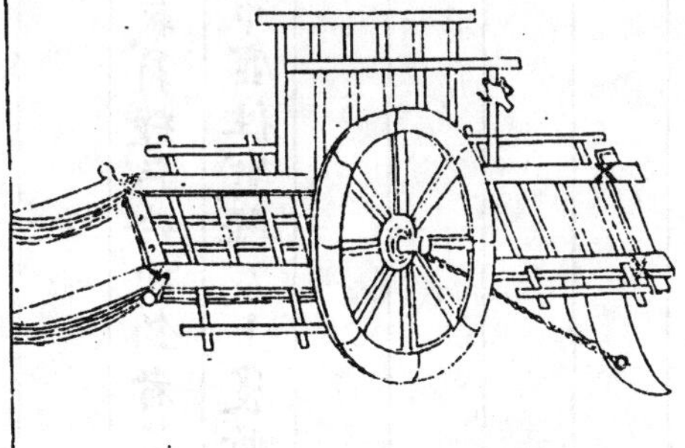

大車圖說

大車考工記曰大車牝服二柯鄭玄謂平地任載之車詩無將大車論語大車無輗皆是也凡造車之制先以脚圓徑之高為祖然後可視梯檻長廣得所制雖不等道路皆同軌也中原陸地任重適遠惟恃此車冀壤皆可載

下澤車

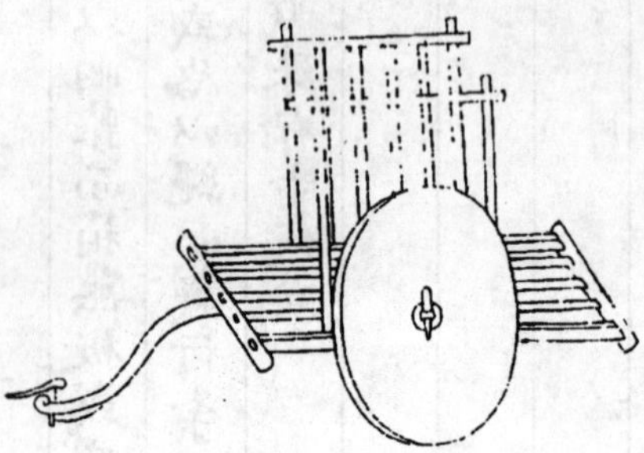

下澤車圖說

下澤車田間任載車也古謂之箱詩曰乃求萬斯箱又睆彼牽牛不以服箱箱即此車也周禮車人行澤者反輮又行澤者欲短轂則利轉今俗謂之板轂車其輪用厚闊板木相嵌斲成圓樣就留短轂無有輻也泥淖中易于行轉了不沾塞即周禮行澤車也蓋如車制而略但獨轅著地如犁托之狀上有望扳以擐牛輓槃索上下坡坂絕無軒輊之患

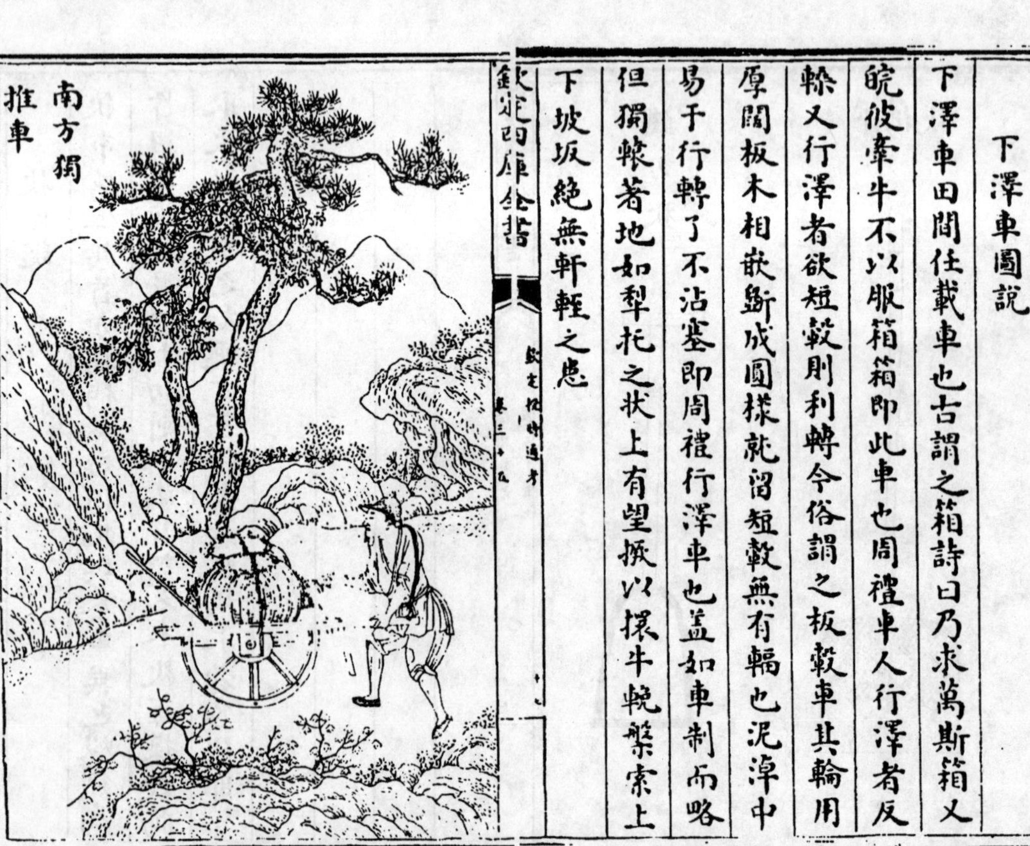

南方獨推車

推車圖說

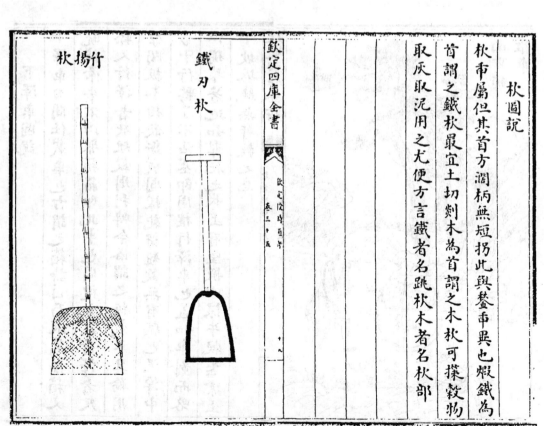

推車之制獨輪居中夾以兩轅而箱無板或盛四桶以載水或盛二簍以載糞或絡以繩亦載行李一人以系絡於肩而推之鳴鑾遂曲殊有步代

鐵杴

木杴

杴圖說

杴臿屬但其首方闊柄無短拐此與鍫臿異也煆鐵為首謂之鐵杴最宜土功剉木為首謂之木杴可撲穀物取灰取泥用之尤便方言鐵者名跳杴木者名杴部

鐵刃杴

竹揚杴

鐵刃杴竹揚杴圖說

鐵刃杴裁割田間塍埂用之以泥糞者候泥將乾劃為方塊分布於田尤需此器以竹為之者謂之竹揚杴與颺籃少異揚去糠粃仍斂而積之惟竹杴輕且便也

耘杷

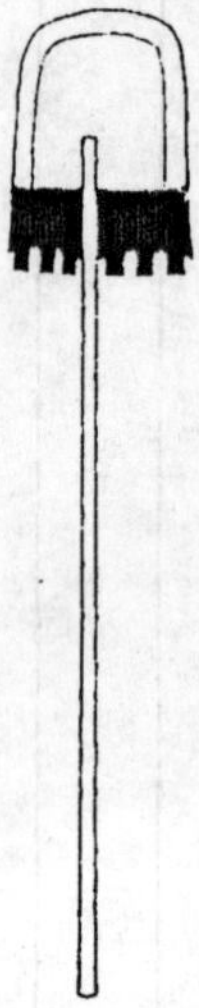

小杷

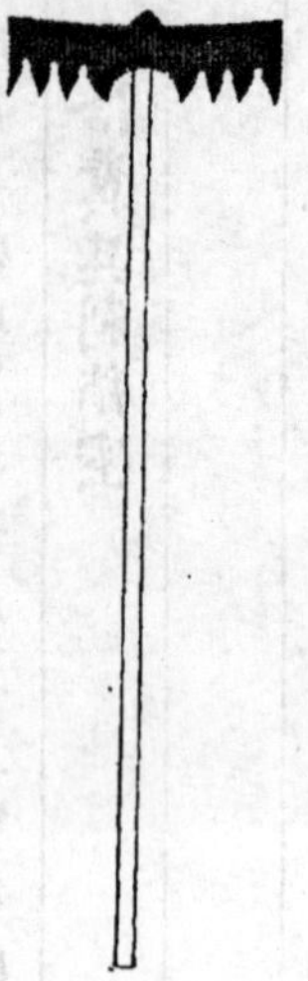

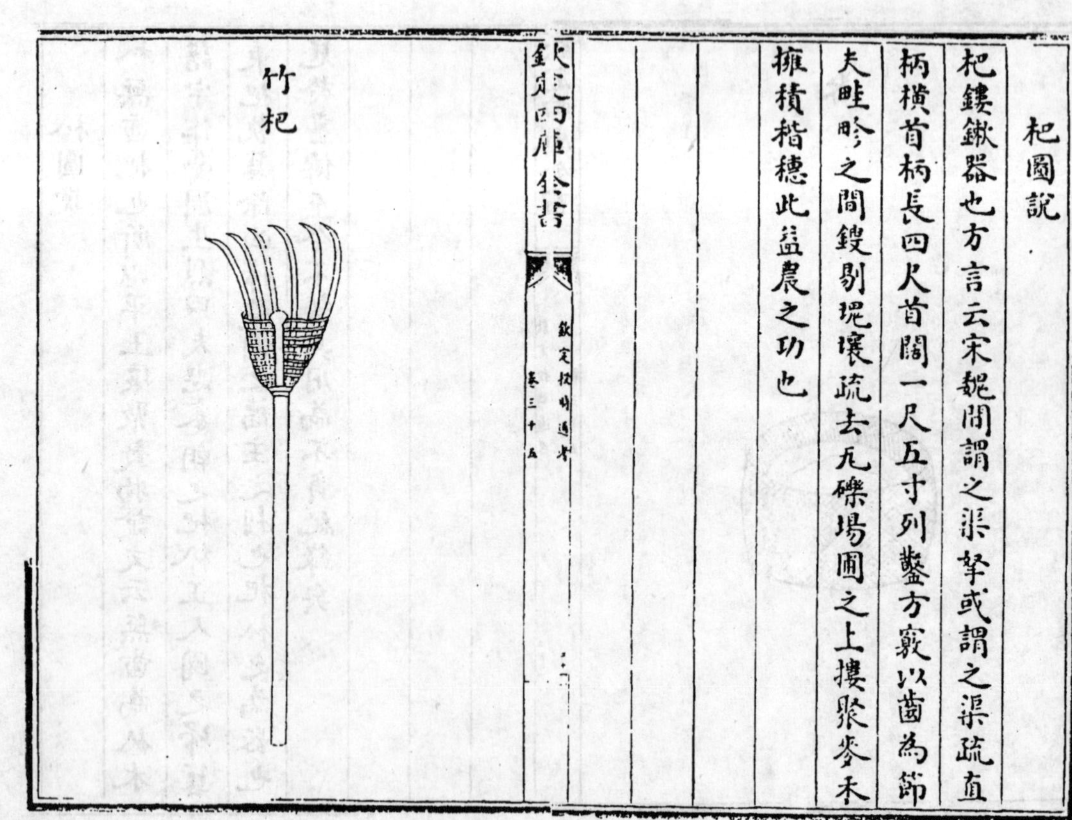

杷圖說

杷鏤鍬器也方言云宋魏間謂之渠挐或謂之渠疏直柄橫首柄長四尺首闊一尺五寸列鑿方竅以齒為節夫畦畛之間鏤剔塊壤疏去瓦礫場圃之上摟聚麥禾擁積稭穗此益農之功也

竹杷

竹杷圖說

竹杷場圃樵野間用之爬以摟藁葉以疏糞壤有爬羅剔抉之功或執以拾糞其制稍密

朳

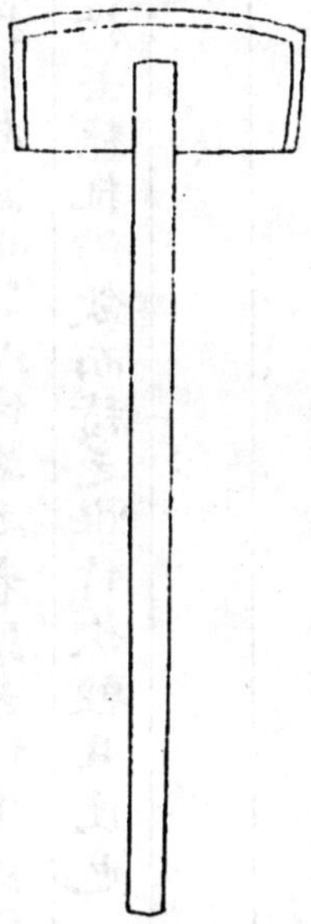

朳圖說

朳無齒杷也所以平土壤聚穀物說文云無齒為朳禾譜字作𡕥周生烈曰夫忠謇朝之杷朳正人國之埽篲秉杷執篲除凶掃穢國之福主之利也杷朳之為器也見於書傳至今不替其用為不負紀錄矣

畚

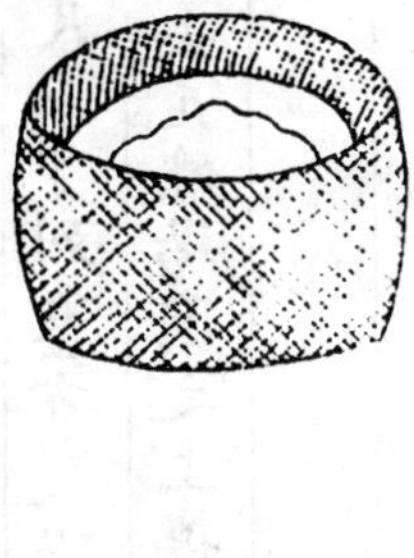

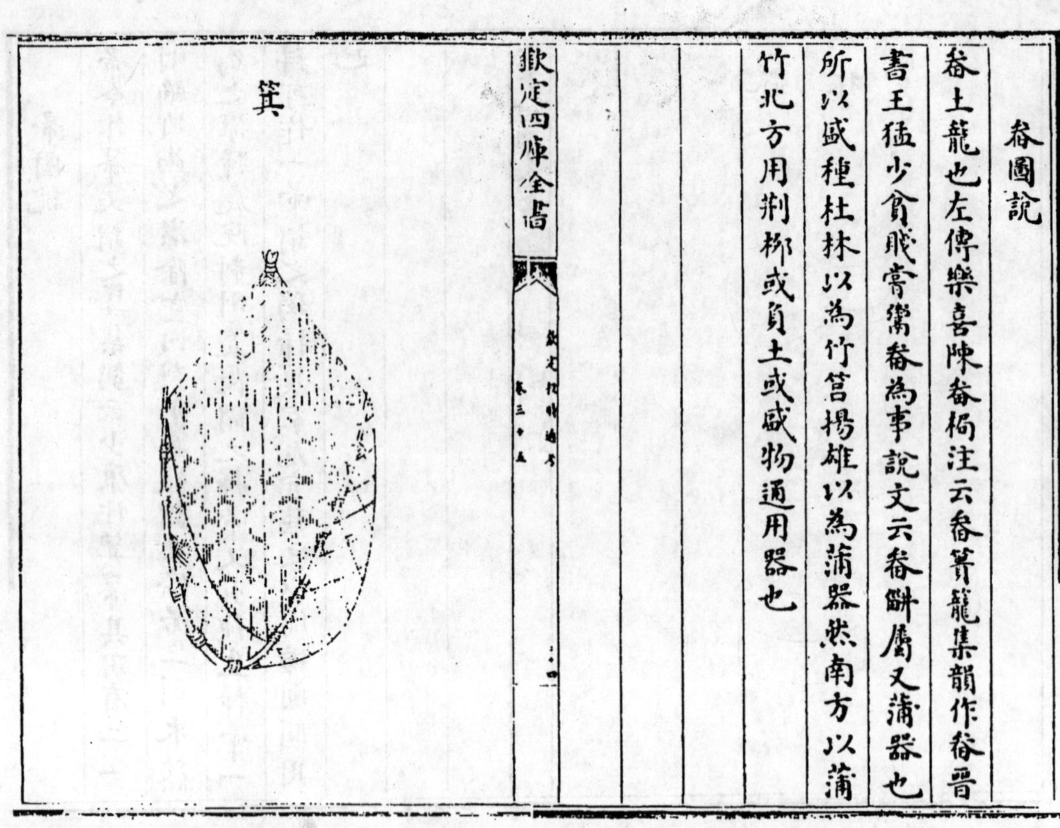

畚圖說

畚土籠也左傳樂喜陳畚梮注云畚簣籠集韻作畚晉書王猛少貧賤嘗鬻畚為事說文云畚餅屬又蒲器也所以盛種杜林以為竹筥揚雄以為蒲器然南方以蒲竹北方用荊柳或負土或盛物通用器也

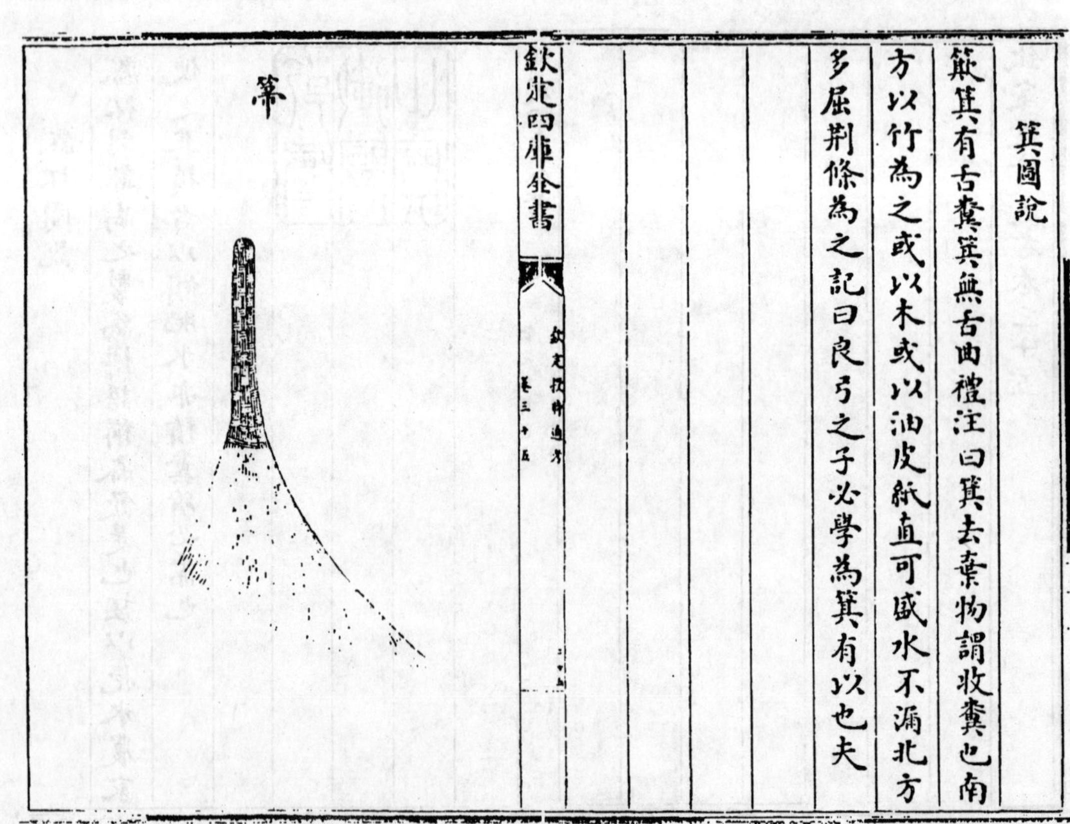

箕圖說

簸箕有舌糞箕無舌曲禮注曰箕去棄物謂收糞也南方以竹為之或以木或以油皮紙直可盛水不漏北方多屈荊條為之記曰良弓之子必學為箕有以也夫

帚圖說

帚今作箒又謂之篲集韻云少康作箕箒其用有二一則編竹為之潔除室內制則扁短謂之條帚一則束篠為之擁掃庭院制則叢長謂之掃帚又有種生掃帚一科可作一帚謂之獨掃農家尤宜種之以備場圃間用也

瓢杯

瓢杯圖說

瓢杯剖瓢為之製為傳語稱瓢飲是也柸以挹水農家便之其損者以傾肥水亦積糞所必需也

欽定授時通考卷三十五